"自然选择"的结果是适者生存、不适者被淘汰，或是生或是死；"性选择"的结果是成功者得到与异性交配的机会，得以留下自己的后代。

"在我看来，我可断言，导致人类种族之间在外貌上有所差别的所有原因，以及人类和低于人类的动物之间在某种程度上有所差别的所有原因，其中最有效的乃是性选择。"

——达尔文

达尔文已经成为一个时代理性怀疑的象征——尽管这种怀疑绝不是由他一手造成。他的进化论思想既不是全新的，也不是全面的，但由此引起的一场革命，却永远改变了人类对其自身以及在宇宙中所处位置的理解。

本书列入"十四五"国家重点图书出版规划

科学元典丛书

The Series of the Great Classics in Science

主　　编　　任定成

执行主编　　周雁翎

策　　划　　周雁翎

丛书主持　　陈　静

　　科学元典是科学史和人类文明史上划时代的丰碑，是人类文化的优秀遗产，是历经时间考验的不朽之作。它们不仅是伟大的科学创造的结晶，而且是科学精神、科学思想和科学方法的载体，具有永恒的意义和价值。

科学元典丛书

人类的由来及性选择

The Descent of Man and Selection in
Relation to Sex

[英] 达尔文 著　叶笃庄 杨习之 译

北京大学出版社
PEKING UNIVERSITY PRESS

图书在版编目(CIP)数据

人类的由来及性选择/[英]达尔文著；叶笃庄，杨习之译. —北京：北京大学出版社，2009.9
（科学元典丛书）

ISBN 978-7-301-15589-9

Ⅰ. 人… Ⅱ.①达…②叶…③杨… Ⅲ.人类－起源－研究 Ⅳ.Q981.1

中国版本图书馆 CIP 数据核字（2009）第 128046 号

THE DESCENT OF MAN AND SELECTION IN RELATION TO SEX
(2nd Edition)
By Charles Darwin
London：J. Murray，1874

书　　　名	人类的由来及性选择
	RENLEI DE YOULAI JI XINGXUANZE
著作责任者	[英]达尔文　著　叶笃庄　杨习之　译
丛书策划	周雁翎
丛书主持	陈　静
责任编辑	陈　静
标准书号	ISBN 978-7-301-15589-9
出版发行	北京大学出版社
地　　　址	北京市海淀区成府路 205 号　　100871
网　　　址	http://www.pup.cn　　　新浪微博：@ 北京大学出版社
微信公众号	通识书苑（微信号：sartspku）　科学元典（微信号：kexueyuandian）
电子邮箱	编辑部 jyzx@pup.cn　　　　总编室 zpup@pup.cn
电　　　话	邮购部 010-62752015　发行部 010-62750672　编辑部 010-62707542
印　刷　者	北京中科印刷有限公司
经　销　者	新华书店
	787 毫米×1092 毫米　16 开本　28.25 印张　彩插 8　500 千字
	2009 年 9 月第 1 版　2024 年 1 月第 7 次印刷
定　　　价	88.00 元

弁　言

Preface to the Series of the Great Classics in Science

　　这套丛书中收入的著作，是自古希腊以来，主要是自文艺复兴时期现代科学诞生以来，经过足够长的历史检验的科学经典。为了区别于时下被广泛使用的"经典"一词，我们称之为"科学元典"。

　　我们这里所说的"经典"，不同于歌迷们所说的"经典"，也不同于表演艺术家们朗诵的"科学经典名篇"。受歌迷欢迎的流行歌曲属于"当代经典"，实际上是时尚的东西，其含义与我们所说的代表传统的经典恰恰相反。表演艺术家们朗诵的"科学经典名篇"多是表现科学家们的情感和生活态度的散文，甚至反映科学家生活的话剧台词，它们可能脍炙人口，是否属于人文领域里的经典姑且不论，但基本上没有科学内容。并非著名科学大师的一切言论或者是广为流传的作品都是科学经典。

　　这里所谓的科学元典，是指科学经典中最基本、最重要的著作，是在人类智识史和人类文明史上划时代的丰碑，是理性精神的载体，具有永恒的价值。

一

　　科学元典或者是一场深刻的科学革命的丰碑，或者是一个严密的科学体系的构架，或者是一个生机勃勃的科学领域的基石，或者是一座传播科学文明的灯塔。它们既是昔日科学成就的创造性总结，又是未来科学探索的理性依托。

　　哥白尼的《天体运行论》是人类历史上最具革命性的震撼心灵的著作，它向统治西方思想千余年的地心说发出了挑战，动摇了"正统宗教"学说的天文学基础。伽利略《关于托勒密和哥白尼两大世界体系的对话》以确凿的证据进一步论证了哥白尼学说，更直接地动摇了教会所庇护的托勒密学说。哈维的《心血运动论》以对人类躯体和心灵的双重关怀，满怀真挚的宗教情感，阐述了血液循环理论，推翻了同样统治西方思想千余年、被"正统宗教"所庇护的盖伦学说。笛卡儿的《几何》不仅创立了为后来诞生的微积分提供了工具的解析几何，而且折射出影响万世的思想方法论。牛顿的《自然哲学之数学原理》标志着 17 世纪科学革命的顶点，为后来的工业革命奠定了科学基础。分别以惠更斯的《光论》与牛顿的《光学》为代表的波动说与微粒说之间展开了长达 200 余年的论战。拉瓦锡在《化学基础论》中详尽论述了氧化理论，推翻了统治化学百余年之久的燃素理论，这一智识壮举被公认为历史上最自觉的科学革命。道尔顿的《化学哲学新体系》奠定了物质结构理论的基础，开创了科学中的新时代，使 19 世纪的化学家们有计划地向未知领域前进。傅立叶的《热的解析理论》以其对热传导问题的精湛处理，突破了牛顿的《自然哲学之数学原理》所规定的理论力学范围，开创了数学物理学的崭新领域。达尔文《物种起源》中的进化论思想不仅在生物学发展到分子水平的今天仍然是科学家们阐释的对象，而且 100 多年来几乎在科学、社会和人文的所有领域都在施展它有形和无形的影响。《基因论》揭示了孟德尔式遗传性状传递机理的物质基础，把生命科学推进到基因水平。爱因斯坦的《狭义与广义相对论浅说》和薛定谔的《关于波动力学的四次演讲》分别阐述了物质世界在高速和微观领域的运动规律，完全改变了自牛顿以来的世界观。魏格纳的《海陆的起源》提出了大陆漂移的猜想，为当代地球科学提供了新的发展基点。维纳的《控制论》揭示了控制系统的反馈过程，普里戈金的《从存在到演化》发现了系统可能从原来无序向新的有序态转化的机制，二者的思想在今天的影响已经远远超越了自然科学领域，影响到经济学、社会学、政治学等领域。

科学元典的永恒魅力令后人特别是后来的思想家为之倾倒。欧几里得的《几何原本》以手抄本形式流传了 1800 余年，又以印刷本用各种文字出了 1000 版以上。阿基米德写了大量的科学著作，达·芬奇把他当作偶像崇拜，热切搜求他的手稿。伽利略以他的继承人自居。莱布尼兹则说，了解他的人对后代杰出人物的成就就不会那么赞赏了。为捍卫《天体运行论》中的学说，布鲁诺被教会处以火刑。伽利略因为其《关于托勒密和哥白尼两大世界体系的对话》一书，遭教会的终身监禁，备受折磨。伽利略说吉尔伯特的《论磁》一书伟大得令人嫉妒。拉普拉斯说，牛顿的《自然哲学之数学原理》揭示了宇宙的最伟大定律，它将永远成为深邃智慧的纪念碑。拉瓦锡在他的《化学基础论》出版后5 年被法国革命法庭处死，传说拉格朗日悲愤地说，砍掉这颗头颅只要一瞬间，再长出这样的头颅 100 年也不够。《化学哲学新体系》的作者道尔顿应邀访法，当他走进法国科学院会议厅时，院长和全体院士起立致敬，得到拿破仑未曾享有的殊荣。傅立叶在《热的解析理论》中阐述的强有力的数学工具深深影响了整个现代物理学，推动数学分析的发展达一个多世纪，麦克斯韦称赞该书是"一首美妙的诗"。当人们咒骂《物种起源》是"魔鬼的经典""禽兽的哲学"的时候，赫胥黎甘做"达尔文的斗犬"，挺身捍卫进化论，撰写了《进化论与伦理学》和《人类在自然界的位置》，阐发达尔文的学说。经过严复的译述，赫胥黎的著作成为维新领袖、辛亥精英、"五四"斗士改造中国的思想武器。爱因斯坦说法拉第在《电学实验研究》中论证的磁场和电场的思想是自牛顿以来物理学基础所经历的最深刻变化。

在科学元典里，有讲述不完的传奇故事，有颠覆思想的心智波涛，有激动人心的理性思考，有万世不竭的精神甘泉。

二

按照科学计量学先驱普赖斯等人的研究，现代科学文献在多数时间里呈指数增长趋势。现代科学界，相当多的科学文献发表之后，并没有任何人引用。就是一时被引用过的科学文献，很多没过多久就被新的文献所淹没了。科学注重的是创造出新的实在知识。从这个意义上说，科学是向前看的。但是，我们也可以看到，这么多文献被淹没，也表明划时代的科学文献数量是很少的。大多数科学元典不被现代科学文献所引用，那是因为其中的知识早已成为科学中无须证明的常识了。即使这样，科学经典也会因为其中思想的恒久意义，而像人文领域里的经典一样，具有永恒的阅读价值。于是，科学经典就被一编再编、一印再印。

早期诺贝尔奖得主奥斯特瓦尔德编的物理学和化学经典丛书"精密自然科学经典"从 1889 年开始出版，后来以"奥斯特瓦尔德经典著作"为名一直在编辑出版，有资料说目前已经出版了 250 余卷。祖德霍夫编辑的"医学经典"丛书从 1910 年就开始陆续出版了。也是这一年，蒸馏器俱乐部编辑出版了 20 卷"蒸馏器俱乐部再版本"丛书，丛书中全是化学经典，这个版本甚至被化学家在 20 世纪的科学刊物上发表的论文所引用。一般把 1789 年拉瓦锡的化学革命当作现代化学诞生的标志，把 1914 年爆发的第一次世界大战称为化学家之战。奈特把反映这个时期化学的重大进展的文章编成一卷，把这个时期的其他 9 部总结性化学著作各编为一卷，辑为 10 卷"1789—1914 年的化学发展"丛书，于 1998 年出版。像这样的某一科学领域的经典丛书还有很多很多。

科学领域里的经典，与人文领域里的经典一样，是经得起反复咀嚼的。两个领域里的经典一起，就可以勾勒出人类智识的发展轨迹。正因为如此，在发达国家出版的很多经典丛书中，就包含了这两个领域的重要著作。1924 年起，沃尔科特开始主编一套包括人文与科学两个领域的原始文献丛书。这个计划先后得到了美国哲学协会、美国科学促进会、美国科学史学会、美国人类学协会、美国数学协会、美国数学学会以及美国天文学学会的支持。1925 年，这套丛书中的《天文学原始文献》和《数学原始文献》出版，这两本书出版后的 25 年内市场情况一直很好。1950 年，沃尔科特把这套丛书中的科学经典部分发展成为"科学史原始文献"丛书出版。其中有《希腊科学原始文献》《中世纪科学原始文献》和《20 世纪（1900—1950 年）科学原始文献》，文艺复兴至 19 世纪则按科学学科（天文学、数学、物理学、地质学、动物生物学以及化学诸卷）编辑出版。约翰逊、米利肯和威瑟斯庞三人主编的"大师杰作丛书"中，包括了小尼德勒编的 3 卷"科学大师杰作"，后者于 1947 年初版，后来多次重印。

在综合性的经典丛书中，影响最为广泛的当推哈钦斯和艾德勒 1943 年开始主持编译的"西方世界伟大著作丛书"。这套书耗资 200 万美元，于 1952 年完成。丛书根据独创性、文献价值、历史地位和现存意义等标准，选择出 74 位西方历史文化巨人的 443 部作品，加上丛书导言和综合索引，辑为 54 卷，篇幅 2 500 万单词，共 32 000 页。丛书中收入不少科学著作。购买丛书的不仅有"大款"和学者，而且还有屠夫、面包师和烛台匠。迄1965 年，丛书已重印 30 次左右，此后还多次重印，任何国家稍微像样的大学图书馆都将其列入必藏图书之列。这套丛书是 20 世纪上半叶在美国大学兴起而后扩展到全社会的经典著作研读运动的产物。这个时期，美国一些大学的寓所、校园和酒吧里都能听到学生讨论古典佳作的声音。有的大学要求学生必须深研 100 多部名著，甚至在教学中不得使用最新的实验设备，而是借助历史上的科学大师所使用的方法和仪器复制品去再现划时代的著名实验。至 20 世纪 40 年代末，美国举办古典名著学习班的城市达 300 个，学员 50 000 余众。

相比之下，国人眼中的经典，往往多指人文而少有科学。一部公元前 300 年左右古希腊人写就的《几何原本》，从 1592 年到 1605 年的 13 年间先后 3 次汉译而未果，经 17世纪初和 19 世纪 50 年代的两次努力才分别译刊出全书来。近几百年来移译的西学典籍中，成系统者甚多，但皆系人文领域。汉译科学著作，多为应景之需，所见典籍寥若晨星。借 20 世纪 70 年代末举国欢庆"科学春天"到来之良机，有好尚者发出组译出版"自然科学世界名著丛书"的呼声，但最终结果却是好尚者抱憾而终。20 世纪 90 年代初出版的"科学名著文库"，虽使科学元典的汉译初见系统，但以 10 卷之小的容量投放于偌大的中国读书界，与具有悠久文化传统的泱泱大国实不相称。

我们不得不问：一个民族只重视人文经典而忽视科学经典，何以自立于当代世界民族之林呢？

三

科学元典是科学进一步发展的灯塔和坐标。它们标识的重大突破，往往导致的是常规科学的快速发展。在常规科学时期，人们发现的多数现象和提出的多数理论，都要用科学元典中的思想来解释。而在常规科学中发现的旧范型中看似不能得到解释的现象，其重要性往往也要通过与科学元典中的思想的比较显示出来。

在常规科学时期，不仅有专注于狭窄领域常规研究的科学家，也有一些从事着常规研究但又关注着科学基础、科学思想以及科学划时代变化的科学家。随着科学发展中发现的新现象，这些科学家的头脑里自然而然地就会浮现历史上相应的划时代成就。他们会对科学元典中的相应思想，重新加以诠释，以期从中得出对新现象的说明，并有可能产生新的理念。百余年来，达尔文在《物种起源》中提出的思想，被不同的人解读出不同的信息。古脊椎动物学、古人类学、进化生物学、遗传学、动物行为学、社会生物学等领域的几乎所有重大发现，都要拿出来与《物种起源》中的思想进行比较和说明。玻尔在揭示氢光谱的结构时，提出的原子结构就类似于哥白尼等人的太阳系模型。现代量子力学揭示的微观物质的波粒二象性，就是对光的波粒二象性的拓展，而爱因斯坦揭示的光的波粒二象性就是在光的波动说和微粒说的基础上，针对光电效应，提出的全新理论。而正是与光的波动说和微粒说二者的困难的比较，我们才可以看出光的波粒二象性学说的意义。可以说，科学元典是时读时新的。

除了具体的科学思想之外，科学元典还以其方法学上的创造性而彪炳史册。这些方法学思想，永远值得后人学习和研究。当代诸多研究人的创造性的前沿领域，如认知心理学、科学哲学、人工智能、认知科学等，都涉及对科学大师的研究方法的研究。一些科学史学家以科学元典为基点，把触角延伸到科学家的信件、实验室记录、所属机构的档案等原始材料中去，揭示出许多新的历史现象。近二十多年兴起的机器发现，首先就是对科学史学家提供的材料，编制程序，在机器中重新做出历史上的伟大发现。借助于人工智能手段，人们已经在机器上重新发现了波义耳定律、开普勒行星运动第三定律，提出了燃素理论。萨伽德甚至用机器研究科学理论的竞争与接受，系统研究了拉瓦锡氧化理论、达尔文进化学说、魏格纳大陆漂移说、哥白尼日心说、牛顿力学、爱因斯坦相对论、量子论以及心理学中的行为主义和认知主义形成的革命过程和接受过程。

除了这些对于科学元典标识的重大科学成就中的创造力的研究之外，人们还曾经大规模地把这些成就的创造过程运用于基础教育之中。美国几十年前兴起的发现法教学，就是在这方面的尝试。近二十多年来，兴起了基础教育改革的全球浪潮，其目标就是提高学生的科学素养，改变片面灌输科学知识的状况。其中的一个重要举措，就是在教学中加强科学探究过程的理解和训练。因为，单就科学本身而言，它不仅外化为工艺、流程、技术及其产物等器物形态，直接表现为概念、定律和理论等知识形态，更深蕴于其特有的思想、观念和方法等精神形态之中。没有人怀疑，我们通过阅读今天的教科书就可以方便地学到科学元典著作中的科学知识，而且由于科学的进步，我们从现代教科书上所学的知识甚至比经典著作中的更完善。但是，教科书所提供的只是结晶状态的凝固知识，而科学本是历史的、创造的、流动的，在这历史、创造和流动过程之中，一些东西蒸发了，另一些东西积淀了，只有科学思想、科学观念和科学方法保持着永恒的活力。

然而，遗憾的是，我们的基础教育课本和科普读物中讲的许多科学史故事不少都是误讹相传的东西。比如，把血液循环的发现归于哈维，指责道尔顿提出二元化合物的元素原子数最简比是当时的错误，讲伽利略在比萨斜塔上做过落体实验，宣称牛顿提出了牛顿定律的诸数学表达式，等等。好像科学史就像网络上传播的八卦那样简单和耸人听闻。为避免这样的误讹，我们不妨读一读科学元典，看看历史上的伟人当时到底是如何思考的。

现在，我们的大学正处在席卷全球的通识教育浪潮之中。就我的理解，通识教育固然要对理工农医专业的学生开设一些人文社会科学的导论性课程，要对人文社会科学专业的学生开设一些理工农医的导论性课程，但是，我们也可以考虑适当跳出专与博、文与理的关系的思考路数，对所有专业的学生开设一些真正通而识之的综合性课程，或者倡导这样的阅读活动、讨论活动、交流活动甚至跨学科的研究活动，发掘文化遗产、分享古典智慧、继承高雅传统，把经典与前沿、传统与现代、创造与继承、现实与永恒等事关全民素质、民族命运和世界使命的问题联合起来进行思索。

我们面对不朽的理性群碑，也就是面对永恒的科学灵魂。在这些灵魂面前，我们不是要顶礼膜拜，而是要认真研习解读，读出历史的价值，读出时代的精神，把握科学的灵魂。我们要不断吸取深蕴其中的科学精神、科学思想和科学方法，并使之成为推动我们前进的伟大精神力量。

任定成

2005 年 8 月 6 日

北京大学承泽园迪吉轩

达尔文（Charles Robert Darwin，1809—1882），英国博物学家，生物学家，进化论奠基人。

"贝格尔号"1831年12月从英国出发，1836年10月返回。"贝格尔号"的任务是按照英国海军部的要求，测绘南美洲巴塔哥尼亚、火地群岛、智利和秘鲁的海岸线，确定经度，在世界范围里建立一系列年表计算方法。按照惯例，这类航程需要一名博物学家，如果没有别的理由，那至少也是为了提供知识并且使船长有一位绅士搭档。达尔文很幸运地获得了这个机会。在长达5年的环球航行中有3年时间是在南美沿海。沿海岛屿上丰富而独特的物种资源对达尔文进化论学说的形成有重要意义。达尔文在《自传》中说："参加贝格尔号航行是我一生中最重要的事情，它决定了我的整个生涯……"

◀ **"贝格尔号"船长费茨罗伊**（Robert FitzRoy，1805—1865）达尔文在1876年提到船长是颅相学的狂热信徒，船长后来也承认，当时因为达尔文鼻子的形状而差点拒绝他上船。

▶ **"贝格尔号"在火地岛** 1831年12月27日，根据海军司令部的指示，达尔文随"贝格尔号"进行环球航行。"贝格尔号"取名自Bigle，意为"四处打探"、"到处搜索"。

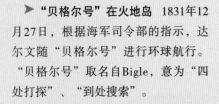

◀ 1832年12月，"贝格尔号"停留在阿根廷南端的火地岛上。在此，达尔文考察了"野蛮人"和"文明人"的差别。船长费茨罗伊让三个火地岛人随船航行，他们的绰号分别是："纽扣""篮子""教堂"。

◀达尔文随船航行的5年里，每天记录生活中的主要事件，例如他的勘探、科学考察以及思想和感情。这次旅行后的著作用了8年时间才分期出完。

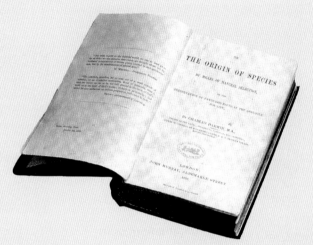

➤1859年11月24日，达尔文首次出版了《物种起源》。达尔文说："通过《物种起源》的发表，人类的起源，人类历史的开端就会得到一线光明。"

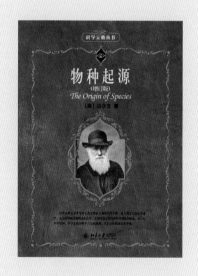

◀《物种起源》中文版，北京大学出版社出版。

➤"贝格尔号"船上的生活。

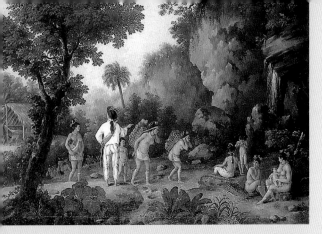

◄ "贝格尔号"途经巴西，在壮丽的热带雨林里，种类繁多的生物以及当地原著居民独特的生产、生活方式，这一切都使达尔文惊叹不已。同时，他也目睹了奴隶们的悲惨处境。此后，对奴隶制的痛恨伴随着他一生。

▲ 正在遭受打骂的巴西奴隶　达尔文在《考察日记》中写道："我永远不会忘记，当我看见这个高大强壮的男人甚至不敢避开对他脸部的直接攻击时我所感到的惊讶、厌恶和羞愧。"

◄ 达尔文的发现和证据，每只鸟被排列在各自所在的岛屿旁。达尔文随"贝格尔号"航行途中，总喜欢收集各种鸟类和昆虫，并制作成标本。在返回英国后才发现，在他详细的科学记录中，已收集了13种不同的燕雀和近百种昆虫。

▶ 加拉帕戈斯岛的大龟　达尔文在《考察日记》中写道：当我遇到这样一个正在默默向前爬行的巨型怪物，并从它身旁走过时，看到它的头和腿收缩得那么突然，而且发出深沉的嘶叫声并重重地倒在地上，好像被激死似的，我总是感到好笑。我常常爬上它们的背上，它们就会爬起身来离开，但是我发现要在龟背上坐稳是非常困难的。

▶ **拉马克、赫克尔、达尔文** 拉马克与赫克尔的理论对达尔文有巨大的启发。达尔文在《人类的由来及性选择》书中写道："特别是赫克尔……他在《自然创造史》中充分讨论了人类的系谱。如果他的这一著作发表在我脱稿之前，我大概永远不会再写下去了。"

◀ **达尔文和胡克（左一）、莱伊尔（左二）正在研究论文手稿** 胡克（Joseph Dalton Hooker，1817—1911）是著名的植物学家，莱伊尔（Charles Lyell，1797—1875）是著名的地质学家，他们都是达尔文事业上的好朋友，达尔文登上"贝格尔号"时，随身携带的正是莱伊尔的经典著作《地质学原理》。

▶ **赫胥黎**（Thomas Henry Huxley，1825—1895） 当达尔文的《物种起源》发表后引起轩然大波时，赫胥黎全力以赴地投入这场捍卫达尔文进化论思想的大论战中，他也因此被称为是"达尔文的斗犬"。

◀《人间乐园》画作
《圣经》故事里说，上帝创造了人类和牲畜，并把人安置在伊甸园，让他看守园子。

▶ 一幅17世纪的画作，表现了《圣经》中记述的"诺亚方舟"的故事，当"大洪水"来临时，未被载入方舟的动物，在洪水淹没地球之后不久就灭绝了。达尔文的"适者生存"理论使得持有这种观点的人们惊恐万状。

▼ 上帝创造人类 （米开朗基罗 壁画 1508年） 这幅画根据圣经中上帝用7天创造天地万物的故事而创作，表现了生命是神赐予的绝佳礼物。

◀拉马克是进化论的先驱。他根据人工驯养给生物带来的变化推论出自然条件下生物体的进化。1809年，他出版的《动物哲学》综合概述了其进化论的总体思想。他给后人留下了两大法则："用进废退"、"获得的特征遗传"。

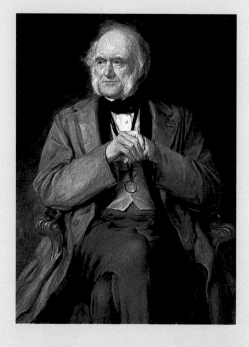

▲莱伊尔是地质学均变论最著名的代表，他认为：地球的变化并不像居维叶和基督教"灾难学者"说的那样，由于大规模的灾难而产生。后来，莱伊尔逐渐认识到，地质学和进化论的相关性。

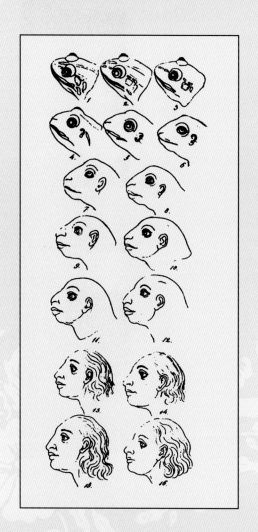

◀一只青蛙变成"阿波罗"的过程（讽刺画，1829年）　在达尔文与华莱士于1859年提出"进化论"之前，类似的学说，已经是一个足以引发议论或嘲讽的话题。

有关进化论的激烈争论表明，科学与根深蒂固的信念之间已在开始发生一场较量。许多人对达尔文的解释感到心神不安，因为这一解释暗示，自然界众多物种都是通过自然选择而从共同祖先演变而来。英国几乎每份保守的报刊都登载过漫画，讽刺达尔文和他的支持者赫胥黎，把他们画成猿、猴或大猩猩。但媒体对此的高度关注恰恰表明它们在大众心目中的地位。

▲ 1861年5月号的《笨拙周报》对达尔文《物种起源》的看法。

▲ 达尔文的理论沉重打击了长期占统治地位的神创论，所以遭到许多冷嘲热讽，丑化达尔文的漫画在当时随处可见。达尔文和猴子是兄弟吗？在漫画家看来，围绕达尔文关于人类起源的观点所引起的思想混乱是许多人的本能反应。

▶ 虽然《物种起源》中阐述了动植物的性选择理论，但是直到这幅喜形于色的漫画在《名利场》（Vanity Fair）上发表后，达尔文的选择理论才得以扩展到《人类的由来及性选择》。

目　录

导　读

李思孟

（华中科技大学　教授）

全书最重要最基本的结论当然是：人类起源于某类低于人类的动物。达尔文清楚地知道，尽管他力争对自己主张的每一个观点给出尽可能完美的理由，尽管他都是从事实出发进行思考的，但是，由于能搜集到的资料还很有限（有的材料甚至只是他从朋友那里听来的故事），又由于所研究问题本身的历史性和不可重复性，他的论述不可避免地缺少科学的精确性，还存在不少的疑问，许多观点是高度推测性的，有些观点将来会被证明是错误的。但是他也坚信，他的研究有助于通向真理，他这部著作所达到的主要结论——人类起源于某种比人类低等的动物，这个结论是有根据的。

达尔文知道他的这一结论会犯众怒，会被某些人斥为是反宗教的。他给自己做的辩护是：既然能用普通的繁殖法则去解释个体人的产生，为什么不能用普通的自然选择法则解释人类的起源？物种的产生和个体的产生，都是伟大的生命发生事件。

Charles Darwin

一、本书的写作缘起

达尔文是科学界大名鼎鼎的人物,他的大名与生物进化论联系在一起,人们尊他是生物进化论之父,介绍达尔文生平事迹的文章,多得不可胜数,另外,在本丛书的《物种起源》"导读"部分,也介绍了达尔文的生平故事,所以我们在这里已无须再花笔墨介绍了,可以直奔主题,谈我们要阅读的这部著作——《人类的由来及性选择》。

《人类的由来及性选择》被认为是达尔文的第二重要科学著作。达尔文的科学著作中,最为人们熟悉、当然也是最重要的,应当说是《物种起源》。在这一著作中,达尔文系统阐述了他的生物进化论,那就是生存斗争,自然选择,适者生存,不适者被淘汰,微小的变异逐渐积累起来,生物因此而不断进化,由共同祖先进化出了当今世界千千万万种生物。此论一出,在科学界、在社会上都产生了强烈反响。保守的神创论者视生物进化论为洪水猛兽,是万恶的魔鬼言论,甚至对达尔文本人也展开了激烈的人身攻击,而支持者则为之叫好和辩护,一时间煞是热闹。《人类的由来及性选择》,是达尔文继《物种起源》之后的又一部论述生物进化论的重要理论著作。前者初版于 1859 年,后者初版于 1871年,二者相差 12 年。

达尔文为什么要写《人类的由来及性选择》?顾名思义,此书集中论述了两个大问题:人类的由来和性选择。这两个问题既相互关联又相对独立,在此要分别来讲。

首先讲人类的由来(即起源)问题。按照生物进化论,人类是生物界的一员,物种起源当然包括人类起源在内。但是,在《物种起源》一书中,达尔文并没有论述人类起源问题,仅仅是在该书的结尾部分提到:"人类的起源和历史,也将由此得到许多启示。"他是以此暗示,人类的起源方式和其他生物是一样的,关于物种起源问题的一般结论同样适用于人类。这表明,达尔文在写《物种起源》一书时已经清楚人类起源问题与生物起源问题的关联,他对这个问题也已经思考了,有了自己的观点了,只是在该书中达尔文并没有讨论人类起源问题。为什么不讨论?是缺少材料吗?不是。已经有人研究过,达尔文写《人类的由来及性选择》一书所使用的材料,在写《物种起源》时已经有了。在《物种起源》一书中不谈人类起源问题,是达尔文不愿写,不敢写,是他没有胆量写进去,他怕太刺激那些保守的人。达尔文是一个做事很谨慎的人,他也知道生物进化论与基督教义中讲的神造万物是矛盾的,生物进化论因此必将招致宗教界人士的反对,在思想被基督教主导的社会中也必定遭到攻击和怀疑。这种顾虑让他多年不敢公开发表他的生物进化论。他对自己的生物进化论思想反复推敲,力争使它的推理无懈可击,力争使它的论据更加充分,发表之后能经得起各种批评者的责难和挑剔。在这种顾虑的影响下,他对于人类起源问题采取了暂时回避的策略。他担心,如果他明确提出人类也是生物进化的产物,

---

◀19 世纪,生物学界迫切需要有一个像牛顿一样的科学巨人,能够无可置疑地证明生物进化的事实,并且给出合理的解释。这个巨人,就是达尔文。

那么他的生物进化论思想、他的自然选择学说,将会遇到更加激烈的反对,更加难以为世人接受。在《人类的由来及性选择》一书的"绪论"中,达尔文对此做了说明,他说:"多年以来,关于人类的起源或由来,我集聚了一些资料,却没有就这个问题发表著作的任何意图,毋宁说已决定不予发表,因为我考虑到,我如果发表此项著作,只会增添一些偏见来反对我的观点而已。"但是,物种起源问题与人类起源问题的关系是显而易见的,看不到这一点似乎太不应该了,太缺乏洞察力了,所以达尔文虽然是不敢谈,可还是要在《物种起源》的末尾提了一句,指出进化论将能对人类起源与历史发展问题给出明白的答案。不谈不快,如骨鲠在喉;谈又不敢谈,欲言又止,达尔文真是够为难的,最后他采取了"点到为止"的手法。

在《物种起源》一书问世 12 年以后,达尔文决定出版他的《人类的由来及性选择》。是什么原因使他改变了初衷?是什么壮了他的胆?是因为他发现,在他的《物种起源》一书问世以后,虽然受到种种责难和攻击,但是,生物进化论观点还是逐渐被大多数博物学家采纳,尤其是年青的博物学家。进化论在科学界已站住了脚,有一些年老的人反对也无关紧要,他们总是会比年轻人先离开人世的。他还发现,社会上对生物进化论观点也比较容忍了,就连宗教界也有人试图调和进化论与基督教教义的矛盾。比如有人说,生物进化论像牛顿定律一样,都是上帝的规定。一些在社会上很有地位的人,竟然也已经敢于公开表示自己是进化论者了。这种形势鼓励了达尔文,他认为时机已经成熟了,敢于发表著作专门论述人类起源了。在《人类的由来及性选择》一书的"绪论"中,达尔文对此做了说明。

《人类的由来和性选择》一书的写作目的,达尔文也在该书的绪论中有明确阐述,那就是要看一看他在"以往著作中所得出的一般结论,在多大程度上可以适用于人类"。以往的著作,最主要的就是《物种起源》。达尔文又说,考察人类的起源,这个任务具体来说有三个方面:"第一,人类是否像每一个其他物种那样,是由某一既往存在的类型传下来的;第二,人类发展的方式;第三,所谓人类种族彼此差异的价值。"

既然达尔文撰写此书的主要目的是要考察人类的由来或起源,是想说明人类如何由既往存在的低等生物类型进化而来,但是,为什么不仿照《物种起源》,把该书书名叫做《人类起源》,而要在书名中把性选择问题突显出来呢?而且,该书的实际内容,也是性选择问题占了该书大部分篇幅,这是为什么呢?关于性选择,在《物种起源》中是有论述的,只是篇幅很小,短短的两三页。这个词是达尔文发明的。有一些生物,其某些特性只见于一个性别,而且只在这一性别中遗传下去。达尔文认为,这种情况的形成,有的可能是由于雌雄两性的生活习性不同造成的,即自然选择的结果,但是,有一些情况不是这样,而是这一性根据另一性的选择造成的,他称之为性选择。达尔文说,自然选择存在于生存斗争中,即一种生物对于其他生物或外界条件的斗争中,性选择则是存在于同性个体之间为得到交配机会而进行的争斗中,常见的是雄者为占有雌者而进行的争斗中。自然选择的结果是适者生存、不适者被淘汰,或是生或是死;性选择的结果则是成功者得到与异性交配的机会,得以留下自己的后代。中国有句古话:"食色性也",得到食物和得到异性,这是最基本的需要,是本性使然,人和动物都是如此。争夺食物是生存斗争,由自然选择决定谁是强者；争夺异性是生殖斗争，由性选择决定谁是胜利者。《物种起源》中关于性选择只有很简单的论述，达尔文在准备论述人类起源时感到太不够了，必须大力补充。论述人类起源为何要大谈性选择，为何首先要让性选择理论稳固地立起来？这是因为达尔文认为，性选择对于人类起源和发展有非常重要的作用，尤其是，"性选择在使人类种族分化上起了重要作用"。考察人类由来必须论述性选择的作用，这是他在"绪论"中说的。在该书第 20 章的结尾，即论述了人类的性选择问题以后所给出的"提要"中，达尔文又说，"在我看来，我可断言，导致人类种族之间在外貌上有所差别的所有原因，以及人类和低于人类的动物之间在某种程度上有所差别的所有原因，其中最有效的乃是性选择"。达尔文既然认为性选择对人类进化的作用如此重要，那么，性选择理论是否得到承认就与他的人类起源理论的命运密切相关了。他要首先从低等动物的性选择讲起，使人们承认性选择在低于人类的动物场合中所起到的重要作用，把性选择理论立起来，然后才将其应用于人类由来问题。"凡不承认在低于人类的动物场合中也有这种作用的人将会无视我在本书第三部分所写的有关人类的一切"，这也是达尔文在该书第 20 章的"提要"中所讲的话。由此我们就可以明白，达尔文为什么会这样写这部著作了，为什么性选择问题会在此书中占了这么大的篇幅。

明白了达尔文写作《人类的由来及性选择》一书的动机和目的以后，现在我们具体看看此书内容的基本结构。此书分为三大部分，达尔文所说的三项具体考察任务，在第一部分"人类的由来或起源"中就已经都讲了。第三部分"人类的性选择及本书的结论"，是突出讲性选择在人类种族分化方面所起的重要作用。第一和第三部分合起来，内容上就是一部完整的《人类由来》。第二部分"性选择"，讲的是动物界的性选择问题，目的是使性选择理论确立起来，为第三部分打基础，使读者可以接受本书第三部分所给出的结论。第二部分内容，实际可以单独作为一部著作，是达尔文对性选择问题的系统论述。

在明白了全书的总体结构以后，让我们具体讨论本书三大部分的内容。

二、第一部分导读：人类的由来或起源

《人类的由来及性选择》一书的写作目的，如前所述，是达尔文把他关于生物进化问题的理论具体应用于人类，把人类作为生物界一个物种，讨论它的由来或起源。在该书第一部分中，达尔文就是在系统地讨论这个问题。他在"绪论"中所述的本书具体要考察的三个方面的问题，在本书第一部分中都论述到了。达尔文关于人类由来问题的基本观点，在这一部分已经完整地表述出来了，因此可以说，这一部分内容就是达尔文关于物种起源观点在人类由来问题上的应用。为了更好地理解达尔文在这一部分的内容安排，或者说是更好地理解达尔文是怎样研究和论述人类由来问题的，下面我们需要先回顾一下达尔文生物进化论的基本观点，回顾一下他在《物种起源》中是怎样解释物种起源的，然后再联系到该部分的内容。

为什么世界上有那么多种生物，为什么生物体的构造那么合理，各种器官的构造那么适应它的功能，为什么生物那么适应它所生存的环境，这些问题从古代起就极其引人注意，历代哲人给出了许多种答案，各种宗教教义也给出了不同的说明。在 19 世纪中期的欧洲，占统治地位的观点是基督教教义中所阐述的神创论观点。依据这种观点，地球上的各种生物，包括人类，都是万能的上帝在一定的时期、按照一定的目的创造出来的。生物体各器官的构造那么合乎它的功能，生物那么适应它的生存环境，这一切都是上帝的安排，体现出了上帝的智慧。各个物种一经上帝创造出来就不再变化，纵然有些变化，那也只是在该物种特征的范围内变化，决不可能产生出新的物种。达尔文的生物进化论，就是要批判这种神创论、目的论、物种不变论。

按照达尔文在《物种起源》一书中所阐述的生物进化论，世界上现存的以及在地球发展史上曾经存在过的各种各样的生物物种，都是由在它先前存在的某个物种发展变化而来的，都是既往已经存在的某种生物的后裔。这样推理下去，世界上各种生物之间是有亲缘关系的，它们具有共同的祖先。有什么证据说明这一观点呢？在当时的科学发展水平上，达尔文举出的证据主要是：1. 生物的同源器官（起源相同、生长部位和基本构造相似而形态和功能不同的器官，例如鸟类的翅膀和兽类的前肢）。2. 高等动物胚胎发育的早期阶段与低等生物胚胎的相似性，海克尔称之为重演律，即动物的胚胎发育过程按顺序重演了它的进化过程，在胚胎发育的不同阶段按顺序重现其祖先的形态。3. 动物具有痕迹器官，也就是具有一些无用的、退化的器官，例如蛇类的后肢、人类的尾椎骨等，它们表明了生物进化的历史，痕迹器官在过去曾经是正常器官。在《人类的由来及性选择》一书的第一部分第一章中，达尔文首先就是从这三个方面提出证据，证明人类起源于低于人类的动物。

生物进化的机制是什么，即一个物种是通过什么方式进化出了与之不同的新物种，这是进化论者必须回答的又一个重要问题。达尔文给出的回答是通过自然选择。所谓自然选择，就是在生物为争夺生存条件而进行的生存斗争中，具备有利变异的个体有更多可能得到生存的机会，就是适者生存，不适者被淘汰。微小的有利变异一代一代地遗传下去，逐渐积累起来，生物的性状也就发生了改变，也就获得了新的性状，生物就在不断地进化，就有可能形成新的物种。各种生物的繁殖数量远大于可以生存下来的数量，这是自然界存在激烈生存斗争的根本原因；生物变异的普遍存在，同一祖先产生出的后代个体之间是有差异的，因此它们在生存斗争中能力是有差别的，这是自然选择发挥作用的基础。在第一部分的第二章，达尔文要论述的是"人类自某一低等类型发展的方式"，即人类怎样从某一低等类型动物进化而来。他首先是用大量证据说明，今天的人类，仍然像其他动物一样，很容易发生多种多样的变异，因此人类的早期祖先无疑也是这样。接着，达尔文论述了发生这种变异的原因和变异的法则，在这个问题上，达尔文认为有两个"一样"：一是认为人类和动物一样，人类发生变异的原因及法则和低于人类的动物是一样的，这就没有给人类任何特殊的地位，把人类看成是生物界的一员，和基督教的说法完全不同。二是说过去和现在一样，生物现在发生变异和过去发生变异都是由同样的一般原因所支配的。在这里，我们明显可以看到，达尔文受莱伊尔地质学的影响很深。

莱伊尔坚持用现在仍然可以看到的、现在仍然在发挥作用的原因来解释地球历史上发生的变化，达尔文则是坚持，促使生物发生变异的原因古今是一样的。接下去就应该谈，生物发生变异的原因究竟是什么。在达尔文那个时代，科学的遗传学尚未发展起来，还不知道基因突变，达尔文对变异原因的认识是基于"泛生说"，该假说认为生物体每个单位都会放出微小的芽球，即未发育的微小颗粒，它们就是遗传物质，汇集到生殖细胞中传递给下一代，决定了下一代的发育。泛生说所讲的遗传物质是"软性的"，会因外界条件的作用而发生改变。在这样的遗传学说指导下，与拉马克"用进废退"观点相近，达尔文也认为生活条件的直接作用、器官的使用与不使用、返祖等是生物产生变异的原因，也认为生物后天获得的性状是可以遗传下去的。关于变异的法则，他主要讲了相关变异。顺便说一句，恩格斯的著作《劳动在从猿到人转变过程中的作用》，也是基于这样的理论。由于科学发展水平限制，那个时代只能做到这样。达尔文在本章中又讲到，人类也像其他动物一样，不可避免地有增殖速度超过生活资料增长速度的倾向，所以人类也不可避免地有生存斗争。这里他是采纳了马尔萨斯的人口论，不过不是在谈社会问题，而是谈人类进化。变异和生存斗争，这两者的存在就必然要发生自然选择，人类就是这样从先前存在的某种低等类型进化出来的，这就是达尔文给出的答案。

在第一和第二章中，达尔文是通过比较人类与动物的身体构造，论证人类起源于动物。如果是论述两种动物的亲缘关系，有这些比较也许就可以了，但是，由于人类在心理能力上与动物之间差别巨大，即使是动物中智力最高的猿类，其智力和心理活动的复杂性也和最不开化的人类相差甚远。因此，如果不解决人类的心理能力是如何进化出来的，人类起源于某种低于人类的动物这一结论就缺乏说服力。在第三和第四章中，达尔文专门比较人类与动物的心理能力，就是试图解决这个问题，试图说明人类的心理机能与动物有连续性，人类的心理能力也是可以进化出来的，并不必须由上帝创造。他从人类和动物共同具有的某些本能（如自我保护、性爱、母爱、吸乳能力等）讲起，按照从低到高的顺序，分析了人类的各种心理能力，包括情绪、好奇心、模仿性、注意力、记忆力、想象力、理性、制造工具、抽象力、自我意识、语言、美感、信仰、道德观念、社会性等，真可以说是面面俱到。他的目的是要说明，尽管人类与最高等动物的心理差异是巨大的，但是这种差异仅是程度上的，并非是种类上的、根本性的。人类所自夸的各种情感和心理能力，其实都并非人类所特有，在低于人类的动物中已经存在，只不过是处于某种萌芽状态，也只不过常常是以本能的形式表现。有的动物，情感和心理能力甚至还相当发达，例如家养的狗。达尔文还对狼和家养的狗的情感和心理能力进行了比较，说明情感和心理能力可以通过遗传而逐渐进步。

有人质疑说，有一些高级心理能力，如自我意识、道德观念、对上帝的信仰等，绝对是人类所特有，如果说人类是起源于动物，这类心理能力是如何来的。达尔文对此给出了这样的回答：有一些心理能力可能为人类所特有，但这些能力很可能仅仅是其他高度进步的智能所衍生出的结果，而且，这些能力并非是全人类所共有的，文明社会的人和未开化社会的人差别很大。在第一部分的第五章，达尔文专门论述"智能和道德官能在原始时代和文明时代的发展"，就是要解释人类怎样从那些类似于动物的心理能力，发展出了人类所特有的文明。在这一章中,达尔文的论述分三个层次。首先他论述的是,在人类从半人类状态进步到未开化状态的过程中,自然选择使得智力不断进步。那些最精明的、发明和使用最优良的工具和武器的人,将能最好地保卫自己,将能养育最大数量的后代。第二个层次论述的是,在从未开化状态向文明社会发展的过程中,自然选择也发挥了重要作用。达尔文承认,文明在许多方面对自然选择的作用有所抑制,例如文明社会中出于爱心和同情心对弱者的救助、最强壮的人要到战场上去打仗而弱者却留在家中、当时英国实行不管能力大小都由长子继承遗产的制度,诸如此类的制度和习俗,都使弱者有了更多的生存机会而避免被淘汰,妨碍了人类素质的进化。但是,达尔文说,尽管如此,依然可以发现,文明社会人的身体要比未开化人强壮,寿命并未减少,自然选择显然还是偏袒那些有良好食物和困苦较少的人。在文明社会中,才智较高的人要比才智较低的人获得较大的成功,如果没有其他方面的抑制将会增加其数量。达尔文在本章论述的第三层次内容是,所有的文明民族,都曾经一度是未开化即野蛮民族。这三个层次的内容连贯起来就说明,在从低于人类的动物进化出来以后,人类文明是在不断发展的,逐步经由半人类状态、未开化的原始状态上升到文明社会,自然选择在其中起了重要作用。

经过前几章的论述,达尔文认为已经能够说明,人类是起源于低于人类的某类动物,人类是生物进化的产物。接着,在第六章中,达尔文要论述"人类的亲缘和系谱",要用他的进化论观点确定人类在生物自然分类中的位置,也就是要确定人类在生物分类系统中属于什么门、纲、目、科、属、种,说明其他生物与人类的亲缘关系,生物中与人类亲缘关系最近的是什么。关于人类在生物分类系统中的地位,在达尔文之前已有多人发表了有影响的观点。认为人类与四手类即猿猴类动物相近,这种观点先前也已有人提出。例如,18世纪的大分类学家林耐,尽管他没有说人类与四手类有亲缘关系,有共同祖先,但是,依据结构上的相近,他还是把人类和四手类共同放在一个目(灵长目)中。在这一章中,达尔文首先对有关人类分类地位的各种观点做了评论,表明自己的立场。第一,他认为,不能把人类的不同种族列为不同的物种。人类种族之间虽然差异很大,但种族之间没有明显的界限,而是逐渐过渡的。如果人类是属于不同物种,那么是否有共同起源就成了问题。第二,他不同意把人类与动物界的差别过分夸大,把人类独立列为一界,与动物界植物界并列,因而把生物分为三大界。如果人类不属于动物界,人类起源于动物界的观点就会遇到更大的困难。第三,达尔文不同意把人类列为哺乳动物纲的一个亚纲。第四,他认为,纵使是把人类单独列为一个目,那也是过分强调了人类与四手类之间的性状差异在分类学上的重要性,而忽视了彼此之间在结构上许多基本相似之处。达尔文最后表达的观点是,人类在分类上只是一个科,甚至是只能列为一个亚科,人类和猿猴类都是起源于旧世界的猴类。他赞同林耐的观点,把人类与四手类放在同一个目中。林耐只是依据人类和四手类结构的相似而把他们放在同一个目中,达尔文却是以进化论观点把猿猴类看做是人类的近亲,他们有共同的祖先,结构上的相似是他们有共同起源的证据。达尔文在说明人猿同祖的时候特别指出,不能因此就假定包括人类在内的整个猴类系统的早期祖先同任何现存的猿或猴是完全一致的,即使是认为非常相似也不应该。人类是从旧世界的猴类进化出的一个特殊分支,而现存的猿猴类是进化的另一分支,人猿同祖的"祖"现在已经不存在了。

在这一章中,达尔文还探讨了整个动物界各主要类群之间的亲缘关系,即动物界的进化过程,从而给出了一幅动物界进化的总体图案。他把人类的位置摆在动物界进化的最高点,他称人类的产生是宇宙的奇迹和光荣。基督教教义说整个世界都是为人类而准备的,上帝是为人类而创造了世界,达尔文从进化论观点对这个说法给出了一个新的理解。他也说这个世界好像是为人类的出现而准备的,因为人类的诞生要归功于祖先的悠久系统,经过极其漫长的进化链索才进化出了人类,这条链索的任何一个环节如果从来没有存在过,进化的最后结果大概就不会是现在这个样子,就可能不会出现现在这样的人类。在论述过人猿同祖以后,达尔文没有忘记告诉人们:无须为此感到羞耻,最低等的生物也远比我们脚下的无机尘土高出很多。也许他在这里是暗指,上帝是用泥土创造了人的身体。

在第一部分的第七章,达尔文探讨的是他在本书"绪论"中讲到的此书写作目的的第三项:探讨人类种族差异的价值。人类种族之间在许多方面有明显的差异,如肤色、毛发、脸形、身高等。所谓人类种族差异的价值,他是指从生物分类的角度看,人类的种族差异的意义有多大,其重要性是否足以支持把人类的不同种族划分为不同的生物物种。达尔文反对把人类不同种族划分为不同的物种,在第六章中他已表明了这一观点,在第七章中他是详细说明他持这种观点的理由,也探讨了人类种族差异的起源问题。首先,他讨论了将生物不同类型划分为不同物种的常用标准,主要是以下几条:他们之间的性状差异是否与结构有关而且在生理上有重要意义,他们之间的性状差异是否稳定,他们杂交产生的后代是否有正常的生育能力,两个亲缘关系密切的类型之间是否有把他们联系起来的过渡类型。达尔文从这些方面考察了人类种族之间的差异,考察了种族之间交往和婚配的结果(很多事实是与欧洲的海外殖民有关),同时也考察了主张把人类不同种族划分为不同物种者给出的理由,从而得出了他的观点:人类种族差异的价值不足以把他们划分为不同的物种,主张划分为不同物种的理由是不能令人信服的。关于人类种族差异形成的原因,达尔文发现,生活条件的直接作用、身体各部分的连续使用、器官相关原理等等常用于解释生物变异产生的理由,若用于解释人类种族差异的产生原因,都不能给出令人满意的解释。他认为,人类种族之间的差异,预料是处于性选择影响之下的一类差异。他感到,为了能充分说明性选择对生物进化的作用,对人类种族分化的作用,有必要对整个动物界的性选择问题给以回顾,这就引出了本书第二部分的内容:性选择。

三、第二部分导读:性选择

第二部分与第一部分内容"人类的由来或起源"既密切相关而又相对独立,把它单独出来作为一部著作也未尝不可。达尔文之所以在谈人类起源的著作中大谈性选择,是因为他感到,人类由来,特别是人类的种族分化,只用自然选择不能给出令人满意的解释,其中有些问题与性选择密切相关,人们若不能接受他的性选择理论,也难以接受他关于人类起源和人类种族分化问题的观点,而他在《物种起源》中关于性选择问题又谈得太少,还没有把性选择问题论述清楚,因此需要在他这部论述人类起源问题的新著作中用很大篇幅谈性选择问题。

在第二部分的起首篇章即全书的第八章,达尔文首先论述了性选择的一般原理,在接下来的第九至第十八章中,以动物界的纲为单元,按照从低等到高等的顺序,分别论述从低等动物到哺乳动物各纲的第二性征。第二性征是性选择作用的对象,是在性选择作用下进化而来。达尔文用这么大的篇幅、这样丰富的材料论述动物第二性征,意在说明性选择在有两性分化的动物中是普遍存在的,是动物进化的另一种机制。

前面已经说到,达尔文在《物种起源》一书中对性选择已给出定义,已有简略的讨论。在本书第八章中,达尔文对性选择的一般原理给出了更详尽的论述,并且与自然选择做了详细比较。现在生物学界一般认为,性选择是自然选择的一种特殊形式,是包括在自然选择之中的,不过,在写作《人类的由来及性选择》时,达尔文可能不是这样认为的,他是把性选择作为与自然选择不同的另一种选择方式来论述的。是因为有些问题用自然选择难以解释,他才提出了性选择。达尔文 1860 年 4 月写给美国生物学家阿萨·格雷的信中说,"不管什么时候,只要盯住看孔雀尾巴上的一片羽毛,就会使我头大如斗"。孔雀的大尾巴是怎么进化出来的,就是一个让达尔文感到用自然选择很难解释的问题。也许是为了强调性选择的作用,他限制了归于自然选择的作用。在本书第二章中,他说,"我承认我在《物种起源》最初几版中,也许归功于自然选择或最适者生存的作用未免过分了","我相信在我的著作中这是迄今所发觉的最大失察之一"。在这部著作中,他清楚地表达出了这样的信息:对于物种进化,在很多情况下,性选择起到了与自然选择同样重要的作用,有时甚至超过了自然选择的作用,例如对于人类的起源和进化。在《人类的由来及性选择》最后一章即全书的结论部分,达尔文说,"在我来说,我可断言,导致人类种族之间在外貌上有所差别的原因,以及人类和低于人类的动物之间在某种程度上有所差别的原因,其中最有效的乃是性选择"。达尔文如此强调性选择的作用,以至于该书发表以后有人要问:达尔文先生,性选择和自然选择,究竟哪一个更重要? 也有人说,因为发现人类身体构造的许多细小部分不能用自然选择来解释,于是达尔文发明了性选择。达尔文在该书第二版的序言中说到了这些问题。

在第八章中,达尔文很注意对性选择与自然选择进行比较,说明二者的不同之处,力求给性选择以明确的定义,明确划出性选择作用的范围,明确区分性选择作用的结果,使人们能对性选择有比较清晰的认识。但他也注意到,自然选择的作用与性选择的作用有时是很难区分的。雄鹿头上那树枝样的角,对于生存没有什么意义;雄孔雀那美丽的大尾巴,对于生存是有害的,这些毫无疑问是性选择作用的结果。但是,有些情况就不那么好说了。比如,有些海洋甲壳类动物的雄性个体一旦到达成年,它们的足和触角就会发生一种异常的改变,以便在交配时牢牢地抱握雌者,使得在交配时不被海浪冲开,这些抱握器官虽然是雄性特有,但很可能是自然选择而不是性选择的结果。又如,某些蚊类的雌者都是吸血虫,而雄性个体则以花蜜为生,其口器缺少吸血构造;萤火虫雌性个体无翅,不能飞翔,像这样的雌雄个体构造差异的形成可能与生殖行为有关,是性选择的结果,但也可能是与生活习性有关,是自然选择的结果。有袋类哺乳动物雌性个体的育儿袋,则比较肯定是与生活习性相关。达尔文对此的处理方式是,关于雌雄个体之间那些与生活习性有关的差别,那些与营养及保护其后代有关的差别,在论述性选择在各类动物中发生的作用时将不多谈。他要特别注意充分讨论的,是雄性个体用以战胜其同种同性对手的、以及用以向雌性个体献媚或刺激雌性个体那些构造和本能,比如雄性个体的较大体型、力量、好斗性、用以向竞争对手进攻的武器或防御手段、绚丽的色彩和装饰物、鸣唱的能力等,这些特征可以比较肯定是性选择作用的结果。

对性选择的主体做一些进一步的分析是很有意思的。人工选择的主体是人,选择出合乎人的要求的动植物个体进行繁殖,这是人类培养家养动物和栽培植物新品种的方式。在这里作为主体的人,是有意识有思维能力的。自然选择的主体是自然条件,适者生存,不适者被淘汰,自然界的生物因此而进化,这里作为选择作用主体的是无意识的自然界,自然选择是依照自然规律进行的。性选择实际上是起源于动物(主要是雄者)的求爱激情、勇气,选择结果还取决于雌者的意愿、审美能力和鉴别能力,所以性选择的主体是动物自己,选择是由动物自己进行的。性的争斗有两种:一种是同一性别(一般是雄者)个体之间进行斗争,胜利者赶走或杀死失败者;另一种斗争形式也是主要在雄性个体之间进行,但形式是"文明"的,雄性个体争相刺激雌性个体或向雌性个体献媚。在前一种斗争形式中雌性个体比较被动,它们似乎是胜利者的战利品;在后一种斗争形式中,雌者看来则是主动的,是由它选择自己满意的配偶,雌者的主体地位很明显。这就引发出一个问题,动物有审美能力吗? 雌者在选择中是有意识的吗? 性选择难以说是按自然规律进行的,性选择产生的结果不一定有利于生存,甚至有害,但是人们一般又不愿意说动物是有意识的,因而称之为本能。尽管如此,达尔文还是把它与人类社会意识、道德意识的产生联系起来。由动物在性选择过程中的表现,可以看出它们能知道并且很重视自己在自己所属的那个社会中的地位,它们重视社会其他成员对自己的看法,知道怎样讨其他成员的欢心。达尔文认为,人类社会的道德意识就是由这种本能起源的。在当今的人类社会中依然如此,一个不重视自己的名誉、不知道让别人高兴的人,决不会是道德高尚的人。性选择起因于性爱,因此可以说性爱乃是爱的本原,爱的开始,由此可以进化出人类之爱,一直发展到"爱人如己"这种最高境界的爱。只有自然选择,不好解释道德的起源,不好解释两性间的差异,加上性选择就好解释了。所以,性选择理论是对自然选择理论的重要发展和补充。《人类的由来及性选择》是达尔文继《物种起源》之后又一部重要的理论著作。自然选择被一些人形象化为"弱肉强食",是争斗的过程,那是一幅很残酷的画面,甚至可以说是血淋淋的画面,有的殖民主义者就以自然选择理论为自己惨无人道的行为辩护。再看性选择,那却是从爱出发,虽有争斗但也有许多美好的画面。生物的进化有斗争也有爱,这是达尔文《人类的由来及性选择》一书传出的新认识。把他的性选择理论与自然选择理论结合起来,才能全面正确地理解他的进化论。

正是因为性选择问题意义重大,达尔文才愿意花很大篇幅来讨论性选择问题。按照这种目的、这种思路,他广泛搜集与性选择有关的材料,细心组织材料,目的就是要使他的性选择理论成立起来。从第九章开始，直到第十八章，达尔文用丰富的材料，具体讨论各纲动物的性选择。在这里我们不准备对这些章的内容一一具体介绍了，那需要花费太大的篇幅，但是必须说明，这些章的内容丰富而且有趣，非常值得一读。直到现在，它仍然是讲述性选择问题经典著作。

四、第三部分导读：人类的性选择及本书的结论

在第二部分讨论过动物的性选择以后，达尔文又回到人类起源问题上来。在第十九和二十章中，达尔文着手论述人类的第二性征，包括外貌、能力和心理的差异。在达尔文看来，男人的体格、精力、力气、勇气、好斗性等都明显大于女人，这是由于性选择的结果，是在世世代代男人为占有女人而进行的争斗中逐渐发展起来的。他还认为，女人体毛较少，这也是性选择的结果。最初，去毛可能是女性用以讨好男性的一种装饰方式，因连续多代的作用而遗传下去，而且不只遗传给了女性后代，也遗传给了男性后代，这既造成人类比他们的动物祖先体毛少，而且也是人类女人比男人体毛少的原因。

达尔文还用性选择解释人类种族的起源，认为那是由于不同地方的原始人类在性选择中有不同的审美标准所致。人类种族之间的显著差异是在外貌上，如肤色、脸形、鼻子形状、胡子多少等，这些特征与生活能力没有直接关系，不能用自然选择来解释，与性选择倒是关系密切，因为关系到美貌问题。由于不同地方的人对美貌有不同的认识，因而在性选择中有不同的标准，导致向不同的方向进化，最后形成了不同的种族。为说明他的这些观点，达尔文需要拿出事实，证明种族间的差异与生活环境无关，也不是自然选择的结果，例如黑人不是因为生活在热带而变黑的，白人有高鼻梁不是因为他们生活在寒冷地方，能给吸入的空气加温，等等。达尔文还需要拿出事实证明，不同地方的人有不同的审美标准。西方殖民者的海外扩张，提供了一些这方面的材料。

有人说达尔文这本书中对动物性选择的论述有拟人化的倾向，这种批评不无道理。在论述人类的性选择时，达尔文则是常常把人类与动物相比较，有把人"拟动物化"的倾向。人类的性选择与动物并无本质差别，这是他的进化论思想的必然结果。但是，人类毕竟是特殊的生物，是社会性高度发达的生物，达尔文不能不注意到人类社会的特殊性。他谈到，越是原始的、未开化的人类，性选择的作用就越强，为此他尽力使用关于原始人类部落的材料，利用对人类原始社会的研究成果。关于人类社会影响性选择发挥作用的因素，他也做了分析。达尔文这样的陈述方式应当说是很高明的，一方面强调了人类自身是在进化，有利于进化论思想的确立，同时也预防有人以文明社会的状况否定性选择对人类的作用。

关于人类的起源和进化，到此达尔文已经给出了一个有完整体系的论述，他要对他的观点做出总结了，这就是本书第二十一章"全书提要和结论"的内容。

全书最重要最基本的结论当然是：人类起源于某类低于人类的动物。达尔文清楚地知道，尽管他力争对自己主张的每一个观点给出尽可能完美的理由，尽管他都是从事实

出发进行思考的,但是,由于能搜集到的资料还很有限(有的材料甚至只是他从朋友那里听来的故事),又由于所研究问题本身的历史性和不可重复性,他的论述不可避免地缺少科学的精确性,还存在不少的疑问,许多观点是高度推测性的,有些观点将来会被证明是错误的。但是他也坚信,他的研究有助于通向真理,他这部著作所达到的主要结论——人类起源于某种比人类低等的动物,这个结论是有根据的。

达尔文知道他的这一结论会犯众怒,会被某些人斥为是反宗教的。他给自己做的辩护是:既然能用普通的繁殖法则去解释个体人的产生,为什么不能用普通的自然选择法则解释人类的起源?物种的产生和个体的产生,都是伟大的生命发生事件。

达尔文在本章中所总结的观点,还有一些也是犯了众怒的。

达尔文不但认为人的身体结构是从动物发展延续下来的,而且认为人的意识、人的心理机能也是从动物延续下来的,人的道德观念发源于动物本能,就连人类特有的对神的信仰这样高尚的精神意识,也可以从动物那里找到起源。人和动物在心理机能上有连续性,人和动物意识的内容没有根本差别而只有程度上的差别,这种观点也令很多人反感,觉得是对人类的侮辱。

达尔文的另一个让一些人反感的论点,是有人说他是一个大男子主义者。他的理论确实可以为大男子主义提供依据,因为他说男子在很多方面比女子强,不但是体力上,智力、精力、想象力、意志力也强于女子,这是性选择作用的结果,而女子比男子强的方面似乎只是更温柔、更少自私。且不说在主张男女平等的今天,很少有人说这样的话,就是在达尔文那个时代,这样的话也被认为是过激的。达尔文其实是很尊重妇女的,是坚决反对虐待妇女的,他认为奴隶制和虐待妻子是人类两大可耻的事,虐待妻子是未开化的表现,礼貌对待妇女是社会进化的一个标志。他说他不以是猴子的后裔感到耻辱,但是他羞于是粗野的、未开化人的后裔。尽管他很尊重妇女,但这似乎是强者对弱者的尊重,是居高临下的尊重,依然可以列入大男子主义。

还有人认为,达尔文是一个种族主义者,尽管比较温和。他认为人类各种族从生物学意义上说属于同一物种,没有本质差别,虽然如此,但是他认为不同种族在进化程度上有差别。像那时大部分英国上层社会男士一样,认为自己是文明的代表,把殖民地的土著称为野蛮人。达尔文不但是看不起土著人,可以说他还鄙视穷苦人。他赞成他表弟高尔顿的观点,认为穷人是天赋不高,生性懒惰,穷人应该限制结婚和生育,才有利于人类进化。达尔文的这些观点,当然也受到了批评。

有人反对,有人攻击,有人批评,当然也有人赞赏,有人热捧。《人类的由来及性选择》一出版就引起轰动,很快就多次重印,广泛传播,产生了重要影响。

站在当今的科学高度回头观看,更可看出本书的深远影响。

达尔文开创的人类起源研究,发展成为一个专门的学科,叫做人类学。达尔文写《人类的由来及性选择》时,主要是依据解剖学、胚胎学提供的间接证据和进化论的一般原理。19世纪末以后,陆续发现了很多古猿类和古人类化石,为研究人类起源提供了直接证据。现在,已经可以大致划分出从古猿到古人再到今人各阶段的发展时间段,大致划出人类的起源地和迁移路线。

动物行为学和生殖生物学的发展都受到达尔文性选择理论的影响。达尔文研究性选择，主要依据博物学家的观察资料，后来的研究则大量使用了实验手段，不但证明动物确实有性选择，还探讨动物在性选择行为中，感受器官接受的信息如何通过中间系统（神经系统、内分泌系统等）产生出选择的行为。美国海伦娜·克罗宁写的《蚂蚁和孔雀，耀眼羽毛背后的性选择之争》，既是专业的又很有可读性，读一读可了解性选择理论的历史发展和当代的研究状况。

达尔文关于人类心理机能与动物的连续性及其进化过程的论述，对心理学研究有根本性的指导意义。在其影响下，心理学的主要研究课题从"意识的内容"转向"意识的机能"，注重研究同一群体不同成员的心理差异。20世纪的著名心理学家和心理学流派，例如弗洛伊德、皮亚杰等，在他们的理论中都可见到达尔文的影响。

遗传学在20世纪得到大发展，有人发现，人的天赋、人的道德意识也是可以遗传的，达尔文关于人类道德起源的论述得到支持。

在生物学领域，在社会学领域，许多学科、许多理论的发展都受到达尔文人类起源和性选择理论的影响，难以一一枚举。今日重读《人类的由来及性选择》，既有助于理解历史，理解生物发展史和生物学发展史，也有助于理解当今的相关学问。

舒德干院士一席演讲：
5亿年前的人类远祖（视频版）

舒德干院士一席演讲：
人类的由来（音频版）

内 容 简 介

    本书是伟大科学家达尔文的重要著作。著者从各个方面以无可反驳的事实和论据阐述了人类是从猿类进化而来的,同时详细地论述了性选择的问题。这一伟大著作为生物进化论奠定了基础,同时对社会科学的进展也发生过重大影响。马克思、恩格斯、列宁对达尔文以及他的科学著作给予很高的评价,至今仍闪耀着不可磨灭的光辉。1974 年,前英国首相希思访华时,曾将此书英文版赠送给毛泽东。

    本书分为三个部分:(1)人类的由来或起源,说明人类起源于某一低等生物的证据和人类同低于人类的动物的心理能力比较,人类的亲缘关系及其系谱等。(2)性选择,说明性选择的原理及动物界的第二性征。(3)人类的性选择及本书的结论。

多配性的流苏鹬（*Machetes pugnax*）以其极端的好斗性而闻名；其雄鸟的体形大大超过雌鸟，它们在春季日复一日地聚集于某一特定的地点，那里就是雌鸟打算产卵的地点。捕鸟人根据草皮被践踏得有点光秃的情况就可发现这种地点。雄鸟在这里厮打，很像斗鸡那样，互相用喙啄住不放，彼此以翅相击。

第二版序言

Preface to the Second Edition

  本书第一版自 1871 年问世之后，连续重印数次，于是我得以进行了几处重要的改正；现在，更多的时光流逝过去了，我曾尽力从本书所经历的严峻考验中吸取教益，并且对于我认为是正确的批评全部加以利用。我还非常感激大量和我通信的人，他们提出的新事实和意见之多实足惊人。这些事实和意见的数量如此之多，以致我只能采用其中比较重要者；关于这些，以及比较重要的改正，我将附列一表。新加了一些插图，有四幅旧图代以更好的新图，这些都是伍德（T. W. Wood）先生写生的。我必须特别唤起读者注意：关于人类和高等猿类的脑部之间的差异，有些观察材料系得自于赫胥黎教授，其文作为附录载于本书第一部分之末，对此谨表谢忱。我特别高兴转载这些观察材料，是因为最近几年来在欧洲大陆上发表了几篇有关这个问题的研究报告，在某些场合中它们的重要性都被一些普通作者过于夸大了。

  我愿借此机会表明，我的批评家们常常设想我把身体构造和心理能力的一切变化完全归因于对那种所谓自发变异的自然选择；恰恰相反，甚至我在《物种起源》第一版中已经明确谈到，关于身体和心理，重大的影响必须归于使用和不使用的遗传效果。我还把一定的变异量归因于变化了的生活条件的直接而长期的作用。偶尔发生的构造返祖也起了一份作用，千万不要忘记我所谓的"相关"生长，其意义为：体制的各个部分在某种未知的方式下而彼此密切关联，以致当某一部分发生变异时，另一部分也跟着发生变异；如果某一部分的变异由于选择而被积累起来，其他部分就要发生改变。再者，还有几位评论家说，当我发现人类身体构造的许多细小部分不能用自然选择来解释时，我便发明了性选择；然而我在《物种起源》第一版中对这一原理已经作了相当清楚的概述，我在那里已经提到，这一原理也可应用于人类。本书以充分的篇幅讨论了性选择这个问题，这只是因为我在这里第一次得到了这样的机会。给我印象最深的是，许多对性选择的批评是半赞同的，这和对自然选择的最初批评颇为相似；例如，这些批评家们说，性选择只能解释少数的细小构造，而不能应用于我所运用的那样大的范围。我对性选择力量的信念还是坚定的；但此后也许会发现我的结论有错误，这是可能的，几乎是肯定的；当第一次讨论一个问题时，这是在所难免的。当博物学者们熟悉了性选择的概念之后，我相信它被接受的部分当会增多；若干有才能的专家们已经充分赞同这一原理了。

1874 年 9 月于肯特郡贝克纳姆的党豪思别墅(Down，Becken ham，Kent)

绪 论

• *Exordium* •

　　本书的唯一目的在于考察：第一，人类是否像每一个其他物种那样，是由某一既往存在的类型传下来的；第二，人类发展的方式；第三，所谓人类种族彼此差异的价值。

对本书的写作过程加以简短说明，将会使其主旨得到最好的理解。多年以来，关于人类的起源或由来，我集聚了一些资料，却没有就这个问题发表著作的任何意图，毋宁说已决定不予发表，因为我考虑到，我如果发表此项著作，只会增添一些偏见来反对我的观点而已。在我的《物种起源》第一版中已指明，这一著作将使"人类的起源及其历史清楚明白地显示出来"，我觉得指明这一点似乎就足以说明问题了；这暗示着，关于人类出现于地球之上的方式，人类同其他生物必定一齐被包括在任何的一般结论之中。现在情况已完全改观了。一位像卡尔·沃格特（Carl Vogt）那样的博物学家，以日内瓦国立研究院院长的身份，竟敢在其演说（1869 年）中大胆表示，"至少在欧洲，恐怕已无一人仍主张物种是独立创造的了"，显然，至少是大多数博物学者必须承认，物种乃是其他物种的变异了的后裔，年轻而朝气蓬勃的博物学者们尤其如此。多数人已承认自然选择的作用，虽然有些人极力主张我过高地估计了它的重要性，这是否公正，未来必会作出定论。在自然科学界年高可敬的诸位领袖人物中，不幸还有许多人依然以各种方式反对进化论。

进化观点现已为大多数博物学者们所采纳，而且正如在一切其他场合中那样，最终亦将为科学界以外的人士所遵循，因此，我才把有关资料编在一起，以便看看在我已往著作中所得出的一般结论，在多大程度上可以适用于人类。因为我从来没有审慎地把这些观点应用于单独一个物种，所以这一工作似乎更加需要了。当我们把注意力局限于任何一种生物类型时，我们便丧失了把整个生物类群连接在一起的亲缘关系性质所导出的重大论据，如生物过去和现在的地理分布，生物在地质上的演替。所余者，还有一个物种的同源构造、胚胎发育以及残迹器官可供研究，无论其为人类或任何其他物种，我们都可把注意力对准这些方面；不过在我看来，这几大类事实提供了充分而确定的证据，以支持逐渐进化的原理。然而，来自其他论据的支持，也应时刻留心。

本书的唯一目的在于考察：第一，人类是否像每一个其他物种那样，是由某一既往存在的类型传下来的；第二，人类发展的方式；第三，所谓人类种族彼此差异的价值。由于我的考察仅限于这几点，所以无须详细描述若干人类种族之间的差异——这是一个巨大的课题，已在许多有价值的著作中进行了充分的讨论。人类的高度悠久性最近已为许多卓越人士的工作所证实了，其中以布歇·德·佩塞（Boucher de Perthes）为始，对于理解人类的起源，这是必不可少的基础。所以，我认为这一结论已经确立，并且奉劝读者们阅读查理士·莱伊尔爵士（Sir Charles Lyell）、约翰·卢伯克爵士（Sir John Lubbock）以及其他人士的令人钦佩的论著。至于人类和类人猿之间的差异量，我也没有必要再加以说明，因为，最有能力的评论家们认为，赫胥黎教授（Prof. Huxley）对此已经无可争辩地加以阐明了，在每一个可见的性状上，人类与高等猿类之间的差异小于高等猿类与同一灵长目（Primates）的低等成员之间的差异。

关于人类，本书简直没有任何崭新的事实，但是，当我写成一个初步草稿之后，我所得出的结论对我来说还是有趣的，我想它也许会使其他人感到兴趣。常常有人自信地断

◀叫鸟（Palamedea）在每张翅上都装备了一对距，这是一种非常可怕的武器，据了解，只要用它一击就会把狗打得哀号而逃。但在这种场合或在某些具有翅距的秧鸡类（rails）的场合中，雄鸟的距并不见得比雌鸟的大。

言,人类的起源决不可知;但是愚昧无知往往要比渊博学识更会招致自信;正是那些所知甚少的人们,而不是那些所知甚多的人们,才会如此肯定地断言这个或那个问题决非科学所能解决。人类和其他物种都是某一个古远的、低等的而且灭绝的类型的共同后裔,这一结论在任何程度上都不是新的了。拉马克(Lamarck)很久以前就得出了这一结论,晚近又为几位卓越的博物学者和哲学家所坚持。例如,华莱士(Wallace)、赫胥黎、莱伊尔、沃格特、卢伯克、比希纳(Büchner)、罗尔(Rolle)等,①特别是赫克尔(Häckel)。最后这位博物学者,除了他的巨著《普通形态学》(Generelle Morphologie,1866)外,最近又发表了《自然创造史》(Natürliche Schöpfungsgeschichte,1868 年初版,1870 年再版),他在这一著作中充分讨论了人类的系谱(genealogy)。如果这一著作发表在本书脱稿之前,我大概永不会再继续写下去了。我发现,几乎所有我得出的结论,都被这位博物学者所证实,他的学识在许多方面都比我渊博得多。凡是我根据赫克尔教授的著作所补充的任何事实和观点,均在本书中指明其出处;其他叙述则一如本书原稿的本来面貌,间或在脚注中注明他的著作,以证实比较含糊的或有趣的各点。

多年来我一直觉得非常可能的是,性选择(sexual selection)在使人类种族分化上起了重要作用;但在我的《物种起源》(第一版,199 页)中,仅仅暗示这一信念,当时已使我感到了满足。当我开始把这一观点应用于人类时,我发现对整个性选择问题进行充分详细的探讨②是必不可少的。因此,本书探讨性选择的第二部分,同第一部分相比,便显得过于冗长,但这也是无法避免的。

我曾打算在本书中附加一篇有关人类和动物的各种表情的文章。许多年前查理斯·贝尔(Charles Bell)爵士的一本可称赞的著作唤起了我对这个问题的注意。这位杰出的解剖学者主张,人类被赋予的某些肌肉专为人类的表情之用。由于这一观点显然地反对人类是从某一个其他低等类型传下来的信念,因此我有必要对这个问题进行讨论。我还愿查明,不同人类种族在多大程度上是以同样方式来表情的。但是由于本书的篇幅有限,我以为把这篇文章留待他日单独发表为宜*。

---

① 前几位作者的著作如此驰名,以致我无须再举其书名,但后几位的著作在英国却不甚为人所知,我愿把这些书名提一下:《达尔文学说六讲》(Sechs Vorlesungen über die Darwin'sche Theorie),比希纳著,1868 年再版;1869 年译为法文,书名为"Conférences sur la Théorie Darwinienne"。《由达尔文学说所显示的人类》(Der Mensch,im Lichte der Darwin'sche Lehre),冯·罗尔博士著,1865 年。我不想把那些在这个问题上和我站在一边的所有作者一一举出。例如,还有卡内斯垂尼(G. Canestrini)发表过的一篇很奇妙的论文,讨论同人类起源有关的残迹性状[原载《摩德纳自然科学协会年报》(Annuario della Soc. d. Nat.,Modena) 1867 年,81 页]。巴拉哥(F. Barrago)博士用意大利文发表过另一篇著作,名为《人类既是按照上帝的形象造成的,也是按照猿的形象造成的》(Man,made in the image of God,was also made in the image of ape)。

② 在本书最初问世之前,赫克尔教授是唯一的一位对性选择进行了讨论的作者,在《物种起源》出版后,他就看到了它的充分重要性,他在各种著作中以非常漂亮的方式处理了这一问题。

* 于 1872 年出版,名为《人类和动物的表情》(Expression of the Emotions in Man and Animals)。——译者注

第一部分

人类的由来或起源

The Descent of Origin of Man

我曾着眼于两个明确的目的,其一,在于阐明物种不是被分别创造的,其二,在于阐明自然选择是变化的主要动因,虽然它大部分借助于习性的遗传效果,并且小部分借助于环境条件的直接作用。然而,过去我未能消除我以往信念的影响,当时这几乎是一种普遍的信念,即各个物种都是有目的地被创造的;这就会导致我不言而喻地去设想,构造每一细微之点,残迹构造除外,都有某种特别的、虽然未被认识的用途。一个人如果在头脑里有这种设想,他自然会把自然选择无论过去或现在所起的作用过分夸大。有些承认进化论但否定自然选择的人们,当批评我的书时似乎忘记了我曾着眼的上述两个目的;因此,如果我在给予自然选择以巨大力量方面犯了错误——这是我完全不能承认的,或者我夸大了它的力量——在其本身来说这是可能的,那么我希望,至少我在帮助推翻物种被分别创造的教条方面作出了有益的贡献。

第一章　人类起源于某一低等生物类型的证据

有关人类起源证据的性质——人类和低于人类的动物的同源构造——有关一致性的各点——发育——残迹（退化）构造，肌肉，感觉器官，毛发，骨骼，生殖器官等——这三大类事实同人类起源的关系

如果一个人想要决定人类是否为某一既往生存类型的变异了的后裔，他最初大概要问，人类在身体构造和心理官能（mental faculties）方面是否变异，哪怕是轻微的变异；倘如此，则这等变异是否按照普遍适用于低于人类的动物的法则遗传给他的后代。还有，就我们贫乏知识所能判断的来说，这等变异是否像在其他生物的场合中那样，乃是同样的一般原因的结果，并且受同样的一般法则所支配；例如，受相关作用，使用和不使用的遗传效果等等法则所支配？作为发育受到抑制、器官重复等等的结果，人类是否会变成同样的怪相，并且人类的任何畸形是否表现了返归某一先前的、古远的构造型式？自然还可以这样问，人类是否像如此众多的其他动物那样，也产生彼此仅有微小差异的变种（varieties）和亚族（sub-races），或者产生差异如此重大的种族（race）而必须把它们分类为可疑的物种？这等种族如何分布于全世界；而且，当他们杂交时，他们在第一代和以后各代彼此发生作用吗？此外，还可追问其他各点。

追问者其次将问到重要之点，即，人类是否以如此迅速的速度增加，以致不时引起剧烈的生存斗争；结果导致无论身体或心理方面的有益变异被保存下来了，而有害的变异被淘汰了。人类的种族或种（species）无论用哪个名词都可以，是否彼此侵犯，相互取而代之，因而有些最终归于灭绝？我们将会看到，所有这些问题一定可以按照对低于人类的动物的同样方式得到肯定的回答。就大多数问题来说，的确显然如此。但对刚才所谈到的几个需要考虑的问题暂时推迟予以讨论，可能是方便的。我们先看一看，人类的身体构造在多大程度上或多或少明确地显示了一些痕迹，以说明他来自某一低等类型。在以后数章，将对人类的心理能力（mental power）在与低于人类的动物的心理能力的比较下加以考察。

人类的身体构造

众所周知，人类是按照其他哺乳动物同样的一般形式或模型构成的。人类骨骼中的一切骨可以同猴的、蝙蝠的或海豹的对应骨相比拟。人类的肌肉、神经、血管以及内脏亦如此。正如赫胥黎和其他解剖学者所阐明的，在一切器官中最为重要的人脑也遵循同一

◀雌极乐鸟的色彩暗淡而且缺少任何装饰物，反之，雄极乐鸟大概是所有鸟类中最精于装饰者，其装饰如此多种多样，以致见者无不赞叹。

法则。比肖夫(Bischoff)①是一位站在敌对方面的见证人,连他都承认人类的每一个主要的脑裂纹和脑褶都同猩猩(Drang-outang)的相似;但他却接着说,它们的脑在任何发育时期中都不完全一致;当然也不能期望它们完全一致,否则它们的心理能力就要一样了。于尔皮安(Vulpian)②说:"人脑和高等猿类的脑的差别极其轻微。我们对这种关系不应有错觉。就脑部的解剖性状来看,人类之比类人猿,不但较近于类人猿之比其他哺乳动物,而且较近于类人猿之比其他猿类,如绿背猿(Des guenons)和猕猴(Des macaques)。"但是,在这里进一步详细地指出人类在脑的构造和身体其他一切部分上同高等哺乳动物的一致性,则是多余的了。

可是,对于构造没有直接或明显关系的少数几点加以详细说明,还是值得的,这种一致性或彼此关系借此会得到很好的阐明。

人类容易从低于人类的动物那里染上某些疾病,如恐水病*、天花、鼻疽病、梅毒、霍乱、疱疹等③,而且容易把这些病传给它们;这一事实证明了它们的组织和血液既在细微构造上也在成分上都密切相似,④这比在最优良的显微镜下或借助于化学分析来比较它们还要明显得多。猴类像我们那样,常患许多同样的没有传染性的疾病。例如伦格尔(Rengger)⑤,曾在巴拉圭卷尾猴(Cebus azarae)的原产地对它进行过仔细的观察,它容易患黏膜炎,具有通常的症状,如经常复发,就会导致肺结核病。这种猴还患中风、肠炎和白内障。幼猴在乳齿脱落时常死于热病。药物对它们产生的效果,同对我们一样。许多种类的猴对茶、咖啡、酒都有强烈的嗜好,我自己亲眼见到,它们还吸蒸取乐。⑥ 布雷姆(Brehm)断言,非洲东北部的土人把装有浓啤酒的器皿放在野外,使野狒狒(baboons)喝醉以捕捉它们。他曾看到他自己圈养的几只喝醉的狒狒,他对它们的醉态和怪相做过引人发笑的描述。醉后翌晨,它们非常易怒而忧郁;用双手抱住疼痛的脑袋,作最可怜的表情;当给它们啤酒或果子酒时,它们就厌恶地躲开,但对柠檬汁却喝得津津有味。⑦ 一只美洲蛛猴(Ateles),当喝醉了白兰地酒之后,就会永远不再碰白兰地酒,这样,它就比许多人都更聪明了。这些琐事证明了人类和猴类的味觉神经是多么相似,而且他们的全部神经系统所受到的影响又多么相似。

---

① 《人类大脑的裂纹》(Grosshirnwindungen des Menschen),1868年,96页。这位作者以及格拉条雷(Gratiolet)和艾比(Aeby)的关于脑的结论,均经赫胥黎教授讨论过,见本版序言中提及的那篇附录。

② 《生理学讲义》(Leç. sur la Phys),1866年,890页,达利(M. Dally)在《灵长目与进化论》(L'Ordre des Primates et le Transformisme,1868年,29页)中加以引用。

* 即狂犬病。——译者注

③ 林赛(W. L. Lindsay)博士在《心理学杂志》(Journal of Mental Science),1871年7月;以及《爱丁堡兽医评论》(Edinburgh Veterinary. Review),1858年7月,相当详细地讨论了这个问题。

④ 一位评论家非常激烈而轻蔑地批评了我在这里所说的[《不列颠每季评论》(British Quarterly Review),1871年10月1日,472页],但我并没有用"相等"这个字眼,我看不出我有多大错误。在我看来,两种不同动物因感染同样疾病而产生同样的或密切相似的结果,与对两种不同液体用同样化学试剂所进行的测定,是非常近似的。

⑤ 《巴拉圭哺乳动物志》(Naturgeschichte der Säugethiere von Paraguay),1830年,50页。

⑥ 有些在等级上低得多的动物也有同样的嗜好。尼科尔斯(A. Nicols)先生告诉我说,他在澳大利亚的昆士兰养了三只灰色袋兔(Phaseolarctus cinereus),一点也没有教过它们,就对朗姆酒和吸烟有强烈的嗜好。

⑦ 布雷姆,《动物生活》(Thierleben),第1卷,1864年,75,86页。关于美洲蛛猴(Ateles),参阅105页。关于其他相似记载,见25,107页。

人类的内脏会感染寄生虫,时常因此致死,并且受到外部的寄生虫的侵扰,所有这等寄生虫同感染其他哺乳动物的寄生虫都属于同属(genera)或同科(families),至于疥癣虫,则属于同种。① 人类有如其他哺乳动物、鸟类甚至昆虫那样,受一种神秘的法则所支配②,这一法则使某些正常过程,如妊娠、成熟以及各种疾病的持续,均按月经期进行。人类的创伤按照同样的愈合过程得到恢复,人类截肢后的残余部分,特别是在胚胎早期,也像在低等动物的场合中那样,有时具有某种再生的能力。③

像物种繁殖这个最重要机能的全部过程,从雄者的最初求偶行为④到幼仔的出生和哺育,在所有哺乳动物中都是显著一样的。猴在幼仔时不能自助的情况几乎同我们的婴儿一样;在某些属中,猴仔在外貌上完全不同于成猴,犹如我们的子女不同于他们的充分成熟的父母一样。⑤ 有些作者极力主张,作为一种重要的差别,人类幼儿的成熟期要比任何其他动物迟得多。但是,如果我们注意看一看居住在热带地方的人类的种族,其差别就不大了,因为,猩猩据信在10~15岁时才达到成年。⑥ 男人同女人在身材大小、体力、体毛多少等方面以及在精神方面都有差别,许多哺乳动物的两性也是如此。因此,人类同高等动物,特别是同类人猿在一般构造上、在组织的细小构造上、在化学成分上以及在体质上的一致性是极其密切的。

胚 胎 发 育

人是从一个卵发育成的,卵的直径约为1英寸的1/125,它在任何方面同其他动物的卵都没有差别。人类胚胎在最早时期同脊椎动物界其他成员的胚胎几乎无法区分。此时动脉延伸为弓形分支,好像要把血液输送到高等脊椎动物现今不具有的鳃中,虽然在他们的颈部两侧还留有鳃裂(图1,f,g),标志着它们先前的位置。在稍晚时期,当四肢发育时,正如杰出的冯·贝尔(Von Baer)所指出的,蜥蜴类和哺乳动物的脚,鸟类的翅膀和脚,以及人的手和脚,都是由同一个基本型式发生的。赫胥黎教授说:"在相当晚的发育阶段,人类幼儿才同幼猿有显著的差别,而猿在发育中同狗的差别程度,正如人在发育中同

---

① 林赛博士,《爱丁堡兽医评论》,1858年7月,13页。

② 关于昆虫,参阅莱科克(Laycock)博士的《生命周期性的一般法则》,原载《不列颠学会会报》,1842年。麦卡洛克(Macculloch)曾见到一只狗患间日疟,见《西利曼北美科学杂志》(*Silliman's North American Journal of Science*),第17卷,305页。以后我还要重谈这个问题。

③ 关于这一点,我曾在我著的《动物和植物在家养下的变异》(*Variation of Animals and Plants under Domestication*)第2卷,15页举出过证据,此外还可补充更多的证据。

④ 许多种类的雄性猿猴确能分别人类的男女,最初凭嗅觉,其次凭外貌。尤雅特(Youatt)先生在伦敦动物园长期从事兽医工作,是最细心、最敏锐的观察家,他曾为我证实此事,动物园的其他饲养员和管理员的说法也相同。安德鲁·史密斯和布雷姆说,狒狒也能如此。权威人士居维叶也多次谈及此事。我以为人类和猿类所共有的现象,其恶劣程度莫有过于此者。有人说,狒狒见到妇女就发狂,但并非见到所有妇女都如此,它能从众人中识别年幼的妇女,以奇特的声音和容态召唤之。

⑤ 这是小圣·伊莱尔(Isidore Geoffroy St. Hilaire)和弗·居维叶(F. Cuvier)对犬面狒狒(齱猴)和类人猿所做的论述,见《哺乳动物志》(*Hist. Nat. des Mammifères*),第1卷,1824年。

⑥ 赫胥黎,《人类在自然界的位置》(*Man's Place in Nature*),1863年,34页。

狗的差别程度一样大。看来这一断言好像要令人一惊,但它的真实性是可以证明的。"①

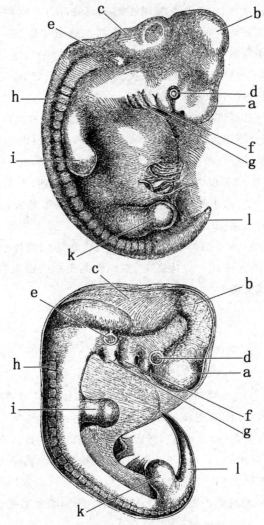

图1　上图:人的胚胎(采自埃克);下图:狗的胚胎(采自比肖夫)

a. 前脑:大脑半球等;b. 中脑:四叠体;c. 后脑:小脑,延髓;d. 眼;e. 耳;

f. 第一鳃弓;g. 第二鳃弓;h. 在发育过程中的脊椎和肌肉;i. 前肢;k. 后肢;l. 尾或尾骨。

由于本书的读者可能从来没有看过有关胚胎的绘图,所以我刊登了一幅人的和一幅狗的胚胎图,约在同一早期发育阶段,这幅图是从两部无疑正确的著作②中仔细复制的。

---

① 《人类在自然界的位置》,1863年,67页。

② 人的胚胎图(图1)采自埃克(Ecker)的《生理图解》(*Icones Phys.*),1851—1859年,表XXX,图2。这个胚胎的长度为0.833英寸,所以绘图时放大很多。狗的胚胎图采自比肖夫的《狗卵发育史》(*Entwicklungsgeschichte des Hunde-Eies*),1845年,表Ⅺ,图42B。这幅图放大五倍,胎龄25天。两幅图中内脏皆略去,子宫附属物亦从略。我所以刊登这两幅图,是受赫胥黎教授的《人类在自然界的位置》一书所启发。赫克尔在他的《自然创造史》中也登过相似的图。

当举出了如此高水平的权威人士所做的以上叙述之后,我再借用别人的详细材料来阐明人类的胚胎密切类似于其他哺乳动物的胚胎,就是多余的了。然而却可以补充说明,人类的胚胎同某些成熟的低等类型在构造的种种方面同样也是类似的。例如,心脏最初仅是一个简单的搏动管,排泄物由一个泄殖道(cloacal passage)排出,尾骨(Os coccyx)突出像一条真尾,"相当地延伸到残迹腿之外"。① 在所有呼吸空气的脊椎动物胚胎中,被称为吴耳夫氏体(corpora wolffiana)的某些腺与成熟鱼类的肾相当,并且像后者那样活动。② 可以观察到,甚至在较晚的胚胎时期人类和低于人类的动物也有若干显著的相似性。比肖夫说,整七个月的人类胎儿的脑旋圈(convolutions)与成年狒狒的处于同样的发育阶段。③ 正如欧文教授所指出的,"大脚趾当站立或行走时形成一个支点,这在人类构造中恐怕是一个最显著的特性"④;但是在约一英寸长的胚胎中,怀曼发现"大脚趾较其余脚趾都短;不是同其余脚趾平行,而是从脚的一侧斜着伸出,这样,它就与四手类动物(Quadrumana)这一部分的永久状态相一致了"。⑤ 我用赫胥黎的话来做结束,他问道:"人类是按照不同于狗、鸟、蛙或鱼的途径发生的吗?"然后他说,"立刻可以作出肯定的回答:毫无问题,人类的起源方式以及他们的早期发育阶段同在等级上直接处于其下的动物是完全相同的;毫无疑问,人类与猿类在这等关系上远比猿类与狗要近得多"。⑥

残 迹 器 官

这个问题虽然在本质上不及上述两个问题重要,但由于几点理由,还要在这里更充分地予以讨论。⑦ 我们举不出任何一种动物,它们的某些器官不是处于残迹状态的,人类也不例外。必须把残迹器官同新生器官(nascent organs)区别开来,虽然在某些场合中把它们区别开是不容易的。残迹器官要么是绝对无用的,如四足动物雄者的乳房或反刍动物的永远不会穿出齿龈的切齿(incisor teeth);要么就是对其现今所有者仅有如此微小的作用,以致我们无法设想它们是在现今生活条件下发育出来的。处于后一状态的器官并不是严格残迹的,但有趋于这个方面的倾向。另一方面,新生器官虽然不是充分发育的,对其所有者却是高度有用的,而且能够进一步向前发展。残迹器官变异显著,关于这一点,可以部分地得到理解,因为它们无用,或近于无用,所以不再受自然选择所支配。它们往往完全受到抑制。当这种情形发生时,它们还是容易通过返祖而偶尔重现——这是一个十分值得注意的情况。

① 怀曼(Wyman)教授,《美国科学院院报》(*Proc. of American Acad. of Science*),第4卷,1860年,17页。
② 欧文(Owen),《脊椎动物解剖学》(*Anatomy of Vertebrates*),第1卷,533页。
③ 《关于人类的大部分脑旋图》(*Die Grosshirnwindungen des Menschen*),1868年,95页。
④ 《脊椎动物解剖学》,第2卷,553页。
⑤ 《博物学会会刊》(*Proc. Soc. Nat. Hist.*),波士顿,第9卷,1863年,185页。
⑥ 《人类在自然界的位置》,65页。
⑦ 当我读到卡内斯垂尼(Canestrini)的一篇有价值的论文——《原始人类的残迹器官的特征》(*Caratteri rudimentali in ordine all'origine dell'uomo*),原载《摩德纳自然科学协会年报》(*Annuario della Soc. d. Nat., Modena*),1867年,81页——之前,我已经写完了这一章的草稿;我从此文中受益颇多。赫克尔在《普通形态学》和《自然创造史》两书中以"无目的论"(Dysteleology)的标题对这个问题进行了可称赞的全面讨论。

致使器官成为残迹的主要动因,似乎是由于在这个器官被主要使用的那个生命时期(这一般是在成熟期)却不使用它了,同时还由于在相应的生命时期的遗传。"不使用"这个名词不仅同肌肉活动的减少有关,而且包括血液流入某一部分或器官的减少在内,后一情形是由于压力交替较少或者由于其习惯性活动以任何方式变得较少所致。然而,在某一性别中表现为正常的那些器官,在另一性别中却可能成为残迹;这等残迹器官,像我们以后将要看到的那样,常常以不同于这里谈到的那些残迹器官的发生方式而发生。在某些情况中,器官是由于自然选择而被缩小的,因为由于生活习性改变,它们变得对物种有害了。缩小的过程大概还常常借助于生长补偿和生长经济(compensation and econo-my of growth)这两项原理;但是,当不使用对器官的缩小完成了所有作用之后,而且当生长经济所完成的节约作用很小时,①器官缩小的最后诸阶段是难于理解的。在已经成为无用的而且大大缩小了的一个部分最后地、完全地受到抑制的情况下,如果生长补偿或生长经济都不能发生作用,这大概只有借助于泛生论(pangenesis)的假说才可以得到理解。但是,关于残迹器官的整个主题,我在以前的几部著作中已经讨论过了,而且举出过例证,②在这里我无须就此点再多加赘述。

已经观察到,在人类身体的许多部分中有各种处于残迹状态的肌肉,③可以偶尔发现,正常存在于某些低等动物中的不少肌肉,在人类身体中却处于大大缩小的状态。每一个人一定都注意过许多动物,特别是马抽动皮肤的能力,这是由肉质膜(panniculus carnosus)来完成的。现已发现这种肌肉的残迹以有效的状态存在于我们身体的种种部分中,例如双眉借以抬起的前额肌肉。在我们颈部非常发达的颈阔肌肌样体(platysma myoides)就属于这个系统。爱丁堡的特纳(Turner)教授告诉我说,他曾偶尔发现五个不同部位——即肩胛骨附近的腋下等——的肌肉束(muscular fasciculi)都一定同肉质膜有关。他还阐明了,"胸骨肌(musculus sternalis)不是腹直肌(rectus abdominalis)的延伸,而与肉质膜密切近似,在 600 个人中,3% 以上有胸骨肌"。他接着说,关于"偶现的和残迹的构造特别容易变异的论述,这种肌肉提供了一个最好的例证"。④

有少数人可以收缩头皮上的表面肌肉,这等肌肉是处于变异的和部分残迹的状态的。小德康多尔(M. A. de Candolle)写信告诉我一个有关长期连续保持或遗传这种能力并且异常发达的事例。有一个家族,其族长在幼年时能够仅靠头皮的动作就可以从头上把几本沉重的书扔开,他用要这个把戏去打赌,而赢得赌注。他的父亲、叔父、祖父以及他的三个孩子都同样具有这种能力,而且均达到异常程度。这个家族在八代以前分为两支,所以上述一支的族长同另一支的族长是七世的从堂兄弟。这位远房的从堂兄弟在法国的另一地方居住,当问到他是否也具有同样的这种能力时,他立即作了表演。这个例

① 莫利(Murie)和米伐特(Mivart)两位先生对这个问题做过一些很好的评论,见《动物学会学报》(*Transact. Zoolog. Soc.*),第 7 卷,1869 年,92 页。
② 《动物和植物在家养下的变异》,第 2 卷,317,397 页;《物种起源》,第五版,535 页。
③ 例如,理查德(M. Richard)描述和图示他称为"手上足肌"(muscle pédieux de la main)的残迹状态,他说它有时是"非常微细"的。叫做"后胫肌"(le tibial postérieur)的肌肉一般在手中完全缺无,但它却时时以或多或少的残迹状态出现。
④ 特纳教授,《爱丁堡皇家学会会刊》(*Proc. Royal Soc. Edinburgh*),1866—1867 年,65 页。

子很好地说明了，一种绝对无用的能力可以多么持久地传递下去，这种能力大概来自我们遥远的半人类祖先，因为许多种类的猴都具有而且常常使用这种能力，它们可以上下自如地充分移动它们的头皮。①

为移动外耳服务的外在肌肉（extrinsic muscles）和使不同部分活动的内在肌肉（intrinsic muscles）在人类中都处于一种残迹状态，而且它们都属于肉质膜的系统；它们在发育方面，至少在机能方面也是易于变异的。我曾见过一个人能够把整个耳朵向前拉；另外一些人能够把耳朵向上拉；还有一个人能够把耳朵向后拉；②根据其中一人向我说的，只要经常触动我们的耳朵，这样把我们的注意力引向它们，大多数人在反复试行中大概都能恢复移动耳朵的一定能力。把耳朵竖起并使它们朝不同方向移转的能力对许多动物来说，无疑都是最高度有用的，因为，这样它们可以觉察危险来自何方；但我从来没听到过有充足的证据可以证明一个人所具有的这种能力对他会有什么用处。整个外耳以及各种耳褶和突起（如耳轮和对耳轮、耳屏和对耳屏等）都可以被看做是残迹的；在低等动物中，当耳朵竖起时，它们在不给耳增加很大重量的情况下起到加强和支持耳的作用。然而，有些作者猜想，外耳的软骨有向听神经（acoustic nerve）传导振动的作用；但是，托因比（Toynbee）先生在搜集了所有关于这个问题的已知证据之后，断定外耳并没有独特的用途。③ 黑猩猩（chimpanzee）和猩猩的耳同人类的耳异常相似，而且其特有的肌肉同样也是非常不发达的。④ 伦敦动物园的饲养员们向我保证，这等动物从来不移动或竖起它们的耳朵；所以，就其机能而言，它们的耳处于和人类的耳相等的残迹状态。为什么这等动物以及人类的祖先失去了竖立耳朵的能力，我们还无法说明。可能是，由于它们在树上生活的习性而且力量大，它们面临的危险很小，因此在长时期内它们很少移动耳朵，这样就逐渐失去了移动它们的能力，但我并不满意于这种观点。这大概同下述事例是类似的，即，那些大型而笨重的鸟类由于居住在海洋岛上，不面临食肉兽的攻击，因而失去了使用双翅来飞翔的能力。然而，人类和几种猿虽不能移动耳朵，却可以从在水平面上自由移动头部以捕捉来自各方的声音而部分地得到补偿。有人断言，唯独人类的耳具有耳垂；但"在大猩猩（gorilla）中发现有它的残迹"⑤我听普瑞尔教授说，黑人不具耳垂者并不罕见。

著名的雕塑家伍尔纳（Woolner）先生告诉我说，他时常在男人和女人中观察到外耳有一个小特征，而且他觉察到这很有意义。最初引起他注意这个问题的是当他雕塑莎士比亚剧中顽皮小妖精（Puck）的时候，他曾给这只小妖精雕塑了一个尖耳。这样，他被引导去考察各种猴的耳，此后又更加仔细地对人类的耳进行了考察。这一特征为一个小钝点，突出于向内折叠的耳边，即耳轮。如有这个特征，在婴儿一生下来它就是发达的，按照

---

① 参阅《人类和动物的表情》（*Expression of the Emotions in Man and Animals*），1872 年，144 页。

② 卡内斯垂尼引用海塔尔（Hyrtl）的材料，表明有同样情况，见《摩德纳自然科学协会会报》，1867 年，97 页。

③ 皇家学会会员托因比，《耳病》（*The Diseases of the Ear*），1860 年，12 页；卓越的生理学家普瑞尔（Preyer）教授告诉我说，他最近对外耳的机能作了试验，得出与此相似的结论。

④ 麦卡利斯特（A. Macalister）教授，《博物学年刊杂志》（*Annals and Mag. of Nat. History*），第 7 卷，1871 年，342 页。

⑤ 米伐特，《基础解剖学》（*Elementary Anatomy*），1873 年，396 页。

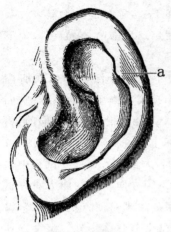

图 2　人类的耳

(伍尔纳先生雕塑并制图)

a. 突出点

路德维格·迈耶(Ludwig Meyer)教授的说法,具有这一特征的,男多于女。伍尔纳先生为其制作了一个精确的模型,并把本书的附图见赠(图2)。这个突出点不仅朝着耳的中心向内突出,而且常常稍微突出于它的平面之外,因而从正前方或者从正后方去看头部时,都可以见到这个突出点。它们在大小上是有变异的,在位置上也多少有点变异,稍微高一些或者低一些,且有时呈现于一耳,而不见于另一耳。并不仅限于人类才具有这一特征,因为我看到伦敦动物园里的一只蛛猴(*Ateles beelzebuth*)也具有这种特征。兰克斯特(E. Ray Lankester)先生告诉我说,汉堡动物园里的一只黑猩猩是另一个例子。耳轮显然是由向内折叠的最外部耳边形成的,这一折叠部分似乎多少同整个外耳被持久地压向后方有关联。在许多等级不高的猴类中,如狒狒和猕猴属(*Macacus*)的一些物种[①],耳的上部是微尖的,而且耳边全然不向内折叠;但是,如果耳边向内折叠的话,那么一个微小的点必然要朝着耳的中心向内突出,而且可能稍微地突出于耳的平面之外。我相信,在许多场合中这就是它的起源。另一方面,迈耶教授在其最近发表的一篇富有才华的论文中主张,整个情形不过仅仅是变异性的一种而已;那个突出点并不是一个真的突出点,而是由于那个突出点两侧的内软骨没有充分发育所致。[②] 我十分乐意承认,对许多事例来说,这是一个正确的解释,如在迈耶教授所绘的图中,耳轮上有若干微小的点,即整个耳边是弯进弯出的。通过唐恩(L. Down)博士的好意帮助,我曾亲自看到一个具有畸形小脑袋的白痴人的耳,在耳轮的外侧、而不是在向内折叠的边上,有一个突出点,所以这个点同既往存在的耳的尖端并无关系。尽管如此,在许多场合中我的本来观点,即那个突出点是既往存在的直立而尖形的耳之顶端,在我看来大概还是很可能的。我之所以这样认为,是由于它们的屡屡出现,而且由于它们的位置同尖耳顶端的位置一般是符合的。有一个例子——我曾得到它的照片:那个突出点如此之大,以致遮盖了全耳的整整三分之一,倘若按照迈耶教授的观点,则必须假定,软骨要在耳边的全部范围内有同等发育,才能使这样的耳完成。我还从通信中得知两个例子,一个发生在北美,另一个发生在英国,表明上部耳边全然不向内折叠,而是尖形的,因此,它在轮廓上同一只普通四足动物的尖耳密切类似。此二例之一,为一个幼儿的耳,他父亲把这个幼儿的耳同我在一幅图中[③]举出过的一种猴、即黑顶猿(*Cynopithecus niger*)的耳作了比较,说道,他们的轮廓是密切相似的。在这两个例子中,如果耳边以正常方式向内折叠,那么一个内向的突出点一定会形成。我还可以补充另外两个例子,表明耳的轮廓依然留有稍微尖形的残迹,虽然上部耳边是正常向内折叠

---

① 参阅莫利和米伐特两位先生的优秀论文,其中附有狐猴亚目(*Lemuroidea*)的耳的绘图,见《动物学会会报》,第 7 卷,1869 年,6,90 页。

② 《关于达尔文所论的尖耳》(*Ueber das Darwin'sche Spitzohr*),见《解剖学和生理学文献集》(*Archiv für Path. Anat. und Phys.*),1871 年,485 页。

③ 《人类和动物的表情》,136 页。

的——其中一只向内折叠得很狭。下面的木刻图（图3）是依据一只猩猩胎儿相片的原样仿制的〔蒙尼采（Nitsche）博士好意见赠〕，从这幅图中可以看出，这一时期的耳的尖形轮廓同其成长时期的状态是多么不同；当成长时，它的耳同人的耳一般是密切相似的。显然，这样一只耳的尖端折叠起来，除非它在进一步发育中发生重大变化，将会形成一个向内突出的点。总之，我依然觉得，所讨论的那个突出点在无论是人类或猿类的某些事例中很可能都是既往状态的残迹。

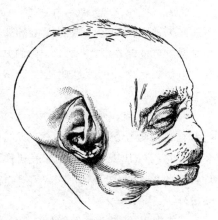

图3　一只猩猩的胎儿
（表明这一生命早期的耳的形态）

瞬膜（nictitating membrane），即第三眼睑（third eyelid）及其附属的肌肉和其他构造在鸟类中十分发达，而且对它们有很大的机能重要性，因为它能迅速地把整个眼球遮盖起来。有些爬行动物和两栖动物，还有某些鱼类如鲨鱼，也有瞬膜。在哺乳动物的两个低等的门类（division）、即单孔目（*Monotremata*）和有袋目（*Marsupials*）中，以及在少数某些高等哺乳动物、如海象（walrus）中，瞬膜也是十分发达的。但是，在人类、四手类以及大多数其他哺乳动物中，如所有解剖学者所承认的，瞬膜不过是一种被称为半月褶（semilunar fold）的残迹物而已。[①]

嗅觉对大多数哺乳动物来说，都是最高度重要的——如对反刍动物，用于警告危险；对肉食动物（*Carnivora*），用于搜索所要捕食的动物；还有，如对野猪，则上述两种意义兼而有之。但是，嗅觉甚至对黑色人种，如果还有一点用处的话，也是极其微小的，而黑色人种的嗅觉远比白色人种的嗅觉还要发达得多。[②] 尽管如此，嗅觉并不为黑人警告危险，也不引导他们去找食物；它不阻止爱斯基摩人睡眠于恶臭的空气之中，也不阻止许多未开化人吃半腐烂的肉。在欧洲人中，各个人的这种能力差别很大；这是一位卓越的自然学者向我保证的，他具有高度发达的嗅觉，而且注意过这个问题。那些相信逐渐进化原理的人们不会轻易地承认，现今状态的嗅觉乃是由人类最初获得的。他从某一早期祖先遗传了这种处于衰弱而残迹的状态下的能力；对其早期祖先来说，它是高度有用的，而且要不断地使用它。在那些嗅觉高度发达的动物中，例如狗和马，对于人和地方的记忆是同它们的气味高度联系在一起的；这样，我们恐怕就能理解，如莫兹利（Maudsley）博士所正确指出的，为什么人类的嗅觉"在生动地追忆已经忘却的景色和地方的概念和影像时是异常有

---

① 参阅米勒（Müller）的《生理学原理》（*Elements of Physiology*），英译本，第2卷，1842年，1117页。欧文（Owen），《脊椎动物解剖学》，第3卷，260页。关于海象，《动物学会会报》，1854年11月8日。再参阅诺克斯（Knox）的《伟大的艺术家和解剖学家》（*Great Artists and Anatomists*），106页。这一残迹物在黑人和大洋洲人中比在欧洲人中显然多少大一点，参阅卡尔·沃格特的《人类讲义》（*Lectures on Man*），英译本，129页。

② 洪堡（Humboldt）关于南美土人所具有的嗅觉能力的记载是众所周知的，而且已被其他人士所证实。乌泽（M. Houzeau）断言，黑人和印第安人能在黑暗中根据气味来认人，见《心理能力的研究》（*Études sur les Facultés Mentales*），第1卷，1872年，91页。奥格尔（W. Ogle）博士就嗅觉与嗅区（Olfactory region）黏膜的以及皮肤的色素物质之间的关系作了一些奇妙的观察，据此我才谈到黑色人种的嗅觉优于白色人种，参阅他的论文，《外科学报》（*Medico-Chirurgical Transactions*），伦敦，第53卷，1870年，276页。

效的"。①

人类几乎裸而无毛,这是同所有其他四手类的显著差别。但是在男人的大部分身体上还有少量散在的短毛,在女人身体上也有纤细的绒毛。不同种族在毛的多少上差别很大,同一种族中各个人的毛不仅在多少上,而且在部位上都是高度变异的。例如,有些欧洲人的肩部完全无毛,而另外一些人的肩部却生有茂密的丛毛。② 这样散在于全身的毛乃是低等动物的均匀一致的皮毛的残迹,则是没有多大疑问的。这一观点从下述事实来看就越发可能是确实的了,即,我们知道,四肢和身体其他部分的"纤细的、短的、淡色的毛",当在长久发炎的皮肤附近受到异常营养时,偶尔会发育成为"茂密的、长的、粗而黑的毛"。③

詹姆斯·佩吉特(James Paget)爵士告诉我说,一个家族常有几个成员,他们的眉毛中有几根要比另外的长得多;所以说,甚至这种微小特性也是遗传的。这种长眉毛似乎也有它们的代表,因为黑猩猩和猕猴属的某些种在其眼的上方裸皮上生有相当于我们眉毛的很长的散毛;在某些狒狒中,有相似的长毛突出于眉脊(superciliary ridge)毛皮之外。

人类胎儿在六个月的时候,全身密布羊毛般的细毛,这就提供了一个更加奇妙的事例。在五个月的时候,眉端和脸上的毛、特别是口部周围的毛开始发育,口部周围的毛比头上的毛还要长得多。埃舍里希特(Eschricht)曾观察到一个女胎儿生有这种小胡子,④但这件事情并不像最初看来那样令人惊奇,因为在生长早期男女两性的一切外在性状一般都是彼此类似的。胎儿身体所有部分的毛的趋向和排列同成年人的一样,不过受更大的变异性所支配。整个皮肤表面,甚至前额和双耳,都有毛密布其上;但有一个意味深长的事实,即,手掌和足蹠则完全是裸而无毛的,有如大多数低等动物的四个足蹠一样。因为这简直不能是一种意外的巧合,所以人类胎儿的羊毛般的覆毛大概代表着那些生来就是多毛的哺乳动物的最初永久性的毛皮。关于人生下来在其整个体部和面部就密布着细而长的毛,曾经记载过三四个事例;这一奇怪的状态是强烈遗传的,而且同牙齿的畸形相关。⑤ 亚历山大·勃兰特(Alex. Brandt)教授告诉我说,他曾将一位具有这样特性的35 岁男人的面毛与一个胎儿的胎毛做过比较,发现它们在组织上是完全相似的;所以,如他所指出的,这种事例可以归因于毛的发育受到抑制以及它的继续生长。儿童医院里的一位外科医生向我保证说,许多病弱的儿童在背部生有十分长的细毛;这等事例大概可以纳入同一个问题之下。

最靠后的那个臼齿,即智齿,在人类比较文明的种族中好像有变为残迹的倾向。这等齿比其他臼齿小得多,黑猩猩和猩猩的相应齿也是如此;而且它们只有两个分叉的牙

① 《心理的生理学和病理学》(*The Physiology and Pathology of Mind*),第 2 版,1868 年,134 页。
② 埃舍里希特(Eschricht),《论人类身体的无毛》(*Ueber die Richtung der Haare am menschlichen Körper*),见米勒的《解剖学和生理学文献集》(*Müller's Archiv für Anat. und Phys.*),1837 年,47 页。以后我将常常引用这篇非常奇妙的论文。
③ 佩吉特,《外科病理学讲义》(*Lectures on Surgical Pathology*),第 1 卷,1853 年,71 页。
④ 同②,40,47 页。
⑤ 参阅《动物和植物在家养下的变异》,第 2 卷,327 页。勃兰特教授最近寄给我另一件事例:有一父及其子,生于俄国,具有这等特性。我从巴黎收到这两个人的画像。

根。到 17 岁左右，它们才穿出牙龈，有人向我保证，它们远比其他齿容易龋坏，而且脱落也要早得多；不过有些著名的牙医否认这一点。它们还远比其他齿容易变异，无论在构造上或是在它们的发育时期上都是如此。[1] 在黑色人种（Melanian races）中，智齿通常具有三个分叉的牙根，而且一般健全；它们同其他臼齿在大小上还有差别，不过其差别要比在高加索种族（Caucasian races）中要小。[2] 沙夫豪森（Schaaffhausen）教授以文明种族的"颚的后齿部一直在缩短"[3]来解释各种族之间的这种差别，我设想，可以把这种缩短归因于文明人惯常地吃软的和煮过的食物，这样，他们就较少使用颚部。勃雷斯（Brace）先生告诉我说，在美国把儿童的某些臼齿拔掉，已成为十分普通的常事，因为颚部长得不够大以容纳完全发育的正常齿数。[4]

关于消化道，我看到一则报道，记载着唯一的残迹物，即盲肠的蚓型附属物。盲肠为肠部的一个分支或膨部（diverticulum），末端成一盲管（Cul-de-Sac），在许多以植物为食的低等哺乳动物中，它是极其长的。在有袋的树袋熊（koala）* 中，其盲肠实际上要长于整个体部的三倍以上。[5] 它有时延长而成为一个长的逐渐变细的尖端，而且有时部分阻塞。看来好像是食物或习性的改变，致使各种动物的盲肠才大大地缩短了，蚓型附属物作为缩短部分的残迹物而被留下来了。我们从这一附属物的小型以及根据卡内斯垂尼就人类盲肠变异性所搜集的证据[6]，可以推论出这一附属物是一种残迹物。偶尔它完全不存在，偶尔却非常发达。其通道全长的一半或三分之二已完全闭塞，末端为一扁平实心的膨胀体。猩猩的这种附属物是长而盘曲的；人类的这种附属物从短的盲肠一端长出，其长度通常为 4～5 英寸，其直径仅为 1/3 英寸左右。它不仅是无用的，而且有时是致死的原因；关于这样的事，我最近听到两个例子；这是由于小而硬的东西，例如种子，进入它的通道而引起炎症所致。[7]

在某些低等的四手类中，在狐猴科（Lemuridae）动物中，在食肉类动物中，以及在许多有袋类动物中，有一个孔道位于上膊骨（humerus）的下端附近，叫做上髁状突起孔（Supra-condyloid foramen），前肢的大神经从此孔通过，大动脉也常常从此孔通过。人类的上膊骨一般都有这一孔道的残迹，它有时发育得相当良好，由一个下垂的钩状骨突形成它的一部分，并由一束韧带使其成为一个完善的孔。曾经密切注意过这个问题的斯特

---

① 韦布（Webb）博士，《人类和类人猿的齿》（*Teeth in Man and the Anthropoid Apes*），卡特·布莱克（Carter Blake）博士曾予引用，见《人类学评论》（*Anthropological Review*），1867 年 7 月，299 页。

② 欧文，《脊椎动物解剖学》，第 3 卷，320,321,325 页。

③ 《关于头骨的原始形态》（*On the Primitive Form of the Skull*），英译本，见《人类学评论》，1868 年 10 月，426 页。

④ 蒙特加沙（Montegazza）从佛罗伦萨写信告诉我，他最近对不同人类种族的最后一个臼齿进行了研究，他得出同本书一样的结论，即，在高等的或文明的诸种族中，这个臼齿正在走向萎缩和消灭的途中。

* 树袋熊为一种貌似小熊的无尾动物，即 *Phascolarctos cinereus*，栖于树上，澳大利亚产。——译者注

⑤ 欧文，《脊椎动物解剖学》，第 3 卷，416,434,441 页。

⑥ 《摩德纳自然科学协会年报》，1867 年，94 页。

⑦ 马丁斯（M. C. Martins），《论生物界的一致性》（*De l'Unité Organique*），见《两个世界评论》（*Revue des Deux Mondes*），1862 年 6 月 15 日，16 页。赫克尔，《普通形态学》，第 2 卷，278 页，他们二人都曾谈到这一残迹物有时会引起死亡的奇特事实。

拉瑟斯（Struthers）博士①现在阐明这一特性有时是遗传的，因为有一位父亲有此特性，在他的 7 个孩子中不下 4 人也有此特性。当这一孔道存在时，大神经一律要通过那里，这就明显地表示了，它是低等动物上髁状突起孔的同源部分和残迹物。特纳教授估计，如他告诉我的，现今人类骨骼有这一孔道的约占 1%。但是，如果人类这一构造的偶尔发育是由于返祖——看来这似乎是可能的，那么它是返归到很远古的状态，因为它在高等四手类中是不存在的。

人类的上膊骨偶尔还有另一个孔，可以称为髁间（inter-condyloid）孔。这个孔发生于各种类人猿以及其他猿类②，但不经常，许多低于人类的动物也有此孔。值得注意的是，人类有此孔的在古代要比在近代多得多。关于这个问题，巴斯克（Busk）③先生搜集了如下的证据：布罗卡（Broca）教授谈到，"在巴黎的南方墓地中搜集到的臂骨中，具有这个孔的占 4%～5%；奥罗尼洞窟（Grotto of Orrony）的遗物属于青铜器时代，那里的 32 只上膊骨中就有 8 只具有这个孔；不过他认为这一异常大的比例可能是由于这个洞窟是一种'家族墓地'。还有，杜邦（M. Dupont）在属于驯鹿时代（Reindeer period）*的莱塞（Lesse）山谷的洞穴中发现有 30% 的骨有这个孔；勒盖（M. Leguay）在阿尔让特伊（Argenteuil）的史前墓的遗迹（dolmen）中看到 25% 的骨有这个孔；普律内尔-贝（M. Pruner-Bey）发现来自沃雷阿尔（Vauréal）的骨有这个孔的占 26%。可不要忽视普律内尔-贝所说的，在瓜契（Guanche）的骨骼中这种状态是普遍的"。在这个场合或另外几个场合中，古代种族比近代种族更加时常呈现一些类似于低于人类的动物的构造，这是一个有趣的事实。一个主要的原因似乎是，古代种族在漫长的系统线上距他们遥远的动物般的祖先，站得多少要近一些。

人类的尾骨以及下述某些其他椎骨，虽然已经没有作为尾巴的功能，却明显地代表着其他脊椎动物的这一部分。在胚胎的早期，它是游离的而且超出足部之外；如人类胚胎图（图 1）所示。在某些罕见的、异常的场合中，④据知甚至在降生后，还会形成一个尾状的外在小残迹物。尾骨是短的，通常只包含四个椎骨，所有都胶和在一起；这些椎骨都处于残迹状态，因为除去基部的一节外，其余仅由椎体（centrum）构成⑤。它们附有一些小肌肉；特纳教授告诉我说，其中的一块小肌肉曾被锡尔（Theile）明确描述为尾部伸肌（extensor）以残迹状态而重现，这块肌肉在许多哺乳动物中是非常发达的。

----

① 关于它的遗传性，参阅斯特拉瑟斯博士的论文，见 *Lancet* 医学杂志，1873 年 2 月 15 日，以及另一篇重要论文，见同杂志，1863 年 1 月 24 日，83 页。我听说诺克斯博士是注意人类这一特殊构造的第一位解剖学者，参阅他的《伟大的艺术家和解剖学家》，63 页。再参阅格鲁勃（Gruber）博士的有关这一骨突的重要论文，见《圣彼得堡皇家学会会刊》（*Bullelin de l'Acad. Imp. de St. Pétersbourg*），第 12 卷，1867 年，448 页。

② 米伐特先生，《科学协会会报》（*Transact. Phil. Soc.*），1867 年，310 页。

③ 《关于直布罗陀的洞穴》（*On the Caves of Gibraltar*），见《史前考古学国际会议报告书》（*Transact. Internat. Congress of Prehist. Arch.*），第三届会议，1869 年，159 页。怀曼最近阐明，来自美国西部和佛罗里达古代坟墩中的人类遗骸具有此孔的，占 31%。黑人常具此孔。

* 古石器时代的后半。——译者注

④ 考垂费什（Quatrefages）最近搜集了有关这个问题的证据，见《科学报告评论》（*Revue des Cours Scientifiques*），1867—1868 年，625 页。弗莱施曼（Fleischmann）在 1840 年曾展出过一个人类婴儿的标本，具有一条包含一些椎体的尾，这种情形并不多见；这条尾曾被出席埃尔兰根（Erlangen）自然科学者大会的许多解剖学者们严密地检查过，见马歇尔（Marshall），《荷兰的动物学文献》（*Niederländischen Archiv für Zoologie*），1871 年 12 月。

⑤ 欧文，《关于四肢的性质》（*On the Nature of Limbs*），1849 年，114 页。

人类的脊髓仅仅伸延到最后一个脊椎（dorsal vertebra），即第一腰椎（lumbar vertebra）；但一种线状构造（中尾丝，filum terminale）却沿着脊髓管的荐骨部分的轴、甚至沿着尾骨之背，向下伸延。这种线状体的上部，如特纳教授告诉我的，无疑是同脊髓同源的，而其下部显然纯粹是由软脑脊膜（pia mater）、即脉络被膜（vascular investing membrane）构成的。甚至在这时还可以说尾骨具有像脊髓这样一种重要构造的残迹，虽然它已不再被关闭在骨道之中了。下述事实仍承蒙特纳教授告知，它阐明尾骨同低等动物的真尾是多么密切地一致；卢施卡（Luschka）最近发现在尾骨之端有一个很特别的卷曲体，与中部的荐动脉（Sacral artery）相连接；这一发现引导克劳斯（Krause）和迈耶对一只猴（猕猴）和一只猫的尾进行了考察，发现在二者之中都有相似的卷曲体，但不是位于尾端。

生殖系统提供了各式各样的残迹构造，但这等残迹构造在一个重要方面同上述事例有所不同。这里我们所涉及的并不是某一物种的处于无效状态的那一部分的残迹，而是在某一性别中是有效的、在另一性别中却仅仅是残迹的那个部分。尽管如此，根据各个物种是分别创造的信念，此等残迹物的出现有如上述事例，还是难于解释的。此后我势必要谈到这些残迹物，并将阐明它们的存在一般仅仅依靠遗传，这就是说，依靠某一性别所获得的部分曾被不完全地传递给另一性别。在这里我所举出的不过是几个有关这等残迹物的事例而已。众所周知，所有哺乳动物的雄者，包括男人在内，都有残迹的乳房。在几个事例中，这等残迹的乳房变得十分发达，而且分泌丰富的乳汁。它们在男女两性中本质上是相等的还可由下述事实得到阐明，即，在感染麻疹期间，男女双方的乳房都偶尔呈交感的增大。可以观察到，许多雄哺乳动物都有前列腺囊（vesicula prostatica），现已普遍承认它同雌者的子宫以及与其相连接的管道都是同源的。读过洛伊卡特（Leuckart）对这个器官所做的富有才华的描述和他的推论，而不承认他的结论的正确性，是不可能的。这在那些具有分叉的真正雌性子宫的哺乳动物中尤其明显，因为这等雄性哺乳动物的前列腺泡同样也是分叉的。① 在这里还有另外一些属于生殖系统的残迹构造②可以引述。

现在列举的这三大类事实的意义是清楚明白的。但是，再反复陈述我在《物种起源》中详细提出来的一系列论点，就完全是多余的了。如果我们承认同科的诸成员来自一个共同的祖先，并且承认它们继此之后曾适应于多种多样的外界条件，那么，同科诸成员整个身体的同源构造就是可以理解的了。根据任何其他观点，则人或猴的手、马的足、海豹（Seal）的前肢、蝙蝠的翼等等之间的模式何以相似，就是完全不可解释的了。③ 断言他们

---

① 洛伊卡特，见托德编的《解剖学全书》（Todd's Cyclop. of Anat.）。男人的这一器官只有三至六赖因（lines，十二赖因为一英寸）长，但像如此众多的其他残迹部分那样，它在发育上以及其他性状上都是容易变异的。

② 关于这个问题，参阅欧文的著作，《脊椎动物解剖学》，第3卷，675，676，706页。

③ 比昂科尼（Bianconi）在最近发表的一部附有精美雕版图的著作［《达尔文学说与生物独立创造论》（La Théorie Darwinienne et la création dite indépendante），1874年］中，力图阐明上述诸例以及其他各例中的同源构造可以依据与其用途相一致的机械原理得到充分的解释。他对这等构造如何美妙地适应其终极目的所做的阐明，实为他人所莫及；但我相信，这种适应性可以通过自然选择得到解释。在讨论蝙蝠的翼时，我以为他所提出的仅仅是一种形而上学的原理（借用奥古斯特·孔德的用语），即"保全此动物的哺乳性质"。他只在少数几个事例中讨论过残迹器官，而所说的仅是那些不完全呈残迹状态的部分，如猪和牛的小蹄，而这与实质性问题根本无关，他明确指出这等残迹器官对动物还有作用。不幸的是，他没有考虑过以下事例，如牛的永不穿出牙龈的小牙，雄四足动物的乳房，存在于密闭翅盖之下的某些甲虫的翅，各式各样花的雄蕊和雌蕊的痕迹，以及其他许许多多这等事例。虽然我十分赞扬比昂科尼教授的著作，但大多数自然科学者今天所持的信念，在我看来，是不可动摇的，即，仅仅根据适应原理，残迹构造是不能得到解释的。

一切都是按照一个同样的理想计划而造成的，并不是一个科学的解说。关于发育，根据这样的原理，即变异是在很晚的胚胎时期中随后发生的，而且是在相应的时期中遗传的，那么，我们就能清楚地理解为什么那些差异大得惊人的类型，其胚胎依然多少完全地保留着它们共同祖先的构造。人的、狗的、海豹的、蝙蝠的、爬行动物的胚胎彼此之间最初简直无法被区别开，对这样奇异的事实，从来没有过任何其他解释。为了理解残迹器官的存在，我们只能假定先前的一位祖先曾具有完善状态的这等部分，并且在生活习性改变了的情况下大大地缩小了，这或者是由于简单的不使用，要么就是由于那些最少是受多余部分之累的个体受到了自然选择，而且得到上述其他手段的帮助。

这样，我们就能理解，为什么人类和其他脊椎动物都是按照同样的一般模型被构成的，为什么他们都通过同样的早期发育阶段，而且，为什么他们都保留着某些共同的残迹物。因此，我们就应该坦白地承认它们的由来的共同性；如果接受其他观点，则无异于承认我们的构造以及我们周围的所有动物的构造仅仅是设下的一个陷阱以诱使我们的判断落入其中。如果我们注意一下整个动物系统的成员，并且考虑一下从它们的亲缘关系或分类、它们的地理分布和地质上的演替所得到的证据，上述结论就被大大加强了。使我们祖先宣称他们是从半神半人传下来的后裔，并且引导我们去反对上述结论的，不过是我们蒙昧的偏见和骄傲自大而已。但是，终有一天不久会到来，到那时，十分熟悉人类和其他哺乳动物的比较构造和比较发育的自然学者们如果还相信各个物种乃是分别创造作用的结果，那就会被认为是奇怪的事了。

第二章 人类自某一低等类型发展的方式

人类身体和心理的变异性——遗传——变异性的原因——人类的变异法则和低于人类的动物的一样——生活条件的直接作用——各部分增强使用和不使用的效果——受到抑制的发育——返祖——相关变异——增长的速度——对增长的抑制——自然选择——人类是世界上最占优势的动物——人类身体构造的重要性——导致人类变为直立的诸原因——由于直立而发生的构造变化——犬齿的缩小——头骨的增大及其形状的改变——无毛——无尾——人类不能自卫的情况

显然，人类现今依然受强大的变异性所支配。在同一个种族中没有任何两个人是完全相像的。我们不妨把无数面孔加以比较，而一个面孔一个样。在人类身体各部分的比例和大小方面也有同等大量的多样性，腿的长度是最易变异的诸点之一。[①] 虽然在世界的某些地区一种长头颅是普遍的，在另外一些地区一种短头颅是普遍的，但是，甚至在同一个种族的范围内头的形状还有巨大的多样性，如美洲和澳洲南部地区的土著居民就是这样——后一种族的"血统、风俗以及语言在现存各种族中大概是最纯粹、最均一的"，甚至像区域如此狭窄的桑威奇群岛（Sandwich Islands）上的居民也是如此。[②] 一位著名牙科医生向我保证说，牙齿的巨大多样性差不多同面貌的一样。主动脉如此常常地在歧路上循行，以致发现从 1 040 具尸体中计算出循行路线的出现次数对解决外科问题是有用的。[③] 肌肉是显著容易变异的，例如，特纳教授发现，在 50 具尸体中没有两具尸体的足部肌肉严格地相似，在有些尸体中其离差是相当大的。[④] 他接着说，司掌运动的能力一定适当地按照若干离差而有所改变。伍德（J. Wood）先生曾做过如下记录：在 36 具解剖用的尸体中，有 295 个肌肉变异，在另一组同样数目的解剖用尸体中不少于 558 个变异，而且在身体两侧发生的变异只作为一个计算。[⑤] 在后一组 36 人中，"查明并无一人与解剖学教科书中所做的肌肉系统的标准描述完全一样"。其中一个尸体竟有 25 个独特的畸形肌肉，数目之大，令人惊奇。同一块肌肉有时以多

---

① 古尔德（B. A. Gould）著，《关于美国士兵的军事学和人类学的统计之研究》（*Investigations in Military and Anthropolog. Statistics of American Soldiers*），1869 年，256 页。

② 关于美洲土著居民的头颅类型，参阅艾特肯·梅格斯（Aitken Meigs）的文章，见《费城科学院院报》（*Proc. Acad. Nat. Sci., Philadelphia*），1868 年 5 月。关于澳洲人，参阅赫胥黎的叙述，见莱伊尔的《人类的古远性》，1863 年，87 页。关于桑威奇群岛（即夏威夷群岛。——译者注）的居民，参阅怀曼（Wyman）教授的《头颅观察》（*Observations on Crania*），波士顿，1868 年，18 页。

③ 奎因（R. Quain）著，《动脉解剖学》（*Anatomy of the Arteries*），前言，第 1 卷，1844 年。

④ 《爱丁堡皇家学会会报》（*Transact. Royal Soc. Edinburgh*），第 24 卷，175，189 页。

⑤ 《皇家学会会报》（*Proc. Royal Soc.*），1867 年，544 页；1868 年，483，524 页，以及以前的文章，1866 年，229 页。

种方式发生变异,例如,麦卡利斯特(Macalister)教授描述过副掌肌(palmaris accessorius)的独特变异不少于20个。[1]

著名的老一辈解剖学者沃尔夫(Wolff)坚决主张,内脏比外部器官更容易变异,"人体内部没有一部分不变异的"。[2] 他甚至写过一篇专论,陈述如何选择内脏的典型标本作为代表。他讨论了肝、肺、肾等的至美,犹如人类外貌的至美一样,这一讨论听起来够奇怪的了。

人类同一种族心理官能(mental faculties)的变异性或多样性是如此为大家所熟知,以致无须在这里多赘,至于人类不同种族之间的更大差异,就更不必谈了。低等动物也是如此。所有管理过动物园的人们都承认这一事实,而且我们在家狗以及其他家养动物中可以明显地看到这一点。布雷姆特别坚决主张,他在非洲驯养的那些猴中,每一个猴都有它自己特殊的气质和脾气;他提到有一只狒狒,以它的高度智力而著称;伦敦动物园管理员曾向我指点过一只属于新世界(New World)*的猴,同样以它的智力而著称。伦格尔(Rengger)也坚决主张,他在巴拉圭所养的同种的猴的各种心理特征(mental characters)也是多式多样的,他接着说,这种多样性一部分是先天的,一部分是它们受得何种待遇或教育的结果。[3]

关于遗传的问题,我在他处[4]已经做过非常充分的讨论,在这里简直没有什么再需要补充的了。关于人类最细微的以及最重要的性状之遗传,我们所搜集到的事实比对任何低等动物的都多;虽然关于后者的事实也足够丰富的。至于心理属性(mental qualities)亦复如此,它们在家狗、家马以及其他家养动物中的遗传也是显著的。除了特别的嗜好和习性以外,一般的智力、勇气、坏脾气和好脾气等等肯定都是遗传的。至于人类,我们在差不多每一个家族中都可以看到相似的事实;通过高尔顿(Galton)[5]先生的令人钦佩的工作,我们现在知道,天才也倾向于遗传,所谓天才就是高度才能的异常复杂的结合;另一方面,同样地,癫狂以及退化的心理能力肯定也在一些家族中得到遗传。

关于变异性的原因,就所有情况来说,我们都是很无知的;但我们还能够领会,在人类和低等动物中变异性的原因同各个物种在若干世代间暴露于其中的外界条件有某种关系。家养动物比那些处于自然状况下的动物更多变异;这显然是由于支配它们的外界条件性质的多样化和变化所致。在这方面,不同的人类种族同家养动物相似,同一个种族的各个人当居住在像美洲那样的辽阔地域时也同家养动物相似。我们看到在比较文明的民族中多样化的生活条件所产生的影响;因为属于不同阶层的而且从事不同职业的成员比野蛮民族的成员有更大的性格差距。不过,未开化人的一致性往往被夸大了,而

---

[1] 《爱尔兰皇家科学院院报》(*Proc. R. Irish. Academy*),第10卷,1868年,141页。

[2] 《圣彼得堡科学院院报》(*Act. Acad. St. Petersburg*),第二部分,1778年,217页。

 * 指美洲大陆。——译者注

[3] 布雷姆,《动物生活》(*Thierleben*),第1卷,58,87页。伦格尔,《巴拉圭的哺乳动物》(*Säugethiere von Para-guay*),57页。

[4] 《动物和植物在家养下的变异》,第2卷,第十二章。

[5] 《遗传的天才:关于它的法则及其推论结果的探究》(*Hereditary Genius: an Inquiry into its Laws and Consequences*),1869年。

且在某些场合中简直不能说有这种一致性存在。① 即使我们仅注意到人类所暴露于其中的外界条件，要说人类远比任何其他动物更加"家养化"②，也是一种错误。有些未开化种族，如澳洲人，并不及分布范围辽阔的许多物种的生活条件更为多样化。在另一个远为重要的方面，人类与任何严格家养的动物都大大不同；因为人类的生育从来没有通过有计划的或无意识的选择而长期受到控制。没有一个人类的种族或个人会被另外的人所完全征服，以至某些个人由于以某种方式在对主人有用方面胜过他人而被保存下来，这样便受到了无意识的选择。除去普鲁士掷弹兵那个著名的事例外，没有某些男人和女人被有意识地挑选出来而令其婚配；在普鲁士掷弹兵这一事例中，就像可以预期的那样，人服从于有意识选择的法则；因为有人断言，在掷弹兵及其高个子妻子所居住的村庄中曾经养育出许多高个子的人。在斯巴达（Sparta），也采用过一种选择方式，因为曾经颁布过这样的法律：所有婴儿在降生后不久就应受到检查，外貌良好而健壮的被保存下来，其余的则任其死亡。③

如果我们把所有人类种族都视为单独一个物种，那么其分布范围是非常广阔的；不过有些与世隔离的种族，如美洲印第安人和波利尼西亚人（Polynesians），也有很广阔的分布范围。有一条法则是众所周知的，即分布范围广阔的物种远比分布范围狭窄的物种更加容易变异得多；把人类的变异性同分布范围广阔的物种的变异性相比较，比把他们同家养动物的变异性相比较，更加准确可靠。

看来人类和低于人类的动物的变异性不仅是由同样的一般原因所诱发的，而且二者身体的相同部分也以密切近似的方式受到影响。这一点已由戈德隆（Godron）和夸垂费

---

① 贝茨（Bates）先生说［《亚马孙河上的博物学者》（*The Naturalist on the Amazons*），第 2 卷，1863 年，159 页］，关于同一个南美部落的印第安人，"其头部形状，没有两个人是完全一样的；其中一人面形椭圆，相貌良好，而另一人则完全是蒙古人的样子，面颊宽阔而突起，鼻孔掀张，两眼斜视"。

② 布鲁曼巴哈（Blumenbach），《关于人类学的论文》（*Treatises on Antropolog.*），英译本，1865 年，205 页。

③ 米特福德（Mitford）的《希腊史》（*History of Greece*），第 1 卷，282 页。色诺芬（Xenophon，希腊哲学家、历史学家，公元前 434？—前 355。——译者注）所著的《回忆录》（*Memorabilia*）第 2 卷第四章中有一段也谈到，男人择妻应以孩子们的健壮和精力旺盛为目的，这是希腊人所公认的原则（赫尔牧师使我注意到这一段）。希腊诗人色奥格尼斯（Theognis）生活于公元前 550 年，他明显地看出选择如被谨慎地应用，对人类的改进是何等重要。他还看出财富往往会抑制性选择的适当作用，因而乃作诗如下：

> 克氏（Kurnus）养马牛，凡事依规则，
> 选种贵血统，避免劣与弱，
> 为了增收益，成本所不恤。
> 吾人婚配中，钱却为一切，
> 为了金钱故，男人娶其妻；
> 复为金钱故，女人嫁其夫，
> 恶棍与流氓，亦愿随君去；
> 财源大茂盛，子女择配时，
> 门当须户对，夸富其门族，
> 万事皆混杂，贵贱已无殊！
> 外貌与精神，退化斑驳多，
> 劝君莫惊异，起因至明白！
> 后果徒悲叹，吾人已低劣。

什(Quatrefages)充分详细地予以证明了,所以在这里我只要提一下他们的著作①就行了。逐渐成为轻微变异的畸形在人类和低于人类的动物中同样也是如此相似,以致同样的分类和同样的名词可以通用于二者,小圣·伊莱尔(Isidore Geoffroy St. -Hilaire)②,对此已有所阐明。我在有关家养动物变异的那部著作中,曾试图以粗略的方式把变异的法则安排在如下的各个项目中:改变了的外界条件直接而一定的作用,这种作用可以由同一物种的一切个体或几乎一切个体在同样环境中按照同样方式发生变异而被显示出来。各个部分长期连续使用和不使用的效果。同源部分的结合。复合部分的变异性。生长补偿。不过关于这一法则,我还没有找到有关人类的良好事例。某一部分对另一部分的机械压迫的效果,如婴儿的颅骨在子宫中所受到的骨盆压迫。发育的抑制,导致诸部分的缩小或其生长受到抑制。通过返祖,长久亡失性状的重现。最后,相关作用。所有这些所谓的法则可以同等地应用于人类和低等动物,其中大多数法则也可以应用于植物。在这里对所有这些法则一一加以讨论将是多余的。③ 不过其中有几项法则是如此重要,以致还必须以相当篇幅加以讨论。

改变了的外界条件直接而一定的作用

这是一个最错综复杂的问题。不可否认,改变了的外界条件对所有种类的生物都会发生某些作用,有时是相当大的作用;最初看来很可能是,如果有充足的时间,这将是必然的结果。但是我没有能够得到支持这一结论的明显证据;而在相反方面却可以提出正当的理由,至少有关适应于特殊目的的无数构造是如此。然而无可怀疑,改变了的外界条件可以引起几乎无限的彷徨变异,而整个组织因此在某种程度上变为可塑的了。

在美国,参加最近一次战争的一百万以上的士兵受到了身体测量,而且对他们的降生和成长时所在的州进行了登记。④ 根据这一数量大得惊人的观察,可以证明某种地方性影响对身材直接发生作用;我们进一步认识到,"大部分身体成长时所在的州以及表明其祖先系统的降生时所在的州似乎对身材有显著影响"。例如,已经证实,"当成长时居住在西部各州,有使身材增高的倾向"。另一方面,海军生活会延缓其成长,正如下述所阐明的那样,"十七八岁的陆军士兵和海军士兵的身材有巨大差别"。古尔德先生力图查明这样对身材发生作用的影响因素的性质,但他只得到了反面的结果,即,它们同气候、土地高度、土壤没有关联,甚至同生活的富裕和贫困也不以任何支配的程度相关联。这后一结论用维勒美(Villermé)根据法国不同地方应征士兵身高的统计所得出的结论直接相反。如果我们把波利尼西亚酋长和同岛低层人民的身材差别加以比较,或者把肥沃的

---

① 戈德隆,《论物种》(De l'Espèce),第2卷,第3册,1859年。夸垂费什,《人种的一致性》(Unité de l'Espèce Humaine),1861年。他的有关人类学的讲义,载于《科学报告评论》,1866—1868年。

② 《畸形组织志及其分类》(Hist. Gén. et Part. des Anomalies de l'Organisation),三卷本,第1卷,1832年。

③ 在我的《动物和植物在家养下的变异》第2卷,第二十二章、二十三章中,对这些法则曾进行过充分讨论。杜兰德(M. J. P. Durand)最近(1868年)发表过一篇有价值的论文,《论环境的影响》(De l'Influence des Milieux)。关于植物,他非常强调土壤的性质。

④ 古尔德,同前书,1869年,93,107,126,131,134页。

火山岛居民和同海洋①低处的荒瘠珊瑚岛居民的身材差别加以比较，再把生活资料很不相同的火地岛（Tierra de Fuego）东海岸和西海岸居民的身材差别加以比较，那就不可避免地会得出如下结论：较好的食物和较大的生活舒适确可对身材产生影响。但是，上面的叙述阐明了要得出任何确切的结果是何等困难。比多（Beddoe）博士最近证明，关于英国居民，城市生活和某种职业对其身高有一种退化的影响；并且他推论这一结果在一定程度上是遗传的，在美国同样也有这种情况。比多博士进一步相信，"如果一个种族的身体发达到最高顶点，其身体精力和精神活力也要升到最高峰"。②

外界条件对人类是否产生任何其他作用，现在还不知道。可以预料，气候的差异将会发生一种显著影响，因为肺和肾在低温下的活动要加强，而肝和皮肤在高温下也是如此③。以前认为，皮肤的颜色和毛发的特性是由光或热来决定的；虽然简直无法否认由此产生的某种效果，但几乎所有观察家们现在还一致认为这种效果是很小的，即使多年暴露于其中也是一样。在我们讨论人类不同种族的时候，还要对这个问题进行更适当的探讨。关于家养动物，有理由相信寒冷和潮湿对毛的生长有直接影响；但是，在人类的场合中，我还没有遇到任何有关这个问题的证据。

各部分增强使用和不使用的效果

众所周知，使用可以使一个人的肌肉加强，而完全不使用，或破坏其专有的神经，则可使肌肉减弱。当眼受到破坏时，视神经常常变得萎缩。当一条动脉被结扎时，其侧脉管的直径不仅在增大，而且管壁的厚度和强度也有所增加。当一个肾因病停止作用时，另一个肾就要增大，而且加倍地工作。骨如果负担较大的重量，不仅厚度、而且长度都有所增加。④ 经常从事不同职业可导致身体各部分的比例发生变化。例如，美国"联邦委员会"（United States Commission）⑤查明，参加最近这次战争的海军士兵的腿比陆军士兵长出 0.217 英寸，虽然海军士兵平均要矮些；而海军士兵的手臂却短 1.09 英寸，所以，就其矮缩的身高而言，手臂的减短已越出了比例。海军士兵手臂的减短显然是由于它们的使用较多所致，这是一个料想不到的结果；但海军士兵的手臂主要用于拉牵，而不是用于支持重量。海军士兵的颈围和脚面厚度均较陆军士兵的为大，但其腰围、胸围和臀部则较小。

如果在许多世代中都遵循同样的生活习性，那么，上述几种变异是否会变为遗传的，

---

① 关于波利尼西亚人，参阅普里查德（Prichard）的《人类体格史》（*Physical Hist. of Mankind*），第 5 卷，1847年，145，283 页。再参阅戈德隆的《论物种》，第 2 卷，289 页。居住在上恒河（Upper Ganges）和孟加拉（Bengal）的印度人在外貌上也有显著差异；参阅埃尔芬斯通（Elphinstone）的《印度史》，第 1 卷，324 页。

② 《人类学会纪要》（*Memoirs, Anthropolog. Soc.*），第 3 卷，1867—1869 年，561，565，567 页。

③ 布雷肯里奇（Brakenridge）博士，《特异素质理论》（*Theory of Diathesis*），见《医学时报》（*Medical Times*），1869 年 6 月 19 日，7 月 17 日。

④ 在我的《动物和植物在家养下的变异》第 2 卷，297—300 页中，为某些陈述给以根据；耶格尔（Jaeger）博士，《论骨的伸长生长》（*Ueber das Längenwachshthum der Knochen*），《耶拿学报》（*Jenaischen Zeitschrift*），B. V，Heft. i。

⑤ 古尔德，同前书，1869 年，288 页。

还不知道,但这是可能的。伦格尔①把巴拉瓜河流域的印第安人(Payaguas Indians)的细腿和粗臂归因于他们一代连一代地几乎在独木舟中过一辈子,而下肢无所运动。另外一些作者对相近的事例作出了相似的结论。按照曾同爱斯基摩人长期在一起生活的克兰兹(Cranz)②的说法,"当地人相信捕捉海豹时的机灵和敏捷(他们最高的技艺和美德)是遗传的,这确乎有些道理,因为一位著名的海豹捕捉手的儿子虽然幼年丧父,也显示了他的英雄本色"。在这一场合中,看来心理能力和身体构造都同等多地得到了遗传。有人断言,英国工人婴儿的手在降生时大于贵族婴儿的手。③ 根据四肢发育和颚部发育之间所存在的相关作用——至少在某些场合中是如此,④那些不大用手和脚劳动的阶级,其颚部由于这种原因可能缩小。优雅文明人的颚部一般小于辛勤劳动者或未开化人的颚部,乃是确定无疑的。但是,关于未开化人,如赫伯特·斯宾塞(Herbert Spencer)⑤先生所说的,在咀嚼粗糙的、未烹调的食物时较多地使用颚部,将会以一种直接方式对咀嚼肌及其所附着的骨发生作用。远在降生以前的胎儿,其足蹠的皮肤比身体其他任何部分的皮肤都厚;⑥简直不能怀疑,这是由于压力在一长系列世代中的遗传效果。

众所周知,钟表匠和雕刻匠容易近视,常过户外生活的人,特别是未开化人,一般是远视的。⑦ 近视和远视肯定都有遗传的倾向。⑧ 同未开化人相比,欧洲人的视力以及其他感官都较差,这无疑是在许多世代中减少使用之积累的和遗传的结果;因为伦格尔说过,他曾反复地观察过同未开化的印第安人一起长大的、并同他们一起度过终生的欧洲人;尽管如此,这些欧洲人的感官在敏锐性上还不能同印第安人的相比。⑨ 同一位自然科学者还观察到,美洲未开化人头骨上容纳几种感觉器官的腔比欧洲人的为大;这大概暗示着这等器官本身在大小上的相应差异。布鲁曼巴哈也曾谈到美洲未开化人头骨上的鼻腔很大,并且把这一事实同其显著敏锐的嗅觉能力联系在一起了。按照帕拉斯(Pallas)的材料,北亚平原上的蒙古人具有异常完善的感官;普里查德相信,他们的穿过颧骨(zy-gomas)的那一部分头骨非常宽阔,系由于他们的感觉器官高度发达所致。⑩

奎丑印第安人(Quechua Indians)居住在秘鲁的巍峨高原上;杜比尼(Alcide d'Or-bigny)说,由于不断地呼吸稀薄的空气,他们获得了异常大的胸和肺。其肺部细胞也比欧洲人的大而多。⑪ 这些观察材料曾受到怀疑,不过福布斯(D. Forbes)先生对一个近似

---

① 《巴拉圭的哺乳动物》(*Säugethiere von Paraguay*),1830年,4页。

② 《格陵兰史》(*History of Greenland*),英译本,第1卷,1767年,230页。

③ 《近族通婚》(*Intermarriage*),亚历山大·沃克著(Alex . Walker),1838年,377页。

④ 《动物和植物在家养下的变异》,第1卷,173页。

⑤ 《生物学原理》(*Principles of Biology*),第1卷,455页。

⑥ 佩吉特,《外科病理学讲义》,第2卷,1853年,209页。

⑦ 海军士兵的视力不及陆军士兵,是一个奇特而料想不到的事实。古尔德博士证明确系如此,《美国南北战争中的公共卫生报告》(*Sanitary Memoirs of the War of the Rebellion*,1869年,530页);他以海军士兵的视野"受到船身长度和桅杆高度的限制"来解释这种情形。

⑧ 《动物和植物在家养下的变异》,第1卷,8页。

⑨ 《巴拉圭的哺乳动物》,8,10页。我曾有良好的机会观察火地人的异常视力。再参阅劳伦斯(Lawrence)关于这个问题的意见,见《生理学讲义》,1822年,404页。吉拉德-托伊仑(M. Giraud-Teulon)最近搜集了大量有价值的证据来证明近视的原因是由于眼睛的过度疲劳。

⑩ 普里查德,《人类体态史》,布鲁曼巴哈之说见该书第1卷,1851年,311页;帕拉斯的述说见该书第4卷,1844年,407页。

⑪ 普里查德引用,见上书,第5卷,463页。

种族亚马拉人（Aymaras）进行过多次身体测量，他们也在 10 000～15 000 英尺的高地上生活；他告诉我说，他们在身体的粗细和长短方面都同他所看见的所有其他种族的人有明显的差别。[1]　在他的测量表格中，每一个人的身高定为1000，其他测量数据则按此标准缩减。该表说明，亚马拉人的伸直的双臂比欧洲人的为短，比黑人的更短。同样地，他们的双腿也较短；他们表现了这样一种显著的特征，即每一个受到身体测量的亚马拉人，其股骨（femur）比胫骨（tibia）为短。平均计算，股骨长度同胫骨长度之比为 211：252，而同时受到测量的两个欧洲人，其股骨长度同胫骨长度之比则为 244：230，在三个黑人中，其比例为 258：241。同样地，前肢的肱骨也相对的要比前臂短些。和身体最近的四肢那一部分的这样缩短，如福布斯先生向我提示的，似乎是同躯干长度大大增加有关的一种补偿的情形。亚马拉人还呈现一些其他独特的构造之点，例如，脚后跟的凸出部分很小。

这些人如此彻底地适应了他们的寒冷而高峻的居住地，先前西班牙人把他们带到低下的东部平原时，现在为高工资所诱、下来淘金时，以致死亡率有了可怕的提高。尽管如此，福布斯先生还找到了少数幸存了两代的纯粹家族；他观察到，他们依然遗传了其固有的特性。但是，甚至用不到测量，也可明显看出这些特性完全缩小了；通过测量，发现他们的身体已不像居住在高原者的身体那样长；同时他们的股骨却变得多少长一些，胫骨也有所增长，但程度较轻。至于实际测量数据，查阅福布斯先生的研究报告便知。根据这些观察，我以为毫无疑问的是，在一个非常高的地方居住了许多世代，直接地和间接地有诱使身体比例发生遗传的变异的倾向。[2]

人类在其后期生存阶段，虽然通过诸部分的增强使用或减弱使用没有发生很大变异，但以上所举的事实阐明，人类在这一方面的倾向并没有消失。我们确知，同样的法则也适用于低等动物。因此，我们可以推论，当人类的祖先在远古时代处于变迁状况之下时，并且当他们由四足动物变成两足动物时，身体不同部分的增强使用或减弱使用的遗传效果很可能对自然选择起了很大的帮助作用。

发育的抑制

受到抑制的发育同受到抑制的生长有所不同，诸部分在前一状况下继续生长、同时依然保持其早期状态。各种畸形可以纳入这一项目之下，有些畸形，如裂口盖（cleft-palate）据知是偶尔遗传的。对我们的目的来说，只要谈谈沃尔格的研究报告[3]中所描述的畸形小头白痴的受到抑制的脑部发育就足够了。他们的头骨较小，而且脑旋圈（convolutions of the brain）不及正常人的复杂。额窦（frontal sinus），即眼眉上部的突起，非常发达，颚部以"异常"的程度向前突出，所以这等白痴同人类的低等模式多少相类似。他们的智力以及大多数心理官能，都极其薄弱。他们不能获得说话的能力，而且完全不能长久地注意，但很善于模仿。他们是强壮的，而且显著地活泼，不停地嬉戏、跳跃和做鬼脸。他们爬楼梯时常手脚并用，而且非常喜欢攀登家具和树木。这就使我们想起，几乎所有的小孩都喜欢爬树；这又使我们想起，原本为高山动物的小羔羊和小山羊多么欢喜在小丘上跳来

---

[1]　福布斯先生的有价值的论文现发表于《伦敦人种学会杂志》（*Journal of the Ethnological Soc. of London*），新辑，第 2 卷，1870 年，193 页。

[2]　维尔肯斯（Wilckens）博士最近发表一篇有趣味的论文，阐明生活于山岳地区的家养动物如何在其骨架上发生变异，见《农学周报》（*Landwirthschaft. Wochenblatt*），第十期，1869 年。

[3]　《关于畸形小头的研究报告》（*Mémoire sur les Microcéphales*），1867 年，50，125，169，171，184—198 页。

跳去,不管这小丘是多么小。白痴在其他一些方面也同低于人类的动物相类似,例如,他们在吃每一口食物之前,都要小心地嗅味,对此已有几个事例的记载。有一个白痴被描述常用口帮助双手去捉虱子。他们的习性往往是猥亵的,没有礼貌的感觉;他们的身体显著多毛,①关于这一点曾经发表过几个事例。

返 祖

这里所举的事例有许多大概可以纳入上述项目之下。如果一种构造在其发育时受到了抑制,但仍继续生长,直到它和同一类群(group)的某些成熟的低等成员的相应构造密切类似,那么,在某种意义上就可把这一构造看做是一个返祖的事例。一个类群的低等成员对其共同祖先大致是如何构成的,向我们提供了某种概念;简直不能相信一个复杂的部分在胚胎发育的早期阶段受到抑制后,还会继续生长到终于可以执行其固有功能,除非它在某一较早的生存期间获得了这种能力,而现今异常的,即受到抑制的构造在那时还是正常的。一个畸形小头白痴的简单头脑,就其同一只猿的头脑相类似来看,在这种意义上可以说它提供了一个返祖的事例。② 还有另外一些事例可以更加严格地纳入

①　莱科克博士总结了畜生般的白痴的特性,称他们为"野兽般的白痴"(theroid),见《心理科学杂志》(*Journal of Mental Science*),1863 年 7 月。斯科特(Scott)博士常常观察到低能儿嗅闻食物,见《聋与哑》(*The Deaf and Dumb*)第 2 版,1870 年,10 页。关于这个问题以及白痴的多毛性,参阅莫兹利博士的《躯体和精神》(*Body and Mind*),1870 年,46—51 页。关于白痴的多毛性,皮内尔(Pinel)也曾举出过一个显著事例。

②　在《动物和植物在家养下的变异》(第 2 卷,57 页)中,我把并非很罕见的妇女额外乳房的事例归因于返祖。由于这等附加的乳房一般都对称地位于胸部,乃使我认为这大概是一个正确的结论;特别是使我有此想法的还有一个事例,即,一个单独的有效乳房发生在一位妇女的腹股沟区(inguinal region),她是另一位具有多余乳房的妇女的女儿。但是,现在我还发现在其他部位发生的异位乳房(mammae erraticae)(参阅普瑞尔教授的《论生存斗争》,Prof. Preyer,*Der Kampf um des Dasein*,1869 年,45 页),如在背上、腋下和股上的这等乳房分泌的乳汁如此之多,以致可以把小孩养育起来。这样,附加乳房是由于返祖的可能性就大大削弱了;尽管如此,我依然认为这大概是正确的,因为两对乳房常常对称地位于胸部;关于这一点,我曾收到过几个事例的报告。众所周知,狐猴类正常有两对乳房位于胸部。关于男人生有一对以上的乳房(当然是痕迹的),曾经记载过五个事例;参阅《解剖学和生理杂志》(*Journal of Anat, and Physiology*),1872 年,56 页,其中有汉迪赛德(Handyside)博士举出的一个事例说,有两兄弟显示了这种特性;再参阅巴特尔斯(Bartels)博士的一篇论文,载于《里卡兹和鲍侬斯-雷蒙的文献集》(*Reichert's and du Bois-Reymond's Archiv.*),1872 年,304 页。巴特尔斯博士所提的事例之一:一个男人生有 5 个乳房,其中一个居中,正好位于脐眼之上;梅克尔·冯·黑姆斯巴哈(Meckel von Hemsbach)以为上述事例可以由某些翼手类(Cheiroptera)的居中乳房得到阐明。总之,如果人类的早期祖先不具有一对以上的乳房,则人类男女决不会有附加的乳房发育起来;倘不如此,我们就要发生重大的疑问了。

在《动物和植物在家养下的变异》(第 2 卷,12 页)中,经过很大踌躇我还把人类和各种动物常见的多趾畸形(polydactylism)归因于返祖。导致我有此想法的,部分是由于欧文教授叙述某些鱼鳍类(Ichthyopterygia)具有 5 个以上的趾,所以我设想它们保持了原始状态;不过格根鲍尔(Gegenbaur)对欧文的结论表示怀疑,《耶拿学报》(*Jenaischen Zeischrift*,第 5 卷,第 3 册,341 页)。另一方面,按照冈瑟(Günther)博士晚近提出的意见:角齿鱼(Ceratodus)的鳍有一列骨为中轴,在其两侧生有分节的骨质鳍刺,通过返祖,一侧或两侧可能会重现 6 个或更多的趾,承认这一点似乎不致有很大困难。祖特文(Zouteveen)博士告诉我说,曾经记载过这样一个事例:一个男人生有 24 个手指和 24 个足趾! 导致我作出"多余指的出现是由于返祖"的结论,主要是根据如下的事实:多余指不仅是强烈遗传的,而且如我那时所相信的,在截断后还有再生的能力,就像低等脊椎动物的正常趾在截断后的情形一样。但我在《动物和植物在家养下的变异》(第 2 版)那部书中曾经说明,为什么我对记载下来的这等事例很少信赖。尽管如此,值得注意的是,由于受到抑制的发育同返祖是两种关系极为密切的过程,所以处于胚胎状态或受到抑制状态的各种构造——如裂口盖、双叉子宫等,往往伴随着多指畸形。梅克尔和小圣·伊莱尔都曾极力主张这一点。但现今最安全的方针还是完全放弃以下的概念,即多余指的发育同返归人类某一低等构造的祖先有任何关系。

现在这个返祖项目之中。在人类所属于的那一类群的低等成员中正常发生的某些构造，偶尔也会在人类中出现，虽然在正常的人类胚胎中并没有发现过这等构造；或者，这等构造如果正常存在于人类胚胎中，但它们都变得异常发达，竟达到这一类群的低等成员的那种情况，虽然在后者这是正常的。下述例证将会使这些论述更加清楚明白。

各种哺乳动物的子宫都是由一个具有两个明显的孔和两个通道的双重器官，如在有袋动物中那样，渐渐变为一个单独的器官；它除去有一个微小的内褶以外，如在高等猿类和人类中那样，一点也不是双重的了。啮齿动物显示了这两个极端状态之间的一个完整的累进系列。所有哺乳动物的子宫都是由两个简单的原始的管发展而来的，在这两个管下方的部分形成了两个角；按照法尔（A. Farre）博士所说的，"这两个角在其下端的愈合，形成了人类的子宫体；在没有子宫中央部分或子宫体的那些动物中，这两个角依然保持不相愈合的状态。在子宫发展的进程中，这两个角逐渐变短，最后终至消失，或者可以说，它们被吸收入子宫体之中。"甚至像低等猿类和狐猴类那样的高等动物，其子宫依然具有两个角。

且说，成熟的子宫具有两个角或者部分地分为两个器官的这等异常事例在妇女中并不罕见；按照欧文的说法，这等事例再现了某些啮齿动物所达到的那种"集中发育（concentrative development）的阶段"。关于胚胎发育受到简单的抑制，以及继之而来的生长和完全的功能发育，我们在这里所看到的恐怕就是这种事例；因为这种局部双重的子宫每一边都能执行固有的妊娠功能。在另外一些更罕见的事例中，两个明显的子宫腔被形成了，每一个腔都具有它的固有的孔和通道。[1] 在正常的胚胎发育期间从来不通过这等阶段；很难相信，虽然这也许不是不可能的，两个简单的、微小的、原始的管会知道如何（如果可以使用这一名词的话）生长成两个明显的子宫，每个子宫具有一个构造良好的孔和通道，而且还具有无数的肌肉、神经、腺和血管，如果它们不是像在现存有袋动物的场合中那样地曾在以往经历过一个相似的发育过程。谁也不会妄想，像妇女的畸形双重子宫那样的一种如此完善的构造仅仅是偶然的结果。但返祖原理——据此一种长久亡失的构造会被召回重生——大概可以用来说明其充分的发育，即使这种发育是在间隔了非常悠久的时光之后进行的。

卡内斯垂尼教授在讨论了上述事例以及各种相近的事例之后，得出了同上述一样的结论。他提出另外一个例子，是关于颧骨的，[2]这种骨在某些四手类动物以及其他哺乳动

---

① 参阅法尔博士在《解剖学和生理学全书》（*Cyclopaedia of Anatomy and Physiology*），第 5 卷，1859 年，642 页。欧文，《脊椎动物解剖学》，第 3 卷，1868 年，687 页。特纳教授，《爱丁堡医学杂志》（*Edinburgh Medical Journal*），1865 年 2 月。

② 《摩德纳自然科学协会年报》，1867 年，83 页。卡内斯垂尼关于这个问题曾摘录了各种权威著作。劳里拉德（Laurillard）说，因为他发现两片颧骨的形状、比例以及它们的接合，在几具人类尸体和某些猿类中完全相似，所以他不能把这等部分的这种安排视为偶然的。关于这同样的畸形，沙威奥提（Saviotti）博士发表过另一篇论文，载于《临床学通报》（*Gazzetta delle Cliniche*），都灵（Turin），1871 年，他说，在成年人头骨上发现有分离痕迹的约为百分之二；他还说，突颚的头骨（并非雅利安种族的）较其他头骨更常发生这种情形。再参阅德勒伦则（G. Delorenzi）关于同一问题的著作，《颧骨畸形的三个新例》（*Tre nuovi casi d'anomalia dell' osso malare，Torino*）（都灵），1872 年。还有，莫索利（E. Morselli）的《关于颧骨的罕见畸形》（*Sopra una rara anomalia dell' osso malare，Modena*）（摩德纳），1872 年。关于这块骨的分离，格鲁勃最近写了一本小册子。我之所以举出这些参考书目，是因为有一位评论家没有任何根据毫无顾忌地对我的叙述表示了怀疑。

物中正常是由两个部分构成的。当人类胎儿在两个月的时候,颧骨就是这种状态;通过发育的抑制,有时在成年人中、特别是在突颚的低等种族中还保留着这种状态。因此,卡内斯垂尼断定,人类某些古代祖先的这种骨一定正常地分为两个部分,而在以后却变得融合在一起了。人类的额骨是由单独一片构成的,但在胚胎中、在小孩中而且在差不多所有低等哺乳动物中,额骨是由两片构成的,由一条明显的缝分开。在人类达到成熟期之后偶尔还多少明显地保留着这条缝;这种情形在古代的头盖骨比在近代的头盖骨中更加常见,特别是如卡内斯垂尼所观察的,在那些从冰碛(drift)中发掘出来的、属于短头模式的头盖骨中尤其常见。在这里就像在颧骨的近似事例中那样,他再次得出了同样的结论。在这个事例中,以及在就要谈到的另外一些事例中,古代种族比近代种族在一定性状上,更加常常接近低等动物的原因,看来是由于后者在漫长的系统线上距离他们的早期半人类祖先多少要远一点儿。

人类的同上述多少相似的各种其他畸形,曾被不同作者提出来作为返祖的事例;不过对此等事例似乎还有不少疑问,因为,在我们发现这等构造正常存在以前,我们势必在哺乳动物系统中下降到极低的地位。[①]

人类的犬齿是完全有效的咀嚼工具。但他们的真正犬齿性状,如欧文[②]所说的,为"齿冠呈圆锥形,其末端为一钝点,外面凸形,内面扁平或稍凹,内面基部有一个微小的突起。黑色种族、特别是澳洲土人最好地显示了这种圆锥形齿冠。犬齿较切齿埋植得更深,而且牙根更强固"。然而,对人类来说,这个齿已不再是为了撕裂敌物或猎物的特殊武器了;所以,就其固有的机能而言,不妨把它视为残迹的。在人类头骨的任何大型采集品中,如赫克尔[③]所观察的,总可以找到犬齿相当突出于其他齿之外的一些头骨,其方式就像类人猿的犬齿一样,不过程度较轻而已。在这等场合中,一颚的齿间空位是留待容纳另一颚的犬齿。瓦格纳(Wagner)所绘的卡菲尔人(Kaffir)头骨的齿间空位异常宽阔。[④] 同近代头骨比较,古代头骨受到检查的非常之少,但至少已有三例表明前者犬齿非常突出,这确是一个有趣的事实;据说脑雷特人(Naulette)的颚是异常大的。[⑤]

在类人猿中,仅雄者具有充分发达的犬齿;但在大猩猩(gorilla)中并且程度较轻地在猩猩(orang)中,雌者的犬齿也相当地突出于其他齿之外;所以,我所确信的妇女有时有相当突出的犬齿这一事实,对于相信人类犬齿偶尔非常发达乃是返归猿类般的祖先,并不是一个严重的障碍。如果有人轻蔑地拒绝相信他自己的犬齿形状以及其他人的偶尔

---

① 小圣·伊莱尔在他的《畸形志》(*Hist. des Anomalies*),第3卷,437页中举出了一系列的事例。一位评论家对我大加责备,说我没有讨论过见于记载的有关各种部分发育受到抑制的大量事例[《解剖学和生理学杂志》(*Jour. of Anat. and Physio.*),1871年,366页]。他说,按照我的理论,"一个器官在其发育中的每一个瞬变状态,不仅是为了达到某种目的的一种手段,而其本身也曾一度是一种目的"。在我看来,这种说法不一定对。为什么在发育早期发生的变异同返祖没有关系?而这等变异如果有任何一点用处,如缩短和简化发育过程,大概都会被保存下来并得到积累。还有,为什么有害的畸形,例如同以往生存状况没有任何关系的萎缩的或过度肥大的诸部分,不在早期以及成熟期发生?

② 《脊椎动物解剖学》(*Anatomy of Vertebr*),第3卷,1868年,323页。

③ 《普通形态学》,1866年,第2卷,160页。

④ 卡尔·福格特(Carl Vogt),《人类讲义》,英译本,1864年,151页。

⑤ 卡特·布莱克(C. Carter Blake),《关于脑雷特人的一只颚》,见《人类学评论》,1867年,295页。沙夫豪森(Schaaffhausen),同前杂志,1868年,426页。

非常发达的犬齿乃是由于我们早期祖先曾经装备有这等可怕的武器，那么他大概在冷笑中却揭示了他自己的由来。因为，人类虽然不再打算或者没有能力再使用这等齿作为武器，但还会无意识地收缩他的"嗥叫肌"（snarling muscles，贝尔爵士命名[1]），以便把犬齿露出，准备动作，就像一只狗准备咬架那样。

四手类或其他哺乳动物所固有的许多肌肉偶尔也会在人类发育。沃拉克威契（Vlacovich）教授[2]检查过 40 个男性尸体，发现其中 19 人具有一种被他称为"坐耻肌"（ischiopubic）的肌肉；3 人具有代表这种肌肉的韧带（ligament）；其余 18 人连一点这种肌肉的残迹都没有。在 30 个女性尸体中，仅 2 人在两侧具有这种发达的肌肉，另外 3 人只有残迹的韧带。所以，这种肌肉在男性中看来远比在女性中普遍得多；根据人类起源于低等生物类型的信念，这个事实就是可以理解的了；因为在几种低于人类的动物中，曾发现过这种肌肉，凡是具有这种肌肉动物，它的唯一作用即在于帮助雄者的生殖行为。

伍德先生在他的一系列有价值的论文中，[3]详细地描述了大量的人类肌肉变异，这等肌肉都同低等动物的正常构造相类似。同我们最近亲属四手类动物所正常存在的肌肉密切类似的那些肌肉真是多得举不胜举。有一具男性尸体，体格强壮，头骨构造良好，在其身上观察到的肌肉变异不下七处之多；所有这些都明显地代表了各种猿类所固有的肌肉。僻如说，这具男尸在颈部两侧各具一块直正的、强有力的"锁骨提肌"（levator claviculae），就像我们在所有猿类中所看到的那样，据说在 60 具人类尸体有一具有这种肌肉。[4]再者，这具男尸还有"一块特殊的趾蹠骨展肌（abductor of the metatarsal bone），正如赫胥黎教授和弗劳尔（Flower）先生所阐明的，高等的和低等的猿类普遍具有这种肌肉"。我仅提出两个补充的事例；在所有低于人类的哺乳动物中都可以找到肩峰底肌（acromiobasilar muscle），而且它似乎同四足行路的步法相关，[5]在 60 具人类尸体中有一具有这种肌肉。布雷德利（Bradley）先生[6]发现一个男人的两只脚都有一块"第五蹠骨展肌"（abductor ossis metatarsi quinti）；在此之前没有记载过人类具有这种肌肉，但它在类人猿中却是永远存在的。手和臂——这是人类特性非常显著的部分——的肌肉极端容易变异，结果变得同低于人类的动物的相应肌肉类似。[7]这种类似或是完全的，或是不完全的；在不完全的场合中，它们显然具有过渡性质。某些变异在男人中较普遍，另外一些变异则在女人中较普遍，对此还不能举出任何理由。伍德先生描述了大量变异之后，作出如下

---

① 《表情解剖学》（*The Anatomy of Expression*），1844 年，110，131 页。

② 卡内斯垂尼教授引用，见《摩德纳自然科学协会年报》，1867 年，90 页。

③ 任何人要是想知道人类的肌肉为何常常发生变异，而且终于变得同四手类动物的肌肉相似，都应该读一读这些论文。下列参考文献同我的著作中少数几点有关：《皇家学会会报》，第 14 卷，1865 年，379—384 页；第 15 卷，1866 年，241，242 页；第 15 卷，1867 年，544 页；第 16 卷，1868 年，524 页。我在这里可以补充一点，穆里博士（Dr. Murie）和米伐特先生在他们有关狐猴类的研究报告中曾阐明，这等动物——四手类的最低层成员——的某些肌肉非常容易变异。在狐猴类中，有一些肌肉渐次变得与等级更低的动物的构造相似。

④ 再参阅麦卡利斯特教授的文章，见《爱尔兰皇家学会会报》（*Proc. R. Irish Academy*），第 10 卷，1868 年，124 页。

⑤ 钱普尼斯（Champneys）先生，《解剖学和生理学杂志》（*Journal of Anat. and Phys.*），1871 年 11 月，178 页。

⑥ 《解剖学和生理学杂志》，1872 年 5 月，421 页。

⑦ 麦卡利斯特教授，《爱尔兰皇家学会会报》，121 页。他曾把他的观察材料制成表，发现最常出现肌肉畸形的是在前臂，其次在面部，再次在足部，等等。

意义深远的陈述:"在诸器官的沟中或沿着各个方面延伸的肌肉构造显著脱离正常的模式,一定暗示有某种未知的因素,这对于一般的、科学的解剖学的全面知识有极大的重要性。"[①]

这一未知因素乃是返归以往的生存状态,可以被认为是有最高度可能性的。[②] 人类和某些猿类之间如果没有遗传的连接关系,要说一个人的畸形肌肉同猿类的肌肉相似者不下于七处之多,系出于偶然,则是完全不可相信的。另一方面,如果人类是从某一猿类般的动物传下来的,那么就举不出任何有根据的理由来说明某些肌肉为什么不会经过成千上万的世代之后而突然重现,其方式就像马、驴、骡经过数百代、更可能经过数千代在腿部和肩部突然重现其暗色条纹一样。

这等各式各样的返祖事例同第一章中所举出的残迹器官事例的关系是如此密切,以致把其中的许多事例放在那里或这里,都无可无不可。例如,一个具有角的人类子宫可以被说成是以一种残迹状态代表某些哺乳动物同一器官的正常状态。人类的某些残迹部分,如男女两性的尾骨以及男性的乳房,是一直存在的;还有另外一些残迹部分,如髁上孔(supracondyloid foramen),仅偶尔出现,因而可以被纳入返祖项下。这几个返祖的构造以及那些严格是残迹的构造揭示了人类是从某一低等类型以准确无误的方式传下来的。

相 关 变 异

人类就像低于人类的动物那样,他的许多构造如此紧密关联,以致当某一部分发生变异后,另一部分也要跟着发生变异;在大多数场合中,我们对此还不能举出任何理由。我们无法说,是否这一部分支配那一部分,或者,是否二者受某一较早发达的部分所支配。各种畸形,正如小圣·伊莱尔所反复坚决主张的那样,就是这样紧密地连接在一起的。同源构造特别容易一齐变异,就像我们在身体两侧和上下肢所看到的情形那样。梅克尔很久以前就曾说过,当手臂肌肉脱离其固有模式时,它们几乎永远模拟腿部的肌肉;相反的,腿部肌肉也是如此。视觉器官和听觉器官,齿和毛,皮肤和毛的颜色,体色和体质,或多或少都是相关的。[③] 最初是沙夫豪森教授注意到显然存在于肌肉结构和眶上脊(supra-orbital ridges)之间的关系,眶上脊乃是人类低等种族的显著特性。

---

① 霍顿(Haughton)牧师举出一个有关人类拇指长屈肌(flexor pollicis longus)的显著事例之后,接着说道(《爱尔兰皇家学会会报》,1864 年 6 月 27 日,715 页):"这个显著的例子阐明,人类拇指以及其他手指的腱(tendon)的排列有时具有猕猴的特性,但这样一个事例究应被视为猕猴向上变为人,人向下变为猕猴,或者是一种先天的反常现象,我还不能说。"这位富有才华的解剖学者和进化论的强硬反对者竟会承认他的任何一个最初命题的可能性,听到这一点已经可以使人满足了。麦卡利斯特教授也曾描述过拇指屈肌以它们同四手类的同样肌肉的关系而引人注意(《爱尔兰皇家学会会报》,第 10 卷,1864 年,138 页)。

② 在本书第一版问世以后,伍德先生发表过一篇专题报告[《科学学报》(Phil. Transactions),1870 年,83 页],阐明人类的颈、肩、胸的肌肉变异。他在这里指出,这些肌肉是何等容易变异,而且这些肌肉又何等常常而密切地同低类动物的正常肌肉相似。他总结说:"如果我成功地阐明了人类尸体中所发生的比较重要的变异类型,以充分显著的方式显示了它们可以作为达尔文的返祖原理或遗传法则在解剖科学中的证据和例子,那就是达到我的目的了。"

③ 这几段叙述的根据,见我的《动物和植物在家养下的变异》,第 2 卷,320—335 页。

除了多少可能地纳入上列项目中的变异以外，还有一大类可以暂时称为自发的变异，因为就我们的无知程度来说，它们似乎是在没有任何激发的原因下发生的。然而可以阐明，这等变异无论具有微小个体差异，或者具有强烈显著而突然的构造离差，其决定于生物体质远比决定于它所处的外界条件性质要多得多。①

增 长 速 度

文明国家的人口据知在适宜条件下，如在美国，25 年可增加一倍；按照尤勒（Euler）的计算，12 年稍微多一点就可增加一倍。② 如果按照前一项增长速度，则现今的美国人口在 657 年间就会如此稠密地布满整个水陆形成的世界，以致四个人只能占一平方码的面积。对人类不断增长的首要的或基本的抑制，是获得生活资料以及舒适生活的困难。根据我们所看到的，可以推论情况确系如此，例如在美国，那里生活容易，而且有大量房屋。如果在大不列颠（Great Britain）这等生活手段突然加倍，那么我们的人口也会迅速加倍。在文明国家里，这种首要的抑制主要是以限制婚姻来完成的。在最贫困的阶级中，婴儿的较大死亡率也是很重要的；拥挤而蹩脚的房屋中的一切年龄的居民，由于各种疾病同样也有较高的死亡率。在位于适宜条件下的国家里，严重的流行病和战争很快会起到平衡作用，甚至超过平衡。移民也有助于暂时的抑制，但对极贫困的阶级来说，这在任何程度上都没有作用。

正如马尔萨斯（Malthus）所指出的，可以有理由设想，野蛮种族的生殖力实际上低于文明种族。关于这个问题，我们肯定不知道，因为对未开化人没有进行过人口调查；但从传教士以及其他同这等民族长久相处的人士所提出的一致证据来看，他们的家庭通常是小的，大家庭不多见。那里的妇女据信给婴儿哺乳的时期很长，上述情形由此或者可以得到部分的解释；但，高度可能的是，未开化人要经历很大的苦难，而且不会得到像文明人那样多的营养丰富的食物，他们的生殖力实际上大概要差一些。我在前一著作中③曾指出，所有我们家养的四足动物和鸟类以及所有我们的栽培植物，其能育性均比处于自然状况下的相应物种为高。动物突然被供给过剩的食物，或者长得很肥，以及大多数植物突然从很瘠薄的土地被移植到很肥沃的土地上，都会或多或少变为不育的；以此来反对上述结论是毫无根据的。所以，我们可以预期，文明人的生殖力要比野蛮人的为高，在某种意义上可以说文明人是高度家养的。文明民族的增高了的生殖力，就像我们的家养动物那样，变成一种遗传的性状，也是非常可能的；至少已经知道，人类产双胞胎的倾向在一些家族中是向下传递的。④

尽管未开化人的生殖力低于文明人，毫无疑问他们还会迅速增加，如果他们的人数

---

① 在我的《动物和植物在家养下的变异》，第 2 卷，第 23 章中对这整个问题进行了讨论。

② 参阅永远值得纪念的《人口论》(*Essay on the Principle of Population*)，马尔萨斯牧师著，第 1 卷，1826 年，6,517 页。

③ 《动物和植物在家养下的变异》，第 2 卷，111—113,163 页。

④ 塞奇威克（Sedgwick），《英国及国外外科学评论》(*British and Foreign Medico-Chirurg Review*)，1863 年 7 月，170 页。

没有在某些方面受到严格限制。关于这个事实,桑塔尔人(Santali)或印度山区部落最近提供了一个良好的例证;因为,正如亨特(Hunter)先生所阐明的[①],自从施行种牛痘、其他瘟疫有所缓和以及战争切实受到遏制之后,他们以异常的速度增加了。然而如果这等未开化人不是进入邻接地区做雇工,他们人口的增加大概是不可能的。未开化人几乎都结婚;但有某种谨慎的约束,因为他们一般都不在最早可能的年龄结婚。年轻人常常需要显示出他能够养活一个妻子后才可以结婚;他们一般需先挣得她的身价,以便从她父母那里把她买来。获得生活资料的困难,对未开化人远比对文明人以更加直接得多的方式偶尔限制其人口的数量,因为所有部落都周期地遭受饥饿的危害。这时,未开化人被迫去吃更恶劣得多的食物,他们的健康难免受到损害。关于他们在遭到饥饿之后或在饥饿期间肚子凸出和四肢消瘦,已经有过许多记载。于是,他们被迫到处游荡,如我在澳大利亚听到的,这时他们的婴儿要大量死亡。由于饥饿是周期的,主要决定于非常的季节,因而所有部落的人口数量一定波动很大。他们不能稳定地、有规律地增长,因为那里的食物供给不会人为地增加。未开化人当穷迫过甚时,就彼此侵犯领地,结果引起战争,其实他们同邻近部落的战争几乎不绝。他们在陆地和水上寻觅食物时,容易遇到许多意外事情;在一些地方他们受到猛兽的危害很大。在印度由于虎患,有些地区的人口减少了。

马尔萨斯曾讨论过这几种抑制,但他对很可能是其中最重要的一种抑制,即杀婴、特别是杀女婴以及堕胎,却强调得不够。今天,世界上许多地方都盛行此事;据伦南(M'Lennan)先生说,以往杀婴的规模还要更大。[②] 此事的发生与其说由于未开化人认识到养活所有生下来的婴儿是困难的,毋宁说是不可能的。淫乱生活也可以加入上述抑制;不过这还是被作为生活手段所引起的;但有理由相信,在某些场合中(例如在日本),这是作为一种控制人口的手段而有意地受到鼓励。

如果我们回顾一下极其远古的时代,在人类还没有达到人的地位以前,他大概要比今天最低等的未开化人更多地受本能而更少地受理性所引导。我们早期的半人类祖先不会实行杀婴或一妻多夫制;因为低于人类的动物决不会如此违反常情,[③]以导致它们经常地杀害自己的后代,或全然无所妒忌。那时婚姻不会受到谨慎的限制,男女双方在年龄很轻的时候就会自由结合。因此,人类的祖先就趋向于迅速增殖;但某种抑制,无论是间歇的或经常的,一定曾经使其数量下降,甚至比对现今的未开化人还要剧烈。这等抑制的确切性质是什么,我们还无法说出,就像我们对大多数其他动物的情况无法说出那样,我们知道,马和牛不是极其多产的动物,当最初纵放于南美时,它们便以极大的速率增殖。象,为所有已知动物中繁育最慢者,在几千年之内其子孙便可充满整个世界。各种猴的物种的增殖一定要受到某种方法的抑制;但不像布雷姆所说的,是由于猛兽的侵

---

① 亨特,《孟加拉农村年报》(*The Annals of Rural Bengel*),1868 年,259 页。

② 《原始婚姻》(*Primitive Marriage*),1865 年。

③ 一位作者在《旁观者》(*Spectator*,1871 年 3 月 21 日,320 页)对这一段进行了如下的批评:"达尔文先生被迫再倡导人类堕落的新学说。他阐明高等动物的本性远比未开化人种的习惯更为高尚,所以他所再倡导的学说实质上乃是一种正教类型的,对此他似乎并未觉察;作为一种科学假说,他提出这样的学说,即,暂时的、但长期延续的道德败坏的原因,乃是由于人类获得知识,未开化部落的腐朽风俗,特别是婚姻表明了这一点。有一种犹太传说,谓人类的道德堕落是由于夺得知识,这是他的最高本性所禁止的,其说有过于此否?"

袭而受到抑制。谁都不会假设美洲的野马和野牛的实际繁殖力最初以任何明显的程度增大了,其后由于它们充满了各个地区,这同样的繁殖力便缩小了。毫无疑问,在这一场合以及在所有其他场合中,多种抑制同时发生作用,而且在不同的环境条件下有不同的抑制作用;因不良季节而发生的周期的饥饿可能是所有抑制中最重要的。对人类的早期祖先来说,亦复如此。

自 然 选 择

现在我们已经知道人类的身体和心理都是可变异的,这等变异就像在低等动物的场合中那样,是由同样的一般原因直接地或间接地所引起的,并且服从同样的一般规律。人类广布于地球的表面,在他们不断的迁徙期间①,一定接触到多种多样的外界条件。在这一半球的火地、好望角、塔斯马尼亚(Tasmania)的居民,以及在另一半球的北极地区(Arctic regions)的居民,当到达他们现今的家乡之前,一定经历过多种气候,而且多次改变了他们的习惯。② 人类的早期祖先还像所有其他动物那样,一定趋向于增殖到超越他们的生存方法以外;所以他们一定不时进行生存斗争,因而要受严格的自然选择法则所支配。所有种类的有利变异将这样偶尔地或经常地被保存下来,而有害变异则被淘汰。我所指的并非强烈显著的构造离差,这只是间或发生的,我所指的仅是个体差异而已。例如,我们知道决定我们运动能力的手与足的肌肉,就像低等动物的那样③,是容易不断变异的。那么,如果居住在任何地方的、特别是居住在外界条件发生了某种变化的一处地方的人类祖先分为相等两部分,其中一部分的所有个人由于他们的运动能力最适应于获得生存资料或保卫自己,他们就会比天赋较差的另一部分平均存活的人数较多,而且生下来的后代也较多。

即使现今在最野蛮状况下生活的人类,也是这个地球上曾经出现过的最占优势的动物。他比任何其他高等生物类型分布更广;所有其他生物都屈服在他的面前。这种巨大的优越性显然归功于他的智能,而且归功于他的社会性——这引导他去帮助和保卫他的伙伴,同时还归功于他的身体构造。这等特性的异常重要已由生活斗争的公断所证明。通过他的智力,有音节的语言发展了;他的惊人的进步主要取决于此。正如昌西·赖特(Chauncey Wright)先生所指示的,"语言官能的心理分析阐明,语言的最小熟练程度比任何其他方面的最大熟练程度可能需要更多的脑力"。④ 他发明了而且能够使用各种武器、工具、陷阱等等,借此他保卫自己,杀死或捕捉动物,并且用其他方法去获得食物。他曾建造木筏或独木舟从事捕鱼,或渡海到邻近肥沃的岛屿。他曾发明取火的技术,借此,

---

① 关于这种效果,参阅斯坦利·杰文斯(W. Stanley Jevons)的优秀记载,《根据达尔文学说的推论》(A Deduction from Darwin's "Theory"),载于《自然》(Nature),1869 年,231 页。

② 拉瑟姆(Latham),《人类及其迁徙》(Man and his Migrations),1851 年,135 页。

③ 莫利和米伐特二位先生在其《狐猴类的解剖》(《动物学会会报》,第 7 卷,1869 年,96—98 页)一文中说道:"有些肌肉在分布上是如此不规则,以致无法恰当地把它们归入上述任何类群中。"这等肌肉甚至在同一个体的相对两侧也互不相同。

④ 《自然选择的范围》(Limits of Natural Selection),见《北美评论》(North American Review),1870 年 10 月,295 页。

把坚硬而多纤维的植物根弄成可消化的，并且把有毒的植物根或根部以外的部分弄成无毒的。取火的发明始于有史以前，这大概是人类在语言以外的最大发明。这几种发明乃是他的观察、记忆、好奇、想象以及推理诸种能力的直接结果，处于最野蛮状况下的人类凭借这些发明就可以变为最优秀超群的了。所以，我不能理解华莱士（Wallace）先生为什么要主张："自然选择只能把略优于猿类的脑赋予未开化人。"①

对人类来说，智力和社会性虽然具有最高的重要性，但我们必须不要低估他的身体构造的重要性，本章下余部分将专门讨论这个问题，关于智力和社会性即道德官能的发展，将在以下两章进行讨论。

甚至准确地使用锤子，也并非一件容易的事，每一个学过木工的人都会承认这一点。像火地人那样，把一块石头准确地投掷在目标上，以保卫自己或击毙鸟类，则需要手、臂、肩各种肌肉高度完善的协同动作，而且，进一步还需要敏锐的触觉。一个人投石或掷枪以及进行许多其他动作，必须双足站稳；这又需要许多肌肉的完善的相互适应。把一块燧石削成最粗糙的器具，或者用一块骨头制成钩枪或钓针，则需要使用完善的手；因为，正如最有才能的鉴定家斯库克拉夫特（Schoolcraft）先生②所指出的，把碎石片制成刀、矛或箭，表明要有"异常的才能和长久的实践"。原始人实行分工的事实在很大程度上证明了这一点；并非每一个人都制造他自己的石器或粗糙的陶器，而是某些人似乎专门从事这种工作，无疑用此来交换他人狩猎之所得。考古学者们相信，在我们祖先想到把削碎的燧石磨成光滑的器具之前，曾经历了非常悠久的岁月。几乎谁都不会怀疑，一种类人的动物，如果具有充分完善到可以准确投掷石块的手和臂，或者可以把一块燧石制成一种粗糙的器具，仅就机械技能而言，就能通过充分的实践制作文明人所能制作的差不多任何器物。在这方面，手的构造可以同发音器官的构造相比，猿类的发音器官用于发出各种带有信号的叫声，有一个属，可以发出音乐般的声调；但是在人类，密切相似的发音器官通过使用的遗传效果却适于发出有音节的语言了。

现在我们转来谈谈人类的最近亲属，也就是我们早期祖先最好的代表；我们发现四手类*的手是按照人手的同样一般形式构成的，但对多种多样用途的适应，则远远不够完善。用于行进，它们的手不及狗的脚；从黑猩猩和猩猩那样的猴类可以看到这种情形，它

---

① 《每季评论》（Quarterly Review），1869 年 4 月，392 页。这个问题在华莱士先生的《对自然选择学说的贡献》（Contributions to the Theory of Natural Selection，1870 年）中进行了更充分的讨论，本书所引用的一切论点均在该书重予发表。《人类随笔》（The Essay on Man）曾受到欧洲最著名的动物学者克拉帕雷德（Claparède）教授的巧妙批评，见《一般书目提要》（Bibliothèque Universelle），1870 年 6 月。本书所引用的华莱士的话，将使每一个读过他的《从自然选择学说推论人种的起源》（The Origin of Human Races deduced from the Theory of Natural Selection）那篇著名论文的人感到惊异，该文最初发表于《人类学评论》（1864 年 5 月，158 页）。关于这篇论文，我不能不在这里引用卢伯克（Lubbock）爵士的最公正的评论[《史前时代》（Prehistoric Times），1865 年，479 页]，他说，华莱士先生"以特有的无私精神把自然选择的概念无保留地归功于达尔文先生，虽然，众所周知，他独立地发现了这一概念，而且同时予以发表，即使他叙述得不如达尔文详尽"。

② 劳森·泰特（Lawson Tait）在他的《自然选择法则》（Law of Natural Selection）一文中引用，见《都柏林医学季刊》（Dublin Quarterly Journal of Medical Science），1869 年 2 月。凯勒（Keller）也引述过同样的效果。

* "四手类"系一种旧的动物分类，除去人类以外的灵长类动物均包括在内；而两手类（Bimana）只包括人类。——译者注

们用手掌的外缘或指关节（knuckles）行走。① 然而它们的手却极好地适于爬树。猴类用拇指在一边、其余四指和手掌在另一边以抓住细树枝或绳索，其方式和我们的一样。这样，它们还能把相当大的东西，如瓶颈，举到嘴边。狒狒用手翻转石头，挖掘树根。它们可以用拇指对着其余四指抓住坚果、昆虫或其他小东西，这样，它们无疑还会从鸟巢中掏取鸟卵和小鸟。美洲猴用树枝碰打野生橙，直到果皮裂开，然后用双手的指头把果皮撕去。它们以一种狂暴的状态用石块把坚硬的果实砸开。其他猴用拇指把贝壳掰开。它们用手指拔出身上的树棘和果刺，而且彼此捉身上的寄生虫。它们从高处把石头滚下，或者向它们的敌对者投掷石块；尽管如此，它们在做各种这样动作时却非常笨拙，就像我亲眼所见的那样，它们完全不能准确地把石头投出去。

有人说，因为猴类"抓握东西非常笨拙"，所以"一种专化差得更多的抓握器官"对它们来说，其用处和它们具有现在那样的手是同等美好的；②在我看来，这种说法非常不正确。相反，我看没有理由可以怀疑，一双构造更加完善的手，如果不致使它们因此爬树较差，大概对它们还是有利的。我们可以猜想，完善得像人类那样的手，大概不利于攀登；因为世界上大多数树栖的猴类，如美洲的蛛猴（*Ateles*）、非洲的疣猴（*Colobus*）以及亚洲的长臂猿（*Hylobates*），或者拇指缺损，或者足趾部分地结合，所以它们的四肢已变成纯粹用于把握的钩状物了。③

灵长类（Primates）一大系的某些古代成员，由于谋生的方式发生变化，或者由于周围环境发生某种变化，一旦达到较少树栖的地步，它的惯常的行进方式就会跟着改变；这样，就要使它更加严格地四足行动或二足行动。狒狒出没于丘陵区或山区，只是在必要时，才攀登高树。④所以它们获得了差不多像狗那样的步法。仅有人类变为二足动物，我以为，我们可以部分地了解他怎样取得最显著特性之一的直立姿势。没有手的使用，人类是不能在世界上达到现今这样支配地位的；他的手是如此美妙地适于按照他的意志进行动作。贝尔爵士坚决认为，"人手提供一切工具，手与智慧相一致便使人类成为全世界的主宰"。⑤ 但是，只要手和臂惯常地用于行进和支持身体的全部重量，或者，如上所述，只要手和臂特别适于爬树，那么，它们就几乎不能变得完善到足以制造武器或把石头和矛枪准确地投掷到目标上的程度。手的这种简单使用，还会使触觉变钝；而手的妙用大部分取决于触觉。仅仅由于这些原因，变为二足动物对人类也是有利的；不过双臂和整个身体上部的自由，对许多动作的完成乃是必不可少的；而且为了这个目的，他必须稳固地用脚站立。为了得到这种巨大利益，人类的脚变得扁平了；而且大足趾发生了特殊的改变，但这使它几乎完全失去了把握的能力。因为手变得完善到适于把握，脚就应变得完善到适于支承和行进，这同通行于整个动物界的生理分工原理是相符合的。然而在有

---

① 欧文，《脊椎动物解剖学》，第 3 卷，71 页。

② 《每季评论》，1869 年 4 月，392 页。

③ 合趾长臂猿（*Hylobates syndactylus*），如这个名字所表示的，它的两个足趾固定地结合在一起；布赖茨（Blyth）先生告诉我说，敏捷长臂猿（*H. agilis*）、白手长臂猿（*H. lar*）、银灰长臂猿（*H. leuciscus*）的足趾有时也是如此。疣猴是严格树栖的，而且异常活泼（布雷姆，《动物生活》，第 1 卷，50 页），但它是否比近缘属的物种更善于攀登，我还不知道。值得注意的是，世界上树栖性最强的动物——树懒（sloths）的脚与钩异常相似。

④ 布雷姆，《动物生活》，第 1 卷，86 页。

⑤ 《人手》（*The Hand*），见《布里奇沃特论文集》（*Bridgewater Treatise*），1833 年，38 页。

些未开化人中,脚还没有完全失去它的把握能力,他们的爬树方式以及手的其他用法阐明了这一点。①

无可怀疑,用脚稳固地站立以及手与臂的自由对于人类是一种利益,这已由他在生活斗争中的卓越成功所证明,那么,要说人类变得愈来愈直立或二足行动对他的祖先没有利益,我看是没有任何理由的。这样,他们便能用石块或棍棒去防卫自己,攻击他们所要捕食的动物,或用其他方法获取食物。从长远观点来看,构造最好的个体将会取得最大的成功,而且大量生存下来。如果大猩猩和少数亲缘关系密切的类型灭绝了,那么,可能会有这样的争辩:一种动物不能由四足的逐渐变为二足的,因为处于一种中间状态的所有个体都非常不适于行走;而这一争辩是具有巨大的说服力和明显的真实性的。但是我们知道(这是值得好好思考的),类人猿现在实际上是处于一种中间状态;而且总的看来,无疑它们是很适应于它们的生活条件的。例如,大猩猩以左右摇摆的蹒跚脚步奔跑,但在行进时通常是用两只弯垂的手来支撑。长臂猿有时把双臂用做好像拐杖一般,它们的身体在两臂之间悬摇而前,某些种类的长臂猿在不经教导的情况下就还算能迅速地直立而行或奔跑;然而它们行动笨拙,远远不及人走得稳当。总之,在现存的猴类中,我们看到一种介乎四足动物和二足动物之间的行进方式;但是,正如一位没有偏见的鉴定家②所坚决主张的,类人猿在构造上距离二足动物比距离四足动物更近。

由于人类的祖先变得越来越直立,他们的手变得越来越适于把握和其他用途,他们的脚和腿同时变得适于稳固地支撑和行进,所以构造上其他无穷的变化就是不可避免的了。骨盆势必加阔,脊骨特别弯曲,头安置在已经改变的位置上,一切这等变化都是人类所曾经完成的。沙夫豪森教授主张,"人类头骨上强有力的乳头状突起就是他的直立姿势的结果";③猩猩、黑猩猩等都没有这等突起,大猩猩的比人类的为小。在这里还可以接着谈谈与人类直立姿势有关联的各种其他构造。很难确定,这等相关变异有多大程度是由于自然选择的结果,有多大程度是由于某些部分增强使用的效果,或者,有多大程度是由于某一部分对另一部分所起的作用。毫无疑问,这等变化方式经常是协同进行的。例如,某些肌肉及其所附着的骨节当由于惯常使用而扩大时,这就阐明了某些动作是惯常进行的,而这等动作一定是有益的。因此,进行动作最好的个体乃有较多数量生存下来的倾向。

臂和手的自由使用,部分是直立姿势的原因,部分是其结果,这似乎以一种间接的方式导致了构造的其他改变。如前所述,人类的早期男性祖先大概具有大型的犬齿;但是,由于他逐渐获得了使用石块、棍棒或其他武器以同敌对者或竞争者进行战斗的习惯,他们就越来越少地使用他们的颌(jaws)与牙。在这种情况下,颌与牙将会缩小,无数近似

---

① 赫克尔(Häckel)关于人类变为二足动物的步骤进行了精彩的讨论[《自然创造史》(*Natürliche Schöpfungsgeschichte*),1868 年,507 页]。比希纳博士关于人把脚用为把握器官举出了一些好例子[《达尔文学说讨论集》(*Conférences sur la Théorie Darwinienne*),1869 年,135 页];他还写过高等猿类的行进方式,我在下一节将提到;关于这个问题,再参阅欧文的《脊椎动物解剖学》,第 3 卷,71 页。

② 布罗卡(Broca)教授,《尾椎的构造》(*La Constitution des Vertèbres caudales*),见《人类学评论》(*La Revue d'Anthropologie*),1872 年,26 页(单行本)。

③ 《论头骨的原始形态》(*On the Primitive Form of the Skull*),译文见《人类学评论》(*Anthropological Review*),1868 年 10 月,428 页。欧文论高等猿类的乳头状突起,《脊椎动物解剖学》,第 2 卷,1866 年,551 页。

的事例使我们感到差不多确实如此。在此后一章中，我们将会遇到非常类似的例子，表明雄性反刍动物犬齿的缩小和完全消失显然同角的发达有关系，而马类，则同它们用门牙和蹄进行斗争的习惯有关系。

正如吕蒂迈尔（Rütimeyer）[①]和其他人所坚决主张的，在成年的雄类人猿中，正是由于颌肌的非常发达对头骨所产生的效果，才使它在许多方面同人类有如此重大差异，并且使这种动物的容貌确实可怕。所以，在人类祖先的颌与牙缩小之后，成年者的头骨就会越来越同现存人类的相类似。正如我们以后将要看到的，雄者犬齿的缩小几乎肯定要通过遗传对雌者牙齿发生影响。

由于心理官能的逐渐发达，脑几乎肯定要变大。我推测没有人会怀疑，人脑体积与其身体的比例大于大猩猩或猩猩的脑体积同其身体的比例，是与人类的高度心理能力密切关联的。在昆虫方面，我们遇到密切近似的事实：蚁类的脑神经节（Cerebral ganglia）异常之大，所有膜翅目（*Hymenoptera*）的脑神经节比智力较差的目、如甲虫的脑神经节要大许多倍[②]。另一方面，没有人会想象任何两种动物或两个人的智力可以由脑壳的容积准确地测定出来。肯定的是，有极小的一点纯粹的神经物质，就可进行非凡的心理活动。例如，蚁类令人吃惊的各种各样的本能、心理能力以及感情是众所周知的，而它们的脑神经节还不及一个小针头的四分之一那样大。从这个观点来看，蚁脑乃是这个世界上的最不可思议的物质原子之一，也许比人脑更加不可思议。

关于人脑的大小同智能的发达之间有某种密切关系这一信念，得到了未开化人和文明人的头骨比较以及古代人和近代人的头骨比较的支持，而且得到了从整个脊椎动物体系所看到的相似现象的支持。伯纳德·戴维斯（J. Barnard Davis）博士[③]根据许多仔细的测量证明了，欧洲人头骨的内容积为 92.3 立方英寸；美洲人为 87.5；亚洲人为 87.1；澳洲人仅为 81.9 立方英寸。布罗卡教授[④]发现，巴黎坟墓中的 19 世纪头骨大于 12 世纪墓穴中的头骨，其比例为 1484∶1426；而且根据测量所确定的，增大部分完全在头骨的前额——智能的活动中心。普里查德相信，不列颠的现代居民比古代居民具有"宽阔得多的脑壳"。尽管如此，还必须承认，有些极其远古的头骨，如尼安德特人（Neanderthal）*的一个著名的头骨，也是非常发达而且宽阔的[⑤]。关于低等动物，拉脱特（M. E. Lartet）[⑥]

[①]　《动物界的边际；用达尔文学说进行的观察》（*Die Grenzen der Thierwelt，eine Betrachtung zu Darwin's Lehre*），1868 年，51 页。

[②]　迪雅尔丹（Dujardin），《自然科学年刊》（*Annales des Sc. Nat.*），第 14 卷，第 3 辑，动物部分，1850 年，203 页。再参阅洛恩（Lowne）先生的《一种蝇（*Musca vomitoria*）的解剖及其生理》，1870 年，14 页。我的儿子 F. 达尔文为我解剖了红褐林蚁（*Formica rufa*）的脑神经节。

[③]　《科学学报》（*Philosophical Transactions*），1869 年，513 页。

[④]　《关于选择》（*Les Sélections*），布罗卡，见《人类学评论》，1873 年；再参阅沃格特的《人类讲义》（*Lectures on Man*），英译本，1864 年，88，90 页。普里查德，《人类体格史》（*Phys. Hiot. of Mankind*），第 1 卷，1838 年，305 页。

*　更新世晚期，旧石器时代中期的"古人"，分布在欧洲、北非、西亚一带。——译者注

[⑤]　在刚才提到的那篇有趣的文章中，布罗卡教授很好地谈论了：在文明民族中由于保存了相当数量的身心皆弱的个人，其头骨的平均体积一定要降低，这些人如在未开化状态下，将会立刻被淘汰。另一方面，在未开化人中这个平均数仅包括那些在极其艰苦生活条件下能够生存的富有才能的个人。于是布罗卡说明了一个没有其他方法可以说明的事实，即洛泽尔（Lozère）的史前穴居人的头骨平均容积为什么要比近代法国人的为大。

[⑥]　《法兰西科学报告》（*Comptes-rendus des Sciences*），1868 年 6 月 1 日。

根据对同一类群的第三纪哺乳动物和近代哺乳动物的颅骨比较,作出如下值得注意的结论,即在较近代的类型中,一般脑要较大些,脑旋圈要较复杂些。另一方面,我曾指出,家兔的脑体积同野兔或山兔的脑体积相比较,前者是相当地缩小了;①这大概可以归因于它们被严密地禁闭了许多代,因而很少运用它们的智力、本能、感觉以及随意运动(voluntary movements)。

脑和头骨重量的逐渐增加一定会影响作为支柱的脊骨的发达,特别是当变得直立的时候尤其如此。当带来这种姿势变化之后,脑的内压又要影响头骨的形状;因为许多事实阐明了头骨会多么容易地受到这样影响。人种学者相信,婴儿所睡的摇篮种类就会使头骨改变。肌肉的经常痉挛以及严重烧伤的疤痕,都会使面骨永久改变。青年人的头由于疾病向一边偏歪或向后歪,一只眼睛就要改变位置,而且头骨形状显然由于脑压朝着新方向发生作用而有所改变。② 我曾阐明,关于长耳兔,甚至像一支耳朵向前垂下这样一种微小的原因,也会把几乎每一个头骨都朝着那一边向前拉;因而相对一侧的头骨就不严格对称了。最后,如果任何动物在一般体积上,大幅度地增加或缩减而心理能力不发生任何变化,或者,如果心理能力大幅度地增加或缩减而身体体积不发生任何重大变化,那么其头骨形状几乎肯定要发生改变。我是根据对家兔的观察作出这一推论的,有些种类的家兔变得比野兔大得很多,还有一些种类的家兔保持了同野兔差不多的大小,但是无论在哪一种情况下,它们的脑同身体体积相比,都大幅度地缩小了。当我最初发现所有这等家兔的头骨都变长了、即长头(dolichocephalic)的时候,使我大吃一惊;例如一只野兔的头骨和一只家兔的头骨,其宽度差不多相等,但前者的长度为 3.15 英寸,而后者的长度却为 4.3 英寸。③ 不同人类种族之间最显著的区别之一,就是有些种族的头骨是长形的,有些是圆形的;家兔事例所提供的解释,在这里也适用;因为韦尔克尔(Welcker)发现,矮个子"常倾向于短头(brachycephaly),而高个子则倾向于长头"。④ 高个子的人可以同身体越来越大的家兔相比拟,所有这等家兔都是"长头"的。

根据这几个事实,我们在一定程度上可以理解人类如何获得了大的而多少圆形的头骨,而人类同低等动物相比,这正是最显著不同的性状。

人类和低等动物之间另一个最显著的差异为人类的皮肤无毛。鲸和海豚(鲸目,Cetacea),儒艮(海牛目,Sirenia)以及河马都是无毛的,这对它们滑游于水中可能是有利的;而且这不会散失体内热量而对它们有害;凡栖息在寒带的物种,都有一厚层脂肪保护身体,其效用同海豹和水獭的毛皮一样。象和犀牛几乎是无毛的;以往曾在极其寒冷地区生活过的某些绝灭种却被有绵状毛或茸毛,因此这两个属的现存种失去它们的毛被似乎是由于暴露在炎热之中的缘故。因为印度的象生活于高寒地带者比生活于低地者被

---

① 《动物和植物在家养下的变异》,第 1 卷,124—129 页。

② 沙夫豪森所举的有关痉挛和疤痕的例子,系根据布鲁曼巴哈(Blumenbach)和布施(Busch)的材料,见《人类学评论》,1868 年 10 月,420 页。贾洛得(Jarrod)博士所举的有关头骨由于头的部位不正而发生变异的例子,系根据坎波尔(Camper)和他自己的观察,见《人类学》(Anthropologia),1808 年,115,116 页。他相信某些行业的人,如鞋匠,由于头部经常向前倾,前额变得较圆而且凸出。

③ 《动物和植物在家养下的变异》,第 1 卷,117 页,论述头骨的变长;119 页,论述一只垂耳的效果。

④ 沙夫豪森引用,见《人类学评论》,1868 年 10 月,419 页。

有较多的毛①，所以上述好像越发可能了。那么，我们是否可以这样推论，人类之所以失去他们的毛是由于原本居住在某一热带地方吗？现今男人主要在胸部和面部保存有毛，无论男人和女人还在四肢同躯干连接处保存有毛，这就支持了人类在直立以前就失去了毛的这样一种推论；因为现在毛保存得最多的部位，正是那时保护得最好而不受太阳热辐射危害的部位。然而，头顶却提供了一个奇特的例外，因为无论在任何时候它一定都是最暴露的部分之一，而它却密被头发。可是，人类属于灵长类，而灵长类的其他目（order）的成员虽然栖息于各式各样的热带地方，却周身有毛，一般朝上的表面最厚②，这一事实同人类通过日光作用而变得无毛的假设恰恰相反。贝尔特（Belt）先生③相信，在热带地方，无毛对人类是一种利益，这样可以避免大群的扁虱（螨，acari）和其他寄生虫，这些寄生虫常常侵扰他，而且不时引起溃烂。但是，这种弊害是否会大到足以通过自然选择而导致他身体无毛，尚可怀疑，因为在栖息于热带的许多四足动物中，据我所知，没有一种获得了解除这种痛苦的手段。在我看来，最可能的观点是，男人、更确切地说是女人最初失去他们的毛，如我们将要在论"性选择"中所看到的，是由于装饰的目的；按照这一信念，人类同所有其他灵长类动物在毛发方面表现有如此重大差异，就不足为奇了，因为，通过性选择获得的性状在关系密切的类型中，其差异往往达到异常的程度。

按照普通的印象，以为尾的缺损乃是人类的显著特点；但是，同人类关系最近的那些猿类也没有这一器官，因此它的消失并非专与人类有联系。在同一个属内，尾的长度常常有巨大差别。例如猕猴属的某些物种的尾比它们的整个身体还要长，由 24 块椎骨形成；而在另外一些物种中，它仅是一个刚刚看得见的残根，只包含 3～4 块椎骨。有些种类的狒狒，它们的尾包含 25 块椎骨，而山魈（mandrill）的尾只有 10 块很小的、发育不全的尾椎，或者，按照居维叶（Cuvier）的说法，有时只有 5 块尾椎。④ 尾无论长的或短的，几乎永远在末端逐渐变细；我假定这是由于末端肌肉通过不使用而萎缩的结果，一齐萎缩的还有它的动脉和神经，因而导致了末端椎骨的萎缩。但是，关于它的长度常常发生的巨大差异，现在还无法提出解释。然而，这里我们所特别关注的却是尾的外部完全消失。布罗卡教授⑤最近阐述了，所有四足动物的尾均由两个部分组成，一般彼此截然分开；基部所包含的椎骨就像正常椎骨那样地具有多少完善的骨沟和骨凸（apophyses）；而端部则不具骨沟，几乎是平的，简直不似真正的椎骨。虽然看不见人类和类人猿外部有尾，实际上却是存在的，而且其基部和端部以完全一样的形式构成。形成尾骨的端部椎骨完全是残迹的，其体积和数量大大缩减。基部椎骨同样也很少，牢固地结合在一起，发育受到抑制；但它们因此比其他动物的尾的相应椎骨宽阔得多而且扁平得多，它们构成了布罗卡

---

① 欧文，《脊椎动物解剖学》，第 3 卷，619 页。

② 小圣·伊莱尔谈到人类的头部被有长发［《自然史通论》（Hist. Nat. Générale），第 2 卷，215—217 页］，还谈到猴类和其他哺乳动物的朝上表面比朝下表面具有较厚的毛。不同的作者同样也观察到这一点。然而热尔韦兹（P. Gervais）教授却说，大猩猩的背部却比朝下部分的毛稀，这部分是由于被摩擦掉了。

③ 《博物学家在尼加拉瓜》（Naturalist in Nicaragua），1874 年，209 页。我引用的下述丹尼生（W. Denison）爵士所写的一节，是同贝尔特先生的观点一致的，"据说澳洲人有一种习惯：当蚤虱来找麻烦的时候，就用微火灼烧自己"。

④ 圣乔治·米伐特先生，《动物学会会报》，1865 年，562，583 页。格雷（J. E. Gray）博士，《大英博物馆目录：骨骼部分》（Cat. Brit. Mus.）。欧文，《脊椎动物解剖学》，第 2 卷，517 页。小圣·伊莱尔，《自然史通论》，第 2 卷，244 页。

⑤ 《人类学评论》，1872 年；《尾椎的构造》（La Constitution des Vertèbres caudales）。

所谓的副荐椎（accessory sacral vertebrae）。对于支持某些内在部分和在其他方面，它们具有机能上的重要性；而且它们的变异同人类以及类人猿的直立姿势或半直立姿势直接相关联。由于布罗卡以前持有不同的观点，而现在他已放弃，所以这一结论更可信赖。因此，人类以及高等猿类的基部尾椎的变异是直接地或者间接地通过自然选择而完成的。

但是，关于尾端部残迹的并且容易变异的椎骨，即形成尾骨者，我们将说些什么呢？有一种见解曾经常常受到嘲笑，无疑今后还会受到嘲笑，即认为尾的外部的消失同摩擦多少有些关系，而这一见解最初看来好像并不那样荒谬可笑。安德森（Anderson）①博士说，褐猴（*Macacus brunneus*）的极短的尾是由 11 块椎骨形成的，嵌在肉里的基部椎骨也包括在内。尾端是腱质的，并不含椎骨；继此之后为 5 块残迹的椎骨，它们如此之小，其长度合在一起也不过一"赖因"（line）＊半，而且永久弯向一边成钩状。尾的自由部分的长度仅为一英寸稍强，只包含 4 块更小的椎骨。这个短尾可以直竖，但其全长的约四分之一向内折叠于左方；包括钩状部分在内的这一末端用于"填充老茧皮上方分开部分的间隙"；这种动物坐于其上，这样便使它成为粗糙的并且起老茧。于是安德森博士总结其观察所得如下："在我看来，对这等事实只能有一种解释；由于这种尾是短的，当猴坐下来的时候，便可随心所欲地放置它，当猴取这种姿势时经常把它置于其下；因此尾不能伸出坐骨隆（ischial tuberosities）的末端之外，最初好像按照这种动物的意愿，将其尾弯成圆形置于老茧皮间的空隙，以避免在地面和老茧皮之间受到挤压，当弯曲变为永久性的时候，把它坐在下面自能适合。"在这种情况下，尾的表皮变得粗糙和起老茧，就不足为奇了，穆里博士②在伦敦动物园里曾仔细观察过这个物种以及另外三个尾巴稍长的密切近似的类型，他说，当这种动物坐下来时，它们的尾"必定要伸到臀部的某一边；无论它是长的或短的，尾根因而都容易受到摩擦或擦伤"。关于肢体损伤有时会产生遗传效果，③现在我们已有证据；因此，在短尾猴中，尾的突出部分既在机能上无用，且由于不断地受到摩擦或擦伤，经历许多世代之后变为残迹的和弯曲的，看来并非是很不可能的事。我们看到褐猴尾的突出部分就是这种状态，而瘦猴（*M. ecaudatus*）以及几种高等猿的尾的突出部分则是绝对发育不全的。最后，就我们所能判断的来说，人类和类人猿的尾是由于其末端在悠久的岁月里受到摩擦的损伤而消失了；嵌在肉内的基部缩小了而且变异了，以致可以适于直立的或半直立的姿势。

现在我已尽力阐明了，人类某些最独特的性状多半是直接地、或者更加普通的是间接地通过自然选择而获得的。我们应该记住，构造或体质的变异，如果不能使一个有机体适应于它的生活习性、它所消费的食物，或者被动地适应于环境条件，就不能这样获得

---

① 《动物学会会报》，1872 年，210 页。

＊ 1"赖因"为 1/12 英寸。——译者注

② 《动物学会会报》，1872 年，786 页。

③ 我所指的是布朗-西奎（Brown-Séquard）对豚鼠在施行手术后所发生的癫痫症的遗传效果以及最近对切断颈部交感神经的相似效果所进行的观察。今后我还有机会提到沙尔文（Salvin）先生所举的有趣事例，即摩摩鸟（motmots）自己咬去其尾羽的遗传效果。关于这个问题的一般论述，参阅《动物和植物在家养下的变异》，第 2 卷，22—24 页。

之。但决定什么变异对每种生物是有用的，我们切不可过于自信：我们应该记住，对于许多部分的用途，或者对于血液或组织中的何种变化可以使一种有机体适合于新的气候或新的食物种类，我们所知道的是何等之少。我们也一定不要忘记，相关作用的原理，如小圣·伊莱尔在人类场合中所阐明的那样，把构造的许多奇特离差都束缚在一起了。与相关作用无关，某一部分的一种变化通过其他部分的增强使用或减弱使用，常常会导致具有一种完全意想不到的性质的其他变化。对于下述事实加以思考将是有好处的，如一种昆虫的毒物可以招致一些植物奇妙地生长树瘿，饲喂某些鱼类或注射蟾蜍的毒物可以使鹦鹉的羽衣颜色发生显著变化；①于是我们可以知道，组织系统的体液如果为了某种特殊目的而发生改变，就会引起其他变化。我们应该特别记住，为了某种有用的目的在过去时期内获得的而且不断使用的变异，大概会牢稳地固定下来，而且会长久地被遗传下去。

这样，就可使自然选择的直接的和间接的结果扩展到巨大而无限定的范围；读了内格利（Nägeli）的有关植物的论文以及各位作者的有关动物的议论，特别是读了布罗卡教授最近写的那些文章之后，现在我承认我在《物种起源》最初几版中，也许归功于自然选择或最适者生存的作用未免过分了。我对《物种起源》第五版已作了一些改动，以便把我的论述局限在构造的适应性变化方面；但是，甚至最近几年所得到的事实也使我确信，在我们看来现今似乎无用的很多种构造今后将被证明是有用的，因而将会处在自然选择的范围之内。就我们现在所能判断的来说，有些构造的存在既是无益的也是无害的，对此我以前没有给予充分的考虑，我相信在我的著作中这是迄今所发觉的最大失察之一。作为某种借口，或者可以允许我这样说：我曾着眼于两个明确的目的，其一，在于阐明物种不是被分别创造的，其二，在于阐明自然选择是变化的主要动因，虽然它大部分借助于习性的遗传效果，并且小部分借助于环境条件的直接作用。然而，过去我未能消除我以往信念的影响，当时这几乎是一种普遍的信念，即各个物种都是有目的地被创造的；这就会导致我不言而喻地去设想，构造每一细微之点，残迹构造除外，都有某种特别的、虽然未被认识的用途。一个人如果在头脑里有这种设想，他自然会把自然选择无论过去或现在所起的作用过分夸大。有些承认进化论但否定自然选择的人们，当批评我的书时似乎忘记了我曾着眼的上述两个目的；因此，如果我在给予自然选择以巨大力量方面犯了错误——这是我完全不能承认的，或者我夸大了它的力量——在其本身来说这是可能的，那么我希望，至少我在帮助推翻物种被分别创造的教条方面作出了有益的贡献。

就我所能知道的来说，所有生物，包括人类在内，可能均有无论过去或现在都是毫无用处的。因而不具任何生理重要性的构造特点。我们还不知道各个物种的诸个体之间的无数微小差异何以产生，因为返祖只不过把这个问题向后推移了少数几步，但每一个特点一定都曾经有过它的生效的原因。不管这等原因是什么，如果它们在一个长久时期内比较一致地和有力地发生作用（没有理由可以反对这一点），其结果大概不是仅仅的微小个体差异，而是十分显著而稳定的变异，虽然它们不具生理重要性。变化了的构造如果完全是无益的，就不能通过自然选择而保持一致，虽然变化了的有害构造将因此而被淘汰。然而，性状的一致性自然是起于激发原因的假定一致性，同样也是起于众多个体的

---

① 《动物和植物在家养下的变异》，第 2 卷，280，282 页。

自由杂交。在连续的时期内,同一个有机体可能以这种方式获得连续的变异,只要激发原因保持不变而且自由杂交如故,则这等变异将以差不多一致的状态被传递下去。关于激发原因我们所能说的,就像谈到所谓自发变异(spontaneous variation)时那样,只是,它们同变异着的有机体体质的关系要比同其外界条件性质的关系密切得多。

结　　论

我们在这一章里已看到,人类在今天,就像每一种其他动物那样,容易发生多种多样的个体差异,即微小的变异,人类的早期祖先无疑也是如此;这等变异在以往同现在一样,都是由同样的一般原因所引起的,并且受同样的一般而复杂的法则所支配。由于所有动物的增殖都有超出其生活资料的倾向,所以人类的祖先一定也是如此;这就要不可避免地导致生存斗争和自然选择。后一过程大大受助于身体诸部分增强使用的遗传效果,这两种过程彼此相作用,永无止息。还有,如我们以后将要看到的,人类似乎是通过性选择获得了各种不重要的性状。此外还有无法解释的变化,只好把它们留给那些假定的未知力量的一致作用,这种作用在我们家养生物中偶然会引起强烈显著而突发的构造离差。

根据未开化人以及大多数四手类的习性来判断,原始人而且甚至人类的似猿祖先大概都是过社会生活的。关于严格社会性的动物,自然选择不时通过保存有利于群体的变异而对个体发生作用。一个群体如果包含大量禀赋良好的个体,就会增加其数量,而且就会战胜其他天赋较差者;即使个别成员并不优于同群的其他成员,也是如此。例如,群居昆虫所获得的许多奇异构造,如工蜂的花粉采集器或螫针,兵蚁的巨大颚部,对于个体来说都是用处不大或者毫无用处的。关于高等社会性的动物,我还不知道有任何构造专为群体的利益而发生变异,虽然有些构造变异对于群体具有第二位的用途。例如,反刍动物的角、狒狒的大型犬齿,由雄者获得似乎是作为进行性竞争的武器,但也用于保卫兽群。至于某些心理能力,如我们在第五章将要看到的,情况就完全不同了;因为这等能力的获得主要是甚至专门是为了群体的利益,而个体不过因此同时间接地得到了利益而已。

上述这等观点常常遭到反对,谓人类乃是世界上最不能自助和自卫的一种动物,在其早期和不甚发达的状态下,他还要更加不能自助。例如,阿盖尔公爵(Duke of Argyll)[①]坚决主张,"人类的体制同兽类的构造之分歧,是在身体的较大的不能自助性和软弱性那个方面的。这就是说,在其他一切分歧中,这是最不能把它归因于单纯的自然选择的"。他提到,身体无毛和无保护的状态,缺少用于自卫的大型牙齿或爪,人类的力气小而且速度慢,以及用嗅觉去发现食物或避免危险的能力薄弱。在这些缺点中似乎还可以加上一个更为严重的缺点,即人类不能迅速登攀以逃避敌对者。体毛的消失对热带居民来说大概不是什么重大损害。因为我们知道,不穿衣服的火地人在恶劣气候下也能生存。当我们以人类的不能自卫状态同猿类相比较时,我们必须记住,猿类所具的大型犬齿,只是在其

---

① 《原始人类》(Primeval Man),1869年,66页。

充分发育时专为雄者所有，而且主要用于与其他雄者争取雌者的斗争；雌者虽不具此，也照样生存。

关于体格大小或体力强弱，我们还不知道人类究竟是从黑猩猩那样的某一小型物种传下来的呢，还是从强有力的大猩猩那样的物种传下来的；所以我们不能说，人类较其祖先变得更大更强些，还是变得更小更弱些。然而我们应该记住，正是体格大的、力量强的而且凶猛的、像大猩猩那样可以保卫自己不受一切敌对者危害的一种动物，也许未曾变为社会性的：恰恰是这一点最有效地阻止了高级心理属性——如对其伙伴的同情和热爱——的获得。这对于人类发生于某种比较软弱的动物，乃是一种巨大的利益。

人类的力气小、速度慢，本身不具天然武器等等，可由下列几点得到平衡而有余，即，第一，通过他的智力，他为自己制造了武器、器具等，即使依然处于野蛮状态下，也能如此。第二，他的社会性导致了他和同伴们相互帮助。世界上没有一处地方像南非那样地充满了危险的野兽，没有一处地方像北极地区那样地呈现了可怕的物质艰难，然而，一个最弱小的种族——布什门族（Bushmen）*屹立于南非；矮小的爱斯基摩人（Esquimaux）则屹立于北极地区。毫无疑问，人类的祖先在智力方面，大概也在社会性方面，均劣于现存的最低等未开化人；但完全可以想象得到，如果他们在智力方面进步了，同时逐渐失去了他们的野兽般的能力，如爬树等，他们也会生存下来，甚至繁盛起来。如果这些祖先当时居住在温暖的大陆或大岛如澳大利亚、新几内亚（New Guinea）、婆罗洲（Borneo）**——这些地方正是猩猩的现在故乡，即使他们远比任何现存的未开化人更加不能自助和自卫，也不致遭遇任何特别的危险。在上述那样广阔的区域里，由部落与部落之间的竞争而引起的自然选择，再加上习性的遗传效果，在适宜的条件下足可以把人类提高到现今他在生物等级中所占据的那样高上位置。

---

* 南非卡拉哈里沙漠地区一个游牧部族。——译者注
** 加里曼丹（Kalimantan）的旧称，为亚洲一大岛。——译者注

第三章　人类同低于人类的动物的心理能力比较

最高等猿类同最低等未开化人在心理能力上的巨大差异——某些共同的本能——各种情绪——好奇心——模仿性——注意力——记忆力——想象力——理性——向前改进——动物使用工具和武器——抽象作用，自我意识——语言——审美感——神的信仰，心灵作用，迷信

我们在以上两章中看到，人类在其身体构造上带有来自某一低等类型的明显痕迹；但也许可以这样说：由于人类在其心理能力（mental power）上同所有其他动物的差别是如此之大，因而这一结论一定还存在某种错误。毫无疑问，这一方面的差别是巨大的，即使我们把一个最低等未开化人——他没有表示四以上数目的任何字眼，并且对普通事物或感情也几乎不会使用任何抽象的名词①——的心理同一只最高等猿的心理加以比较，也是如此。纵然一种高等猿类改进或开化到像一只狗超出其祖先类型狼或豺（jackal）那样的程度，二者之间的差别无疑还是巨大的。火地人可以列为最低等的野蛮人，在英国皇家军舰"贝格尔"（Beagle）号上有三个火地土人，他们曾在英国住过几年，并且能说一点英语，这三个人在气质和大多数心理官能（mental faculties）上同我们如此密切相似，以致经常使我感到惊奇不已。如果除了人类以外没有一种生物具有任何心理能力，或者，如果人类的心理能力性质完全不同于低于人类的动物的，那么我们永远不能使自己相信人类的高等智能乃是逐渐发展而来的。但可以阐明，二者基本上没有这种差别。我们还必须承认，一种最低等鱼类如七鳃鳗（lamprey）或文昌鱼（lancelet）同一种高等猿类在心理能力上的间隔要比猿类同人类在这方面的间隔广阔得多，而这一间隔是被无数级进（gradations）填补起来的。

就道德倾向（moral disposition）来说，像老航海家拜仑（Byron）所描述的那个野蛮人，因其子倾落一篮海参，就把他撞死在岩石上，以之比霍伍德（Howard）*或克拉克森（Clarkson）*，其间的差别诚然不小。就智力来说，一个几乎不会使用任何抽象名词的野蛮人和牛顿（Newton）**或莎士比亚（Shakspeare）**之间的差别，亦复如此。最高等种族的最高等人士和最低等未开化人之间的这种差别，彼此是由最细小的等级连接起来的。因此，它们由这一端变化和发展到另一端，是可能的。

这一章的目的在于阐明，在心理官能上人类和高等哺乳动物之间并没有基本差别。

---

① 关于这几方面的证据，参阅卢伯克的《史前时代》，354 页等。

* Henry Howard，英国诗人，1517？—1547。Thomas Clarkson，英国人，奴隶废除主义者，1760—1846。——译者注

** Isaac Newton，英国自然科学家，1642—1727。William Shakspeare，英国诗人，戏剧家，1564—1616。——译者注

这个题目的每一部分都可以扩充为一篇单独的论文,但在这里只能简短地加以讨论。因为关于心理能力还没有一种普遍被接受的分类方法,所以我将按照最适于我的目的的顺序来安排我的论述;并且选用那些给我印象最深的事实,我希望它们对读者会产生一些影响。

关于等级很低的动物,我将在讨论"性选择"时补充一些事实,以阐明它们的心理能力之高远远超出我们的意料之外。同一物种中诸个体的心理官能变异性,对我们来说是一个重要之点,所以要在这里举出少数例证。但关于这个问题,我不准备详加讨论,因为我根据多次调查得知,所有那些长期对许多种类动物甚至鸟类注意观察过的人们都一致认为,个体之间的每一种心理特性,都有重大差别。要问心理能力在最低等有机体中最初是以怎样方式发展起来的,就如同问生命本身是怎样起源的一样,目前还是没有希望得到解答。如果这些是人确能解决的问题,那也有待于遥远的未来了。

由于人类具有和低于人类的动物同样的感觉,所以人类的基本直觉(intuitions)一定也是同样的。人类和低等动物还有某些少数共同的本性,如自保,性爱,母亲对新生儿女的爱,新生儿女吸乳的欲望,等等。不过人类所具有的本能也许比低于人类的动物所具有的本能要稍微少一些。东印度群岛的猩猩以及非洲的黑猩猩,均筑平台作为宿所,由于这两个物种遵循这同样的习性,或许可以这样辩说:这是出于本能,但我们无法肯定,这不是由于这两种动物有相似的需要而且有相似的推理能力的结果。像我们所设想的那样,这等猿类不吃许多种热带的有毒果实,而人就没有这种知识。但是,我们的家养动物当被带到异地时,在春季第一次把它们放出去之后,常常会吃毒草,不过以后它们就避免吃了;我们还无法肯定,猿类不会从它们自己的经验中或者从它们双亲的经验中去选吃什么样的果实。然而,像我们即将看到的那样,猿类肯定有怕蛇的本能,并且可能还有怕其他危险动物的本能。同低等动物的本能相对照,高等动物的本能显著地比较少而简单。居维叶主张本能和智力彼此成反比,有些人以为高等动物的智能是从它们的本能发展而来的。但普歇(Pouchet)在一篇有趣的论文[①]中阐明,这种反比实际上是不存在的。具有最奇异本能的那些昆虫肯定是最有智力的。在脊椎动物的系列中,智力最差的成员如鱼类和两栖类,都没有复杂的本能;在哺乳动物中,以其本能著称的动物如河狸(beaver),则有高度的智力,每一个读过莫尔根(Morgan)先生的优秀著作[②]的人都会承认这一点。

虽然按照赫伯特·斯宾塞先生[③]的说法,智力的最初端绪是通过反射作用(reflex actions)发展而来的,虽然比较简单的本能逐渐变为反射作用而且二者几乎无法区别,如幼小动物的吮乳,但更加复杂的本能的起源,似乎还是与智力无关。然而我绝不是否认本能活动会失去其固定的和不学自会的特性并且可以由自由意志(free will)所助成的其他特性所代替。另一方面,有些智力活动进行了几代之后,还会转变成本能而被遗传下去,如海洋岛上的鸟类学会避人就是这样。于是这等活动可以被说成是特性的退化,因为

---

① 《关于昆虫的本能》(L' Instinct chez les Insectes),见《两个世界评论》(Revue des Deux Mondes),1870 年 2 月,690 页。

② 《美洲河狸及其行为》(The American Beaver and His Works),1868 年。

③ 《心理学原理》(The Principles of Psychology),第 2 版,1870 年,418—443 页。

这种活动进行不再通过理性或经验了。但是,大多数比较复杂的本能似乎是以一种完全不同的方式被获得的,即由于比较简单的本能活动的变异受到了自然选择。这等变异似乎是由作用于脑组织的同样未知原因而发生的,引起身体其他部分发生微小变异或个体差异的就是这等原因;由于我们的无知,这等变异常常被说成是自然发生的。我以为,关于比较复杂的本能的起源,我们还作不出任何其他结论,如果我们考虑一下不育的工蚁和工蜂的不可思议的本能,而它却不留后代以承继它们的经验和改变了的习性的效果,就可想而知了。

虽然我们从上述昆虫和河狸认识到高度的智力同复杂的本能确是共存的,虽然最初随意学得的动作不久可以通过习性以一种反射作用迅速而准确地进行之,但自由智力(free intelligence)和本能之间还有一定程度的抵触——后者含有脑的某种遗传变异。关于脑的功能,我们所知者甚少,但我们能够觉察到,当智力变得高度发达时,一定有最自由沟通的而且极其错综复杂的渠道把脑的各部分连接在一起;因此,每一个独立部分恐怕要较差地适于以一种确切的和遗传的——即本能的——方式去回答特殊的感觉或联想(associations)。甚至在智力的低级程度和形成固定的、但不是遗传的习性的强烈倾向之间似乎也存在着某种关系。因为一位有洞察力的医生告诉我说,稍微有点低能的人每一行动都倾向于按照常规、即习性,如果给他这种鼓励,就会使他非常高兴。

我以为这种离题之论还是值得一提的,因为,当我们把高等动物、特别是人类的以记忆力、预见力、推理力和想象力为基础的心理能力活动和低于人类的动物以本能来执行的完全相似的活动加以比较时,我们也许容易地对前者的心理能力估价得过低;在低等动物的场合中,执行这等活动的能力是通过心理器官在各个连续世代中的变异性和自然选择逐步被获得的,而与动物所表现的任何有意识的智力无关。正如华莱士先生[1]所辩说的,人类所完成的很多智力工作无疑是由于模仿,而不是由于理性;但人类的活动和低于人类的动物的许多这等活动之间的重大差别,即在于此。这就是说,人类不会通过他的模仿力在最初一试中就能制造比如说一只石斧或一条独木舟,人类必须通过实践去学习工作;另一方面,一只河狸筑造它的堤堰或水道*,一只鸟筑造它的巢,在最初一试中其完善程度就可以像它年老而有经验时一样,或者差不多一样,而一只蜘蛛在最初一试中所织成的网同其年老而有经验时所织成的就完全一样地完善了。[2]

现在回到本题上来:低等动物像人那样也会感到快乐和悲伤,幸福和苦难。幼小动物如小狗、小猫、小羊等在一起玩耍时和我们的小孩一样,没有比它们在这时所表现出的幸福感更加明显的了。甚至昆虫,如卓越的观察家于贝尔(Huber)[3]所描述的,也像许多种类小狗那样地在一起玩耍,他曾看到一些蚁相互追逐,彼此假相咬啮。

低于人类的动物可以被和我们同样的感情所激动,这个事实已经如此充分地得到证

---

[1] 《对自然选择理论的贡献》(Contributions to the Theory of Natural Selection),1870 年,212 页。

* 河狸巧于筑巢,常在巢外筑堤为堰贮水,以防敌袭。筑巢所用的材料主要为木枝、黏土和砾石,入林采取木枝及搬运方法亦非常巧妙。——译者注

[2] 关于这个问题的证据,参阅摩格芮芝(Moggridges)先生的有趣著作,《农蚁和螳螂》(Harvesting Ants and Trap-door Spiders),1873 年,126,128 页。

[3] 《蚁类习性的研究》(Recherches sur les Mœurs des Fourmis),1810 年,173 页。

明，以致没有必要再详加说明而引起读者厌烦。恐怖对它们发生作用的方式就同对我们一样，会引起肌肉颤抖，心脏跳动，括约肌（sphincters）松弛以及毛发竖立。猜疑是畏惧的产物，它是大多数野生动物的显著特性。坦南特（E. Tennent）爵士关于用做诱捕其他象的雌象行为写过一篇报道，我想凡是读过这篇报道的人不可能不承认这些雌象是有意识地在玩弄欺诈，而且深知它们在干什么。勇敢和怯懦在同一物种的诸个体中是极端容易变异的属性，这在我们养的狗中有明显的表现。有些狗和马的脾气坏，容易生气，还有一些狗和马的脾气好，这等属性肯定是遗传的。谁都知道动物多么容易狂怒，而且表达得多么明显。关于各种动物经过长久期间后还会狡猾地进行报复，已经发表过许多逸事，看来这大概是真实的。伦格尔和布雷姆①说，他们所养驯的美洲猴和非洲猴确会施行报复。动物学家安德鲁·史密斯（Andrew Smith）爵士的严格认真是众所周知的，他给我讲过一个他亲眼所见的故事：在好望角有一位军官经常虐待一只狒狒，某星期日当这只狒狒看到他列队前进时，便把水倒入一个小坑里，急忙和些稠泥，当这位军官走近时，它熟练地把稠泥向他猛砸过去，于是逗得许多旁观者发笑。很久以后，每当这只狒狒看到这位受害者的时候，还表现出胜利的欢欣。

狗对主人的爱是众所周知的，一位往昔的作者②富有风趣地说道："在这个世界上，狗是爱你甚于爱它自己的唯一动物。"据知，狗在临死的极度痛苦中还抚爱它的主人，大家都听说过，正在被解剖中的一只狗还去舐解剖者的手；除非这次解剖确可增加我们的知识，要不，除非解剖者心如顽石，否则他必将悔恨终生。

休厄尔（Whewell）③有理由地问道："一切民族的妇女的母爱同一切雌性动物的母爱如此经常地联系在一起，以致读过这等动人事例的人，能够怀疑在这两种场合中的行为原则不是一样的吗？"我们看到在微小细节上所表现出来的母爱，例如，伦格尔观察到一只美洲猴（卷尾猴，Cebus）小心地把打扰母猴的幼儿的蝇子赶跑；迪沃塞尔（Duvaucel）看到一只长臂猿（Hylobates）在一条小河边为它的幼儿洗脸。雌猴失去它们的幼儿时，其悲痛是如此剧烈，以致布雷姆在北非圈养的某些种类必定因此而死去。早孤的幼猴总是由其他雄猴和雌猴收来抚养，并且受到小心保护。有一只雌狒狒，它的心肠如此宽宏，不仅收养其他物种的幼猴，而且还偷取小狗和小猫，随时把它们带在身边。然而，在把它的食物分给受抚养的幼猴方面，它就不那样仁慈了，这使布雷姆感到惊异，因为它养的猴总是把每一件东西十分公平地分给它亲生的幼猴。一只受抚养的小猫把这只富有深情的狒狒抓破了，这只狒狒的智力肯定是敏锐的，因为它对被抓破感到非常惊讶，随即检查小猫的脚，立刻把它的爪咬去。④ 伦敦动物园的一位管理员告诉我说，在那里有一只老狒狒（C. chacma），它抚养一只猕猴（Rhesus monkey），但是，当把一只幼山魈（drill）和西非山

---

① 所有以下根据这两位博物学家所做的叙述，均引自伦格尔的《巴拉圭哺乳动物志》（*Naturgesch. der Säugethiere von Paraguay*），1830 年，41—57 页；以及布雷姆的《动物生活》，第 1 卷，10—87 页。

② 林赛博士（Dr. L. Lindsay）在他的《低于人类的动物精神生理学》（*Physiology of Mind in the Lower Animals*）一文中引用，见《心理学杂志》（*Jour. of Mental Science*），1871 年 4 月，38 页。

③ 《布里奇沃特论文集》（*Bridgewater Treatise*），263 页。

④ 一位批评者毫无根据地对布雷姆所描述的这种行为的可能性提出质疑[《每季评论》（*Quarterly Review*），1871 年 7 月，72 页]，这不过是为了攻击我的书而已。所以我自行试验，发现我能够容易地用我的牙把一只将近五周的小猫的小利爪咬住。

魈放进槛笼时,它似乎觉察到这两只猴虽属于异种,却是它的较近亲属,于是它立刻弃去那只猕猴,而收养了幼山魈和西非山魈。我看到这只小猕猴对于受到这样遗弃,表示非常不满,它像一个顽皮儿童那样地给小山魈和小西非山魈找麻烦并攻击它们,每当它能安全地这样干的时候它就这样干,这种行径激起了老狒狒的很大愤慨。按照布雷姆的说法,猴类当其主人受到任何侵犯时都会保护他,就像主人所养的狗当他受到别的狗侵犯时对他进行保护一样。但我们在这里触及了同情和忠诚的问题,以后我还要讨论这一点。布雷姆养的有些猴以各种巧妙的方法戏弄它们所厌恶的一只老狗和其他动物,由此而感到非常高兴。

大多数比较复杂的情绪是人类和高等动物所共有的。众所周知,如果一只狗的主人对任何其他动物表示过分地亲热,这只狗会多么妒忌;关于猴,我曾观察到同样的事实。这阐明动物不仅会施爱于他,而且有受爱的欲望。动物显然有好胜心,它们喜欢受到称赞。一只狗为它的主人携带一只篮子,就会表现出高度的自满或骄傲。我以为当狗过于频繁地乞求食物时,无疑它会感到羞耻,这同恐惧有别,而接近于谦逊。大狗对小狗的吠叫表示蔑视,这或者可以被称为宽宏大量。若干观察家说过,猴类肯定厌恶别人拿它取笑,而且有时它们幻想这是受到攻击。我在伦敦动物园看到一只狒狒,每当它的饲养员拿出一封信或一本书向它高声朗读时,它总是暴怒,它是如此怒气冲冲,以致有一次我亲眼看到它咬自己的腿,直到流血。狗有一种名副其实的幽默感,这和单纯的游戏有所不同。如果把一小截树枝或其他类似物品丢给一只狗,它常常把这件东西带到不远的地方,然后蹲在它的近前等候着,直到主人完全走近来拿这东西的时候,于是它抢先衔住这东西,耀武扬威地猛奔而去,它重复地玩弄这同样的花招,并且显然享受这种开玩笑的乐趣。

现在我们谈谈更近于理智的情绪和官能,这是高等心理能力发展的基础,故很重要。动物显然喜兴奋,而恶无聊,所以看到狗有这种情形,伦格尔说猴也有这种情形。所有动物都有惊异感(wonder),有许多动物还显示好奇心(curiosity)。它们不时因后一属性而受害,因为当猎人玩弄滑稽动作时,它们就会这样受到诱惑;我亲眼看到,鹿是这样,谨慎的岩羚羊(Chamois)是这样,某些种类的野鸭也是这样,布雷姆有过如下的奇妙报道:他养的猴对蛇表示了本能的畏惧;但它们的好奇心如此之重,以致不能打消一看的念头,不时把蓄蛇箱的盖子掀开,以饱享恐怖之乐,这很像人类的风尚。我对他的报道感到非常惊奇,所以我把一条人造的、盘卷的蛇标本扔进伦敦动物园的猴房,由此而引起的激动是我平生所看到的最奇妙景象之一。有三种长尾猴(Cercopithecus)最为惊恐,它们在笼内冲来冲去,并且发出为其他猴所明白的带有危险信号的尖锐叫声。少数幼猴和仅有一只老阿努比斯狒狒(Anubis baboon)对这条蛇不予注意。于是我把这个人造的标本放到一间较大的猴房地上。这一回,所有的猴都集到一起围成一个大圈,目不转睛地注视着那条蛇标本,面貌极其滑稽可笑。它们变得极度神经紧张,有一只它们经常玩的木球,部分埋在麦草内,不料它从那里滚出来,弄得它们立刻惊散。当把一条死鱼、一只鼠、①一只活龟以及其他新奇物件放进它们的笼内时,这些猴的表现就大不同了;虽然它们最初被吓

---

① 在我的《人类和动物的表情》(*Expression of the Emotions*)第 43 页简短谈到这种情形。

一跳，可是很快就走近这些东西，触摸它们而加以检查。这时我把一条活蛇放入一个纸袋内，袋口微闭，然后把它放在一间较大的猴房里。有一只猴随即走近，小心地把袋口打开一点，向内窥视，立刻猛冲而去。于是我亲眼见到布雷姆所描述的那种情况：诸猴相继而来，把头抬得高高地，而且扭向一侧，忍不住向这个直立的袋内偷看一下那个安静地卧在袋底的可怕之物。好像猴类对动物学的亲缘关系也有某种概念，因为布雷姆所养的猴对无害的蜥蜴和蛙表示了一种奇异的、虽然是错误的本能恐惧。据知，猩猩最初一看到龟也非常惊恐。①

人类的模仿性（imitation）很强，如我亲自观察的，未开化人的模仿性尤其强。在脑部患有某种病症的状况下，这一倾向被扩大到异常的程度：有些半身不遂的患者以及其他脑部初期炎性软化的患者，不自觉地模仿别人说的每一个字，无论这是本国语言还是外国语言，而且模仿他们所看到的每一种姿势或动作。② 德索尔（Desor）③曾说，没有一种动物自愿地模仿人类的动作，直至上升到猴类的等级，都是如此；众所周知，它们是可笑的模仿者。然而，动物不时彼此模仿对方的动作：例如，有两种由狗养育起来的狼，它们学狗叫，就像豺不时所做的那样，④不过这是否可以被称为自愿的模仿还是另一个问题。鸟类模仿其双亲的鸣声，有时还模仿其他鸟类的鸣声；鹦鹉以善于模仿它经常听到的任何声音而著称。马尔（Dureau de la Malle）⑤做过如下报道：有一只由猫养育起来的狗，它学着模仿猫的一种出名的动作，用舌舔脚爪，然后洗其双耳和脸，著名的博物学者奥杜因（Audouin）亲自见过这种情形。我收到过几篇这方面的确实报道，其中之一表明，有一只猫把一只狗同几只小猫一齐带大了，但它并没有吃过猫的奶，可是这只狗就这样获得了上述习性，而且此后在它一生的 13 年中一直这样做。马尔养的一只狗同样地也从小猫那里学会用前爪扑打着球，使它滚来滚去。一位通信者向我保证说，他家有一只猫惯于用前爪伸入牛奶罐内蘸奶偷吃，因为罐口太狭，容不进它的头。这只猫生养的一只小猫很快就学会了这个诡计，此后只要有机会它就这样干。

许多动物的双亲依靠其幼儿的模仿性、特别是依靠其本能的或遗传的倾向，或者可以称为对它们进行教育。当老猫把一只活鼠带给它的小猫时，我们就可以看到这种情形了。马尔就他对鹰的观察写过一篇奇妙的报道（见上述引用的文章）：鹰用以下的方法去教小鹰学会敏捷以及对距离的判断，即首先把死鼠和死麻雀从空中丢下来，但小鹰一般捉不到它们，然后把活鸟带给小鹰，再纵放它们飞去。

对人类智慧的进步来说，几乎没有任何智能比注意力（attention）更重要的了。动物明确地显示了这种能力，如猫守候在鼠穴旁，准备向鼠扑去。野生动物有时如此集中注意力，以致这时人可以容易地接近它们。巴特利特（Bartlett）先生给过我一个奇妙的例证以说明这种能力在猴类中多么容易变异。有一位驯猴做戏的人，惯常从"动物学协会"购买普通的种类，每只付价五镑；但是如果让他把三四只猴养上少数几天，再从其中选出一

① 马丁（W. C. L. Martin），《哺乳动物志》（*Nat. Hist. of Mammalia*），1841 年，405 页。
② 贝特曼（Bateman）博士，《关于失语症》（*On Aphasia*），1870 年，110 页。
③ 沃格特引用，《关于畸形小头的研究报告》，1867 年，168 页。
④ 《动物和植物在家养下的变异》，第 1 卷，27 页。
⑤ 《自然科学年刊》（*Annales des Sc. Nat.*），第 22 卷，第 1 辑，397 页。

只,他就愿付出双倍的价钱。当问他怎么能够那样快地判断出被选定的猴是否会成为一个好的表演者,他答道,这完全决定于它们的注意力。当他向一只猴说话和解说任何事物的时候,如果它的注意力容易分散,僻如说把注意力转向墙上的一只苍蝇或其他细小物件,那么这种情形就没有希望了。如果他试着用责罚来使注意力不集中的猴做戏,它就要发怒。另一方面,有些猴小心地注意着他,这些猴肯定可以被训练好。

动物对人和地点都有极好的记忆力(memories),对此已不必多加赘述。安德鲁·史密斯爵士告诉我说,在好望角有一只狒狒,在他离去九个月之后还认识他,并表示了喜悦之情。我养过一只狗,它对所有生人都嫌恶而且凶悍十足,在离开五年零两天之后,我特意试过它的记忆力。我走近它的窝,按照我的老样子呼喊它,它虽没有表示喜悦,但立即跟着我出去散步,并且服从我的指挥,好像我和它刚分开半小时一样。休眠达五年之久的一连串联想,就这样立即在它的头脑中被唤醒了。正如于贝尔[①]所明确阐述的,甚至蚁类和同群的伙伴分开四个月之后,还能彼此认识。动物肯定能以某种方法去判断再发事件的间隔时间。

想象力(imagination)是人类所拥有的最高特权之一。凭借这种官能,而不是依赖意志,他就能把先前的意象(images)和观念(ideas)联合在一起,并由此得到灿烂而新奇的结果。正如吉恩·保罗·里歇特(Jean Paul Richter)[②]所说的,一位诗人"如果必须思考他要塑造的人物究应说'是',还应说'否'——见他的鬼去吧;这个人物只能是一具愚蠢的僵尸"。做梦这件事可以使我们有一个关于想象力的最好概念,吉恩·保罗还说过,"梦乃是一种无意识的诗之艺术"。我们想象力的产物的价值当然决定于我们的印象的数量、准确性和清晰度,决定于我们在取舍无意识的印象组合时所作的判断和所表现的爱好,并且在一定程度上还决定于我们有意识地组合它们的能力。因为狗、猫、马、可能一切高等动物乃至鸟类[③]都有清晰的梦,它们在睡眠中的动作和发出的声音阐明了这一点,所以我们必须承认它们具有某种想象力。一定有某种特殊的原因致使狗在夜间,特别是在月夜中以一种异常的、忧郁的声调吠叫。并非所有狗都夜吠,乌泽说,它们不是对着月亮吠叫,而是对着接近地平线的某一固定地点吠叫。[④] 乌泽以为它们的想象力被周围物体的模糊轮廓扰乱了,于是在它们面前呈现出幻想的意象,倘真如此,则它们的感觉差不多可以被称为迷信了。

我设想,在人类的所有心理官能中,理性(reason)可以被承认处于顶峰。现在只有少数人对动物具有某种推理能力还有疑问。随时可见,动物会踌躇、审慎和下决心。一位博物学者对任何特殊动物的习性研究得越多,他就把习性归因于理性者越多,而归因于无意识的本能者越少[⑤],这是一个值得注意的事实。在以下几章中将会看到,某些等级极

---

① 《蚁类习性的研究》(*Les Maeurs des Fourmis*),1810 年,150 页。

② 莫兹利博士在其《精神的生理学和病理学》(*Physiology and Pathology of Mind*)一书中引用,1868 年,19,220 页。

③ 杰尔登(Jerdon)博士,《印度鸟类》(*Birds of India*),第 1 卷,1862 年,21 页。乌泽说,他养的长尾小鹦鹉(parokeets)和金丝雀(canary-bird)会做梦:《动物的心理官能》(*Facultés Mentales des Animaux*),第 2 卷,136 页。

④ 《动物的心理官能》,第 2 卷,1872 年,181 页。

⑤ 莫尔根先生的《美洲河狸》(*The American Beaver*)一书为这一叙述提供了一个良好例证。然而我不得不认为他过于低估了本能的能力。

低的动物显然也显示一定程度的理性。理性的能力和本能的能力无疑常常是难以区别的。例如，海斯（Hayes）博士在他的《开放的北极洋》（*The Open Polar Sea*）一书中屡次提到，当他的狗把雪橇拉到薄冰上的时候，它们就不继续采取密集队形，而是彼此散开，以便它们的重量可以比较平均地分布。这常常是旅行者们所得到的最先警报：冰已经变薄而且有危险了。那么，狗的这种行为是来自各个个体的经验呢，或是来自比较年长而且比较聪明的那些狗的示范呢，还是来自一种遗传的习性，即本能呢？这种本能可能发生于很久以前当地居民用狗来拉雪橇的时候，或者，爱斯基摩狗的祖先——北极狼已经获得了这样一种本能，迫使它们不要在薄冰上密集地去攻击它们所要捕食的动物。

我们只能根据完成行为时所处的环境条件去判断这些行为是由于本能、或是由于理性、还是由于观念的联合。默比斯（Möbius）[1]教授举过这样一个奇妙的事例：有一只狗鱼（pike）在水族箱内被玻璃板隔开，玻璃板的另一侧养着一些鱼，它常常如此猛烈地撞向玻璃板，试图捉对面的鱼，以致不时被撞晕过去。这条狗鱼这样继续干了三个月，但最后学会慎重，停止乱撞了。这时把玻璃板移去，它不再攻击原来的那些鱼，却吞食此后放进去的鱼，在它的薄弱心理中，一种猛烈冲撞的观念与捕食以前邻居的试图如此强有力地联合在一起了。如果一个从来没有见过大厚玻璃窗的未开化人，甚至只在窗上撞过一次，长久以后他还会把冲撞和窗框联想到一起。但和狗鱼大不相同，他大概要对障碍的性质进行思考，并且会在相似情况下加以注意。关于猴类，如我们即将看到的那样，只要有一次由于一种行为而得到痛苦的，或者仅仅是不适意的印象，有时这就足可以阻止这种动物再去重复它。如果我们把猴和狗鱼的这种差别完全归因于猴比狗鱼的联合观念的能力强得多而且持久得多，虽然狗鱼所受到的损害常常严重得多，那么在人类的场合中，我们能够主张一种相似的差别是意味着他具有一种基本不同的心理吗？乌泽[2]说，当在得克萨斯穿过一处广阔而干燥的平原时，他的两条狗非常之渴，它们冲下凹地去找水，不下三四十次。这些凹地并非溪谷，那里没有一棵树，而且植被也没有任何其他差别，况且那里是绝对干燥的，所以不会有一点湿土的气味。狗有这样的行为，好像它们知道低凹的地势可以为其提供找到水的最好机会，乌泽还经常亲眼见到其他动物也有这种同样的行为。

我曾在伦敦动物园里看见过，我敢说别人也曾在那里看见过，当把一个小物件扔到一头象钩不到的地面上，它就会用鼻子向着小物件那边的地面上吹气，所以从四面八方反射回来的气流，可以把那个物件吹至它能钩到的范围之内。再者，一位著名的人种学家韦斯特罗普（Westropp）先生告诉我说，他在维也纳看到一只熊用它的前脚去拍打其笼子栏杆前面的一汪水，造成水流，以便把一片漂浮的面包引至它能钩到的范围之内，简直不能把象和熊的这等行为归因于本能，即遗传的习性，因为这对处于自然状态下的动物一点也没有用处。那么，当一个未开化人也有这等行为时，它们同一种高等动物的这等行为有什么区别吗？

未开化人和狗往往在平地的低处发现过水，这种发现水时的情况总是彼此一致的，

---

① 《关于兽类的动作》（*Die Bewegungen der Thiere*），1873 年，11 页。
② 《动物的心理官能》，第 2 卷，1872 年，265 页。

这种一致的情况在它们的心理中便联系起来了。文明人也许对这个问题可以提出某种一般的命题,但根据我们所知道的未开化人的一切情况来说,他们是否也能这样做,确系一个极大的疑问,狗肯定不能这样做。但是,未开化人乃至狗还能按照同样的方式去找水,虽然他们屡屡感到失望;未开化人的、或者狗的这种行为似乎同等都是理性的,无论是否有任何一般的命题有意识地置于心理之中。① 象和熊造成气流和水流的那种情况,也是如此。未开化人肯定不会理解,也不会关心依据什么法则才能完成所期望的运动;但他的行为受到一种粗略的推理过程的引导,的确就像一位哲学家在他的一大串演绎中所做的那样。毫无疑问,未开化人和高等动物之间的差别在于:未开化人注意极其细小的境况和条件,并且以其极少的经验来观察这二者之间的任何关联,而这一点则具有至高无上的重要性。我对我的一个小孩的行为曾逐日做过记录,当他长到 11 个月左右的时候,在他还不能说一个单字之前,他就能迅速地把所有种类的事物和声音在他的精神中联系在一起,其迅速的程度超过我所知道的最聪明的狗,这一情况屡屡给我留下了深刻印象。但是,高等动物同狗鱼那样的低等动物之间在联想力、推理力和观察力方面的差别也完全如此。

美洲猴的下述行为很好地阐明了通过很短的经验之后就能激起理性的活动,而美洲猴在灵长类中处于低级的地位。一位最谨慎的观察家伦格尔说道,当他在巴拉圭第一次把一些鸡蛋给他所养的猴时,它们把鸡蛋打碎了,因而大部分蛋黄和蛋白都流失掉了;其后它们就把鸡蛋的一端轻轻地向一种坚硬的东西击撞,并且用手指剥去一点碎壳。只要它们被任何锐利的工具割伤一次之后,它们以后就不再触动它,或者非常小心地去拿它。伦格尔常常把糖块用纸包好后再给它们;有时他在纸包中放一只活黄蜂,当它们急着打开纸包时就被蜇到了;只要经过这样一次之后,它们总是首先把纸包放在耳朵旁边,侦查一下其中是否有任何动静。②

下述是关于狗的一些事例。科尔库杭(Colquhoun)先生曾用枪射伤两只野鸭的翅膀,它们落在一条小河另一边较远的地方;他的"拾物猎狗"(retriever)试图一次把两只同时叼回来,但没有成功;于是它审慎地咬死一只,把另一只带过河后,又回去带那只死的,但在此之前它从来没有损伤过野鸭一根羽毛。哈钦森(Hutchinson)上校③叙述,他曾用枪同时射到两只鹬鸪,一只被射死,一只受伤;受伤的那只逃走,但被拾物猎狗捉到,当它回来的时候又跑到那只死鹬鸪处;"它停了下来,显然非常为难,试了一两次之后,发现它无法把死鸟带走而不让伤鸟逃去,考虑片刻之后,它就狠狠地给伤鸟一口,把它咬死,然后把两只一齐带走"。这是它"故意伤害任何猎物的唯一事例"。在这只拾物猎狗先去捉伤鸟然后又回过头来带死鸟的例子中,以及在那两只野鸭的例子中,我们看到了理性,虽然这并不是十分完全的。我之所以列举上述两个例子,因为它们是以两位彼此无关的目

---

① 赫胥黎非常清晰地分析了一个人和一只狗的心理等级,他作出的结论和我在本书中所提出的看法相似。参阅他的文章《批评达尔文先生的人们》(Mr. Darwin's Critics),见《当代评论》(Contemporary Review),1871 年 11 月,462 页,并见《评论及短论》(Critiques and Essays),1873 年,279 页。

② 贝尔特先生在他那部最有趣的著作《自然学者在尼加拉瓜》中同样也描述了一只驯服的卷尾猴的各种行为,我以为这明显地阐明了这种动物具有某种推理力。

③ 《沼和湖》(The Moor and the Loch),45 页。哈钦森上校,《狗的训练》(Dog Breaking),1850 年,46 页。

睹者所提出的证据为基础的,并且因为在这两个事例中"拾物猎狗"经过深思熟虑之后竟然打破了它们所遗传下来的一种习性(不咬死拾取的猎物),同时还因为它们显示了其推理力多么强有力地克服了固定的习性。

我愿引用杰出的洪堡①的一段议论作为这个问题的结束。他说:"南美的赶骡人说道,'我不给你一头走得最平稳的骡子,我给你一头理性最好的骡子'";接着洪堡又说:"根据长期经验所表达出来这种通俗言辞,反驳了动物乃是有生命的机器系统那种说法,恐怕它比思辨哲学的所有论点都好。"尽管如此,有些作者甚至现在还否认高等动物具有一点理性的痕迹,而且他们力图凭借看来仅仅是一些冗词滥调②把上述一切事实巧辩过去。

我想,现在我已经阐明了人类和高等动物、特别是和灵长类动物有一些少数共同的本能。它们都有同样的感官、直觉以及感觉——相似的热情、情感以及情绪,甚至更复杂的,如嫉妒、猜疑、争胜、感激以及宽宏大量;它们都会玩弄欺诈和实行报复;它们有时对受到嘲笑都敏感,甚至还有一种幽默感,它们都有惊奇感和好奇心;它们都具有同样的模仿、注意、深思熟虑、选择、记忆、想象、观念联合、理性等各种官能,虽然其程度有所不同。同一物种的诸个体在智力上有许多等级,由绝对低能一直到高度优秀。它们也有患精神错乱的,但这种情形远比在人类场合中为少。③尽管如此,许多作者还坚决主张,人类和一切低于人类的动物在心理官能方面是被一道不可逾越的障壁分开的。以前我曾搜集过大量有关上述的警句,但几乎都是没有什么价值的,因为其内容彼此差异极大,而且数量过多,证明这种试图如果不是不可能的,也是困难的。有人断言,只有人类能够向前改进;只有他能利用工具和火,驯养其他动物,或者拥有财产;任何动物都没有抽象力、即形成一般概念的能力,都没有自我意识和自知之明;任何动物都不能使用语言;只有人类有审美感,不容易解释的怪想,感激之情,神秘感等;人类信仰上帝,并且有良心。我愿就其中比较重要而有趣的几点贸然提一点意见如下。

大主教萨姆纳(Sumner)④以前主张,只有人类才能向前改进。人类比其他任何动物的改进都无比之大而且无比之快,对此已无争辩的余地了;这主要是由于他有说话的能力,并且能把他获得的知识传下去。关于动物,我们首先看一看个体,每一个对设置陷阱有点经验的人都知道,小动物比老动物容易被捉到;而且敌对者接近它们也比较容易。关于老动物,甚至不可能在同一地点和用同一种类的陷阱捉到许多,或者用同一种类的毒药把它们全都毒死;它们大概不可能都一齐吃过毒药,或者一齐被陷阱捕捉过。它们一定由于看到同伴的被捕捉或被毒害而学会警惕。所有观察家们一致证明,在北美,毛皮动物长期受到追捕,因此它们所显示的机智、小心以及狡猾几乎到了难以置信的程度;但是在那里设置陷阱已经进行了如此之久,以致遗传性业已起了作用并非是不可能的。

---

① 《个人记事》(*Personal Narrative*),英译本,第3卷,106页。

② 我高兴地看到像莱斯利·斯蒂芬(Leslie Stephen)先生那样敏锐的思想家当谈到人类和低等动物的心理之间那道假定的不可逾越的障壁时说道[见《达尔文主义和神学,自由思想论文集》(*Darwinism and Divinity*, *Essays on Free-thinking*),1873年,80页]:"诚然,划出这种区别所依据的根据在我们看来,并不比其他大量的形而上学的区别所依据的根据更好一点,这就如同说,因为你能给两种东西起不同的名字,所以它们一定有不同的性质。难于理解凡是曾经养过一只狗或者见过一头象的人,怎么还会怀疑动物实质上有可以完成推理过程的能力。"

③ 参阅林赛博士的《动物的疯狂》(*Madness in Animals*),见《心理学杂志》,1871年7月。

④ 莱伊尔(C. Lyell)爵士引用,《人类的源远流长》(*Antiquity of Man*),497页。

我曾收到几份报道,指出当在任何地区初设电报时,许多鸟由于飞撞电线而致死,但经过几年之后,它们似乎看到同伴因此而死的情况,便学会了避免这种危险。[①]

如果我们考虑到连续的世代或考虑到种族,毫无疑问,鸟类以及其他动物对人类或其他敌对者的警惕是逐渐地获得和失去的[②];肯定地,这种警惕大部分是一种遗传的习性或本能,但一部分乃是个体经验的结果。一位优秀的观察家勒鲁瓦(Leroy)[③]述说,在有大量猎狐的地方,小狐在最初离开它们的穴时,其警惕性不可否认地远远超过那些猎狐不多的地方的老狐。

我们家养的狗是从狼和豺传下来的[④],虽然它们在狡诈方面可能无所得,在警惕和猜疑方面也许有所失,但它们在某些道德品质方面,如仁爱、忠诚、温良,而且大概在一般智力方面,却向前发展了。在整个欧洲,在北美的一部分地方,在新西兰,最近在中国,普通鼠已经战胜和打倒了另外几个物种。斯温赫(Swinhoe)先生[⑤]描述过中国内地和台湾地区的这种情况,他把普通鼠之所以能够战胜一种大型家鼠(*Mus coninga*)归因于前者有较大的狡诈性;这种属性的获得大概可以归因于它们避免人类扑灭的一切能力惯常地受到了锻炼,并且可以归因于差不多一切狡诈较差或智力薄弱的鼠类不断地被它们所消灭。然而,普通家鼠的取胜可能是由于它们在同人类接触之前就已经具有了优于同时存在的其他物种的狡诈性了。不以任何直接证据为依据,而主张没有任何动物经历悠久岁月的过程在智力或其他心理官能方面曾经有所前进,这无异用未经证明的假定对物种进化问题进行狡辩。根据拉脱特的叙述,我们已经知道,属于若干"目"的现存哺乳动物的脑大于其第三纪的古代原型的脑。

经常这样说,动物不会用任何工具;但是,在自然状况下的黑猩猩却会用一块石头把一种好像胡桃似的当地果实打碎。[⑥] 伦格尔[⑦]容易地教会一只美洲猴用石头把一个硬棕榈坚果击破,此后它就会主动这样把其他种类的坚果甚至箱子击破。它还会这样去掉味道不适口的软果皮。另一只猴被教会用一根木棍把一个大箱子盖撬开,此后它就会把木棍作为杠杆去移动沉重的物体;我曾亲自见到一只小猩猩把一个木棍插入裂缝,用手握住另一端把箱子撬开,它把木棍当做杠杆用的方式是恰当的。众所周知,印度的驯象会折取树枝,用以赶跑蝇子;曾经观察到在自然状态下的一头象也会这样干。[⑧] 我曾看到一只小猩猩自以为要受鞭打,便用毡子或麦草来掩护自己。在这几个事例中,石头和木棍是被当做工具用的,但它们同样地还把这些东西当武器用。布雷姆[⑨]说,根据著名旅行家

---

① 关于更多的详细证据,参阅乌泽的《论心理官能》(*Les Facultés Mentales*),第 2 卷,1872 年,147 页。

② 关于海洋岛上的鸟类,参阅我的《"贝格尔"号舰航海研究日志》(*Journal of Researches during the voyage of the "Beagle"*),1845 年,398 页。《物种起源》,第五版,260 页。

③ 《有关动物智力哲学的书信集》(*Lettres Phil. sur l' Intelligence des Animaux*),新版,1802 年,86 页。

④ 关于这个问题的证据,参阅《动物和植物在家养下的变异》,第 1 卷,第一章。

⑤ 《动物学会会报》(*Proc. Zoolog. Soc.*),1864 年,186 页。

⑥ 萨维奇(Savage)和怀曼(Wyman),《波士顿博物学杂志》(*Boston Journal of Nat. Hist.*),第 4 卷,1843—1844 年,383 页。

⑦ 《巴拉圭哺乳动物志》,1830 年,51—56 页。

⑧ 《印度原野》(*Indian Field*),1871 年,3 月 4 日。

⑨ 《动物生活》,第 1 卷,79,82 页。

席佩尔（Schimper）的权威叙述，在埃塞俄比亚（Ethiopia），当一种狮尾狒狒（C. gelada）成群结队从山上下来掠夺田野的时候，它们时常同另一种埃塞俄比亚髯猴（C. hamadryas）相遇，这时便要发生战斗。狮尾狒狒把大石头滚下来，埃塞俄比亚髯猴设法躲开，然后双方大声喧嚣，彼此凶猛地冲击。布雷姆陪伴科堡-哥达公爵（Duke of Coburg-Gotha）曾在埃塞俄比亚的门沙（Mensa）隘道用火器助攻一群髯猴；作为报复，这群髯猴从山上滚下来这么多的石头大如人头，以致攻击者不得不迅速退却；而且隘道实际上为之堵头，堵塞了一段时间，致使货车不得通过。值得注意的是，这些髯猴是协同动作的。华莱士先生曾三次见到一些携带着幼子的雌猩猩"以非常狂怒的容貌折断榴莲树（Durian tree）的枝条和大刺果，掷如雨下，有效地防止了我们走到树的近旁"。① 我曾屡次见到黑猩猩把手边的任何东西掷向来犯的人；还有，前文提到的好望角的那只狒狒准备好稠泥作为攻击之用。

伦敦动物园里有一只猴，它的牙齿软弱，经常用一块石头把坚果敲开，管理员们向我确言，它用毕那块石头，便把它藏在麦草下面，并且不许其他任何猴动它。于是我们在这里看到了所有权的观念；不过每一只狗对于一块骨头，以及大部分或全部鸟类对于它们的巢，全有这种观念。

阿盖尔（Argyll）公爵②说，制造适合于一种特殊目的的工具，绝对只有人类才能做到；他认为这在人类和兽类之间形成了难以计量的分歧。无疑这是一个很重要的区别；但是在我看来，卢伯克爵士③的意见还是相当正确的，他认为当原始人类最初为了达到任何目的而使用燧石时，可能偶然地把它们打成了碎片，这时他大概会选那些锐利的碎片来用。从这一步到有目的地弄破燧石，大概只有一小步；再经过不大的一步，就可以粗糙地使它们成形了。然而，在新石器时代人类开始琢磨石器以前，却经历了非常悠久的岁月，据此判断，上述后面那种进步大概也需要很长的时间。卢伯克爵士又说，当破裂燧石时，火花会发出；当琢磨石器时，热会生出；这样，"两种通常取火的方法便发生了"。在许多火山区，熔岩不时流过森林，那里的人对火的性质大概会有所了解。类人猿大概在本能的引导下，为自己建造临时的平台；但是，许多本能主要受理性的支配。所以像建造平台那样比较简单的本能大概会容易地变成一种自愿的和有意识的行为。据知猩猩在夜间用露兜树叶遮盖自己，布雷姆说，他养的狒狒经常把草席盖在头上以防太阳晒。在这几种习性中，我们大概看到了向着某些比较简单的技艺——如发生于人类早期祖先时代的那种粗糙的建筑和衣服——的最初步骤。

抽象作用，一般概念作用，自我意识，心理的个性

无论谁，即使学问远远超过我的人，要想决定动物呈现任何这等高级心理能力的痕迹到怎样程度，也是很困难的。这种困难起因于不可能判断在动物心理中所闪过的念头是什么，还有，作者们对上述名词所赋予的意义大不相同，这就招致了进一步的困难。如

---

① 《马来群岛》（The Malay Archipelago），第 1 卷，1869 年，87 页。
② 《原始人类》（Primeval Man），1869 年，145，147 页。
③ 《史前时代》（Prehistoric Times），1865 年，473 页等。

果根据最近发表的各种材料来判断,那么最强调的似乎还是在于假定动物完全没有抽象的能力,即没有形成一般概念的能力。但是,当一只狗在一段距离内看到另一只狗时,显然它抽象地察觉到那是一只狗;因为,当它走近时,另一只狗如果是一个朋友,它的全部举止就会突然改变。最近一位作者说,在所有这等事例中,断言人类和动物的心理行为在本质上具有不同的性质,乃是一种纯粹的臆测。如果任何一方把由感官所察觉到的归入一种心理概念,那么双方均可如此。① 我以热切的声调向我的㹴(terrier)*说(我如此试过多次),"嘿,嘿,它在哪里呢?"它立刻把这作为一种信号,表明有些东西有待猎取,一般先是急向周围注视,然后冲入最近的灌木丛,嗅寻是否有任何猎物,当什么都找不到的时候,它就向邻近的树上窥视,看看那里是否有松鼠。那么,这等行为不是明显地阐明了在它的心理中有一种关于某些动物有待发现和猎取的一般观念或概念吗?

如果自我意识这个名词的含义是,它会考虑他是从哪里来的、或者它将往哪里去、或者什么是生和死等等那样的问题,那么根据这个名词的这种含义,可以坦白地承认动物不具有自我意识。但是,一只老狗如果具有最好的记忆力和某种想象力,如它做梦所阐明的;我们总能肯定它决不会考虑它过去在追猎中的乐趣或痛苦呢?这大概就是自我意识的一种形态。另一方面,如比希纳②所说的,智力低下的澳洲未开化人的辛苦劳动的妇人只能说很少的抽象言辞,计数不能到四以上,她们所行使的自我意识或对其本身存在的考虑是何等之少。高等动物具有记忆力、注意力、联想力甚至某种想象力和推理力,已得到普遍承认。如果在不同动物中大不相同的这等能力能够改进,那么,通过比较简单智能的发展和结合,进化到比较复杂的智能、如抽象和自我意识等等的高级形态,似乎并没有很大的不可能性。有人认为不可能说出在上升阶梯的哪一点动物变得能够进行抽象等等,并以此极力反对这里所主张的观点;但是,有谁能说出我们的幼儿在什么年龄可具有这种能力吗?至少我们知道,幼儿的这等能力的发展是以不可觉察的程度进行的。

动物保有它们的心理个性是没有问题的。当我的声音唤起上述那只狗在心理中的一连串联想时,它一定保有它的心理个性,虽然它的每一个脑原子在这五年期间大概不止一次地发生了变化。也许有人要利用这条狗把最近发生的辩论向前推进以打垮所有进化论者,说道:"在所有心理状态和所有物质的变化中……我坚持认为,关于原子可以像遗产那样地把它们的印记留给落入它们所空出的位置中的其他原子的那种学说是与意识的表达相矛盾的,所以这种学说是虚假的;而这种学说正是进化论所必需的,因此进化的臆说也是虚假的。"③

语 言

这种能力已被公平地认作是人类和低等动物之间的主要区别之一。但是,正如一位高度有才能的评论家惠特利大主教(Archbishop Whately)所说的,人类"并不是唯一的动物能够利用语言来表达其心理上所闪过的东西,并且多少能够理解他人如此表达出来的

---

① 胡卡姆(Hookham)先生给马克斯·米勒(Max Müller)的一封信,见《伯明翰新闻》(*Birmingham News*),1873 年 5 月。

* 一名"猛犬",种类不少,大部分用以助猎。——译者注

② 《达尔文学说讨论会文集》(*Conférences sur la Théorie Darwinienne*),法文版,1869 年,132 页。

③ 牧师麦卡恩(J. M'Cann)博士,《反对达尔文主义》(*Anti-Darwinism*),1869 年,13 页。

东西。"①巴拉圭的一种卷尾猴当激动时至少可发出六种不同的声音,这些声音对另外一些猴可以激起相似的情绪。② 伦格尔以及其他人士宣称,猴类的面貌动作和姿势能为我们所理解,而且它们也能部分地理解我们的。还有一个更加值得注意的事实:狗自从被家养之后,至少会叫出③4～5个不同的音调。狗的吠叫虽是一种新技艺,但是狗的野生祖先无疑会以各种不同的叫声来表达它们的情感。关于家狗,有热切的叫,如在追猎中那样;有愤怒的叫以及不平的叫;失望的猎猎叫或嗥叫,如在被关起来时那样;夜间的空叫;欢乐的叫,如在陪伴主人开始出去散步时那样;还有一种请求或哀求的很独特的叫,如在要求开门或开窗时那样。赫祖(Houzeau)特别注意过这个问题,他说,家鸡至少可发出 12 种有区别的声音。④

　　惯常使用有音节的语言,为人类所专能;但是,他也用无音节的喊叫,辅以姿势和面部肌肉的动作,来表达他的意思,这同低于人类的动物无异。⑤ 当表达那些同我们高等智力很少关联的简单而活跃的情感时,尤其如此。我们的痛苦、恐怖、惊奇、愤怒的叫声,再加上恰如其分的动作,以及母亲对爱子的低沉连续的哼哼声,比任何言辞都富有表达力。人类和低于人类的动物的区别并不在于是否理解有音节的声音,因为,每一个人都知道,狗是理解许多字句的。在这方面,狗和 10～12 个月的婴儿处于相同的发育阶段,那时婴儿理解许多单字和短句,但连一个单字还不会说。我们区别于低等动物的特性并不仅仅在于有音节的语言,因为鹦鹉和其他鸟类也有这种能力。也不仅仅在于把一定声音和一定观念连接在一起的智能;因为有些鹦鹉当被教会说话之后,也可以准确地把字和物以及人和事连接在一起。⑥ 低等动物和人类之间的区别完全在于人类把极其多种多样的声音和观念连接在一起的能力几乎是无限大的,而这显然决定于其心理能力的高度发展。

　　宏伟的语言科学奠基人之一霍恩·图克(Horne Tooke)论述,语言是一种技艺,就同酿酒和烤面包一样;不过书写也许是一个更好的直喻。这肯定不是一种真正的本能,因为每一种语言都必须学而知之。然而,语言和一切普通技艺都大不相同,因为人类有一种说话的本能倾向,如我们幼儿的咿呀学语就是这样;同时却没有一个幼儿有酿酒、烤面包或书写的本能倾向。再者,现在没有一位语言学家还假定任何语言是被审慎地创造出

---

① 《人类学评论》(1864 年,158 页)引用。
② 伦格尔,同前书,45 页。
③ 参阅我写的《动物和植物在家养下的变异》,第 1 卷,27 页。
④ 《动物的心理能力》,第 2 卷,1872 年,346—349 页。
⑤ 在泰勒(E. B. Tylor)先生的很有趣味的著作《对人类初期历史的研究》(*Researches into the Early History of Mankind*)中有关于这个问题的讨论,1865 年,第 2—4 章。
⑥ 关于这种效果,我曾收到几份详细报告。海军上将沙利文(B. J. Sulivan)爵士,据我所知是一位谨慎的观察家,他向我保证说,在他父亲家中长期饲养的一只非洲鹦鹉可以准确地叫出某些家人和客人的名字。在吃早饭的时候,它向每一个人说"早安",在夜间它又向每一个离开那间屋子的人说"晚安",从来没把这两句问候话弄颠倒过。对沙利文爵士的父亲,它惯常在"早安"之后还要加上一个短句,可是自从他父亲死后,它一次也没有重复说过这个短句。它猛烈地责骂一条从窗户蹦进屋去的生狗;它还责骂另一只鹦鹉,"你这顽皮的家伙",当那只鹦鹉逃出鸟笼去吃厨案上的苹果的时候。关于这同样效果,再参阅乌泽的《动物的心理能力》,第 2 卷,309 页,论鹦鹉。莫西科(A. Moschkau)博士告诉我说,他知道有一只欧椋鸟(starling)永远能够无误地用德语向来人说"早安",向那些离去的人说:"再见,老朋友。"我还能再举出几个这样的事例。

来的；它是经过许多阶梯缓慢地、无意识地发展起来的。① 鸟类发出的声音在若干方面同语言极为近似，因为同一物种的所有成员都发出同样本能的鸣叫来表达它们的情绪；而所有能够鸣叫的鸟类都是本能地发挥这种能力；不过真正的鸣唱，甚至呼唤的音调，都是从它们的双亲或其养母养父那里学来的。戴恩斯·巴林顿（Daines Barrington）②已经证明，"鸟类的鸣声同人类的语言一样，都不是天生就会的"。鸟类最初鸣唱的尝试"可以同一个幼儿不完全的咿呀学语的努力相比拟"。幼小的雄鸟要继续练习，或如捕鸟人所说的，它们要"录音"达 10～11 个月之久。在未来的鸣唱中几乎没有最初试鸣的一点痕迹；但当它们稍稍长大的时候，我们还能觉察出它们所欲学者为何事，最后，它们便被称为"能够圆润地唱歌"了。学会不同物种鸣唱的雏鸟，如在蒂罗尔（Tyrol）训练的金丝雀，则把它们的新歌传教给其后代。栖息在不同地区的同一物种，它们的鸣唱有轻微的自然差异，如巴林顿所说的，这可以恰当地比做"各地方言"；虽然属于不同物种，但亲缘关系近似者的鸣唱或可以比做人类不同种族的语言。我之所以举出上述细节是为了阐明，求得一种技艺的本能倾向并非人类所专有。

关于有音节的语言起源，当我一方面读了亨斯利·韦奇伍德（Hensleigh Wedgwood）先生、法勒（F. Farrar）牧师以及施莱歇尔（Schleicher）③教授的最有趣味的著作，另一方面又读了马克斯·米勒（Max Müller）教授的讲演集之后，我无法怀疑语言的起源应归因于：对各种自然声音、其他动物叫声以及人类自己的本能呼喊的模仿及其修正变异，并辅以手势和姿势。当我们讨论到性选择的时候将会看到，原始人类，更确切地说人类的早期祖先，大概最初用他们的声音来发出音乐般的音调，即歌唱，就像某些长臂猿今天所做的那样；根据广泛采用的类推方法，我们可以断定这种能力特别行使于两性求偶期间——它会表达各种情绪，如爱慕、嫉妒以及胜利时的喜悦——而且还会用于向情敌挑战。所以，用有音节的声音去模仿音乐般的呼喊，可能会引起表达各种复杂情绪的单字的发生。和我们亲缘关系最近的猴类，畸形小头的白痴④，以及人类的野蛮种族，都有一种强烈的倾向去模仿所听到的一切，这是值得注意的，因为同模仿问题有关。因为猴类理解人向它们说的话一定很多，而且在野生状况下会向其同伴发出作为危险信号的呼叫；⑤还因为家鸡会发出地面危险和空中有鹰类危险的两种不同警告（这两种叫声以及第三种叫声皆能为狗所了解），⑥那么某种异常聪明的类猿动物曾经模仿食肉兽的吼叫，并

---

① 参阅惠特尼（Whitney）教授关于这个问题的一些好意见，见他的著作《东方及其语言学的研究》（*Oriental and Linguistic Studies*），1873 年，354 页。他观察到人类彼此之间的愿望交流，乃是一种生活力，这种生活力对语言的发展"有意识地或者无意识地发生作用：就达到直接目的而言，是有意识的；就此种行为的进一步结果而言，则是无意识的"。

② 戴恩斯·巴林顿，《科学学报》，1773 年，262 页。再参阅马尔的文章，见《自然科学年刊》（*Ann. des. Sc. Nat.*），第 10 卷，第 3 辑，动物部分，119 页。

③ 《论语言的起源》（*On the Origin of Language*），韦奇伍德著，1866 年。《语言问题》（*Chapters on Language*），法勒著，1865 年。这是最有趣味的两本著作。再参阅阿尔贝·勒穆瓦纳（Albert Lemoine）著，《口头语的自然规律》（*De la Phys. et de Parole*），1865 年，190 页。已故的施莱歇尔教授关于这个问题的著作已被比克尔斯（Bikkers）博士译成英文，名为《受到语言学考验的达尔文主义》（*Darwinism tested by the Science of Language*），1869 年。

④ 沃格特，《关于畸形小头的研究报告》，1867 年，169 页。关于未开化人，我在《航海研究日志》（1869 年）中举出过一些事实。

⑤ 关于这个问题的明显证据，参阅经常引用的布雷姆和伦格尔的两本著作。

⑥ 乌泽在他的《动物的心理能力》一书中，举出过他对这个问题所观察到的一项很奇妙的记载。

且以此来告诉其猿类同伴所料想的危险性质，难道是不可能的吗？这大概是语言形成的第一步。

由于声音的使用日益增多，发音器官通过使用效果的遗传原理将会强化和完善化；而且反过来这对说话的能力又会发生作用。但是，语言的连续使用和脑的发展之间的关系无疑更加重要得多。甚至在最不完善的语言被使用之前，人类某些早期祖先心理能力的发展一定也比任何现今生存的猿类强得多；不过我们可以确信，这种能力的连续使用及其进步，反过来又会对心理本身发生作用，促使其能够进行一系列的思想活动。一系列复杂思想，无论在说话时或不说话时，如果没有言辞的帮助是无法进行的，正如不使用数字或代数就无法进行长的计算一样。甚至一系列普通思想似乎也需要某种形式的语言，或者被它所大大推进，因为一个聋、哑、盲的少女劳拉·布里奇曼（Laura Bridgman）曾被看到在梦中还打手势。[①] 尽管如此，没有任何形式的语言帮助，也可通过心理产生一连串活泼的和彼此联系的观念，因为从狗在梦中的动作可以作此推论。我们还知道，动物也能够进行一定程度的推理，这显然并不依靠语言的帮助。像我们现在这样发达的脑与说话能力之间的密切关系，从特别影响说话能力的那些脑病奇妙例子中得到了很好的阐明。例如，当记忆名词的能力失去之后，还能正确地使用其他单词，或者，还能记住某一类名词或全部名词，但忘记了这些名词的起首字母及其恰当的意义。[②] 心理器官和发音器官的连续使用将导致它们在构造和功能上发生遗传的变化，这就像笔迹的情形那样，它部分地决定于手的形状，部分地决定于心理的倾向，而笔迹肯定是遗传的。[③]

几位作者、特别是马克斯·米勒教授[④]最近极力主张，语言的使用意味着要有形成一般概念的能力；没有任何动物被假定具有这种能力，因此，这就形成了人类和动物之间的一个不可逾越的障碍。[⑤] 关于动物，我已经尽力阐明了它们至少以一种原始萌芽的程度具有这种能力。就 10～11 个月的婴儿来说，我简直不能相信他们能够把某些声音和某些一般观念那样迅速地在头脑中连接在一起，除非这等观念已经在他们的头脑里形成了。同样的这种意见可以引申到智力较高的动物，如莱斯利·斯蒂芬先生[⑥]所观察的，"一只狗对猫和绵羊可以构成一般概念，而且可以像哲学家那样准确地知道与它们相称的字眼。理解的能力犹如说话的能力，很好地证明了运用语言进行表达的智力，虽然其程度较差"。

---

① 参阅莫兹利博士关于这个问题的意见，见《精神的生理学和病理学》，第 2 版，1868 年，199 页。
② 关于此事，曾记载过许多奇妙例子，参阅贝特曼的《关于失语症》，1870 年，27，31，53，100 页及其他。再参阅《关于智力的调查》（Inquires Concerning the Intellectual Powers），1838 年，150 页。
③ 《动物和植物在家养下的变异》，第 2 卷，6 页。
④ 关于《达尔文先生的语言哲学》的讲演，1873 年。
⑤ 杰出的语言学家惠特尼对于这一点的评论远比我所能说的更为有力。当谈到布利克（Bleek）的观点时，他说道（见《东方及其语言学的研究》，1873 年，297 页），"因为语言广泛地是思想的必要辅助手段，思想赖此而发展，认识力赖此而达到清晰、丰富多彩和复杂化，以至对意识的充分掌握；所以不得不制造出没有语言就绝对不可能有思想的说法，把能力和它的工具等同起来。"他好像有道理地断言，人手如果没有工具就不能起作用。从这种教条出发，他就不能不陷入米勒的最恶劣的谬论，谓婴儿（不会说话的）不是人类，聋哑人没有学会用手指模仿说话以前不具理性。马克斯·米勒用斜体字标出下面的警句（"对于达尔文先生的语言哲学的讲演"，1873 年，第三讲）："没有无语言之思想，也没有无思想之语言。"他在这里给思想这个词所下的定义是何等奇怪！
⑥ 《自由思想论文集》，1873 年，82 页。

　　为什么现今用以说话的器官起始就已经为了这个目的达到了完善化的地步，而任何其他器官都不是这样，这并非难以理解，蚁类具有利用触角彼此交流信息的相当能力，胡伯尔已经阐明了这一点，他曾用整整一章来讨论蚁类的语言。我们可以用手指作为交流信息的有效手段，因为一个熟练此术的人能够把公共集会上说得很快的讲演词的每一个字用手势报告给聋人；但是这样被使用的双手一旦失去，必将造成严重的不便。所有高等哺乳动物都有发音器官，都是按照和我们同样的一般图式构成的，而且都是用做交流信息的手段，因此，如果交流信息的能力得到了改进，这等同样器官还会进一步发展，显然是可能的；相连的和十分适应的各部分、即舌和唇帮助了这一发展的完成。① 高等猿类不会用发音器官来说话，无疑是决定于它们的智力还没有足够的进步。它们具有经过长期连续练习后才可用来说话的那些器官，但现在并没有这样用，这同具有适于鸣唱的器官但从来不鸣唱的鸟类事例是相似的。例如，夜莺和乌鸦都有构造相似的发音器官，前者能用它进行多种多样的鸣唱，而后者只能用它呱呱地叫。② 如果问道，为什么猿类的智力没有发展到人类那样的程度，我们只能举出一般的原因作为回答；试想，我们对各种生物所经过的发展诸连续阶段几乎一无所知，却希望作出更加明确的任何回答，都是不合乎道理的。

　　不同语言的形成和不同物种的形成，以及二者的发展都是通过逐渐过程，其证据是异常相似的。③ 但是，对于许多词的形成比对于物种的形成，我们可以向前追踪得更远，因为我们能够察觉词实际上是怎样来自对各种声音的模仿的。我们发现，不同的语言由于起源的共同性而彼此一致，还由于相似的形成过程而彼此类似。当其他字母或发音有所变化时，某些字母或发音就要随之变化，其方式同生长的相关作用很相像。在这两种场合中都有诸部分的重叠、长期连续使用的效果等。无论在语言或在物种中都屡屡出现一些残留的遗迹，这就更加值得注意了。在"am"这个词中，m 表示 I 的意思，因此在"I am"这个词句中便保存了多余而无用的残留遗迹。还有，在词的拼法中也常常残留着作为古代发音形式遗迹的字母。语言有如生物，也可以逐类相分；既可以按照由来的系统进行自然分类，也可以按照其他特性进行人为分类。占有优势的语言和方言广为传播，并且导致其他语言的逐渐绝灭。一种语言有如一个物种，一旦绝灭，如莱伊尔爵士所说的，就永远不会再现。同一语言绝没有两个发源地。不同语言可以杂交或混合在一起。④ 我们知道每一种语言都有变异性，而且不断地产生新的词；但是，由于记忆力有一个限度，所以词就像整个语言那样，会逐渐绝灭。正如马克斯·米勒⑤所恰当指出的："各种

---

① 关于这一效果，参阅莫德斯雷的一些好议论，见《心理的生理学和病理学》，1868 年，199 页。

② 麦克吉利夫雷(Macgillivray)，《大不列颠鸟类》(*Hist. of British Birds*)，第 2 卷，1839 年，29 页。最优秀观察家布莱克瓦尔(Blackwall)说道，喜鹊(magpie)可以学会念出单字甚至短句，它们几乎比其他任何英国鸟都容易做到这一点；可是接着他又说，在长期周密地研究了它的习性之后，他从来没有发现它在自然状态下表现有任何模仿的异常能力。

③ 莱伊尔爵士在《关于人类的源远流长的地质证据》(1863 年，第二十三章)中指出，在语言发展和物种发展之间有很有趣的相似性。

④ 关于这种效果，参阅法勒牧师在一篇题名《语言学和达尔文主义》(*Philology and Darwinism*)的论文中的意见，见《自然》(*Nature*)，1870 年 3 月 24 日，528 页。

⑤ 《自然》1870 年 1 月 6 日，257 页。

语言的词和语法形式都在不断地进行着生存斗争。较好的、较短的、较易的形式永占上风，它们的成功应归因于它们本身固有的优点。"某些词的生存除了有上述那些比较重要的原因之外，还可以加入对新奇和时髦的爱好；因为在人类的心理中对所有事物的微小变化都有一种强烈的爱好。在生存斗争中，某些受惠的词的生存或保存乃是由于自然选择。

许多野蛮民族的语言构造是完全规律而异常复杂的，这常常被提出以证明这些语言起源于神，或者证明这些语言的创始者具有高度的技艺和既往的文化。例如，冯·施勒格尔（F. von Schlegel）写道："在那些看来似乎是智育程度极低的语言中，我们屡屡观察到在其语法构造上有很高程度的和精心制作的技艺。巴斯克语（Basque）*和拉普语（Lapponian）**以及许多美洲语言尤其如此。"①但是，如果认为语言是被精心地和有条理地构成的，就把任何语言都说成是一种技艺，肯定是错误的。语言学者现已承认动词各种变化形式、词尾变化形式等等原本都是作为不同的单词存在的，后来才结合在一起了；这等单词表达了人和物之间的最明显的关系，因此，它们在最古时代为大多数种族的人所使用，就不足为奇了。下述的例证最好地阐明了我们在完善化这个问题上多么容易犯错误：一种海百合（crinoid）有时是由不下十五万个壳片构成的，②所有壳片的排列都以放射线状而完全对称，但博物学者们并不认为这种动物比两侧对称的动物更为完善，后者身体的诸部分比较少，除了身体两侧的各部分彼此相像以外，其余部分都不相像。他公正地把器官的分化和专业化看做是对完善化的检验。关于语言，也是如此：最对称的、最复杂的语言不应被列在没有规律的、简略的以及混杂的语言之上，所谓混杂的语言就是从各种征服别人的种族、被征服的种族以及移入的种族那里借入了一些表达力强的词和语言构造的有益形式。

根据这些不完善的少数议论，我断言，许多野蛮人语言的极其复杂和极其规律的构造不足以证明，语言是起源于一种特殊的创造行为。③正如我们已经看到的，有音节语言的能力实质上也没有提供出任何不可排除的理由来反对人类是从某一低等类型发展而来的信念。

审　美　感

这种感觉曾被宣称为人类所专有。我这里谈到的只是关于由某些颜色、形状和声音所引起的愉快感，这或者可以恰当地被称为对美的感觉；然而对文明人来说，这等感觉是同复杂的观念和一系列的思想紧密地联合在一起的。如果我们看到一只雄鸟在雌鸟面前尽心竭力地炫耀它的漂亮羽衣或华丽颜色，同时没有这种装饰的其他鸟类却不进行这样的炫耀，那就不可能怀疑雌鸟对其雄性配偶的美是赞赏的。因为到处的妇女都用鸟类

---

* 欧洲比利牛斯山西部地区古老居民的语言。——译者注
** 分布在挪威、瑞典、芬兰和苏联各国北部的拉普人的语言。——译者注
① 韦克（C. S. Wake）在《论人类》（*Chapters on Man*）101 页引用。
② 巴克兰（Buckland），《布里奇沃特》，411 页。
③ 关于语言的简化，参阅卢伯克爵士的一些好议论，见《文化的起源》（*Origin of Civilisation*），1870 年，278 页。

的羽毛来打扮自己,所以这等装饰品的美是毋庸置疑的。我们在以后几章中将会看到,蜂鸟(humming-birds)的巢和造亭鸟(bower-birds)的游戏通道都用鲜艳颜色的物件装饰得很优雅;这阐明它们见到这些东西后一定会感到某种愉快。然而,就我们所能判断的来说,大多数动物对于美的爱好仅限于吸引异性。许多雄鸟在求偶季节所鸣唱的甜蜜歌声,肯定会得到雌鸟的赞赏;关于这个事实的证据,以后再举。如果雌鸟不能够欣赏其雄性配偶的美丽颜色、装饰品和鸣声,那么雄鸟在雌鸟面前为了炫耀它们的美所作出的努力和所表示的热望,岂不是白白浪费掉了,这一点是不可能予以承认的。为什么某些鲜艳的颜色会激起快感,我以为所能解释的,不会比对于某些味道和气味何以会令人感到愉快的解释更多一点,但是,习性对于这个结果一定有些关系,因为有些东西最初使我们感官不舒适,但终于使它们舒适了,而且习性是遗传的。关于声音,为什么和声与某些音调令人感到悦耳,赫姆霍尔兹(Helmholtz)根据生理学原理在一定程度上对此提出了解释。但是,除此之外,在不规则的时间内经常翻来覆去的声音最叫人厌烦,凡是在夜间听过缆绳不规则地拍打船板的人都会承认这一点。同一原理似乎也适用于视觉,因为眼睛喜欢看到对称或规则地循环出现的图形。甚至最低等的未开化人也把这种图案用做装饰品;通过性选择,这等图案发展为某些雄性动物的装饰。对于这样来自视觉和听觉的愉快,不论我们能否提出什么理由,总归人类和许多低等动物都一样地喜欢同样的颜色、同样的优雅色调和形状以及同样的声音。

对于美的爱好,并非人类精神中的一种特殊本性,至少就妇女的美而论是如此;因为,在不同的人种中这种爱好大不相同,甚至在同种的不同民族中也不完全一样。根据最不开化人对丑陋的装饰品以及对同等丑陋的音乐的赞赏来判断,可以认定他们的审美能力还没有发展到某些动物,例如鸟类那样的高度。显然没有什么动物能够赞赏诸如夜晚的天空、美丽的山水那样的景色,或优美的音乐;但是,这等高尚爱好是通过教养才获得的,而且依靠复杂的联想,野蛮人或没有受过教育的人不会欣赏它们。

许多这等官能曾对人类向前的进步作出了不可估量的贡献,诸如想象、惊异,好奇的能力,没有界限的审美感,模仿的倾向,对刺激或新奇的喜爱,几乎不能不导致风俗和时尚发生不定的变化。我之所以提出这一点,是因为最近一位作者①奇怪地把不定性作为"未开化人和兽类之间的最显著的、最典型的差异之一"。但是,我们不仅能够部分地理解人类怎样由于各种相互冲突的影响而成为不定性的,我们还能部分地理解低等动物,如此后即将看到的那样,在其爱好、厌恶以及审美感方面也是不定的。还有理由来设想,它们也爱新奇,正是为了那是新奇的缘故。

神的信仰——宗教

还没有证据可以证明,人类本来就赋有对于一位万能上帝存在的崇高信仰。恰恰相反,有充分的证据可以证明,曾经有、现在依然有为数众多的种族没有一神或多神的任何

---

① 《旁观者》(*The Spectator*),1869 年 12 月 4 日,1430 页。

观念，而且在他们的语言中从来没有表达这一观念的字。①　当然，这个问题同是否存在有一位主宰宇宙的创造者和统治者那种更高的问题完全是两码事，而在最高级的知识界中有些人已经对后一问题作了肯定的答复：确是存在的。

如果我们把对灵魂世界或精灵作用的信仰包括在"宗教"这一名词之内，那就完全是另一回事了，因为文化较低的种族似乎普遍都有这种信仰。关于它是如何发生的，并不难说明。一旦想象、惊异、好奇那些重要官能以及某种推理能力部分地有所发展之后，人类自然会渴望理解在他周围发生的情况，而且还会对其本身的存在模糊地进行思考。伦南先生②曾经说过："人一定要对生命现象为自己想象出某种解释，根据这种解释的普遍性来判断，人最初想到的最简单的臆说似乎曾经是，自然现象可以归因于在动物、植物和物品中，以及在自然界的力量中，都存在有主使运动的精灵，这种精灵同人自觉到自己有一种内在的精神力量而外发为种种活动一样。"正如泰勒（Tylor）先生所阐明的，梦境也许是发生精灵概念的起因，这也是可能的，因为未开化人不会很快地把主观印象和客观印象区别开。当一个未开化人做梦时，他相信出现在他面前的形影是从远方来的；并且监视他的；或者，"做梦人的灵魂在旅途中出了窍，把所见到的都记在心中而回到家里"。③但是，当想象、好奇、推理等等能力在人类精神中相当完善地发展之前，他的梦境不会引导他去相信精灵，这和狗在做梦后不会这样是相同的。

有一次我曾注意到一件小事情，也许它可以说明未开化人有一种倾向去想象给予自然物体或自然力量以生命的是精灵的或活的实体：我有一只狗，已达到成年，而且很聪明，在一个炎热而宁静的白天里它卧在一片草地上；在距它不远的地方，放着一把张开的阳伞，微风不时把它吹动，如果有人在阳伞的旁边，这条狗就完全不去理睬它。事实上，当阳伞旁边没人时，无论什么时候只要阳伞稍微一动，这条狗就要凶猛地吠叫。我想，它一定以迅速而无意识的方式给自己推论出，没有任何明显原因的阳伞活动暗示了有某种奇怪的活力量存在，而且它认为陌生者没有权力在它的领域内停留。

对精灵作用的信仰将会容易地变为对一神或多神存在的信仰。因为未开化人自然会认为我们所感到的同样的情欲，同样的对复仇或简单形式的正义的喜爱以及同样的慈爱，均系精灵所赐。火地人在这方面似乎居于中间状态，因为，当"贝格尔"号舰上的军医射击一些幼鸭做标本时，火地人约克·明斯特（York Minster）以最严肃的态度宣称："唉呀，拜诺（Bynoe）先生，要下大雨、下大雪、刮大风呀"；显然这是对糟蹋人类食物的一种报

---

①　关于这个问题，参阅法勒牧师所写的一篇最优秀的论文，见《人类学评论》，1864 年 8 月，217 页。关于进一步的事实，参阅卢伯克爵士的《史前时代》，第 2 版，1869 年，564 页；特别是《文化的起源》(1870 年)有关宗教的篇章。

②　《对动物和植物的崇拜》(The Worship of Animals and Plants)见《双周评论》(Fortnightly Review)，1869 年 10 月 1 日，422 页。

③　泰勒，《人类的早期历史》(Early History of Mankind)，1865 年，6 页。再参阅卢伯克的《文化的起源》(1870 年)中关于宗教发展那引人注目的三章。赫伯特·斯宾塞先生在《双周评论》(1870 年 5 月 1 日，535 页)的一篇有独创性的论文中以相似的方式说明了全世界宗教信仰的最初形式，谓人类通过梦境、形影以及其他原因的引导，把自己看成是双重的实体，即肉体的和灵魂的。由于设想死后灵魂还存在，而且富有威力，所以用各种祭品和仪式向它祈求赎罪和保佑。于是他进一步阐明，用某种动物或其他物品给一个部落的早期祖先或创始人所起的名字或绰号，经过长期以后就会被设想为代表这个部落的真实祖先：这个动物和物品自然地会被信为依然存在的灵魂，并且把它视为神圣，作为一位神而受到崇拜。尽管如此，我不能不猜想，还有一个更早的、更原始的阶段，以为那时任何显示有力量和运动的东西都被赋予了和我们自己近似的某种生命形态和心理官能。

应的惩罚。他又说道,他的弟弟杀了一个"野人",于是风暴肆虐很久,而且下了大雨和大雪。然而我们从来没有发现过火地人信仰我们所谓的上帝,或者实行任何宗教仪式;火地人吉米·布顿(Jemmy Button)以一种情有可原的骄傲态度坚定地主张,他的家乡没有魔鬼。他的这种主张更加值得注意,因为未开化人信仰恶的精灵远比信仰善的精灵更加普遍得多。

宗教信仰的感情是高度复杂的,其中包括爱、对崇高的和神秘的居上位者的完全服从,强烈的信赖感①、恐惧、崇敬、感激以及对未来的希望,也许还有其他要素。没有任何生物能够体验如此复杂的一种感情,除非他的智力和道德官能至少进步到中等高度的水平。尽管如此,我们还会看到狗对主人的深爱,结合着它的完全服从、某种恐惧心,也许还有其他情感已经遥遥地多少向着上述那种心理状态接近了。一只狗在离别后又回到主人那里的态度,我还可以接着指出,一只猴在离别后又回到它所喜爱的饲养员那里的态度,和对它们同群的态度大不相同。在离别后与同群再见时,欣喜若狂的劲儿似乎多少要小一些,而且在每一个动作中都显示了平等感。布劳巴哈(Braubach)教授甚至主张,狗把它的主人看成是一位神。②

同样水平的心理官能最初引导人去信仰不可见的精灵作用,然后是信仰拜物教,多神教,最终是一神教;只要他的推理力保留在不发达的状态下,这种水平的心理官能一定会引导人产生各式各样奇怪的迷信和风俗。许多这等迷信和风俗真是骇人听闻——例如,把人作为牺牲献给嗜血的神;用服毒或探火的神裁法去审讯无辜的人;巫术等——对于这等迷信不时进行思考是有好处的,因为它们阐明了我们应该多么感激我们理性的进步、科学以及我们积累起来的知识所赐予的无限恩惠。正如卢伯克爵士③所正确观察的,"不必过多地说些什么就可明白,对于未知的灾祸所抱有的那种可怕的畏惧,就像一层厚云那样笼罩在未开化人的生活之上,而且更加重了他们的痛苦"。人类最高能力所产生的这等不幸的和间接的结果可以同低于人类的动物本能所附带发生的偶然错误相比拟。

---

① 参阅欧文·派克(L. Owen Pike)先生的一篇富有才智的文章,见《人类学评论》,1870 年 4 月,63 页。
② 《宗教、道德等与达尔文学说》(*Religion*,*Moral*,*&c.*,*der Darwin'schen Art-Lehre*),1869 年,53 页。据说(林赛博士,《心理学杂志》,1871 年,43 页),培根(Bacon)很久以前以及诗人伯恩斯(Burns)均持有同样见解。
③ 《史前时代》,第 2 版,571 页。在这部著作中,关于未开化人的变化无常的奇异风俗有最好的记载。

第四章　人类同低于人类的动物的
心理能力比较（续）

道德观念——基本命题——社会性动物的属性——社会性的起源——相反本能的斗争——人类是一种社会性动物——比较持久的本能战胜比较不持久的本能——未开化人唯独重视社会美德——自重美德是在较晚发展阶段获得的——同群公众对善恶行为评判的重要性——道德倾向的遗传——提要

有些作者[1]主张在人类和低于人类的动物之间的一切差异中，道德观念、即良心是最重要的；我完全同意这一判断。正如麦金托什（Mackintosh）[2]所指出的，道德观念"理所应该地凌驾于其他任何人类行为的准则之上"；它的高深意义可以总结在简短而重要的"应尽义务"这个词中。它是人类所有属性中最高尚的一种属性，引导他毫不迟疑地冒着自己生命的危险去保护同伙的生命；或者，经过适当的深思熟虑之后，仅仅由于对权利和义务的深刻感觉，而被迫在某种伟大事业中牺牲自己的生命。康德（Immanuel Kant）*喟然叹曰："义务！不可思议之思想乎，其工作既不由献媚求宠，亦不由威胁恐吓，而仅仅由灵魂中所高举汝之无私法律，因此，汝如不能强取对汝永远遵从，亦将强取对汝永远敬畏；一切欲望无论如何秘密地进行反抗，在汝之前均哑然无声，汝果从何而发生乎？"[3]

许多才华横溢的作者[4]已对这个伟大问题进行了讨论，我触及这个问题的唯一可以原谅之处，仅在于不可能在这里对它略而不谈，而且还在于，就我所知道的来说，还没有人完全从博物学方面来探讨过这个问题。这一研究还有某种独立的趣味，可以作为一种尝试来看。对低于人类的动物的研究可以把人类最高心理官能之一说明至何种程度。

在我看来，下述命题是高度可能的——即，无论何种动物，只要赋有十分显著的社会

---

①　关于这个问题，参阅夸垂费什（Quatrefages）的《人种的一致性》，1861 年，21 页及其他。

②　《关于伦理学的论述》（*Dissertation on Ethical Philosophy*），1837 年，231 页及其他。

*　德国哲学家（1724—1804）。——译者注

③　《伦理的形而上学》（*Metaphysics of Ethics*），森普尔（J. W. Semple）译，爱丁堡，1836 年，136 页。

④　关于这个问题写过著作的，贝恩（Bain）先生列过一个 20 位英国作家的名单《心理学和道德学》（*Mental and Moral Science*），1868 年，543—725 页，他们的名字素为人人所熟悉：在这些人士中似乎还可以加入贝恩先生自己的名字，以及莱基（Lecky）先生、沙德沃思·霍奇森（Shadworth Hodgson）先生、卢伯克爵士以及另外几位的名字。

本能①（包括亲子之情），一旦其智力发展得像人类的那样完善，或者差不多那样完善，就必然会获得一种道德观念，即良心。这是因为，第一，社会本能可以导致一种动物以和其同伙营社会生活为乐，对其同伙有一定程度的同情心，并且为其同伙进行各种服务。这种服务可能具有一种明确的和显然是本能的性质；或者可能只是一种希望和思想准备，如大多数高等社会性动物以某些一般的方式去帮助它们的同伙那样。但是，这种感情和服务仅施于它们的同伙，决不会扩大到同一物种的所有个体。第二，一旦心理官能变得高度发达之后，所有过去的行为和动机的意象将不断地在各个个体的头脑中通过；如我们以后就要看到的，由任何不满足的本能而必然发生的不满足的感情、甚至痛苦，像常常被觉察到的那样，将会引起持续而永在的社会本能让位给较强的某种其他本能，但后者的性质并非是持续的，也不给后来留下很鲜明的印象。显然，许多本能的欲望，如饥饿，在性质上其持续是短暂的；而且一旦得到满足之后，就不会容易地或者鲜明地被回忆起来。第三，当语言能力被获得并且公共愿望能够被表达之后，各个成员为了公共利益应该如何行动的舆论，自然会成为指导行为的最高准则。但是，应该记住，不论我们认为舆论力量有多么大，我们对于同伙的称赞和非难还决定于同情心；如我们即将看到的，同情心形成了社会本能的主要部分，而且确是它的基石。第四，个体的习性在指导各个成员的行为方面，起了很重要的作用；因为，社会本能连同同情心，就像其他任何本能那样，大大地被习性所强化了，因而就要遵从公众的愿望和评判。现在必须对这几个从属的命题进行讨论，有些还要以相当篇幅进行之。

最好预先声明一下，我并非要主张，任何严格社会性动物的智能如果变得像人类的那样灵敏，那样高度发达，它就会获得和人类完全一样的道德观念。各种动物都有审美感，虽然它们所赞美的对象大不相同，同样地，各种动物大概都有是非感，虽然由此而导致遵从的行为界线大不相同。举一个极端的例子来说明，例如，人的养育条件如果同蜜蜂的完全一样，那么几乎无可怀疑的是，未婚妇女就会像工蜂那样把杀死她们的兄弟视为神圣的义务，同时母亲们也要努力杀死其能育的女儿，而且不会有任何同类想到去进

---

① 布罗代（B. Brodie）爵士在论述人类是一种社会性动物之后问道［《心理学探究》（*Psychological Enquiries*），1854 年，192 页］："关于道德观念是否存在的问题的争论，应该由此得到解决吧？"许多人似乎都有过同样的看法，如古代的罗马皇帝兼哲学家玛卡斯·奥瑞利亚斯（Marcus Aurelius）就是其中一个。米尔（J. S. Mill）在其著名的著作《功利主义》（*Utilitarianism*，1864 年，45,46 页）一书中说道："社会感情是一种强有力的自然感情"而且是对功利主义道德的感情之自然基础"。他又说，"道德官能就像上述后天获得的智能那样，如果不是本性的一部分，也是从那里自然生长出来的；而且像它们那样，能够在一定微小程度上自然发生"。但是，同所有这种说法相反，他还指出："据我所信，道德感情不是先天的，而是后天获得的，但并不因此而不是自然的。"对于如此渊博的一位思想家的看法，我大胆提出完全不同的意见，确有些踌躇，但几乎无可争辩的是，社会感情在低等动物中乃是本能的或先天的；那么，社会感情在人类中为什么不应如此呢？贝恩先生［例如，参阅《情绪与意志》（*The Emotions and the Will*），1865 年，481 页］以及其他人士相信，道德观念乃是每个人在其一生期间所获得的。根据进化的一般理论，至少这是极端不大可能的。在米尔先生的著作中对所有遗传的心理属性的忽视，我以为今后将被评价为最严重的缺点。

行干涉。① 尽管如此,我们为蜜蜂或任何其他社会性动物在我们那个假定的场合中将会获得某种是非感或良心。因为各个个体都有一种内觉(inward sense),这种内觉具有某些较强的或较持久的本能以及不甚强的或不甚持久的本能;所以对于遵从何种冲动(impulse),将经常进行斗争;而且,由于过去的印象当不断通过头脑时要进行比较,因而将会感到满足,不满足,或者甚至痛苦。在这种情况下,内在的告诫者将告诉这种动物遵从某一冲动会比遵从另一冲动为好。某种行动方向应该被遵从,另外的行动方向不应被遵从;某种行动方向是正确的,另外的行动方向是错误的;不过关于这些问题。以后还要谈及。

社　会　性

许多种类的动物都是社会性的,我们发现甚至不同物种也在一起生活。例如,某些美洲猴类,以及合群的秃鼻乌鸦(rooks)、寒鸦(jackdaws)和欧椋鸟,都是这样。人类对狗的强烈爱好,表现了同样的感情,狗也高兴地报答他们。大家一定都曾注意到,当马、狗、羊等离开它们的同伴时表现得多么悲惨,而以前曾在一起的两个种类至少在重聚时所显示互爱之情是何等强烈。一只狗同它的主人或其他任何家庭成员在室内可以安静地一连卧上几个小时,一点也不必去理会它;但是,让它自己待在那里,即使时间不长,它也要忧郁地吠叫;思索一下狗的这种情感是多么奇妙吧。我们将把注意力局限于高等社会性动物;至于昆虫,则略去不谈,虽然它们有些也是社会性的,而且以许多重要方式彼此互助。在高等动物中最普通的相互服务,就是利用全体的统一感觉彼此发出危险警告。正如耶格尔(Jaeger)博士②所说的,每一个猎人都知道,要想接近成群的动物是多么困难。我相信野马和野牛不发任何危险信号;但是,它们当中的任何一个最先发现敌对者时,就会用姿态来警告其他成员。兔用后腿踹地发出高声作为信号:羊和小羚羊则用前脚踹地,发出的声响好像口哨,以为信号。许多鸟类以及某些哺乳类动物都放岗哨,据说海豹一般是由雌者担当这项任务的。③ 一群猴的头头所作所为均如岗哨,它发出表示危险以及表示安全的叫声。④ 社会性动物彼此还做些小服务:马彼此互啃痒处,牛则彼此互舐痒处;猴彼此捉身上的寄生虫;布雷姆叙述,当一群灰绿长尾猴(*Cercopithecus griseo-*

---

① 西奇威克(H. Sidgwick)对这个问题进行过很好的讨论(《科学院报告》,1872 年,6 月 15 日,231 页):"我们可以肯定,一只优良的蜜蜂大概渴望用比较温和的方法去解决种群数量问题。"然而,根据许多或大多数未开化的人的习惯来判断,人类是用杀害女婴、一妻多夫以及男女乱交来解决这个问题的,所以,可充分怀疑这是否为比较温和的方法。科比(Cobbe)女士对上述说法也进行过评论,说道[《达尔文主义在道德观上的应用》,*Darwinism in Morals*,见《神学评论》(*Theological Review*),1872 年,4 月,188—191 页]:社会义务的原则将因此而被颠倒;我以为她所说的意思是,履行社会义务将危害个体;但她忽视了她必须承认的一个事实,即蜜蜂的这种本能被获得乃是为了群体的利益。她甚至说道,如果本章所提倡的伦理学原理确能被普遍接受,"我将不得不相信,其胜利之时,即为人类美德的丧钟敲响之日!"可以期望,众多人士对这个地球上人类美德永存的信念并不会如此短命。

② 《达尔文学说》(*Die Darwin'sche Theorie*),101 页。

③ 布朗(R. Brown)先生,《动物学会会报》,1868 年,409 页。

④ 布雷姆,《动物生活》(*Thierleben*),第 1 卷,1864 年,52,79 页。关于猴彼此拔掉扎在身上的棘刺,参阅 54 页。关于树精狒狒翻动石头,是根据阿尔瓦雷斯(Alvarez)提出的证据(76 页),布雷姆认为他的观察是十分可靠的。关于老雄狒狒攻击狗的例子,参阅 79 页;关于鹰的例子,56 页。

viridis)冲过一片棘刺很多的林丛之后,各猴都在树枝上伸展肢体,另一只猴坐在旁边,"认真地检查它的毛皮,把每一根棘刺都拔掉"。

动物彼此服务,还有更为重要的:例如,狼以及某些其他食肉兽成群猎食,在攻击其猎物时彼此互助。鹈鹕(pelicans)捉鱼时相互协作。埃塞俄比亚䶄猴一齐翻转石头去找昆虫,等等;当遇到一块大石头时,在它周围能站多少只就站多少只,共同把它推翻,而且分享所获之物。社会性动物还彼此相助以保卫自己。北美野牛(bison)当有危险时就把母牛和牛犊赶到牛群的当中,它们在外围进行防卫。我还要在下一章举出一项记载,表明奇吟哈姆园围中的两头小野公牛彼此协作向一头老公牛进行攻击,还有两匹公马一齐试图把另一匹公马从母马群中赶跑。布雷姆曾在埃塞俄比亚遇到过一大群狒狒,它们正在穿过一个山谷;有些已经登到对面的山上,有些还在山谷中:这时众狗向后者发动攻击,于是老雄狒狒立即从山上急驰而下,大张其口,凶猛吼叫,以致众狗吓得疾引而退。跟着众狗受到鼓动,再次进行攻击;不过所有狒狒这时已登上山顶,但还落下一只六个月左右的小狒狒,它高声呼助,爬上一块岩石,并且受到了众狗的包围。这时一只最大的雄狒狒,一位真正的英雄,又从山上下来,徐徐走近那只小狒狒,哄着它,得意洋洋地让它走开——众狗对此感到惊讶不止,以致停止了攻击。我不能不谈一谈另一个场面,这是上述同一位博物学者亲眼所见的:有一只鹰抓住了一只小长尾猴,由于它紧紧握住树枝,没有能够立即把它带走;这只小长尾猴高声呼助,在树上的这群猴的其他成员大肆喧器,急来相救,把那只鹰团团围住,拔掉它的羽毛如此之多,以致它不再想到捕获物,而只得考虑如何溜之大吉了。正如布雷姆所说的,这只鹰肯定永远不会再攻击猴群中的单独一只猴了。[1]

合群的动物肯定有一种彼此相爱的感情,不合群的成年动物没有这种感情。在大多数场合中,它们对于其他动物的痛苦和快乐实际上究竟能同情到怎样程度,还是很可疑的,尤其关于快乐是如此。巴克斯顿(Buxton)先生掌握了极好的观察方法[2],然而他写道,他在诺福克(Norfolk)自由放养的金刚鹦鹉(macaws)对一对有巢的同类非常有兴趣;每当那只雌鸟离巢的时候,就被群鸟围住,呜呜地狂叫,以表尊敬。动物对其同类其他成员的痛苦是否抱有什么感情,常常是难以判断的。当众牛环绕并且目不转睛地注视其将死的或死去的同伴时,谁能说出它们有何种感觉呢;然而,如赫祖所说,它们显然并无怜悯之情。动物有时完全没有同情感,是非常确实的;因为,它们把受伤的动物赶出群外,或者把它们抵死,要不就把它们咬死。这几乎是博物学中一个最黑暗的事实,除非对这个事实所提出的解释是正确的,即,它们的本能或理性导致它们把一个受伤的同伴赶出群外,免得食肉兽——包括人类在内——被引诱去追猎全群。在这种情况下,它们的行为并不比北美印第安人的更坏,后者把病弱的亲密同伴丢在荒原之上任其死亡;或者,也不比斐济人(Fijians)的行为更坏,他们把年老的或患病的父母活活埋掉。[3]

---

① 贝尔特(Belt)先生举过一个尼加拉瓜的蛛猴例子,人们听到它在树林中大喊大叫差不多达两个小时之久,并且发现有一只鹰落在它的近旁。显然当它们面对面时,鹰不敢发动攻击;贝尔特先生根据他对这些猴的习性的观察,相信它们三两只聚在一起,防备鹰的攻击。《博物学者在尼加拉瓜》,1874年,118页。

② 《博物学年刊》(*Annals of Mag. of Nat. Hist*),1868年11月,382页。

③ 卢伯克爵士,《史前时代》,第2版,446页。

　　然而,许多动物肯定彼此同情对方的苦痛或危险。甚至鸟类亦复如此。斯坦斯伯里(Stansbury)船长①在犹他(Utah)的一个盐湖上发现一只完全瞎了的老鹈鹕,但它很肥,一定曾经长期由其同伴给予很好的喂养。布赖茨先生告诉我说,他看见过印度的母牛喂养两三头瞎牛;我曾听说过一个近似的事例,是关于家养雄鸡的。如果我们喜欢把这等行为认为是本能的,那也可以;不过对于任何特殊本能的发展来说,这等例子实在是太少了。② 我亲自见到一只狗,是一只猫的伟大朋友,当这只猫卧病在篮中时,那只狗每次经过那里,总要用舌头把猫舐几下,这是狗表示亲善感情的最可靠信号。

　　一只勇敢的狗当其主人受到任何人的攻击时,它一定向他们猛扑上去,引导狗这样行动的,一定可以叫做同情心。我曾看到一个人假装去打一位妇女,在她的膝上正好有一条胆怯的小狗,而且以前从未做过这样的试验;这个小东西立刻跳下来跑开了,但当假装的殴打完了之后,它是多么固执地要舐女主人的脸,对她进行安慰,看到这种情景的确使人感动。布雷姆③陈述,当对一只圈养的狒狒实行惩罚时,其他狒狒就努力保护它。在上述场合中,导致狒狒和长尾猴去保护它们幼小的亲密同伴不受狗和鹰侵害的,一定是同情心。我再举另外一个有关同情的和英雄的行为的事例,这是关于小美洲猴的。几年之前伦敦动物园的一位饲养员叫我看他颈背上一条刚刚愈合的深伤痕,那是他跪在地板上时被一只凶猛的狒狒弄伤的。有一只小美洲猴,是这位饲养员的亲密朋友,它同那只大个狒狒居住在同一大间猴室内,而且对狒狒怕得要命。尽管如此,小美洲猴一看到它的朋友处于危险之中,还是立即猛冲来救,狂叫乱咬,把那只狒狒弄得晕头转向,饲养员才得以跑开,事后外科医生认为他逃脱了一次生命的大危险。

　　除去爱和同情之外,动物还表现有同社会本能有关系的其他属性,这在人类来说可以称为道德;我同意阿加西斯(Agassiz)④的看法,他认为狗也具有某种很像良心那样的品质。

　　狗有某种自制的能力,看来这并不完全是恐惧的结果。布劳巴哈说,狗当主人不在时会抑制自己不偷吃东西。⑤ 长期以来大家都承认狗是忠诚和顺从的真正模范。但象同样也是很忠于驾象人或饲养人的,可能把他们视为象群的领袖。胡克(Hooker)博士告诉我说,他在印度骑的一头象有一次陷入泥沼中如此之深,以致到次日都无法自拔,后来还是用绳索把它从泥沼中拉出来的。在这种情况下,象总是用鼻子卷住任何东西,不管是活的还是死的,把它们放在膝下,以免在泥沼中陷得更深;这时驾象人深怕胡克博士被捉到,被踩死。但胡克博士有把握地说,驾象人自己那时不会有这种危险。这样沉重的动物在如此可怕的危急中所表现的自制,乃是其高尚忠诚品质的惊人证明。⑥

　　所有合群生活的并且彼此协同保卫自己或攻击敌对者的动物,在某种程度上一定是

---

　　① 莫尔根先生引用,《美洲河狸》(*The American Beaver*),1868 年,272 页。斯坦斯伯里还做过一个有趣记载:一只很小的鹈鹕被激流冲跑,有六只老鹈鹕从旁鼓励它游向岸边。

　　② 贝恩先生述说,"从适当的同情心可以产生对于一个受难者给予有效的帮助",《心理学与道德学》,1868 年,245 页。

　　③ 《物种的分类》(*Thierleben*),第 1 卷,85 页。

　　④ 《物种的分类》,1869 年,97 页。

　　⑤ 《关于达尔文学说》,1869 年,54 页。

　　⑥ 再参阅胡克的《喜马拉雅旅行记》(*Himalayan Journals*),第 2 卷,1854 年,333 页。

彼此忠实的；而那些追随一个领袖的动物，在某种程度上一定是服从的。在埃塞俄比亚，当一群狒狒劫掠果园时，它们毫不做声地追随着领头的狒狒；如果有一只冒失的小狒狒竟然喧闹，别的狒狒就会给它一掌，教它安静和服从。① 高尔顿先生有极好的机会去观察南非的半野生牛，他说，它们甚至片刻也不离开牛群。② 它们本质上是奴性的，接受公共的决定；如果被任何一头有足够自信心担任领导的公牛去领导它们，那就是碰上了最好的运气。训练这等牛作为使役之用的人们孜孜不倦地注视着那些离群吃草而表现有自信心的牛，并且把这样的牛作为带头牛进行训练。高尔顿先生接着又说，这样的牛是罕见的而且是值钱的；如果生下来的牛很多是这样的话，它们很快就要被消灭掉了，因为狮子总是注意那些离群徘徊的个体。

关于引导某些动物联合在一起并且以多种方式彼此互助的冲动，我们可以推论，在大多数场合中是由实行其他本能活动时所体验到的同样满足感或快乐感来推动的；要不就是当其他本能活动受到抑制时，由同样的不满足感来推动的。我们在无数事例中看到这种情形；而且由我们家养动物后天获得的本能以显著的方式给予了阐明；例如，一只年幼的牧羊狗（shepherd dog）以驱赶和驰绕羊群为乐，但并不咬它们；一只年幼的猎狐狗以猎狐为乐，而有些其他种类的狗，如我亲眼所见，却完全不理会狐。一定有一种非常强烈的内在满足感推动着一只充满活动力的鸟日复一日地去孵卵。候鸟如被阻止不能迁徙，是会十分痛苦的；也许它们会享受开始长途飞行的乐趣；奥杜邦（Audubon）描写一些可怜的不会飞的鹅（goose）到了一定时期也要开始徒步跋涉约1000英里以上，很难相信它们对此会感到什么乐趣。有些本能完全是由痛苦感情、如恐惧所决定的，恐惧会导致自我保存，并且在某些场合中是指向特种敌对者的。我设想，没有人能够分析快乐的或痛苦的感觉。然而，在许多事例中大概是，仅仅由于遗传的力量，本能就会固执地发生，而无须快乐或痛苦的刺激。一只年幼的向导猎狗（pointer）当第一次嗅出猎物时，显然不会不把头指向猎物。笼中松鼠轻轻拍打那些它不能吃掉的坚果，好像要把它们埋入地下，简直无法想象它们这样做是由于快乐，还是由于痛苦。因此，通常假定人们的每一个行为一定都是由快乐的或痛苦的经验所推动，可能是错误的。虽然遵从一种习性可能是盲动的和含蓄不明的，而且那时既不感到快乐，也不感到痛苦，但是，如果它突然地受到强有力的抑制，一般就会体验到一种不满足的模糊感觉。

常有这样假设：动物原本就是社会性的，其结果便是它们在彼此离散之后感到不舒适，而群居在一起则感到舒适；但可能更合理的观点是，这等感觉的最初发展，乃是为了诱使那些可以从社会生活中获益的动物彼此生活在一起，其方式正如最初获得饥饿的感觉和饮食的愉快无疑是为了诱使动物去吃食。来自社会的愉快情感大概是亲与子爱情的延伸，因为社会本能的发展似乎是由于幼儿同双亲长期逗留在一起所致；这种延伸局部地可归因于习性，但主要地还应归因于自然选择。就那些在生活中密切联系而获得利益的动物而言；最喜欢群居的个体将会最好地躲避各种危险，而那些最不照顾同伙而独

---

① 布雷姆，《动物生活》，第1卷，76页。

② 参阅他的一篇极有趣的论文：《牛类和人类的群居生活》(Gregariousness in Cattle, and in Man)，见《麦克米伦杂志》(Macmillan's Mag.)，1871年2月，353页。

居生活的个体将会较大数量地死亡。亲与子的爱情起源，显然是以社会本能为基础的，我们还不知道它们是经过怎样的步骤而被获得的；但我们可以推论，在很大程度上是通过自然选择。关于最近亲属之间的异常而相反的憎恨感情，几乎肯定也是如此，如工蜂弄死其雄蜂兄弟以及后蜂弄死其女儿皆是；在这样场合中毁灭其最近亲属的欲望对群体是有利的。双亲之爱，或者代替它的某种感情，在某些极端低等的动物，如海星（star-fish）和蜘蛛中也有所发展。在动物的整个类群中间或只有少数成员表现有这种感情，如球蟴属（Forficula）或蠼螋即是。

最重要的同情感和爱是有区别的。母亲热爱她的熟睡而默从的婴儿，但简直不能说她在那样时刻是对婴儿同情。人对狗的爱是和同情有区别的，狗对其主人的爱亦复如此。亚当·史密斯（Adam Smith）以前曾辩说，最近贝恩先生也这样辩说：同情感的基础是建筑在我们强烈保持着以往痛苦或快乐的状态之上的。因此，当看到另一个人饥饿、寒冷、疲劳时，就会唤起我们对这等情况的回忆，"甚至在观念中也要使人痛苦"。这样，我们就被推动着去解脱他人的痛苦，为了我们自己的痛苦感情同时也可得到解脱。我们以相似的方式去分享他人的快乐。[①] 但我无法理解这个观点如何解释下面的事实，即，由被爱的人比被不关心的人所激起的同情，其程度之强烈要大至不可估量。仅仅看到同爱无关的痛苦，就足以唤起我们鲜明的回忆和联想。其解释可能在于如下的事实：在所有动物中，同情是专门指向同群的诸成员的，所以是指向相识的以及多少相爱的诸成员的，而不是指向同一物种的所有个体。这一事实并不比许多动物专门畏惧特殊的动物更令人惊奇。非社会性的物种，如狮和虎，对于自己的幼兽痛苦无疑感到同情，而对于任何其他动物的幼兽并不如此。正如贝恩阐明的，关于人类，在同情能力中大概还可加入自私、经验和模仿；因为我们对他人同情的友好行为，是希望在报答中得到好处所致；而且同情由于习性而大大被加强了。不管这种感情的起源多么复杂，由于对所有那些彼此帮助、相互保卫的动物来说，同情乃是最重要的感情之一，所以它将通过自然选择而被增强；这是因为包含最大数量的最富同情的成员的那些群体将最繁盛，而且会养育最大数量的后代。

然而，在许多场合中不可能决定某些社会本能究竟是通过自然选择获得的，还是其他本能和官能如同情、理性、经验以及模仿倾向的间接结果；或者，它们是否为习性长期连续实行的单纯结果。像设置岗哨向其同群发出危险警告那样的一种如此显著的本能，几乎也不会是任何这等官能的间接结果，所以它一定是被直接获得的。另一方面，某些社会性动物的雄者所遵循的保卫群体的习性，以及协同攻击敌对者或猎物的习性，也许起源于相互同情；但勇气以及在许多场合中的力气，一定是以前获得的，这大概要通过自然选择。

在各种本能和习性中，有些比另外一些要强得多；或者大概同等重要的是，它们通过

---

① 参阅亚当·史密斯的《关于道德感的理论》（Theory of Moral Sentiments）一书的引人注目的第一章。再参阅贝恩的《心理学和道德学》，1868 年，244 页，以及 275—282 页。贝恩先生说道："同情乃是间接地使同情者感到愉快的一个源泉"；他通过互易性（reciprocity）来解释这个问题。他又说，"受到恩惠的人或代替他的其他人，当以同情和有力的帮助作为报答以补偿对方所作出的一切牺牲。但是，同情如果严格地是一种本能——看来似乎就是如此，那么它的行使就会给人以直接愉快，其方式正如上述使差不多每一种其他本能的情形一样。"

遗传会更加持久地被遵循,而不激起任何快乐或痛苦的特殊感情。我们会自觉到,自己有些习性远比另外一些习性难于矫正或改变。因此,可以常常观察到在动物中不同本能之间的以及一种本能和某种习性之间的斗争;例如,当一只狗追逐一只兔而被制止时,它踌躇不前,再起追逐,或羞愧地回到主人身旁;又如,一只母狗对其狗仔的爱和对其主人的爱之间的斗争——当这母狗鬼鬼祟祟地溜到狗仔那里时,好像没有能够陪伴主人而感到有点羞愧。但是,关于一种本能战胜另一种本能,我所知道的一个最奇妙的事例是,候鸟迁徙的本能胜过了母性的本能。前一种本能之强令人吃惊;到了迁徙季节,被拘禁的鸟就会以胸部撞击鸟笼的铁丝,直到把毛撞光和流血为止。这种本能还致使年幼的鲑鱼(salmon)跳出它们本可在其中继续生存的淡水之外,这样就无意识地自杀了。每一个人都知道,母性本能是何等之强,它甚至可以导致怯懦的鸟类为了保护幼鸟去面对巨大的危险,虽不免有些踌躇,而且它同自我保存的本能正好背道而驰。尽管如此,候鸟迁徙的本能还是如此强有力,以致燕子、家燕和东亚雨燕到了晚秋季节往往丢弃它们的弱小幼鸟,而进行迁徙,任幼鸟在巢中悲惨地死去。[①]

我们可以理解,如果一种本能的冲动无论在什么方面都比另外某种本能或相对立的本能更有利于一个物种的话,那么它就会通过自然选择在二者之中成为更强有力的;因为这种本能最强烈发达的诸个体将会较大数量地生存下来。然而,关于候鸟迁徙本能和母性本能的比较,情况是否如此,尚属疑问。在一年的某些季节中迁徙本能整天整日所表现的这种巨大固执性或稳定活动,可能暂时给予它以重大力量。

人类是一种社会性动物

任何人都会承认人类是一种社会性动物。从人类不喜欢孤独以及要求自己家庭之外的社会生活,我们可以看出这一点。单身监禁是人所受的最严厉惩罚之一。有些作者设想人类原本是营单独家庭生活的;但时至今日,虽然单独家庭,或仅二三家庭相集,漫游于野蛮荒凉之地,就我所能发现的来说,他们总是同居住在同一地区的其他家庭保持着友好的关系。这等家庭不时集会协商,团结起来共同防卫。居住相邻地区的部落彼此几乎争战不绝,但这不能作为反对未开化人是一种社会性动物的论据;因为社会本能从来不会延伸到同一物种的一切个体。从大多数四手类的相似性来判断,人类的早期类猿祖先很可能同样也是社会性的;不过这对我们并没有多大重要性。虽然像现今生存的人类那样,仅有少数特殊的本能,并且失去了其早期祖先可能有的任何本能,但这并不能作为理由来说明人类为什么不应从远古时代起就对其同伴保持某种程度的本能之爱和同

---

① 詹尼斯(L. Jenyns)牧师说,这一事实最初是由杰出的詹纳(Jenner)记载的,见《科学学报》(*Phil. Transact.*)1824 年,此后又为几位观察家、特别是布莱克瓦尔所证实。后面这位细心的观察家连续两年在晚秋检查了 36 个鸟巢;他发现,12 个鸟巢有死去的幼鸟,5 个鸟巢有即将孵化的卵,3 个鸟巢有接近孵化的卵。有许多鸟还未长大,难不长途飞行,同样也遭到遗弃而落在后边。参阅布莱克瓦尔的《动物学研究》(*Researches in Zoology*),1834 年,108,118 页。关于另外的证据,虽无必要,亦可参阅勒罗伊的《科学通信》(*Letters Phil.*),1802 年,217 页。关于东亚雨燕(swifts),参阅高尔得的《大不列颠鸟类导论》(*Introduction to the Birds of Great Britain*),1823 年,5 页。亚当斯(Adams)先生在加拿大观察到相似的情况,见《通俗科学评论》(*Pop. Science Review*),1873 年 7 月,283 页。

情。我们每一个人一定都会意识到我们确有这种同情感；^①但我们的意识没有告诉我们，这种感情是否为本能的，就像低于人类的动物那样起源于很久以前，或者，它们是否为我们每一个人在其生命早期所获得的。由于人类是一种社会性动物，几乎可以肯定他将遗传这样一种倾向，即：对他的同伙忠实，并对他的部落领袖服从；因为这等属性是大多数社会性动物所共有的。结果他将具有一定的自制能力。他由于一种遗传的倾向，甘心情愿同其他人协力保卫他的同胞；如果不过多地同其自身利益或其自身强烈欲望相抵触，他将乐于以任何方式对其同胞进行帮助。

最低等的社会性动物对其同群诸成员所给予的帮助，几乎完全受特殊本能所支配，而较高等的社会性动物所给予的这种帮助则大部分受特殊本能所支配，同时部分地还被互爱和同情所推动，此外还有相当的理性帮助。虽然人类像刚才所说的那样，并没有特殊本能告诉他去如何帮助其同胞，但他仍然有这种冲动，并且由于他有进步的智力，在这方面自然要大大被理性和经验所支配。本能的同情还会使他高度评价同伴们的称赞；因为，正如贝恩先生所明确阐述的，对受表扬的喜爱，对荣誉的强烈感觉，以及还要更加强烈地对蔑视和臭名的恐惧感，乃是"由于同情的作用"。^② 因而人类就要最高度地被其同胞用姿态和语言表达出来的愿望、称赞以及谴责所影响。这样，社会本能一定是当人类还处于很原始状态时就获得的，而且很可能甚至人类的早期类猿祖先就已经获得了社会本能，人类那时的这种本能仍然产生冲动以实行某些最良好的行为；不过人类的行为在较大程度上是由其同胞所表示的愿望和裁判来决定的，不幸的是，还常常由他自己的强烈自私欲望来决定。但是，由于爱、同情以及自制通过习性而被加强，而且由于推理的能力日益变得清晰，所以人类能够合理地评价同伴们的评判，他将感到自己必须撇开暂时的快乐或痛苦，被迫遵从一定的行为路线。于是他可能宣告——任何野蛮人或未开化人都不会有这样想法——我是我自己行为的至高无上的裁判者，用康德的话来说，我不愿亲自侵犯人类的尊严。

比较持久的社会本能征服比较不持久的本能

然而，关于按照我们现今观点来看的整个道德观念问题的主要之点，迄今尚未论及。为什么一个人会感到他应该服从某一本能的欲望，而不是服从另一欲望？如果一个人屈服于强烈的自我保存感，而没有冒生命的危险去挽救同伴的生命，为什么他会痛苦地后悔不已？为什么由于饥饿而曾偷窃食物也会使他后悔？

首先，本能的冲动在人类中显然具有不同程度的力量：一个未开化人会冒生命的危险去挽救一个同群成员的生命，而对一个陌生人就完全漠不关心了；一位怯弱的年轻母亲在母性本能的推动之下，为她自己的婴儿会毫不踌躇地去冒最大的危险，而对于其同群的人就不会这样做。尽管如此，许多文明人，甚至一个少年，虽然以前未曾为他人冒过

　　① 休姆（Hume）说［《关于道德原理的探讨》（*An Enquiry Concerning the Principles of Morals*），1751 年，132页］："似乎必须承认，他人的幸福和悲痛并非是同我们毫不相干的景象，而是看到前者……将使我们暗暗感到喜悦；而后者的出现……则会在我们的想象上投射一层忧郁的阴影。"
　　② 《心理学和道德学》，1868 年，254 页。

生命危险,但还充满了勇气和同情,无视自我保存的本能,立刻投入急流之中去挽救一个溺水的人,即使这是一个素不相识的人。在这种场合中,推动人类这样去做的本能的动机,和上述致使英雄的小美洲猴为了挽救其饲养员而去攻击可怕的大狒狒的那种本能的动机是一样的。上面这等行为似乎是社会本能或母性本能的力量大于任何其他本能或动机的力量的简单结果;因为那是瞬间决定实行的,以致当时没有工夫去考虑或感到快乐和痛苦;但如果受到任何原因的阻止,还会感到苦恼甚至悲痛。另一方面,对于一个胆怯的人来说,他的自我保存的本能可能非常强烈,以致他不能迫使自己去冒任何这种危险,甚至对他自己的小孩恐怕也会如此。

我知道有些人主张上述那些起于冲动的行为不受道德观念的支配,因而不能称为道德。他们把这一名词限于那些战胜相反欲望后而审慎实行的行为,或者那些在某种崇高动机的激励下而审慎实行的行为。但是,要想划出这种区别的明显界线①,似乎很少可能。就崇高动机来说,曾经记载过许多关于未开化人的事例,他们对人类缺少任何博爱的感情,而且不受任何宗教动机的支配,却宁愿作为俘虏而从容就义②,也不背叛他们的同伙;他们这种行为确可视为道德。就审慎以及战胜相反动机来说,我们可以看到当动物从危险中拯救其后代或同伙时在相反的本能之间所表现的迟疑不决;然而它们的行为虽然是为了其他动物的利益而实行的,却不能称为道德。再者,任何事情只要我们经常去做,最终就会不经过深思熟虑或毫不踌躇地去做;于是这同本能就无法加以区别了;然而肯定没有人会妄称这样一种行为并不是道德。恰恰相反,除非一种行为的完成系出于冲动,没有经过深思熟虑或努力,正如一个人需要有内在品质才能做到的那样,否则我们莫不感到这种行为不能被视作完善的或者是以最高尚方式来完成的。然而,一个人在完成一种行为之前,被迫去克服他的恐惧或缺少同情心,从某方面来看,将比一个不经过努力而由内在倾向引导着去完成一种良好行为的人,将会受到更高的称赞。由于我们无法对不同动机之间加以区别,所以我们只好把某一类的一切行为都纳入道德的范畴,如果这是由一种有道德的生物所完成的话。所谓有道德的生物乃是这样一种生物,它能对过去的和未来的行为或动机进行比较,而且能赞成哪些或反对哪些。我们没有理由来假定任何低于人类的动物具有这种能力;所以,一条纽芬兰狗(Newfoundland dog)拖出一个落水的小孩,一只猴面对危险去营救它的同伙或抚养一只失去母猴的幼猴,我们都不把这种行为称为道德的。但是,毫无疑问只有人类才能被纳入有道德的生物的地位,在人类的场合中某一类行为,不论是经过与相反动机的斗争后而深思熟虑地完成的,还是出于本能的冲动,或者是由于缓慢获得的习性的效果,都可称为道德的。

现在回头来讨论一下我们更直接的问题。虽然某些本能比另外一些本能更加强有力,而且由此导致了相应行为的发生,但是,要说人类的社会本能(包括喜爱称赞和惧怕谴责)比自我保存、饥饿、色欲、报复等本能具有更大的力量,或者说通过长期的习性获得

---

① 我在这里涉及的是所谓实质的和形式的道德之间的区别。我高兴地看到赫胥黎教授关于这个问题持有和我同样的观点。莱斯利·斯蒂芬先生说[《论自由思想和坦白讲话文集》(Essays on Freethinking and Plain Speaking),1873年,83页],"在实质的和形式的道德之间形而上学的区别正如其他这等区别那样,是彼此不相干的"。

② 我曾举过这样一个事例,即:三个巴塔戈尼亚地方的印第安人宁愿一个跟着一个地被枪毙,也不泄露其同伴的作战计划。

了更大的力量,还是站不住脚的。那么,为什么人类会对他遵从了某一自然冲动而没有遵从另一自然冲动而感到遗憾,纵使他想排除这种遗憾而不可得?而且,为什么他会进一步感到他应该对他的行为有所遗憾?关于这一点,人类同低于人类的动物有深刻的差别。不过,我想我们在某种程度上还能清晰地理解这种差别的原因。

人类,由于他的心理官能的活动,无法不进行思考:过去的印象和意象不断地而且清晰地在他头脑中通过。关于那些永久在一块儿生活的动物,其社会本能是永远存在的,而且是持续的。这等动物总是随时发出危险的信号,保卫群体;并且按照它们的习性对其同伴提供援助;它们不论何时对其同伴都感到某种程度的爱和同情,而无须任何特殊的激情或欲望;它们如果长期和其同伴分离就会不愉快,如果和其同伴重聚就会高兴。而我们自己亦复如此。甚至当我们十分孤独的时候,我们还常常想到别人对自己的评价——想象中的他们对自己的褒贬;所有这一切都来自同情,而同情乃是社会本能的基本要素。连这等本能一点痕迹都没有的人大概是一个反常的怪物。另一方面,满足饥饿的欲望,或者像报复那样的任何激情,在其性质上都是暂时的,所以能够暂时地得到充分满足。完全逼真地唤起像饥饿那样的感觉是不容易的,也许几乎是不可能的;正如常常提到的,任何痛苦的感觉确实都是如此。除非在有危险的情况下,不会感到自我保存的本能;许多懦夫非面逢仇敌不会感到自己的勇气。占有别人产业的希图也许是可以举出的最固执的一种欲望;即使在这一场合中,实际占有得到满足后的感情一般也比占有的欲望为弱;许多贼,如果不是惯贼,在偷窃既遂之后,也不免对他为什么要偷东西感到惊讶。[①]

一个人无法阻止过去的印象重新通过他的头脑;这样,他就要把过去的饥饿、报复、牺牲别人以避免危险等印象与几乎永远存在的同情的本能加以比较,而且还要与他对他人所给予的褒贬的早期认识加以比较。这种认识无法从他的头脑中排除,并且由于本能的同情,它还要受到高度的评价。于是在遵从现在的本能或习性时,他将会感到好像畏缩不前,这对所有动物来说,都会引起不满足甚至痛苦。

上述有关燕子的例子虽然具有相反的性质,但它阐明了一个暂时的,但眼下是强烈固执的本能征服了平时凌驾一切之上的另一种本能。到了适当季节,这等鸟似乎终日为迁徙的欲望所迫;它们的习性改变了;它们变得惶惶不安,喧噪而群集于一处,当母鸟饲喂它的雏鸟或孵卵时,母性本能大概大于迁徙本能;但是,更为固执的本能获得了胜利,最后,当她看不见群雏的那一刹那,便马上起飞而遗弃了它们。当到达她的长途旅程终点并且迁徙本能停止活动时,如果她赋有巨大的心理活动力,而无法阻止有关她的幼雏

①　仇恨或敌意似乎也是一种高度持久的情感,也许比可以指出名字的任何其他情感更加持久。嫉妒的解释是,对他人的某种优点或成功感到憎恨,培根极力主张(《论文第九》)“在所有情感中,嫉妒是最缠绕不休而永续的”。狗很容易憎恨生人和生狗,尤其是它们居住靠近而又不属于同一个家族、部落或氏族时更加如此;这种情感似乎是天生的,而且肯定是最持续的一种。它同真正的社会本能似乎相辅而又相反。从我们所听到的未开化人的情况来看,似乎差不多也是这样。倘真如此,如果同一部落的任何成员对任何人有所损害或者成为他的敌人,那么后者把这等感情转而施于前者,只要再跨进一小步就可以了。一个人对敌人加以伤害,不会受到原始良心的谴责,而如果不是为自己报仇的话,那就要受到原始良心的谴责,这并非是不可能的。以德报怨,施爱于敌,乃道德之顶峰,社会本能本身是否曾导致我们如此,实属可疑。在任何这等金科玉律被想到和被遵从之前,这等本能以及同情,应该受到高度的磨炼,并且在理性、教育以及对上帝的爱和惧的帮助下而加以扩大。

在凄凉的北方死于饥寒交迫之中的意象不断地通过她的头脑,那么她将会感到由悔恨而引起多么强烈的痛苦。

在人类有所行为的当时,无疑他将易于遵从较强的冲动;这种冲动虽然有时会促使他取得最高尚的业绩,但更加普通的是引导他牺牲别人以满足自己的欲望。不过,他的欲望一经得到满足之后,如果过去的和较弱的印象受到永恒的社会本能的评判并且还要受到敬重同伴们善良公意的评判,那么内心的惩罚肯定将会来临。这时他将感到后悔、遗憾或羞耻;然而羞耻这种感情几乎完全与别人的评判有关。结果他将有多大程度地决定将来不再有这种行为了;这就是良心;因为良心鉴于既往而指导将来。

被我们称为遗憾、羞耻、后悔或悔恨的那些感情,其性质和力量不仅决定于受到侵犯的本能的力量,而且局部地决定于诱惑的力量,往往还要更多地决定于我们同伴们的评判。每个人对别人的称赞重视到什么程度,决定于其内在的或后天获得的同情感;而且还决定于对其行为的遥远后果的理解能力。另一个要素虽不是必然的,却极重要,即每个人对其所信仰的神或鬼的崇敬或畏惧:在悔恨的场合中尤其如此。有几位评论家持有反对意见,他们认为,有些轻微的遗憾或后悔虽然可以用本章所提出的观点来解释,但这样去解释那种震动灵魂的悔恨感情却是不可能的。但我看不出这种反对意见有多大力量。这些评论家们并没有对他们所谓的悔恨下过什么定义,我以为最合适的定义就是,悔恨乃为占有压倒之势的后悔感。悔恨同后悔的关系恰如狂怒同怒或者极度痛苦同痛苦的关系一样。一种非常强烈而且非常受到普遍称赞的本能,如母爱,如果没有被遵从的话,那么引起这种未被遵从的过去印象一旦有所减弱,就会引起最深刻的悲痛,这一点也不奇怪。甚至一种行为同任何特殊本能并不相反,仅仅由于知道朋友们和地位相等的人们鄙视自己,也足可以招致巨大的悲痛。由于恐惧而拒绝决斗曾使许多人感到羞耻的极度痛苦,谁还能对此有所怀疑呢?据说,许多印度教徒由于吃了不洁净的食物,其灵魂深处都要激动起来。这里还有另外一个事例,我以为一定可以称为悔恨。兰多尔(Landor)博士曾是澳大利亚西部的地方行政官,说道,在他的农庄内,“有一个土著居民,其众妻之一因病死去之后,他来说,他将到一个远方部落用矛刺杀一个妇人,以满足对他妻子的义务感。我告诉他说,如果他这样干,我就要把他送去终身监禁。他在农庄又待了几个月之后,显得异常消瘦,并且抱怨说,他无法睡眠,也不能吃东西,他的妻子的幽灵总是缠绕着他,因为他没有为亡妻取来一条生命之故。我坚决不为他所动,并且使他确信,如果他这样干,什么也不能挽救他”。[①] 尽管如此,这个人还是失踪了一年多,然后意气昂扬地回来了;他的另一个妻子告诉兰多尔博士说,她的丈夫从一个远方部落取来了一个妇人的生命;但是关于他的行为不可能得到法律的证据。可见一个部落所视为神圣的准则如被违反,就会引起极深刻的感情——而这种感情同社会本能完全无关,除非这种准则是以同群的评判为基础的。全世界许多奇异迷信是怎样起源的,我们还不知道,我们也无法说出最低等的未开化人为什么憎恶某些真正的重大罪恶,如乱伦(然而这并不十分普遍)。甚至可以怀疑,有些部落是否认为乱伦比同姓的,但没有亲属关系的男女结婚更可嫌忌。“澳洲人认为违犯这一法律就是罪恶,他们最憎恶这种罪恶;北美的某些部落也

---

① 安大略,《涉及法律的精神错乱》(*Insanity in Relation to Law*),美国,1871 年,1 页。

完全如此。无论在上述任何一个地方问道，杀死一个远方部落的妇女和娶一个本族的女子这两件事，哪一件更坏，他们将会给予正和我们相反的答复"。① 因此，我们可以否定某些作者最近坚持的那种信念，即认为对乱伦的憎恶乃是由于我们具有一种特殊的、由上帝植入的良心。总之，一个人被教导去相信作为一种赎罪应该自行投案要求审判，可以理解导致他有这样行为的乃是由于他受到了如此强有力的一种思想感情，如悔恨所推动，虽然悔恨有上述那样的起因。

受到良心驱使的人通过长期的习性将获得完全的自制，这样，他的欲望和情欲最终就会不经斗争而直接屈服于他的社会同情心和社会本能，其中也包括他对同伴评判的感觉。依然饥饿的或依然充满仇恨的人将不会想到偷窃食物或实行报复。就像我们以后将看到的那样，自制的习性正如其他习性，可能、甚至很可能是遗传的。这样，通过后天获得的以及也许遗传的习性，人类最终会感到，对他来说最好是遵从他的比较固执的冲动。"应该"这个专横的词似乎仅仅是针对意识到行为准则的存在而言，不论这种意识是如何发生的。以前一定常常热烈地主张，一位有身份的人如果受到侮辱，就应该进行决斗。我们甚至说，向导猎狗应该用头指向猎物，拾物猎狗应该衔回被击中的猎物。如果它们没有这样做，那就是它们没有尽到义务，而且行为失误。

如果导致违犯他人利益的任何欲望或本能仍然出现，而且当在头脑中回忆及此时，其强烈程度同社会本能相等，或者还要超过后者，那么这个人对于曾经遵从这种欲望或本能就不会感到深刻的遗憾；但他会意识到，如果他的行为被他的同伴们知道，就要受到谴责；倘发生这种情形而不感到不安，像这样缺乏同情心的人还是很少。如果他没有这种同情心，导致这种坏行为的欲望很强，而且当回忆时也没有被社会本能以及他人的评判所克服，那么他本质上就是一个坏人②；剩下来的唯一抑制的动机就是对惩罚的畏惧；以及深信为了自私的利益从长远看与其注重自己的利益莫如注重他人的利益。

如果一个人的欲望并没有侵犯他的社会本能，这就是说没有侵犯他人的利益，显然他可以问心无愧地满足他的欲望；但是，为了完全不受自责，至少不受忧虑不安的影响，那么避免同胞们的谴责——不论合理与否，对他来说几乎还是必要的。他还一定不会打破他的生活习惯，特别是这等生活习惯合乎情理时，尤其如此；因为，他如果这样做了，肯定要感到不满足。按照他的知识或迷信，可能信仰一个上帝或多神，因此他还一定要避免上帝或多神的摒弃，不过在这种场合中，对神罚的恐惧常常伴随发生。

最初受到重视的仅为严格的社会美德

上述关于道德观念——它告诉我们应该做的是什么——的起源及其性质的观点，以及关于良心——如果我们违背它就要受到谴责——的起源及其性质的观点，同我们看到

---

① 泰勒，《当代评论》(*Contemporary Review*)，1873 年 4 月，707 页。

② 普罗斯佩尔·德斯平（Prosper Despine）博士在他的《天赋心理学》(*Psychologie Naturelle*)（第 1 卷，1868年，243 页；第 2 卷，169 页）一书中举出有关最恶劣罪犯的许多奇特事例，这些罪犯显然完全没有良心。

的人类这种官能的早期不发达状态很一致。原始人类的美德至少是普遍实行的,所以他
们才能联成一体,那些美德至今仍被认为是最重要的。但是,这些美德几乎专门施于同
一部落的人,而与此相反行为如果施于其他部落的人则不视为罪恶。如果凶杀、抢劫、叛
变等盛行,任何部落都无法团结一致,因而这等罪恶在同一部落的范围内就要"被打上千
古臭名的烙印";①但超出这等范围之外,就不会激起这种思想感情了。北美印第安人如
能剥取其他部落一个人的头皮,自己就会感到十分高兴,而且还会得到别人的尊敬;达雅
克人(Dyak)*割掉一个无辜人的头,并把它晾干作为战利品。杀婴以极大规模通行于全
世界,②并没有受到谴责;杀婴、特别杀女婴曾被认为对部落有好处,至少没有害处。自杀
在以往时代里并没有被普遍视为一种罪恶③,且由于显示了勇气,反被视为一种光荣的行
为;有些半开化民族以及未开化民族至今仍然实行自杀而不受到谴责,显然这种行为同
部落的其他人并无利害关系。曾经记载,印第安的萨哥人(Thug)对于他自己抢劫和勒死
过往行人没有能够像以前他父亲干的那样多,从良心上感到遗憾。在原始的文明状态
下,抢劫陌生人诚然被视为光荣。

　　奴隶制度在古代虽然有某些方面的益处,④却是一种大罪恶;然而在最近以前并不这
样认为,甚至最文明的民族也是如此。由于奴隶一般属于和其主人不相同的种族,情况
就尤其是那样了。因为野蛮人不重视妇女的意见,所以普遍对待妻子就像对待奴隶一
样。大多数未开化人对于陌生人所遭受的痛苦完全漠不关心,甚至以目睹此事为乐。众
所熟知,北美印第安人的妇女和儿童在对敌人施行严刑拷打时,也从旁相助。有些未开
化人以虐待动物作为消遣⑤,这种行为令人发指,但对他们来说,人性还是一种未知的美
德。尽管如此,除了家族的感情之外,同一部落诸成员之间的友好行为还是普遍的,尤其
在有人患病期间更加如此,这种友好行为有时会扩展到这等范围以外。芒戈·帕克
(Mungo Park)关于非洲腹地黑人妇女对其友好行为的动人记载,是众所熟知的。未开化
人彼此高尚地忠诚相待,但对陌生人并不如此,关于这一点可以举出许多事例;普通经验
证实了西班牙人的一句格言:"万万不可信任印第安人。"无诚实则无忠诚;诚实这一基本
美德在同一部落诸成员之间并非罕见。例如,芒戈·帕克曾听到黑人妇女教育她们的孩
子们要热爱诚实。再者,这是头脑中如此根深蒂固的美德之一,以致未开化人有时甚至
不惜重大代价而施此美德于陌生人;但是,向敌人说谎却很少被认为是一种罪过,近代外

---

　　① 参阅一篇富有才华的论文,见《北英评论》(North British Review),1867 年,395 页;再参阅巴奇霍特(W.
Bagehot)先生讨论服从和团结一致对原始人类的重要性的文章,见《双周评论》(Fortnightly Review),1867 年,529
页;1868 年,457 页及其他。

　　* 加里曼丹的一种原始人。——译者注

　　② 我所见过的最充分的记载是由格兰德(Gerland)作出的,见他的著作《自然民族的消亡》(Ueber dan Ausster-
ben der Naturvölker),1868 年,但在后一章我势必还要对杀婴问题进行讨论。

　　③ 关于自杀的很有趣的讨论,参阅莱基(Lecky)的《欧洲道德史》(History of European Morals),第 1 卷,1869
年,223 页。关于未开化人,温伍德·里德(Winwood Reade)告诉我说,西非的黑人常常自杀。众所周知,自从被西班
牙征服之后,在悲惨的南美土著居民中多么盛行自杀。关于新西兰,参阅《"诺瓦拉"航海记》(The Voyage of the
"Novara"),以及关于阿留申群岛(Aleutian Islands),参阅乌泽在《论智力》(第 2 卷,136 页)一书中引用的米勒著作。

　　④ 参阅巴奇霍特的《医学与政治学》(Physics and Politics),1872 年,72 页。

　　⑤ 例如,参阅汉密尔顿(Hamilton)关于卡法尔人(Kaffirs)的记载,见《人类学评论》(Anthropological Review),
1870 年,15 页。

交史非常明显地展示了这一点。部落一旦有了一个公认的领袖,不服从就会成为一种罪恶,而且,甚至卑鄙的屈服也被视为神圣的美德。

在原始时代,一个人如果缺少勇气就不会有益于或忠实于他的部落,所以这一品质普遍被列入最高的等级;在文明国度里,一个善良而怯懦的人可能远比一个勇敢的人对群体更为有益,但我们还是禁不住本能地尊敬后者,不管懦夫多么乐善好施都是一样。另一方面,同他人福利无关的慎重,虽为一种很有益的美德,却从来没有受到高度的尊重。如果不能自我牺牲、不能自制以及没有忍耐力,就无法实行为部落福利所必需的那些美德,所以对于这等品质无论何时都高度地而且公正地给予了评价。美洲未开化人甘受最可怕的酷刑而不发一点呻吟,以证明和增强他的毅力和勇气;我们对他不得不加以称赞,甚至对印第安的法基尔人(Indian Fakir),由于一种宗教动机而把铁钩插入肉中悬空摆动,我们也要加以称赞。

另一种所谓自重的美德,对部落福利的影响虽不明显,但确实存在,未开化人从来不尊重这种美德,而现今却受到文明民族的高度欣赏。未开化人并不谴责最无节制的放纵生活。极度的淫荡生活以及鸡奸流行之广,已达到使人震惊的程度。[①] 然而,一夫多妻或一夫一妻的婚姻一旦普及之后,嫉妒就会导致妇女美德的反复灌输,这种美德受到尊重后,就倾向于扩大到未婚妇女。而它扩大到男性却非常缓慢,我们在今天还可以看到这种情形。贞洁显著地需要自制;所以在文明人的道德史中,自古以来它就受到了尊重。其结果便是,毫无意义的独身生活自古以来就被列为一种美德。[②] 对下流猥亵的憎恶,在我们看来是如此自然,以致被认为是天生的,它对贞洁是一种多么可贵的帮助,这是一种近代的美德,正如斯汤顿(G. Staunton)爵士[③]所指出的,它专属于文明生活。这从各个不同民族的古代宗教仪式,从庞贝(Pompeii)古都的壁画,以及从许多未开化人的习俗,都可以得到阐明。

于是我们可以知道,未开化人认为,很可能原始人类也认为,行为是好或是坏,显然仅仅看它们对部落福利的影响如何,并不考虑它们对种族以及对部落的个体成员有何影响。这一结论同以下的信念十分符合,即,所谓道德观念原本发生于社会本能,因为二者在最初都只与群体有关。

如果按照我们的标准去衡量,未开化人道德低下的主要原因为:第一,同情仅限于同一部落。第二,其推理能力不足,不能认识许多美德、特别是自重美德同部落一般福利的关系。例如,未开化人无从探知大量罪恶是由缺少节制、贞洁等所引起的。第三,自制力薄弱;因为这种能力没有通过长期连续的,也许是遗传的习性,更没有通过教育和宗教而被加强。

我之所以对未开化人的不道德[④]进行如上的详细讨论,是因为有些作者最近高度估

---

① 关于这个问题,伦南(Lennan)先生搜集了一些很好的事实,见他的著作《原始婚姻》(*Primitive Marriage*),1865 年,176 页。

② 莱基,《欧洲道德史》,第 1 卷,1869 年,109 页。

③ 《出使中国记》(*Embassy to China*),第 2 卷,348 页。

④ 参阅卢伯克的《文化的起源》第七章,其中有关于这个问题的充实证据。

量了他们的道德本性,或者把他们的大部分罪恶归因于仁慈的误用。① 这些作者的结论似乎是依据未开化人所具有的那些美德对家族和部落的生存都是有益的,甚至是必需的——无疑他们确有这等品质,而且往往达到高度水平。

结　语

有一个学派认为道德是派生的(derivative school of morals),这一学派的哲学家们以前假定,道德的基础系建筑在利己之上的;但最近"最大幸福原则"(Greatest happiness principle)被突出地提出来了。② 然而,把后一原则作为行为的标准,而不是作为行为的动机,是比较正确的说法。不过,我查阅过一些著作,所有这些作者们,除去少数例外,③皆谓每一种行为一定都有一个特殊的动机,而且这个动机一定都同某种愉快或不愉快相关联。但是,人类的行为似乎常常出于冲动,这就是说,出于本能或长期的习性,却没有感到愉快的任何意识,其方式很可能恰如一只蜜蜂或一只蚁盲目地遵从其本能时所做的那样。在像火灾那样极端危险的情况下,当一个人毫无片刻踌躇、竭力去救他的同伙时,他简直不能感到什么愉快;而且他更没有时间去考虑如果他不这样干,以后可能会感到不满足。如果此后他回想起自己的行为,他大概会感到有一种冲动的力量存在于他自身之中,而这种力量同追求愉快或幸福大不相同;这似乎就是根深蒂固的社会本能。

在低于人类的动物场合中,把它们社会本能的发展说成是为了物种的一般幸福,莫如说是为了物种的一般利益更加恰当得多。我们可以给一般利益这个术语下这样一个定义,即:在它们所隶属的外界条件下,把最大数量的个体养育得充满活力和十分健壮,而且使其一切能力均臻完善。由于无论人类的或低于人类的动物的社会本能;都是以差不多一样的步骤发展的,所以在这两种场合中,采用同一个定义,并且以群体的一般利益或福利、而不以一般幸福作为道德的标准,如果行得通,还是适当的;但是,由于政治的伦理学的关系,对这个定义也许需要某种限制。

当一个人冒着生命危险去救一个同伙的生命时,我们说他的这种行为是为了人类的幸福,莫如说是为了人类的利益,似乎也是更为正确的。毫无疑问,个人的利益和个人的幸福通常是一致的;一个满足的、幸福的部落将比一个不满足的、不幸福的部落繁荣兴旺。我们已经知道,甚至在人类历史的早期阶段,群体的明确愿望将会自然地在很大程

---

① 例如,莱基的《欧洲道德史》,第 1 卷。

② 《威斯敏特评论》(Westminster Review),1869 年 10 月,498 页,载有一篇富有才华的论文始用这一术语。关于"最大幸福原则"参阅米尔的《功利主义》(Utilitarianism),17 页。

③ 米尔(Mill)以最明晰方式承认(《逻辑体系》(System of Logic),第 2 卷,422 页),行为可以通过习性而完成之,无须预感到愉快。塞吉威克先生在一篇《论愉快和愿望》的文章[《当代评论》(The Contemporary Review),1872 年 4 月,671 页]中也说,总之,有一种学说谓自觉行为的冲动永远指向在我们本身产生令人愉快的感觉;与此相反,我则主张,我们到处都可以在意识中发现不受注重的冲动,这是指向某些令人不愉快的事情的:在许多场合中;这种冲动同自重如此不能和谐共存,以致二者不易在意识中同时存在。"我不能不认为,有一种模糊的感觉以为我们的冲动决非永远来自任何同时发生的或预感到的愉快;这种模糊的感觉正是接受道德的直觉论而反对功利论或"最大幸福"论的一个主要原因。关于后一理论,行为的标准和动机无疑往往被搞乱了,实际上它们在某种程度上就是混淆不清。

度上影响每一个成员的行为；因为所有成员都希望幸福，所以，"最大幸福原则"便成为最重要的第二位的指针和目的了；然而，社会本能以及同情心（它引导我们重视他人的褒贬）则为第一位的冲动和指针。这样，对于把我们本性最高尚的部分建筑在利己原理的基础之上所进行的指责就会被消除；诚然，除非每一种动物当遵从其固有本能时所感到的满足，以及当这种本能受到制止时所感到的不满足被称为利己，那就另当别论了。

同群诸成员最初由口头，其后由文字表示出来的愿望和意见，或者单独形成我们行为的指针，或者大大加强社会本能；然而，这等意见不时有直接反对社会本能的倾向。"荣誉律"（Law of Honour）对后述这一事实提供了很好的例证，这就是由地位相同的人的意见、而非由所有同胞们的意见形成的一项律条。违反这一律条，甚至当知道这种违反是同真实道德严格符合时，也会致使许多人感到比真正犯罪时更大的极度痛苦。我们在下述那样的感觉中可以辨认出同样的影响，即：如果偶然地违反了一种细小的，但是确定的礼节，当我们回忆及此时，即使事隔多年，大多数人还会有一种炽烈的羞愧感。从长远观点看，对所有成员来说什么是最好的，群体对此所做的评判一般要受到某种幼稚经验支配；但是，由于愚昧无知以及推理方的薄弱，这种评判陷于错误者并不罕见。因此，同人类的真正利益和幸福完全相反的最奇怪的风俗和迷信在全世界便成为威力无穷的了。在打破其社会等级的印度教徒所感到的恐怖以及许多其他这样的事例中，我们看到了上述这种情形。一个印度教徒被诱惑吃了不洁净的食物后所感到的悔恨同他犯了偷窃后所感到的悔恨有何不同，是难以区别的；不过前者很可能要更剧烈些。

我们不知道，如此众多的荒谬行为准则以及如此众多的荒谬宗教信仰是怎样发生的，我们也不知道，它们在世界各地怎么会如此深入人心；但值得一提的是，一种信仰如果在生命早期当脑筋易受影响时受到不断反复的灌输，那么这种信仰似乎就会获得一种差不多本能的性质；一种本能的本质就在于它的被遵从并不依靠理性。我们无法说，为什么某些可称赞的美德，如热爱诚实，在某些部落远比在另外一些部落受到更高的欣赏[①]；我们也无法说，甚至在文明民族之间也普遍有同样的差别。既然知道许多奇怪的风俗和迷信已经多么稳固地固定下来，那么我们对下面的情况就不必感到惊奇了，即受到理性支持的自重美德，虽然在人类早期状态下没有得到重视，但现今在我们看来它是如此自然，以致被认为是天生的。

尽管有许多疑惑根源，我们还是能够一般地而且容易地区别高级的和低级的道德准则。高级道德准则是建筑在社会本能之上的，而且同别人的福利有关。它们受到我们同伙称赞的以理性的支持。有些低级道德准则当含有自我牺牲的意思时，虽然不应称其为低级的，但它们主要同自我有关，而且系由舆论所引起，并由经验和教养使其成熟；因为野蛮部落不实行之。

当人类文明有所进步，并且小部落联合成较大的群体时，最简单的理性将告诉每一个人，他应该把他的社会本能和同情扩大到同一民族的一切成员，虽然在个人方面他们并不相识。这一点一旦达到之后，阻止其同情扩大于所有民族和所有种族的人，就只有

---

　　① 华莱士先生在《科学上的意见》(*Scientific Opinion*，1869 年 9 月 15 日)举出了一些好事例；在他的《对自然选择学说的贡献》(*Contributions to the Theory of Natural Selection*，1870 年，353 页)一书中有更加充分的叙述。

一种人为的障碍了。诚然，如果这等人们由于容貌和习惯的巨大差异而被区分开，经验不幸地向我们阐明，在我们把他们视为同胞之前，不知要经过多么悠久的岁月。超越人类范围以外的同情，即对低于人类的动物施以人道，似乎还是最近获得的道德之一。未开化人除了对其玩赏动物外，显然没有这种感觉。古罗马人可恶的人兽格斗表演，阐明了他们对人道所懂得的是何等之少。就我所能看到的来说，潘帕大草原（Pampa）*上的大多数高卓人（Gauchos）**还不知道真正的人道概念。这是人类被赋予的最高尚美德之一，它似乎是我们的同情变得愈益亲切而且愈益广施的附产物，直到把同情扩大到一切有知觉的生物。这种美德一旦受到少数人的尊重并实行之，它就会通过教育和榜样传播于青年之间，最终便成为舆论的一部分。

道德修养的可能的最高阶段是，我们认识到应该控制自己的思想，"甚至在内心深处的思想中也不再去想过去使我们感到非常快活的那些罪恶"。[1] 无论什么坏行为，只要为心理所熟悉，就容易实行得多。正如罗马皇帝奥瑞利亚斯说过的："汝之习以为常之思想为何，汝之心理特性亦为何，盖灵魂被思想之色所染也。"[2]

英国大哲学家斯宾塞最近说明了他对道德观念的观点。他说："我相信，通过人类种族一切过去世代所组织起来并且巩固下来的功利经验，已产生了相应的变异，这等变异由于连续的遗传和积累便成为我们道德直觉的一定能力——道德直觉乃是对正确行为和错误行为反应的一定情绪，而这等行为在个人功利经验方面，并没有明显的基础。"[3]美德的倾向或多或少都是遗传的，在我看来，这并无固有的不可能性。因为，且不谈许多我们的家养动物将其各种性情和习性传递给后代，我曾听到一些可靠的事例表明，偷窃的欲望和说谎的倾向看来在一些上层家庭中也有所蔓延，因为偷窃在富有阶级中是一种罕见的犯罪，所以如果同一家庭的两三个成员都有这种倾向，简直就不能用偶然的巧合来加以解释了。如果坏倾向是遗传的，那么好倾向很可能也同样是遗传的。身体状态由于可以影响脑部，所以对道德倾向也会发生重大影响，大多数患有慢性胃病和肝病的人都明白这一点。"道德观念的堕落或毁灭往往是精神错乱的最早症状之一"，[4]这也阐明了同样的事实，疯狂常常被遗传，乃是众所周知的。除非根据道德倾向的遗传原理，我们就无法理解据信存在于人类各个种族之间的这方面差异。

美德的倾向即使部分地遗传，也会对直接或间接来自社会本能的第一位冲动给予莫大帮助。只要承认美德倾向是遗传的话，那么似乎很可能是，至少在像贞洁、自我克制、对动物施行人道等那样的场合中，美德倾向通过在同一家族中连续若干代的习性、教育和榜样而最初印记在精神机构中；并且通过具有这等美德而在生存斗争中获得最大成功的个体，而最初印记在精神机构中，不过后者的程度是十分次要的，或者根本没有作用。

---

　*　南美亚马孙河以南的大草原。——译者注
　**　西班牙人和印第安人的混血种。——译者注
　[1]　坦尼森（Tennyson），《国王的叙事诗》（*Idylls of the King*），244 页。
　[2]　《罗马皇帝奥瑞利亚斯·安东尼纳斯的思想》（*The Thoughts of the Emperor M. Aurlius Antoninus*），英译本，第 2 版，1869 年，112 页。奥瑞利亚斯生于公元 121 年。
　[3]　斯宾塞给米尔的一书信，见贝恩先生的《心理学和道德学》，1868 年，722 页。
　[4]　莫兹利，《躯体和精神》（*Body and Mind*），1870 年，60 页。

关于任何这样的遗传,我的主要疑问是,无感觉的风俗、迷信和嗜好,如印度教徒对不洁净食物的恐惧,是否应该按照同一原理而传递下去。我还没有遇到过任何证据可以支持迷信的风俗和无感觉的习性之遗传,虽然实质上这比下述情况的可能性不见得更小,即:动物可以获得对某些食物种类的遗传的嗜好或对某些敌对者的遗传的恐惧。

总之,人类无疑就像低于人类的动物那样,为了群体利益而获得的社会本能,从最初起就会使他有某种帮助同伴的愿望,某种同情感;以及强迫他重视同伴们的褒与贬。这等冲动在很早时期就作为他的原始的是非准则。但是,由于人类智力逐渐进步,并且能够探知其行为的比较遥远的后果;由于他获得了充分的知识以抵制有害的风俗和迷信;由于他不仅重视其同胞们的利益,而且日益重视其幸福;由于有遵从有益的经验、教育和榜样的习性,他的同情变得愈益亲切而且广施于人,以至扩大到一切种族的人、低能儿、残废人以及社会上其他无用的人,最终扩大到低于人类的动物——所以他的道德标准步步升高。派生学派的道德学者们以及直观学派的学者们都承认,自从人类早期历史以来道德标准就升高了。[1]

由于不时可以看到在低于人类的动物的各种本能之间进行着一种斗争,所以在人类的社会本能以及由此派生出来的美德和他的低级的、虽然暂时比较强烈的冲动和欲望之间也应该有一种斗争,就不足为奇了。正如高尔顿先生[2]所说的,人类是在相当近的时期内才脱离野蛮状态的,所以上述就愈益不足为奇了。当屈服于某种诱惑之后,我们就要感到不满足、羞愧、后悔或悔恨,这同其他强有力的本能或欲望没有得到满足或受到压抑时所引起的那种感觉是相似的。我们把对过去受到诱惑的薄弱印象同永久存在的社会本能进行比较,或者同幼年时期获得的而在一生中增强的、直到差不多像本能那样强烈的习性进行比较。如果在我们面前依然有这种诱惑,而我们不为所动,那是因为社会本能或某种风俗习惯当时占有优势,要不就是因为我们已经懂得社会本能或某种风俗习惯今后如与对受到诱惑的薄弱印象相比较,前者似乎更加强烈,而且违背它,就要招来痛苦。展望未来诸代,没有理由惧怕社会本能将会变弱,我们可以预料美德的习性将会变强,也许通过遗传而固定下来。在这种场合中,在我们高级冲动和低级冲动之间所进行的斗争将比较不剧烈,而且美德终将胜利。

以上两章提要

毫无疑问,最低等动物和最高等动物之间的心理差异是巨大的。一个类人猿如果能够不带偏见地观察他自己的情形,他大概会承认,虽然他能作出狡诈的计划去抢掠一个田园,虽然他能用石头去打仗或者砸开坚果,但把石头制成一种工具的思想却完全在其范围之外。他大概会承认,关于进行一系列形而上学的推理,或者解答一个数学题,或者对上帝的思考,或者对庄严的自然景色的赞美,他所能做的就更少了。然而,有些猿类很

---

① 一位作者在《北英评论》(1869年7月,531页)中很好地作出了一个合理判断,表示强烈支持这一结论。列基先生(《道德史》,第1卷,143页)的看法似乎与此吻合。

② 参阅他的名著《遗传的天才》(*Hereditary Genius*),1869年,349页。阿盖尔(Argyll)公爵(《原始人类》,1869年,188页)关于人类本性在是非之间的斗争有过一些好议论。

可能宣称,他们能够赞美而且的确赞美过其对象在结婚期间所表现的皮毛颜色之美。他们大概还会承认,虽然他们能用叫声使其他猿理解其某些知觉和比较简单的需要,但用一定声音去表达一定意思的概念,决不会通过他们的头脑。他们大概要坚决主张,他们乐于以许多方式去帮助同群的伙伴,为了伙伴不惜冒生命的危险,并且对孤儿给予照顾;但他们将被迫承认:对所有生物的无私之爱——人类的最高尚品质,却完全超出其理解力之外。

尽管人类和高等动物之间的心理差异是巨大的,然而这种差异只是程度上的,并非种类上的。我们已经看到,人类所自夸的感觉和直觉,各种情感和心理能力,如爱、记忆、注意、好奇、模仿、推理等等,在低于人类的动物中都处于一种萌芽状态,有时甚至处于一种十分发达的状态。这等情感和心理能力像我们在家狗和狼或豺的比较中所看到的那样,也能通过遗传而有某种进步。如果能够证明一般概念的形成,自我意识等那样的某些高等心理能力绝对为人类所特有(这似乎是极其可疑的),那么,这等属性很可能仅仅是其他高度进步的智能的附带结果,而智能的高度进步主要是一种完善语言连续使用的结果。新生的婴儿到什么年龄才会有抽象的能力或自我意识并且可以考虑到其本身的存在?我们还无法作出回答;关于上升到怎样的生物等级才能有上述心理能力,我们也同样无法作出回答。语言的半人为、半本能的状况仍然带有其逐渐进化的标志。那种对上帝的崇高信仰,并非人类普遍具有的;而对精灵作用的信仰都是其他心理能力所自然产生的结果。道德观念在人类和低于人类的动物之间,也许提供了一个最好的和最高级的界限;但是关于这个问题,我不必多说什么,因为晚近我曾力图阐明社会本能——人类道德构成的首要原则[①]——在活跃的智力以及习性的效果帮助下,自然会引出一项金科玉律:"汝等所欲人之施于己者,即应以此施于人";而这正是建立在道德的基础之上的。

在下一章中我将略述人类的几种心理官能和道德官能逐渐进化所经过的可能步骤的方式。这种进化至少是可能的,无可否认的,因为我们日常在每一个婴儿身上都可以看到这等官能的发展;而且我们还可以从比低于人类的动物的心理官能还要低的完全白痴,到一个像牛顿那样的伟人追踪出一系列完整的心理等级。

---

① 《奥瑞利亚斯的思想》,139 页。

第五章　智能和道德官能在原始时代和文明时代的发展

智力通过自然选择的进步——模仿的重要性——社会的官能和道德的官能——它们的发展限于同一部落的范围之内——自然选择对文明民族的影响——关于文明民族一度曾是野蛮民族的证据

本章所讨论的这个问题是极其有趣的，但我处理的方法并不完善，而且是片断式的。华莱士先生在上述曾经提及的那篇可称赞的论文[①]中争辩说，人类自从局部地获得那些智能和道德官能以区别于低于人类的动物之后，他就很少可能通过自然选择或其他方法发生身体变异。这是因为人类能够通过他的心理官能"使一个不变的身体同正在变化着的世界保持和谐一致"。人类有巨大能力使其习性适应于新的生活条件。他发明武器、工具以及获得食物和保卫自己的各种策略。当他迁徙到比较寒冷的气候中时，他穿衣裳，建棚屋，而且生火；他用火烧煮非如此不能消化的食物。他用各种方式对他的同胞们进行帮助，并且预测未来的事变，甚至在远古时代，他就实行了某种分工。

另一方面，低于人类的动物必须在身体构造上发生变异，才能在大大变化了的生活条件下生存下去。它们必须变得更加强壮，或者获得更加有效的牙或爪，以抵御新的敌对者；要不它们就必须缩小，以逃避发觉和危险。当它们迁徙到比较寒冷的气候中时，它们的皮毛必须变厚，或者体质发生改变。它们如果不能这样变异，就要灭亡。

然而，正如华莱士先生所正确坚持的，关于人类的智能和道德官能，情况就大不相同了。这等官能是易于变异的；我们有各种理由可以相信，这等变异有遗传的倾向。因此，它们如果以往对原始人类及其类猿的祖先有高度重要性的话，那么它们大概就要通过自然选择而有所完善或进步。智能的高度重要性，不容置疑，因为人类在世界上之所以能够取得优越地位主要应归功于他的智能。我们知道，在最原始状态的社会中，那些最精明的、发明和使用最优良的武器和陷阱的并且能够最好地保卫自己的个人，将养育最大数量的后代。部落如果包含最大数量的赋有这等智能的人，这些部落的人数就要增加，而且会取代其他部落。人口数量首先决定于生活资料，而生活资料则部分地决定于一个地方的自然性质，但在非常大的程度上决定于那里所实行的技术。当一个部落增大了而且胜利了的时候，它往往通过同化其他部落而进一步增大。[②] 一个部落的人们的身材和体力对于它的成功同样也有某种重要性，而身材和体力则部分地决定于他们所能得到的

---

① 《人类学评论》，1864 年 5 月，158 页。

② 正如亨利·梅因（Henry Maine）爵士所说的，被吸收进另一个部落中的诸成员或部落经过一段时间之后，便设想他们是同一祖先的共同后裔，见《古代法律》（*Ancient Law*），1861 年，131 页。

食物的性质和数量。在欧洲,青铜时代的人被一个更加强有力的种族所代替,根据他们的刀柄来判断,后者的双手是比较大的;①不过他们的成功,更多地还是由于他们在技术方面的优越性。

所有我们知道的有关未开化人的情况,或者从他们的传说和古代碑石——其历史已完全为现代居民所遗忘——推论出来的情况,都阐明了自极其遥远的古代以来成功的部落就曾取代其他部落。在整个地球上的文明地方,在美洲的辽阔平原上,并且在太平洋的孤岛上,都曾发现过绝灭的或被遗忘的部落废墟。今天文明民族到处取代野蛮民族,除非那里的气候设置了致命的障碍,他们的成功主要是,纵使不完全是,通过他们的技术获得的,而技术则是智能的产物。因此高度可能的是,人类的智能主要是通过自然选择而逐渐达到完善的;这一结论就可以充分满足我们的意图了。当然,从低于人类的动物的智能状态到人类的智能状态追踪出各个独立智能的发展无疑是有趣味的,但我的能力和知识都不容我做这样的尝试。

值得注意的是,一旦人类的祖先成为社会性的(这很可能发生于很早的时期),模仿、理性以及经验的原则就会在某种程度上增大并大大改变其智力,现今我们还可以在低于人类的动物中看到这等智力的仅有痕迹。猿类像最低等的未开化人那样,很喜欢模仿;以前提到的一个简单事实表明,经过一段时间后,在同一地方用同一种类的陷阱就不能捉住任何动物,这阐明了动物会从经验中得到教训,而且可以模仿其他动物的谨慎。且说,如果在一个部落中,有某一个人比其他人更精明,发明一种捕捉动物的新圈套或一种新武器或其他攻守工具,那么,最明显的自身利益就会鼓舞其他成员去模仿他,而无须很大推理力的帮助;而所有成员都会因此受益。各种新技术的经常实践一定也在某种微小程度上可以使智力加强。如果新发明是一项重要的发明,这个部落的人口数量就会增加,广为散布,并取代其他部落。一个部落的人口如果因此而愈益增多,那么降生另外优秀的和富有发明才能的人,始终有更多的机会。如果这样的人留下来的孩子们继承了其心理上的优越性,那么降生越发机灵的成员的机会,大概多少要多些,而在一个很小的部落中决定的要多些。甚至他们没有留下孩子,部落依然包含有其血缘关系的亲属;农业学者们现已查明,②当一头动物被屠宰后,如果发现它是有价值的,那么用这头动物的家系进行保存和繁育就可以获得我们所需要的性状。

现在转来谈谈社会的官能力和道德的官能。原始人类或人类的类猿祖先要成为社会性的,就必须获得那些迫使其他动物进行合群生活的同样本能情感;而且毫无疑问,他们显示了同样的一般倾向。当他们离开他们的伙伴时就会感到心神不安,他们对伙伴们大概会感到某种程度的爱;他们在遇到危险时将彼此发出警告,而且在进攻或防御中彼此进行帮助。所有这一切都意味着某种程度的同情、忠诚和勇气。这等社会属性对低于人类的动物的高度重要性已是无可争辩的了,毫无疑问,人类祖先也是以相似的方式,即在遗传的习性帮助下通过自然选择获得这等属性的。当生活在同一地方的两个原始人类的部落进行竞争时,如果(其他条件相等)某一个部落包含有大量勇敢的、富有同情心

---

① 莫洛特(Morlot),《自然科学普及协会》(*Soc. Vaud. Sc. Nat.*),1860 年,294 页。
② 我在《动物和植物在家养下的变异》(第 2 卷,196 页)举出过这方面的事例。

的并且忠实的成员，他们时刻准备彼此发出危险警告，相互帮助，相互防卫，那么这个部落就要获得较大的成功而征服其他部落。让我们记住，在未开化人的永无休止的战争中，忠诚和勇气是多么重要。受过训练的军人之所以优于没有受过训练的乌合之众，主要在于每个人对其同伙所感到的信赖。正如巴奇霍特①所很好阐明的，服从具有最高的价值，因为任何形式的政府都比没有政府好。自私的和好争论的人们不会团结一致，而没有团结一致，什么也不能完成。一个部落如果富有上述那些属性，就会广为分布，战胜其他部落；但是，根据过去的历史来判断，经过一定的时间，这个部落又会被另一个禀赋更高的部落所征服。这样，社会的和道德的属性就倾向于徐徐进步，而普及于全世界。

但可以这样问：大量成员在同一部落的范围内最初怎样赋有这等社会的属性和道德的属性呢？美德的标准又是怎样提高的呢？比较富有同情心的和仁慈的双亲所生育的后代，或者对其伙伴比较忠诚的双亲所生育的后代，其数量是否会比同一部落的自私而奸诈的双亲所生育的后代更多，是极其可疑的。一个人宁愿牺牲自己的生命，就像许多未开化人所做的那样，也不背叛他的伙伴，他大概常常不会留下后代以继承其高尚本性的。最勇敢的人们在战争中永远心甘情愿奔向前方，而且慷慨地为他人献出自己的生命；这样的人平均要比其他人死的多。因此，赋有这等美德的人们的数量或他们的美德标准不能通过自然选择，即最适者生存。而被提高，似乎是很可能的；因为我们在这里所谈的并非是某一部落战胜另一部落的问题。

导致赋有这等美德的人们在同一部落内增加其数量的情况虽然过于复杂，而无法清楚地把它探究到底，但我们还能够追踪出某些可能的步骤。首先，当部落成员的推理力和预见力有所进步时，每一个人很快就会懂得，如果他帮助同伙，通常也会得到作为回报的帮助。从这个低等动机出发他大概可以获得帮助其同伙的习性；行使仁慈行为的习性肯定要加强同情感，而对仁慈行为的最初冲动则是同情感给予的。加之，在许多世代中被遵从的习性很可能有遗传的倾向。

但是对社会美德发展的另一个更加强有力的刺激则是由我们同伙的褒贬所提供的。正如我们已经看到的，我们经常对他人加以赞扬或给予谴责主要是由于同情本能，如果这是施于我们自己，我们当然爱赞扬而怕谴责；这种本能无疑像所有其他社会本能那样，最初也是通过自然选择而获得的。在多么早的一个时期，人类祖先在其发展进程中变得能够感觉到其同伙的赞扬和谴责，并被它们所激励，我们当然无法说出。不过，甚至狗似乎也懂得鼓励、赞扬和谴责。最原始的未开化人也有光荣感，如他们保存那些英勇获得的战利品，他们有过分自夸的习性，他们甚至极端注意其个人容貌和装饰，这就明确地阐明了上述感觉，因为，除非他们重视其伙伴们的意见，否则这等习性就没有什么意义了。

如果违反他们的某些次要准则，他们肯定也要感到羞愧，而且显然要感到悔根，例如，那个澳洲土人由于没有能够及时谋杀另一个妇女以安慰其亡妻之灵而日益憔悴和心神不安，就是一个说明。我虽然没有遇到过任何其他见于记载的事例，但下述事例足以

---

① 他以《自然科学与政治学》(*Physics and Politics*)为题，发表了一系列卓越的论文，见《双周评论》，1867 年 11 月；1868 年 4 月 1 日；1869 年 7 月 1 日；以后印成单行本。

说明一个未开化人宁愿牺牲自己的生命而不背叛他的部落,宁愿坐牢也不违反他的誓言,[①]像这样的人当没有完成他视为神圣的义务时,而不在灵魂深处感到悔恨,简直是令人不可相信的。

因此我们可以断言,在很遥远的古代,原始人类已经受到了其同伴赞扬和谴责的影响。显然,同一部落的成员对那些在他们看来具有普遍利益的行为将会表示赞成,而对那些看来是有害的行为则会予以谴责。为他人谋利益——汝如何施于人,人亦将如何施于汝——乃是道德的基础。因此,关于原始时代中爱赞扬,怕谴责的重要性,我们简直无法把其重要性再予以夸大了。一个人如果为了他人的利益而牺牲自己的生命,并非被任何深刻的本能情感所推动,而是被一种荣誉感所激起,那么他就会以他的榜样唤起其他人要求荣誉的愿望,而且还会以实行这种行为来加强对其称赞的高尚情感。这样,他给部落带来的好处远比他留下一些倾向于承继其自己那样高尚品格的后代还要多得多。

人类的经验和理性增长了,就可以察觉出其行为的更加遥远的后果;而自重的美德,如自我克制、贞洁等,即将受到高度的尊重,甚至被视为神圣的,可是这等美德,像我们以前看到的那样,在早期却完全不受重视。然而,我没有必要再重复我在第四章中关于这个问题的叙述。我们的道德观念或良心终于成为一种高度复杂的思想感情——它起源于社会本能,大大被我们同胞们的称赞所指导,还受到理性和自我利益而且晚近又受到深厚的宗教情感的支配,更被教育和习性所巩固。

一定不要忘记,对任何人及其子孙胜过同部落的其他人来说,道德的高标准虽然仅有很少一点利益,或者根本没有利益,但禀赋优良的人在数量上的增加以及道德标准的进步,对某一个部落胜过另一个部落来说,肯定有巨大的利益。一个部落如果包含有许多这样的成员:他们由于高度具有爱国精神、忠诚、服从、勇敢以及同情而永远彼此相助,并为公共利益不惜牺牲自己,那么这个部落就会战胜大多数其他部落;这大概就是自然选择。某些部落取代了其他部落,遍及全世界,无论何时都是如此;因为道德是他们成功的一个重要因素,所以道德标准和禀赋优良的人们的数量这样就会到处有提高和增加的倾向。

为什么某一个特殊的部落,而不是另一个部落获得成功并且在文化等级上有所提高呢,对此很难形成任何判断。许多未开化人现今所处的状态同几世纪前他们最初被发现时的状态没有两样。正如巴戈霍特先生所说的,我们容易把人类社会的进步视为正常之事;但历史反驳了这一点。古代人甚至没有这种进步观念,东方民族迄今还是如此。按照另一位大权威亨利·梅因爵士[②]的说法,"人类的大部分对其文明制度的改进从来没有显示过一点愿望"。进步似乎决定于许多同时发生的有利条件,不过这太复杂了,以致无法查明其究竟。不过常常这样说,凉爽的气候可以导致勤奋和许多技术的发生,所以这曾是高度有利的。爱斯基摩人为艰难的需要所迫,虽成功地完成了许多精巧的发明,但他们的气候太严酷了,以致不能继续进步。游牧生活的习性,无论是在辽阔的平原上,还是穿过热带的密林,或是沿着海岸,都是高度有害的。当我对火地的野蛮居民进行观察

---

① 华莱士先生在《对自然选择学说的贡献》(1870 年,354 页)举出过有关事例。
② 《古代法律》,1861 年,22 页。关于巴戈霍特先生的叙述,见《双周评论》,1868 年 4 月 1 日,452 页。

时,给我留下深刻印象的是,拥有某种财产,一个固定的住所,许多家庭在一个首领下的联合,都是文明所不可缺少的必要条件。这等习性几乎需要土地耕作;正如我在别处所阐明的,①耕作的第一步很可能是这样一种偶然事件的结果,即一棵果树的种子偶然落在垃圾堆上,然后产生了一个异常优良的变种。然而未开化人最初如何向着文明进步的问题迄今还是非常难以解决的。

自然选择对文明民族的影响

迄今为止,我仅考虑了人类从半人类状态进步到近代未开化人状态。关于自然选择对文明民族的作用还值得再谈一谈。格雷格(W. R. Greg)先生②对这个问题进行了富有才华的讨论,以前华莱士先生和高尔顿③先生也讨论过这个问题。我的论述均来自这三位作者。关于未开化人,无论身体或精神,只要衰弱,很快就会被淘汰;凡生存者普遍都显示了精力充沛的健壮状态。另一方面,我们文明人竭尽全力以抑制这种淘汰作用;我们建造救济院来收容低能儿、残废者以及病人;我们制定恤贫法令(poor-laws);我们的医务人员以其医术尽最大努力去挽救每一个人的生命直到最后一刻。我们有理由相信,种痘保存了成千上万人的生命,而以前由于体质虚弱死于天花者真是成千上万。这样,文明社会的衰弱成员也可繁殖其种类。凡是注意过家养动物繁育的人不会怀疑这对人类种族一定是高度有害的。缺少注意或管理错误导致家养族退化之迅速,足以惊人;除非在人类本身的场合中,谁也不会愚蠢到允许他的最坏的动物去繁育。

我们感到被迫给予不能自助的人们以帮助,乃是来自同情本能的附带结果,同情本能最初是作为社会本能的一部分而获得的,但如以上所指出的,其后却变得愈益亲切而推及愈广。即使在坚强的理性迫使下,如果我们本性的最高尚部分没有堕落,我们也无法抑制我们的同情。外科医生当施行手术时可能无动于衷,因为他知道他所做的是为了病人好;但是,如果我们故意忽视弱者和不能自助的人,这只能是为了毫无把握的利益,而给现在带来的弊害却是无穷的。因此,我们必须承担弱者生存并繁殖其种类的毫无疑义的恶劣后果;但是,似乎至少有一种抑制作用在稳定地进行着,即:社会的衰弱成员和低劣成员不会像强健成员那样自由地结婚;由于身体或心理衰弱的人不能结婚,这种抑制作用可能无限地增强,虽然这只是可望而不可求的事。

在保持一支大规模常备军的每一个国家里,最优秀的青年都要被招募或被征集。这样,在战争期间就有早死之虞,而且常常被诱入腐化堕落之途;在青春时代不能结婚。另一方面,体质不良的比较矮小而衰弱的人们却留在家中,因而结婚以及繁殖其种类的机

---

① 《动物和植物在家养下的变异》,第 1 卷,309 页。

② 《弗雷泽杂志》(Fraser's Magazine),1868 年 9 月,353 页。这篇文章似乎打动了许多人,由此引出两篇卓越的论文和一篇答辩,见《旁观者》,1868 年 10 月 3 日及 17 日。在《科学季刊》(Q. Journal of Science,1869 年,152 页);劳森·泰特(Lawson Tait)在《都柏林医学季刊》(Dublin Q. Journal of Medical Science,1869 年 2 月);兰克斯特先生在《长寿的比较》(Comparative Longevity,1870 年,128 页)均对此进行过讨论。《澳大利亚西亚人》(或可译为大洋洲人。——译者注)(Australasian,1867 年 7 月 13 日)也出现过相似观点。我曾借用过其中几位作者的观念。

③ 关于华莱士先生,参阅上面引用的《人类学评论》;关于高尔顿先生,参阅《麦克米伦杂志》,1865 年 8 月,以及他的巨著《遗传的天才》,1870 年。

会就要好得多。①

人积聚财产,并把它传给孩子,因此富家子弟在成功的竞争中,就比贫家子弟占有优势,而这同身体和智力的优越性却无关。另一方面,短寿的父母,其健康和精力平均都差,他们的孩子却比另外的孩子继承财产较早,而且结婚很可能较早,于是留下的遗传其低劣体质的后代数量也较多。但是财产继承本身远非一种坏事;因为没有资本的积累,技术就不能进步;文明种族主要是通过技术的力量扩大了而且今天到处扩大着它们的范围,以取代比较低劣的种族。财富的适度积累并不妨碍自然选择的进程。当一个穷人有了中等财产的时候,他的孩子们就会进入竞争相当剧烈的商业或其他职业,所以身体和心理都健壮的人可得到最大的成功。有一批受到良好教育的人,不必为每日的面包去劳动,是非常重要的,对其重要程度给予怎样估量也不会过分;因为所有高等智力工作都是由他们进行的,而所有种类的物质进步主要都是决定于这种工作,更不要不谈其更高级的利益了。无疑地当财富过多时,就倾向于把人们变成无用的寄生虫;这里就会发生某种程度的淘汰,因为我们天天看到那些愚蠢的或生活放荡的富人把财产挥霍精光。

长子财产继承权是一种更加直接的弊害,虽然它以前对形成一个统治阶级可能有巨大好处,因为任何政府都比没有政府好。大多数长子虽然身体或心理可能都衰弱,却可以结婚,而幼子即使其身体或心理都优越,一般也不能结婚。况且承继遗产的长子即使无能,也不会把财产挥霍精光。但这里和别处一样,文明生活的亲戚关系是如此复杂,以致有某种补偿的抑制作用介入其中。富人通过长子继承便可以逐代选娶比较美丽而媚人的妇女,而这等妇女一般必定是身体健康和心理灵敏的。连续保存同一血统而不经过任何选择所应有的恶劣后果,为贵族永远希图增加其财富和权力所抑制;他们是以娶女继承人来实现这一愿望的。如高尔顿先生所阐明的,②只生单性小孩的父母的女儿,其本身有不生育的倾向;这样,贵族家庭的直系就要经常被切断,而他们的财富流入旁支;不幸的是,旁支并不是以任何种类的优越性来决定的。

这样,虽然文明在许多方面对自然选择的作用有所抑制,但自然选择显然还是偏袒那些靠着良好食物和没有偶然困苦而身体发育较好的人。从下述情况可以推论这一点,即:在任何地方都可以发现文明人的身体比未开化人的身体强壮。③他们的耐力似乎也相等,这在许多次探险考察中已得到了证明。甚至富人的穷奢极欲也没有多大害处;因为英国贵族男女在一切年龄范围内的估计寿命比低等阶级的健壮英国人的寿命短不了多少。④

我们现在来看看智能。在社会的每一个阶级中,如果把其成员分为相等的两群,一群的成员智能优越,一群的成员智能低劣,几乎无可怀疑的是,前者在所有职业中都能获得较大的成功,并且生育较大数量的孩子。即使在最低等的阶层中,有技艺和有才智的人一定也占有某种优势;但许多行业已经实行很细的分工,这一优势并不很大。因此,在

---

① 菲克(H. Fick)教授关于这个问题以及其他各点做过良好叙述,见《自然科学对权力的影响》(*Einfluss der Naturwissenschaft auf das Recht*),1872 年。

② 《遗传的天才》,1870 年,132—140 页。

③ 考垂费什(Quatrefages),《科学报告评论》(*Revuedes Cours Scientifiques*)。1867—1868 年,659 页。

④ 参阅兰克斯特(Lankester)先生的《长寿的比较》一书中根据权威材料编制的表格第五栏和第六栏。

文明民族中无论智能的数量或标准都有增加的倾向。但是，我不愿断言这种倾向不会在其他方面受到抵消而有余，如挥霍乱用和不顾将来所起的抵消作用即是；即使如此，有才智的人还会占有某种优势。

上述那样的观点常常遭到反对，即：历来最卓越的人士都没有留下遗传其伟大才智的后代。高尔顿先生说道："我遗憾，我不能解决一个简单的问题：具有非凡天才的男人或女人是否不生育，并且不生育到怎样程度。然而，我曾阐明卓越的人士决非不生育。"[①]伟大的制定法典者、仁慈的宗教奠基者、伟大的哲学家和科学发明家以他们的工作对人类进步所给予的帮助，其程度远比留下为数众多的后代要高得多。就身体构造来说，禀赋稍好的个体的被选择以及禀赋稍差的个体的被淘汰，并不是强烈显著而罕见的畸形的被保存，就会导致一个物种的进步。[②]关于智能，也是如此。因为在每一个社会阶层中，才智多少高些的人就比才智差些的人能够获得较大的成功，因而在其他方面如果没有受到抑制就可增加其数量。在任何民族中，当智力的标准以及智力优越的人士的数量提高了的时候，正如高尔顿先生所阐明的，根据平均离差的法则我们可以预料，非凡的天才将比以前似乎多少要更加常常出现。

关于道德属性，对于最恶劣性情的淘汰一直在进行着，即使在最文明的民族中也是如此。犯罪者被处死或长期监禁，所以他们不能自由地传递其恶劣属性。忧郁病患者和精神病患者受到隔离或自杀。凶暴的人和好争吵的人难免流血的结局。不安静的人不会从事任何固定的职业——这种野蛮状态的遗风是文明的最大障碍[③]——而他们迁移到新殖民地，却证明是有用的拓荒者。酗酒是高度有害的，例如，酗酒者从 30 岁算起，其估计寿命仅为 13.8 年；而英国农工从同一年龄算起，其估计寿命则为 40.59 年。[④] 荒淫的女人生孩子很少，荒淫的男人则很少结婚；二者都因此得病。在家养动物的繁育中，淘汰那些有任何低劣性质的个体，即使为数不多，在走向成功方面也绝不是一个不重要的因素。关于那些通过返祖有重现倾向的有害性状尤其如此，如绵羊的重现黑色即是；关于人类，某些最恶劣的性情，没有任何可指出的原因，间或出现于一些家族中，这也许是归返一种野蛮状态，而这等野蛮状态正是在我们很多世代中没有被消除掉的。不错，用普通语言来说，这种观点似乎承认了那些人就是家族中的黑色绵羊。

关于文明民族，就道德的先进标准以及优秀人士的数量增加而言，自然选择所起的作用显然是不大的，虽然说基本的社会本能最初是通过自然选择而获得的。但是，当我讨论较低等种族时，对于导致道德进步的一些原因已经作了足够的叙述，这些原因就是：我们同胞所给予的称赞——我们的同情通过习性得到加强——榜样和模仿——理性——经验，甚至自我利益——幼年时代的教育以及宗教感情。

---

① 《遗传的天才》，1870 年，330 页。

② 《物种起源》，第 5 版，1869 年，104 页。

③ 《遗传的天才》，1870 年，347 页。

④ 兰克斯特，《长寿的比较》，1870 年，115 页。关于酗酒者的统计数字，采自尼逊（Neison）的《生命统计》（*Vital Statistics*）。关于荒淫生活，参阅法尔博士的《结婚生活对死亡率的影响》（*Influence of Marriage on Mortality*），曾在"社会科学全国促进会"（*Nat. Assoc. for the Promotion of Social Science*）上宣读，1858 年。

格雷格先生和高尔顿先生①曾强烈主张,在文明国家中,对于优秀阶级人士数量的增加有一个重要的障碍,那就是,很贫穷的人和不顾一切而乱来的人往往因恶行而堕落,他们几乎一定早结婚,而谨慎的、俭朴的人一般在其他方面也是有道德的,他们结婚都晚,所以能够维持自己和孩子们的舒适生活。早婚的人在一定时期内不仅产生的世代数较多,而且如邓肯(Duncan)②博士所阐明的,他们生的孩子也较多。再者,母亲在壮年时期生的孩子比在其他时期生的孩子要重些和大些,所以很可能精力也充沛些。这样,社会上那些不顾一切乱来的、堕落的而且往往是邪恶的人比节俭的而且一般是有道德的人,其增加速度要快些。或者,像格雷格先生所说的那种情形:"满不在乎的、肮脏的、不求上进的爱尔人增殖的像兔子那样快;俭朴的、有远见的、自尊的、有雄心壮志的苏格兰人,其道德是严格的,其信仰是高尚的,其智力是精明的而且是训练有素的,却在斗争和独身生活之中度过其风华正茂的岁月,他们结婚晚,留下的子女很少。设有一地,最初居住着1000 个撒克逊人(Saxons)* 和 1000 个凯尔特人(Celts)**——经过 12 代以后,人口的 5/6将为凯尔特人,而 5/6 的产业、权力以及才智则属于存留下来的 1/6 撒克逊人。在永恒的'生存斗争中,低劣的和天赋较差的种族曾占有优势——他们占有优势并不是凭借其优良品质,而是凭借其缺点'。"

然而对于这种向下的倾向,则有某些抑制之道。我们已经看到,酗酒者的死亡率高、过度荒淫者留下的后代很少。最贫穷的阶级涌入城镇,斯塔克(Stark)博士根据苏格兰的10 年统计,③证明了城镇的死亡率在所有年龄中都比农村的高,"在生活的最初五年期间,城镇的死亡率差不多正好是农村的两倍"。由于这些统计既包括富人也包括穷人,所以要保持城镇赤贫居民和农村居民的人口比例不动,其降生的数量无疑需要提高两倍以上。对妇女来说,如果结婚太早,那是高度有害的;因为在法国发现"20 岁以下,已婚妇女的死亡率为未婚妇女的两倍"。20 岁以下的已婚男子的死亡率也是"非常高"的,④但其原因是什么,似乎还无法确定。最后,如果男子在能建立一个舒适家庭之前,谨慎地推迟结婚,那么,像他们常常做的那样,将会选择壮年的妇女,这样,优等阶级人口增长率的减少只是微乎其微而已。

根据 1853 年所做的大量统计,证明全法国年龄在 20～80 岁之间的未婚男子比已婚男子的死亡率高得多,例如:每一千个年龄在 20～30 岁之间的未婚男子中,每年死亡者为 11.3 人,而已婚男子死亡者仅为 6.5 人。⑤ 相似的规律被证明也适用于 1863 年和 1864

---

① 《弗雷泽杂志》,1868 年 9 月,353 页。《麦克米伦杂志》(Macmillan's Magazine),1865 年 8 月,318 页。法勒(Farrar)牧师持有不同的观点(《弗雷泽杂志》,1870 年 8 月)。

② 《关于妇女生育性的规律》(On the Laws of the Fertility of Women),见《皇家学会会刊》(Transact. Royal Soc.),爱丁堡,第 24 卷,287 页;现以单行本出版,书名为《生殖力,生育性及不育性》(Fecundity,Fertility and Sterility),1871 年。再参阅高尔顿先生的《遗传的天才》,352—357 页,有对上述效果的观察材料。

* 五、六世纪入侵并定居于英国的日尔曼族。——译者注

** 公元前一千年左右居住在中欧、西欧的部落,其后裔今散布在爱尔兰、威尔士、苏格兰等地。——译者注

③ 《苏格兰的出生与死亡情况第十次年度报告》(Tenth Annual Report of Births,Deaths &c.,in Scotland),1867 年,29 页。

④ 引文系摘自关于这等问题的英国最高权威法尔博士的一篇论文:《结婚生活对法国人死亡率的影响》,此文曾在"社会科学全国促进会"宣读,1858 年。

⑤ 法尔博士,同上文,下述引文亦摘自同一篇著名论文。

年苏格兰 20 岁以上的男子人口普查,例如:每一千个年龄在 20～30 岁之间的未婚男子中,每年死亡者为 14.97 人,而已婚男子死亡者仅为 7.24 人,这就是说,比一半还少。[①]斯塔克博士关于这一点说道,"独身比最有害健康的行业或者比居住在最有害健康的房屋或地方——那里对改善环境卫生从来没有过最长远的打算——对生活更加有害"。他认为死亡率的降低乃是"结婚以及比较有规律的家庭生活习惯"的直接结果。然而他承认酗酒、荒淫以及犯罪的人,寿命不长,普遍都不结婚;还必须承认,体质衰弱的、健康不良的、身体或心理有任何重病的人们往往都不愿结婚,或者人家拒绝同他们结婚。斯塔克博士似乎得出这样一个结论,即结婚本身为延长益寿的一个主要原因,因为他发现已婚老人在这两点上仍然胜过同样高龄的未婚者;但每个人一定都知道有些人的事例;他们在幼年时期不健康,没有结婚;虽然他们终生衰弱因而寿命或结婚的机会一直在缩小,但仍然活到高龄。还有另一个值得注意的情况似乎可以支持斯塔克博士的结论,即:在法国,寡妇和鳏夫同已婚者相比,前者的死亡率要高得多;不过法尔(Farr)博士把这种情形归因于由家庭破坏而引起的贫穷和恶习,并且归因于遭到不幸后的悲痛。总之,我们同意法尔的说法,可以作出这样的结论:已婚者比未婚者的死亡率低,似乎是一般的法则,这"主要是由于对不完善类型的经常淘汰,以及对最优秀个体在连续世代中的巧妙选择";这仅仅是和婚姻情况有关的选择,而且这种选择对身体的、智力的以及道德的所有属性都发生作用。[②] 因此,我们可以推论,健康的和善良的人们出于谨慎而暂时不结婚,其死亡率也不会高。

上述两节所举的各种抑制因素,也许还有其他抑制因素,如果不能制止社会上那些不顾一切乱来的、邪恶的以及其他方面低劣的分子的增长速度快于优等阶层的人们,那么这个民族就要退化,这在世界历史中已屡见不鲜了。我们必须记住,进步并非是永恒不变的规律。为什么某一个文明民族兴起了,比另一个民族更强大,而且分布得更广;或者,为什么同一个民族在某一个时期比在另一个时期进步较快,对此很难有所说明。我们只能说,这是决定于人口实际数量的增加,决定于赋有高度智能和道德官能的人们的数量,同时还决定于他们的美德标准。身体构造似乎也有一点小影响,不过只是在旺盛的身体活力导致旺盛的心理活力的情况下才如此。

有几位作者极力主张,高度的智力既有利于一个民族,如果自然选择的力量是真实的话,[③]那么在智力方面高出于曾经存在的任何种族的古希腊人就应该愈益提高其智力,增加其人口数量,而遍布于整个欧洲。这里有一个不言而喻的假设,这是常常对身体构造作出的,即:心理和身体的连续发展有某种内在的倾向。但是,所有种类的发展都决定于许多共存的有利环境条件。自然选择的作用只是试探性的。个人或种族可能获得了某些无可争辩的优势,然而由于其他特性不好,也不免于灭亡。古希腊人之所以衰退,可能由于许多小邦之间缺少团结,可能由于整个国土不大,可能由于实行奴隶制,也可能由于极度耽于声色

[①]　我引用的数字是《苏格兰的出生和死亡情况第十次年度报告》(1867 年)中所载的五年平均数。引用斯塔克博士的话载于《每日新闻》(*Daily News*),1868 年 10 月 17 日,法尔博士认为此文写作严谨。

[②]　关于这个问题,邓肯博士说道(《生殖力、生育性及不育性》,1871 年,334 页):"在各个时期,健康而美丽者常从未婚一方走到已婚一方,于是未婚一方便充满了不幸的病弱者。"

[③]　参阅高尔顿先生关于这个问题的有独创性的最初论点,见《遗传的天才》,340—342 页。

口腹之乐;因为直到"他们削弱和腐败到极点"①然后才败亡。现今欧洲西部民族超越其以往野蛮祖先的程度是不可估量的,他们站在文明的顶峰,虽然他们受惠于古希腊人的著作至多,但其优越性来自这个非凡民族的直接遗传都很少,或者全无。

谁能肯定地说出一度如此占有优势的西班牙民族为什么在竞争中被远远甩在后面了。自从中世纪黑暗时代以来,欧洲诸民族的觉醒是一个更加错综复杂的问题。正如高尔顿先生所说的,在古代那一时期,几乎所有本性高尚的人,要想沉思冥想或进行精神修养,除了投入必须严守独身生活的教会的之外,②简直没有任何隐身之所,这几乎不可避免地要对相继的各代发生退化的影响。在这同一时期,宗教法庭极意搜捕思想最自由和行动最勇敢的人们,把他们烧死或囚禁起来。仅在西班牙,最优秀的人士——他们遇事持怀疑态度并且提出问题,而没有怀疑就不能有进步——在3个世纪内每年被消灭的数以千计。尽管如此,欧洲还是以无比的速度前进了。

同其他欧洲民族相比,英国人在殖民方面获得了惊人的成功,这曾被归因于他们的"果敢和不挠的精力";把英国血统的加拿大人和法国血统的加拿大人的进步做一比较,就会很好地说明其结果;但是,谁能说出英国人是怎样得到其精力的呢? 有人相信美国的惊人进步及其人民的特性乃是自然选择的结果,这是非常正确的。因为,精力较强的、勤劳勇敢的人们在最近10~12代期间从欧洲各地迁移到这片大陆,而且在那里获得了最大的成功。③ 从遥远的未来来看,我并不认为津克(Zincke)以下的观点是夸大的,他说,④"所有其他一系列事件——如希腊精神文明所产生的事件和罗马帝国所产生的事件——只有同盎格鲁撒克逊人的巨大西移潮流这一事件相联系,毋宁说作为它的次要事件来看,似乎才有意义和价值。"文化进步的问题固然还是模糊不清,但我们至少能够看出,一个民族如果在长年累月中不断产生最大数量的高智力的、精力旺盛的、勇敢的、爱国的以及仁慈的人,一般就会比天赋较差的民族占有较大的优势。

自然选择来自生存斗争;而生存斗争则来自人口的迅速增加。对于人类的增加速度,我们不能不痛苦地感到遗憾,这是否明智,则是另一个问题;因为,这在野蛮部落中导致杀婴以及许多其他弊害,在文明民族中导致赤贫、独身以及谨慎小心的人们实行晚婚。但是,由于人类蒙受到的身体弊害同低于人类的动物一样,所以他没有权力期望去避免由生存斗争所引起的弊害。如果人类在原始时代未曾受自然选择所支配,那么他决不会达到现在这样的地位。因为我们在世界许多部分看到还有土壤最肥沃的广阔区域能够维持大量的快乐家庭,但只有少数游牧的未开化人生活于其间,因此,可以这样辩说,生存斗争并没有达到足够的剧烈程度以迫使人类向上发展到最高的标准。根据我们所知道的人类以及低于人类的动物的全部情况来判断,他们的智能和道德官能对于通过自然选择而发生的稳定进步永

---

① 格雷格先生,《弗雷泽杂志》,1868年9月,357页。

② 《遗传的天才》,1870年,357—359页。法勒牧师提出过相反的论点(《弗雷泽杂志》,1870年8月,257页)。莱伊尔爵士在一段引人注目的文章中[《地质学原理》(*Principles of Geology*),第2卷,1868年,489页]要求人们注意宗教审判所产生的恶劣影响,通过选择它降低了欧洲的一般智力标准。

③ 高尔顿先生,《麦克米伦杂志》,1865年8月,325页。再参阅《达尔文主义与国民生活》(*On Darwinism and National Life*)一文,见《自然》(*Nature*),1869年12月,184页。

④ 《美国的最后冬天》(*Last Winter in the United States*),1868年,29页。

远有足够的变异性。毫无疑问,这种进步需要许多共存的有利环境条件;不过,如果没有人口的迅速增加以及由此引起的极其剧烈的生存斗争,最有利的环境条件是否会发生足够的作用,还是完全可以怀疑的。例如,根据我们在南美一些地方所看到的情况来说,甚至一种可以称为文明的民族,如西班牙殖民者,看来当生活条件很安逸的时候,就容易变得懒惰而致倒退。关于高度文明的民族,其不断进步在次要程度上还决定于自然选择;因为,这等民族并不像野蛮部落那样,彼此取代而被消灭之。尽管如此,从长远观点来看,同一群体内智力较高的成员比智力较低的成员将会获得较大的成功,留下较多的后代,这就是自然选择的一种形式。进步更加有效的原因似乎在于:当幼年期间头脑易受影响时施以良好教育,由最有才能和最优秀的人士反复灌输高标准的美德,体现民族的法律、风俗和传统,并且由舆论进行强制。然而,应该记住,舆论的强制性决定于我们能够鉴别他人的称赞和谴责;这种鉴别是以我们的同情为基础的,而同情作为社会本能的一个最重要因素最初通过自然选择而得到发展,简直是无可怀疑的。[①]

关于所有民族一度曾为野蛮民族的证据

这个问题已由卢伯克爵士[②]、泰勒先生、伦南先生等人进行了充分的和可称赞的讨论,我在这里只是叙述一下他们所得结果的最简短提要而已。最近阿盖尔公爵[③]提出的和以前沃特利(Whately)大主教提出的论点支持了这样一种信念:认为人类本来是作为一种文明者进入这个世界的,所有野蛮人是由于此后发生了退化,在我看来,这种论点同另一方所提出的论点相比似乎就显得虚弱了。许多民族无疑都曾与文明背道而驰,有些可能堕入完全野蛮的状态,虽然我还没有遇到过关于后面这一点的证据。火地人大概为其他胜利的游牧民族所迫,定居在现今那块荒凉的地方,结果他们可能变得有点更加退化了;但很难证明他们已经降到博托克多人(Botocudos)以下,而博托克多人却是在巴西的最好地方居住的。

所有文明民族都是野蛮人的后裔,其证据在于:一方面,在现今依然存在的风俗、信仰、语言等等之中,还有他们以往低等状态的明显痕迹;另一方面,已证明未开化人能够独立地在文明等级上提高少数几步,而且他们确曾这样提高过。有关第一方面的证据是极其奇妙的,我还不能在这里举出;我谈到的这等例子是关于计数技术的,正如泰勒所明确阐述的,这同现今在某些地方依然使用的字有关,计数发源于手算,最初用一只手,然后用两只手,最后连脚趾也用上了。在我们自己使用的十进制以及在罗马数字上都有这种痕迹,罗马数字的Ⅴ料想为一只人手的简形,在Ⅴ之后为Ⅵ等等,当时无疑两只手都用上了。再者,"当我们说三个20加10时,我们是用二十进制计算的,每个20在概念上代

---

① 我非常感激约翰·莫利(John Morley)对这个问题所做的好批评;再参阅布罗卡(Broca)的《论选择》(*Les Sélections*),见《人类学评论》(*Revue d'Anthropologie*),1872年。

② 《论文化的起源》(*On the Origin of Civilisation*),见《人种学会会报》(*Proc. Ethnological Soc.*),1867年11月26日。

③ 《原始人类》(*Primeval Man*),1869年。

表一个整人,如墨西哥人或加勒比人(Carib)所云"。① 按照一个日益扩大的学派的语言学者们的意见,每一种语言都有其缓慢而逐渐进化的痕迹。书法亦复如此,因为字母就是图形代表的痕迹。凡是读过伦南的著作②的人,简直不能不承认几乎所有文明民族至今仍然保持着用暴力抢婚那样的粗野习俗。同一位作者问道,能够举出什么古代民族原本就实行一夫一妻制吗? 正义的原始概念,如仍然保留其痕迹的战争法以及其他风俗所阐明的,同样也是最粗野的。许多现存的迷信正是以往虚假宗教信仰的残余。宗教的最高形态——上帝憎罪恶而爱正义的崇高概念——在原始时代是不知道的。

转来谈谈另一类证据:卢伯克爵士曾阐明,最近有些未开化人在某些技艺方面稍有进步。他所做的非常奇妙的叙述表明,世界各地未开化人使用的武器、工具以及技艺差不多都是独立发明的,也许取火的技术除外。③ 澳洲土人的飞镖(boomerang)*是这种独立发明的一个良好事例。塔希提人(Tahitians)**当最初被发现时,在许多方面就比其他波利尼西亚诸岛上大多数居民进步。关于秘鲁土著居民和墨西哥土著居民的高度文化是由国外传来的信念④,并没有充分的根据,那里栽培着许多土著植物并饲养少数土著动物。从大多数传教士所发生的影响很小来判断,我们应该记住,来自某一半文明地方的一群漂流者如果被冲到美洲海岸,若非当地土著居民已经多少有点进步的话,这群漂流者对他们是不会发生任何显著影响的。看看世界历史的远古时代,用卢伯克爵士的著名术语来说,我们就可以发现一个旧石器时代和新石器时代,没有人会妄称磨制粗陋燧石器的技术是从外边传来的。在欧洲的所有地方,一直东到希腊,在巴勒斯坦、印度、日本、新西兰以及包括埃及在内的非洲,都曾发现过大量的燧石器;而现今居民都没有保持使用它们的任何传统。关于中国人和古代犹太人以前都使用过石器,也有间接的证据。因此,差不多包括全部文明世界的这等地方的居民一度都处于野蛮状态,这简直是无可怀疑的了。认为人类原本是文明的,其后在许多区域发生了完全退化的那种信念,乃是可怜而又可鄙地低看了人类的本性。而认为进步远比退步更加普遍,并且认为人类虽然经过缓慢而中断过的步骤却由低等状态上升到今天那样的知识、道德和宗教的最高标准,显然是一种更加真实、更加令人振奋的观点。

---

① 曾在"大不列颠皇家协会"(Royal Institution of Great Britain)宣读,1867 年 3 月 15 日。还有《对人类初期历史的研究》,1865 年。

② 《原始婚姻》,1865 年。再参阅显然是同一位作者所写的一篇优秀的论文,见《北英评论》,1869 年 7 月。还有,莫尔根先生的《关于亲属关系的社会等级,体系的起源之推测》,见《美国科学院院报》(Proc. American Acad. of Sciences),第 7 卷,1868 年 2 月。沙夫豪森博士说过"在荷马史诗和《旧约全书》中都曾记载过用人做献祭品的遗风",见《人类学评论》,1869 年 10 月,373 页。

③ 卢伯克爵士,《史前时代》,第 2 版,1869 年,第十五、十六各章。再参阅泰勒的《人类的早期历史》一书中最优秀的第九章。

* 为澳洲土著的武器,用曲形坚木制成,打出去可飞回原处。——译者注

** 南太平洋塔希提岛上的土著居民。——译者注

④ 米勒在《诺瓦拉游记:古生物学,第三部》(Reise der Novara:Anthropolog. Theil,Abtheil. Ⅲ,1868 年,127 页),做过一些良好的论述。

第六章 人类的亲缘和系谱

人类在动物系列中的位置——系谱的自然分类法——价值微小的适应性状——人类同四手类在各个微细之点上的类似——人类在自然分类中的等级——人类的发源地及其古老性——作为连接环节的化石的缺少——第一根据人类亲缘、第二根据人类构造推论出来的人类系谱较低诸阶段——脊椎动物的早期雌雄同体状态——结论

纵使承认人类同其关系最近的同源动物之间在身体构造方面的差异大到像某些自然学者们所主张的那样,而且纵使我们必须承认他们之间在心理能力方面的差异也是巨大的,但上述各章所列举的事实看来还以最明显的方式表明了人类是从某一较低等类型传下来的;尽管连接的环节迄今尚未被发现,亦复如此。

人类容易发生众多的、微小的和各式各样的变异,这等变异就像在低于人类的动物中那样,是由同样的一般原因所引起的,并且受到同样的一般规律的支配而遗传下去。人类增殖得如此之快,以致他必然要处于生存斗争之中,因而要受到自然选择。人类产生了许多种族,其中有些种族彼此差异如此之大,以致他们常常被自然学者们列为不同的种(species)。他的身体是按照同其他哺乳动物一样的同源图案构成的。他通过同样的胚胎发育阶段,他保持着许多残迹的和无用的构造,毫无疑问,这些构造以前一度是有用的。性状不时在其身上重现,我们有理由相信他的早期祖先曾经具有这等性状。如果人类的起源完全不同于一切其他动物,则上述种种表现只能是一种空洞的欺骗;但承认这一点乃是令人难以相信的。相反,如果人类和其他哺乳动物都是某一未知的、较低等类型的共同后裔,则上述表现就是可以理解的了,至少在很大程度上是可以理解的。

有些博物学者们由于对人类的心理和精神动力有深刻的印象,所以把整个有机界分为三个领域,即:人类、动物界、植物界,这样就把人类立为单独的一界(kingdom)[①]。博物学者无法对精神能力进行比较或加以分类:但他可以像我曾经做的那样,尽力阐明人类和低于人类的动物的心理官能虽在程度上有巨大差异,但在种类上并无不同。一种差异的程度不论多么大,也不能证明我们把人类列为独特的一界是正当的,把两种昆虫,即无疑属于同纲(class)的胭脂虫(coccus)和蚂蚁的心理能力加以比较,也许会对这一点作出最好的说明。在这里,二者心理能力的差异大于人类和最高等哺乳动物之间心理能力的差异,虽然其种类多少有点不同。雌胭脂虫当幼小时用喙附着在一种植物上,吸其液汁,此后决不再移动;于是受精产卵;这就是它的全部生活史。另一方面,描述工蚁的习

---

① 关于各个博物学者在其分类法中给人类安排的位置,小圣·伊莱尔有过详细叙述,见《博物学通论》,第2卷,1859年,170—189页。

性及其心理能力,像胡伯尔所做的那样,则需要巨卷著作;但我将简略地列举少数几点。蚁类肯定会彼此互通消息,若干蚁联合起来进行同一项工作,或者在一起游戏。分离数月之后,还能认识它们的同群伙伴,而且彼此会感到同情。它们建筑大厦,保持清洁,晚间关闭门户,并设警卫。它们修筑道路以及在河床下面修筑隧道,架设临时桥梁以连接在一起。它们为群体聚集食物,如运回窝中的东西太大而不能进门时,它们就把门开大,然后修复原状。它们贮存子实,防止它们发芽。如果受潮,就把子实运到地面上进行干燥。它们畜养蚜虫和其他昆虫作为奶牛。它们以整齐的队列出发征战,并且为了公共福利从容地牺牲自己的生命;它们按照事先预定的计划进行迁徙;它们俘获奴隶。它们把蚜虫的卵和自己的卵、茧运到窝中暖和的部分,以便它们尽快孵化;还可以举出无数相似的事实。① 总之,蚂蚁和胭脂虫之间在心理动力方面的差异是巨大的;但从来没有人梦想过把这两种昆虫放入不同的纲,更不用说放入高得多的不同的界了。这两种昆虫之间的差异无疑可以由其他昆虫衔接起来,但人类和高等猿类之间的差异就不是这样了。不过我们有各种理由可以相信,这一系列的中断仅仅是许多类型已经绝灭的结果。

欧文教授主要根据脑的构造把哺乳动物分为四个亚纲(sub-class)。他把人类专门列为一个亚纲,又把有袋类和单孔类合并列为另一个亚纲;所以他把人类从其他哺乳动物区分出来正如把有袋类和单孔类合并起来一样。就我所知道的来说,凡是能够作出独立判断的博物学者,都不同意这一观点,因而无须在这里给予进一步讨论。

我们能够理解,为什么以任何单一性状或器官为根据的分类法——即使这种器官异常复杂而重要得像脑那样——或以心理官能的高度发达为根据的分类法,几乎肯定被证明都是不能令人满意的。这一原则确曾对膜翅类昆虫试用过;但是,当以它们的习性或本能进行这样分类时,便证明这种排列法是彻底人为的了。② 当然,无论根据什么性状、如身体大小、颜色或居住的自然条件进行分类都可以;但博物学者们长期以来就深信有一种自然分类法。这种分类法现已得到普遍承认,它必须尽可能地按照谱系进行排列,——这就是说,同一类型的共同后裔必须纳入一个类群中,而同任何其他一个类型的后裔分开;但是,如果亲本类型彼此有关系,那么它们的后裔也要如此,并且两个类群合在一起就会形成一个更大的类群。几个类群之间的差异量——这就是各个类群、所发生的变异量——则由属(genera)、科(families)、目(orders)、纲(classes)这样专门名词表示之。因为关于生物由来的系统,我们没有记录,所以只能根据对被分类的生物之间的类似程度所做的观察,才能发现谱系。为了这个目的,多数的类似之点要远比在少数几点的相似量或不相似量重要得多。如果两种语言在大量的单词和构造上彼此类似,它们就会被认为是从一个共同的根源发生的,尽管它们在某些少数单词或构造上有重大差异,也是如此。但对生物来说,类似之点的形成必须不是由于对相似生活习性的适应;例如,两种动物由于在水中生活,其全部身躯可能都发生变异,然而在自然分类中却不会因此把它们放得更近一点。因此,我们可以知道,在若干不重要的构造上,在无用的和线迹的

---

① 关于蚁类的习性,贝尔特先生在其《博物学者在尼加拉瓜》(1874 年)一书中,发表过一些最有趣的事实。再参阅莫格里奇先生的令人钦佩的著作《农蚁》(*Harvesting Ants*),1873 年,以及《两个世界评论》,1870 年 2 月,682 页。

② 韦斯特伍德(Westwood),《昆虫的近代分类》(*Modern Class of Insects*),第 2 卷,1840 年,87 页。

器官上、即在现今已无功能作用或处于胚胎状态下的器官上，彼此的类似性何以对分类是最重要的；因为这等类似性几乎不能是在晚近期间由于适应而形成的；这样，它们就揭示了远古的生物由来的系统、即真正的亲缘。

我们还能进一步知道，某一种性状的巨大变异量为什么不应引导我们把任何两种生物分得很远。一个部分如果和亲缘相近类型的同一部分已经大不相同，那么按照进化学说而言，这个部分已经发生了重大变异；因而它就容易进一步发生同一种类的变异；这等变异如果是有利的，大概会保存下来，并由此而不断地扩大。在许多场合中，一个部分的不断发展，例如鸟喙或哺乳动物牙齿的不断发展，对这个物种获得食或达到任何其他目的都不会有什么帮助；但关于人类，我们还看不出脑和心理官能的不断发展，仅就利益而言，有什么一定界限。因此，在自然分类、即谱系分类中决定人类的位置时，不应认为极度发达的人脑其重要性超过其他较不重要的或完全不重要的大量彼此类似之点。

大多数博物学者当考察了人类的全部构造及其心理官能之后，每依布鲁曼巴哈和居维叶之说，把人类放在单独的一目（order），名为双手目（Bimana），因此同四手目（Quadrumana）*和食肉目等处于相等地位。最近我们许多最优秀的博物学者们又重新遵循如此富有洞察力的林纳最先提出来的观点，他们把人类和四手类放在同一个目，名为灵长类（Primates）。这一结论的正确将会得到承认：因为，第一，我们必须记住，人脑的高度发达对分类来说在比较上并没有什么重要意义，而人类和四手类的头骨之间的强烈显著差异（比肖夫、阿比以及其他人士的最近主张）显然由于它们脑的不同发达所致。第二，我们必须记住，人类和四手类之间的几乎一切其他更加重要的差异显然是由于对它们本性的适应而发生的，而且主要同人类的直立姿势有关；如人类的手、足、骨盆的构造，脊骨的弯曲以及头部的位置，都是如此。关于适应的性状对分类不很重要，海豹科（family of Seals）提供了良好例证。这等动物在其身体形状上、在其四肢构造上同所有其他食肉类的差异，远远大于人类和高等猿类在这方面的差异；然而在大多数分类法中，从居维叶分类法一直到最近的弗劳尔（Flower）分类法，[①]只不过把海豹列为食肉目的一个科。如果人类不是他自己的分类者，大概不会想到为了容纳自己而设置一个单独的目。

把人类和其他灵长类动物在构造上的无数一致之点列举出来，并不在我的讨论范围之内，而且也完全不是我的知识所能及的。我们伟大的解剖学家和哲学家赫胥黎教授已对这个问题做过充分讨论，[②]他的结论是：人类在其体制的一切部分上与高等猿类的差异，小于猿类与同一类群较低等成员的差异。因而"把人类列为一个独特的目，是不正确的"。

在本书的前一部分，我曾列举各种事实以阐明人类在体质上同高等动物是多么密切一致；这种一致性决定于我们在微小构造和化学成分上的密切相似。我曾举出一些事例来说明，我们有感染同样疾病的倾向，而且有受到相似寄生虫侵袭的倾向；我们对同样的兴奋剂有共同的嗜好，而且这等兴奋剂以及各种药物对我们会产生同样的效果，还有其

---

* 即猿类。——译者注

① 《动物学会会报》（*Proc. Zoolog. Soc.*），1863 年，4 页。

② 《关于人类在自然界的位置的证据》（*Evidence as to Man's Place in Nature*），1863 年，70 页及其他诸页。

他诸如此类的事实。

因为人类和四手类之间的微小而不重要的类似之点，在分类学著作中普遍没有受到重视，并且因为当这等类似之点为数众多时就揭示了我们之间的亲缘关系，所以我将列举少数几点加以说明。人类和四手类的面貌上的相应部位是显著相同的；各种情绪是由肌肉和皮肤——主要是眉的上部以及口的周围的肌肉和皮肤——的差不多相似的运动所表现出来的。某些少数表情的确是差不多一样的，例如某些猴的种类的哭泣，以及其他一些种类的嘈杂大笑，在这样时候，它们的嘴角向后扯，而且眼睑起皱。彼此的外耳异常相似。人类的鼻远远高出大多数猴类的鼻；但我们可以从白眉长臂猿（hoolock gibbon）的鹰钩鼻查出猴类高鼻的开端，至天狗猴（*Semnopithecus nasica*）*，它的鼻就大到可笑的极点了。

许多猴类的面部装饰有下巴胡子、连鬓胡子或上唇胡子。天狗猴属（*Semnopithecus*）一些物种的头发非常之长①；帽猴（*Macacus radiatus*）的头发自头顶的一点散出，向下至中部而分开。普遍都说前额使人有了高贵而智慧的面貌；但是，帽猴的浓密头发向下骤然终止，接下去的毛如此短而细，以致前额除去眉毛之外，还有一小段看来好像是完全无毛的。有人错误地断言，任何猴都没有眉毛。刚才提到的那个物种的前额无毛，其程度在不同个体有所不同；埃舍里希特说②，我们小孩的有发头皮和无毛前额之间的界限有时并不十分明显；所以我们在这里似乎找到了一个有关返祖的微小事例，人类祖先的前额那时还没有完全无毛。

众所周知，我们手臂上的毛由上下两方趋向肘的一点。这种奇异的排列同大多数低等哺乳动物的都不相似，却同大猩猩、黑猩猩、猩猩、长臂猿的某些物种、甚至某些少数美洲猴类的臂毛排列相同。但是，敏捷长臂猴（*Hylobates agilis*）前臂上的毛以正常方式向下趋向腕部；白手长臂猿（*H. lar*）前臂上的毛差不多是直立的，稍微向前倾斜而已；所以在后一物种中臂毛的趋向正处于一种过渡状态。大多数哺乳动物背部的厚毛及其趋向适应于雨水流下，简直是无可怀疑的；甚至狗的前腿上横向的毛，当它卷曲起来睡觉的时候，也可用于这个目的。华莱士先生曾仔细地研究过猩猩的习性，他说，猩猩的臂毛趋向肘部可以解释为便于雨水流下，因为这种动物在阴雨天弯臂而坐，用双手环握树枝或放在头部之上。按照利文斯通（Livingstone）的说法，大猩猩也是"在倾盆大雨中把双手置于头部之上坐在那里"。③ 如果上述解释是正确的话，看来似乎很可能如此，则人类臂毛的趋向提供了一个有关我们往昔状态的奇妙记录；因为谁也不会假定现今在便于雨水流下方面它还有任何用处；而且在我们现今直立的状况下，它也不适合这种目的了。

然而，关于人类及其早期祖先的臂毛趋向，不要轻率地过分相信适应的原理；因为，凡是研究过埃舍里希特所绘制的人类胎儿身上毛的排列图（成人也是一样），不可能不同意这

---

* 即 *Semnopithecus nasalis*，多群栖于加里曼丹等处的沿河乔木上，鼻长而突出，雄性老猴者尤长，可运动自如，且如吻，故又名"长鼻猴"proboscis monkey。——译者注

① 若弗鲁瓦（Isid. Geoffroy），《博物史通论》（*Hist. Nat. Gén.*），第 2 卷，1859 年，217 页。

② 《论人类身体的无毛》（*Ueber die Richtung der Haare*），见米勒的《解剖学和生理学的历史文献》（*Archiv für Anat. und Phys.*），1873 年，51 页。

③ 里德（Reade）引用，《非洲见闻录》（*The African Sketch Book*），第 1 卷，1873 年，152 页。

位最优秀的观察家所说的还有其他更加复杂的原因介入其中。毛的趋向各点似乎同胚胎最后停止发育各点有某种关联。看来四肢上毛的排列似乎还同髓动脉（medullary arteries）的走向有某种关联。①

千万不要假定，人类和某些猿类在上述各点以及许多其他诸点——例如前额无毛和头部的长发束等等——的类似，一定全是从一个共同祖先继续不断遗传的或后来返祖的结果。许多这等类似更可能是由于相似变异；如我在他处试图阐明的那样，②相似变异的发生是由于共同起源的生物具有相似的体质，并且被诱发相似改变的相同原因所作用。关于人类和某些猴类前臂毛的相似走向，因为这一性状几乎为一切类人猿所共有，大概可以把它归因于遗传，但也并非肯定如此，因为某些亲缘很远的美洲猴类也具有这样性状。

我们已经看到，人类虽然没有正当权利为了容纳自己而设立一个单独的目，但他或者可以要求一个独特的亚目（sub-order）或科（family）。赫胥黎教授在晚近的著作中③把灵长类分为三个亚目，即：人亚目（Anthropidae），只包含人类；猴亚目（Simiadae），包括所有种类的猴；狐猴亚目（Lemuridae），包括狐猴的多种多样的属。就构造某些重要之点的差异而言，人类无疑可以合理地要求一个亚目的等级；如果我们所注意的主要是他的心理官能，那么这一等级就太低了。尽管如此，从系谱的观点来看，这个等级好像又太高了，人类只应形成一个科，可能甚至仅仅是一个亚科。如果我们想象从一个共同祖先发出的三条系统线，那么完全可以料想到，其中有两条经过长年累月之后所发生的变化如此微小，以致依然保持同属的物种地位，而第三条所发生的改变却如此重大，因而可以列为一个独特亚科、一个科甚至一个目。但在这种情况下，几乎可以肯定，第三条线通过遗传依然会保持类似于另外两条线的众多微小之点。于是，这里发生了迄今不好解决的一个难题，即在我们的分类中，对于差异强烈显著的少数各点——这就是说，对于已经发生的变异量应该给予多大注重；而对于那些表示系统线或系谱的众多不重要各点的密切类似，又应该给予多大注重。虽然许多微小的类似各点作为显示真正的自然分类来说，对其给予重大注意，看来是比较正确的，但对于少数而强烈的差异多予注重，却是最明显的而且恐怕是最稳妥的道路。

当对人类这一问题下一判断时，我们必须看一看猴科的分类。几乎所有博物学者都把这一科分为狭鼻猴群（Catarrhine group）、即旧世界猴类和阔鼻猴群（Platyrrhine group）、即新世界猴类。所有前者正如它的名称所表示的，都以鼻孔的特殊构造以及上下颚具有四个前臼齿为特征；所有后者（包括两个很特殊的亚群）却以不同构造的鼻孔以及上下颚具有六个前臼齿为特征。此外还有一些微小差异。那么，毫无疑问，人类在其齿系方面，在其鼻孔构造方面，以及在其他方面，是属于狭鼻猴类、即旧世界猴类的；除了少数不十分重要而且显然是一种适应性的性状以外，人类同狭鼻猴类的类似均比同阔鼻猴类的类似更为密切。所以，要说某些新世界物种以往发生了变异，并且产生了具有旧

① 关于长臂猿的毛，参阅《哺乳动物志》（Nat. Hist. of Mamm.），马丁著，1841年，415页。关于美洲猴和其他种类，也可参阅若弗鲁瓦的《博物史通论》，第2卷，1859年，216,243页，埃舍里希特，同前书，46,55,61页。欧文，《脊椎动物解剖学》，第3卷，619页。华莱士，《对自然选择学说的贡献》，1870年，344页。
② 《物种起源》，第5版，1869年，194页。《动物和植物在家养下的变异》，第2卷，1868年，348页。
③ 《动物分类导论》（An Introduction to the Classification of Animal），1869年，99页。

世界猴类所固有的一切独特性状的类人动物，同时失去了它自己所有独特的性状，乃是完全不可能的。因而人类是旧世界猴类系统的一个分支，并且从谱系观点来看，必须把他划为狭鼻猴的同类，几乎是无可怀疑的。①

大多数博物学者都把类人猿、即大猩猩、黑猩猩、猩猩和长臂猿作为一个独特的亚群，同其他旧世界猴类分开。我知道葛拉条雷根据脑的构造不承认这一亚群的存在，而且无疑它是一个中断的亚群。例如，米伐特先生说，"可以看到猩猩是这一目中最特殊而脱离常轨的类型之一"。② 有些博物学者还把其余不是类人的旧世界猴类分为两三个更小的亚群；具有特殊囊状胃的天狗猴属就是这等亚群的一个典型。但是，根据高德利（Gaudry）在古希腊雅典城邦（Attica）的惊人发现，那里在中新世（Miocene period）期间曾经存在过一个连接天狗猴属和猕猴属的类型，这大概证明了其他较高等的诸类群一度混合在一起的方式。

如果承认类人猿形成一个自然的亚群，那么，因为人类同他们的一致，不仅表现在人类同狭鼻猴群所共有的一切性状上，而且表现在无尾、无胼胝那些特殊性状上，同时还表现在一般面貌上，所以我们可以推论，那个类人亚群的某一古代成员产生了人类。通过相似变异的法则，任何一个其他较低等亚群的成员大概不可能产生在许多方面都同较高等类人猿相类似的类人动物。人类同其大多数亲缘相近者比较起来，曾经发生了非常大的变异量，这主要是人类脑部及其直立姿势巨大发展的结果；尽管如此，我们还应该记住，他"不过是灵长目的几个例外类型之一而已"。③

凡是相信进化原理的每一位博物学者都会同意猴科的两个主要部分、即狭鼻猴类和阔鼻猴类及其亚群全是出自某一极古的祖先。这一祖先的早期后裔在其彼此分歧到相当程度之前，大概依然形成一个单一的自然群；但有某些物种，即初生的属大概已经开始以其分歧的性状表明了狭鼻猴类和阔鼻猴类的未来独特标志了。因此，这一假定的古代类型成员在其齿系或其鼻孔构造上，一方面既不像现存的狭鼻猴类、另一方面也不像阔鼻猴类那样的非常一致，而在这一点上却同亲缘相近的狐猴科相类似，后者在其鼻口部的形状上彼此差别重大，④而其齿系的差别程度就非常之大了。

狭鼻猴类和阔鼻猴类毫无问题完全属于同一个目，这阐明了它们的很多性状是彼此一致的。它们所共有的那些性状简直不能由如此众多的物种那里分别获得的；因此，这等性状一定是遗传的。但是，一个古代类型如果具有狭鼻猴类和阔鼻猴类所共有的许多性状、其他处于中间状态的性状而且恐怕还有少数不同于这两个类群的性状，那么一个博物学者无疑会把它分类为一种猿或一种猴的。从系统的观点来看，由于人类属于狭鼻猴类，即旧世界的猴类系统，所以我们必须作出结论说，人类的早期祖先也应该这样称呼

---

① 这同米伐特先生暂定的分类法差不多是一样的（《科学协会会报》，1867 年，300 页），他把灵长目分为狐猴科（Lemuridae）、人科（Hominidae）和猴科（Simiadae），这三者相当于狭鼻猴类、卷尾猴科（Cebidae）和狨科（Hapalidae），后两个类群则相当于阔鼻猴类。米伐特先生现仍坚持上述观点，参阅《自然》，1871 年，481 页。

② 《动物学会会报》（Transact. Zoolog. Soc.），第 6 卷，1867 年，214 页。

③ 米伐特先生，《科学协会会报》（Transact. Phil. Soc.），1867 年，410 页。

④ 莫里先生和米伐特先生论狐猴科，《动物学会会报》，第 7 卷，1869 年，5 页。

才是适当的,不管这个结论多么有损于人类的骄傲,①都必须如此做。但我们千万不要犯这样的错误:假定包括人类在内的整个猴类系统的早期祖先同任何现存的猿或猴是完全一致的,或者即使是密切类似的。

人类的诞生地及其古老性

自然我们要被引导着去追问,当我们的祖先从狭鼻猴类系统分歧出来的时候,人类在那一进化阶段的诞生地是在哪里呢?他们属于这一系统的事实明确地指出,他们那时是栖居于旧世界的;但不是澳洲,也不是任何海洋岛,从地理分布的法则可以推论出这一点。在世界各个大区内,现存哺乳动物和同区绝灭物种是密切关联的。所以同大猩猩和黑猩猩关系密切的绝灭猿类以前很可能栖居于非洲;而且由于这两个物种现今同人类的亲缘关系最近,所以人类的早期祖先曾经生活于非洲大陆,而不是别处地方,似乎就更加可能了。但是,对这个问题进行推测是无益的;这是因为有两三种类人猿,其中之一为拉脱特命名的森林古猿(Dryopithecus)②,同人差不多一样大,而且同长臂猿的亲缘关系密切,曾在中新世生存于欧洲;再者,还因为地球从一个如此遥远的时代以来,肯定发生过许多重大变迁,并且对极大规模的移居会有充分时间。

无论何时,也无论何地,当人类最初失去其覆毛的时候,很可能是栖居于一处炎热地方的;根据类推来判断,人类那时以果实为生,所以那里大概是适于这种情况的一种环境。我们远远不知道,人类在多久以前才最初从狭鼻猴系统派生出来,但可能是发生于始新世那样远古的时代;因为森林古猿的存在阐明,早在后期中新世高等猿类就从低等猿类派生出来了。我们完全不晓得,生物——无论在等级上多高或多低——在适宜的环境条件下可能以怎样的速度发生变异;然而我们知道,有些生物经过漫长的时间还保持了同样的形态。根据我们所看到的在家养下发生的情况,我们知道,同一物种的共同后裔在同一期间内,有些可能完全不变化,有些可能稍微变化,这些则可能大大地变化。因此,人类也可能是这样情形,同高等猿类比较起来,人类在某些性状上曾发生过大量变异。

在生物链上人类同其最近亲缘种之间的巨大断裂是无法由绝灭的或现存的物种连接起来的,这常常被提出来作为一种重大理由来反对人类起源于某种低等类型的信念;但对那些根据一般理由相信一般进化原理的人们来说,这种反对理由看来并没有多大分量。在生物系列的所有部分常常出现断裂,有些是广阔的、突然的和明确的,其他断裂则较此为差,程度有种种不同;例如,猩猩和其最近亲缘种之间——跗猴(Tarsius)和其他狐猿科动物之间——象和所有其他哺乳动物之间,都是如此,而鸭嘴兽(Ornithorhynchus)或针鼹(Echidna)和其他哺乳动物之间的情况就更加显著。但是,这种断裂仅仅被绝灭了的亲缘类型数量所决定。在将来的某一时期,以世纪来衡量这一时期不会很远,人类

---

①　关于这一点,赫克尔作出同样的结论,参阅《论人类的发生》(*Ueber die Entstehung des Menschenge-schlechts*),见微尔和(Virchow)的《普通学术报告》,1868 年,61 页。再参阅赫克尔的《自然创造史》,1868 年,在该书中他详细地叙述了他的关于人类谱系的观点。

②　福尔西·马若尔(C. Forsyth Major)博士,《在意大利发现的猴类化石》(*Sur les Singes Fossiles trouvés en Italie*),见《意大利博物学会会报》,第 15 卷,1872 年。

的文明种族几乎肯定要在全世界内消灭和取代野蛮种族。同时,譬如沙夫豪森教授所说的,①类人猿无疑也将被消灭。那时人类和其最近亲缘种之间的断裂将更加广阔,因为现在的断裂在于黑人或澳洲土人和大猩猩之间,而那时的断裂,将在文明状态甚至高于白种人的人类——如我们所期望的——和低于狒狒的某种猿类之间。

关于连接人类和其似猿祖先之间的化石遗骸的缺乏,凡是读过莱伊尔爵士论述②的人,谁都不会过分注重这一事实,他指出在所有脊椎动物纲中发现化石遗骸乃是一个很缓慢而偶然的过程。我们也不应忘记,地质学者们迄今还没有探查到那样的地区,在那里最可能提供一些连接人类和某种绝灭的似猿动物之间的遗骸。

人类系谱的较低诸阶段

我们已经知道,人类看来是从狭鼻猴类、即旧世界猴类派生出来的,而后者在此之先又是从新世界猴类派生出来的。现在我将努力追溯一下人类系谱的古远遗迹,这主要依据各个纲之间和各个目之间的相互亲缘关系,也要稍微涉及他们相继出现于地球之上的可以确定的时期。狐猴科接近猴科,而位于其下,组成了灵长类中一个很独特的科,或者,根据赫克尔和其他人士的看法,组成了一个独特的目。这一类群的歧异和断裂已达到异常程度,其中包括许多畸变类型。所以,它很可能大量绝灭了。大部分残存者都生活在像马达加斯加和马来群岛那样的岛屿上,在那里它们所面临的竞争并不像在生物繁多的诸大陆上那样剧烈。同样地,这一类群也呈现许多等级,这些等级之多,就像赫胥黎所述说的,"从动物界最高顶峰的生物缓慢地同下直到最低等的哺乳动物——同那些胎盘哺乳动物中最下属的、最小的而且智力最低的生物看来仅仅只差一步"。③ 从这种种考察看来,猴科很可能原本就是从现存的狐猴科祖先发展而来的;而狐猴科又是从哺乳动物系列中最低等类型发展而来的。

有袋类在许多重要性状上都低于胎盘哺乳动物。有袋类是在较早的地质时期出现的,它们以往的分布范围要比现在广阔得多。因此,一般假定胎盘类(Placentata)起源于无胎盘类(Implacentata)、即有袋类;但不是起源于密切类似现存有袋类的类型,而是起源于有袋类的早期祖先。单孔类同有袋类的亲缘关系显然密切,前者在哺乳动物的大系列中形成了第三个还要更低的部门。今天它们仅以鸭嘴兽和针鼹为其代表;而这两个类型可以安全地被视为更加大得多的类群的残遗,其代表种在澳洲由于某些共同起作用的环境条件而被保存下来了。单孔类是显著有趣的,因为它把若干重要的构造特点引向爬行动物纲。

当我们在哺乳动物、因而在人类的系列中向下追踪其系谱时,将会愈来愈大地卷入暧昧不明之中;但是,正如一位最有才能的评论家派克(Parker)先生论述的,我们有良好的理由可以相信,在动物由来的直接系统中,并不存在真正的鸟或爬行动物。凡是想知

---

① 《人类学评论》,1867 年 4 月,236 页。
② 《地质学原理》,1865 年,583—585 页。《人类的源远流长》(*Antiquity of Man*),1863 年,145 页。
③ 《人类在自然界的位置》,105 页。

道才智和学识能起多大作用的人,不妨请教一下赫克尔教授的著作①。我很愿意举出少量的一般论述。每一位进化论者都会承认,五个大的脊椎动物纲,即哺乳类、鸟类、爬行类、两栖类,都是从某一个生物原型传下来的;因为它们有许多部分是共同的,尤其在胚胎状态下是如此。由于鱼类的构造是最低等的,而且出现于其他几类之前,因此我们可以断言,脊椎动物界的一切成员都是从某一种似鱼的动物派生出来的。如果相信性质如此截然不同的动物,如一种猴、一种象、一种蜂鸟、一种蛇、一种蛙和一种鱼等等,完全来源于相同的双亲,那么对那些没有注意到博物学晚近进步的人们来说,这一信念就显得荒谬绝伦了。其所以如此,是因为这一信念意味着以前曾经存在过一些环节把所有这等现今完全不相像的类型紧密连接在一起。

尽管如此,肯定有些类群的动物曾经存在过,或者现在仍然存在着,多少紧密地把几个大的脊椎动物纲连接在一起了。我们已经看到,鸭嘴兽逐渐向着爬行类变化;赫胥黎教授发现,并为科普(Cope)及其他人士所证实,恐龙类(Dinosaurians)在许多重要性状上,介于某些爬行类和某些鸟类之间——这里提到的鸟类是指驼鸟族(它本身显然是一个较大类群的广为分布的残余)和始祖鸟(Archeopteryx),这种奇异的次级鸟具有一条蜥蜴那样的长尾。再者,按照欧文教授的说法②,鱼龙类(Ichthyosaurians)——具有鳍状肢的大型海蜥蜴——同鱼类表现有许多亲缘关系,根据赫胥黎的意见,更确切地是同两栖类有许多亲缘关系;两栖动物纲在其最高部分包含着蛙类和蟾蜍类,它显然同硬鳞鱼类(Ganoid fishes)密切近似。光鳞鱼类在较古的地质时期非常繁盛而且其构造是所谓一般的基本模式,这就是说,它同其他生物类群表现有各式各样的亲缘关系。南美肺鱼(Lepidosiren)同两栖类和鱼类也非常密切近似,以致博物学者们长期以来都在争论应该把它分类在哪一纲;肺鱼类,还有某些少数硬鳞鱼类由于栖居在作为避难所的河湾,免于完全绝灭,而被保存下来了,这些河湾同大洋的关系正如岛屿同大陆的关系一样。

最后,巨大而变化多端的鱼纲还有一个独一无二的成员,叫做文昌鱼(lancelet),它和其他鱼类如此不同,以致赫克尔主张它在脊椎动物界中应该形成一个独特的纲。这种鱼以其反面的性状而著称;简直不能说它有脑、脊柱或心脏等等,所以先前的博物学者们曾把它分类在蠕虫中。许多年以前,古德瑟(Goodsir)教授发现文昌鱼同海鞘类(Ascidians)表现有某种亲缘关系,而海鞘类乃是无脊椎的、雌雄同体的水生动物,永久附着在一个支持物上。它们简直不像动物,体部为一种简单的、粗糙的、坚韧的囊,具有两个突出的小孔。它们属于由赫胥黎命名的拟软体动物门(Mulluscoida)——位于软体动物(Mollusca)大界的较低部分;但是,最近有些博物学者把它放在蠕形动物中。它们的幼体在形状上同蝌蚪多少类似③,具有自由游动的能力。柯瓦列夫斯基(M. Kovalevsky)④最近观

① 在他的《普通形态学》一书中有详细的各表阐明及此,在他的《自然创造史》(*Natürliche Schöpfungsgeschichte*)一书中特别论及人类。赫胥黎教授在评论后一著作时[《科学院院报》(*The Academy*),1869 年,42 页]说道,他认为赫克尔可称赞地讨论了人类由来的系统,虽然他对某些方面还有异议。他对全书的要旨和精神给予了高度评价。

② 《古生物学》(*Palaeontology*),1860 年,199 页。

③ 我在福克兰群岛于 1883 年 4 月满意地看到了一种复海鞘的能够运动的幼体,这一发现早于其他博物学者数年之久;复海鞘同 *Synoicum* 密切近似,但显然不是同属。其尾长为椭圆形头部的五倍左右,尾端为一很细的丝状体。我曾用简单的显微镜绘制过它的图,它明显地被横向不透明的部分分开,我设想这代表柯瓦列夫斯基所绘的大细胞。在发育的早期阶段,尾部紧密地缠绕在幼体的头部。

④ 《圣彼得堡科学院研究报告》(*Mémoires de l'Acad. des Sciences de St. Pétersbourg*),第 10 卷,第 15 期,1866 年。

察到海鞘类的幼体在其发育方式上，在神经系统的相对位置上，而且在一种同脊椎动物的脊索（chorda dorsalis）密切相似的构造上，都同脊椎动物相关联；库弗尔（Kupffer）教授后来证实了这一点。柯瓦列夫斯基教授从那不勒斯（Naples）写信给我说，他现在对此正在做进一步观察，如果他的结果充分地得到证实，那将是一项价值极大的发现。这样，要是我们可以依据胚胎学——从来就是分类的最稳妥的指南，看来我们最终就会得到一条追踪脊椎动物起源的线索。[①] 于是，可以证明我们持有如下的信念是有道理的，即，在极其遥远的时代，曾有一动物类群存在过，它们在许多方面都同现今的海鞘类幼体相类似，海鞘类曾分为两大枝——一枝在发育上退化了，产生海鞘类现在这一纲，另一枝产生了脊椎动物，因而上升到动物界的顶峰。

在其相互亲缘关系的帮助下，我们对脊椎动物的系谱，就大略地追踪至此。现在我们来看看现存的人类；我想，我们能够部分地恢复人类早期祖先在相继时期内的构造，但不是按照适当的时间顺序。根据人类依然保持的残迹器官，根据通过返祖在人类中时而出现的一些性状，并且在形态学和胚胎学的帮助下，我们是能够做到上述那一点的。我在这里将要提到的各种事实曾在以上各章叙述过。

人类的早期祖先一定曾经一度全身被毛，男女都长胡须；他们的耳朵大概是尖形的，并且能够活动；体部有尾，有适当的肌肉。那时他们的四肢和体部还有许多对其起作用的肌肉，现在只是偶尔重现，但在四手类中却是正常存在的。在这一时期或某一更早时期，上膊骨的大动脉和神经是由上颗孔穿过的。盲肠要比现在的大得多。从胎儿的大拇趾来判断，那时的脚是能抓握的；我们的祖先无疑有树栖的习性，并出没于温暖的、覆盖着森林的地方。男性生有巨大的犬齿，用做锐利的武器。在更加早得多的时期，子宫是双重的；粪便由泄殖腔（cloaca）排泄出来；而且有第三眼睑、即瞬膜来保护眼睛。在还要更早的时期，人类的祖先一定具有水生的习性；因为形态学明显地告诉我们，人类的肺是由一种改变了的鳔（swim-bladder）构成的，后者一度作为浮囊之用。人类胎儿颈部的裂隙表明那里曾经一度有鳃存在。在我们每月或每周定期运转的机能中，还清楚地保有我们原始诞生地的痕迹，那里曾是潮水冲击的滨岸。大约在与此同样早的时期，真肾是由伍夫氏体（Corpora Wolffiana，中肾）来代替的。心脏仅仅是一种简单的搏动器；脊索代替了脊柱。在朦胧时代的遥远过去，如此看来，这等人类早期祖先的构造一定像文昌鱼那样简单，或者，甚至比文昌鱼的构造还要简单。

还有另外一点更加值得充分注意。长期以来就知道，在脊椎动物界中，某一性别生有属于生殖系统的各种附属部分的残迹物，这等部分本来是属于另一性别的；现在已经确定，在很早的胚胎时期，雌雄两性都有真正的雄性腺和雌性腺。因此，整个脊椎动物界

---

① 但是，我理应补充一点：有些有能力的评论家们对这一结论还有争议，例如，捷得在《实验动物学文献》（1872年）中就此发表了一系列论文。尽管如此，这位博物学家还谈到（281页），"海鞘类幼虫的组织非任何假说和理论所可解释，由此可见，仅仅依靠对生活条件的适应，自然界就能使无脊椎动物产生出脊椎动物的基本形态（脊索的存在），我们虽不知这两大门动物的过渡在实际上是怎样完成的，但根据这一过渡的简单可能性，这两大门之间不可逾越的鸿沟就得以填平了。"

的某一遥远的祖先看来曾经是雌雄同体的。① 但在这里我们遇到了一个特别的难题。在哺乳纲中，雄性在其前列腺囊（*Vesiculæ prostaticae*）中具有子宫及其连接管道的残迹；它们还有乳房的残迹，而且某些有袋类的雄者有袋囊。② 还可以再举出另外一些与此近似的事实。那么，某种极其古代的哺乳动物在获得这一纲的主要特征之后，因而在它从脊椎动物界的较低诸纲分出来之后，我们还能假定它继续是雌雄同体的吗？这似乎是很不可能的，因为我们势必指望在鱼类——脊椎动物界中最低的一纲里去寻找依然是雌雄同体的类型。③ 每一性别所固有的附属部分，如果在相反性别处于残迹状态，对此可做如下解释，即，这等器官逐渐由某一性别获得，然后以多少不完全的状态遗传给另一性。当我们讨论性选择时，我们将遇到无数这样遗传的事例，——如雄鸟为了战斗或装饰获得了距、羽毛以及耀眼的色泽，这等性状则以一种不完善的或残迹的状态遗传给雌鸟。

　　雄性哺乳动物具有功能不完善的乳房器官，从某些方面看是特别奇妙的。单孔类动物有一种正常泌乳的腺和孔口，但没有乳头；由于这等动物在哺乳动物系列中位于最底层，所以哺乳纲的祖先很可能也是只有泌乳腺，而没有乳头。已经知道它们的发育方式支持了这一结论，因为特纳（Turner）教授根据克利克尔（Kölliker）和朗格尔（Langer）的权威材料告诉我说，在胚胎中，当乳头一点也看不到之前，就可以明显地查出乳腺；而个体的相继诸部分的发育一般代表着同一个由来系统的相继诸生物的发展，二者正好一致。有袋类同单孔类的差别在于前者有乳头；所以很可能是有袋类在从单孔类分出来并高于其上之后，最先获得了这等器官，然后传给了有胎盘的哺乳动物。④ 在有袋类大致获得了它们现今这样的构造以后，没有人会假定它们依然保存着雌雄同体状态。那么，我们又如何解释雄性哺乳动物还有乳房呢？可能是乳房先在雌者得到发展，然后传给了雄者，但从下述情况看来，这简直是不可能的。

　　如果根据另一种观点，也可提出如下的看法，即，在整个哺乳纲的祖先久已停止雌雄同体以后，雌雄两性还都泌乳，这样来养育它们的幼仔；在有袋类的场合中，雌雄两性都有养育幼仔的育儿袋。看来这好像是并非完全不可能的，如果我们考虑到下述情形：现存的海龙类（syngnathous fishes）的雄鱼把雌鱼的卵放在它们的腹囊内，进行孵化，如有

---

　　① 这是比较解剖学最高权威格根鲍尔（Gegenbaur）教授所做的结论，见《比较解剖学的主要特点》（*Grundzüge der vergleich. Anat.*），1870 年，876 页。这主要是对两栖类进行研究的结果；但是，根据沃尔戴耶（Waldeyer）的研究（《解剖学和生理学杂志》，1869 年，161 页），甚至"高等脊椎动物在性器官的早期状态时都是雌雄同体的"。相似的观点长期以来为某些作者所坚持，但直到最近还缺乏坚实的基础。

　　② 雄的袋狼（*Thylacinus*）提供了最好的事例。欧文，《脊椎动物解剖学》（*Anatomy of Vertebrates*），第 3 卷，771 页。

　　③ 在鲐鱼属（*Serranus*）的几个种中以及在某些其他鱼类中曾经观察到雌雄同体的情况，这等鱼类或是正常而对称的，或是异常而单侧的。祖特文（Zouteveen）博士给我关于这一课题的参考资料，特别是哈尔贝茨玛（Halberts-ma）教授在《荷兰科学院院报》（*Transact. of the Dutch Acad. of Sciences*）第 16 卷发表的一篇论文尤为重要。京瑟（Günther）博士怀疑这个事实，但现在有如此众多的优秀观察家们做过这方面的记录，以致没有任何争论的余地了。莱索纳（M. Lessona）博士写信告诉我说，他曾证实卡沃利尼（Cavolini）对鲐鱼所做的观察。埃科利尼（Ercolani）教授阐明鳗鲡是雌雄同体的［《波洛尼亚科学院院报》（*Accad. delle Scienze, Bologna*），1871 年 12 月 28 日］

　　④ 格根鲍尔曾阐明［《耶拿杂志》（*Jenaische Zeitschrift*），第 7 卷，212 页］，在几个哺乳动物目中有两种不同模式的乳头，这二者怎么会来源于有袋类的乳头，而后者又来源于单孔类的泌乳器官，则是完全可以理解的，参阅麦克斯·赫斯（Max Huss）关于乳腺的研究报告，同前杂志，第 8 卷，176 页。

些人所相信的，此后还在其中养育幼鱼[①]——某些其他种类的雄鱼在口中或鳃腔中孵卵；——某些雄蟾蜍从雌者那里取来卵环，放在自己的大腿周围，使其风干，一直到把它们孵化成蝌蚪为止，——某些雄鸟完全担负起孵卵的任务，还有，雄鸽以及雌鸽都用嗉囊中的分泌物来饲喂雏鸽。但是，我最初想到上述看法，是由雄性哺乳动物的乳腺所引起的，其乳腺要比其他附属生殖部分的残迹物发达得多，这等附属生殖部分虽然为某一性别所固有，却见于另一性别。像现在雄性哺乳动物所有的乳腺和乳头实际上简直不能称为残迹的；它们只是没有充分发育而且机能活动力不强而已。在某些疾病的影响下，它们可以变得像雌者的同类器官那样地合用。它们常常在出生时或在青春期泌出少数几滴乳汁：这一事实曾在以前提到的一个奇妙事例中发生过，这一事例就是一个男性青年具有两对乳房。在男人和某些其他雄性哺乳动物中，这等器官据知有时变得如此充分发育，以致可以泌出丰富的乳汁。于是，如果我们假定，在先前一个长期内，雄性哺乳动物帮助雌者去哺育后代，[②]以后由于某种原因（如由于产仔数量的减少），雄者不再提供这种帮助，那么器官在成熟期的不使用将会导致它们变得不活动；而且根据两项众所熟知的遗传原理，这种不活动状态很可能在相应的成熟期中传递给雄者。但是，在一个较早的时期，这等器官大概没有受到影响，所以在雌雄两性的幼仔中它们差不多是同等充分发育的。

结　论

冯·贝尔(von Baer)解释生物等级的提高或增进比其他任何人都好，他的解释是以一种生物的几个部分的分化程度和特化程度为依据的，——我愿补充一点，即这等部分是达到成熟期的。那么，由于生物通过自然选择缓慢地对多种多样的生活方式变得适应了，它们的一些部分由于从生理分工得到利益，也会在各种功能上变得越来越分化和特化了。同一部分好像常常最初是为了一个目的而改变了，于是经过长期以后又为了另一个完全不同的目的发生了改变；这样，所有部分都变得越来越复杂了。但是每一种生物依然保持着其最初祖先的一般构造模式。按照这种观点，如果我们转向地质学的证据，全体生物似乎在整个世界上都以缓慢而中断的步骤向前进了。在脊椎动物这个大界中，到人类便达到顶点。然而，千万不要假定，一旦生物类群产生其他更加完善的类群之后，它们就永远被取代而消失。更加完善的类群虽然胜过它们的先辈，但可能不会变得更好地适应于自然组成中的一切地方。有些古老类型由于栖居在有保护的处所，看来还会生存下来，在那里它们没有遇到很剧烈的竞争；这等类型可以使我们对既往消失的种群得到一个合理概念，于是在构成人类的系谱方面对我们有所帮助。但我们千万不要犯这样的错误：认为任何体制低等类群的现存成员都是它们古代先辈的完全代表。

---

① 洛克伍德(Lockwood)先生[《科学季刊》(Quart. Journal of Science),1868 年 4 月,269 页]根据对海马发育的观察,雄者的腹囊壁在某种方式上提供营养。关于雄鱼在口中孵卵,参阅怀曼教授的一篇很有趣的论文,见《波士顿博物学会会报》(Proc. Boston Soc. of Nar. Hist.),1857 年 9 月 15 日;再参阅特纳教授的论文,见《解剖学和生理学杂志》,1866 年,11 月 1 日,78 页。京瑟博士也描述过相似的事例。

② 鲁瓦耶(C. Royer)在她的《人类的起源》(Origine de l'Homme)中提出过相似的观点。

　　我们对脊椎动物界中的最古老祖先虽然只能有一种模糊认识，但它们显然是由一个同现存海鞘类幼体相类似的水生动物类群组成的。① 这等动物很可能产生了像文昌鱼那样低等体制的鱼的类群；从此一定又发展出硬鳞鱼类以及像肺鱼那样的其他鱼类。从这种鱼再向前做很小的迈进，就会把我们带到两栖类。我们已经看到，鸟类和爬行类一度是紧密连接在一起的；而且单孔类现在已经轻微地把哺乳类和爬行类连接起来了。但是，今天谁也无法说出三个比较高等而关联的纲、即哺乳类、鸟类和爬行类怎么通过生物由来的系统从两个较低等的纲、即两栖类和鱼类派生出来的。在哺乳纲中，从古代的单孔类到吉代的有袋类所经过的步骤，再从此到胎盘哺乳类的步骤，是不难想象的。这样，我们便可以向上追溯到狐猿科；再从此到猴科，其间隔并不很广阔。于是猴科分为两大支：一为新世界猴类，一为旧世界猴类；在一个遥远的过去时期，人类——宇宙的奇迹和光荣——从旧世界猴类产生出来了。

　　如上所述，我们曾指出人类有一个非常悠久的系谱，但或者可以说，他并不具有高尚的品质。人们常常说，这个世界为了人类的到来好像作了长期的准备：在某种意义上，这是完全正确的，因为他的诞生要归功于祖先的悠久系统。这条链索的任何一个环节如果从来没有存在过，人类大概就不会同现在完全一样。除非我们故意闭上双眼，那么根据我们现有的知识，我们大致可以认识我们的来历，我们无须为此感到羞耻。最低等的生物也远比我们脚下的无机尘土高出许多；一个人如果不持偏见，研究任何生物，无论其低等到何等地步，也不会不被它的奇异构造和性质所深深打动。

_____

　　① 海岸生物所受潮汐的影响一定很大，无论生活在高潮线或低潮线的动物都必须每两周通过一次潮汐变化的完全循环。因此，它们的食物供给每周都要发生显著的变化。这等动物在这等条件下生活了许多世代，其生活功能几乎都要规则地按每周运转。那么，有一个难以理解的事实，即在高等的、现今为陆栖的脊椎动物以及另外一些纲中，许多正常的和异常的过程都是以一周或多周为期的；如果脊椎动物起源于同现今在潮汐中生存的海鞘类相近似的动物，上述情况就是可以理解的了。可以举出许多有关这等周期过程的事例，如哺乳动物的妊娠期、疾病的间歇热等等皆是。卵的孵化也提供了一个良好的例子，因为，按照巴特利特（Bartlett）的说法［《陆与水》（*Land and Water*），1871 年 1 月 7 日］，鸽卵的孵化为两周；鸡卵的孵化为三周；鸭卵的孵化为四周；鹅卵的孵化为五周；鸵鸟卵的孵化则为七周。就我们所能判断的来说，任何一种过程或机能的循环周期，如果是在大致准确的期间内进行的，一旦获得之后，就不易再起变化；因而它将会通过几乎任何代数这样被传递下去。但是，如果机能变化了，周期势必也要变化，而且会按整个一周几乎突然地发生变化。这个结论如果正确，则是高度值得注意的：因为，每一种哺乳动物的妊娠期、每一种鸟卵的孵化期以及许多其他生命过程就这样向我们泄露了这等动物的原产地。

第七章　论人类种族

物种性状的性质及其价值——对人类种族的应用——支持和反对把所谓人类种族分类为独特的物种——亚种——一元发生论者和多元发生论者——性状的趋同——最不相同的人类种族之间在身体和心理上的无数类似之点——人类最初分布于全地球之上时的状况——每一个种族都不是来源于单独一对配偶——种族的绝灭——种族的形成——杂交的效果——生活条件直接作用的轻微效果——自然选择的轻微作用或没有作用——性选择

　　我无意在这里描述几个所谓的人类种族；但我要在分类学的观点下，对于什么是种族之间的差异价值以及它们是怎样起源的加以探索。在决定两个或两个以上近缘类型是否应该分类为物种或变种，博物学者们实际上是以下述事项为指针的；即，它们之间差异量，这等差异是否同少数或许多构造之点有关系，而且这等差异是否具有生理上的重要性；但更为重要的是，它们是否稳定。博物学者们所重视的和追求的主要是性状的稳定性。无论何时，只要能够阐明问题中的类型长期保持其独特性，或者很可能如此，这就可以成为一个很有分量的论点，把它们分类为物种。任何两个类型当第一次杂交时，哪怕有轻微程度的不育性，或者其后代如此，那么一般就视为这是一个决定性的证据，用来鉴别它们物种的独特性；如果它们在同一区域内继续持久的不相混合，通常就把这种情况作为某种程度的不育性的充分证据，或者，在动物的场合中就把这种情况作为某种程度的相互拒绝交配的充分证据。

　　撇开由于杂交而混合的情况不谈，在一个经过充分研究的地区里，如果完全缺少一些变种来联结任何两个亲缘密切的类型，那么这大概就是一个最重要的准则、用来鉴别它们物种的独特性；单单从性状的稳定性来看，这多少是一种不同的考虑，因为两个类型可能是高度易于变异的，而且还没有产生中间变种。地理分布的作用常常是无意识的，有时是有意识的；因此，生活在距离辽远的两个区域内的类型，——在那里大多数其他生物如果都是独特的物种——其本身通常也会被视为独特的物种；其实这对认识地理宗和所谓好的或真正的物种之间的区别并无助益。

　　现在，让我们把这等一般公认的原理应于人类的种族，以博物学者观察任何其他动物的同样精神来观察人类。关于种族之间的差异量，我们必须承认，我们从观察自己的长期习惯中得到了良好的识别能力。在印度，正如埃尔芬斯通（Elphinstone）所论述的，一个新到的欧洲人虽然不能识别各种不同的土著种族，但他很快就会发现他们是极不相似的；[①]印度人最初也不能看出几个欧洲民族之间有任何差别。甚至特性最明确的人类

---

　　① 《印度史》（*History of India*），第 1 卷，1841 年，323 页。利巴神甫对中国人也做过同样记述。

种族在形态上的彼此非常相似，也远远超出了我们最初所能设想的以外；罗尔夫斯（Rohlfs）博士写信告诉我，我也曾亲眼看到，有些黑人部落具有高加索人的面貌，但某些部落必须除外。在巴黎博物馆人类学部的搜集品中，有一些法国人拍摄的各个不同种族的照片，它们充分阐明了人类种族的一般相似性，我曾把这些照片给许多人看过，他们都认为其中大多数可以冒充高加索人。尽管如此，如果我们看到这些真人，他们无疑还会显得特性很明确，所以单是毛发色和肤色，面貌的轻微差别以及表情声调，显然都会大大影响我们的判断。

然而，经过仔细的比较和测量，毫无疑问各个不同民族彼此差别甚大，——如毛发的组织、身体所有部分的相对比例①、肺的容量、头颅的形状和容量，甚至脑旋圈②，都是如此。但是，要列举无数的差异之点乃是一项无尽无休的工作。各个种族在体质上、适应气候上以及感染某些疾病上都有差别。他们的心理特性同样的也很不相同；这主要表现在他们的表情上，部分地也表现在他们的智能上。凡是有机会进行这种比较的人，一定都会被沉默寡言的、甚至是忧郁的南美土著居民和无忧无虑的、健谈的黑人之间的鲜明对照所打动。马来人和巴布亚人（Papuans）之间差不多也有相似的对照，③他们生活在同样的自然条件之下，彼此仅仅被一条狭窄的海域所分开。

现在我们先对那些支持把人类诸种族分类为独特物种的论据加以考察，然后再对反面的论据加以考察。一个博物学者以前从来没有见过黑人、霍屯督人（Hottentot）*、澳洲土人或蒙古人，如果对他们加以比较，他将立刻觉察到他们的许多性状是有差别的，其中有些性状是微不足道的，有些性状则是相当重要的。经过调查，他会发现他们适于在广泛不同的气候下生活，而且他们在体质上或心理倾向上多少有点差别。如果告诉他说，从同一地方可以找来数百种相似的标本，那么他就会有把握地宣称，他们是不折不扣的人种，同他习惯地授以种名的那许多人种一样。一旦他确定了这等类型许多世纪以来全都保持同样的性状，而且至少在四千年前生活的黑人显然同现存的黑人完全一样，④那么上述结论就会大大得到加强。根据卓越的观察家伦德（Lund）博士的权威材料，⑤他还会知道，在巴西洞窟内和许

① 古尔德著，《关于美国士兵的军事学和人类学的统计之研究》，1869年，298—358页，载有关于白人、黑人、印度人的大量测定数据。《关于肺的容量》(On the capacity of the lungs)，471页。再参阅魏斯巴赫（Weisbach）博士根据舍策尔（Scherzer）博士和施瓦茨（Schwarz）博士的观察材料所举出的大量有价值的表，见《诺瓦拉游记》(Reise der Novara)，1867年。

② 例如，参阅马歇尔先生关于一个布西门妇女的脑的记载，见《自然科学学报》，1864年，519页。

③ 华莱士，《马来群岛》，第2卷，1869年，178页。

* 生活于西南非洲。——译者注

④ 关于埃及著名的Abou-Simbel洞窟画像，普歇(M. Pouchet)说[《人类种族多源论》(The Plurality of the Human Races)英译本，1864年，50页]，有些作者相信画上有12个以上民族的代表可以被辨认出来，但他却远远辨认不出来。甚至特征最显著的种族也不能被证实一致到那样的程度，就像在一些著作中关于这个问题所写的。例如诺特(Nott)和格利敦(Gliddon)两位先生说[《人类的模式》(Types of Mankind)，148页]，埃及国王拉米塞斯二世的面貌非常像欧洲人，而另一位坚决相信人类种族是独特物种的克诺斯(Knox)当谈到《人类的种族》，1850年，201页]少年门南，(Memnon，伯契先生告诉我说，他就是拉米塞斯二世)，却强烈地主张他的特性同安特卫普的犹太人相同。再者，当我看到阿姆诺甫(Amunoph)三世的塑像时，我同意博物馆两位职员的看法（两位都是优秀的鉴定家），即，他有特征显著的黑人面貌；但诺特和格利敦两位先生则把他描写成一个混血儿，但没有同"黑人混血"（同前书，146页，53图）。

⑤ 诺特和格利敦在《人类的模式》(1854年，439页)中引用。他们还举出了确实的证据；但C.沃格特以为这个问题还需要进一步研究。

多绝灭动物埋藏在一起的人类头骨,同现今遍布于美洲大陆者属于同一模式。

于是,这位博物学者也许要转而注意到地理分布,他很可能宣称,那些类型一定是独特的人种,他们不仅在外貌上有差别,而且有些适于炎热的地方,有些适于潮湿的或干燥的地方,还有些适于北极地区。他也许要诉诸下列事实,即在次于人类的类群——四手类中没有一个物种能够抵御低温或气候的重大变化;而且同人类关系最近的物种甚至在欧洲的温和气候下也决不会被养育到成熟。亚加西斯(Agassiz)①最初注意到的下述事实将会给他留下深刻的印象,即分布于全世界的人类诸种族所栖居的动物地理区,正是哺乳动物的确实独特的物种和属所栖居的那些动物地理区。澳洲土人、蒙古人以及黑人的诸种族显然如是;霍屯督人较不显著;但是,巴布亚人和马来人明显是这样的,正如华莱士先生所阐明的,把他们分开的那条线差不多就是划分马来和澳洲二大动物地理区的那条线。美洲土著居民分布于整个大陆,乍一看这种情形好像同上述规律相反,因为南半大陆和北半大陆的大多数生物大不相同;然而少数某些现存类型,如负鼠(opossum),也分布于南北大陆,巨大的贫齿目(Edentata)中有些成员以往就是如此。爱斯基摩人就像北极动物那样,环布于整个北极地区。应该看到,几个动物地理区的哺乳动物之间的差异量同这等动物地理区的隔离程度并不一致;所以简直不应把下述情形视为反常现象,即,如果以非洲大陆的和美洲大陆的哺乳动物与其他地区的哺乳动物之间的差别相比,黑人同其他人类种族之间的差别较大,而美洲土人同其他人类种族之间的差别则较小。还可以附带提一下,看来人类原本不是栖居在任何海洋岛上的;关于这一点,他同哺乳纲的其他成员是相类似的。

要决定同一种类家养动物的假定变种是否应如此分类,或应分类为独特物种,这就是说,它们之中是否有来源于独特的野生物种的,每一位博物学者都要十分强调它们的外部寄生虫是否为独特物种这一事实。当这是一种例外情形时,就要更加强调这一事实;因为丹尼(Denny)先生告诉我说,在英国,种类大不相同的狗、鸡和鸽的身上寄生的虱子(Pediculi)是同种的。默里(A. Murray)先生曾仔细检查过从不同地方搜集来的不同人类种族的虱子;②他发现它们不仅在颜色上有差别,而且爪和脚的构造也不一样。不论采集多少标本,这种差异都是固定不变的。太平洋捕鲸船船医向我保证说,有些挤在船上的桑威奇群岛居民身上的虱子传给英国水手之后,不出三四天就要死去。这等虱子的颜色较黑,看来同南美奇洛埃(Chiloe)土人身上固有的虱子有差别,他曾给过我后者的标本。再者,这等虱子比欧洲虱子的个儿大而且软得多。默里先生从非洲得到四种虱子,即两种得自非洲东海岸和西海岸的黑人,一种得自霍屯督人,一种得自卡菲尔人(Kaffirs);他还从澳洲土著居民那里得到两种;又从北美和南美各得两种。在后述这些场合中,可以推定那些虱子是来自不同地区的土著居民。昆虫只要有轻微的构造差异,如果固定不变,一般就会被估定有物种的价值,而人类诸种族身上的寄生虫如果属于独特的物种,这大概可以作为一个重要的论据来说明人类诸种族本身也应分类为独特的物种。

---

① 《人类种族起源的多样性》,见《基督的检查员》(*Christian Examiner*),1850 年 7 月。

② 《爱丁堡皇家学会会报》(*Transact. R. Soc. of Edinburgh*),第 22 卷,1861 年,567 页。

　　这位假想的博物学者的研究进行到这里时,下一步他也许要追查人类诸种族在杂交时是否有任何程度的不育性。这时他大概要请教慎重的、有哲人态度的观察家布罗卡教授的著作[1],他在这部著作中将找到良好的证据来说明有些种族相交是十分能育的,不过关于其他种族也有相反性质的证据。例如,已经断定澳洲土著妇女和塔斯马尼亚土著妇女同欧洲男人很少生孩子;然而关于这方面的证据现在已被阐明几乎没有什么价值了。混血儿要被纯粹的黑人杀死;最近报道,有 11 个混血婴儿同时被谋杀而且被烧掉,他们的遗骸曾被警察发现[2]。还有,常常有人说,当黑白混血儿彼此通婚时,他们生的孩子很少;另一方面,查尔斯顿(Charleston)的巴克曼(Bachman)博士[3]肯定地断言,他知道一些黑白混血儿的家庭已经彼此通婚达数代之久,而他们的平均生育力与纯粹白人或纯粹黑人无异。莱伊尔爵士以前就这个问题做过调查,他告诉我说,他得到了同样的结论[4]。根据巴克曼博士的材料,美国 1854 年的人口调查表明有黑白混血儿 405 751 人;就所有情况来考察,这个数字似乎偏小;但这可以由下述情况得到部分解释:这个阶级的地位低下而且反常,同时他们的妇女淫乱。一定数量的黑白混血儿经常被黑人所同化;这就导致了前者数量的明显减少。在一部可信赖的著作[5]中,黑白混血儿的低弱生命力被说成是一种众所熟知的现象;这一点虽然同其能育性的变小有所不同,但或者可以作为一个证据来证明其亲代种族乃是独特的人种。毫无疑问,无论动物杂种或植物杂种,如果是由极独特的物种产生的,都有夭亡的倾向;但黑白混血儿的双亲并不属于极为独特的人种范畴。普通的骡子多么以其长命和精力强盛而闻名于世,而它又是多么不育,这阐明了在杂种中变小的能育性和生命力之间并没有多大的必然关联;还可以举出另外一些与此相似的例子。

　　正如今后可以证实的那样,即使所有人类种族彼此相交而完全能育,根据其他理由把人类分类为独特物种的人也许会正当地主张能育性和不育性并不是区别物种的安全标准。我们知道,这等特性容易受生活条件变化或密切近亲交配所影响,而且受高度复杂的法则所支配,例如,同样两个物种之间正交和反交的能育性就是不相等的。关于必须分类为确实物种的那些类型,从杂交绝对不育到差不多或完全能育有一个完整的系列。不育性的程度同双亲在外部构造或生活习性上的差别程度并不严格一致。人类在许多方面可以同那些长期家养的动物相比拟,可以提出大量证据来支持帕拉斯学说(Pal-

---

　　[1]　《关于人属的混血现象》(*On the Phenomena of Hybridity in the Genus Homo*),英译本,1864 年。
　　[2]　参阅默里先生在《人类学评论》(1868 年 4 月,53 页)中发表的一封有趣的信,这封信驳斥了斯特莱斯基伯爵的如下叙述:澳洲土著妇女同白种男人生了孩子之后,再同自己种族的男人结婚就不生孩子了。夸垂费什也搜集了许多论据(《科学报告评论》,1869 年 3 月,239 页),证明澳洲土著居民和欧洲人交配,并非不育。
　　[3]　《对亚加西斯教授的动物界自然分布区概述的检查》,查尔斯顿,1855 年,44 页。
　　[4]　罗尔夫斯(Rohlfs)博士写信给我说,他在撒哈拉大沙漠发现一些混合种族,系来源于三个部落的阿拉伯人、栢栢尔人,以及黑人,他们特别能育。另一方面,里德先生向我说,黄金海岸的黑人虽然称赞白人和黑白混血儿,但有一句格言:黑白混血儿不应彼此结婚,因为他们生孩子少而且多病。正如里德先生所论述的,这一信念值得注意,因为白人访问和居住在黄金海岸已有四百年历史了,所以黑人有充分的时间通过经验而得到知识。
　　[5]　古尔德,《关于美国士兵的军事学和人类学的统计之研究》,1869 年,319 页。

lasian doctrine），①他认为家养有消除不育性的倾向，而不育性乃是自然状况下物种间杂交的非常普遍的结果。根据这几点考察可以正当地主张，人类种族杂交的能育性，即使得到证实，也不致绝对阻碍我们不把它们分类为独特的人种。

撇开能育性不谈，杂交后代所表现的性状曾被认为可以表明亲代类型是否应该分类为物种或变种；但经过仔细研究证据以后，我得出这样的结论：没有一个这类的普遍规律可以信赖。正常的杂交结果会产生混合的或中间的类型；但在某些场合中，有些后代酷似这一亲代类型，有些却酷似另一亲代类型。如果双亲在最初表现为突然变异或畸形②的那些性状上有所差别，上述情形就特别容易发生。我之所以提到这一点，是因为罗尔夫斯博士告诉我说，他在非洲屡屡见到，黑人同其他种族的人交配之后，所生的后代不是完全黑的，就是完全白的，很少是混合颜色的。另一方面，众所熟知，在美洲，黑白混血儿普遍都呈现中间的外貌。

现在我们已经看到，这位博物学者也许以为他把人类诸种族分类为一些独特的人种是正确的。因为，他已经发现，他们是以许多构造上的和体质上的差异被区分的，其中有些是重要的。这等差异还很长期地几乎保持不变。这位博物学者在某种程度上将会被人类巨大分布范围所影响；如果把人类看为一个单独的物种，人类的分布范围在哺乳纲中，就会成为一个重大的反常现象。若干所谓人类种族的分布同其他哺乳动物的无疑是独特物种的分布彼此一致的情形将会把他打动。最后，他可能主张所有人之间的能育性迄今还没有得到证实，即使得到证实，这也不能作为绝对的证据来说明人类诸种族是同一个物种。

现在再从问题的另一个侧面来看，如果我们这位假想的博物学者去追查人类诸类型，当在同一处地方大量混合在一起时，是否像普通物种那样地保持其独特性，那么他大概会立刻发现，情况绝非如此。在巴西，他会看到大量的黑人和葡萄牙人的混血居民；在智利和南美的其他部分，他会看到整个人口是由印第安人和西班牙人的不同程度的混血儿构成的。③ 在同一大陆的许多部分，他会遇到黑人、印第安人和欧洲人最复杂的混血情况；根据植物界来判断，这种三重杂交对亲代类型的相互能育性提供了最严格的检验。

---

① 《动物和植物在家养下的变异》，第2卷，109页。我在这里提醒读者注意，物种杂交不育并不是一种特别获得的特性，就像某些树彼此不能嫁接在一起那样，这是由其他既获得的差异而附带发生的一种情形。这等差异的性质还不明．但它们特别同生殖系统有关系，而同外部构造或体质的正常差异的关系就少得多。物种杂交不育的一个重要因素显然在于一方或双方长期习惯于固定的条件；我们知道条件变化对生殖系统会产生特别影响，我们有良好理由相信（如上所述），多变的家养条件有消除不育性的倾向，而物种杂交不育在自然状况下则非常普遍。我在别处曾阐明（同前书，第2卷，185页，《物种起源》，第5版，317页），杂交物种的不育性并不是通过自然选择获得的；我们可以看到，两个类型如果已经成为很不育的了。那么它们的不育性几乎不可能通过保存那些日益不育的个体再把它们的不育性扩大；因为，当不育性增大之后，产生出来的后代则愈来愈少，最后仅仅在极稀疏的间隔时间内产出极少的个体而已。但是，还有较此为甚的更高级的不育性。格特纳（Gärtner）和克尔罗伊特（Kölreuter）都曾证明，在包含许多物种的植物属中，从杂交后结籽愈来愈少的物种到决不结一粒种子的物种可以形成一个系列，但它们仍受其他物种的花粉的影响，从子房的膨大可以看出这一点。在这里，要想选择更加不育的个体显然是不可能的，因为这些个体已经停止结籽了；所以，如果仅是子房受到影响，极度的不育性是无法通过选择而得到的。这种极度的不育性，无疑还有另外一些等级的不育性，乃是杂交物种体质中某些未知的差异所造成的附带结果。

② 《动物和植物在家养下的变异》，第2卷，92页。

③ 考垂费什关于巴西的"保罗信徒"的成功和精力做过有趣的记载（《人类学评论》，1869年1月，22页），他们是葡萄牙人和印第安人多次混血的一个种族，而且还混有其他种族的血液。

在太平洋的某一个岛上，他会找到波利尼西亚人和英国人混血的少数居民；在斐济群岛上，有波利尼西亚人和矮小黑人（Negritos）＊的各种混血程度的居民。还可以再提出许多与此相似的事例，比如在非洲就是这样。因此，人类居住在同一地方不会不融合而充分保持其独特性；而不融合对于物种的独特性乃是一项普通的和最好的检验。

当这位博物学者看到所有种族赖以区别的性状都是易于变异的，他同样会感到极大困惑。凡是最初看到从非洲各地输入到巴西的黑人奴隶，都要被上述这一事实所打动。波利尼西亚人以及许多其他种族也是如此。能否举出一个种族的任何性状是独特的而且是固定不变的，尚属疑问。正如常常所断定的那样，甚至在同一部落范围内的未开化人，其性状差不多也不是一致的。霍屯都妇女有某些特征，远比其他种族的那些特征显著，但是，据知这等特征也不是固定不变的。在几个美洲部落里，肤色和毛发的差别相当大；非洲黑人的肤色有一定程度的差别，他们面貌形状的差别就相当大了。有些种族的头骨形状变异很大，①各种其他性状也是如此。所有博物学者根据高价买来的经验现在都晓得，试图以不固定的性状来规定物种，则是何等轻率。

但是，一切论据中，反对人类种族是独特物种的最有分量的论据，乃是他们可以彼此逐渐进级；根据我们所能判断的来说，在许多场合中这与他们的相互杂交并无关系。对人类的研究要比对其他动物的研究来得仔细，而富有才华的鉴定家们的意见还是分歧至大，有的认为应该把人类分类为单独 1 个种（species）或种族（race），有的认为应该分类为 2 个种（维瑞，Virey），分类为 3 个种（贾奎诺特，Jacquinot），分类为 4 个种（坎特，Kant），分类为 5 个种（布鲁曼巴哈），分类为 6 个种（布丰，Buffon），分类为 7 个种（亨特，Hunter），分类为 8 个种（阿加西斯），分类为 11 个种（皮克林，Pickering），分类为 15 个种（圣文森特，B. st. Vincent），分类为 16 个种（德斯摩林，Desmoulins），分类为 22 个种（莫顿，Morton），分类为 60 个种（克劳弗德，Crawfurd），或者按照伯克（Burke）的意见②，分类为 63 个种。这样判断的分歧，并非证明人类诸种族不应被分类为种，而是阐明他们彼此逐渐级进，还阐明在他们之间几乎不可能发现明显的独特性状。

凡是不幸对一个高度变异的生物类群做过描述的博物学者，都会遇到过这种同人类恰相类似的情况（我是根据经验这样说的）；如果他的性情谨慎，最终他会把彼此逐渐等级的一切类型都放在单独一个物种之下；因为他要对自己说，他没有任何权利对他无法确定的对象授以名称。这类事例见于包括人类在内的"目"，即见于某些猴属；然而在另外的属、如长尾猴属（Cercopithecus）中，大多数物种都可以确定无疑地被决定下来。在美洲的卷尾猴属（Cebus）中，种种类型被一些博物学家分类为物种，却被另外一些人士仅仅分类为地理族。于是，如果从南美各地采集来大量的所有卷尾猴标本，而且现今看来是独特物种的那些类型被发现的紧密的阶梯彼此逐渐进级，那么通常就会把它们仅仅分类分变种或种族；关于人类种族，大多数博物学者也都遵循这种方针行事。尽管如此，还

＊　分布在亚洲东南部及大洋洲。——译者注

①　例如美洲的和澳洲的土著居民。赫胥黎教授说（《史前人类学国际会议文献》，1868 年，105 页），南部德国人和南部瑞士人的头骨和"鞑靼人的一样短而阔"，等等。

②　关于这个问题，魏茨（Waitz）做过好的讨论，参阅《人类学概论》（*Introduct. to Anthropology*），英译本，1863 年，198—208,227 页。我曾引自塔特尔（H. Tuttle）的《人类的起源及其古远性》，波士顿，1866 年，35 页。

必须承认有些类型不得不被命名为物种，但它们却被无数等级联结在一起，而与杂交无关，至少在植物界中是如此。[1]

有些博物学者最近使用"亚种"（sub-species）这一术语来标示那些具有真正物种的许多特性的类型，不过简直不值得给它们这样高的等级。现在，如果我们回想一下上面列举的那些有力论据，一方面要把人类诸种族抬高到物种的高位，另一方面在决定此事上又有不可克服的困难，那么，在这里使用"亚种"这一术语恐怕还是得体的。但是，由于长久以来的习惯，"种族"这一术语也许要一直沿用下去。术语的选择只有在所用的术语尽可能地合乎表达同一程度的差异时才是重要的。不幸的是，很少能做到这一点：这是因为较大的属一般包括亲缘密切的类型。它们只能极其困难地被区别开，而同一科内较小的属所包括的类型则是完全区别分明的；然而所有这些都必须同等地分类为物种。还有，同一大属内的物种彼此相似的程度决不一样；相反，其中有些物种一般可以作为环绕其他物种的小类群加以安排，就像卫星环绕行星那样。[2]

人类究竟是由一个人种或几个人种组成的，这是近几年来人类学者们广泛讨论的问题，他们分为两个学派：一是一元论者，一是多元论者。那些不承认进化原理的人们一定把人种视为分别创造的，或者在某种方式上把他们视为区别分明的实体；而且他们必须按照把其他生物分类为物种所通常使用的相似方法，来决定人类的什么类型应该被视为人种。但要想决定这一点，乃是一种无望的努力，除非"物种"这一术语的某种定义能够普遍得到公认；而且这个定义还必须不包括像创造作用那样性质不明的成分。在没有任何定义的情况下，或许我们也能试着决定一定数量的房屋，是否可以被称为村、镇或城市。北美的和欧洲的许多亲缘密切的哺乳类、鸟类、昆虫类以及植物，彼此相互代表，它们究竟应分类为物种或分类为地理族，还存在着无尽的疑点，这是一个难以作出决定的实例；距离大陆极近的许多岛屿上的生物也是如此。

另一方面，那些承认进化原理的博物学者们会认为所有人类种族，无疑都是来源于单独一个原始祖先，并且这一原理现在已为大多数青年所承认了；不论他们是否认为应该把人类种族命名为区别分明的人种，以表达他们的差异量，都会这样认为的。[3] 关于我们的家养动物，各式各样的族是否起源于一个或一个以上的族，多少就是另外一个问题了。虽然可以承认所有的族以及同属的所有自然物种都发生于同一个原始祖先，但下述情况还是一个适于讨论的题目：例如所有狗的家养族是否从某一个物种最初被人类家养以来就获得了它们现今的差异量；或者，它们的某些性状是否从一个独特物种遗传而来，而这个物种在自然状况下已经发生了分化。关于人类，不会有这样的问题发生，因为不能说人类在任何特定阶段内曾被家养过。

在人类诸种族从一个共同祖先分化出来的早期阶段，种族之间以及他们的人数之间的差异一定很小；因此，就其有区别的性状而言，那时的人类种族比现存的所谓人类种族，更没有资格被分类为人种。尽管如此，人种这一术语是如此任意使用的，以致人类的

---

[1] 内格利（Nägeli）教授在其《植物的中间类型》（*Botanische Mittheilungen*，第2卷，1866年，294—369页）一书中仔细地描述过几个显著事例，阿萨·格雷教授对北美菊科植物的一些中间类型做过同样叙述。

[2] 《物种起源》，第5版，68页。

[3] 关于这种作用，参阅赫胥黎教授的看法，见《双周评论》，1865年，275页。

这些早期种族恐怕还会被某些博物学者们分类为独特的物种；它们的差异，即使是极其轻微的，如果比它们现在的差异更为稳定或者没有彼此渐进为一，那些博物学者们就会这样进行分类的。

人类早期祖先的性状以往也许非常分歧，直到他们彼此之间的不相似比任何现存种族之间不相似更甚；可是，如福格特所提出的，[①]此后它们的性状又趋同了，这种情形并非是不可能的，但决不一定如此。当人类为了同一个目的选择两个独特物种的后代时，仅就一般外貌而言，他时常会引起相当的趋同量。正如冯·纳图西亚斯（von Nathusius）所阐明的，[②]从两个独特种传下来的猪的改良品种就是如此；牛的改良品种也是如此，但比较不显著。伟大的解剖学者格拉条雷（Gratiolet）主张，类人猿并不能形成一个自然的亚群（sub-group）；但猩猩却是高度发展了的长臂猿、即森诺猴，黑猩猩是高度发展了的猕猴，大猩猩是高度发展了的西非狒狒。这一结论几乎完全是以脑的性状为依据的，如果是可以被承认的话，那么这至少是一个外部性状趋同的例子，因为类人猿在许多方面的彼此相似肯定比它们同其他猿类的相似更甚。所有相近的类似性，如鲸和鱼的类似，的确都可以说成是趋同的例子；但这个术语决不能应用于表面的和适应的类似性。区别甚大的生物留下改变了的后裔，它们有许多构造上的性状是密切相似的，可是，要把这种相似性也归因于趋同，那就未免过于轻率了。一个结晶体的形态完全是由分子力来决定的，而且，不相似的物质有时呈现同样的形态，并不足为奇。不过关于生物，我们应该记住，每一种生物的形态都决定于无数的复杂关系，即，决定于变异，而引起变异的原因又如此复杂，以致无法进行追查——决定于被保存下来的变异的性质，这等变异的性质又决定于自然条件，更加决定于彼此竞争的周围生物——最后，决定于来自无数祖先的遗传（遗传本身就是一个变动无常的因素），而所有这些祖先的形态又是通过与上述同等复杂的关系来决定的。如果两种生物的改变了的后裔，彼此差别显著，那么，要说它们此后又趋同到如此密切的地步，以致它们的整个体制都几乎相等，看来那就是令人不可相信的了。关于上述猪族趋同的例子，按照纳图西亚斯的说法，它们来源于两个原始祖先的证据，依然明显地保存在它们的某些头骨之中。就像某些博物学者所假定的，如果人类诸种族来源于 2 个或 2 个以上的人种，而这等人种彼此差别之大就像或差不多像猩猩同大猩猩那样，那么几乎无可怀疑的是，某些骨在构造上的显著差异，依然还可以在现存人类中发现。

虽然现存的人类诸种族在许多方面，如在肤色、毛发、头骨形状、身体比例等等方面有差别，但是，如果从他们的整个构造来考虑，可以看出他们在众多之点上还是彼此密切类似的。许多这等类似点的性质是如此不重要而且如此奇特，以致它们非常不可能是从原本独特的物种或族那里分别获得的。对于最独特的人类种族之间的无数心理上的相似点，这一意见同样可以应用或者可以更加有力地应用。任何可以举出的三个种族之间的心理差别也不会像美洲土著居民、黑人和欧洲人之间的差别那样大，然

---

① 《人类讲义》，英译本，1864 年，468 页。

② 《关于猪的族》（*Die Racen des Schweines*），1860 年，46 页。《关于猪头骨历史的预备研究》（*Vorstudien für Geschichte, &c., Schweineschädel*），1864 年，104 页。关于牛，参阅考垂费什的《人种的同一性》（*Unité de l'Espèce Humaine*），1861 年，119 页。

而,我在贝格尔号舰上和那几位火地人一起生活的情形时常使我激动不已,许多微小的特性阐明他们的心理状态和我们是多么相似;有一位纯种黑人也是如此,我一度和他来往很密切。

凡是读过泰勒先生和卢伯克爵士的有趣著作①的人,简直不能不对所有人类种族在嗜好、性情和习惯上的密切相似留下深刻印象。下述情形阐明了这一点:所有他们都喜欢跳舞、原始的音乐、演戏、绘画、文身或其他装饰自己的方法;他们还喜欢用姿势语言来达到相互理解,当由于同样情感而激动时,他们的面貌有同样的表情,而且发出同样无音节的呼喊。如果同猴的独特物种所做的不同表情和所发出不同叫声相对照,上述的相似性,毋宁说一致性,就引人注目了。有良好的证据可以证明,用弓射箭的技术并不是从任何共同的人类祖先传下来的,然而正如韦斯楚卜和奈尔逊(Nilsson)所论述②的,从世界最遥远地方带来的以及在最远古时期制造的石箭头差不多都是一样的;这一事实只有根据各个不同种族具有相似的发明能力、即心理能力才可以得到解释。关于某些广泛流行的装饰品,如"之"字形饰物等等,并且关于各种不同的朴素信仰和风俗,如把死人葬于巨石建筑之下,考古学者们看到过同样的情况。③ 我记得在南美曾看到,在那里,就像在世界许多其他地方一样,人们一般选择巍峨的高山之顶,聚石成堆,以纪念某一异常事件,或埋葬他们的死者。④

那么,如果博物学者们在两个或两个以上的家养族之间,或在亲缘接近的自然类型之间,观察到习性、嗜好以及性情上的许多细微之点是密切一致的话,那么他们就会利用这一事实作为论据来说明它们来源于一个具有同样禀赋的共同祖先;因而所有它们都应分类在同一个物种之下。同样的论据可以更加有力地应用于人类种族。

由于若干人类种族之间在身体构造和心理能力上(我这里所说的不涉及相似的风俗)众多的、不重要的类似点不可能全都是分别获得的,所以这些类似点一定是从一个具有同样特性的祖先那里遗传而来的。这样,我们就能洞察人类在其逐步分布于地球整个表面之前的早期状态。人类分布于被海洋隔离得很远的各地之前,若干种族的性状无疑不会有任何大量的分歧;如果不是这样,我们就应在不同大陆上时常遇到同样的种族,但情况决非如此。卢伯克爵士在比较了世界各地未开化人现今所熟悉的技艺之一后,详细列举了当人类最初离开其原始诞生地时所不能知道的那些技艺,因为,如果一旦学会这些技艺,他们就永远不会忘记。⑤ 于是他指出,"矛不过是小刀尖端的发展,棍棒不过是槌的延长,留下来的东西仅此两件而已"。然而他承认取火之术很可能早已发现,因为所有现存的种族均能为之,而且欧洲古代洞窟居民也通晓此术。制造原始独木舟或木筏的技术恐怕也早已为人所知,但是,在遥远的古代就有人类存在,那时许多地方的陆地高度和

---

① 泰勒,《人类的早期历史》,1865年;关于姿势语言,参阅54页。卢伯克,《史前时代》,第2版,1869年。

② 《关于器具的相似形状》,见《人类学会纪要》,韦斯特罗普著。《斯堪的纳维亚的原始居民》(The Primitive Inhabitants of Scandinavia),英译本,卢伯克爵士编,1868年,104页。

③ 韦斯特罗普,《关于上古遗物大石台》(On Cromlechs),见《人种学会杂志》的"科学意见"栏,1869年6月2日,3页。

④ 《贝格尔号航海研究日志》,46页。

⑤ 《史前时代》,1869年,574页。

今天的很不相同,所以人类不借助于独木舟大概也能广为分布。卢伯克爵士进一步论述,"鉴于如此众多的现存种族不会计数到四以上"所以我们的最早期祖先很不可能"计数到十"。尽管如此,即使在那样早的时期,人类的智力和合群力也几乎不会极端劣于今天最低等未开化人所具有的这等能力;否则,原始人类就不能在生存斗争中获得如此显著的成功,他在早期的广泛散布证明了这一点。

根据某些语言之间的基本差别,有些语言学者推论当人类最初广为散布时,他还不是一种有语言的动物;但可以猜测那时所用的语言并不像今天的语言那样完善,而且还要助以姿势,然而在此后更高度发达的语言中并没有留下它的痕迹。如果没有语言的使甩,不论它多么不完善,人类的智力能否升高到他早期支配地位所暗示的那样水平,尚属疑问。

原始人类只掌握少数几样技艺,而且是最粗陋的,他的语言能力也极不完善,这样,他们是否值得叫做人类必须决定于我们所采用的定义如何。由某一类猿动物徐徐地进级到现存人类,在这一系列的类型中,要想在某一固定之点上使用"人类"这一术语大概是不可能的。但这是一桩重要性很小的事情。再者,所谓人类种族不论是否这样被命名,或者被分类为人种或亚种,几乎都是无关紧要的事,不过后一名称似乎比较恰如其分。最后,我们可以断言,当进化原理普遍被接受的时候,肯定不久以后就会如此,一元论者和多元论者之间的论争将会在不声不响和不知不觉中消失。

还有一个另外的问题不应忽略而不予以注意,即人类的各个亚种或族是否出自单独一对祖先,就像时常所假设的那样。关于我们的家养动物,小心地使单独一对配偶的变异着的后代进行交配,就能够容易地形成一个新族,甚至使具有某种新性状的单独一个个体的变异着的后代进行交配,也能如此;但是,大多数家养族的形成,并不是由于有意识地选择一对配偶而来的,而是由于以某种有用的或合乎人意的方式发生变异的许多个体被无意识地保存下来的缘故。如果在某一地方习惯上喜好强壮的、重型的马,而在另一地方习惯上喜好轻型的、快速的马,那么我们可以肯定,在这两处地方并不需要挑选出一对马并使它们繁育,经过一定时间就会产生出两个区别分明的亚品种。许多家养族都是这样形成的,而且它们的形成方式同自然物种的形成方式是密切相似的。我们还知道,运到福克兰诸岛的马连续经过几代之后,就变得小而弱,而那些潘帕草原(Pampas)上的野生马则获得了较大的、接近原始形状的头;这种变化显然不是由于任何一对配偶而发生的,而是由于所有个体都处于相同的条件之下,也许还有返祖原理的助力。在这等场合中,新的亚品种并非起源于任何单独一对配,而是起源于以不同程度,但按同样一般方式发生变异的许多个体;我们可以断言,人类种族的产生也与此相似,其变异或为暴露在不同条件下的直接结果,或为某种类型的选择的间接结果。不过以后我们还要讨论后一问题。

关于人类种族的绝灭

许多人类种族或亚种族的部分绝灭或完全绝灭,乃是历史上已知的事情。洪堡(Humboldt)在南美看见过一只鹦鹉,它是能够说出一个消亡部落的语言中一个单词的唯一活生物。在世界所有地方都曾发现过古代遗迹和石器,并且在现代居民中对此并没有保留任何传说,它们暗示着大量的绝灭。有些破碎的小部落作为以往种族的残余,依然生存在隔绝的、一般是山岳的地区。按照沙夫豪森的说法,欧洲的古代种族"在等级上全都比最粗野的现存未开化人为低";①所以他们一定在某种程度上不同于现存的种族。布罗卡曾对莱埃季斯(Les Eyzies)的出土遗骸做过描述,虽然这些遗骸不幸是属于单独一个家族,却还表明了一个种族具有低等特征(即猴类的)和高等特征的奇异结合。这个种族"完全不同于我们听到过的任何其他古代的和近代的种族"。② 所以它同比利时的第四纪洞穴种族也是有差别的。

人类能够长期忍耐那些看来极其不利于其生存的外界条件③。他曾长期生活在极北地区,没有木料可以制造独木舟或器具,仅以鲸油为燃料,而且溶雪为饮。在美洲的极南端,火地人没有衣服,没有任何可以称为茅舍的建筑,以资保护自己,但他们还是活下来了。南非的土著居民漫游于干旱的平原之上,那里充满了危险的野兽。人类能够顶得住喜马拉雅山脚下瘴疬的致命影响,还能顶得住热带非洲海岸流行的瘟疫。

绝灭主要是由部落与部落、种族与种族的竞争所引起的。各种抑制经常在起作用,——如周期发生的饥馑,流浪习性以及由此引起的婴儿死亡,哺乳的延长,战争,意外事故,疾病,淫乱、窃取妇女,杀婴,特别是生育力的降低——各个未开化部落的人数因此而受到压缩。如果这等抑制中的任何一种增加其力量,哪怕是微小的,也会使受到影响的部落倾向于减少人数;当两个邻接部落中的一个变得人数较少、力量较弱时,双方之间的争夺问题很快就会被战争、屠杀、吃人习俗、奴隶制以及吞并所解决。即使一个较弱的部落没有这样一扫而光,如果它的人数一旦开始减少,一般就要继续不断地减少,直至灭亡④。

当文明民族同野蛮人接触之后,斗争是短暂的,除非那里的严酷气候有助于土著种族。导致文明民族胜利的原因,有些是清楚而简单的,有些是复杂而暧昧不明的。我们可以知道,土地的耕种在许多方面都是决定未开化人命运的问题,因为他们不能或者不愿改变他们的习性。新的疾病和恶习在某些场合中被证明是有高度破坏性的;一种新疾病看来时常会造成很大的死亡,直到那些最易感受这种破坏影响的人逐渐被清除掉为止⑤;好酒贪杯的恶劣影响以及如此众多的未开化人的这种难改的强烈嗜好,亦复如此。还有一个更加不可思议的事实,即区别分明而彼此相隔的人民初次相遇好像会引起疾病的发生⑥。在温哥华岛密切注意过绝灭问题的斯波罗特(Sproat)先生相信,由于欧洲人到来而引起的生活习惯变化导致了严重的健康恶劣。他还十分强调一种显然是微小的

---

① 译文见《人类学评论》,1868 年 10 月,431 页。

② 《史前考古学国际会议报告书》,1868 年,172—175 页。再参阅布罗卡的文章,其译文见《人类学评论》,1868 年 10 月,410 页。

③ 格兰德博士,《原始民族的消亡》(*Ueber das Aussterben der Naturvölker*),1868 年,82 页。

④ 格兰德(同前书,12 页)举出了一些事实以支持这一叙述。

⑤ 关于这种影响,参阅霍兰(H. Holland)的著作《医学札记和回忆录》(*Medical Notes and Reflections*),1839 年,390 页。

⑥ 我搜集过许多有关这个问题的好例子(《贝格尔号航海研究日志》,435 页,再参阅格兰德的材料,同前书,8 页)。波皮格(Poeppig)说"未开化人接受文明如饮毒药"。

原因，即，土著居民"被围绕他们的新生活弄得迷惑而迟钝了；他们失去努力的动机，又没有找到新动机以代之"。①

竞争诸民族的文明水平似乎是他们取得成功的最重要因素。几个世纪以前，欧洲害怕东方野蛮人的侵略，现在任何这种恐怖大概都是荒谬可笑的了。有一个更加奇妙的事实，像贝哥霍特所说的，往昔未开化人在古代文明民族之前并不像他们现今在近代文明民族之前那样地衰亡下去；他们倘真如此，古代道德学家大概要对此事加以深思，但是那个时期的任何作者都未曾悲痛地记载过野蛮人的覆灭。② 在许多场合中，造成绝灭的最有力的原因似乎是生育力的降低和健康的恶劣，孩子们的健康恶劣尤其会如此，这等情况是由生活条件的变化所引起的，尽管新的生活条件可能对他们本身无害，也是如此。我非常感激豪沃思（H. H. Howorth）先生，他使我注意到这个问题，并向我提供了有关资料。我曾搜集到下述事例。

当塔斯马尼亚最初殖民时，粗略估计，有些人认为那里的土著居民为 7 000 人，其他人认为是 20 000 人。他们的人数很快就大大减少了，这主要是由于同英国人进行战争，他们彼此也相互打仗。在全体殖民者进行了那次著名的所谓狩猎的大屠杀之后，当时向官厅自首的残余土著居民仅有 120 人③，这些人在 1832 年被运到弗林德斯（Flinders）岛。这个岛位于塔斯马尼亚和澳大利亚之间，40 英里长，12～18 英里宽；那里看来适于生活，而且运到那里的土人得到了良好待遇。尽管如此，他们的健康还是受到损害。到 1834 年，他们的成年男子为 47 人，成年妇女为 48 人，儿童 16 人，共计：111 人。到 1835 年，仅余下 100 人。由于他们的人数继续迅速地减少，而且由于他们自己认为如果在别处，死亡当不至于如此之快，所以 1847 年又把他们迁移到位于塔斯马尼亚南部的蚝湾（Oyster Cove）。那时他们有男子 14 人，妇女 22 人，儿童 10 人（1847 年 12 月 20 日）。④ 但是住地的变化并没有带来好处。疾病和死亡依然纠缠着他们，1864 年只有 1 个男子（1869 年死去）和 3 个年长的妇女活着。妇女的不孕比全部人都易患健康不良和死亡甚至是一个更加值得注意的事实。在蚝湾仅剩下 9 个妇女的时候，她们告诉邦威克（Bonwick）先生说（386 页），她们之中只有 2 人生育过，而且这两个妇女一共只生过 3 个孩子！

关于这种异常事态的原因，斯托里（Story）博士述说，死亡是由试图使土著居民文明化引起的。"如果让他们自己像以往那样不受干涉地到处漫游，他们大概会养育更多的孩子，而且死亡率也会较小"。另一位对土著居民仔细进行过观察的戴维斯（Davis）先生述说，"出生的少，而死亡的却极多。这在很大程度上可能是由于他们的生活和食物的变化；更重要的是由于他们从范迪门领地（van Diemen's land）的大陆上被驱逐出来，而引起他们意气消沉"。

---

① 斯波罗特，《未开化人生活的景象及其研究》（Scenes and Studies of Savage Life），1868 年，284 页。

② 巴奇霍特，《医学与政治学》（Physics and Politics），见《双周评论》，1868 年 4 月 1 日，455 页。

③ 邦威克（Bonwick）著，《塔斯马尼亚人的末日》（The last of the Tasmanians），1870 年，这里的叙述均引自该书。

④ 这是塔斯马尼亚长官丹尼森（Denison）爵士的记载，《副总督生涯种种》（Varieties of Vice-Regal Life），1870 年，第 1 卷，67 页。

在澳洲两处大不相同的地方也曾观察到相似的事实。著名的探险家格雷戈里(Gregory)先生告诉邦威克先生说，在昆士兰，"黑人已经感到生殖的低落，并且已经显出衰亡的倾向"。有 13 个土著居民从沙克湾(Shark Bay)迁移到穆尔其逊河(Murchison River)流域，其中 12 人在三个月之内都死于肺结核病。①

范东(Fenton)先生曾对新西兰的毛利人(Maories)的减少详细进行过研究，他写过一篇令人钦佩的"报告书"，下面的叙述除了一个例外都引自这份"报告书"。② 自 1830 年以后人口数量的减少已为每一位人士所承认，包括土著居民本身在内；而且这一减少仍在稳定地进行着。虽然迄今为止已经看到要想对土著居民进行一次实际的人口调查是不可能的，但许多地方的居民已对他们的人数进行过谨慎的估计。其结果似乎是可信的，表明 1858 年前的十四年中人数减少了 19.42%。受到这样调查的部落，有些相距一百哩以上，其中有些在海岸，有些在内地，而且他们的生活手段和生活习惯在一定程度上都有所不同(28 页)。据信在 1858 年人口总数为 53700 人，在 1872 年，即在第二个 14 年期间，做过另一次人口调查，总数只有 36359 人，表明减少了 32.29%！③ 普通解释这一异常减少的原因为新疾病，妇女的淫乱，酗酒，战争等等，但范东详细阐明了这些原因不足之处以后，非常有根据地断定，这一减少主要决定于妇女的不生育以及婴儿特别高的死亡率(31、34 页)。为了证明这一点，他指出(33 页)，1844 年成年人与未成年人之比为 2.57∶1；到 1858 年，成年人与未成年人之比仅为 3.27∶1。成年人的死亡率也是非常高的。他提出人口减少的又一个原因为男女人数的不相等；因为生下来的男比女多。关于后一点，其原因恐怕大不相同，我在后面一章还要谈到。范东先生把新西兰的人口减少和爱尔兰的人口增长加以对比之后，感到惊讶；两地气候并非很不相似，而且两地居民的现今习惯差不多是一样的。毛利人自己(35 页)"认为他们的衰落在某种程度上是由于新的食物和衣着的引入以及伴随而来的习惯的变化"；当我们考虑到变化了的外界条件对能育性的影响时，可以知道他们的看法很可能是正确的。其人口的减少始于 1830—1840 年之间；范东先生指出(40 页)，约在 1830 年，发明了在水中长期浸泡玉米使其发酵的精制技术，这证明了，当移住新西兰的欧洲人还很少时，土著居民的习惯就开始了变化。1835 年我访问群岛湾(Bay of Islands)的时候，那里居民的衣服和食物已经发生了很大改变：他们种马铃薯、玉米以及其他农作物，并且用这些农产品交换英国的工业品和烟叶。

从帕特森(Patteson)主教传记④中的许多记载可以明显看出，新赫布里底群岛(New Hebrides)＊及其毗连岛屿上的美拉尼西亚人(Melanesians)当被迁移到新西兰、诺福克(Norfolk)岛以便对他们进行传教士的教育时，他们的健康大受损害而且大量死亡。

---

① 关于这些事例，参阅邦威克的《塔斯马尼亚人的日常生活》(*Daily Life of the Tasmanians*)，1870 年，90 页，以及《塔斯马尼亚人的末日》，1870 年，386 页。

② 《对新西兰土著居民的观察》(*Observations on the Aboriginal Inhabitants of New Zealand*)，政府出版，1859 年。

③ 肯尼迪(Alex. Kennedy)著，《新西兰》("New Zealand")，1873 年，47 页。

④ 扬格(C. M. Younge)著，《帕特森传记》(*Life of J. C. Patteson*)，1874 年，特别注意参阅第 1 卷，530 页。

＊ 位于大洋洲。——译者注

桑威奇群岛(Sandwich Islands)*土著居民人口的减少有如新西兰的情形,也是众所熟知的。根据最有才能的判断者的约略估计,当库克(Cook)于 1779 年发现该群岛时,那里的人口大约为 300 000 人。按照 1823 年不严格的人口调查,那时的人口约为 142 050 人。1832 年以及此后数年,官方进行了精确的人口调查,但我所能得到的只是下列统计表。

年度	土著居民人口 (1832 年和 1836 年的数字有少数外国人在内)	每年人口减少的百分率 (假定调查是准时举行的, 实际上调查的间隔时间并不固定)**
1832	130,313	
1836	108,579	4.46
1853	71,019	2.47
1860	67,084	0.81
1866	58,765	2.18
1872	51,531	2.17

** 根据复算,这一栏的数字按顺序应为:4.17,2.03,0.79,2.07,2.05。——译者注

从上表可以看出,从 1832 年至 1872 年这四十年期间人口的减少竟不下于 68%!** 大多数作者把这一情况归因于妇女的淫乱、以往血腥的战争、加给被征服部落的剧烈劳动,以及若干次起过极端破坏作用的新引入的疾病。毫无疑问,这些原因和其他这样的原因曾经是高度有效的,而且可以用来解释从 1832—1836 年人口锐减的情形;但其中最有力的一个原因却是能育性的降低。从 1835 到 1837 年美国海军的鲁申贝格尔(Ruschenberger)医生曾经游历过这些岛屿,按照他的说法,在夏威夷的某一大岛,每 1 134 个男子中仅有 25 人的家庭有 3 个孩子,在另一地方每 637 个男子中仅有 10 人的家庭有 3 个孩子。在 80 个已婚妇女中,仅有 39 人生过孩子,而且"官方报告指出,全岛每一对夫妇平均只有 0.5 个孩子"。这一平均值同蚝湾塔斯马尼亚人的几乎完全一样。贾维斯(Jarves)于 1843 年发表的自传中说道"有 3 个孩子的家庭可以免去一切赋税,有 3 个以上的孩子赏以土地并可得到其他奖励"。由政府颁布的这一空前的法令,充分阐明了那里的种族已经变得多么不育。1839 年毕晓普(A. Bishop)牧师在夏威夷的《旁观者》杂志上写道,大量的儿童都早期夭亡,斯特利(Staley)主教告诉我说,现今的情况依然如此,在新西兰恰好也是这样。这种情形常被归因于妇女对儿童的照顾不周,但很可能是大部分由于儿童体质的先天衰弱,而这同他们双亲能育性的降低又有关系。再者,同新西兰情况相似的还有如下事实,即男婴远远超过女婴,1872 年的人口调查表明;一切年龄的男和女之比为 31 650 人对 25 247 人,即每 100 名妇女对 125.36 名男子;而在所有文明的地方,女性却超过男性。妇女的淫乱无疑可以用来部分地解释其能育性的衰弱;但他们生活习惯的变化则是一个远为可能的原因,而且同时还可以解释死亡率

---

* 即夏威夷群岛(Hawaiian Is.)。——译者注

** 根据复算,应为 60.45%。——译者注

的增大，特别是儿童死亡率的增大。1779 年库克、1794 年范库弗（Vancouver）访问了夏威夷群岛，此后捕鲸船也常常来此访问。1819 年传教士到达，发现崇拜偶像在那里已被废除，而且国王完成了另外一些改革。在这一时期以后，土著居民的差不多一切生活习惯都迅速发生了变化，不久他们就成为"太平洋岛民中的最文明者"。向我提供资料的一位人士寇恩（Coan）先生出生于该群岛，他说那里土著居民 50 年间发生的变化比英国人1000 年间发生的变化还要大。根据斯特利主教给我的资料，那里比较贫穷的阶级食物方面的变化似乎并不很大，虽然许多新种类的水果已被引进，而且甘蔗已普遍食用。由于他们热心地仿效欧洲人，所以在早期他们就改变了服装的样式，而且饮酒普遍盛行。虽然这等变化看来无足轻重，但我根据所知道的动物情形，充分相信它们足可以降低土著居民的能育性了。[①]

最后，麦克纳马拉（Macnamara）先生[②]述说，在孟加拉湾东侧的安达曼群岛（Andaman Islands）上的退化的低等居民"对气候的任何变化都显著敏感：事实上如果把他们迁移到海岛家乡之外，几乎肯定就要死亡，而且这同食物和外在影响并无关联"。他进一步述说，夏季极其炎热的尼泊尔山谷中的居民，还有印度各地的山岳部落，当在平原居住时常受痢疾和热病的危害；如果他们试图全年都在那里度过，就会死去。

由此我们知道，许多人类比较野蛮的种族当遇到外界条件或生活习惯发生变化时，其健康就容易受到严重的危害，如果迁移到新的气候条件下，也会如此。仅仅是习惯的改变，看来对其本身并无害处，似乎也会产生这种相同的效果；而且在若干场合中，儿童特别容易受害。像麦克纳马拉先生那样，往往有人说，人类能够泰然地抵抗多种多样的气候以及其他变化；但这只是对文明种族来说才是如此。处于原始状态的人类在这方面似乎像其亲缘关系最近的类人猿那样，差不多具有同样的敏感性，当类人猿离开其本土时，决不会活得很久。

由于条件变化而引起能育性的降低，如塔斯马尼亚人、毛利人、桑威奇群岛居民、显然还有澳大利亚土著居民的情形，比他们容易健康恶劣和死亡更为重要；因为，甚至是轻微程度的不育性，如果同那些可以抑制人口增长的其他原因结合起来，也会迟早导致绝灭。能育性的降低在某些场合中可以由妇女的淫乱（如塔希提人[*]晚近的情形）得到解释，但范东先生指出，这一解释对新西兰人来说并不是充分的，对塔斯马尼亚人也是如此。

在上面引用的论文中，麦克纳马拉先生举出理由使我们相信，流行疟疾地区的居民容易不育；但这对上述几个事例不能应用。有些作者提出，海岛土著居民由于常期不断的近亲繁殖使能育性和健康都受到损害；但在上述场合中，不育性同欧洲人的到达如此

---

　① 以上记述，主要引自下列著作：贾维斯（Jarves）的《夏威夷群岛的历史》，1843 年，400—407 页。奇弗（Cheever），《桑威奇群岛上的生活》（*Life in the Sandwich Islands*），1851 年，277 页。邦威克引用鲁申贝格的材料，见《塔斯马尼亚人的末日》，1870 年，378 页。贝尔彻（E. Belcher）爵士引用毕晓普的材料，见《环球航海记》（*Voyage Round the World*），第 1 卷，1843 年，272 页。历史人口调查的统计数字，系在尤曼斯（Youmans）博士的请求下，由寇恩先生慷慨提供的；在大多数情况下，我曾把尤曼斯的数字同上述各书的记载进行过比较，我没有用 1850 年的统计，因为我发现两个数据相差太远。

　② 《印度医学公报》（*The Indian Medical Gazette*）。

　* 南太平洋塔希提岛上的土著居民。——译者注

密切符合，以致我们无法承认这种解释。今天我们也没有任何理由可以相信，人类对近亲繁殖的恶劣效果是高度敏感的，特别是新西兰的地域如此广阔，桑威奇群岛的位置如此变化多端，更不致如此。相反，我们知道诺福克的现在居民差不多全是从堂兄弟姐妹或近亲，就像印度的图达人（Todas）*和苏格兰的某些西方海岛居民那样；但他们的能育性似乎没有因此受到损害。①

根据从低于人类的动物来类推，可以提出一个远为可能的观点。生殖系统对变化了的生活条件的极度敏感是能够阐明的（我们还不知道为什么）；这种敏感性导致了有利的或有害的结果。关于这个问题，我搜集了大量事实，见《动物和植物在家养下的变异》第 2 卷，第 18 章，在这里我只能举出极其简略的提要；凡是对这个问题有兴趣的人可以参考上述著作。很轻微的变化可以使大多数或所有生物增进健康并提高其活力和能育性，而另外的变化据知可以使大量动物成为不育的。最为大家所熟知的一个例子是，印度的驯象不生育；但阿瓦（Ava）**的象就常常生育，在那里，允许雌象在某种范围内漫游于森林之中，这样它们就被置于更加自然的条件之下了。如种美洲猴的雄者和雌者在其原产地多年来都养在一起，但它们很少或者从来不生育，这是一个更加适当的事例，因为美洲猴同人类的关系很近。值得注意的是，条件多么轻微的一种变化常常会致使被捕获的野生动物发生不育性；而更加奇怪的是，所有我们的家养动物都比它们在自然状况下更为能育；其中有些家养动物还能抵抗最不自然的外界条件，但其能育性并不降低。② 动物的某些类群远比另外一些类群更加容易受到拘禁的影响；而同一类群的所有物种一般都是按照同一方式受到影响。但是，有时只是一个类群中的单独一个物种成为不育的，而另外一些物种并不如此；另一方面，可能只有单独一个物种保持其能育性，而大多其他物种都不生育。某些物种的雄者和雌者在原产地如果受到拘禁，或者，如果不允许它们完全自由生活，而只是有限地自由生活，那么它们从不交配；处于这样环境条件下的其他物种虽然常常交配，但从不产生后代；还有一些物种产生后代，但比在自然状况下产生的为少；同人类的上述事例联系起来看，注意儿童易于衰弱多病或畸形以及早期夭亡是重要的。

鉴于生殖系统对生活条件变化的敏感是多么普遍的一项法则，而且这一法则也适用于人类的最近亲属四手类动物，所以我简直不能怀疑，同样它也可以应用于原始状态的人类。因此，如果任何种族的未开化人的生活习性突然发生变化，他们就会或多或少地变得不育，而且他们孩子的健康也要受到损害，这同印度的象和猎豹（hunting-leopard）***、美洲的许多种类的猴以及所有种类的多数动物当被移出其自然条件时所发生的情况是一样的，而且其原因也是相同的。

我们可以知道，长期生活在海岛上的、而且一定是长期处于差不多一致条件下的

---

* 尼尔吉里（Nilgiri）山中的牧民。——译者注

① 关于诺福克岛民的密切亲缘关系，参阅丹尼森（Denison）爵士的《副总督生涯种种》，第 1 卷，1870 年，410 页。关于图达人，参阅马歇尔（Marshall）上校的著作，1873 年，110 页。关于苏格兰西方诸岛，米切尔（Mitchell）博士，《爱丁堡医学杂志》（*Edinburgh Medical Journal*），1865 年 3—6 月。

** 缅甸中部的古城。——译者注

② 关于这个问题的证据，参阅《动物和植物在家养下的变异》，第 2 卷，111 页。

*** 即 *Cynaelurus jubatus* Schreb.，印度人驯养之，使其猎羚羊和鹿等。——译者注

土著居民为什么特别容易感受生活习性任何变化的影响;事实似乎就是如此。文明种族在抵抗所有种类的变化方面肯定远比未开化人为优;关于这一点,他们同家养动物相类似,因为后者的健康有时虽然受到损害(例如欧洲狗在印度的情况),但他们极少是不育的,不过有少数这样的事例曾被记载过。① 文明种族和家养动物没有受到这种影响,很可能是由于他们比大多数野生动物曾在更大范围内受到多种多样的、即变化着的外界条件的支配、因而就多少更习惯于这样条件;还由于他们以往曾到处迁徙或到处被运送;而且还由于不同家族或不同亚种族之间曾相互杂交。土著居民同文明种族只要进行一次杂交,前者似乎就可以立即免除由条件变化所引起的恶劣结果。例如,塔希提人和英国人的杂交后代当移居在皮特凯恩岛(Pitcairn Island)*后,他们增加得如此之快,以致该岛很快就人满之患了;1856 年 6 月他们又被移到诺福克岛。那时他们的人数中已婚者为 60 人,儿童 134 人,共计 194 人。同样的,他们在那里也增加得非常之快,虽然 1859 年有 16 人返归皮特凯恩岛,但到 1868 年正月仍增加到 300人,男女正好各半。这个事例同塔斯马尼亚人的情况是多么明显的一个对照;诺福克岛民仅在 12.5 年期间内由 194 人增至 300 人;而塔斯马尼亚人在 15 年期间内由 120人减至 46 人,其中只有 10 个儿童②。

再者,根据 1866—1872 年这一期间的人口调查,桑威奇群岛的纯血土著居民减少了 8 081 人,而那些被认为健康较好的混血儿却增加了 847 人。但我不清楚后一数字是否包括混血儿的后代,或者仅仅是第一代混血儿。

我这里所举的例子全是关于土著居民由于文明人移入而遇到新条件的情况。如果未开化人受到某种原因所迫,例如征服部落的侵入,背井离乡以及改变习惯,大概也会引起不生育和不健康。有一个有趣的情况:野生动物变为家养的主要抑制,在于它们最初被捕获时的自由繁育能力,而野蛮人初与文明人接触,能否形成一个文明种族而生存下来的主要抑制,也是一样的,即在于由生活条件变化而引起的不育性。

最后,人类诸种族的逐渐减少而终至绝灭,虽然是一个由许多原因所决定的高度复杂问题,同时这等原因又随时随的有所不同;但这个问题同高等动物之一,例如化石马的绝灭问题还是一样的,马在南美消亡之后不久,就在同一地区内被无数的西班牙马群取而代之了。新西兰人似乎已经意识到这种相似现象,因为他把自己的将来命运比做当地的鼠,现在后者差不多已被欧洲鼠消灭了。如果我们要确定其真实原因及其作用的方式,在我们想象中这虽然是困难的,而且的确是困难的,但对我们的推理来说,并不应该这样困难,只要我们切记各个物种和各个种族的增加会不断地受到种种方面的抑制就可以了;所以,如果增添了任何新的抑制,哪怕是一种轻微的抑制,这个种族的数量肯定也会减少;数量的减少迟早要导致绝灭;在大多数场合中,其结局将由征服部落的侵入而迅速决定之。

---

① 《动物和植物在家养下的变异》,第 2 卷,16 页。

* 位于大洋洲。——译者注

② 这些数字引自《受到宽大的叛变者》(*The Mutineers of the "Bounty"*),贝尔契夫人著,以及英国下院 1863年 5 月 29 日命令出版的《皮特凯恩岛》(*Pitcairn Island*)。关于桑威奇群岛的下列叙述,引自《檀香山公报》(*Honolulu Gazette*)以及寇恩(Coan)先生的著作。

论人类种族的形成

在某些场合中,独特种族的杂交曾导致新种族的形成。欧洲人和印度人都属于雅利安(Aryan)人血统,所用的语言基本一致,但他们的面貌却大不相同,而欧洲人和犹太人的面貌虽差别不大,但后者却为闪米特人(Semitic)血统,并且使用一种完全不同的语言,布罗加①对这一奇特事实提出如下解释:某些雅利安人的分支在其广泛散布的期间,曾同土著部落的人大量进行了杂交。当两个种族密切接触而进行杂交后,其最初的结果乃是一种异质的(heterogeneous)混合:这样,亨特先生在描述一个印度山地部落桑塔利人(Santali)时说道:"由黑色的、矮胖的山地部落到具有智慧之额、平静之眼和高而狭之头的高个子橄榄色的婆罗门*"可以查出成百上千的级进;所以在法庭上有必要询问证人,他是桑塔利人还是印度人。② 一个异质的种族,如波利尼西亚群岛上的一些居民,系由两个独特种族形成的,只留下少数或者没有留下纯种的成员,他们是否会成为同质的,还没有直接的证据足以说明。但是,关于我们的家养动物,经过少数几代细心选择的过程,③肯定能够形成一个固定的和一致的杂交种,我们于是可以推论,一个异质的混血种族在长期传衍中的自由杂交大概可以代替选择的作用,而胜过任何返祖的倾向;所以,杂交种族虽然没有同等程度的具有双亲种族的性状,它最终还会成为同质的。

关于人类种族之间的差异,皮肤的颜色最惹人注目而且最为显著。以往认为,这种差异可以由长期暴露于不同气候中得到解释;但帕拉斯阐明,这种解释是站不住脚的,以后差不多所有人类学者都追随他的主张。④ 这一观点之所以遭到驳斥,主要因为各种不同皮肤颜色的种族一定长期居住在他们现今的故乡,而他们的分布同气候的相应差异并不符合。根据最优秀的权威意见,⑤我们听说有些荷兰人的家族在南非居住了300年之后,其皮肤颜色丝毫也没有发生改变,对这等事例似乎多少应该给予一点重视。属于这方面的论据还有一个,即世界各地的吉卜赛人和犹太人的面貌都是一致的,不过犹太人面貌的一致性多少被夸大了。⑥ 一种很潮湿的或很干燥的空气曾被假定比单纯的炎热对于改变皮肤的颜色更有影响;但多比尼(D'Orbigny)在南美和利文斯顿(Livingstone)在非洲关于潮湿和干燥所得出的结论正好相反,对这个问题的任何结论都必须看为很可疑的。⑦

我在别处所举的各种事实,证明皮肤和毛发的颜色时常同完全避免某些植物毒害的作用以及某些寄生虫的侵袭以一种可惊的方式彼此相关。因此我想到,黑人和其他黑皮肤的种族也许由于较黑的个体在一长列的世代中逃脱了他们家乡瘴疠的致命影响而获

---

① 《人类学》(On Anthropology),译文载于《人类学评论》,1868年1月,38页。
* 婆罗门为印度封建种姓制度的第一种姓。僧侣。——译者注
② 《孟加拉农村年报》(The Annals of Rural Bengal),1868年,134页。
③ 《动物和植物在家养下的变异》,第2卷,95页。
④ 帕拉斯(Pallas),《圣彼得堡科学院院报》(Act. Acad. St. Petersburg),第二部,1780年,69页。
⑤ 安德鲁·史密斯爵士(Sir Andrew Smith),诺克斯引用,见《人类的种族》,1850年,473页。
⑥ 参阅夸垂费什关于这个问题的著作,见《科学报告评论》,1868年10月17日,731页。
⑦ 利文斯顿,《南非旅行调查记》(Travels and Researches in S. Africa),1857年,338,339页。多比尼和戈得隆在《论物种》中引用,第2卷,266页。

得了黑的色泽。

以后我发现韦尔斯(Wells)博士①长期以来就持有同样见解。黄热病在热带美洲是一种毁灭性的病②,而黑人、甚至黑白混血儿几乎可以完全避免这种病,这种情形早为世人所知。他们在很大程度上还能避免致命的疟疾,这种病流行于非洲沿岸至少达 2600 英里之遥,白人殖民者每年有 1/5 死于此病,还有 1/5 因患此病被送回家乡。③ 黑人的这种免疫性似乎部分是先天的,这决定于某种未知的体质特性,部分乃是水土适应的结果。普歇说,由埃及总督借来参加墨西哥战争的黑人团队是在苏丹(Soudan)附近招募的,他们同那些原本来自非洲各地并且习惯于西印度群岛(West Indies)的黑人,差不多同样能够避免黄热病。④ 有许多事例表明,黑人在较寒冷的气候下居住一些时候之后,⑤就变得多少容易感染热带的热病,这一情况阐明了水土适应是有一定作用的。白人曾经久居其下的气候性质同样对他们也有某种影响;因为,1837 年在德梅拉拉(Demerara)*流行可怕的黄热病期间,布莱尔(Blair)博士发现,移民的死亡率同其家乡的纬度是成比例的。黑人的免疫性作为水土适应的结果而言,这意味着需要非常悠久的时间;因为,热带美洲的土著居民自远古以来就在那里居住,还不能避免黄热病;特里斯特拉姆(H. B. Tristram)牧师说,在北非有些地方,虽然黑人能够安然无恙地住,而土著居民却要被迫年年从那里离去。

黑人的免疫性同其皮肤颜色的任何程度的相关不过是一种推测而已:这种免疫性也许同其血液、神经系统或其他组织的某种差异相关。尽管如此,根据上述事实,根据面色同肺病之间显然存在的某种关联,这种推测在我看来并非是不近理的。因此,我曾试图确定这种推测究竟有多大可靠性,但没有获得很大成果。⑥ 已故的丹尼尔(Daniell)博士曾长期在非洲西海岸居住,他告诉我说,他不相信有任何这种关联。他本身的皮肤异常之白,却

---

① 参阅 1813 年在皇家学会宣读的一篇论文,见 1818 年出版的他的《论文集》。关于韦尔斯博士的论点,我曾在《物种起源》的"历史概述"中有所说明。关于肤色同体质特性的相关,我曾在《动物和植物在家养下的变异》(第 2 卷,227,335 页)举过种种事例。

② 例如,参阅诺特(Nott)和格利敦(Gliddon)合著的《人类的模式》,68 页。

③ 塔洛克(Tulloch)少校 1840 年 4 月 20 日在统计学会上宣读的一篇论文,载于《科学协会会刊》(*Athenaeum*),1840 年,353 页。

④ 《人类种族的多源论》(*The Plurality of the Human Race*),英译本,1864 年,60 页。

⑤ 考垂费什,《人种的一致性》,1861 年,205 页。魏采,《人类学概论》,英译本,第 1 卷,1863 年,124 页。利文斯顿在他的《旅行记》中举过同样事例。

* 在圭亚那。——译者注

⑥ 1862 年我曾得到陆军军医总监的许可,向海外驻军的医生发出空白表格,并附如下意见,但未获得答复,"有几个被记载下来的十分明显的事例表明,在我们的家养动物中,皮肤附属物的颜色同其体质有一定关联;众所周知,人类种族的肤色同其住地的气候也有某种有限度的关联;下述调查似乎值得注意。即,欧洲人的毛发颜色同他们感染热带地方疾病之间是否有任何关联。如果各军队的医生驻在对健康有害的热带地区,请在发病时先数一下军队中有多少人的毛发是浓色的,多少人是淡色的,多少人是中间色或不确定的颜色的;如果同一位医生对疟疾、黄热病、痢疾患者,也作出相似的统计,那么当表上有三千来个这样事例之后,很快就可以看明,在毛发颜色同感染热带病的体质之间是否存在着任何关联。也许不会发现这种关联,但这样调查还是值得一做的。倘获得正的结果,则这一结果在选用人员担任任何特殊任务时是有一定实际应用价值的。在理论上,这一结果大概也是重要的,因为它指明了自从远古以来就在对健康有害的热带气候下居住的一个人类种族,在悠久的连续世代中由于深色毛发和深色皮肤的个体更好地被保存下来而成为深色的一个途径。"

惊人地经受了那里的气候。当他在少年来到非洲西海岸的时候，一位年老的有经验的黑人酋长根据他的面貌预言他能如此。安提瓜（Antigua）＊的尼科尔森（Nicholson）博士研究了这个问题之后给我写信说，暗色皮肤的欧洲人避免黄热病的，比浅色皮肤的欧洲人为多。哈里斯（J. M. Harris）先生完全否认深色毛发的欧洲人比其他人能够更好地经受炎热的气候；相反，经验教导他，当挑选在非洲海岸服务的人员时，要找那些红发的人。①有一种假说认为皮肤黑色的产生，是由于日益变黑的个体曾经长期在引起发热的瘴疠中更好地生存下来的缘故，然而仅就以上那些迹象而言，这种假说似乎就没有什么根据了。

夏普（Sharpe）博士述说，②热带的太阳可以把白人的皮肤晒伤而起水疱，但对黑人的皮肤却一点也不损害；他又说，这并非由于个体的习性所致，因为6个月或8个月的黑人小孩常常被裸体抱出，并不受影响。一位医务人员使我确信，几年之前每到夏季，他的双手就出现淡褐色的斑块，同雀斑相似但较大，一到冬季即行消失，这些斑块决不受日灼的影响，而其皮肤的白色部分有几次却受到严重的日灼而起水疱。在低于人类的动物中，复被白毛的皮肤部分和其他部分对太阳作用的反应也有一种体质差异。③皮肤不被这样灼伤对说明人类通过自然选择逐渐获得暗色是否具有足够的重要性，我还不能作出判断。果真如此，我们就应假定热带美洲的土著居民生活在那里的时间远比黑人在非洲生活的时间或巴布亚人在马来群岛南部生活的时间为短，正如浅色皮肤的印度人居住在印度的时间比这个半岛中部和南部的深色皮肤的土著居民居住在那里的时间为短。

以我们现在的知识来看，虽然还不能解释人类种族肤色的差异是由于因此获得任何利益，或是由于气候的直接作用所致；但我们千万不要对后一种作用完全加以漠视，因为有充足的理由可以相信某些遗传的效果可以由此产生。④

我们在本书第二章中已经看到，生活条件以一种直接的方式影响身体构造的发育，而这种效果是遗传的。这样，正如众所公认的，在美国，欧洲殖民者的面貌发生了轻微的、但异常迅速的变化。他们的体部和四肢都变长了；我听伯尼斯（Bernys）上校说，在晚近的美国战争期间，提供了有关这一事实的良好证据，即德国军队穿上为美国市场缝制的现成服装时，样子显得滑稽可笑，这等服装的各种尺寸对德国人都太长了。还有大量的证据可以阐明，美国南部诸州的第三代家内奴隶在面貌上同田间奴隶已有显著不同。⑤

然而，如果注意看一看分布于全世界的人类种族，我们就一定会推论他们的特性差

＊ 位于西印度群岛。——译者注

① 《人类学评论》，1866年1月，21页。夏普（Sharpe）博士也说，"在印度，生有淡色毛发和红润面色的人比生有深色毛发和青白面色的人感染热带地方病者为少；据我所知，这一意见似乎有充分的根据"（《人类是一种特殊创造物》，1873年，118页）。另一方面，塞拉利昂的赫德尔（Heddle）先生则持有直接相反的观点，"他手下的职员死于西非海岸气候者比其他人为多"（里德，《非洲随笔》，*African Sketch Book*，第2卷，522页），伯顿上尉持有同样见解。

② 《人类是一种特殊的创造物》（*Man：a Special Creation*），1873年，119页。

③ 《动物和植物在家养下的变异》，第2卷，336，337页。

④ 例如，参阅考垂费什有关在埃塞俄比亚和阿拉伯居住效果的记述（《科学报告评论》，1868年10月，724页）以及其他相似的事例。罗勒（Rolle）博士说（《人类的起源》，*Der Mensch，seine Abstammung*，1865年，99页），根据汉尼柯夫（Khanikof）的权威材料，大多数德国人的家族在佐治亚（Georgia）定居两代之后，头发和眼睛将会变为黑色。福布斯（Forbes）先生告诉我说，安第斯山的基切华人（Quichuas）按照彼等所住山谷的位置，其肤色变异很大。

⑤ 哈伦（Harlan），《医学研究》（*Medical Researches*），532页。考垂费什《人种的一致性》，1861年，128页）曾就这个问题搜集了重大证据。

异不能由不同生活条件的直接作用得到解释,即使受到这种作用的时间非常悠久,也是如此。爱斯基摩人完全以动物食品为生,他们穿着厚皮衣,暴露在酷寒和长期黑暗之中;中国南方的居民完全以植物食品为生,几乎裸体,暴露在炎热和阳光耀眼的气候之中,但二者之间并没有任何极度的差异。不穿衣服的火地人以荒凉海岸的水产品为生;巴西的波托鸠斗人(Botocudos)*漫游于腹地的炎热森林之中,主要以植物性食品为生;然而这等部族如此密切相似,以致有些巴西人误把"贝格尔舰"上的火地人当做波托鸠斗人。再者,波托鸠斗人以及热带美洲的其他居民同大西洋彼岸的黑人完全不同,但他们暴露在差不多相似的气候之下时遵循几乎一样的生活习惯。

人类种族的差异也不能由身体各部分的增加使用或减少使用的遗传效果得到解释,即便能如此,也只能起到十分轻微的作用。惯常在独木舟生活的人们,腿多少有点短;居住在高原地区的人们,胸部可能增大;不断使用某些感觉器官的人们,容纳这等器官的腔可能多少有些增大,因而他们的容貌也会稍有改变。关于诸文明民族,颚部的缩小是由于减少使用——为了表达不同的感情,惯常运转不同的肌肉——脑的增大是由于智力活动的增强——当同未开化人比较时,所有这些都对文明民族的一般面貌产生了相当的影响。[①] 身材增大,而脑的大小不相应增加,可能使某些种族的头骨加长,而成为长头型(由上述家兔的例子可以推断)。

最后,所知甚少的相关发育原理有时也会发生作用,如肌肉的非常发达同眶上脊的强烈突出的相关就是如此。皮肤颜色同毛发颜色显然相关,如北美曼丹人(Mandans)**的毛发组织同其颜色就是相关的。[②] 皮肤颜色同它发出的气味同样也有一定的关系。关于绵羊品种,一定面积上的羊毛数量同分泌孔的数量有关联[③]。如果我们可以根据家养动物进行类推的话,则人类构造的许多变异大概也在相关发育这一原理的支配之下。

现在我们已经看到,人类外部特征的差异不能由生活条件的直接作用,也不能由身体诸部分的连续使用、同时还不能由相关原理得到令人满意的解释。所以这就引导我们去追问,人类显著容易发生的轻微个体差异是否不会在一长列的世代中通过自然选择而被保存下来并有所扩大。但在这里我们立刻会遇到这样的障碍,即只有有利的变异才能这样被保存下来;就我们所能判断的来说,虽然对于这一问题的判断往往容易陷于错误,人类种族之间的差异对他并没有任何直接的或特别的用处。当然,智慧的、道德的或社会的能力一定不在此论之内。人类种族之间外在差异的巨大变异性,同样地表明了它们并不具有多大重要性;如果是重要的,它们很久以前或者被固定而保存下来,或者被消除

---

* 巴西的印第安人,他们在下嘴唇穿装一木塞子,叫做"botoque",因是得名。——译者注

① 参阅沙夫豪森的著述,其译文见《人类学评论》,1868 年 10 月,429 页。

** 赛奥恩印第安人(Siouan Indians)的一个著名部落,在北达科他(Dakota)州,1837 年由于天花的流行,几遭覆灭。——译者注

② 凯特林(Catlin)说(《北美的印第安人》,第 1 卷,第 3 版,1842 年,49 页),曼丹人(Mandans)的整个部落,10个人或 12 个人中就有一个人的头发是明亮的银灰色的,而且这是遗传的,一切年龄的男女都是如此。现在,这种头发之粗硬如马鬃,而其他颜色的头发还是细而软的。

③ 关于皮肤的气味,参阅戈德隆的《论物种》(Sur l'Espèce),第 2 卷,217 页。关于皮肤上的分泌孔,参阅威尔肯斯的《家畜饲养技术的任务》(Die Aufgaben der Landwirth. Zootechnik),1869 年,7 页。

掉。在这方面，人类同那些被博物学者们称为变化多端的、即多态的类型相类似，这等类型极其容易变异，这似乎是由于这等变异具有无关紧要的性质，而且由于它们因此逃避了自然选择的作用。

在我们解释人类种族之间的差异的所有试图中，遇到了上述这么多的阻碍；但还剩下一个重要的力量即性选择，看来曾对人类而且也对许多其他动物发生过强有力的作用。我的意思并非断言根据性选择可以解释人类种族之间的一切差异。还留有不可解释的一点，由于我们对此是无知的，我们只能说，因为一些个体生下来，比如，就具有稍微圆一些或狭一些的头以及稍微长一些或短一些的鼻子，所以，如果诱发这等轻微差异的未知力量比较经常不断地发生作用，它们就会变得固定而一致。在本书第二章提到这等变异时，是把它们纳入暂时的那一类的，由于还缺少较好的术语，常常把它们叫做自发性的（spontaneous）。我也并非妄说性选择的效果能够以科学的正确性被表示出来；但可以阐明，看来曾对无数动物发生过强有力作用的这种力量，如果没有使人类改变，那么这就是一个无法解释的事实了。进一步可以阐明，人类种族之间的差异，如肤色、毛发、面型等等，预料是处于性选择影响之下的一类差异。但是，为了恰当地处理这个问题，我发现有必要对整个动物界加以回顾。因此，我在本书的第二部分对此进行讨论。最后，我还要回到人类上来，在努力阐明人类通过性选择发生了怎样程度的改变之后，再对第一部分的各章做一个简短的提要。

附　录

人类和猿类的脑部在构造和发育上的异同

英国皇家学会会员　赫胥黎教授 著

关于人类和猿类脑部构造的差异性质和差异程度,早在 15 年前已发生了争论,直到现在还没有停止,虽然现在所争论的主要问题同以往已经完全不同了。最初有人一再异常顽固地断言,一切猿类的脑,甚至最高等猿类的脑,都和人类的脑有所不同,因其缺少诸如大脑半球的后叶以及这等后叶中所包含的侧室后角和小海马体(hippocampus minor)等那样的显著构造,而这些构造在人类中都是非常明显存在的。

问题中的这三种构造在猿脑中发育之良好,同人类无异,或者说甚至更好;而且具有良好发育的这三部分乃是一切灵长类的特征(如果狐猴类除外),这一真实情况的基础之稳固有如比较解剖学中的任何命题。再者,一长系列的解剖学家,凡是近年来特别注意到人类和高等猿类大脑半球表面上复杂的脑沟(sulci)和脑回(gyri)的排列者,无不承认它们在人类和猿类中的配置形式都是完全一样的。黑猩猩脑的每一个主要脑沟和脑回都明显地代表着人脑的这等部分,所以应用于人脑的专门术语完全可以应用于猿脑。关于这一点,已没有任何不同的意见了;数年前比肖夫教授曾就人类和猿类的脑旋圈发表过一篇论文;[1]我的这位博学同事的目的肯定不在于降低猿类和人类关于这方面的差异价值,所以我愿引述该文如下:

> "猿类尤其是猩猩、黑猩猩和大猩猩在其体制上同人类很接近,比同任何其他动物都更加接近得多,这是众所熟知的一个事实,已无所争论。单以体制的观点来看事物,大概没有人再对林奈(Linnæus)的观点进行争论,即,人类仅仅作为一个特殊的物种,也应被置于哺乳动物以及猿类之首。人类和猿类的一切器官表明了它们的亲缘关系如此之近,以致为了证实它们之间确有差异存在,还需要进行极精确的解剖研究。对于脑部也要如此。人类、猩猩、黑猩猩以及大猩猩的脑尽管有非常重要的差异,但彼此还很接近"(原著 101 页)。

至于猿脑和人脑在基本性状上的相似已无争论余地了;甚至黑猩猩、猩猩和人类的大脑半球上脑沟和脑回的排列细节也表现了惊人的密切相似性,对此亦无任何争论的余地。高等猿类的脑和人脑之间在差异性质和差异程度上也不存在任何严重的问题。众所周知,人类的大脑半球绝对的和相对的大于猩猩和黑猩猩的这一部分;其前叶由于眶脊向上隆起,因而凹入较少;人类的脑回和脑沟的配置通常都对称较差,并且呈现了较大数

---

[1] 《关于人类的大部分脑旋圈》(*Die Grosshirn-Windungen des Menschen*)《巴伐利亚学院论文集》(*Abhandlungen der K. Bayerischen Akademie*),第 10 卷,1868 年。

量的次级褶。而且，众所共认，人类的颞颥后头裂（temporo-occipital）、即"外垂直"裂通常不甚显著，而这是猿脑的一个强烈显著的特征。但这等差异显然并不构成人脑和猿脑之间的明确界限。关于葛拉条雷所谓的外垂直裂，例如人脑的，特纳教授有如下记述[①]：

> "在一些人脑中，它简单地表现为大脑半球边缘的一种齿痕，但在另外一些人脑中，它却伸长到一定距离，多少横向外出。我曾见到，它在一只女脑右半球上向外逾出二英寸以上；在另一个标本上，也是右半球，它向外逾出十分之四英寸，然后向下延伸，直达半球外表面的较低边缘。在大多数四手类动物中，这种脑裂沟是有显著特征的，相比之下，大部人脑的这种裂沟就不那样完全明确了，其所以如此，乃是由于人脑具有某种表面的、十分显著的次级旋圈，以沟通诸裂沟，并把颅顶叶（parietal lobe）和后头叶（occipital lobe）连接在一起了。这等第一级的起沟通作用的脑回位置同纵向沟裂愈近，则颅顶后头的外在沟裂就愈短"（原著12页）。

因此，葛拉条雷所谓的外垂直裂的消失，并不是人脑的一种固定特性。另一方面，它的充分发育也不是高等猿类脑的一种固定特性。因为，在黑猩猩脑的这一侧或那一侧外垂直脑回由于起沟通作用的脑旋圈而或多或少强烈消失的情况，已由罗尔斯顿（Rolleston）教授、马歇尔先生、布罗卡以及特纳教授一再予以记载。特纳教授在一篇有关这个问题的专门论文中写道：[②]

> "葛拉条雷曾试图形成一种概念，把第一级起连接作用的脑旋圈的完全缺如以及次级脑旋圈的隐蔽作为黑猩猩脑的基本特征，但刚才描述的这种动物脑的三个标本证明了这一概念决不能普遍应用。只有一个标本的脑在这等特点上符合葛拉条雷所表明的法则。关于起沟通作用的上部脑旋圈，我以为它是存在于一个脑半球之上的，至少迄今为人所绘出的或所描述的多数黑猩猩脑是如此。起沟通作用次级脑旋圈的表面位置显然较不常见，我相信，到目前为止只见于这份报告中所记载的A脑。两个脑半球上的旋圈排列是不对称的，以往的观察家们对此已有所描述，在这些标本中也得到了清楚的图示。"（8, 9页）

颞颥后头脑沟或外垂直脑沟的存在，即便说是高等猿类和人类之间的一个区别标志，但阔鼻猴类脑的构造使这种作为区别的性状的价值很可怀疑了。事实上，尽管颞颥后头脑沟为狭鼻猴类、即旧世界猴类的最固定的一种性状，但在新世界猴类中，它的发育从来不很强烈；在较小的阔鼻猴类中根本没有这种性状；在僧面猴（Pithecia）中它的发育是残迹的；[③]在蛛猴（Ateles）中它已经被起沟通作用的脑旋圈或多或少地所消除。

在单独一个类群范围内如此容易变异的一种性状不会有任何重大的分类价值。

已经进一步证实，人脑两侧旋圈的不对称程度有很大个体变异；而且在经过检查的布什门（Bushman）族的那些个体中，其两半球上的脑回和脑沟远不如欧洲人的复杂，但

---

①　《人类大脑旋圈局部解剖学》（*Convolutions of the Human Cerebrum Topographically Considered*），1866年，12页。

②　《特别关于黑猩猩的起沟通作用的脑旋圈的记载》（*Notes more especially on the bridging convolutions in the Brain of the Chimpanzee*），见《爱丁堡皇家学会会报》，1865—1866年。

③　弗劳尔，《僧面猴的解剖》（*On the Anatomy of Pithecia Monachus*），见《动物学会会报》，1862年。

比他们的对称，然而，在黑猩猩的一些个体中，脑回和脑沟的复杂性和不对称性却是值得注意的。布罗卡所绘制的一只幼小雄猩猩的脑，其情况尤其如此（《灵长目》，L'ordre des Primates，165 页，图 11）。

再者，就脑的绝对体积问题来说，已经证明最大的和最小的健康人脑之间的差异，比最小的健康人脑同最大的黑猩猩脑或猩猩脑之间的差异为大。

还有一种情况使猩猩脑和黑猩猩脑同人脑相类似，而同低等猿类的脑有所区别，这就是前者具有两个乳头体（corpora candicantia）——而犬猿这一类（Cynomorpha）只有一个。

鉴于这等事实，在这 1874 年我毫不踌躇地重复并坚持 1863 年我提出的主张：①

"就脑部构造来说，显然，人类同黑猩猩或猩猩之间的差异，甚至小于后者同猴类之间的差异，而且，黑猩猩脑同人脑之间的差异，如黑猩猩脑同狐猴脑之间的差异相比，就几乎微不足道了。"

在我以前引用的那篇论文里，比肖夫教授并不否认这一叙述的第二部分，但第一，他文不对题地说，如果一个猩猩脑和一个狐猴脑很不相同，那是毫不足怪的；第二，他继续断言，"如果我们连续地以人脑同猩猩脑相比较，以猩猩脑同黑猩猩脑相比较，以黑猩猩脑同大猩猩脑相比较，以次及于长臂猿（Hylobates）、天狗猴（Semnopithecus）、豨猴（Cynocephalus）、长尾猴（Cercopithecus）、猕猴（Macacus）、卷尾猴（Cebus）、绢毛猴（Callithrix）、狐猴（Lemur）、懒猴（Stenops）和狨（Hapale），我们在脑旋圈发育程度上所看到的间隙并不比人脑同猩猩脑或黑猩猩脑之间的间隙更大，甚至相等。"

对此我回答如下：第一，不论这一主张的真伪如何，都同《人类在自然界的位置》一书所提出的主张毫无关系，该书所讨论的并非仅仅是脑旋圈的发育，而是脑的整个构造。如果比肖夫教授不厌其烦地阅读一下他所批评的该书第 96 页，实际上他将会看到下文："值得注意的一个情况是，就我们现有知识所能达到的来说，在猿猴类脑的一系列类型中存在着一种真正的构造上的间隙，而这种间隙并不存在于人类和类人猿之间，而是存在于较低等的和最低等的猿猴类之间，换句话说，即存在于旧世界的和新世界的猿类、猴类和狐猴类之间。每一种已经被检查过的狐猴的小脑实际上都是可以部分地从上面看得见的；它的后叶及其所包含的后角（posterior cornu）和小海马体或多或少都是残迹的。相反，每一种狨、美洲猴、旧世界猴、狒狒或类人猿的小脑在其后方为大脑叶所遮蔽，都是完全隐匿不露的，并且有一个大型后角以及一个十分发育的小海马体。"

这一叙述是根据当时已知的严格准确的有关记载作出的；而且在我看来，此后虽然发现合趾猿（siamang）和吼猴（howling monkey）的小脑后叶相对地不甚发育，但这一叙述显然并未因此而减弱其力量。尽管这两个物种的小脑后叶例外地短小，还没有任何人会以此为借口说，它们的脑以最轻微的程度接近狐猴类的脑。如果不把狨类置于它的自然位置之外，像比肖夫教授最令人不解地所做的那样，则可把他所选用的那些动物系列排写如下：人类，猩猩，大猩猩，长臂猿，天狗猴，豨猴，长尾猴，猕猴，卷尾猴，绢毛猴，狨，

---

① 《人类在自然界的位置》，1862 年，102 页。

狐猴,懒猴,我敢再次重申,在这一系列中,狨和狐猴之间的间隙最大,这一间隙比这一系列中任何其他二类之间的间隙都大得多。比肖夫教授忽视了在他撰写该文很久以前葛拉条雷就提出的一个事实,即,完全根据大脑的性状就可以把狐猴类分出于灵长目之外;弗劳尔教授在描述爪哇懒猴的过程中曾做过如下观察:①

　　"特别值得注意的是,有些猴类、即阔鼻猴类群的较低成员,普通被认为在后叶以外的其他方面都同大脑半球态短的狐猴类相接近,就后叶的发育来说,其中没有一种猴类是同狐猴类接近的。"

过去十多年来如此众多的研究者所做的研究大大地增进了我们的知识,就成熟的脑的构造而言,这些知识充分证明了我在 1863 年所做的叙述。据说,即使承认人类和猿类的成熟的脑是彼此相似的,但其实它们之间的差异还是重大的,这是因为它们在发育方式上表现了根本的差异。如果这等发育的根本差异确实存在的话,恐怕我比任何人都乐意承认这一论点的力量。但我否认确有这等根本差异存在。相反,人类和猿类的脑在发育上却是根本一致的。

引起葛拉条雷作出有关人类和猿类的脑在发育上存在根本差异的论述;在于他认为:在猿类中,脑沟最先出现在大脑半球的后区,而在人类胎儿中,脑沟最初出现在脑的前叶②。

这一论述总的是以两种观察为基础的,其一,有一只快要生产的长臂猿,其后部脑回十分发达,而前叶的脑回则"几乎看不见"③(原著,39 页);其二,有一个怀孕 22 个或 23 个星期的人类胎儿,它的脑岛还没有被覆盖起来,尽管如此,"脑前叶仍有齿痕,一种不很深的裂沟显示着脑后叶的分离,其沟甚浅,与其发育期相应。而脑之其余表面则处于完全平滑状态"。

该书第二图版的 1、2、3 图只示明了这个大脑半球的上面、侧面和下面,而未示明其内面。值得注意的是,该图决不能证明葛拉条雷的描述,因为大脑半球后半部表面上的裂沟(前颞)比前半部所模糊显示的任何裂沟都更显著。如果该图是正确的话,则决不能证明葛拉条雷的结论是正确的。他的结论是:"在美发猴和长臂猿的脑同人类胎儿的脑之间,存在着根本的差异,即人类的颞颥脑沟未出现之前,额部脑沟久已存在。"

然而,自从葛拉条雷时代以来,关于脑回和脑沟的发育,已由施密特(Schmidt)、比肖

---

①　《动物学会学报》(*Transactions of the Zoological Society*),第 5 卷,1862 年。

②　葛拉条雷在其《关于人类脑褶痕的研究报告》(39 页,第四图版,第 3 图)中说道,"在一切猿类,皆为脑后叶褶痕最先发达,而前部褶痕则发达较迟,颅顶后头部脑沟在胎体中比较大。人类的前部裂沟最先出现,这是显著的例外,不过大脑前叶的普通发育同猿类均依同一规律"。

③　葛拉条雷说(原著 39 页):"此胎体的脑后部裂沟发育甚好,而脑前部的裂沟几乎不可见。"第四图版第 3 图中的罗兰德氏裂(Rolando fissure)和前部裂沟均甚明晰。阿利克斯(Alix)在他所写的《对葛拉条雷的人类学观点的评论》(见《巴黎人类学会会报》,1868 年,32 页)一文中说道:"葛拉条雷所有者为一长臂猿胎体的脑,这种猿与猩猩相近,处于生物界的很高等级,最有名的博物学家把它列入似人猿类。例如,赫胥黎力持这种看法。葛拉条雷从长臂猿的一个胎体发现脑前叶的裂沟尚未出现时,脑后叶的褶痕已有很好的发育了。这就是说,人类的褶痕的出现,由 α 在 ω,而猿类的褶痕的发达,乃由 ω 在 α。"

夫、潘施(Pansch)①等人重新进行了研究,尤其埃克尔的研究②不仅是最近完成的,而且是迄今最完善的。

他们研究的最后结果可总结如下:

1. 人类胎儿的西耳维厄斯氏裂(Sylvian fissure)是在怀孕的第三个月内形成的。在第三个月和第四个月,大脑半球平滑而圆(西耳维厄斯氏凹除外),远远向后突出于小脑之外。

2. 所谓真正的脑沟是在胎儿的第四个月末到第六个月初这段时间内才开始出现,但埃克尔慎重地指出,不仅它们的出现时期,而且它们的出现次序都有相当的个体变异。然而,无论额部脑沟或颞颥脑沟都不是最早出现的。

事实上最早出现的是在大脑半球的内面(无疑,葛拉条雷似乎没有检查过胎儿的内面,所以忽略了这一点),无论内垂直脑沟(即顶枕脑沟)或小海马脑沟都是这样,此二者密切接近,终于合二而一。通常顶枕脑沟(occipito-parietal)在二者之中较先出现。

3. 在上述期间较晚阶段,另一种脑沟,即"顶后脑沟"(posterio-parietal)或罗兰德氏裂(Fissure of Rolando)发育了,继此,至胎儿的六个月期间内,其他额叶、颅顶叶、颞颥叶和枕叶的重要脑沟发育了。然而,还没有明显的证据可以证明,其中某一种脑沟永远出现在另一种脑沟之前;而且值得注意的是,埃克尔所描述的和绘制的这一时期的脑(见原著212—213页,第二图版,1、2、3、4图)示明,作为猿脑的显著特征的前颞颥脑沟(平行裂Scissure parallèle),其发育如果不比罗兰德氏裂更好,至少也是一样的,前颞颥脑沟比正常的额部脑沟要显著得多。

根据现今已知的事实,我以为人类胎儿的脑沟和脑回的出现次序,同进化的一般原理以及人类是从某种与猿相似的类型进化而来的观点完全符合;虽然那种与猿相似的类型在许多方面同现今生存的灵长类任何成员都不相同。

50年前,冯·贝尔教导我们说,亲缘关系相近的诸动物在其发育过程中最初带有它们所属的那较大类群的性状,以后逐渐地呈现它们那一科、属和种所专有的那些性状;同时他也证明了,一种高等动物的任何发育阶段都不会同任何低等动物的成熟状态确切相似。可以十分正确地说,一只蛙曾经通过一条鱼的状态,因为在其生命的某一时期,蝌蚪具有一条鱼的所有性状,如果它不再进一步发育,势必要被列入鱼类之中。但同等正确的是,一个蝌蚪同任何已知的鱼都很不相同。

同样地,五个月人类胎儿的脑可以被正确地说成不仅是一种猿的脑,而且可以说成是一种钩爪类(Arctopithecine)*的或一种同狨相似的猿的脑;这是因为它的大脑半球具有大的后叶,而且除了西耳维厄斯氏脑沟和小海马脑沟外,并无其他任何脑沟,这种特性只有在灵长目的钩爪类中才能找到。但同等正确的是,正如葛拉条雷所说的,在其宽阔

---

① 《人类和猿类大脑半球主要部分的脑沟和脑回的典型排列方式》(*Ueber die typische Anordnung der Furchen und Windungen auf den Grosshirn-Hemisphären des Menschen und der Affen*),见《人类学文集》(*Archiv für Anthropologie*),第3卷,1868年。

② 《人类胎儿大脑半球主要部分的脑沟和脑回的发育过程》(*Zur Entwickelungs Geschichte der Furchen und Windungen der Grosshirn-Hemisphären im Faetus des Menschen*),见《人类学文集》,第3卷,1868年。

* 属灵长类,其性质在狭鼻猴类和阔鼻猴类之间,形小,尾长。前肢的拇指不能同其他四指对向;后肢的拇指虽有普通猿类所具有的那样扁爪,但其他趾则有钩爪而同食肉兽类相似。——译者注

的西耳维厄斯氏裂方面，它同任何真正的狨都不相同。毫无疑问，它同一只狨的令期较大的胎儿的脑就要相似得多。但我们对狨类脑的发育情况却一无所知。关于阔鼻猴类（Platyrhini），我所知道的唯一观察是由潘施做的，他发现一只卷尾猴（Cebus apella）胎儿的脑除了西耳维厄斯氏裂和深的小海马裂之外，仅有一个很浅的前颞颥裂（即葛拉条雷所谓的"平行裂"）。

像松鼠猴（Saimiri）那样的阔鼻猴类具有前颞颥脑沟，它们仅在大脑半球的外部前一半表现有脑沟的残迹，或根本全无，这一情况以及上述事实毫无疑问为葛拉条雷的假说提供了良好的证据，即，他认为阔鼻猴类的后脑沟出现在前脑沟之前。但是，决不能因此就把适用于阔鼻猴类的规律扩充到狭鼻猴类。关于犬猿类的脑，我们还没有掌握任何材料；关于类人猿，除了上述有关即以诞生的长臂猿的脑以外，并无其他记载。现在，没有一点证据可以阐明黑猩猩的或猩猩的脑沟的出现次序和人类的不同。

葛拉条雷以如下格言开始了他的序文："在科学上急于下结论，极为危险。"我恐怕他在其著作中讨论人类和猿类的差异时一定忘记了这一正确的格言。毫无疑问，这位优秀的作家对于正确理解哺乳动物的脑还是作出了前所未有的最卓越贡献，如果他活到今天，从这方面研究的进展得到益处，他大概会首先承认他的研究数据是不够充分的。不幸的是，他的结论被那些不懂得其基本原则的人们用来作为支持愚昧主义的论据了[1]。

但重要的是应该指出，葛拉条雷在其关于颞颥脑沟或额部脑沟相对出现次序的假说中无论是对还是错，事实仍然是存在的，即，在颞颥脑沟或额部脑沟出现之前，人类胎儿的脑所呈现的性状只有在灵长目的最低等类群中（狐猴类除外）才能找到；如果人类从某一类型逐渐变化而成，而这一祖先类型同其他灵长类所来自的类型正好相同，那恰恰是我们所期待的确应如此的情况。

---

[1]　例如，勒孔特（Lecomte）神甫所写的那本很糟的小册子，《达尔文主义和人类的起源》（Le Darwinisme et l'origine de l'Homme），1873 年。

第二部分

性 选 择

· Sexual Selection ·

　　我将在以下几章讨论属于各个纲的动物的第二性征,并努力把本章所阐明的原理应用于每个事例。我们用于讨论最低等动物纲的时间将很短,而对于高等动物,尤其是对于鸟类,则必须用相当的篇幅详加讨论。请注意,由于已经说明的理由,关于雄者用以寻求雌者并在寻得后牢牢把它抓住的无数构造,我只想举出少数例子用做说明。另一方面,关于雄者用以战胜其雄性对手的以及用以魅惑或刺激雌者的全部构造和本能,将予以充分讨论,因为它们在许多方面都是最有趣的。

Wood

BUTTERWORTH & HEATH Sc

第八章　性选择原理

第二性征——性选择——作用方式——雄者的过剩——多配性——性选择通常只使雄者发生变异——雄者求偶的热望——雄者的变异性——雌者对配偶的选择——性选择与自然选择的比较——在生命相应时期出现的遗传性，在一年相应季节出现的遗传性，限于性别的遗传性——若干遗传形式之间的关系——雌雄任何一方以及幼小动物为什么没有通过性选择而发生改变的原因——有关整个动物界雌雄两性比例的补充说明——同自然选择有关的雌雄两性比例

　　凡是雌雄异体的动物，雄者的生殖器官必然与雌者不同，这就是第一性征（primary sexual characters）。但雌雄的区别常常表现在亨特所谓的第二性征上（secondary sexual characters），而它们同生殖行为并无直接关系。例如，为了易于寻找或接近雌者，雄者具有某些感觉器官或运动器官，这是雌者所没有的，或比雌者的这等器官更为高度发达；又如，为了将雌者牢牢抓住，雄者具有特殊的抱握器官。这样器官的种类形形色色，无穷无尽，进级为通常被列为第一性征的那些器官，而且在某些场合中，它们同第一性征的器官几乎无法区别；在雄性昆虫腹端的复杂附属物中我们见到许多这方面的例证。因而除非我们将"第一的"（primary）这个术语的含义限于生殖腺的范畴，否则就几乎不可能决定何者是第一性征，何者是第二性征。

　　雌者同雄者的区别往往在于前者具有营养其后代或保护其后代的器官，譬如哺乳动物的乳腺以及有袋类的腹袋。在少数场合中，却是雄者具有类似的器官，而雌者没有，譬如某些雄鱼的储卵囊，这等器官在某些雄蛙身上也有暂时的发育。大多数蜂类的雌者具有一种采集和携带花粉的特殊工具，它们的产卵器也演变成一根螫针，用于保卫幼虫和群体。还可以举出许多相似的事例，但与本文无关。然而，另外一些雌雄差异尽管同初级生殖器官毫无关联，却正是我们所特别注意的——譬如雄者的较大体型，力量，好斗性，用于对竞争对手进攻的武器或防御的手段，绚丽的色彩和各种装饰，鸣唱的能力以及诸如此类的其他性状。

　　除了上述的第一性差异与第二性差异以外，某些动物雌雄二者的构造差异是和不同的生活习性有关，而完全不是或仅是间接地和生殖功能有关。像某些蝇类（蚊科，Culici-

◀巴特利特先生见过一只在求偶活动中的雄孔雀雉，并给我看了按当时姿态制作的一个标本。这种鸟的尾羽和翼羽都饰以美丽的眼斑，就像孔雀尾羽上的眼斑那样。当雄孔雀夸示自己时，便展开并竖起其尾羽，使其同躯体相横切，这是因为它站在雌鸟之前，需要同时显示其鲜蓝色的喉部和胸部。

dae 和虻科 Tabanidae)的雌者都是吸血虫,而雄者则以花为生,其口器缺少上颚。① 某些蛾类和一些甲壳类(异足虫 Tanais)的雄者具有不完备而封闭的口器,不能取食。某些蔓足类的补雄(complemental males)就像附生植物那样,或依雌者为生,或依两性体为生,它们既没有口器也没有抱握肢。在这等场合中,是雄者发生变异并失去雌者所具有的某些重要器官。在另外一些场合中,则是雌者失去了这等器官;例如,雌萤火虫无翅,许多种雌蛾也如此,其中有些甚至永远没有脱茧而出。许多寄生甲壳类的雌者已失去它们用于游泳的后肢。有些像甲科(Curculionidae)的象甲虫,其雌雄二者的喙长有巨大差异,②但这种性差异以及许多与此相似的差异的意义何在,尚属不明。与不同生活习性有关的雌雄二者之间的构造差异,一般只限于低于人类的动物;但关于少数一些鸟类的喙,雄者和雌者的却不相同。新西兰辉雅鸟(Huia)的这种差异非常之大,我听布勒博士说,③那种雄鸟用坚固的喙从腐朽树木中凿取昆虫的幼虫,而雌鸟则用长得多的而且非常柔软易弯的喙在树木较柔软的部位探求之,它们就这样彼此互助。在大多数场合中,两性之间的构造差异多少都同种的繁殖有直接关系,因而一个雌者为了给大量的卵供应养分,需要比雄者更多的食物,所以需要特殊的取食手段。一只生命很短的雄性动物的取食器官由于不使用而消失,并不会带来什么损害;但要保持完善状态的运动器官,以便接近雌者。反之,在雌者方面,如果逐渐获得一些习性使飞翔、游泳或行走等能力成为无用的话,也可能失去这等运动器官,而不会不安全。

然而,我们在这里所涉及的仅是性选择。性选择是以某些个体专在繁殖方面比同一性别和同一物种的其他个体占有优势为前提的。如上所述,当雌雄二者因生活习性不同而引起构造上的差异时,它们无疑是通过自然选择而发生变异,并靠遗传作用使该变异限于同一性别。除此之外,第一性器官以及养育或保护幼小动物的那些器官也都处于同样的影响之下;因为最善于繁殖和养育其后代的那些个体,在其他条件相等的情况下,将会留下最大量的后代,以继承它们的优越性;而不善于繁殖和养育其后代的那些个体就会留下少量的后代,以继承其弱小的能力。当雄者势必寻找雌者时,他就需要感觉的和运动的器官,但如果这些器官也是其他生活用途所需要的,它们将像在一般场合中那样,通过自然选择而得到发展。当雄者找到了雌者时,雄者有时绝对需要抱握的器官以便把雌者抓牢;因此华莱士博士告诉我说,某些蛾类雄者的跗节(即脚)如果破裂,它们就不能同雌者结合。许多海洋甲壳类的雄者一旦达到成年,它们的足和触角就会以一种异常的方式发生改变,以便抱握雌者;从这一点我们可以设想,这是因为这等动物被大海的浪涛冲向四方,因此它们为了繁殖其种类,它们就需要有这些器官,如果是这样的话,这些器官的发展就是正常选择即自然选择的结果。有些等级极低的动物也为了同样的目的而发生了变异,因此某些寄生虫的雄者,一旦充分成长,其躯体末端的下表面就变得像一把

---

① 韦斯特伍德,《昆虫的近代分类》,第 2 卷,1840 年,541 页,下面关于 Tanais 的描述得到了弗里茨·米勒(Fritz Müller)先生的协助。

② 柯尔比与斯彭斯(Kirby and Spence),《昆虫学导论》,1826 年,309 页。

③ 《新西兰的鸟类》(Birds of New Zealand),1872 年,66 页。

粗锉刀那样粗糙,它们借此把雌虫盘绕起来并持久地抱握住雌者。①

倘若雌雄二者都遵循完全相同的生活习性,而且雄者的感觉器官或运动器官比雌者的更为高度发达,那么这些器官的完善化可能就是由于雄者为了寻求雌者所必不可少的;但这些器官在绝大多数情况下,仅仅是给某个雄性个体提供一种优势以胜过另一个雄性个体,因为,那些禀赋较差的雄者只要有充裕的时间也会成功地同雌者交配;再从雌者的构造来判断,它们在其他一切方面对于正常的生活习性也都适应得一样好。在这等场合中,既然雄者获得其现有构造并非由于要在生存斗争中更好地适于生存,而是由于获得了一种优势以胜过其他雄者,还由于把这种优势仅仅传给了其雄性后代,所以在这里性选择一定起了作用。正是这种区别的重要性,引导我把这种选择的形式命名为性选择。再者如果抱握器官对雄者的主要用途是在于当其他雄者到来之前或受到其他雄者的攻击时,防止雌者逃脱,那么这些器官将会通过性选择,也就是凭借某些个体所获得的胜于其竞争对手的优势而完善起来。然而在大多数这类场合中,要把自然选择的效果和性选择的效果区别开来是不可能的。关于雌雄二者的感觉、运动和抱握器官的种种差异细节可以连篇累牍地加以叙述。然而,由于这些构造并不比那些能适应正常生活用途的其他构造更为有趣,所以我将几乎完全略而不谈,而只在各个动物纲之下列举少数例子。

有许多其他构造和本能必定是通过性选择而发展起来的——诸如雄者用于同其竞争对手进行战斗并把它们赶走的进攻武器和防御手段——雄者的勇敢和好斗性——它们形形色色的装饰物——它们用来发生声乐或器乐的装置——以及它们那散发气味的腺体,后面这些构造中的多数仅仅是为引诱或刺激雌者服务的。显然,这些性状是性选择而不是自然选择的结果,因为要是没有禀赋较好的雄者在场,那些没有武装,没有装饰或是没有魅力的雄者也会同样成功地在生存斗争中留下众多的后代。我们可以推论,情况正是如此,因为雌者既没有武装又没有装饰,也仍然能够生存下来并繁殖其种类。我们刚刚涉及的这类次级性征,由于在许多方面都饶有兴趣,特别是由于这类性征有赖于任何一种性别的诸个体的意志,选择和竞争,所以将在以下几章详加讨论。当我们见到两个雄者为了占有雌者而战斗或是一些雄鸟在一群雌鸟面前展示它们华丽的羽衣并作出奇特滑稽的表演时,我们毫不怀疑它们这样做虽然是由于本能所引致,但显然懂得它们的所作所为是为了什么,而且是有意识地发挥其心理的和肉体的能力。

正如人们能从斗鸡场上选择优胜者来改进其斗鸡品种一样,在自然界里看来也是那些最强壮的、精力最充沛的或具有最佳武器的雄者占有优势,并导致自然界里的品种或种的改进。一种轻微程度的变异性可导致某种优势,无论这种变异性多么轻微,但在反复的生死争夺中,对于完成性选择的过程,这已经够用了;可以肯定第二性征是显著容易变异的。正如人类能按照自己的审美标准使雄性家禽产生美色,或更确切地说,人类能对原来由亲种所获得的美色加以改变,从而能使塞勃赖特短脚鸡(*Sebright bantam*)产生

---

① 佩里埃(M. Perrier)提出这个例子[见《科学评论》(*Revue Scientifique*),1873年2月1日,865页]以为这是对性选择信念有决定性的,因为他猜想我把全部性差异都归因于性选择的作用。因此这位著名的博物学者,像许多其他法国人一样,即使对性选择最初的那些原则也很容易理解。有一位英国博物学者坚持认为某些雄性动物的抱握器不是通过雌者选择而发展起来的。如果我没有遇到佩里埃这个论述,我想任何人读了本章之后,都不会认为我所主张的雌者选择对雄者抱握器官的发展有所帮助是可能的。

漂亮的羽衣和一种直立而独特的姿势——在自然状况下,看来雌鸟同样经过对那些魅力较强的雄鸟进行长期选择,曾使后者增添美色以及其他吸引雌者的属性。毫无疑问,这意味着雌者方面具有鉴别和审美的能力,乍一看,这似乎是极其不可能的;但根据以后所提出的事实,我希望能够阐明雌者确有这等能力。然而,当我们说到低于人类的动物具有美的感觉时,绝不可设想它可以同一个具有多种多样复杂联想的文明人的这种感觉相比拟。把动物的审美力同最低等未开化人的审美力加以比较,是较为恰当的,这等未开化人赞美任何灿烂发光的或奇特的东西并用来装饰自己。

由于我们对若干之点还是无知无识,所以有关性选择作用的确切方式多少有点无法肯定。尽管如此,如果那些已经相信物种可变性的博物学者们读到以下章节,我想他们还会同意我的意见,即性选择对有机界的历史起了一种重要作用。可以肯定的是,在几乎所有的动物中,存在着雄者之间为了占有雌者的斗争。这个事实如此为大家所熟知,以致再举例说明就成为多余的了。假定雌者的心理能力足够用来选择对象,那么雌者就有从若干雄者当中选中一个对象的机会。在许多场合中,特定的环境条件使雄者之间的斗争特别剧烈。这样,英国的雄性候鸟一般都先于雌鸟抵达繁殖地,因此许多雄鸟早就做好了争夺每只雌鸟的准备。詹纳·韦尔(Jenner Weir)先生告诉我,那些捕鸟人断言夜莺(歌鸲 nightingale)和莺(blackcap)永远都是如此,而关于后者,詹纳·韦尔先生自己就可以证实这种说法。

布赖顿的斯韦斯兰德(Swaysland)先生最近 40 年来有一种习惯,每当候鸟第一次来到时他就去猎捕,而他从来没有发现任何物种的雌鸟先于雄鸟到达。在一个春天里,他打了 39 只雄黎氏鹡鸰(*Budytes Raii*)以后,还未见到一只雌鸟。丘尔德先生从解剖那些最先到达这个国家的鹡鸰中断定雄鸟先于雌鸟到达。美国绝大多数的候鸟也是如此。[①]从海洋溯游到英国一些河里的大多数雄鲑鱼比雌鱼先行到达,并做好了繁殖的准备。蛙类和蟾蜍类似乎也是如此。在整个昆虫这个大纲中,几乎总是雄虫先从蛹期羽化,因此一般在能见到任何雌虫之前的这段时间里到处都是雄虫。[②]雄者和雌者在到达期和成熟期上的这种差异,其原因是十分清楚的。那些每年最先迁徙到任何地方的雄者,在春季最先做好繁殖准备的雄者,或是最富于热情的雄者,都能留下最大量的后代,而这些后代大概都有遗传相似的本能和体质的倾向。必须记住,如果不同时干扰雌者的产仔时间,就不可能非常实质性地改变雌者性成熟的时间,而产仔时间一定是由每年的季节来决定的。总之,在几乎所有雌雄异体的动物中,雄者之间为了占有雌者要经常不断地反复进行斗争,这一点是无可怀疑的。

我们研究性选择所面临的难题,在于弄清楚战胜了其他同性对手的雄者、或者那些被证明对雌者最富有魅力的雄者怎样比被击败的、魅力较差的竞争对手留下了数量较多的后代以继承它们的优越性。除非确有上述结果发生,否则使某些雄者比其他雄者占有

[①] 艾伦,《佛罗里达的哺乳类和冬鸟类》(*Mammals and Winter Birds of Florida*),见《比较动物学学报》,哈佛大学出版,268 页。

[②] 即使那些雌雄异株的植物,其雄花一般也比雌花早熟。正如斯普林格尔(C. K. Sprengel)最先指出的,许多雌雄同株的植物都是异花授粉的,这就是说,其雄性器官和雌性器官不在同一时间成熟,因此这些植物不可能自花授粉。现在这种花的花粉一般比柱头先成熟,虽然也有雌性器官先成熟的例外。

优势的那些性状就不会通过性选择而臻于完善和增强起来。假如雌雄二者以完全相等的数目存在,那些禀赋最差的雄者(多配性盛行的地方除外)也会最终找到雌性配偶,同那些禀赋最佳的雄者一样,留下同样多的后代,并且同样好地适应其一般的生活习性。根据各种事实和考察,我以前曾推断,关于第二性征十分发达的大多数动物,其雄者的数量大大超过了雌者,但这决不是永远如此。如果雄者同雌者是 2:1,或 3:2,甚至其比例多少更低些,那么整个情况就要简单了,因为那些武装得更好或更富有魅力的雄者将会留下最大量的后代。然而在尽可能考察了不同性别的数量比例之后,我不相信两种性别在通常情况下,其数量会悬殊太大。在大多数情况下,看来性选择的效用是通过下述方式来完成的。

让我们以任何一个物种为例,譬如说某一种鸟,把居住在某一地区的雌鸟分为相等的两群,其中一群包含的个体精力较充沛,营养状况较好,另一群包含的个体则精力较差,健康较弱。几乎没有任何疑问,前者在春季要先于其他雌鸟做好繁殖准备;这正是多年来对鸟类生活习性进行了细致观察的詹纳·韦尔先生的意见。同样无可怀疑的是,那些精力最充沛、营养状况最良好以及最早生殖的雌鸟,平均起来将会成功地养育数量最大的优良后代。[①] 至于雄鸟,正如我们所见到的,一般先于雌鸟做好生殖准备;那些最健壮的雄鸟,以及有些物种里那些武装得最好的雄鸟,把弱者赶走之后,将会同那些精力较充沛、营养状况较良好的雌鸟进行交配,这因为它们都是最早开始生殖的。[②] 这等精力充沛的配偶肯定会比那些发育迟缓的雌鸟养育数量较多的后代,假如雌雄二者的数量相等,这些发育迟缓的雌鸟势必要同那些打了败仗的力量较弱的雄鸟进行交配;对于在连续世代的过程中增加雄者的大小、体力和勇敢或是改进其武器,上述那种情况正是所需要的一切。

但在很多场合中,战胜了其竞争对手的雄者如果没有被雌者选中,还是不会占有后者。动物的求偶决不是如人们所想象的那么简单而短促的一桩事。雌者最容易受那些装饰较美的、或鸣唱最动听的、或表演最出色的雄者所挑逗,或者喜欢与之配对;但同时雌者们很可能挑选那些精力比较充沛而活跃的雄者,这一点已通过实际观察在一些例子里得到了证实,[③]这样,那些最先开始生殖的精力比较充沛的雌者将会在许多雄者中进行选择,虽然雌者们也许不会总是选得最强壮的或武装最好的对象,但它们将会选得那些精力充沛的、武装良好的、并在其他方面最有魅力的对象。因此,这些早期交配的雌、雄双方,有如上面所阐明的,在养育后代方面,就会比其他配偶占有优势;显然这在诸代的漫长过程中足可使雄者不仅增加其体力和战斗力,同样地还可增添其各种各样的装饰物

---

① 下面是关于后代性状的有力证据。一位有经验的鸟类学家艾伦先生(见《佛罗里达的哺乳类和冬鸟类》,229页)讲到在最先孵出的雏鸟遭到了意外毁灭之后才晚期出生的同窝雏鸟时说道,它们"比在该季节较早孵出的雏鸟,个子比较小,色彩也较暗淡。假如每年都要孵出若干窝的雏鸟来,那么一般说那较早成窝孵出的雏鸟在所有方面都显得最完善和精力充沛"。

② 赫尔曼·米勒(Hermann Müller)关于那些每年最先羽化的雌蜂,也得出相同的结论。参阅他的著名论文《达尔文学说在蜜蜂中的应用》(Anwendung den Darwin'schen Lehre auf Bienen),见《动物比较解剖学年刊》(Verh. d. V. Jahrg.),第29卷,45页。

③ 关于家鸡,我曾收到有关这一效果的报告,将在以后举出。甚至关于鸟类,像终生配偶的鸽子,我听詹纳·韦尔先生说,当雄鸽受伤或衰弱了之后,雌鸽也会把它遗弃而去。

或其他魅力。

与此相反,雄者选择特定雌者的事例就比较罕见得多,在这样场合中,显然只有那些精力最充沛的并且战胜了其他对手的雄者才能最自由地选择雌者;几乎可以肯定,它们将会选择精力充沛的以及具有魅力的雌者。这等配偶在养育后代方面将占有优势,如果雄者在交配季节具有保护雌者的力量,如某些高等动物之所为,或能帮助雌者养育后代,则上述优势尤其明显。如果某一性别爱好和选择相反性别的某些个体,同样的原理也可应用;假定它们所选择的不仅是更有魅力而且也是更精力充沛的个体的话。

两种性别数量的比例

我曾说过,要是雄者的数量大大超过雌者,则性选择就是一桩简单的事情。因此,我对尽可能多的动物的两性比例进行了力所能及的调查,但材料是不充分的。我在这里所提出的只是调查结果的一个简短提要,而将有关细节留在附录中去讨论,以免干扰我的论述的过程。只有对家养动物,才能确定其出生时的性别比例数,但没有留下有关这个目的的任何记录。然而,我通过间接方法搜集了相当可观的统计数字,从这些数字可以看出我们大多数的家养动物在出生时其雌雄二者的数目接近相等。例如,竞赛马 21 年间的出生记录为 25 560 匹,公马出生数与母马出生数的比例为 99.7:100。细躯猎狗(greyhounds)雌雄出生数不相等的程度比任何其他动物都大,在 12 年间出生的 6 878 只小狗中,公狗与母狗的比例为 110.1:100。然而能否可靠地推论自然条件下和家养条件下的性别比例是一样的,在某种程度上尚属疑问。因为环境条件的轻微而未知的差异会影响性别的比例。因此,从人类来看,以女性出生率为 100,则英国的男性出生率为 104.5,在俄国为 108.9,而利沃尼亚(Livonia)的犹太人则为 120。但我将在本章的附录里再回头讨论这个男性出生数过量的奇妙问题。然而在好望角,若干年内出生的欧洲血统的男孩同女孩的比例数是(90~99):100。

对我们现今的目的来说,我们所关心的不仅是出生时期的性别比例数而且还有成熟时期的性别比例数,这就增加了另一个可疑因素;因为有一个十分确定的事实:就人类来说,男性在出生前、出生时以及幼儿时期最初几年内死亡的数目要比女性大得多。公羊羔的情况几乎肯定也是这样,有些其他动物的情况大概亦复如此。有些物种的雄性动物彼此争斗相杀,或者到处互相追逐直至变为衰弱不堪。它们在急切寻求雌者而四处奔走时,也必定常常面临种种危险。许多种类的雄鱼比雌鱼小得多,前者据信常常被后者或是别的鱼类所吞食。有些鸟类的雌鸟看来要比雄鸟早死,它们容易在巢里或照看雏鸟时被消灭掉。就昆虫来说,雌性幼虫常常大于雄性幼虫,从而就更可能遭到吞食。在某些场合中,成熟的雌者比较不爱动而且动作比雄者迟缓,从而不能有效地逃避危险。因此,关于自然状况下的动物,为了断定它们成熟时期的性别比例,我们必定只有依靠估计;除非性别数目的不相等非常悬殊,否则这种方法的可靠性是很小的。尽管如此,就我们所能作出的判断来说,我们可以从附录所列举的事实中作出这样的结论,即,少数哺乳类、多数鸟类、一些鱼类和昆虫类的雄性数量要比雌性数量大得多。

雌雄二者的逐年比例稍有变动,例如竞赛马,某年,每产 100 匹母马,相应产 107.1 匹种马,而另一年则为 92.6 匹,又如细躯猎狗,雄者的比例数从 116.3 变动到 95.3。但是,如果在比英格兰更广阔的区域里搜集更庞大的数字来列表显示,则这等变动可能就会消失。像这样,简直不足以导致性选择在自然条件下发生作用。尽管如此,在某些少数野生动物的场合中,正如附录所表明的,性别比例似乎还在不同季节里,要不,在不同产地出现足够程度的变动以导致性选择发生作用。其所以如此,是因为可以观察到,那些能够战胜其竞争对手的,或对雌者最有魅力的雄者,在某些年代或某些产地所获得的任何优越性大概都会遗传给其后代,而不致在此后消失。在随后的季节里,当出现雌雄数目相等时,每个雄者如果都能得到一个雌者,那些产生较早的而且较为强壮的或更有魅力的雄者至少还会同较弱的或魅力较差的雄者一样有一个留下后代的良好机会。

多 配 性

多配性的实行也会导致由雌雄数目实际不相等所引起的相同结果,因为,如果每个雄者占有两个或更多的雌者,那么就会有许多雄者不能找到配偶;后者无疑将是那些较弱的或魅力较差的雄性个体。许多哺乳类或少数鸟类都是一雄多雌,即多配性的,但我未发现低等动物有这种习性的任何证据。这种动物的智力也许不足以导致它们集拢一群雌者并守住她们。看来多配性和第二性征的发达之间存在着某种关系,几乎是确定无疑了。这一点支持了这样的观点:即雄者的数量优势大概显著地有利于性选择的作用。尽管如此,许多严格单配性的动物,特别是鸟类,还显示了强烈显著的第二性征,而某些少数多配性的动物却没有这等性征。

我们先对哺乳类简略地浏览一下,然后再看看鸟类。大猩猩似乎是多配性的,而且雄者相当不同于雌者。有些狒狒也是如此,它们聚群而居,所含成年雌者为雄者的两倍。南美的卡拉亚吼猴(Mycetes caraya)在毛色、髭须和发音器官方面都呈现十分显著的性差异;而且一个雄者一般有二至三个雌者和它一起生活;白喉卷尾猴(Cebus capucinus)[*]的雄者和雌者多少有些差别,好像也是多配性的。[①] 关于大多数其他猴类的这方面情况还了解得很少,但有些物种是严格单配性的。反刍类显然是多配性的,它们所表现的性差异比差不多任何其他哺乳动物类群更加常见;这种情况特别适用于它们的武器,当然也适用于其他性征。大多数的鹿、牛和绵羊都是多配性的,大多数的羚羊也是如此,虽然有些是单配性的。安德鲁·史密斯爵士在谈到南非的羚羊时,指出在 12 只左右的一个羚羊群里,成熟的公羊很少超过 一 只。亚洲的高鼻羚羊(Antilope saiga)似乎是世界上

---

[*] 属阔鼻类,卷尾猴科。形小,拇指发达,面部肉色,头部与四肢皆呈黑褐色。尾长,末端卷曲,尾善缠绕,栖于美洲森林中。悲哀时,发一种泣声,故又名"泣猴"(weeper capuchin)。体有麝香气,亦名"麝猴"(musk monkey)。——译者注

[①] 关于大猩猩,参阅萨维奇(Savage)和怀曼的文章,见《波士顿博物学杂志》,第 5 卷,1845—1847 年,423 页。关于狒猴(Cynocephalus),参阅布雷姆的《动物生活图解》(Illust. Thierieben),第 1 卷,1864 年,77 页。关于吼猴,参阅伦格尔的《巴拉圭哺乳动物志》,1830 年,14,20 页。关于卷毛猴,参阅布雷姆的著作,同前书,108 页。

最放纵的一雄多雌主义者,因为帕拉斯述说,[①]这种公羚羊要把全部的竞争对手赶走并把100只左右的母羊和小羚羊集拢为一群;母羊无角而有较柔软的毛,但在其他方面与公羊没有太大差别。马尔维纳斯群岛上的野马和美国西部诸州的野马都是多配性的,但是,公马除了较大的体型、躯体的比例与母马有所不同之外,其他方面的差别很小。公野猪的獠牙和其他一些方面呈现出十分显著的性特征。在欧洲和印度,除了生殖季节之外,公野猪都过着独居生活;但是,正如在印度有很多机会对这种动物进行过观察的埃利奥特(W. Elliot)爵士所认为的那样,雄者在生殖季节同若干雌者相配。这种情况是否适用于欧洲的野猪还难以确定,但有某种证据支持这一点。成年的雄性印度象同野猪一样,在其一生中的大部时间里是独居的,但如坎贝尔(Campbell)博士所指出的,"当它同一些别的象在一起时,从一群雌象中发现的雄象很少多于一只",较大的雄象把较小的和较弱的雄象赶走或弄死。雄象的粗长獠牙、庞大的体型,体力和耐力都同雌象有所不同;正因为这些方面的差异是如此之大,所以当捕到雄象时其价值要比雌象高出五分之一。[②] 其他厚皮动物的雌雄二者差别很小或完全没有差别,如迄今所了解的那样,它们都不是多配性动物。我也没有听说过翼手目、贫齿目、食虫目和啮齿目中的任何物种是多配性的,除了啮齿目中的普通家鼠,据一些捕鼠人讲,雄鼠是同若干雌鼠生活在一起的。尽管如此,有些树懒(贫齿目)的雌雄二者在性状以及肩部毛斑的颜色上还有所不同。[③] 而许多种类的蝙蝠(翼手目)呈现十分显著的性差异,不仅在于雄者具有散发气味的腺体和肚囊,而且在于它们的体色较浅。[④] 在啮齿类这一大目中,就我所知道的,其雌雄二者很少有差别,即使有差别,也不过是毛的色泽稍有不同而已。

正如我听安德鲁·史密斯爵士说的,南非的雄狮有时同单独一只母狮一块生活,但通常是同较多的母狮在一起,有一回竟发现有五只母狮之多,因而雄狮是多配性的。就目前我所发现的来说,在所有陆栖食肉类中,雄狮是唯一多配性动物,而且只有它呈现了十分显著的性征,然而,如果我们把注意力转到海栖食肉类,正如我们以后将看到的那样,情况就大不相同了,因为海豹科的许多物种表现了异常大的性差异,而且它们显然是多配性的。例如佩隆(Péron)认为,南部海洋(Southern Ocean)的雄海豹经常占有若干只雌海豹,由福斯特(Forster)命名的雄海狮有二三十只雌海狮在其左右。在北部海洋,由斯特勒(Steller)命名的雄海狗,甚至伴随着更多的雌者。正如吉尔(Gill)博士的论述,[⑤] 有一个有趣事实,即,单配性的物种,"或是那些营小群生活的动物,其雌雄二者之间在体型大小上差别很小;那些社会性的物种或者更确切地说,那些雄者占有许多配偶的物种,其雄者的体型要比雌者大得多"。

在鸟类中,许多物种的雌雄二者之间的差别很大,它们肯定是单配性的。我们在大

---

① 帕拉斯,《动物学专论》(*Spicilegia Zoolog. , Fasc.*),第 12 卷,1777 年,29 页。安德鲁·史密斯爵士,《南非动物学图解》(*Illustrations of the Zoology of S. Africa*),1849 年,29 页。欧文在其《脊椎动物解剖学》中(第 3 卷,1868 年,633 页)列举了一个表,附带指出羚羊的哪一个种是营群居生活的。

② 坎贝尔博士,《动物学会会报》,1869 年,138 页。再参阅海军上尉约翰斯东(Johnstone)所写的有趣论文,见《孟加拉亚洲学会会报》(*Proc. Asiatic Soc. of Bengal*),1868 年 5 月。

③ 格雷,《博物学年刊杂志》(*Annals and Mag. of Nat. Hist.*),1871 年,302 页。

④ 参阅多布森博士(Dr. Dobson)的出色文章,见《动物学会会报》,1873 年,241 页。

⑤ 见他所写的有关海豹(The Eared Seals)一文,《美国博物学者》,第 4 卷,1871 年 1 月。

不列颠见到有些鸟类的性差异十分显著,例如,公野鸭只同单独一只母野鸭交配,乌鸫(blackbird)*和红腹灰雀(bullfinch)**据说都是终身配偶。华莱士先生告诉我说,南美的啁啾燕雀(Chatterers or Cotingidae)以及许多其他鸟类同样也是如此。在若干类群里我未曾发现这些物种究竟是多配性的还是单配性的。莱逊(Lesson)说,性差异非常显著的极乐鸟是多配性的,但华莱士怀疑他是否有充分证据。沙尔文先生告诉我说,他曾倾向于相信蜂鸟是多配性的。非洲产的黑羽长尾鸟(Widow-bird)以其尾羽著称,确实好像是一种多配性动物。① 詹纳·韦尔先生和其他人士都曾向我保证说,一巢之内有三只欧椋鸟来往,似乎是常见之事;但这种情形到底是一雄多雌还是一雌多雄还不能确定。

鹑鸡类(Gallinaceae)所显示的性差异,其强烈显著的程度差不多同极乐鸟或蜂鸟一样,众所周知,其中许多物种都是多配性的;另外一些物种则是严格单配性的。多配性的孔雀或雉同单配性的珠鸡(guinea-fowl)或山鹑(partridge),其雌雄二者之间呈现了多么强烈的对照! 关于松鸡族,也有许多相似的例子,如多配性的公松鸡(capercailzie)和公黑松鸡同母鸟差别很大,而单配性的红松鸡和羽脚雷鸟(ptarmigan)的雌雄二者之间的差别就很小。在走禽类(Cursores)中,除鹑类以外,只有少数物种呈现强烈显著的性差异,据说大鸨(Otis tarda)是多配性的。关于涉禽类(Grallatores)只有极少数物种有性差异,但流苏鹬(Machetes pugnax)则是一个明显的例外。蒙塔古(Montagu)相信这个物种是多配性的一种动物。由此看来,鸟类的多配性同强烈显著的性差异的发展之间有一种密切关系。我曾问过动物园的巴特利特(Bartlett)先生,他对鸟类的经验非常丰富,关于公角雉(tragopan,鹑鸡类的一种)是否多配性的问题,他的回答给我留下深刻的印象,他说:"我不知道,但从它鲜艳的羽色来看,可以这样认为。"

值得注意的是,这种只同单独一只母鸟成配偶的本能容易在家养条件下失去。野鸭是严格单配性的,而家鸭则是高度多配性的。福克斯牧师告诉我说,在他邻近的一口大池塘里有一群半驯化的野鸭,猎场看守人射死了其中大量的公野鸭,以致剩下来的公野鸭平均每只摊到七八只母野鸭,但居然也一窝窝地孵出了非常多的雏鸭来。珍珠鸡是严格单配性的,但福克斯先生发现当他将一只公珠鸡同两三只母珠鸡养在一块时,它们繁殖得最为成功。金丝雀在自然状况下是成双成对的,但英国的养鸟人把一只公雀和四五只母雀养在一块,成功地使它们进行了繁殖。我之所以注意到这些事例,是因为要提出野生的单配性物种可能容易地变成暂时的或永久的多配性物种。

关于爬行类和鱼类的习性,我们知道的太少了,以致我们无法说出它们的婚配方式。然而,据说刺鱼(Gasterosteus)是多配性的一种动物,② 雄者在生殖季节期间同雌者差别显著。

---

  * 即 *Turdus merula L.*,多产于欧洲及北美。——译者注
  ** 即 *Pyrrhula pyrrhula*。——译者注
  ① 关于普罗戈尼黑羽长尾鸟,参阅《彩鹮》(*The Ibis*),第 3 卷,1861 年,133 页;关于另一种黑羽长尾鸟(*Vidua axillaris*),参阅同一著作,第 2 卷,1860 年,211 页;关于雷鸡和硕鸡,参阅劳埃德(L. Lloyd)的《瑞典的猎鸟》(*Game Birds of Sweden*),1867 年,19,182 页。蒙塔古(Montagu)和塞尔比(Selby)说,黑松鸡是多配性的,而红松鸡则是单配性的。
  ② 诺埃尔·汉弗莱斯(Noel Humphreys),《水上公园》(*River Gardens*),1857 年。

　　根据我们所能作出的判断,现对性选择导致第二性征发达所通过的途径作出如下总结。已经阐明,那些在竞争中战胜其雄性对手的最强壮、武装得最好的雄者,同那些在春季最早生殖的精力最充沛而且营养状况最良好的雌者配对以后,将会养育数量最多的精力充沛的后代。如果这等雌者所选中的雄者是魅力较强、同时又是精力充沛的雄者,那么它们将比那些发育迟缓的雌者养育数量较多的后代,因为后者势必要同一些精力较不充沛、魅力较差的雄者配对。如果精力较为充沛的雄者所选中的雌者是魅力较强、同时又是健康较好而且精力较为充沛的雌者,则其后果也将同上述一样;要是雄者保护雌者并且帮助雌者给后代供应食物,则其结果尤其如此。精力较为充沛的配偶在养育数量较多后代方面所获得的这种优势,显然已足够使性选择产生效果了。但是,雄者比雌者在数量上如果占巨大优势,其效果就更加显著,不管这种优势是否只是暂时性的和区域性的或持久性的,不管这种优势是否出现于降生时期或雌者大量夭折以后的时期,也不管这种优势是否间接地由于实行多配所引起的,都是一样。

雄者的变异一般大于雌者

　　在整个动物界中,除了很少例外,当雌雄二者在外部形态有所差别时,总是雄者的改变较大。因为,雌者一般都保持与同一物种的幼者和同一类群的其他成年成员密切相似的外形。产生这个现象的原因似乎在于几乎所有动物的雄者都比雌者具有较强的激情。因此,正是雄者彼此争斗,孜孜不倦地在雌者面前显示自己的魅力,而那些优胜者将把它们的优越性传给其雄性后代。为什么后代的雌雄二者没有这样都获得父方的性状,将在后面加以探讨。众所周知,所有哺乳动物的雄者都热切地追求雌者,鸟类也是如此。但许多公鸟追求母鸟并不那么积极,而只是在母鸟面前显示其羽衣,作出奇特的表演和纵声鸣唱。少数鱼类的雄者据观察似乎比雌者热切得多,短吻鳄类(*alligators*)的情况也确是这样,蛙类(*Batrachians*)的情况尤其明显。正如柯尔比先生所论述的,[1]整个庞大的昆虫纲的"规律是雄者寻求雌者"。布莱克瓦尔和斯彭斯·巴特(C. Spence Bate)这两位优秀权威人士告诉我,蜘蛛类和甲壳类的雄者在其习性上比雌者更为活跃、更为见异思迁。当昆虫类和甲壳类的某一性别具有感觉器官或运动器官而另一性别却不具有的时候,或是像通常的情况那样,当这等器官在某一性别比在另一性别更加高度发达的时候,就我所能发现的来说,几乎必然是雄者具有这样器官,不然就是雄者的这样器官最为发达,这就阐明了雄者在两性求偶中是较为活跃的一方。[2]

　　另一方面,除了极少例外,雌者在求偶中都比雄者缺乏热情。正如有名的亨特先生[3]早就观察到的,雌者一般都"需要求爱",它是腼腆的,而且往往可以见到它在很长一段时

---

　　[1]　柯尔比与斯彭斯,《昆虫学导论》,第3卷,1826年,342页。
　　[2]　一种寄生的膜翅目昆虫(韦斯特伍德,《昆虫的近代分类》,第2卷,160页)是这个规律的例外,其雄虫具有残迹的翅,从来不离开它出生的那个小穴,而雌虫却有发育良好的翅,奥杜安认为这个物种的雌虫是由出生在同一小穴的雄虫来授精的,但远为可能的是雌虫跑到别的小穴以避免近亲交配。我们以后还会在各个动物网中碰到少数例外,即追求者和求偶者是雌者,却不是雄者。
　　[3]　欧文(Owen)编,《观测报告和论文集》(*Essays and Observations*),第1卷,1861年,194页。

间里竭力逃避雄者。每一位观察过动物习性的人都会回忆起一些这类例子。根据下面所列举的种种事实，以及根据完全是由性选择所产生的那些结果，可以阐明雌者虽然相对地比较被动，但一般也实行某种选择，并对一些雄者优先接受其中的一个。或者，它所接受的雄者并不是对它最富有魅力的，而是最少使它厌恶的；雄者的外貌有时使我们相信情况就是如此。雌者方面实行某种选择似乎同雄者热切求偶一样，几乎也是一个普遍的规律。

自然我们会追问，为什么在如此众多而且如此截然不同的各个纲中，雄性动物都变得比雌性动物更加热切求偶，所以是雄者寻求雌者，并在求偶中显示出更为积极的态度。假如雄者和雌者彼此相互寻求，这并不会带来什么好处，而只会招致一些精力的浪费；然而为什么雄者几乎总是寻求者？植物的胚珠在受精后还要接受一段时间的营养；因此花粉必然要被带到雌性器官——依靠昆虫或风力，要不就是依靠柱头的自发的运动，把花粉置于柱头之上；在藻类等植物中则依靠游动精子的运动能力。体制低的水生动物类永久着生于同一地点而且是雌雄异体，其雄性生殖要素（male element）总是始终不变地被运给雌者；我们不难看出这里面的原因，这是由于即使卵在受精前就被排出体外，并且不需要随后的营养和保护，但因为卵大于雄性生殖要素，而且产生的数量远比后者为少，所以卵的运送仍然要比雄性生殖要素的运送困难得多。因此，许多低等动物在这方面和植物是相似的。[1] 固定于一个地点的水生动物的雄者就是被引导沿着上述那个途径放出它们的精子，自然，任何它们的后裔在等级上上升了并变为能动的以后，还会保持这同样的习性；为了避免精子在经过水中较长一段路程中受到损失的风险，它们就会尽可能地接近雌者。有些少数低等动物，仅是雌者固定不动，这等动物的雄者必定是异性的寻求者。但难以理解的是，为什么一些物种的雄者尽管其原始祖先是自由活动的，也总是获得向雌者接近的习性，而不是反过来雌者向雄者接近。但在所有场合中，为了雄者能有效地进行寻求，赋予它们以强烈的激情就成为必要的了；而更热切的求偶者比不太热切的求偶者留下数量较多的后代这一情况，自然会引致这等激情的获得。

雄者强烈的热切求偶，就这样间接地导致它们发展其次级性征比雌者更加常见得多。但是，雄者如果比雌者更容易发生变异，则其第二性征的发展大概就会得到很大帮助——我经过长期间对家养动物的研究得出了这个结论。阅历很广的冯·纳图西斯（von Nathusius）也强烈地持有同样观点。[2] 从人类男女两性的比较中也可得出支持这个结论的有力证据。在诺瓦拉地方探险期间，曾对不同种族身体的好多部位进行了大量测量，几乎在每个例子里都发现男人比女人显示了更大的变异范围，[3]但我将在后面一章再回头来论述这问题。伍德先生[4]曾仔细观察过男人肌肉的变异，他强调作出如下结论，

---

[1] 萨克斯（Sachs）教授《植物学理论》（*Lehrbuch der Botanik*，1870，633 页）在谈到雄性和雌性的生殖细胞时说道："其一在结合时是自动的，另一在结合时似为被动的。"

[2] 《关于家畜饲养的报告》（*Vortrage über Viehzucht*），1872 年，63 页。

[3] 《诺瓦拉游记》（*Reise der Novara*）：人类学部分，1867 年，216—269 页。魏斯巴赫（Weisbach）博士根据希和译和许瓦茨两位博士的观测材料计算出来的结果。关于雄性家养动物具有较大的变异性，参阅我的《动物和植物在家养下的变异》，第 2 卷，1868 年，75 页。

[4] 《皇家学会会报》，第 16 卷，1868 年 7 月，519，524 页。

"每具尸体上最大数量的肌肉变态都是在男人身上发现的"。在此之前,他曾谈过,"在所有 102 具尸体上,女人身上所发现的肌肉多余部分的变异只为男人的一半,这一情况同以前所描述的女人较多出现肌肉不足的情况形成了鲜明对照"。麦克利斯特博士也同样谈到①男人肌肉的变异"大概要比女人更常见"。人类身上所反常出现的某些肌肉,也是在男性身上比在女性身上更为发达,更加常见,虽然关于这个规律据说也有例外。伯特·怀尔德(Burt Wilder)博士②将 152 个有多余指的人的例子列成表,其中 86 个是男人,39 个或少于半数是女人,剩下的 27 个则性别不明。然而,不应忽略女人要比男人更爱掩盖这类生理缺陷。此外,迈耶博士断言男人的耳朵在形态上比女人更易变异。③ 最后男人的体温比女人更容易变化。④

雄性具有较大的一般变异性,其原因尚属不明,所知者只是第二性征特别容易变异,而且这种变异通常只限于雄者,我们即将看到,这个事实在某种程度上是可以理解的。很多事例说明,通过性选择和自然选择使雄性动物大不相同于雌者;但是,不依赖选择作用,雌雄二者由于体质上的差异也有按照多少不同的方式发生变异的倾向。雌者在形成卵的时候势必要消耗大量有机物质,而雄者则要把大量精力用于同竞争对手进行剧烈斗争,用于到处寻求雌者,用于呼叫声,用于散发气味的分泌物,等等;但这种消耗一般只集中于一个短时期。雄者在求爱季节的巨大活力似乎常常致使其色彩加强,而这同任何区别于雌者的显著差异并无关联。⑤ 在人类中,甚至在有机界等级上那样低的鳞翅类昆虫,其雄者的体温都高于雌者,此外还伴随着男人的脉搏较慢。⑥ 从总的方面来看,雌雄二者在物质上和精力上的消耗大概是接近相等的,但其消耗的方式和速率却大不相同。

由于刚才详细说明的那些原因,雌雄二者的体质几乎多少都有所不同,至少在生殖季节是这样;而且,虽然它们可能处于完全一样的条件下,却有按照不同方式发生变异的倾向。如果这等变异对任何一性都无用处,就不会被性选择或自然选择所积累和加强。尽管如此,如果激发的原因持久地起作用,这等变异还会成为永久性的;并且按照遗传上一种常见的形式,这等变异首先在哪一性别发生就只会传递给哪一性别。在这样场合中,雌雄二者将呈现永久性的、但不重要的性状差异。例如,艾伦(Allen)先生阐明,就居住在美国北部和南部的大批鸟类来看,得自南部的标本,其羽色比得自北部的标本较深,这大概是由两个地区的气温、光线等差异直接造成的结果。且说,有某些少数事例表明,同一物种的雌雄二者所曾受到的影响好像有所不同;红翼椋鸟(*Agelaeus phaeniceus*)的雄者在南部其羽色大大加深了;相反,关于北美红雀(*Cardinalis virginianus*)受到了这

---

① 《爱尔兰皇家学会会报》,第 10 卷,1868 年,123 页。

② 《马塞诸塞医学会会刊》,第 2 卷,第 3 期,1868 年,9 页。

③ 《病理学、解剖学和生理学文献集》(*Archiv für Path. Anat. und Phys.*),1871 年,488 页。

④ 斯托克顿·霍夫(J. Stockton Hough)博士最近关于人类体温所做的结论见《通俗科学评论》,1874 年 1 月 1 日,97 页。

⑤ 曼特加沙(Mantegazza)教授认为[《致达尔文先生的一封信》,见《人类学文献集》(*Archivio per l'Anthropologia*),1871 年,306 页],许多雄性动物常见的鲜艳色彩是由于它们产生并保存了精液的缘故,但这情况简直是不可能的,因为许多公鸟如小公雉在它们出生第一年的秋季其色彩就变鲜艳了。

⑥ 关于人类,参阅霍夫博士的结论,见《通俗科学评论》,1874 年,97 页。参阅吉拉德(Girard)关于鳞翅目的观察材料,见《动物学记录》(*Zoological Record*),1869 年,347 页。

样影响的却是雌者；关于欧洲山鹩（*Quiscalus major*），雌者的色彩极易变异，而雄者的色彩则几乎保持一致。①

许多纲的动物也出现了少数例外：获得十分显著第二性征的——诸如鲜艳的色彩、较大的体型、体力或好斗性，是雌者，而不是雄者。关于鸟类，雌鸟和雄鸟所特有的正常性状有时会完全倒置过来；是雌鸟在求偶时变得更热切，而雄鸟则比较被动，但我们可以从求偶的结果推断，雄鸟仍明显地选择魅力较强的雌鸟。某些雌鸟就是这样获得了更鲜艳的色彩或别的装饰，也获得了比雄鸟更大的力量和好斗性；而这些性状只传给其雌性后代。

可以这样认为：在某些场合中曾经进行了一种双重的选择过程，这就是雄者选择魅力较强的雌者，而雌者也选择魅力较强的雄者。然而，这种过程虽然会导致雌雄二者都发生改变，却不会使某一性别同另一性别产生差异，除非二者的审美力确实不一样；但这是极不可能的一种假设，除人类以外，对任何动物来说都没有考虑的价值。不管怎样，还有许多动物的雌雄二者彼此类似，具有同样的装饰，根据类推，我们可以把这种情形归因于性选择的力量。在这样场合中，可以提出一个似乎比较说得通的假设，即有一种双重的或交互的性选择过程存在；那些精力较充沛和较早熟的雌者选择魅力较强和精力较充沛的雄者，而后者除了那些魅力较强的雌者之外，拒绝接受其他任何对象。但根据我们所了解的动物习性来看，这个观点几乎是不可能的，因为雄者一般都热切于同任何一个雌者交配。对于雌雄二者所共有的装饰，比较可能的解释是，这种装饰是由某一性别、一般是由雄性获得的，然后传递给雌雄二者的后代。如果任何一个物种的雄者在一个相当长的时期内确实远远超过雌者的数量，然后在另一个相当长的时期内，由于条件的改变，却出现了相反的情况，那么一种双重的但不是同时发生的性选择过程就会易于进行，从而使雌雄二者大不相同。

我们以后会知道有许多动物，其雌雄二者都没有鲜艳的色彩，也不具备特别的装饰，而通过性选择双方或只有其中一方的成员很可能获得像白色或黑色那样的简单色彩。上述这些动物没有鲜艳的色彩或其他装饰可能是由于正常的变异从未发生，也可能是因为它们本身就喜欢全白或全黑的颜色。暗淡不鲜艳的色彩常常是为了保护自己，通过自然选择而发展起来的；通过性选择所获得的鲜明色彩，有时似乎会因此招来危险而受到抑制。但在其他场合中，雄者在悠久的年代中可能为了占有雌者而互相斗争，但是，除非那些成功较大的雄者比成功较小的雄者留下数量更多的后代以遗传它们的优越性，否则就不会产生任何效果。如上所述，这要取决于许多复杂的偶然性。

性选择的作用方式不像自然选择那样严峻。自然选择所产生的效果，不论动物的年龄，将会使成功的个体生存，使不成功的个体死亡。在雄者进行竞争的互相冲突中所造成的死亡确不少见。但是，较少成功的雄者一般仅是得不到雌者，或是在生殖季节的后期得到一个发育迟缓而精力不充沛的雌者，再不然，如果它们是多配性的，就只能得到为数较少的雌者；因此它们留下来的后代数量较少而且精力不充沛，甚至绝了后代。关于通过正常选择、即自然选择所得到的那些构造，只要生活条件保持不变，在大多数情况下，

---

① 《佛罗里达的哺乳类和鸟类》，234，280，295 页。

其与某些特殊用途有关的有利变异量都有一个限度;但是关于使某一雄者在斗争中或对雌者献媚中胜过另一雄者的那些构造,其有利变异量就没有明确的限度;所以只要这种适宜的变异性一旦发生,性选择的工作就不会停止。这个情况也许可以部分地说明第二性征何以如此频繁地发生变异,而且其变异量又何以如此之大。尽管如此,如果这些性状由于过分消耗动物的生命力,或者由于把它们暴露在任何巨大危险之下而是高度有害的话,那么自然选择还会决定优胜的雄者不致获得这等性状。然而,某些构造——例如某些公鹿的角——还是发达到令人吃惊的极端;在某些场合中,就一般生活条件来说,趋向极端对于雄者一定略有危害。根据这一事实我们认识到,由于在战斗或求偶时战胜了其对手因而留下了大量后代所带给那些雄者的利益,到头来要比由于对生活条件更能完善适应所带来的利益为大。我们还将进一步看到,雄者取媚于雌者的力量有时要比在战斗中战胜其他雄者的力量更为重要,但这决不是以前所能预料到的。

遗 传 规 律

为了理解性选择如何作用于不同纲的许多动物,以及如何在世世代代的过程中产生出一种显著的结果,就必须记住那些已被发现的遗传规律。"遗传"这个术语包含有两个不同的要素——性状的传递和性状的发育;但由于二者一般是相伴进行的,因此它们的区别就往往被忽略了。我们可从那些在生命早期进行传递而只在成年期或老年期才发育完成的性状上见到这二者的区别。从第二性征上可以更清楚地看到这种区别,因为这些性状是通过雌雄双方传递下去的,但只在其中一方发育。当两个具有强烈显著性征的物种进行杂交时,这些性征存在于雌雄双方的情况就显而易见了,这是因为雄性亲本或雌性亲本都会把各自特有的那些性征传递给任何一性的杂种后代。当雌者年老或得病时,偶尔也会发育出雄者所特有的那些性征,例如普通母鸡呈现公鸡的飘垂尾羽、颈部纤毛、鸡冠、脚距、鸣叫,甚至还会呈现公鸡的好斗性,在这里,上述同样的事实也是显而易见的。反过来,关于去势的公鸡,也多少可以清楚看到同样的现象。此外,同年老或得病无关,雄者的有些性征偶尔也会传递给雌者,如在鸡的某些品种中,健康的小母鸡会经常地呈现公鸡的距。但是,事实上这些性征只不过是在母鸡身上得到发育而已;因为在每个品种中,脚距的各个细微构造都是通过雌者传递给其雄性后代的。以后还要举出许多事例来说明雌者多少完整地显示出雄者所特有的性征,这些性征必然是最先在雄者身上发育的,然后再传递给雌者。至于在雌者身上最先发育的那些性征被传递给雄者的相反事例不甚常见;因此举出一个显著的事例,将是有益的。关于蜜蜂,只有雌蜂才用采集花粉的器官为幼虫采集花粉,但在大多数物种中,这种器官在雄蜂身上也部分地得到发育,但这对它却毫无用处,在雄熊蜂(*Bombus*)身上这种器官则得到了完全的发育。[①] 虽然我们有某种理由去猜想雄性哺乳动物在原始时期同雌性哺乳动物一样也给幼仔喂奶,但由于其他任何膜翅目昆虫、甚至同蜜蜂有密切亲缘关系的小胡蜂(*wasp*)都不具有花粉采集器,所以我们没有根据去假定雄蜂在原始时期也曾同雌蜂一样地采集花粉。最后,在返

---

① H. 米勒,《达尔文学说在蜜蜂中的应用》,见《动物比较解剖学年刊》,第 29 卷,42 页。

祖的所有场合中，性状的传递是经过两代、三代或更多的世代，然后在某种未知的有利条件下发育起来。靠泛生说（pangenesis）的帮助，我们将会把性状的传递和性状的发育二者之间的这种重要区别牢牢记住。按照这个假说，身体每个单位或每个细胞都会放出芽球（gemmules）、即未发育的微粒，它们被传递给雌雄二者的后代，并且依靠自体分裂而成倍地增加。它们在生命的早期或在连续的世代内保持不发育状态；它们是否会发育成像其所来自的那样的单位或细胞，则取决于在生长的正常次序中同先前发育的其他单位或细胞的亲和力和结合。

在生命相应时期的遗传性

这种倾向已经完全得到证实。一只幼年动物身上出现的一个新性状，不管它是保持终生或转瞬即逝，一般都将在后代的同一年龄中重现并保持同样的时间。另一方面，如果一个新性状出现于成年、甚至老年，它就倾向于在同样老的年龄中重现。一旦发生偏离这个规律的情况时，被传递的性状的出现早于相应年龄要比晚于相应年龄更加常见。由于我已在另一著作中充分讨论了这个问题，①因此，我只准备在这里举出两三个事例以唤起读者对这两个问题的回忆。在鸡的若干品种里，全身披着绒毛的雏鸡，最初长出真羽毛的小鸡以及成年鸡，彼此都有重大差异，就像它们同其共同亲类型原鸡（*Gallus bankiva*）之间的差异一样。每个品种都把这些性状在其生命相应时期忠实地传递给后代。例如汉堡亮斑鸡（spangled Hamburgs）的雏鸡当初生绒毛时，头部与臀部只有少数黑暗点，但不像许多别的品种那样，呈现纵条纹；它们长出的第一批真羽毛，"具有美丽的线纹"，这就是说，每根羽毛都有无数的横条斑；但它们的第二批羽毛就全部生有亮晶晶的斑点，即每支羽端都具有一个黑色的圆点。② 因此这个品种的变异是在三个不同生命时期中发生和传递的。鸽类提供了一个更为显著的例子，因为作为原始祖先的亲种除了在成年期胸部虹色变得较深之外，并不随着年龄的增长发生羽毛变化；但仍然还有些品种不换两三次甚至四次羽毛就不会获得它们所特有的色彩；羽毛的这些变异都是有规则地被传递下去的。

在一年相应季节出现的遗传性

关于生活在自然状况下的动物，有无数事例说明性状是在不同季节中定期出现的。我们从雄鹿的角可以看到这一点，从北极动物的毛在冬季变厚变白的现象也可以看到这一点。许多鸟类仅在生殖季节获得鲜艳的颜色和其他的装饰。帕拉斯③说，西伯利亚家

---

①　《动物和植物在家养下的变异》，第 2 卷，1868 年，75 页。曾对上述泛生论的假说做过充分解说。

②　这些事实是根据一位伟大饲养家蒂贝（Teebay）先生的材料提出来的，见特格梅尔（Tegetmeier）的《家禽手册》（*Poultry Book*），1868 年，158 页。以下一节所提到的有关不同品种小鸡的性状以及鸽子的品种，参阅《动物和植物在家养下的变异》，第 1 卷，160，249 页；第 2 卷，77 页。

③　《关于四足兽的新种》（*Novae species Quadrupedum e Glirium ordine*），1778 年，7 页。关于马的毛色的传递，参阅《动物和植物在家养下的变异》，第 1 卷，51 页。第 2 卷，71 页上有关于"限于性别的遗传性"的一般探讨。

养的牛和马到冬季颜色变淡；我本人也曾观察过并听说过关于颜色的类似强烈显著变化，那就是英国有些驮马（ponies）从褐黄色或红褐色变成全白色。虽然我不了解在不同季节皮毛颜色发生变化的这种倾向是否会传递下去，但可能就是这样，因为各种浓淡的毛色都可以被马强烈地遗传下去。这种受季节限制的遗传形式，并不比受年龄和性别限制的遗传形式更加显著。

限于性别的遗传性

性状相等地传递给雌雄二者是遗传的最普通形式，至少那些不呈现强烈显著性差异的动物是这样，许多这类动物确实采取了这种遗传形式。但最先在某一性别身上出现的那些性状，多少都是一般地被传递给那一性别。我在《动物和植物在家养下的变异》一书中已经提出过有关这个问题的充分证据，然而这里不妨再举少数几个例子来说明。有些绵羊和山羊的品种，其公羊的角在形态上同母羊的角大有差异；在家养下所获得的这些差异有规则地传递给相同的性别。猫通常只有母的是玳瑁毛的，而公猫相应的颜色则是暗红色的。在大多数家鸡品种中，每一性别所特有的性状只传递给相同的性别。性状传递的这种形式是如此普遍，以致一旦出现某些品种的变异相等地传递给雌雄双方的情况时，就成了一种反常的现象。还有某些家鸡的亚品种，其公鸡几乎无法区别，而母鸡的颜色则明显不同。原种岩鸽的雌雄二者在外部性状上并无差别；尽管如此，某些家养品种的公鸽羽色还和母鸽羽色有所不同。[①] 英国信鸽的垂肉和突胸鸽（Pouter）的嗉囊在雄者比在雌者更加高度发育；这些性状虽是通过人类长期选择而被获得的，但雌雄二者之间的轻微差异则完全是由于发生作用的遗传形式，因为这些轻微差异的发生与其说是出于育种者的愿望，莫如说是违背了育种者的愿望。

大多数我们的家养族都是通过轻微变异的积累而形成的，由于有些后续的变异步骤只传递给一性，还有些后续的变异步骤则传递给雌雄两性，因此在同一物种的不同品种中，从雌雄二者极不相似到完全相似之间，可以发现所有的级进。我们已经举出有关家鸡和家鸽诸品种的事例，在自然界里也常常见到类似的情况。关于家养动物，某一性别可能失去其特有的性状而多少变得同另一性别相似，例如，有些家养品种的公鸡失去雄性的尾羽和颈部纤毛，至于自然界的动物是否也有这种情况我不敢乱说。另一方面，在家养下雌雄二者之间的差异可能加大，如母的美利奴绵羊已失去了它们的角。此外，某一性别所特有的性状还会在另一性别突然出现；如有些家鸡亚品种，其年幼的母鸡有距；又如某些波兰鸡亚品种；有理由可信其母鸡原来获得了冠羽，随后又将它传递给了公鸡。根据泛生论假说，所有这些情况都是可以理解的；因为，所有性状都取决于下述情形，即，某些部分的芽球虽存在于雌雄二者，但通过家养的影响，它们在这一性别或那一性别中变为潜伏的或发育的。

---

① 夏普伊（Chapuis）博士，《比利时信鸽》（Le Pigeon Voyageur Belge），1865 年，87 页。布瓦塔尔和科尔比（Boitard et Corbié），《家鸽》（Les Pigeons de Volière），1824 年，173 页。关于摩德纳地方某些品种的同样差异，再参阅保罗·旁尼兹（Paolo Bonizzi）著，《家鸽的变异》（Le variazioni dei Colombi domestici），1873 年。

为了方便起见,把下面的一个难题安排在以后的一章来讨论较为合适,这就是,最初在雌雄双方都发育的一种性状,是否会通过选择限于只在某一性别中发育。举例来说,如果某个育种者观察到他的一些鸽子(它们的性状通常都是以同等的程度传递给雌雄双方)变为蓝灰色,那么他能否通过长期持续的选择形成一个只是公鸽具有这种颜色而母鸡保持不变的品种呢? 我在此只能说,做到这一点虽然并非不可能,但将是极端困难的。因为以蓝灰色公鸽进行繁育的自然结果将使整个类族的雌雄双方都变成这种颜色。然而,如果人们所希望的颜色变异出现了,而且这种变异一开始就限于在雄者一方发育,那么要形成一个雌雄颜色不同的品种,就一点也没有困难,例如一个比利时品种确实就是这样形成的,只是这个品种的公鸽才具有黑色条纹。同样,如果有一只母鸽发生了任何变异,而且这种变异从一开始就限于在母鸽身上发育,那么要培育出一个只有母鸽才有这种特性的品种也很容易,但是如果这种变异从一开始就没有上述这样的性别限制,那么这一过程将极难实现,甚至不可能实现。①

性状的发育时期同该性状向某一性或向雌雄两性传递的关系

为什么某些性状会遗传给雌雄二者,而另外一些性状只遗传给某一性别,即遗传给最初出现这种性状的那一性别,在大多数场合中其原因还是完全未知的。我们甚至无法猜想,为什么在鸽子的某些亚品种中其黑色条纹虽然通过母鸽传递下去,却只在公鸽身上发育,而另一方面其他每个性状又是相等地传递给雌雄双方。另外,为什么猫的龟甲色除了很少例外只在雌者身上发育。就人类而言,完全同样的性状如缺指,多指,色盲,等等,在某一家族中只遗传给男性,而在另一家族中则只遗传给女性,虽然在这两种情况下,通过相反性别或通过相同性别传递都是一样的。② 我们虽然这样无知,但知道有两条规律似乎往往是适用的——即任何一性在其生命晚期最初出现的变异就有只在这相同一性别进行发育的倾向;另一方面,任何一性在其生命早期最初出现的变异就有在雌雄双方都进行发育的倾向。然而,我绝不是假定这就是唯一的决定原因。鉴于我没有在任何地方讨论过这问题,鉴于这个问题对于性选择的重要意义,我必须在此对一些冗长而有些复杂的细节加以论述。

事物的本身存在这种可能性,即在幼年出现的任何性状都有相等地遗传给雌雄双方的倾向,因为雌雄二者在获得生殖力之前,它们的体质并没有多大差异。另一方面,在获得生殖力之后,而且雌雄二者的体质已发生了差异,那么,从某一性别的各个变异着的部分释放出来的芽球(如果我可以再次使用泛生说的术语的话),将和同一性别的组织相结合并由此发育起来,这种和同一性别的固有亲和力比和相反性别的亲和力远远更加可能发生。

----

① 自从本书第一版问世以后,我感到高度满意的是见到了特格梅尔(Tegetmeier)先生这么有经验的育种家的下述见解(《田野》(*Field*),1872 年 9 月)。他描述的一些奇妙事例表明,有些鸽子的羽色传递只限于一性,并且形成了一个具有这种性状的亚品种,然后他又说:"达尔文先生提出了用人工选择的方法改变鸟类性别的颜色的可能性,当他这么做的时候,并不知道我所提到的这些事实,然而值得注意的是他提出了多么符合实际程序的正确方法。"

② 参阅我著的《动物和植物在家养下的变异》,第 2 卷,72 页。

最初我根据以下事实来推论有这种关系存在,即成年雄者同成年雌者无论何时并且无论以何种方式有所差异,则雄者也按照同样方式而有别于雌雄二者的幼仔。这个事实的普遍性十分显著:它适用于差不多所有的哺乳类、鸟类、两栖类和鱼类,同样也适用于许多甲壳类,蜘蛛类以及少数昆虫类,如某些直翅目昆虫和蜻蛉科(libellulae)昆虫。在所有这样场合中,凡是雄者通过变异的积累而获得其特有性状者其变异一定是在生命的稍晚时期发生的;否则年幼的雄者也会具有同样的特性;而且同上述规律相符合,这等变异只向成年雄者传递,也只在成年雄者发育。另一方面,要是成年雄者同雌雄双方的幼仔密切类似(除了很少例外,雌雄双方的幼仔都彼此相像),则雄者一般也同成年雌者类似;在大多数这种场合中,凡是老者和幼者通过变异而获得其现有性状者,按照上述规律,这等变异大概是在幼年时期发生的。但这里还有可疑的余地,因为有时性状传递给后代时的年龄要比父母最初出现该性状时的年龄为早,因而父母在成年时发生变异,而在幼年时将它们这等性状传递给后代。还有许多动物,其雌雄二者彼此密切类似,但二者都同各自的幼仔有差别,这时,成年动物的那些性状一定是在生命晚期获得的;尽管如此,这些性状还是传递给雌雄双方,这显然同上述规律相矛盾。我们千万不要忽视出现下述情况的可能性或者甚至盖然性,即在相同的生活条件下发生的相同性质的连续变异会在生命相当晚的时期同时出现于雌雄双方;在这样的场合中,这些变异将在相应的晚年传给雌雄双方;这样,就与上述规律并无真正的矛盾,即,凡是在生命晚期出现的变异都专门传递给最先发生该变异的那一性别。这一规律的适用范围似乎比第二个规律更为普遍,后面这个规律表明任何一性在生命早期出现的诸变异都有传递给雌雄双方的倾向。在整个动物界中究竟有多少事例可适用这两个定理,仅仅对此作个估计也显然是不可能的,因此,我认为只能对一些显著的或有决定意义的事例加以研究,以便得出可以依据的结果。

鹿科提供了进行研究的极好例子。除了一个物种外,在所有物种中,只有公鹿生角,虽然这个性状肯定是通过母鹿传递下去的,而且能在母鹿头上出现反常的发育。另一方面,母驯鹿(reindeer)*也生角;因此按照上述规律,这个物种的角应该远在雌雄二者成熟并呈现体质重大差异之前的生命早期出现。其他所有物种的角则应该在生命较晚时期出现,从而导致它们的发育只限于一性,这正是整个鹿科祖先最初生角的那一性别。现在属于鹿科不同组(section)的、并且居住在不同地区的七个物种只有公鹿生角,我发现角的最初出现时期不同,公獐(roebuck)出生后九个月生角,其他六个体型较大的物种的公鹿,最初生角时期在出生后十个月、十二个月甚至更长的时间。① 但驯鹿的情况就大

---

* 即 *Rangifer tarandus*,属反刍偶蹄类,鹿科。产于亚、美、欧三洲的北极地,栖地愈北者体躯愈大。雌雄皆有角,雄者角大,长达五尺左右,角顶生枝,枝端扁平如锹。雌者角较小,分枝亦少。原系野生,性易驯,北极人民多养之,教以曳橇,行进甚速。驯鹿的化石多产于欧洲洪积层,角多分枝,其断面为椭圆形。——译者注

① 我很感激卡波勒斯(Cupples)先生为我向布雷多尔本侯爵夫人(Marquis of Breadalbane)手下的有经验的首席林务官罗伯逊(Robertson)先生作了有关苏格兰的公獐和马鹿(red deer)的调查。我感谢艾顿(Eyton)先生以及其他人士为我提供了有关黇鹿(fallow-deer)的材料。关于北美的一种驼鹿(*Cervus alces*),见《陆地与水》(*Land and Water*),1868 年,221,254 页;有关该大陆的 *C. Virginianus* 和 *C. Strongyloceros*. 参阅凯顿(J. D. Caton)的文章,见《渥太华学院自然科学学会会报》,1868 年,13 页。关于勃固(Pegu)的 Cervus Eldi,参阅比万(Beavan)中尉文章,见《动物学会会报》,1867 年,762 页。

不一样,因为奈尔森博士热心地在瑞典的拉普兰为我作了专门调查,他说,出生后四五个星期以内的幼鹿就生角,而且同时出现于雌雄双方。因此我们这里看到鹿科的一个物种的一种构造在生命最早时期的发育,而且只有这一个物种的雌雄二者都生角。

有几个种类的羚羊,只有公羊生角,而更多种类的羚羊则雌雄二者都生角。关于角的发育时期,布赖茨先生告诉我说,动物园里的一头幼南非条纹羚羊(*Ant. strepsiceros*)有一次生角,但只限于雄者;还有一个亲缘关系密切接近的物种——南非大羚羊(*Ant. oreas*),它的小羊无论雌雄都生角。这一情况同上述规律完全符合,即,南非条纹羚羊的小公羊虽然已 10 个月,但从它最终的角的大小看来,那时的角显得很小;另一方面,南非大羚羊的小公羊虽然只有 3 个月,它的角都比前者的角大得多。在叉角羚羊(prong-horned antelope)①中还有一个值得注意的事实,即只有少数母羊,约 1/5 有角。她们的角有时虽也有 4 英寸长,但都处于残迹(退化)状态;因此,要是只就公羊才生角这一点来考虑,则这个物种是处于中间状态的,而且它们的角大约要在出生后 5~6 个月才长出来。因此,同我们还不太清楚的其他羚羊类的角的发育情况相比,并且根据我们已经清楚的关于鹿、牛等动物的角的发育情况,就可看出叉角羚羊的角是在生命的居中时期出现的——换句话说,既不像牛和绵羊那样早,也不像大型的鹿和羚羊类那样晚。绵羊、山羊和牛的角,在雌雄双方其大小虽不完全一样,但都发育良好,在它们出生时,或刚出生后不久,就可以摸到甚至看到。② 然而,上述规律对于绵羊的某些品种,例如美利奴绵羊似乎就不适用了,在这个品种中只有公羊生角;因为我在调查中,③未能发现这个品种的角的发育时期晚于雌雄二者都生角的普通绵羊。但是,就家养绵羊来说,有角或无角并不是一种十分固定的性状,因为美利奴绵羊有一定比例的母羊也生短角,而有些公羊却不生角,在大多数品种中偶尔也会产出无角母羊。

马歇尔博士最近对鸟类头上常见的突起作了专门研究,④得出以下结论——凡是头上突起只限于公鸟的那些物种,该性状是在生命晚期发育的;凡是头上突起为雌雄二者所共有的那些物种,该性状是在生命很早时期发育的。这一结论肯定同我的上述两项遗传定律显著符合。

在美丽的雉科大多数物种中,公雉和母雉显著不同,它们是在生命相当晚的时期才获得其装饰物的。然而,蓝马鸡(*Crossoptilon auritum*)提供了一个明显的例外,因其雌雄二者都有尾羽、耳簇毛,而且头部都有深红的天鹅绒般的软毛;我发现这些性状都是在生命的很早时期出现的,与上述遗传规律相符。但其成年公鸡可根据脚距同成年母鸡区

---

① 学名为 *Antilocapra Americana*. 我感谢坎菲尔德(Canfield)博士提供的有关母鹿的角的材料,另参阅他在《动物学会会报》发表的文章(1866 年,109 页)。还有再参阅欧文的《脊椎动物解剖学》,第 3 卷,627 页。

② 我确信北威尔士绵羊的角在出生时完全可以觉察到,有时竟长达一英寸。尤雅特(Youatt)说(《牛》,1834年,277 页)牛在出生时其额骨突起已穿入表皮,角质物很快在其上形成。

③ 我非常感激维克托·卡鲁斯(Victor Carus)教授为我向最高权威人士作了有关萨克森的美利奴绵羊的调查。然而非洲几内亚海岸有一个绵羊品种,同美利奴绵羊一样,只有公羊才生角;而温伍德·里德先生告诉我说,他看到过的一个例子表明,一只小公羊产于 2 月 10 日,在 3 月 6 日就初现羊角,此例同上述规律相符,其角的出现晚于雌雄二者皆生角的威尔士绵羊。

④ 《鸟类头骨的骨质突起》(*Ueber die knöchernen Schädelhöcker der Vögel*),见《荷兰的动物学文献》(*Niederlandischen Archiv für Zoologie*),第 1 卷,第 2 册,1872 年。

别开来,而且同我们的规律相符的是,这些距要到出生六个月后才会开始发育,然而巴特利特(Bartlett)先生向我确言,即使在这个龄期也几乎无法把雌雄二者区别开来。① 公孔雀和母孔雀除了共有的华丽冠毛之外,几乎每一部分的羽毛都明显不同;而冠毛是在生命的很早时期发育的,它的发育远在公孔雀所专有的其他装饰物的发育之前。野鸭也有类似情况,母鸭翅上美丽的绿色灿点虽然比公鸭小些,模糊些,但由于这个性状是二者所共有的,因而它的发育是在生命的早期,另一方面,公鸭的卷曲尾羽和其他装饰物则要在较晚的时期才发育。② 在马鸡那样的雌雄二者非常相像和孔雀那样的雌雄二者极不相像的两类极端事例之间,还可以举出许多中间性的事例,在这些事例中性状的发育顺序是遵循上述那两条规律的。

由于大多数昆虫都是在成熟条件下才从蛹羽化出来,因此发育周期是否能决定性状向性别一方或是双方进行传递,尚无法确定。例如蝴蝶有两个物种,其中一个物种的雌雄颜色不同,另一个物种的雌雄颜色则一样,但我们不知道这两个物种的有色鳞粉是否在同一个相应蛹期发育的。我们也不知道全部有色鳞粉是否同时在同一个蝴蝶种的翅上发育的,在这个蝴蝶种中,某些色斑只为某一性别所具有,还有一些色斑则为两性所共有。发育时期的这种差异最初看来好像很不可能,其实并非如此;因为直翅目昆虫达到成熟状态并不是单单由于一次变态,而是由于连续的蜕皮,有些物种的幼龄雄虫最初同雌虫相像,而只是在稍晚的一次蜕皮中才获得其明显的雄性性状。某些雄性甲壳类在连续蜕皮的过程中也出现了完全相似的情况。

到现在为止,我们只考察了同发育时期有关的性状传递,而且所涉及的只是处于自然状况下的物种的性状传递;现在我们要转来谈谈家养动物,而首先要提到的是畸形和疾病的问题。多余指的出现和某些指骨的缺如,必定在很早的胚胎期就被决定了——大量出血的倾向至少是先天性的,色盲大概也是如此——但这些特性以及其他相似特性的传递往往只限于一性;因此早期发育的性状倾向于传递给雌雄双方的这条规律在这里就完全失效了。但是,如上所述,这一条规律似乎不如相反的那一条规律普遍有效,后者表明,在某一性别的生命晚期出现的性状,专门传递给同一性别。上述不正常的特性远在生殖机能活动之前就已为某一性别所具有,根据这个事实,我们可以推论雌雄二者一定早在极幼小的时期就已经有了某种差异。关于受到性别限制的疾病,我们对其发生的时期了解甚少,以致难以作出可靠的结论。然而痛风病(gout)似乎受我们的规律的支配,因为这种病一般是在成年时由酗酒造成的,并且由父亲传给了子女,而在儿子方面远比在

---

① 普通孔雀(*Pavo cristatus*)只有公的有距,而爪哇绿孔雀(*P. muticus*)提供了一个反常事例,即公的母的都有距。因此我完全预料到后面这个物种的距在发育时期上要早于普通孔雀;但阿姆斯特丹的赫格特(M. Hegt)告诉我说,1869 年 4 月 23 日曾对上一年出生的这两个物种的雏鸟作了比较,它们距的发育方面没有差别。然而它们的距至今只表现为小瘤或突起。我认为以后如果观察到发育速率有什么不同,我一定会得到这方面的报告。

② 在鸭科的一些其他物种中,公鸭和母鸭羽毛灿点的差别更大;但我未能发现这些物种的公鸭羽毛灿点的充分发育时期是否晚于普通野公鸭,按照我们的规律,应该如此。然而,有一个亲缘关系相近的物种秋沙鸭(*Mergus cucullatus*)的情况就是这样,雌雄二者不仅在一般羽衣上差异显著而且在羽毛灿点上也有相当大的差异,公鸭的羽毛灿点是全白色的,母鸭的羽毛灿点则是灰白色的。小公鸭最初同母鸭完全相似,其羽毛灿点也是灰白色的,这些灿点变为纯白色的时期要在成年公鸭获得其他更加强烈显著的性差异之前,参阅奥杜旁(Audubon)的《鸟类志》(*Ornithological Biography*),第 3 卷,1835 年,249—250 页。

女儿方面表现得显著。

关于绵羊、山羊和牛的各个家养品种，雄者在角、额、鬃毛、颈部垂肉、尾和肩上隆肉的形状及其发育情况方面都和雌者有所不同；按照我们的规律，这些特性不到生命相当晚的时期是不会充分发育的。狗类没有雌雄差异，但某些品种是例外，特别是苏格兰猎鹿狗，其雄者比雌者大得多，重得多；而且我们将在后面一章看到，雄者的体型会持续增长到生命异常晚的时期，按照上述规律，这个情况将说明这种体型的增长只传给雄性后代。另一方面，只限于母猫才有的龟甲色在其出生时就十分明显，这个情况是违背上述规律的。有一个鸽子的品种，只是公鸽具有黑色条纹，这些条纹甚至在雏鸽身上就可以察觉出来；但这些条纹随着每次换毛而日益明显，从而这个情况既是部分地违背了又是部分地证实了上述规律。英国信鸽和突胸鸽的垂肉和嗉囊都是在生命的相当晚期才充分发育的，同上述规律相符合，这等性状充分完善地只传递给公鸽。下面的例子也许属于前面提到的那一类，即雌雄二者在生命的相当晚期以同样的方式发生变异，从而在相应的晚期将其新性状传递给后代的雌雄双方；果真如此，这些情况同我们的规律并不矛盾——根据诺伊迈斯特（Neumeister）的叙述，[①]有这样一些鸽子的亚品种，其雌雄二者都在两三次换毛期间改变毛色［杏包翻头鸽（Almond Tumbler）也是这样］，这等变化虽发生于生命的相当晚期，却为雌雄双方所共有。有一个金丝雀的变种，名为"伦敦获奖者"（London Prize），提供了一个很近似的例子。

关于家鸡的品种，其种种性状是由一性遗传下去，还是由两性都遗传下去，似乎一般是由这些性状的发育时期来决定的。这样，在所有这许多品种中，如果成年公鸡在毛色上同母鸡有重大差异，而且同野生亲种也有重大差异，那么成年公鸡也会同小公鸡有差异，所以新获得的性状一定是在生命的相当晚期出现的。另一方面，在公鸡和母鸡彼此类似的大多数品种中，小鸡的毛色则同其双亲的差不多一样，因此，它们的毛色最初出现于生命的早期。我们在全黑和全白的品种中可以看到这个事实的例证，这些品种的雌雄小鸡和老鸡都彼此相似；我们也不能主张全黑的或全白的羽毛有什么特殊之处可以导致这种性状传递给雌雄双方；因为有许多自然界的物种，只是公鸡的羽色是黑的或白的，而母鸡则是别种颜色的。有一个叫做"杜鹃鸡"的亚品种，它的羽毛具有黑色横条纹，其雌雄双方和小鸡的毛色几乎都一样。塞勃赖特矮脚鸡（Sebright bantam）的雌雄二者都具有花边羽衣，小鸡的翅羽花边虽不完善，但很明显。然而亮斑汉堡鸡提供了一个局部例外的情况；因为其雌雄二者虽不完全相像，但比起原始亲种的雌雄二者，彼此更加相像得多；然而它们的特有羽衣是在生命晚期获得的，因为小鸡也具有明显不同的彩色条纹。至于颜色以外的其他性状，不论野生亲种还是大多数家养品种，只有公鸡才有发达的肉冠；但小西班牙鸡在很早的龄期其肉冠就十分发育，同公鸡肉冠的早期发育相一致，成年母鸡的肉冠也异常之大。在猎鸟的品种中，好斗性的发育早得令人吃惊，在这方面可以举出一些奇妙的证据；这个性状是传递给雌雄双方的，所以由于母鸟的极端好斗，现在一般都分栏展出。关于波兰鸡品种，头部支持鸡冠的骨质突起甚至在小鸡孵化之前就已部

---

① 《鸽类饲养通论》（Das Ganze der Taubenzucht），1837 年，21，24 页。关于有条纹的鸽子，参阅夏普伊的《比利时信鸽》，1865 年，87 页。

分发育了,而鸡冠本身也很快开始生长起来,虽然起初它还是柔弱无力的;[①]这品种的成年公鸡和成年母鸡都有一个大型骨质突起和一个巨大鸡冠作为特征。

最后,根据我们现在所见到的许多自然界物种和家养族的性状发育时期和性状传递方式之间的关系——例如昭然若揭的下述事实:雌雄二者都生角的驯鹿,其鹿角是在早期生长的,而与此相对的是,只有雄者才有角的其他物种,其鹿角则是在晚得多的时期生长的——我们可以得出如下结论,第一,其性状专门遗传给雌雄任何一方的原因是由于这些性状是在生命晚期发育的,虽然这不是唯一的原因。第二,其性状遗传给雌雄双方的原因是由于这些性状是在雌雄双方的体质还没有多大差别的生命早期发育的,虽然这明显是一个不甚有力的原因。然而,看来雌雄二者之间甚至在很早的胚胎期就一定存在着某种差异,因为早期发育的性状只为某一性别所具有者,并不罕见。

提要和结论

根据上述对遗传法则的讨论,我们认识到双亲的性状常常是,甚至普遍是倾向于在双亲最初发生这等性状的同一龄期、同一季节、同一性别的后代中发育的。但是,这些规律由于不明的原因还远远不是固定不变的。因此,当一个物种发生变异时,那些连续的变化可能随时以不同的方式被传递下去;有的只传递给性别一方,有的则传递给雌雄双方;有的只在一定的龄期传递给后代,有的则不问龄期而传递给后代。不仅遗传法则是极端复杂的,而且诱发和控制变异性的诸原因也是极端复杂的。这样被诱发起来的变异由性选择保存下来并积累起来,而性选择本身又是极端复杂的事情,性选择实际上取决于雄者的求爱热情、勇气和竞争,还取决于雌者的识别力、审美力和意愿。性选择还受到有助于物种普遍福利的自然选择的支配,因此,性选择对任何一性的个体的影响方式或对雌雄双方的个体的影响方式必然是高度复杂的。

当变异发生在某一性别的生命晚期并在同一龄期向同一性别传递时,另一性别及其幼仔都保持不变。当变异发生在生命晚期、但在同一龄期向雌雄双方传递时,则只有幼仔保持不变。然而变异可能在某一性别或在雌雄两性的生命任何时期发生,并在一切龄期向雌雄双方传递,于是这个物种的一切个体就会同样地发生改变。在以下几章将可看到所有这些情况经常在自然界里发生。

性选择在未达生殖年龄之前,决不会对任何动物发生作用。由于雄者求偶的巨大热情,性选择一般是对雄者发生作用,而不对雌者发生作用。这样,雄者就会获得同其竞争对手战斗的武器,获得用以发现雌者并牢牢抓住她的器官,也获得用以刺激雌者或向其献媚的器官。要是雄者在这些方面都同雌者有所差异,那么成年雄者同幼年雄者也会多少有所不同,正如我们已经见到的,这是一个极普遍的法则;根据这个事实我们可以断言,使成年雄者发生改变的那些连续变异,一般不会远在生殖年龄之前出现。每当在生命早期发生一些变异或许多变异时,则幼年雄者就会或多或少地具有成年雄者的一些性

---

① 关于某些鸡的品种的细节以及有关所有这方面的参考材料,请参阅《动物和植物在家养下的变异》,第 1 卷,250,256 页。关于高等动物,由家养引起的性差异,均以各个物种为题在该书中有所描述。

状;老年雄者和幼年雄者之间的这类差异可以在动物的许多物种中观察到。

幼年雄性动物大概往往倾向于按照下述方式发生变异;即在幼年时期不仅对它们毫无益处,实际上反而有害处——例如获得鲜艳色彩,这将使它们容易被敌人发现,又如获得像巨大的角那样构造,这将使其在发育过程中消耗掉很多生命力。幼年雄者所发生的这类变异,通过自然选择几乎肯定要被排除掉。另一方面对于成年而有经验的雄者来说,由获得这些性状而带来的利益将会抵消冒受危险和损失生命力这两种危害而有余。

有些变异可以使雄者有一个较好的机会去战胜其他雄者,或者去寻求、占有或魅诱异性;如果这样的变异碰巧发生于雌者,由于它们对雌者毫无益处,它们就不会通过性选择在雌者身上被保存下来。关于家养动物,我们也有良好的证据表明,所有种类的变异如果不加以细心的选择,通过杂交以及意外的死亡,就会很快消失掉。因此,在自然状况下,如果上述这类变异偶尔发生于雌性一方并专门在雌性这一方传递,那么这类变异就极其容易消失。然而,如果雌者发生了变异并把它们新获得的性状传递给其后代的雌雄双方,那么那些对雄者有利的性状将会通过性选择被保存下来,结果雌雄双方都会按照同样的方式发生改变,虽然这样的性状对雌者毫无用处;不过以后我还要回头对这些更为复杂的偶然情况进行探讨。最后,通过性状的传递,雌者可能获得而且显然常常获得来自雄者的一些性状。

在生命晚期发生的并只传递给一种性别的变异,如果关系到物种的繁殖,就会被性选择所利用,而且通过性选择被积累起来;因此,同上述相似的变异,虽然关系到日常的生活习性为什么没有常常通过自然选择而被积累起来,乍一看这好像是一个无法解释的事实。如果这种情况发生了,雌雄二者,譬如说为了捕捉猎物和逃避危险,往往会发生不同的改变。雌雄二者之间的这类差异确会偶尔发生,在低等动物中尤其如此。但是,这意味着雌雄二者在生存斗争中遵循不同的习性,对于高等动物来说,这是少见的事情。然而这个情况和生殖机能大不相同,雌雄二者在生殖功能方面必然有差别。这是因为同生殖机能有关的构造变异,常被证明只对一种性别有价值,而且由于这些变异发生在生命晚期,所以只向同一性别传递,这样保存下来和传递下去的变异,便引起了第二性征的发生。

我将在以下几章讨论属于各个纲的动物的第二性征,并努力把本章所阐明的原理应用于每个事例。我们用于讨论最低等动物纲的时间将很短,而对于高等动物,尤其是对于鸟类,则必须用相当的篇幅详加讨论。请注意,由于已经说明的理由,关于雄者用以寻求雌者并在寻得后牢牢把它抓住的无数构造,我只想举出少数例子用做说明。另一方面,关于雄者用以战胜其雄性对手的以及用以魅惑或刺激雌者的全部构造和本能,将予以充分讨论,因为它们在许多方面都是最有趣的。

附 录

关于不同纲的动物的雌雄比例数

就我所知,还没有一个人注意过整个动物界雌雄二者的相关数字,因此,我将在这里列举我所能搜集到的有关这方面的材料,尽管这些材料是极不完整的。这些材料所包含的事例只是少数经过实际计算的,而且其数据也不很多。由于只有对人类的这种比例数了解得比较确切,所以我最先列举这些数据作为一个比较的标准。

人 类

在英国从 1857—1866 年的 10 年间,出生婴儿存活的年平均数是 707 120 人,男女的比例为 104.5∶100。但在 1857 年全英国的出生率为男婴与女婴之比为 105.2∶100;而在 1865 年这个比例则为 104.0∶100。再分别看看一些地区的情况,如白金汉郡(那里每年大约有 5 000 个婴孩出生)在上述整个 10 年间,其男女出生的平均比例数为 102.8∶100;同时在北威尔士(那里平均年出生数为 12 873 人)则高到 106.2∶100。再看看一个更小的地区,叫做拉特兰郡(那里年出生数平均只有 739 人),以女婴出生率为 100,1864年男婴出生率为 114.6,而在 1862 年只有 97.0。但是,即使在这样小的地方,整个 10 年间的平均出生数也有 7 385 人,男婴对女婴的比例为 104.5∶100,这就是说,这个比例数和全英国的相同。[①] 由于一些不清楚的原因,这个比例数有时稍受干扰。因此费伊(Faye)教授说:"挪威有些地区在某一个 10 年间稳定地缺少男孩,而同时在其他一些地区却出现了相反的情况。"在法国,44 年间男女的出生比例为 106.2∶100;但这一期间曾在某一县出现过五次女婴出生数超过男婴的情况,在另一县曾出现过六次这种情况。在俄国,男婴的平均出生比例为 108.9,而在美国的费城男女出生比例则高达 110.5∶100。[②] 比克斯(Bickes)从大约七千万出生婴孩推算出欧洲男女平均出生比例为 106∶100。另一方面,关于在好望角出生的白人婴孩,在连续几年里,如以女婴出生率为 100,则男婴出生率竟低至 90 到 99 之间。有一个奇特的事实:犹太人的男婴出生比例数决定性地大于基督教人的,例如在普鲁士,其比例为 113∶100;在波兰的布雷斯劳(Breslau)为 114∶100;在利沃尼亚(Livonia)为 120∶100;而基督教人在这些地方的男女出生比例

[①] 在《中央注册处 1866 年 29 号年报》第七部分有一张特别的十年统计表。

[②] 关于挪威与俄国的材料,见费伊教授研究报告的摘要,刊于《英国和外国外科学评论》(*British and Foreign Medico-Chirurg. Review*),1867 年 4 月,343,345 页。关于法国的材料,见《男女年龄年鉴》(*Annuaire pour l'An*),1867 年,213 页。关于费城的材料,见斯托克顿·霍夫博士文章,登于《社会科学协会》,1874 年。关于好望角的材料,祖特文(H. H. Zouteveen)博士在这本书的荷译本中引用了奎特列特(Quetelet)的文章,其中提供了很多有关性别比例的材料。

则同普通情况一样,例如在利沃尼亚为 104∶100。①

费伊教授述说:"如果在母体中和出生时男女死亡的比例相等,则男性所占的数量优势还要更大。但事实是,在几个区域内我们看到,如以死产女婴为 100,则死产男婴为 134.6 到 144.9。4~5 岁夭折的婴儿,也是男的比女的多;例如在英国,如以 1 岁死亡女婴为 100,则 1 岁死亡男婴为 126。在法国这个比例数更大。"②斯托克顿·霍夫博士根据男孩的发育不完全比女孩更加常见这一情况对上述这些事实作了部分说明。我们从上述中已经知道男性在构造上比女性容易变异;而重要器官的变异一般是有害的。但男婴的身材、特别是其头部都比女婴为大,这又是另一个原因;因为男婴在分娩时将因此更容易受到伤害。因此死产的男婴就更多了;克赖顿·布朗(Crichton Browne)博士③是一位有高度权威的鉴定家,他认为男婴在出生后的数年内往往会在健康上受到损害。由于男婴在出生时和出生后一段时期内的死亡率过高,又由于成年男人要面临种种危险以及他们向别处迁徙的倾向,所以在保存有统计记录的一切老殖民地方,④发现女性在数量上都比男性占有相当优势。

处于不同环境和气候条件下的不同国家,如那不勒斯、普鲁士、威斯特伐利亚、荷兰、法国、英国以及美国,其非法出生的男婴数量超过女婴的情况要少于合法出生的,⑤这个事实乍一看好像是难以理解的。不同的作家曾从不同角度解释这种现象,有的认为是由于婴儿们的母亲一般都很年轻,有的认为是第一次怀孕占了很大比例,等等。然而我们已经知道,男婴由于头部较大,在分娩时要比女婴受到较大的损伤;而非法私生婴儿的母亲们一定更容易比其他妇女进行辛苦的劳动,由于种种原因,如紧紧束腰企图遮盖怀孕、繁重的工作,思想的烦恼等等,她们怀的男婴大概要相应受到损伤。关于出生的活男婴同活女婴的比例,不合法私生者要比合法出生者为小的情况,上述大概是一切原因中的一个最有力的原因。就大多数动物而言,成年雄者的大小之所以超过成年雌者,乃是由于较强的雄者在占有雌者的斗争中征服了较弱的雄者;无疑是由于这个事实,至少某些动物的雌雄二者在出生时的大小就不一样。这样,我们便看到一个奇妙的事实,即我们可以把死亡的男婴多于死亡的女婴(非法私生的婴儿尤其如此)这种现象部分地归因于性选择。

① 关于犹太人的材料,见蒂里(M. Thury)的文章,登于《男女出生数的规律》(*La Loi de Production des Sexes*),1863 年,25 页。

② 《英国和外国外科学评论》,1867 年 4 月,343 页。斯塔克(Stark)博士也注意到(《苏格兰关于出生、死亡等的第十号年报》,1867 年,第 28 部分)这个情况,即"这些例子足以表明几乎在生命的每个阶段,苏格兰的男性都更易死亡,死亡率均比女性高。男女两性在衣、食及一般福利都一样的情况下,上述特性在婴儿时期表现最强烈,此事实似乎证明男性死亡率高是给人以深刻印象的限于性别的一种天然固有特性"。

③ 《约克郡西部行政区疯人院报告》,第 1 卷,1871 年,8 页。辛普森(J. Simpson)爵士已证明男婴的头周长要超过女婴 1/3~1/8 英寸。奎特利特已证明女人生下来要比男人小,见邓肯(Duncan)博士文章,登于《生殖力、多产与不孕》,1871 年,382 页。

④ 根据精确的阿扎拉(Azara)的材料见《南美航游记》(*Voyages dans l'Amérique merid* 第 2 卷,1809 年,60,179 页),巴拉圭未开化的瓜拉尼人(Guaranys)的男女比例为 13∶14。

⑤ 巴贝季(Babbage),见《爱丁堡科学杂志》(*Edinburgh Journal of Science*),第 1 卷,1829 年,88 页;有关死产的婴儿,见 90 页。关于英国私生子,见《中央注册处 1866 年报告》绪言,15 页。

人们往往假设双亲的相对年龄决定后代的性别,留卡特教授曾提出,[1]他认为,关于人类和某些家养动物,有充分证据足以证明这即使不是决定后代性别的唯一因素,也是一个重要因素。另外,有些人曾认为同妇女状况有关的妊娠期是一个有效的原因;但最近的观察结果否定了这个信念。根据斯托克顿·霍夫[2]博士的见解,一年中的季节,父母的贫困或富裕,居住于乡村或城市,同外国移民的杂交,等等,对男女性别的比例全有影响。对人类来说,一夫多妻制也曾被假定是导致女婴出生比例较大的原因;但坎贝尔博士[3]曾就暹罗的姜妇细心地研究过这个问题,并且断言,一夫多妻下的男婴同女婴的比例和一夫一妻下的情况相同。几乎没有哪一种动物像英国竞赛马那样的高度多配性,可是我们马上就会看到,它们的雌雄后代在数量上几乎完全相等。现在我将列举一些我所搜集的有关各种动物雌雄比例数的事实,然后对选择在决定这种后果时究竟起了多大作用加以简要的讨论。

马 类

特格梅尔先生曾经如此热心地从"赛马年历"中将竞赛马自 1846—1867 年这 21 年间的出生情况给我制成一个表,其中缺 1849 年的情况,因该年没有发表过出生统计报告。出生总数为 25 560,[4]其中包含 12 763 匹公马和 12 797 匹母马,即公马同母马的比例为 99.7∶100。由于这些数字相当大,而且是根据全英国各个地方若干年期间的情况统计出来的,因此我们可以充分有信心地作出如下结论:关于家养马,至少是竞赛马,其所产生的雌雄后代在数量上几乎相等。历年中比例的变动同人类在一个人口稀少的小地区所发生的情况密切相似,例如,以母马出生数为 100,则 1856 年公马的出生比例数为 107.1,而 1857 年仅为 92.6。统计表里该比例数的变动是有周期性的,因为在连续六年里,公马数量超过母马;而在每次为四年的两个时期内,母马数量又超过公马。然而,这可能是偶然的;至少我从 1866 年公布的"户口报告"中十年统计表里查不出人类有任何这种情况。

狗 类

从 1857—1868 年的 12 年间,全英国大多数细躯猎狗的出生数字均送给《田野》新闻发表;我再一次感谢特格梅尔先生,蒙他细心地把这些结果列制成表。记录下来的出生数是 6 878,其中包含 3 605 只公狗和 3 273 只母狗,即,公狗和母狗的比例为 110.1∶100。最大一次变动发生在 1864 年,该年公狗和母狗的出生比例为 95.3∶100,而 1867 年,则为 116.3∶100。上述 110.1∶100 这个平均比例对细躯猎狗来说大概是接近正确

---

① 洛伊卡特(Leuckart),瓦格纳(Wagner)在《物理学手册》(*Handwörterbuch der Phys.*)中引用,第 4 卷,1853 年,774 页。

② 见《费城社会学学会》(*Social Science Assoc. of Philadelphia*),1874 年。

③ 《人类学评论》,1870 年 4 月,108 页。

④ 有一份关于十一年间不孕母马和早期流产母马数字的记录,此事值得注意,因为它表明了这些营养极良的和近亲交配的动物已经变得何等不育,以致有将近三分之一的母马不能生产活驹。例如,在 1866 年,生下了 809 匹公驹,816 匹母驹,并且有 743 匹母马不育。1867 年,生下了 836 匹公驹,902 匹母驹,并且有 794 匹母马不育。

的,但它是否也符合其他家养品种的情况,在某种程度上还有疑问。卡波勒斯(Cupples)先生曾向一些大养狗家进行过调查,发现他们毫无例外地全都以为出生的母狗比公狗多;但他指出这种看法的发生可能是由于母狗的价值较低,并且由于因此而来的失望在头脑里产生了比较强烈的印象。

绵 羊

农业家们在绵羊出生几个月后给公羊施行阉割的时期才确定其雌雄比例,因而下面的统计并不表示其出生的比例。另外,我发现每年饲养几千头绵羊的苏格兰大饲养家都坚决相信,在出生后的一两年间,公羊的死亡率比母羊高。因此公羊出生时的比例数要比阉割时期的比例数要大些。这一点同我们所看到的人类情况显著符合,而且这两种情况大概都出于同样的原因。我曾从在英格兰饲养低地绵羊(主要是莱斯特羊,Leicesters)的四位先生收到过最近 10～16 年间的统计报告;其出生总数为 8 965 头,其中包含 4 407 头公羊和 4 558 头母羊;即公羊和母羊的比例为 96.7∶100。关于在苏格兰饲养的切维奥特羊(Cheviot)和黑脸绵羊,我也曾收到过六位饲养家的统计报告,其中有两位养羊的规模很大,主要是 1867—1869 年间的情况,但有些统计则上溯至 1862 年。记录总数为 50 685 头,其中包含 25 071 头公羊和 25 614 头母羊,即公羊和母羊的比例为 97.9∶100。如果我们把英格兰和苏格兰的统计数字加起来,其总数为 59 650 头,其中包含 29 478 头公羊和 30 172 头母羊,即 97.7∶100,因而对阉割年龄的绵羊来说,母羊的数量肯定超过公羊,但这个情况大概不适用于其出生时期。[①]

牛 类

我曾收到九位先生关于 982 头刚出生的牛犊的统计报告,这个数字太少,不足信赖;该数字包含 477 头公牛犊和 505 头母牛犊;即 95.4∶100,福克斯牧师告诉我说,1867 年在德比郡(Derbyshire)的一个农庄里出生了 34 头牛犊,其中只有 1 头是公的。哈里逊·韦尔(Harrison Weir)先生曾向若干养猪者进行过调查,他们大多数都估计出生的公猪和母猪的比例为 7∶6。这些先生们还多年饲养家兔,他们注意到生出来的公兔数量远远大于母兔。但是这些估计的价值不大。

关于在自然状况下生活的哺乳类,我知道的很少,至于普通鼠,我曾收过一些互相矛盾的报告。莱伍德(Laighwood)的埃利奥特(R. Elliot)先生告诉我说,有一位捕鼠者向他确言,雄鼠的数量总是大大超过母鼠,即使还在窝里的幼鼠也是如此。结果,埃利奥特先生接着亲自检查了数百只老龄的鼠,证明上面的说法是正确的。巴克兰得先生饲养过大量白鼠,他也以为雄鼠数量大大超过雌鼠。至于鼹鼠(Moles),据说"雄鼠的数量远远超

---

① 我很感激卡波勒斯先生为我取得上述苏格兰的统计材料,以及下述有关牛的统计材料。莱伍德(Laighwood)的埃利奥特先生最先使我注意到雄者的早期夭折,——后来艾奇逊(Aitchison)先生以及其他人士证实了这一叙述。我感谢艾奇逊先生和佩安(Payan)先生,他们向我提供了有关绵羊的大量统计材料。

过雌鼠",①由于捕捉这种动物是一种专门职业,因而这个说法也许是可信的。史密斯爵士在描述一种南非水羚羊(*Kobus ellipsiprymnus*)②时说道,在这个种和其他种的羚羊群里,公羚羊的数量比母羚羊少;当地土人以为它们出生时的比例数也是如此;另外有些人以为幼小公羚羊是被赶出了群外的,而史密斯爵士说,虽然他本人从未见过仅由幼小公羚羊所成之群,但别人却断言确有这种情形。看来,这些幼小公羚羊一旦被赶出群外,就会被当地许多野兽吃掉。

鸟　　类

关于家鸡,我只收到过一份统计材料,即,斯特雷奇(Stretch)先生饲养过交趾鸡(Cochins)的一个精心育成的品系,在八年期间生出 1001 只小鸡,判明其中 487 只为公鸡,514 只为母鸡,即 94.7 比 100。关于家鸽,有良好的证据可以证明公鸽不是数量过多就是活得更长;因为这等鸽子永远成双成对,特格梅尔告诉我说,独身公鸽的价钱总是比母鸽便宜。在同一窝里下的两个卵所孵出来的两只小鸽通常都是一公一母;但一位大饲养家哈里逊·韦尔先生说道,他常常从同一窝里育出两只公鸽,而很少从同一窝里育出两只母鸽;此外,育出的两只小鸽中,母鸽较弱,更易夭折。

关于自然状况下的鸟类,古尔德先生及其他人士③都确信公鸟一般要比母鸟多;但由于许多物种的小公鸟同母鸟相类似,所以母鸟数量自然显得比公鸟多。利登赫尔(Leadenhall)的贝克(Baker)先生用野生的雉卵孵出了大量的雉,他告诉詹纳·韦尔先生说,孵出的公雉和母雉的比例一般是 4 或 5 比 1。一位有经验的观察家述说,④在斯堪的纳维亚,松鸡和黑琴鸡(black-cock)一窝孵出的小鸡,公多于母;而 Dal-ripa(一种雷鸟)到求偶场所来的,公比母多;但有些观察家对后一情况的解释是由于被害兽弄死的母鸟比公鸟多。根据塞尔旁(Selborne)的怀特先生所提供的种种事实,⑤显然英格兰南部的公鹧鸪数量一定大大超过母鹧鸪;有人向我保证说,在苏格兰情况也是如此。韦尔先生向那些在一定季节大批收购流苏鹬(*Machetes pugnax*)的商人做过调查,据说公鹬的数量要多得多。这位博物学者还为我向捕鸟人做过调查,他们每年都要捕捉数量惊人的各种活的小型鸟供应伦敦市场,一位可信赖的老人毫不迟疑地回答他说,关于苍头燕雀(*chaffinch*),公的数量大大地超过母的,他认为公和母的比例高达 2:1,至少是 5:3。⑥ 同样地他还坚决主张,用圈套或在夜间用结网方法捕到的鸟鹀,其公鸟的数量远远超出了母鸟。这些说法显然是可信赖的,因为这个人说,云雀、黄嘴朱顶雀(*Linaria montana*)和金翅雀(*goldfinch*)的雌雄二者大致相等。另一方面他肯定普通赤胸朱顶雀的公雀大大

---

① 贝尔,《英国四足兽史》(*History of British Quadrupeds*),100 页。

② 见《南非动物学图解》(*Illustrations of the Zoology of S. Africa*),1849 年,第 29 图。

③ 布雷姆得出相同的结论,见《动物生活图解》(*Illust. Thierleben*),第 4 卷,990 页。

④ 根据劳埃德的权威意见,见《瑞典的猎鸟》,1867 年,12,132 页。

⑤ 《塞尔旁的博物学》(*Nat. History of Selborne*),第 1 卷,第 29 版,1825 年,139 页。

⑥ 詹纳·韦尔先生于次年进行调查,也收到了类似报告。为了举出活捉的苍头燕雀数字,我愿提一下有两位能手在 1869 年搞了一次比赛,其中一位每天捉到 62 只公苍头燕雀,另一位捉到 40 只。有一个人一天捉到公苍头燕雀的最大数量是 70 只。

超过母雀,但超出的数量在不同年份中也有所不同;有些年头他发现母雀和公雀的比为 4 ∶1。但必须记住,主要捕鸟季节到九月份才开始,因此有些物种可能已部分开始迁徙他方,这时期的鸟群往往只含有母鸟。沙尔文(Salvin)先生特别研究过中美洲的蜂鸟,他确信大多数物种是公的占多数。例如,有一年他捕获了属于 10 个物种的 204 个样本,其中包含 166 只公鸟和仅仅 38 只母鸟。另外有 2 个物种,是母鸟占多数,但这个比例数不是随着不同季节就是随着不同产地而明显地变化,因为有个时候蝶鸟(*Campylopterus hemileucurus*)的公和母之比为 5∶2,而在另一个时候,[①]它们的比例则正相反。关于后面这一点,我还要作点补充,波伊斯(Powys)先生发现在科孚(Corfu)和伊皮鲁斯(Epirus)两地苍头燕雀雌雄二者是分开饲养的,而"母鸟的数量最多",同时特里斯特拉姆先生发现在巴勒斯坦"公鸟群在数量上似乎大大超过了母鸟群"。[②] 再者,泰勒先生说,在佛罗里达大丘鹃(*Quiscalus major*)的"母鸟比公鸟的数量少得多",[③]而在洪都拉斯,这个比例又是另一种情况,这个物种在那里具有一雄多雌的特性。

鱼　类

关于鱼类的雌雄比例数只有在捕到其成年或接近成年的鱼以后才能确定,因而对此作出任何公正的结论将有许多困难。[④] 不育的雌鱼可能容易被误认作雄鱼,如冈瑟博士向我说过的鳟鱼情况就是如此。据信有些物种的雄鱼使卵受精后就很快死去。许多物种的雄鱼比雌鱼小得多,因此有大量雄鱼会从捕获雌鱼的同一张网里逃掉。卡邦尼尔(M. Carbonnier)[⑤]特别注意过白斑狗鱼(*Esox lucius*)的自然史,他说,许多雄鱼由于体型小而被较大的雌鱼所吞食;并且他认为,几乎所有鱼类的雄鱼由于同样的原因比雌鱼面临的危险更大。虽然如此,但对雌雄比例数进行过实际观察的少数事例还表明了雄鱼似乎大大超过了雌鱼。例如,斯托蒙特菲尔德(Stormontfield)养鱼实验的负责人布伊斯特(R. Buist)先生说,1865 年,为了取卵,最先捕获上岸的 70 条鲑鱼中,雄鱼之数竟高达 60 条。1867 年他再一次"对这种雌雄数量极不相称的现象给予了注意。在开头时我们捕获的雄鱼和雌鱼的比例是 10∶1"。其后,才获得足够的雌鱼以供取卵之用。他接着说,"由于雄鱼的巨大比例,它们在排卵床上彼此不断地进行战斗和厮杀"。[⑥] 这种数量的不相称无疑可部分地归因于雄鱼比雌鱼先由海溯游至河,但这是否为全部原因还难肯定。巴克兰(Buckland)先生记述了有关鳟鱼的情况如下,"雄鱼的数量远远超过雌鱼,是一个奇妙的事实,当捕鱼旺季时必然发生的情况是,所捕获的鱼中雄和雌的比例至少是 7 或 8 比

---

① 《彩鹳》,第 2 卷,260 页,高尔得在其《蜂鸟科》(*Trochilidae*)一书(1861 年,52 页)中曾加以引用。关于上述的比例数,我感谢沙尔文先生提供的一张有关他研究结果中的一张表。

② 《彩鹳》,1860 年,137 页;以及 1867 年,369 页。

③ 《彩鹳》,1862 年,187 页。

④ 洛伊卡特引用布洛克(Bloch)的材料(瓦格纳,《物理学手册》,第 4 卷,1853 年,775 页),表明鱼类的雄者为雌者的二倍。

⑤ 在《农夫》杂志中引用,1869 年 3 月 18 日,369 页。

⑥ 《斯托蒙特菲尔德的养鱼实验》(*The Stormontfield Piscicultural Experiments*),1866 年,23 页。《田野新闻》,1867 年 6 月 29 日。

1。我还不能完全解释这种情形,这是由于雄鱼数量本来比雌鱼多,还是由于雌鱼靠着隐藏而不是靠逃跑以求得安全"。接着他又说,通过仔细搜查沿岸,可以找到足够数量的雌鱼供作取卵之用。[①] 李(H. Lee)先生告诉我说,在扑次茅斯勋爵的猎园中为了取卵目的所捕获的 212 条鳟鱼中,有 150 条是雄的,62 条是雌的。

同样地,鲤科(Cyprinidæ)的雄鱼在数量上似乎也超过了雌鱼;但这个科的某些成员,如鲤鱼、丁𩾏鱼(tench)、欧鳊(bream)和𩽾雅罗鱼(minnow),都正常地实行动物界少见的一雌多雄制,因为雌鱼在排卵时总是有两条雄鱼陪伴左右,而雌欧鳊则有三到四条雄鱼陪伴着。这个事实如此为人所熟知,以致总是劝告在养鱼池中养丁𩾏鱼时,雄和雌的比例应为 2∶1,至少是 3∶2。至于鲦鱼,一位杰出的观察家说,雄鱼在排卵床上的数量十倍于雌鱼;当有一条雌鱼来到雄鱼当中时,"她马上就被两条雄鱼紧紧夹在中间;当它们在这种局面下经历一段时间后,又有另外两条雄鱼取而代之"。[②]

昆 虫 类

在这个巨大的纲里,几乎只有鳞翅目(Lepidoptera)可以用来判断雌雄二者的比例数。这是因为有许多著名观察家曾特别细心地收集这个"目"的昆虫,并从卵或幼虫状态大量把它们繁殖起来。我曾希望有些养蚕者会保存一个确实的记录,但经过写信到法国和意大利并查阅了各种文献之后,我并没有找到过这方面的材料。一般的意见好像是雌雄二者接近相等,但在意大利,我听卡内斯垂尼(Canestrini)教授说,许多饲养者都认为生出来的雌虫数量超过雄虫。然而这位博物学家还告诉我说,臭椿蚕(Bombyx cynthia)为一年两化,在第一造中雄蚕数量大大超过雌蚕,而在第二造中雌雄二者的数量接近相等,或雌蚕稍多。

关于自然状况下的蝴蝶,其雄者的数量显然占巨大优势,这曾使若干观察家留下深刻的印象。[③] 例如,贝茨(Bates)先生[④]在提到某些产于上亚马孙(Upper Amazons)的 100 个左右的物种时说,雄虫的数目大大超过雌虫,甚至其比例达到 100∶1。在北美,具有丰富经验的爱德华兹(Edwards)估计在凤蝶属(genus Papilio)中,雄虫和雌虫的比例为 4∶1;把这一点告诉我的沃尔什(Walsh)先生说,图尔努凤蝶(P. turnus)的情况正是这样。特里门(R. Trimen)先生在南非发现有 19 个物种都是雄虫占多数;[⑤]其中有一个群集于开阔地带的物种,估计其雄虫的数量为雌虫的 50 倍。还有另一个物种,其雄虫在某些地方为数至多,以致他在七年间只收集到五只雌虫。波旁(Bourbon)岛的马亚尔(M. Maillard)说,凤蝶属的一个

---

① 《陆地与水》,1868 年,41 页。

② 雅列尔(Yarrell),《英国鱼类志》(Hist. British Fishes),第 1 卷,1826 年,307 页。关于鲤鱼(Cyprinus carpio)和丁𩾏鱼(Tinca vulgaris),见 331 页。关于欧鳊(Abramis brama),见 336 页。关于𩽾雅罗鱼(Leuciscus phoxinus),参阅《伦敦博物学杂志》,第 5 卷,1832 年,682 页。

③ 留卡特引用迈内克(Meinecke)的材料(瓦格纳,《物理手册》,第 4 卷,1853 年,775 页),表明蝴蝶的雄虫数量为雌者的三四倍。

④ 《亚马孙河上的博物学者》,第 2 卷,1863 年,228,347 页。

⑤ 特里门先生在其《南非的锤角虫亚目》(Rhopalocera Africa Australis)一书中举出了这些例子中的四个。

物种,其雄虫比雌虫多达 20 倍。① 垂门先生告诉我说,就他本人所见到的或听到的来说,很少有一种蝴蝶的雌虫数量超过雄虫的;但有三个南非的物种也许是例外。华莱士先生述说,②在马来群岛,鸟翼蝴蝶(Ornithoptera craesus)的雌虫比雄虫常见,也较容易抓到;但这是一种稀有的蝴蝶。我在这里还要作点补充,盖内(Guenée)说,从印度送来的红蛾(Hyperythra,蛾类的一个属)采集品,其雌虫为雄虫的 4～5 倍。

当把这个昆虫雌雄比例数问题提到昆虫学会进行讨论时,③一般都承认提到的鳞翅目大多数成年的、即成虫状态的雄虫在数量上超过雌虫,但各种各样的观察家都把这个事实归因于雌虫比较隐匿的习性和雄虫从茧里羽化较早。众所周知,大多数鳞翅目的昆虫以及其他种类的昆虫都有这种情形发生。因此,正如佩尔索纳(M. Personnat)所说的,家养天蚕(Bombyx Yamamai)的雄虫在交配季节开始时并无用处,雌虫在交配季节结尾时因缺少配偶也无用处。④ 然而,上述某些蝴蝶在其产地极其普通,这些原因是否可以把其雄虫占大多数的问题解释得足够清楚,很难使我信服。斯坦顿(Stainton)先生多年来对小蛾类给予了密切注意,他告诉我说,当他搜集到的蛾子处于成虫状态时,他以为雄虫的数量为雌虫的十倍,但是,自从他把这些蛾子由幼虫状态大批养育以来,他相信雌虫就占多数了。若干昆虫学家都赞同这个观点。然而,道布尔戴伊(Doubleday)先生以及一些其他人士则持相反的观点,他们确信在他们从卵和幼虫养育的成虫中,雄虫比雌虫所占的比例数为大。

除了鳞翅目雄虫有较大的活动习性,较早从茧里羽化,以及在某些场合中群集于较开阔的地带等这些原因外,关于在成虫状态捕获的鳞翅目昆虫以及从卵或幼虫状态养育起来的鳞翅目昆虫,在雌雄比例方面所存在的明显的或真实的差异,还可以举出其他原因。我听卡内斯垂尼教授说,意大利许多养蚕者都相信蚕蛾的雌性幼虫比雄的更多遭到近代疾病的危害;而斯托丁杰(Staudinger)博士告诉我说,在饲养鳞翅目昆虫时,死在茧里的雌虫比雄虫为多。许多物种的雌性幼虫比雄的大,昆虫采集者自然要挑选最好的标本,这样就会无意识地采集到大量的雌虫。有三位采集者曾告诉我,他们的实践情况就是这样;但华莱士博士确信,大多数采集者如果能够找到比较稀有的种类,他们就会把全部标本都采集下来,因为只有这些稀有种类才值得他们花工夫去饲养。当鸟类遇到幼虫时,大概要把最大的幼虫吞食掉;卡内斯垂尼教授告诉我说,意大利有些养蚕者相信臭椿蚕的第一化幼虫中,被黄蜂消灭的雌虫数量超过雄虫很多。华莱士博士进一步说道,雌性幼虫因比雄的大,所以需要较多的发育时间并消耗较多的食物和水分;因而就要有更长的时间遭到姬蜂(ichneumons)和鸟类等带来的危险,在荒歉之年就会更大量地死亡。因此在自然状况下,鳞翅目雌虫达到发育成熟的数量,很可能要比雄虫少得多;对我们的特殊目的来说,我们所关心的是,当雌雄二者就要繁殖其种类时,即在其成熟时它们的相对数量。

某些蛾类大批雄虫聚集于单独一只雌虫周围的方式,清楚地表明了雄虫的巨大多数,虽然这个事实也许可以由雄虫较早从茧里羽化而得到解释。斯坦顿先生告诉我说,经常可以见到有 10～20 只筒蛾(Elachista rufocinerea)的雄虫聚集在一只雌虫周围。众所周知,如果把栎枯叶蛾(Lasiocampa quercus)或鹅耳枥天蚕蛾(Saturnia carpini)的一

---

① 特里门引用的材料,见《昆虫学会会报》,第 5 卷,第四部分,1866 年,330 页。
② 《林奈学会会报》,第 25 卷,37 页。
③ 《昆虫学会会报》,1868 年 2 月 17 日。
④ 华莱士博士引用材料,见《昆虫学会会报》,第 5 卷,第 3 辑,1867 年,487 页。

只未交配过的雌虫摆在一个笼子里，大批雄虫就会聚集在它周围，而且如果把雌虫关在一个房间里，雄虫甚至会从烟囱跑下来找它。多勃尔德伊先生相信，仅在一天之内他就见到一只关起来的雌虫吸引来 50～100 只雄虫。垂门先生把几天前就关着一只枯叶蛾雌虫的盒子放在怀特岛上，马上就有五头雄虫竭力向盒子里钻。在澳大利亚，韦雷奥（M. Verreaux）把放有一只小雌蚕的盒子搁在口袋里，于是招来了一群雄虫跟着他，因而约有 200 只雄虫随他一起飞进房中。[①]

道布尔戴先生叫我注意斯托丁杰的鳞翅目价目表，[②]上面开列了蝴蝶（锤角亚目 Rhopalocera）的 300 个物种或特征十分显著的变种，雄虫和雌虫价格均被标明。很普通的物种的雄虫和雌虫的价格当然都是一样的；但有 114 个稀有物种，其雄虫和雌虫的价格却不相同；除了一个例外，所有这些物种的雄虫都比雌虫的价格便宜。以这 113 个物种的价格加以平均，雄虫和雌虫价格之比为 100∶149；这一点显然表明雄虫的数量正好成反比地超过雌虫。编入目录的蛾类（缰翅亚目，Heterocera）约有 2 000 个物种或变种，由于雌雄二者习性不同而导致雌虫无翅的种类未编入内。在这 2 000 个物种中，有 141 个物种的价格因性别而异，其中 130 个物种的雄虫价格比雌虫便宜，只有 11 个物种的雄虫比雌虫贵。这 130 个物种的雄虫平均价格和雌虫平均价格之比为 100∶143。道布尔戴先生（在英国没有任何人的经验胜过他）认为，雌雄二者价格的不同和这些物种的生活习性没有任何关系，而只能归因于雄虫数量超过雌虫。但我必须补充一点，即斯托丁杰博士告诉我说，他本人持有不同的意见。他以为由于雌虫的习性比较不活泼，并且由于雄虫从茧里羽化较早，可以说明昆虫采集者所获得的雄虫数量多于雌虫，其结果就使雄虫的价格较低。关于从幼虫状态养育起来的样本，斯托丁杰博士相信，如上所述，雌虫死于茧内者的数量远比雄虫为多。他接着说，关于某些物种，某一性别在某些年间似乎比另一性别占有数量优势，但并非永远如此。

表 2-1

	雄虫	雌虫
1868 年间埃克塞特的赫林斯牧师（The Rev. J. Hellins of Exeter）[③]养育的 73 个物种的成虫，含有	153	137
1868 年间埃尔塞姆的艾伯特·琼斯（Albert Jones of Eltham）先生养育的 9 个物种的成虫，含有	159	126
1869 年间他又养育了 4 个物种的成虫，含有	114	112
1869 年间汉茨·埃姆斯沃茨的巴克勒（Buckler of Emsworth, Hants）先生养育的 74 个物种的成虫，含有	180	169
科尔切斯特的华莱士（Wallace of Colchester）博士同一次养育的臭椿蚕，含有	52	48
1869 年间华莱士博士从来自中国的一种蚕（*Bombyx Pernyi*）茧养育出	224	123
1868 与 1869 年间华莱士博士从二组天蚕（*Bombyx yama-mai*）茧养育出	52	46
总　　计	934	761

---

① 布朗夏尔（Blanchard），《昆虫的变态及其习性》（*Métamorphoses，Maeurs des Insectes*），1868 年，225—226 页。

② 《鳞翅目价目表》（*Lepidopteren-Doubletten Liste*），柏林，第 10 号，1866 年。

③ 这位热心的博物学家送给我一些数年前的研究结果，其中表明雌者数量似乎超过雄者；但由于好多数字都是估计的，因此我觉得不可能将它们列制成表。

关于对鳞翅目昆虫的直接观察材料,不论是从卵或从幼虫养育起来的,我仅收到如表 2-1 所示的少数事例。

因此,从这七组茧和卵产生的雄虫数量超过了雌虫,合计雄虫和雌虫的比例为 122.7∶100。但整个数据不够大,几乎不足为凭。

总之,证据的来源虽有不同,但均指着同一方向,因此我推论鳞翅目的大多数物种,不论最初从卵孵化时的雄虫比例大小如何,其成熟雄虫的数量一般都比雌虫多。

至于昆虫的其他"目",我收集到的可靠材料很少。关于鹿角锹甲虫(*Lucanus cervus*),"其雄虫数量看来比雌虫多得多";但如科内利乌斯(Cornelius)于 1807 年所说的,当在德国某个地方异常大量发生这类甲虫时,雌虫数量约超出雄虫六倍。关于叩头虫科(Elate-ridae)的某一类,其雄虫数量据说多于雌虫,而且"经常可发现两三只雄虫和一只雌虫同在一起;①因此在这里实行的似乎是一雌多雄制"。属于隐翅虫科(*Staphylinidae*)的扁螋(*Siagonium*),其雄虫有角,而"雌虫的数量远远超过雄虫"。詹森(Janson)先生在昆虫学会说道,有一种吃树皮的多毛髓虫(*Tomicus villosus*),其雌虫多得成灾,而雄虫则少得几乎无人知道。

昆虫的某些物种甚至某些群的雄虫因为无人见过或为数极少,而雌虫又是孤雌生殖的,也就是不需性结合的生殖,因此任何关于其性别比例的议论都几乎没有什么价值;瘿蜂科(Cynipidae)的若干种类提供了这类例子。② 沃尔什先生所知道的形成虫瘿的瘿蜂科昆虫,其雌虫数量为雄虫的 4～5 倍;他还告诉我说,形成虫瘿的瘿蚊科(双翅目)昆虫的情况也是如此。关于叶蜂科(Tenthredinae)昆虫的一些常见物种,史密斯先生曾从各种大小的幼虫养育成上百个标本,然而从未养出过一只雄虫。另一方面,柯蒂斯(Curtis)说,③他繁育的某一物种——菜叶蜂(*Athalia*),其雄虫和雌虫之比为 6∶1;而同时在田野里捕到的这同一个物种的成熟成虫,其雄虫和雌虫之比正好相反。赫尔曼·米勒④在蜜蜂科中采集了许多物种的大量标本,并且从茧养育出好多其他标本,然后计算其性别。他发现有些物种的雄蜂数量大大超过雌蜂;而另外一些物种则出现相反情况;还有些物种的雌雄二者接近相等。但同多数情况一样,雄蜂从茧里羽化要早于雌蜂,因而在繁殖季节开始时的数量实际上超过雌蜂。米勒还观察到有些物种在不同产地其雌雄的相对数量大不相同。但是,正如米勒亲自向我陈述的,由于其中一种性别可能比另一种性别更难于被观察到,因此在采纳这些意见时必须小心从事。这样,他的兄弟弗里茨·米勒在巴西曾注意到,同一种蜜蜂的雌雄二者有时群集于花的种类互不相同。关于直翅目(Orthoptera)昆虫,其雌雄二者的相对数量,我几乎一无所知。然而,克尔特说,⑤他检查过 500 只蝗虫,其中雄虫和雌虫之比为 5∶6。关于脉翅目(Neuroptera),沃尔什先生说,在

---

① 冈瑟的《动物学文献记录》(*Record of Zoological Literature*),1867 年,260 页。关于雌锹甲虫占有数量优势,见同书,250 页。关于英格兰的雄锹甲虫,参阅韦斯特伍德的文章,见《昆虫的近代分类》,第 1 卷,187 页。关于扁螋,见同书,172 页。

② 沃尔什,《美国昆虫学家》,第 1 卷,1869 年,103 页。史密斯,《动物学文献记录》,1867 年,328 页。

③ 《农业昆虫》(*Farm Insects*),45—46 页。

④ 《达尔文学说在蜜蜂中的应用》,第 24 卷。

⑤ 《飞蝗的飞迁线》(*Die Strich,Zug oder Wanderheuschrecke*),1828 年,20 页。

蜻蜓这个类群的许多物种中,雄虫数量大大超过雌虫,但决非所有物种都是如此。还有一个蜻蜓属(Hetaerina),其雄虫数量一般至少为雌虫的四倍。另外箭蜓属(Gomphus)的某些物种,其雄虫多于雌虫的倍数和上面相同,但另有两个物种,其雌虫数量则为雄虫的 2~3 倍。关于啮虫属(Psosus)的某些欧洲物种,在采集到的几千只雌虫中可能找不到一只雄虫,但同时,这一属的其他物种,其雌雄二者均系常见。① 麦克拉克伦(Mac Lachlan)先生在英格兰捉到过几百只雌性异幻吸虫(Apatania muliebris),但没有见过一只雄虫;至于雪蝎蛉(Boreus hyemalis),在我们这里见到过的雄虫不过四五只。② 关于大多数这些物种(叶蜂科除外)的雌虫是否属于孤雌生殖的类型,目前还不能证实;由此可见,我们对引起雌雄二者的比例出现如此明显不一致的原因是多么无知。

关于有铰类(Articulata)动物的其他一些纲,我所搜集到的材料还要少一些。布莱克瓦尔先生对蜘蛛纲曾仔细进行过多年观察,他写信告诉我说,雄蜘蛛由于其游动的习性,较为常见,从而显得数量较多。少数蜘蛛种的情况确是这样;但他提到六个属的几个物种,其雌蜘蛛数量似乎比雄的多得多。③ 雄蜘蛛的体型比雌的小(这个特性有时会极度发达),并且它们的外貌大不相同,这些情况在某些事例中可能说明它们的采集品为何稀见。④

有些低等甲壳类能进行无性繁殖,这可以说明其雄虫为何极端罕见。冯·赛保德⑤曾仔细调查过来自 21 个产地的不下 13 000 个鲎虫(Apus)标本,他在其中只找到 319 只雄虫。正如弗里茨·米勒告诉我的,关于另外一些类型如异足虫属(Tanais)和介虫属(Cypris)我们有理由相信其雄虫比雌虫短命得多;这一点大概可以说明雄虫为何稀少,假定雄虫数量一开始就同雌虫相等的话。另一方面,米勒在巴西海岸上采集到的针涟虫科(Diastylidae)和海萤属(Cypridina)的雄虫永远比雌虫多得多。例如在同一天内捉到的后面这一属的一个物种的 63 个标本中就有 57 只雄虫;但他认为这个数量优势可能是由于雌雄二者在生活习性上某种尚未弄清的差异所致。关于一种高等巴西蟹,即招潮蟹(Gelasimus),弗里茨·米勒发现其雄者远比雌者的数量为多。根据斯彭斯·巴特先生的丰富经验,有 6 种常见的英国蟹的情况似乎正好相反,他曾向我说过这 6 种蟹的名称。

自然选择和雌雄比例的关系

我们有理由设想在某些场合中,人类通过选择曾间接地影响了其自身产生雌雄的能力。有些妇女在其一生所生育的孩子中有一种性别多于另一种性别的倾向,这种情况也适用于许多动物,如牛和马。因此"耶尔德斯雷"公所的赖特先生对我说,他有一匹阿拉

① 海根(H. Hagen)和沃尔什著,《对北美脉翅目昆虫的观察》(Observations on N. American Neuroptera),见《费城昆虫学会会报》,1863 年 10 月,168,223,239 页。

② 《伦敦昆虫学会会报》,1868 年 2 月 17 日。

③ 关于这个纲的另一位大权威,乌普萨拉的托列尔(Thorell)教授说[《关于欧洲蜘蛛》(On European Spiders),第一部分,1869—1870 年,205 页],雌蜘蛛好像一般要比雄者更常见。

④ 关于这个问题,参阅坎布里奇(O. P. Cambridge)先生的材料,在《科学季刊》引用,1868 年,429 页。

⑤ 《有关孤雌生殖文献》(Beiträge zur Parthenogenesis),174 页。

伯母马,虽然 7 次分别与不同的公马交配,仍生下 7 匹小母马。我在这方面所掌握的证据虽然不多,但根据类推方法可使我相信,专门产生任何一种性别的倾向几乎就像其他每种特性一样,例如,生双胞胎的特性,大概是可以遗传下去的。关于上述倾向,著名权威唐宁(J. Downing)先生写信对我说,似乎可以证明这一点的事实确曾在某些短角牛的族系中发生过。马歇尔上校①经过仔细调查后最近发现印度有一个山地部落叫托达人(Todas)*的,其一切年龄的人口是由 112 个男人和 84 个女人组成的——即男女之比为133.3∶100。托达人的婚姻是一妻多夫制,过去一定实行杀害女婴;但这种风俗目前已停止一个相当时期了。在晚近几年内生育下来的婴儿中,男多于女,其比例为 124∶100。马歇尔上校用下面巧妙的方式说明这个事实。"为了说明问题,让我们举出三个家庭作为整个部落的一般代表。比方说一位母亲生育了 6 个女儿,而没有生儿子。第二位母亲只生了 6 个儿子。第三位母亲生了 3 个儿子,3 个女儿。按照部落的风俗,第一位母亲杀死 4 个女儿,保留两个。第二位母亲保留了她 6 个儿子。第三位母亲杀死 2 个女儿,保留1 个女儿和 3 个儿子。那么在这三个家庭中总共有 9 个儿子和 3 个女儿,由他们来传宗接代。然而当这些男人属于那些生男倾向大的家庭时,则这些家庭中生女的倾向就要小。这种倾向逐代加强,直至像我们所见到的那样,那些家庭就逐渐惯常地生男多于生女了"。

如果我们假定一种产生雌雄的倾向是遗传的,那么杀婴的风俗就几乎肯定要引起上述后果。但是,由于上述数据极为不足,所以我曾搜寻进一步的证据,但不能决定我找到的证据是否可靠。尽管如此,这些事实也许还值得一提。新西兰的毛利人长期以来就实行杀婴,范东先生说②,"他曾碰到有些妇女弄死了 4 个、6 个甚至 7 个婴孩,其中多数是女婴。然而,根据最好判断所得到的普遍证据决定性地证明了,这种风俗多年以来几乎已经绝灭。这种风俗的消亡时期大概可以定为 1835 年。"目前在新西兰人中,正如托达人的情况一样,男性出生数超过女性很多。范东先生述说,"有一个事实是肯定的,虽然无法确定这种男女不成比例的奇特情况是在什么确切时期开始的,但十分明显的是,这种女人减少的过程在 1830—1844 年间已达到全盛时期,而 1844 年的未成年人口当时正好出生,并以巨大活力延续到现在"。③ 下面的叙述引自范东先生,④但由于数据不够充分,调查不够精确,因此不能期望获得一致的结果。应该记住在这个场合以及下述场合中,每个地方人口的正常状态都是女多于男,至少在所有文明国家里是如此,这主要由于男性在青少年时期的死亡率较高,部分由于在晚年会遇到各种意外事故。1858 年新西兰一切年龄的土著人口估计共含男性 31 667 人,女性 24 303 人,即男和女之比为 130.3∶100。但在这同一年里,在某些限定地区内,经过非常仔细核实过的数字表明,一切年龄的男性为753 人,女性为 616 人,即男和女之比为 122.2∶100。对我们更为重要的是,在 1858 年这同

---

① 《托达人》,1873 年,100,111,194,196 页。

* 尼尔吉里(Nilgiri)山地的游牧部落。——译者注

② 《政府报告,新西兰的原始居民》(*Aboriginal Inhabitants of New Zealand；Government Report*),1859 年,36页。

③ 同上,30 页。

④ 同上,26 页。

一年里,同一个地区内的未成年男性为 178 人,而未成年女性为 142 人,即 125.3∶100。还可以补充,1844 年这一年杀害女婴的风俗仅在不久前才停止,某一地区的未成年男性为 281 人,而未成年女性只有 194 人,即男和女之比为 144.8∶100。

在桑威奇群岛,男人的数量超过女人。该地以前盛行杀婴达到了可怕的程度,但是,正如埃利斯(Ellis)先生所指出的,[①]还有斯塔雷主教和寇恩(Coan)牧师告诉我的,所杀害者并不限于女婴。尽管如此,另一位显然可以信赖的作者贾夫斯(Jarves)先生[②]曾对整个群岛进行过观察,他还说:"可以找到不少妇女,她们承认自己杀死的婴儿有三至六个或八个之多";他接着说,"女性因被认为比男性的用处较少,更常被弄死"。从我们所知道的世界其他地方发生的情况来看,这个说法是可能的,但要采纳这个说法就得非常谨慎。停止实行杀婴,约在 1819 年,当时该群岛废除偶像,传教士已经定居下来。1839 年曾对考爱岛(Kauai)和奥阿胡岛(Oahu)的一个地区成年的和纳税的男子与女子进行了仔细调查,结果是男性为 4 723 人,女性为 3 776 人,即 125.08∶100。同时考爱岛未满 14 岁和奥阿胡岛未满 18 岁的男子为 1 797 人,同龄的女子为 1 429 人,在这里男女的比例为 125.75∶100。

1850 年对所有岛屿的调查表明,[③]一切年龄的男子总数为 36 272 人,女子 33 128 人,即 109.49∶100。未满 17 岁的男子总数为 10 773 人,同年龄的妇女为 9 593 人,即 112.3∶100。根据 1872 年的调查,一切年龄男女(包括混血儿)之比为 125.36∶100。必须记住,所有这些关于桑威奇群岛的统计报告只提供了现存男子和现存女子的比例,并不是出生人口的比例。根据所有文明国家的情况来判断,如果以出生数为据,则男子的比例数还要大得多。[④]

根据上面的几个事例,我们有理由相信上述杀婴的实行,有助于形成一个产生男性较多的种族。但我决非假定,人类实行杀婴或者其他物种的相似过程乃是男性数量过多的唯一决定性原因。可能有某种未知的法则在人口下降的种族中导致了这种结果,而这

[①] 见《夏威夷游记》(Narrative of a Tour through Hawaii),1826 年,298 页。

[②] 《桑威奇群岛史》(History of the Sandwich Islands),1843 年,93 页。

[③] 这项材料引自祁佛牧师的《在桑威奇群岛的生活》(Life in the Sandwich Islands)一书,1851 年,277 页。

[④] 库尔特(Coulter)博士在描述(《皇家地理学会学报》,第 5 卷,1835 年,67 页)加利福尼亚州 1830 年左右的情况时说道,当地土著居民虽然受到良好待遇,也没有从故乡被撵走,并且禁止他们饮酒,但在西班牙教士的教化下,几乎全部濒于灭亡或正在灭亡。他把这个现象主要归因于男人数量远远超过女人这一无可怀疑的事实;但他不知道这是否由于缺少女性后代还是由于女婴在幼年时期死亡较多。后一假定按照所有推论都是极不可能的。他接着说,"人们所恰当地称之为杀婴的事虽不流行,但流产却为常见"。如果库尔特博士关于杀婴问题的说法是正确的,那么这个例子就不能支持马歇尔上校的观点。从被教化的土著人口急剧减少的情况来看,我们可以猜想这和刚才举出的例子一样,他们生育力的降低是由于生活习惯的改变。

关于这个问题,我曾希望从狗的繁育中找到一点说明:因为在大多数狗的品种中,也许细躯猎狗是例外,被杀死的小母狗比小公狗的数量多得多,托达人的幼婴情况也恰恰如此。卡波勒斯先生向我确言,苏格兰猎鹿狗的情况通常就是这样。不幸的是,除了细躯猎狗外,我对其他任何品种的雌雄比例均毫无所知,而细躯猎狗生出的公狗和母狗之比为 110.1∶100。现在根据向许多养狗人所做的调查表明,母狗似乎在某些方面更受重视,虽然在其他方面不受欢迎;最优良品种小母狗有计划的被杀死看来并不比小公狗为多,虽然有时确乎在有限制的范围内这样实行过。因此能否根据上述原则来解释细躯猎狗生出的公狗数超过母狗,我还无法决定。另一方面,我们已经知道,关于马、牛和绵羊,由于幼畜的任何一种性别的价值都很高,所以没有随便宰杀的现象,如果其比例有什么差别的话,那就是雌者稍微超过了雄者。

个种族的生育力已经多少降低了。除了上面提到的几个原因之外,未开化人的分娩比较顺利,结果其男婴受到的伤害较少,这大概有助于提高产后存活的男婴对女婴的比例。如果我们可以根据最近尚存的为数不多的塔斯马尼亚人后代的特性和居住在诺福克岛上的塔希提人的杂种后代的特性来作判断的话,那么无论怎样说,未开化人的生活和男性数量显著过多之间似乎并不存在任何必要的关联。

由于许多动物的雄者和雌者的习性多少有些不同,而且所面临的危险的程度也不一样,因此,在许多场合中,常常遭到毁灭的一种性别大概要比另一种性别多。但就我所能追查出的各种原因的复杂关系而言,任何一种性别的没有差别的、虽然是重大的毁灭,都无助于改变物种产生性别的能力。至于严格的社会性动物,如蜜蜂或蚂蚁,其不育的和能育的雌虫数量要比雄虫庞大得多,雌虫这种数量优势具有无比的重要性,我们可以看到在任何这等群体中,凡是雌虫具有一种强烈遗传倾向以生产越来越多的雌性后代者,其群体就能最好地繁盛起来;而且在这种场合中,一种产生不相等性别的倾向大概会通过自然选择而被获得。关于群居的动物,有雄者在前面保卫其群体者,如某些狒狒和北美野牛,可以想象到,产生雄者的倾向大概可以通过自然选择而被获得,因为得到更好保卫的那些群的个体将会留下较多的后代。以人类来说,由于男人数量在部落中占有优势而发生的利益,可能就是实行杀害女婴的一个主要原因。

就我们所知道的来说,凡生产雌雄数量相等或生产某一性别超过另一性别的遗传倾向,能使某些个体较其他个体获得直接的利益或害处者,尚无一例。譬如说,有一个个体具有生产雄者多于雌者的倾向,这并不会使它在生存斗争中比其他具有相反倾向的个体得到更大成功,因此这样一种倾向不能通过自然选择而被获得。尽管如此,还有某些动物(如鱼类和蔓足类)在雌者受精的过程中,看来需要有两个以上的雄者参加,因而雄者在数量上占有很大优势,但这种产生雄者的倾向是怎样获得的,其原因还不清楚。我过去曾以为如果生产相等数量的雌雄二者这一倾向对于物种有利,那么它一定会通过自然选择而发生,但我现在认识到了整个问题的复杂性,因此把它留待将来去解决会更妥当些。

第九章　动物界低等纲的第二性征

最低等的动物纲缺少次级性征——灿烂的色彩——软体动物——环形动物——甲壳类，次级性征的强烈发达；二态现象；色彩；成熟以前未曾获得的诸性状——蜘蛛，其雌雄色彩；雄者的摩擦发音——多足类

凡是属于低等诸纲的动物，其雌雄两性结合于同一个体之内者并不罕见，因此第二性征在它们当中不能发育。在雌雄分离的许多场合中，二者都永久地附生于某种支座上，某一方不能寻找另一方也不能为占有另一方而进行斗争。再者，几乎肯定的是，这些动物的感觉器官太不完善，而且心理能力也太低，以致不能彼此欣赏对方的美或其他魅力，也不会感觉到同性之间需要竞争。

因此，我们必须考虑的那种第二性征在原生动物、腔肠动物、棘皮动物以及蠕形动物（Scolecida）等这些纲或亚界中都不会发生；这一事实同关于高等诸纲的第二性征是通过性选择而获得的那一信念相符合，而性选择则依赖于雌雄任何一方的意志、欲望和选择。尽管如此，依然会发生少数明显的例外；例如，我听贝尔德（Baird）博士说，某种体内寄生虫的雄者和雌者的颜色稍有差异；但我们没有理由设想这些差异是由于性选择而被加大的。雄者用来抱握雌者的器官，乃是物种繁殖必不可少的，却同性选择无关，而是通过自然选择获得的。

许多低等动物，无论是雌雄同体还是雌雄异体，都饰以最灿烂的色彩，或具优雅的色调和条纹。例如，许多珊瑚虫和海葵（Actiniae），某些水母（Medusae）、银币水母（*Porpita*）等等，某些真涡虫（Planariae）、许多海盘车（star-fishes）、海胆类（Echini）、海鞘类（Ascidians）等等。但我们根据已经指明的理由，即，这些动物中有的是雌雄同体，有的是永久附生在其他东西上，以及所有它们的心理能力都低；可以断定这等色彩并不是作为一种性的吸引力，也不是通过性选择而被获得的。应当记住，除非某一性别比另一性别的色彩灿烂得多或鲜明得多，而且除非雌雄之间在习性上没有足够的差异以阐明其色彩的不同，否则我们就没有充分的证据可以证明其色彩是通过性选择而获得的。但是，只有当那些更富于装饰的个体，几乎总是雄者如此，主动在另一性别面前夸示其魅力的时候，其证据才可称为完全；因为我们无法不相信这样夸示是无用的，如果这是有利的，那么性选择几乎不可避免地就会跟着发生作用。然而，当雌雄二者的色彩相同时，如果它们的色彩仅仅和同一类群的某些其他物种的某一性别的色彩明显相似，那么我们就可以把这一结论扩及雌雄双方。

那么，我们怎样来阐明最低等纲的许多动物那种美丽的甚至是灿烂的颜色呢？这等色彩是否常作为一种保护，好像还有疑问；但只要读一读华莱士先生关于这个问题的卓越论著，谁都会承认我们在这个问题上多么容易陷于错误。例如，任何人最初看到水母

类的透明性时,大概都不会认为这对保护它们自己有最大益处。但是,赫克尔提醒我们注意,不但是水母,而且许多浮游软体动物、甲壳动物、甚至是小的海洋鱼类都有这种相同的往往带有彩虹色的透明外貌,这样,我们就几乎无法怀疑它们正是这样逃避了海洋鸟类以及其他敌害的注意。贾尔(M. Giard)也认为,某些海绵类和海鞘类的明亮色彩乃是作为一种保护之用。[①]　明显的色彩对许多动物同样也是有利的。这可以用来警告那些攫食之敌,它们的味道不好或是具有某种特别的防御手段;但为了方便起见,有关这个问题将留在后面去讨论。

由于对大多数最低等动物的知识贫乏,我们只能说,它们的明亮色彩或是由其组织的化学性质所引起的,或是由其组织的细微构造所引起的,而同这种明亮色彩所产生的任何利益无关。几乎没有任何颜色比动脉的血更为漂亮的了;但没有理由来设想这种血的颜色本身具有任何利益;虽然这会给少女的双颊增添美丽,但谁也不会妄说它是为了这个目的而被获得的。又如许多动物,特别是低等动物,其胆汁的颜色富丽。例如,汉考克(Hancock)先生告诉我说,无壳的海参类(Eolidae)是极其美丽的,这主要是因为透过其透明的外膜可以见到胆汁的腺体——这种美丽对这些动物大概不会有什么益处。美洲森林里凋谢的树叶色调,被所有人描写得灿烂耀眼,但没有人认为这等色调对树木有任何一点利益。请记住,化学家们最近合成的同天然有机化合物密切近似的物质何等之多,它们显示出最华丽的颜色,那么在活有机体的复杂实验室中如果没有经常创造出同样颜色的物质,那就是一件奇怪的事情了,虽然它们没有由此得到任何益处。

软体动物亚界

在动物界的这整个大部门中,就我所能发现的来说,绝没有本书所考察的那样第二性征。三个最低等的纲,即海鞘类、苔藓虫类(Polyzoa)和腕足类(Brachiopods)(构成某些作者所谓的拟软体动物门),也不能期望它们有第二性征,因为大多数这等动物都是永久地附生在一个支座上的或是雌雄同体的。在瓣鳃纲(Lamellibranchiata)即双壳类中,雌雄同体并不罕见。紧接的较高一级为腹足纲(Gasteropoda),即单壳类,有雌雄同体的,也有雌雄异体的。但是,在雌雄异体的场合中,雄者从未有过用以寻求、抱持或媚惑雌者的特别器官,也不具有同其他雄者斗争的特别器官。格温·杰弗里斯(Gwyn Jeffreys)先生告诉我说,其雌雄之间的唯一外部差异有时仅仅表现在贝壳形态略有不同;例如,雄滨螺(*Littorina littorea*)的壳比雌者的狭些,螺旋线细长些。但可以假设,这种性质的差异直接同生殖行为或卵的发育有关。

腹足类动物虽能运动,并且具有不完善的眼睛,但似乎并不赋有足够的心理能力来和同性诸成员在竞争雌者中互相搏斗,这样就不能由此获得次级性征。尽管如此,有肺腹足类动物即蜗牛类(land-snails)在交配之前,还有一个求偶的过程;因为这等动物虽是雌雄同体,但迫于它们的构造还要互相交配。阿加西斯述说,"凡是观察过蜗牛求偶活动的人们都不会怀疑,这种雌雄同体的动物在实行双重交配的过程中存在着对异性进行魅

---

① 《动物学实验文献集》(*Archives de Zoolog. Expér.*),1872 年 10 月,563 页。

感的行为"。① 这等动物在某种程度上似乎也容易持久地互相依恋。朗斯代尔(Lons-dale)先生是一位精确的观察家,他告诉我说,他曾把一对罗马蜗牛(*Helix pomatia*)放在一个食物缺乏的小花园里,其中一只很衰弱。经过短时间后,那个健壮的个体不见了,留下一道有黏液的足迹,原来它翻过了一道墙来到相邻的一个食物丰富的花园里。朗斯代尔先生断定它已将其有病的伴侣抛弃了;但过了 24 小时后它又回来了,而且显然向其伴侣传达了它的有成效的勘察结果,因为它们于是沿着原路消失在墙外了。

即使软体动物中最高等的纲,像雌雄异体的头足类(Cephalopoda)、即乌贼,就我所能发现的来说,也不具有现在所说的那种次级性征。这是一个令人感到奇怪的情况,因为,凡是见过它们怎样巧妙地逃避一种敌害的人们都会承认这等动物具有高度发达的感觉器官和相当的心理能力。② 然而,某些头足类动物具有一种异常的性征,即,雄性生殖素先集中于一条臂或触手内,这条触手随即断落,依其吸盘附着于雌者,并在一段时间内营独立生活。断落的这条触手同一个独立的动物如此完全相似,以致居维叶把它描述为一种寄生虫,称其为交接腕(Hectocotyle)。但是,把这种奇异的构造归入次级性征,倒不如把它归入初级性征更为合适。

性选择虽然对软体动物似乎不起作用,但是像涡螺、芋螺、扇贝等许多单壳类和双壳类的颜色和形状都很美丽。在大多数场合中,颜色好像没有什么保护作用,正如最低等动物纲的情况那样,颜色大概是组织性质的直接结果,贝壳的样式和刻纹取决于它的生长方式。光的量似乎有一定程度的影响,因为,格温·杰弗里斯先生虽然反复讲过生活在深水里某些物种的贝壳颜色是明亮的,然而我们一般所看到的是其底面以及由套膜所遮盖的部分,其颜色不及上部受光表面的颜色浓。③ 在某些场合中,例如生活在珊瑚或色调明亮的海草中的贝类,其明亮的颜色可能是作为保护自己之用的。④ 但是,在奥尔德(Alder)和汉考克(Hancock)两位先生的出色著作中可以看到,许多裸鳃软体动物或者海参(sea-slugs)的颜色之美丽同任何贝类无异;根据汉考克先生热心给我的材料看来,这等颜色通常是否作为保护自己之用,似乎极可怀疑。对某些物种来说可能有这种作用,例如有一类是生活在海藻的绿叶上,其本身的颜色也是碧绿的。但许多颜色明亮的、白色的或其他有鲜明颜色的物种并不寻求隐蔽;另外还有某些同等鲜明颜色的物种以及其他暗色的种类生活在石头底下和幽暗的深处。因此对于裸鳃软体动物来说,它们的颜色同其栖息场所的性质显然没有什么密切关系。

这些无壳的海参都是雌雄同体,但它们互相交配,这同蜗牛类的情况一样,而许多蜗牛都有极漂亮的壳。可以这样想象:雌雄同体的两个个体彼此被更富有魅力的美所吸引,因而结合起来并留下后代以继承双亲的更富有魅力的美。但对于体制如此低等的动物来说,这是极不可能的。而且也完全看不出来自一对比较美丽的雌雄同体动物的后

---

① 《关于纲之下的物种》(*De l'Espèce et de la Class.*) & c.,1869 年,106 页。

② 例如,参阅我的有关记载,见我著的《研究日志》(*Journal of Researches*),1845 年,7 页。

③ 我举出过一个奇妙例子(《关于火山岛的地质考察》,1844 年,53 页)示明光线对一种在阿森松岛海岸沉积的叶状外壳颜色所产生的影响,这种沉积是由于拍岸浪向海岸岩石的冲击,并由磨碎了的海贝壳的溶液而形成的。

④ 莫尔斯(Morse)博士最近对这个问题进行了讨论,见他写的《关于软体动物的适应性的色彩》的论文,载于《波士顿博物学会学报》,第 14 卷,1871 年 4 月。

代,怎么会比来自一对比较不美丽的雌雄同体动物的后代占有任何优势,以增加其数量,除非精力和美丽的确普遍相符合,就不会有上述情况发生。在这里,我们还没有考虑下述事例,即一定数量的雄者比雌者早熟,以及比较美丽的雄者被精力比较旺盛的雌者所选中。诚然,就有关一般生活习性来说,如果美丽的颜色对于一种雌雄同体动物是有利的,那么,色调比较明亮的个体大概会获得最大成功,并且增加其数量,但这是自然选择而不是性选择的事例。

蠕形动物亚界:环节动物

在这个纲中,当雌雄异体时,雌雄二者有时在如此重要的性状上彼此有所差异,以致会把它们归入不同的属甚至不同的科,虽然如此,这似乎不是可以稳妥地归因于性选择的那种差异。这些动物往往都有美丽的颜色,但由于雌雄二者在这方面并无区别,因此我们很少考虑它们。即使纽形动物(Nemertians),虽然其体制如此低等,"在美丽和颜色的丰富多彩方面也可同无脊椎系列中的任何其他类群相竞争";然而麦金托什(McIntosh)[①]博士未能发现这些颜色有什么用途。按照夸垂费什的意见,固定不动的环节动物在生殖时期过后,其颜色就变得暗淡了;[②]我认为这一点可能是因为它们在那时处于比较不活跃的状况。所有这一切蠕虫状的动物显然都由于太低等,以致雌雄双方的个体都不能尽力去选择一个对象,或者,同一性别的个体也不会在竞争对象中互相搏斗。

节足动物亚界:甲壳动物

在这巨大的纲中,我们首先遇到的是,常常以一种显著方式发育的无可怀疑的第二性征。不幸的是,我们对甲壳动物的习性了解得很不全面,而且还解释不了某一性别所特有的许多构造的用途。关于低等寄生性物种,其雄者体型小,而且只有雄者具有完善的游泳肢、触角和感觉器官;雌者缺少这等器官,其躯体往往只是扭曲的一团。但是,雌雄之间这等异常的差异无疑同它们的广泛不同的生活习性有关,因此不在我们考虑之内。不同科的各种甲壳动物的前触角具有特殊的线状体,这些线状体据信可起嗅觉器官的作用,而雄者的线状体数量远比雌者的为多。即使雄者的嗅觉器官并不特别发达,它们几乎肯定迟早也能找到雌者,因此,嗅觉线状体大概是通过性选择而增加了数量,这是因为具有更多线状体的雄者在寻找对象和产生后代方面都能获得较大成功。弗里茨·米勒描绘过异足虫属(Tanais)的一个显著二态的物种,其雄者有两种不同的类型,决无中间类型存在。其中一种类型具有数量较多的嗅觉线状体,另一种类型则具有较强的而且较长的钳爪或螯,用以抱持雌者。弗里茨·米勒认为这同一物种的两个雄性类型之间的这等差异可能起源于某些个体在嗅觉线状体的数量上发生了变异,同时另一些个体则在

---

① 参阅他的专题著作《英国环节动物类》(*British Annelids*),第一部分,1873 年,3 页。
② 参阅佩里埃(M. Perrier)的《达尔文以后有关人类起源的讨论》(*l'Origine de l'Homme d'après Darwin*),见《科学评论》,1873 年 2 月,866 页。

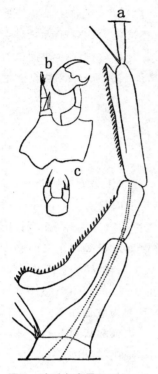

钳爪的形状和大小上发生了变异；因此前者能够最有效地寻找雌者，而后者则能最有效地抱持雌者，它们都会留下最大数量的后代以承继各自的优越性。[①]

在某些低等甲壳动物中，雄者的右前触角和左前触角的构造大不相同，左前触角的简单圆锥状关节同雌者的触角相类似。雄者那条变异了的触角不是中间膨大就是呈一定角度的弯曲，不然就是变成某种优雅的有时是异常复杂的抱握器官（图 4）。[②] 我听卢伯克爵士说，它是用来抱持雌者的，而且为了同一目的，身体同一侧的两条后肢（b）也变成了一种钳状物。在另一科中，只有雄者的下触角，即后触角呈"奇妙的锯齿状"。

高等甲壳动物的前肢发育成钳爪或螯，而雄者的这等器官一般比雌者的大，——按照斯彭斯·巴特先生的材料，雄黄道蟹（*Cancer pagurus*）因为螯很大，其市价要比雌蟹贵五倍。许多物种躯体两侧的螯大小不相等，正如巴特先生告诉我的，右侧的螯一般都是最大的，虽然并非一律如此。这种大小不相等的程度也常常是在雄者比在雌者为大。雄者两只螯的构造往往也有差异（图 5，6 和 7），较小的那只螯同雌者的相类似。它们躯体相对两侧的螯大小不相等以及雄者两侧的螯大小不相等的程度大于雌者会带来什么利益；还有，当两侧的螯大小相等时，雄者的螯为什么又往往大于雌者的，其原因都还弄不清楚。我听巴特先生说，有时它们的螯是如此之大而且如此之长，以致不能用它们取食送至口际。某种淡水雄斑节虾（长臂虾属，Palaemon）的右肢实际上比整个身体还要长。[③] 这条大型的肢加上它的螯将有助于它同其竞争对手进行战斗；但是，雌者躯体相对两侧的不相等并不是由于这同样的原因。根据米尔恩·爱德华兹所引用的一段叙述，[④] 在招潮蟹（Gelasimus）中，雄者和雌者同穴而居，这阐明它们是成双成对的；雄者用一只非常发达的螯把洞口堵住，因此它在这里是间接用做防御手段的。然而其主要用途大概还是在于抓住和保卫雌者。有些事例，如钩虾（Gammarus），据知就是如此。雄寄居蟹或

图 4 达氏角水蚤（*Labidocera Darwinii*）（引自卢伯克原著）

a. 雄者右前触角形成抱握器官的部分；b. 雄者的一对后胸肢；

c. 雌者的一对后胸肢。

---

① 《支持达尔文的事实和论据》（*Facts and Arguments for Darwin*），英译本，1869 年，20 页。参阅上述关于嗅觉线状体的讨论。萨斯（Sars）曾描述过一个多少类似的例子，是关于一种挪威甲壳动物的，即 *Pontoporeia affinis*（《自然》，1870 年，455 页引用）。

② 参阅卢伯克爵士的文章，见《博物学年刊杂志》，第 11 卷，1853 年，1、10 图；第 12 卷，1853 年，7 图。再参阅卢伯克的文章，见《昆虫学会会报》，新刊第 4 卷，1856—1858 年，第 8 页。至于下面提到的锯齿形触角，参阅弗里茨·米勒的《支持达尔文的事实和论据》，1869 年，40 页，脚注。

③ 参阅斯彭斯·巴特先生一篇附有图解的论文，见《动物学会会报》，1868 年，363 页；以及关于属的系统命名法一文，同前刊，585 页，我以上几乎全部有关高等甲壳动物的螯的论述，均承斯彭斯·巴特先生的大力协助。

④ 《甲壳动物志》（*Hist. Nat. des Crust.*），第 2 卷，1837 年，50 页。

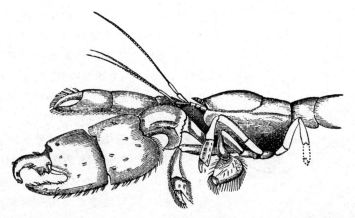

图5 美人虾属(*Callianassa*)身体的前部,示明雄者右侧和左侧的螯大小不相等以及构造的不同

(引自米尔恩·爱德华兹原著) 注意:绘图人把图画颠倒了,误把左螯画成最大的。

武士蟹(寄居蟹*,*Pagurus*)一连几个星期携带着雌蟹所居住的壳转来转去。① 然而,巴特先生告诉我说,普通滨蟹(*Carcinus maenas*)在雌蟹刚一脱掉硬壳之后,雌雄就直接交合,雌蟹脱壳后是那样地娇嫩,这时如果被雄蟹强有力的双钳夹住就会受到伤害;但是因为雄蟹在雌蟹脱壳之前就捉住了它并把它带来带去,所以在雌蟹脱壳后再抓住它就不会造成损伤了。

图6 一种雄跳钩虾(*Orchestia Tucuratinga*)

(引自弗里茨·米勒原著)

图7 同图6,雌者的第二肢

弗里茨·米勒说,Melita 的某些物种由于雌者的"倒数第二对足的基节片长成为钩状突起,以便雄者用第一对前肢把它们抓牢",因而同所有其他端足类(amphipods)都有所区别。这种钩状突起的发育大概由于雌者在生殖行为中可以最牢固地被雄者抓紧,并留下最大数量的后代。另一个巴西的端足类——(达氏跳钩虾,*Orchestia Darwinii*,图8)呈二态现象;同异足水虱属的情况相似;因为它们有两种雄性类型,其区别在于螯的构

---

* 一名"巢螺"第一对肢形大为钳状,其在右方者常比左方大,全体赤色或苍黑,栖于海滨,寄居螺类遗壳之中,故名。其右方的大螯用以步行和采食,当退居螺壳中时并用它掩蔽螺壳之口。——译者注

① 斯彭斯·巴特先生著文,见《大不列颠协会,关于南部德文郡动物区系的第四个报告》。

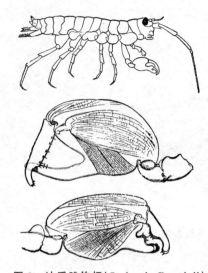

图8 达氏跳钩虾(*Orchestia Darwinii*)

(根据弗里茨·米勒原著)

图示两种雄性类型的螯的不同构造。

造。① 由于无论用哪一支螯肯定都完全可以把雌者抱握住——因为现在这两支螯都用于这个目的——所以这两种雄性类型大概起源于有些个体发生了这样变异，而另一些个体则发生了那样变异；这两种类型由于它们不同形状的器官都曾经产生了某种特殊的而又接近相等的利益。

现在尚未发现雄性甲壳动物为了占有雌者而互相战斗，但这种情况可能是存在的；因为，对大多数动物来说，当雄者大于雌者时，雄者的较大体型似乎是靠了其祖先同其他雄者经历了许多世代的战斗之故。在大多数的"目"中，尤其是在最高等的"目"、即短尾类(Brachyura)*中，雄者都大于雌者；然而雌雄二者遵循不同生活习性的寄生性的属，以及大多数的切甲类(Entomostraca)**都是例外。许多甲壳动物的螯都是十分适于战斗的武器。例如，巴特先生的儿子曾见到一只梭子蟹(*Portunus puber*)同一只滨蟹进行战斗，后者很快就被打得背朝下，而且每条肢都从躯体上被撕裂下来。有一个具有巨螯的物种叫巴西招潮蟹(*Brazilian Gelasimus*)，当弗里茨·米勒把它们的若干只雄者放入一个玻璃容器时，它们就互相撕裂和残杀。巴特先生曾把一只大型的雄滨蟹放入一盆水中，其中已有一只雌滨蟹同一只较小的雄滨蟹交配，但后者很快就被撵走了。巴特先生接着说，"如果它们战斗过，那么这个胜利是一种不流血的胜利，因为我没见到损伤"。这位博物学家把一只雄海岸钩虾(*Gammarus marinus*，在英国的海岸上经常可以见到)，同它的雌性伴侣分开，它们二者原是与同一个物种的许多个体放在同一个容器里的。当雌者这样被分开之后，很快就同其他个体混合在一起了。经过一段时间后，又把原来那只雄者放回容器里，它在四周游了一会儿后，就向虾群中猛冲进去，没有经过任何战斗，一下子就把其原配带走了。这个事实阐明了，在动物等级上属于低等一个"目"——异足类的雄者同雌者是彼此认识的，而且是互相依恋的。

甲壳动物的心理能力大概比初见时所表现的为高。任何人如果试图去捉一只热带海滨常见的海岸蟹，就会看到它们是多么谨慎和警惕。在珊瑚岛上发现有一种大型的蟹(椰子蟹，*Birgus latro*)，它们能从椰实剔出纤维，在一个深洞底部铺成一个厚床。它以掉下的椰实为食，自外壳逐层撕去其纤维，而且总是从椰子上有三个像眼睛那样凹痕的那一端开始。然后它用其沉重的前螯敲打，打开其中的一个凹眼，再把它翻过来，用其狭窄的后螯取出里面含有丰富胚乳的果心。不过这些动作大概是本能的，因为在进行这些

---

① 弗里茨·米勒，《支持达尔文的事实和论据》，1869年，25—28页。

* 短尾类为甲壳类的一个亚目，腹部短而曲屈，密着于头胸部下，第一对肢大而具螯，次四对小而有爪，或最后一对肢端广阔，变为游泳器，如蟹等属之。——译者注

** 为甲壳类的一个亚纲，体型小，当蜕皮为成虫时，有肢三对，为感觉、取食和游泳之用，如水蚤等属之。——译者注

动作时幼蟹同老蟹都完成得一样好。然而下述情况就几乎不能认为也是如此：一位可信赖的加德纳（Gardner）先生①，当他注视到一只海岸蟹（招潮蟹属）在做巢穴时，曾向洞穴扔了若干贝壳。一只贝壳滚进了洞里，另三只贝壳掉在离洞口几英寸的地方。五分钟左右，这只蟹把掉进洞里的那只贝壳弄了出来，放到离洞口一英尺的外面；然后它又见到掉在附近的那三只贝壳，并且显然想到它们会同样滚进洞里去的，于是又把它们带到第一只贝壳所在的地方。我想这种行动同人类借助于理性的行动之间是很难加以区别的。

巴特先生不知道有任何十分显著的事例表明我们英国的甲壳动物的雌雄颜色有什么差异，而高等动物的雌雄二者在这方面的差异是很常见的。然而在某些场合中，雌雄二者的色调稍有不同，但巴特先生认为这无非是由于它们的不同生活习性所致，譬如雄者游动性较强，这样就受光较多。鲍尔（Power）博士曾试图从颜色来区别产于毛里求斯的一些物种的雌雄性别，但除了虾蛄属（Squilla）的一个物种之外都失败了，这个物种大概就是针形虾蛄（S. *stylifera*），其雄者被描述为"具有美丽的天蓝色"，而且有一些樱红色的附器，但雌者的外壳则布满模糊的褐色和灰色斑点，"其四周的红色远不如雄者的鲜艳"。② 从这个例子，我们可以猜想到性选择的作用。根据 M. 伯特（Bert）对水蚤属（Daphnia）*的观察，当把它放进一个通过棱镜的光线所照射的容器里时，我们有理由相信甚至最低等的甲壳动物也能辨别颜色。叶剑水蚤属（Saphirina，切甲类的一个海产属）的雄者具有许多微型盾状体或类细胞体，它们表现有变化不定的美丽颜色；这些颜色是雌者所没有的，有一个物种的雌雄二者都没有这样颜色。③ 然而要断定这些奇妙的器官就是用来吸引雌者就未免过于轻率了。弗里茨·米勒对我说，招潮属的一个巴西物种的雌者通体几乎都是一致的灰褐色。雄者头胸部的后部是全白色的，前部是深绿色的，并逐渐变为暗褐色；值得注意的是，这些颜色在几分钟内就有改变的倾向——由白色变成暗灰色甚至是黑色，而绿色也"失去了其大部光泽"。尤其值得注意的是，雄者要到成熟时才获得其鲜明的色彩。它们的数量看来比雌者多得多；它们的螯也大于雌者。在这个属的某些物种中，也可能在它的所有物种中，雌雄二者都是成双成对地居住在同一个洞穴内。正如我们已经看到的，它们也是高度聪明的动物。根据这种种考察，看来这个物种的雄者大概为了吸引或刺激雌者而变得装饰华丽了。

上面刚刚讲过雄招潮蟹要到成熟后，接近准备繁殖的时候才获得其鲜明的色彩。关于雌雄二者之间许多构造上的显著差异，上述一点似乎是这全纲的一个普遍规律。以后我们将会看到同一法则且通用于脊椎动物这一大的亚界。而且在所有场合中，通过性选择所获得的性状都是区别显著分明的。弗里茨·米勒④提出一些有关这个法则的显著事例，例如雄跳钩虾（Orchestia）要到接近完全成长时才获得巨大的抱握器，其构造和雌者

---

① 《巴西腹地纪游》（*Travels in the Interior of Brazil*），1846 年，111 页。在我的《研究日志》的第 463 页有关于椰子蟹习性的记述。

② 参阅弗雷泽（Ch. Fraser）先生的文章，见《动物学会会报》，1869 年，3 页。承巴特先生给我提供了鲍尔博士的记述。

＊ 属于节肢动物，甲壳类，金鱼虫、红虫属之。——译者注

③ 克劳斯（Claus），《关于桡足类的游动生活》（*Die freilebenden Copepoden*），1863 年，35 页。

④ 《支持达尔文的事实和论据》，79 页。

的大不相同，而当雄者幼小时，其抱握器则同雌者的相似。

蛛形纲（Arachnida）（蜘蛛类）

其雌雄二者的颜色一般没有重大区别，但雄者往往比雌者色暗，在布莱克瓦尔（Blackwall）先生的巨著[①]中可以看到这一点。然而有些物种的差异却是显著的，例如，雌绿色遁蛛（*Sparassus smaragdulus*）呈暗绿色，而成年雄蛛的腹部则呈鲜黄色，并具三道浓艳的红色纵条纹。蟹蛛属（Thomisus）某些物种的雌雄二者彼此密切类似，但另外一些物种的雌雄二者则很不相同，许多别的属也有近似的情况。究竟雌雄二者哪一方同该物种所隶属的那个属的正常色彩相差最大，往往很难说。但布莱克瓦尔先生认为，按照一般的规律，还是雄者如此。卡内斯垂尼述说[②]，在某些属中，雄者特别容易被识别，而识别雌者就非常困难了。布莱克瓦尔先生告诉我说，雌雄二者在幼小时通常是彼此类似的，在它们成熟之前的连续几次蜕皮期间二者的颜色就往往发生了重大变化。在另外一些场合中，好像只有雄者的颜色发生变化。因此上述具有鲜明色彩的雄遁蛛最初同雌者相类似，只有当它接近成熟时才获得其特有的色调。蜘蛛类具有敏锐的感觉并表现有很大的智力，众所周知，雌蜘蛛对它们的卵常常表现了最强烈的感情，它们用丝网把卵封包起来，随身携带。雄蜘蛛热切地寻求雌者，卡内斯垂尼以及其他人士还见到过雄蜘蛛为了占有雌者而进行战斗。这位作者还说，他曾观察过将近20个物种的雌雄蜘蛛的交配，他肯定地断言，雌蜘蛛拒绝有些雄蜘蛛的求爱，张开了上颚吓唬它们，经过长时间的犹豫之后，最后才接受了它所挑中的一只。根据这几种考察，我们可以多少有些把握地承认，某些物种雌雄二者之间在颜色方面的显著差异乃是性选择的结果。虽然关于这一点我们还没有掌握最好的证据——雄者以其装饰物进行夸示。从有些物种的雄者在颜色上的极度变异性来看，例如条纹球腹蛛（*Theridion lineatum*），其雄者的这些特征似乎至今还不十分稳定。卡内斯垂尼根据某些物种的雄者在颚的大小和长短上，呈现了互相区别的两种类型这一事实，也作出了同样的结论，这一点使我们想起了上述有关甲壳动物二态性的事例。

雄蜘蛛一般要比雌者小得多，有时竟小到异常的程度，[③]迫于此，雄者为求偶而向雌者接近时，必须极端小心，因为雌者的羞怯往往会引起危险的攻击。德吉尔（De Geer）见过一只雄蜘蛛"浸沉在准备求爱之中时，被其所注意的对象捉住，包入她的蛛网，然后被吃掉，"他接着说，"这一景象使他充满了恐怖和愤慨"。[④] 坎勃瑞季牧师[⑤]关于络新妇

[①] 下述事实见《大不列颠蜘蛛志》（*A History of the Spiders of Great Britain*），1861—1864年，77，88，102页。

[②] 这位作者最近发表了一篇《关于蛛形纲的次级性征》的有价值论文，见《帕多瓦博物学的威尼托-特兰提诺协会会报》（*Atti della Soc. Veneto-Trentina di Sc. Nat. Padova*），第1卷，第3册，1873年。

[③] 奥古斯特·万松（Aug. Vinson）在《岛屿蜘蛛类》（*Aranéides des Iles de la Réunion*），第六幅插图的图1和图2，书中提供了一个良好例子来说明雄黑蜘蛛（*Epeira nigra*）的小型身体。我可以补充一点，这个物种的雄者是黄褐色的，而雌者是黑色的并且腿上具有红色带状花纹。根据记载，关于雌雄二者大小的不相等，甚至还有更显著的事例（《科学季刊》，1868年7月，429页），但我没有见到原始材料。

[④] 柯尔比和斯彭斯，《昆虫学导论》，第1卷，1818年，280页。

[⑤] 《动物学会会报》，1871年，621页。

（*Nephila*）雄者的极端小型做过如下说明。"万松（M. Vinson）关于小型雄蜘蛛逃避雌者的凶猛攻击，做过生动记载，雄蜘蛛采取同雌者捉迷藏的办法，沿着后者的巨肢，越过后者的躯体，在后者四周滑来滑去。在这样一场追逐中显然最小的雄蜘蛛逃脱的机会最多，而大一点的雄蜘蛛很早就会成为牺牲品；因此一种小的雄性类型就会渐渐受到选择，直至最后缩到最小的可能程度，以适合实行其生殖机能——事实上大概就是我们现在所看到的那样大小，这就是说，它们小得就像雌者身上的一种寄生物，不会引起雌者的注意，或者因为它们太小、太敏捷，以致雌者非常难于捉住它们。"

韦斯特林（Westring）有过一个有趣的发现：即球腹蛛属某些物种的雄者①具有摩擦发音的能力，而雌者却是哑子。它的发音器的构成是由腹底的锯齿状隆起同坚硬的后胸部相摩擦，但在雌者找不到这种构造的任何痕迹。值得注意的是，有几位作者，其中包括著名的蜘蛛学家瓦尔克纳（Walckenaer），曾宣称蜘蛛类受音乐的吸引。② 根据下一章所描述的直翅目（Orthoptera）和同翅目（Homoptera）昆虫来类推，我们几乎可以肯定这种摩擦发音是用来召唤或刺激雌者，韦斯特林也这样认为。在动物界的等级中向下追溯，关于为了这个目的而发出音响的，这是我所知道的最初的一个事例。③

多　足　纲

这个纲的两个"目"，无论马陆类（millipedes）或蜈蚣类（centipedes），都没有这等雌雄差异的任何十分显著的事例值得我们更特别关心。然而，有一种球马陆（*Glomeris limbata*），另外也许还有少数物种，其雄者和雌者的颜色稍有不同，但这种马陆都是一些高度容易变异的物种。关于倍足亚（Diplopoda）纲的雄者，在其躯体某一前节或后节上着生的一对腿变成了可以抱握的钩状物，作为抱持雌者之用。马陆属（Iulus）某些物种的雄者的跗节具有膜质吸盘，其用途也是一样。我们讨论到昆虫类时，将会看到十分异常的情况是，在石蜈蚣（Lithobius）属中，正是雌者在其躯体末端具有抱握的附器以抱持雄者。④

---

①　球腹蛛类，锯齿形球腹蛛，四星球腹蛛，斑点球腹蛛：参阅韦斯特林的著文，见克罗耶尔（Kroyer）的 *Naturhist. Tidskrift*，第 4 卷，1842—1843 年，349 页；以及第 2 卷，1846—1849 年，342 页。关于其他物种，再参阅《瑞典蜘蛛类》（*Araneae Suecicae*），184 页。

②　祖特文博士在这本著作的荷兰文译本中收集了一些事例（第 1 卷，444 页）。

③　然而，希尔根道夫（Hilgendorf）最近引起人们注意某些高等甲壳动物的相似构造，该构造似乎适于发出声音：见《动物学记录》，1869 年，603 页。

④　瓦尔克纳和热尔威，《昆虫志：无翅目》（*Hist. Nat. des Insectes：Apteres*），第 4 卷，1847 年，17，19，68 页。

第十章　昆虫类的第二性征

　　雄虫用以捉住雌虫的各种构造——雌雄之间含义不明的差异——雌雄之间在大小上的差异——缨尾目——双翅目——半翅目——同翅亚目,只有雄虫才具有的音乐能力——直翅目,雄虫的音乐器官,构造的巨大变化;好斗性;色彩——脉翅目,雌雄颜色的差异——膜翅目,好斗性和色彩——鞘翅目,色彩;具有明显作为装饰之用的巨角;战斗;雌雄双方一般都有的摩擦发音器

　　在庞大的昆虫纲中,雌雄的差异有时表现在运动器官上,但往往是表现在感觉器官上,如许多物种的雄虫所具有的栉状触角和美丽的羽状触角即是。蜉蝣类(Ephemerae)的一种叫做 Chloëon 的,其雄虫具有巨大的柱眼,而雌虫则没有,①某些昆虫的雌者没有单眼,蚁蜂科(Mutillidae)就是如此,同时它们还没有翅。然而我们所关心的主要是使某只雄者或在战斗中或在求偶中能凭其体力,好斗性,装饰,或音乐去战胜其他雄者的那些构造。因此,雄者用以抓住雌者的无数装置,可能简略地一笔带过,但腹端的复杂构造除外,这恐怕是要列为初级器官的,②正如沃尔什先生所说的,"为了使雄者能够牢固地抓住雌者这个表面上毫不重要的目的,大自然创造了何等众多的不同器官,实足令人惊异不止"。③昆虫的上颚或颚有时就用于这种目的。例如,具角鱼蛉(Corydalis cornutus,一种脉翅目昆虫,同蜻蜓等有某种程度的亲缘关系)的雄者具有大而弯曲的颚,比雌者的颚长达数倍;它们是平滑的,而不是锯齿形的,所以雄者这样抓住雌者时就不致使她受到伤害。④北美洲有一种大锹甲虫(Lucanus elaphus),其雄者的颚比雌者的大得多,也用于同样的目的,但大概也用于战斗。有一种蠮螉(Ammophila),其雌雄二者的颚密切相似,但用于大不相同的目的:如韦斯特伍德教授所观察的,雄蜂"非常热情,用其镰刀状的颚绕住配偶的颈部把后者抓住"⑤;雌蜂则用这种器官在沙坝上打洞筑巢。

---

　　①　卢伯克爵士,《林奈学会会报》,第 25 卷,1866 年,484 页。关于蚁蜂科,参阅韦斯特伍德的《昆虫的近代分类》,第 2 卷,213 页。

　　②　在亲缘关系密切接近的物种中,雄虫的这等器官往往不一样,并呈现最显著的物种性状。但从功能的观点来看,其重要性正如麦克拉克伦先生对我说过的,大概被估计过高了。有人提出这等器官的轻微差异就足以阻止十分显著的品种、即端始物种之间的杂交,这就有助于它们的发展。但实际情况简直不会如此,根据不同物种也可结合的许多观察记录[例如,参阅勃龙的《自然史》(Geschichte der Natur),第 2 卷,1843 年,164 页;韦斯特伍德的文章,《昆虫学会会报》,第 3 卷,1842 年,195 页],我们可以这样推论。麦克拉克伦先生告诉我[《昆虫报合订本》(Stett. Ent. Zeitung),1867 年,155 页],迈耶博士曾把这种差异非常显著的石蛾科(Phryganidae)的某些物种关在一起,它们互相交配了,而且其中一对还产下了受精卵。

　　③　《实际昆虫学家》(The Practical Entomologist),美国,费城,第 2 卷,1867 年 5 月,88 页。

　　④　同上杂志,107 页,参阅沃尔什先生的文章。

　　⑤　见《昆虫的近代分类》,第 2 卷,1840 年,205,206 页。沃尔什先生唤起我对颚之双重用途的注意,他说他反复观察到这类事实。

许多雄甲虫前肢跗节膨大或具有宽的毛垫,在水生甲虫的许多属中,它们都具有扁圆的吸盘以便雄者能吸附在雌者的滑湿躯体上。有一个更加异常得多的情况,即有些水生甲虫(龙虱属 Dyticus)的雌者具有刻着深槽的鞘翅,而条纹龙虱(*Acilius sulcatus*)雌者的鞘翅上则披着厚厚一层毛,借此以帮助雄者抱持雌者。另外有些水生甲虫(Hydroporus)的雌者为了同一目的,具有刻点的鞘翅。[①] 细腰蜂雄者(图 9)的胫节膨大而成宽阔的角质板,其上布满了微小的膜质点,使它呈现粗筛状的独特外形。[②] 霉蛰属(Penthe,甲虫的一属)的雄者"显然因同一目的",其触角中部的几节膨大,而且膨大部分的下表面有毛垫,同步行虫科(Carabidae)跗节的膨大部分完全一样。雄蜻蜓"尾巴尖端的跗器变成几乎数不清的种种奇形怪状,使它们能够用以抱握雌蜻蜓的颈部"。最后,许多雄性昆虫的肢都具有特殊的刺、节或距;或者整个肢弯成弓状或变粗,这是一种性的特征,但决非永远如此;或者一对肢变长了,或者三对肢都变长了,有时长到过分的程度。[③]

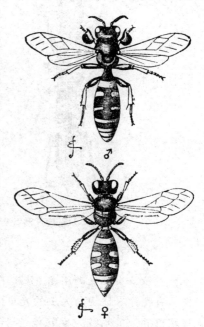

图 9　细腰蜂(*Crabro cribrarius*)

上图是雄蜂;下图是雌蜂。

在所有昆虫的目中,许多物种的雌雄二者都表现有含义不明的差异。有一个奇妙的例子是关于一种甲虫的(图 10),其雄者的左上颚变得非常之大,因而口器大大歪斜。另一种步行甲虫,阔颚虫(Eurygnathus),[④]其雌者的头比雄者的宽得多而且大得多,虽然在程度上有所不同,这是沃拉斯顿(Wollaston)先生所知道的独一无二的事例。这种含义不明的事例不胜枚举。鳞翅目中充满了这类事例。其中最特别的一个是,某些雄蝴蝶前肢多少有些萎缩,其胫节和跗节缩小成仅是痕迹的小瘤。雌雄二者常常在翅的脉序上有所不同,[⑤]有时其轮廓也相当不同,巴特勒(A. Butler)先生在大英博物馆给我看的 *Aricoris epitus* 就是如此。某些南美洲的雄蝴蝶的翅在边缘上有毛簇,后一对翅的中域有角质赘疣。[⑥] 若干英国蝴蝶,如翁弗尔(Wonfor)先生所阐明的,只有雄者才部分地披有特殊鳞片。

---

① 我们在这里见到一种奇特而费解的二态现象,因为龙虱属四个欧洲物种和 *Hydroporus* 的某些物种的一些雌虫具有光滑的鞘翅,在有槽或有刻点的鞘翅和十分光滑的鞘翅之间并没有见过中间的级进类型。参阅绍姆(H. Schaum)博士的材料,《动物学家》(*Zoologist*),第 5—6 卷,1847—1848 年,1896 页,曾被引用。此外,参阅柯尔比和斯彭斯所著《昆虫学导论》(*Introduction to Entomology*),第 3 卷,1826 年,305 页。

② 见韦斯特伍德,《昆虫的近代分类》,第 2 卷,193 页。以下关于霉蛰(Penthe)的叙述以及其他引文均采自沃尔什先生的材料,见费城出版的《实际的昆虫学家》,第 3 卷,88 页。

③ 见柯尔比和斯彭斯,《昆虫学导论》,第 3 卷,332—336 页。

④ 《马德拉昆虫》(*Insecta Maderensia*),1854 年,20 页。

⑤ 道布尔戴《博物学年刊杂志》,第 1 卷,1848 年,379 页。我应再补充一点:某些膜翅目昆虫的翅脉因性别而异。参阅沙卡德(Shuckard)的《掘土膜翅目昆虫》(*Fossorial Hymenop.*),1837 年,39—43 页。

⑥ 见毕茨,《林奈学会会报杂志》(*Journal of Proc. Linn. Soc.*),第 6 卷,1862 年,74 页。翁弗尔(Wonfor)先生的观察材料在《通俗科学评论》中引用,1868 年,343 页。

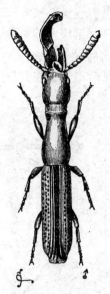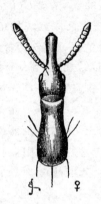

图 10   潜叶吉丁(*Taphroderes distortus*)（放大）

左图是雄虫;右图是雌虫。

雌性萤火虫发光的用途,引起了许多讨论。雄虫发光很弱,其幼虫以至卵的情况也一样。有些作者设想萤火虫的光是用以吓走敌人,另外有些作者则设想是用以引导雄虫来找雌虫的。贝尔特先生好像终于解决了这个难题:①他发现所有他用做试验的萤科(Lampyridae)昆虫,都是食虫的哺乳类和鸟类所高度厌恶的。因此,这同后面还要加以说明的贝茨先生的观点相符合,他认为许多昆虫密切模拟萤科是为了使食虫动物弄错,而这样逃脱毁灭。他进一步相信发光的物种有个好处,即立刻可被认出它是不可口的。这个解释大概可引申到弹尾目昆虫,其雌雄二者都是高度发光的。至于雌萤火虫的翅为什么不发育,还弄不清楚;但雌虫现在的形态同一种幼虫密切类似,而幼虫是许多动物大量捕食的对象,因此我们就可理解为什么雌虫会比雄虫发出明亮得多的光而且更显眼得多,同样地,为什么幼虫本身也会发光。

雌雄之间在大小上的差异

所有种类的昆虫普遍都是雄者小于雌者,这种差异甚至在幼虫状态中已可察觉。家蚕(*Bombyx mori*)的雄性茧和雌性茧之间的差异是那么显著,以致在法国是用一种特殊的称重方法将二者分离开来。② 在动物界的低等纲中,雌者体型大于雄者一般似乎是由于前者要育成大量的卵,这在某种程度上也适用于昆虫类。但华莱士博士提出一个可能性大得多的解释。他仔细观察了臭椿蚕和天蚕幼虫的发育,特别是观察了用

①　见《博物学者在尼加拉瓜》,1874 年,316—320 页。关于有荧光的卵,见《博物学年刊杂志》,1871 年 11 月,372 页。

②　罗比内特(Robinet),《关于蚕丝》(*Vers à Soie*),1848 年,207 页。

异常食物饲养的第二造短小幼虫的发育,发现"蚕蛾个体越细小,其变态所需的时间也成比例地越长;正是由于这个原因,雌蛾因为要产生大量的卵,所以大于而且重于雄蛾,而体型较小、易于成熟的雄蛾将先于雌蛾孵化"。① 那么,由于大多数昆虫都是短命的,而且由于它们处于许多危险之中,因此雌蛾如能尽早受精,显然对它是有利的。如果大批雄蛾先行成熟并随时等候雌蛾的出现,就可达到上述目的;正如华莱士先生所指出的②,这当然也是自然选择带来的结果;因为较小的雄虫先成熟,就会繁殖出大量继承其父本短小体型的后代,而体型较大的雄虫因成熟较晚就要留下数量较少的后代。

然而,雄虫小于雌虫这个规律也有例外,其中有些是容易理解的。在占有雌虫的斗争中,体大和力强对雄虫可能是一种有利条件;在这样事例中,如锹甲虫(Lucanus)雄虫则大于雌虫,另外还有些甲虫,据知彼此并不为了占有雌虫进行战斗,而其雄虫在大小上也超过雌虫;这个事实的意义还不清楚;不过在某些这样场合中,例如,关于巨大的独角仙(Dynastes)*和分枝独角仙(Megasoma)**,我们至少能够知道,雄者没有必要为了先于雌虫成熟而小于雌虫,因为这等甲虫并不是短命的,故有充分时间保证雌雄的交配。另外,雄蜻蜓蜻科(Libellulidae)从不小于雌者,有时则明显地大于雌者;③正如麦克拉克伦先生所相信的,雄蜻蜓要经过一周或二周并呈现出它们特殊的雄性色彩后才会同雌蜻蜓普遍交配。但最奇妙的是关于具有螫刺的膜翅目(Hymenoptera)昆虫的例子,它阐明了像雌雄二者之间的体型差异这样一种微小的性状却受着多么复杂而容易被忽略的关系所支配;因为史密斯先生告诉我说,几乎在整个这一巨大类群中,按照一般规律,雄虫都小于雌虫,而且其羽化先于雌虫一周左右;但在蜜蜂类中,蜜蜂(Apis mellifica)、长袖切叶蜂(Anthidium manicatum)和毛花蜂(Anthophora acervorum)的雄者,以及在掘土蜂类(Fossores)中,艳蚁蜂(Methoca ichneumonides)的雄者都大于雌者。对这种异常现象的解释是,实行一种飞行交配对这些物种是绝对必要的,而雄者为了在空中携带雌者就需要巨大的体力和体型。在这里,虫体的增大是同体型大小和发育期之间的普通关系相违背的,因为雄者虽比雌者大,但比雌者先羽化。

我们现在对几个"目"的昆虫再检查一下,从中选用一些同我们有特别关系的事实。关于鳞翅目(蝴蝶类和蛾类),将另立一章进行讨论。

缨尾目(Thysanura)

这个"目"的体制低等,其成员都是无翅的、颜色暗淡的、体型微小的昆虫,具有丑陋的、几乎是畸形的头和躯体。它们的雌雄二者无区别,但使人感到兴趣的是,它们阐明了

---

① 《昆虫学会会报》,第 5 卷,第 3 辑,486 页。

② 见《昆虫学会会报杂志》(*Journal of Proc. Ent. Soc.*),1867 年 2 月 4 日,71 页。

* 为现有体型最大的甲虫,属金龟子科,鳃角类,雄者头部生有巨大的角,有时胸部也生一个或一个以上的角,产于美国的南部和西部。俗名犀甲虫(rhinoc eros beetle)。——译者注

** 属金龟子科,体长达 5 英寸,头部生有向上弯曲的叉形大角,产于中美。俗名象甲虫(elephant beetle)。——译者注

③ 关于雌雄大小的这一叙述以及其他叙述,见柯尔比和斯彭斯的《昆虫学导论》,第 3 卷,300 页;关于昆虫的寿命,见 344 页。

即使在动物等级的低下阶段,其雄者也孜孜不倦地向雌者求爱。卢伯克爵士说:"看到这些小动物(黄圆跳虫,*Smynthurus luteus*)在一起卖弄风骚很是有趣。比雌虫小得多的雄虫绕着雌虫跑,彼此抵撞,迎面而立,退退进进,活像两只相戏的羊羔。然后雌虫假装跑开,雄虫装着一种愤怒的怪模样在后面追,赶到雌虫前面之后,又一次迎面而立;然后雌虫羞怯地转身避开,但雄虫比雌的跑得更快而且更活跃,一溜烟地前后左右追随,而且似乎用其触角鞭打雌的,过了一会它们又迎面对立,用触角相戏,互相之间的一切似乎全都解决了。"①

双翅目(Diptera)(蝇类)

雌雄之间的颜色差别很小。据沃克(F. Walker)先生所知,雌雄差异最大者为毛蝇属(Bibio),其雄者略带黑色或为全黑色,雌者是暗褐橙色。华莱士先生②在新几内亚发现的角蝇属(Elaphomyia)是高度引人注意的,因雄者有角,而雌者全无。角从眼的下方生出,同雄鹿的角奇妙地相似,不是呈叉状就是呈掌状。其中有一个物种的角与躯体的长度相等。大概有人认为这等角是适于战斗的,但有一个物种的角呈美丽的淡红色,黑色镶边,并有一道淡色中央条纹,因为这等昆虫的整个外貌都很优雅,所以更加可能的是,这等角是用做装饰的。有些双翅目的雄蝇相互争斗是肯定的,因为韦斯特伍德教授③好几次见过大蚊属(Tipulae)就有这种现象。其他双翅目的雄者显然试图以它们奏出的音乐赢得雌者的欢心:米勒④几次注意到一种蜂蝇(Eristalis)的两只雄者在追求一只雌者;雄者在雌者上面盘旋,在其周围飞来飞去,同时发出很响的嗡嗡声。蚋科(gnat)和蚊科(Culicidae)似乎也靠发出嗡嗡声互相吸引;迈耶教授最近已证实在雌虫发出的声音范围之内,雄虫触角上的毛振动得同音叉的音调相符。长毛的振动同低音调共鸣,短毛的振动同高音调共鸣。兰多依斯(Landois)也宣称他曾用某种特殊音调反复地招来了一整群蚋。还可以补充一点,双翅目的心理官能大概高于其他大多数昆虫,这同它们的高度发达的神经系统是符合的。⑤

半翅目(Hemiptera)(蝽象类)

道格拉斯(J. W. Douglas)先生对英国物种做过特别研究,他热心向我提供了一份有关这等物种雌雄差异的报告。有些物种的雄者有翅,而雌者无翅;两者在躯体、鞘翅、触角和跗节的形态上都有差异;但由于这些差异的意义不明,故略而不谈。雌者一般都比

---

① 见《林奈学会会报》,第 26 卷,1868 年,296 页。

② 《马来群岛》(*The Malay Archipelago*),第 2 卷,1869 年,313 页。

③ 参阅《昆虫的近代分类》,第 2 卷,1840 年,526 页。

④ 参阅《动物比较解剖学年刊》,第 29 卷,80 页。迈耶,《美国的博物学家》(*American Naturalist*),1874 年,236 页。

⑤ 参阅洛恩先生有趣的著作《关于绿头苍蝇的解剖学》(*On the Anatomy of the Blow-fly*,*Musca vomitoria*),1870 年,14 页。他说(33 页)"被捉住的蝇子发出一种特殊的哀鸣,这声音使其他蝇子都跑掉了"。

雄者体大而强壮。英国的物种以及道格拉斯先生所知道的外来物种，其雌雄二者在颜色上通常并无多大差异；但是，约有 6 个英国物种的雄者比雌者的颜色暗得多，另外还有 4 个物种，却是雌者的颜色比雄者的暗。有些物种的雌雄二者都有美丽的颜色；由于这些昆虫散发一种非常令人作呕的气味，所以其显著颜色也许就是对食虫动物发出的一种不好吃的信号。在某些少数场合中，它们的颜色似乎直接就是保护性的。例如，霍夫曼（Hoffmann）教授告诉我说，有一种淡红色和绿色的小型物种经常群集在菩提树上，他简直不能把它们同树干上的芽区别开来。

猎蝽科（Reduvidae）的某些物种能摩擦发音，以善鸣黝蝽（*Pirates stridulus*）的例子而言，据说是由于它们的颈在前胸腔内运动而发音。① 按照韦斯特林的见解，盛装猎蝽（*Reduvius personatus*）也会摩擦发音。对于非社会性的昆虫来说，除非发音是作为一种性的呼唤，否则发音器官就没有任何用处了，倘不如此，我就没有理由设想这种摩擦发音乃一种性征。

同翅目（Homoptera）

凡是在热带丛林中漫游过的人一定都会对雄蝉发出的喧噪声感到惊奇。雌蝉却默不作声，正如希腊诗人季纳卡斯（Xenarchus）说的，"乐哉蝉之生活，有妻皆默女"。当"贝格尔"号在离巴西海岸四分之一海里的地方抛锚泊船时，在甲板上就可清楚听到这样的噪音；汉考克船长说，远在一英里以外的地方就可听到这种噪音。希腊人过去把它们养在笼里，现在中国人还这样做，为的是欣赏它们的歌唱，所以有些人一定感到这是悦耳的声音。② 蝉科（Cicadidae）通常是在白天歌唱，而樗鸡科（Fulgoridae）好像是夜间的歌手。按照兰多依斯（Landois）的见解，③ 这声音是由气门唇边的振动而产生的，气门唇边的振动又是由气管发出的一股气流引起的，但对这个观点最近有所争论。鲍威尔博士似乎证明了这种声音是由一块膜的振动而产生的，④ 而这块膜则是由一块特别肌肉牵动起来的。在唧唧鸣叫的活昆虫身上，可以见到这片膜在振动；在死昆虫身上，若以针尖拨动那块稍微变干和变硬的肌肉，也可听到其固有的声响。雌虫身上也有这整个的复杂音乐器官，但远不如雄虫的发达，且绝不用以发声。

关于这种音乐的目的，哈特曼（Hartman）博士提到美国的周期蝉（即 17 年蝉 *Cicada septemdecim*）时说道⑤："现在（1851 年 6 月 6 日和 7 日）四面八方都可听到鼓噪声。我相信这是雄者对雌者发出的召唤。我站在高与头齐的满布嫩芽的栗树丛中，成千上百的雄蝉在我的四周，我看到雌蝉飞来环绕着鼓噪的雄蝉周围。"他接着说："在我的花园里有

---

① 引自韦斯特伍德，《昆虫的近代分类》，第 2 卷，473 页。

② 这些细节引自韦斯特伍德的《昆虫的近代分类》，第 2 卷，1840 年，422 页。关于白蜡虫科，参阅柯尔比和斯彭斯的《昆虫学导论》，第 2 卷，401 页。

③ 《动物科学杂志》（*Zeitschrift für wissenschaft Zoolog.*），第 17 卷，1867 年，152—158 页。

④ 见《新西兰科学院院报》（*Transact. New Zealand Institute*），第 5 卷，1873 年，286 页。

⑤ 承蒙沃尔什先生把哈特曼博士的《关于十七年蝉行为》（*Journal of the Doings of Cicada septemdecim*）的摘要送给我，对此谨表感激之意。

一株矮生梨树，这个季节（1868 年 8 月）在它上面产生了 50 只左右梨蝉（*Cic. pruinosa*）的幼虫；我好几次注意到雌蝉落在一只正发出响亮声调的雄蝉附近。"弗里茨·米勒从巴西南部写信告我说，他常听到属于一个物种的两三只雄蝉用特别响亮的声调进行音乐比赛：一只刚唱完，另一只马上开始，然后又一只接下去。由于雄蝉之间有那么多的竞争者，因而雌蝉大概不仅是根据音响寻找雄蝉，而且也像鸟类的母鸟一样，会被具有最动听的声音的雄蝉所刺激与诱惑。

关于同翅目昆虫雌雄二者之间的装饰差异，我还没听说过任何十分显著的事例。道格拉斯先生告诉我说，有三个英国的物种，其雄者是黑色的或具有黑色带斑，而雌者则颜色浅淡或黯然无光。

直翅目（Orthoptera）（蟋蟀和蝗虫）

本目中有三个能跳跃的科，其中雄者都以其音乐能力著称，这三个科是：蟋蟀科（Achetidae）、螽斯科（Locustidae）和蝗科（Acridiidae）。有些种螽斯摩擦发音如此响亮，以致夜间在一英里以外都可听到；[1]某些物种的叫声即使在人听起来也很悦耳，因此亚马孙河一带的印第安人把它们养在柳条笼子里。所有的观察家都一致认为这种叫声不是用来召唤就是刺激不会发音的雌者的。关于俄国的迁移性蝗虫，[2]克尔特（Körte）举出过一个有关雌者选择雄者的有趣例子。飞蝗（*Pachytylus migratorius*）的雄者当同雌者交配时，如有另一只雄者走近，它就会因愤怒或嫉妒而唧唧叫起来。家蟋蟀在夜间受到惊扰时就会用它的叫声来警告其伙伴。[3] 据记载，[4]北美产的穴居扁叶螽（*Platyphyllum concavum*，螽斯科的一种）登上树木的顶枝，一到傍晚就开始"发出嘈杂的喧叫，竞争者的叫声也同时在邻近的树上呼应，整个小树林回响着"凯提—底得—施—底得"的叫声，彻夜不休"。 贝茨先生谈到欧洲田蟋蟀（蟋蟀科的一种）时说道，"一到傍晚就可看到雄蟋蟀呆在洞口唧唧地叫，一直叫到一只雌蟋蟀到来时，于是叫声就由高音转为低音，同时这个成功的演奏家用其触角爱抚着它所赢得的配偶"。[5] 斯卡德（Scudder）博士用一支羽茎在纸夹上摩擦发音就能刺激一只这种昆虫发出叫声来呼应。[6] 冯·西博尔德（Von Siebold）已经发现雄虫和雌虫的显著的听觉器官位于前肢。[7]

这三个科的发音方法各不相同。蟋蟀科雄者的两个鞘翅具有相同的器官，田蟋蟀

---

① 吉尔丁（L. Guilding），《林奈学会会报》，第 15 卷，154 页。

② 我的这一叙述是根据克彭（Köppen）的《飞越俄国南部的蝗虫》（*Ueber die Heuschrecken in Südrussland*），1866 年，32 页，因我极力想寻到库尔特的原著，但未能如愿。

③ 吉尔伯特·怀特（Gilbert White），《塞尔包内博物学》（*Nat. Hist. of Selborne*），第 2 卷，1825 年，262 页。

④ 哈里斯，《新英格兰的昆虫》（*Insects of New England*），1842 年，128 页。

⑤ 《亚马孙河上的博物学者》，第 1 卷，1863 年，252 页。贝茨先生对这三个科音乐器官的级进变化作了很有趣的讨论。再参阅韦斯特伍德的《昆虫的近代分类》，第 2 卷，445，453 页。

⑥ 见《波士顿博物学会学报》，第 11 卷，1868 年 4 月。

⑦ 《新比较解剖学概论》（*Nouveau Manuel d'Anat. Comp.*），法译本，第 1 卷，1850 年，567 页。

(*Gryllus campestris*,图 11)的这类器官,像兰多依斯所描述的,[1]是由 131 至 138 个锐利的、横向的脊或齿(*st*)构成的,这等脊或齿位于鞘翅脉之一的下表面。这种具齿的翅脉同位于相对一翅上表面的一道突出而平滑的硬翅脉(*r*)迅速摩擦。先是一翅向另一翅擦过去,然后又是逆向地擦过来。两翅同时稍微抬高,以便提高共鸣的效果。在某些物种中,雄者的鞘翅基部具有一片云母状的板。[2] 图 12 表明蟋蟀属另一个物种叫家蟋蟀(*G. domesticus*)的翅脉下表面的齿。格鲁勃博士曾阐明这等齿是在选择作用的帮助下由覆盖于翅和躯体之上的小鳞片和毛形成的,关于鞘翅目(Coleoptera)的齿,我得出了相同结论。但格鲁勃进一步阐明这等齿的发展,[3]部分地是直接由于一翅在另一翅上摩擦所产生的刺激。

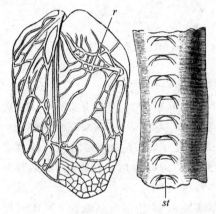 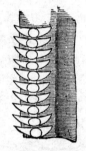

图 11　田蟋蟀(*Gryllus campestris*)(引自兰多依斯)
右图是放大很多的翅脉底面的一部分,*st* 表示上面的齿。
左图是翅鞘背面图,上面有翅脉的光滑突起 *r*,用它与齿(*st*)交互摩擦。

图 12　家蟋蟀(*Gryllus domesticus*)
翅脉上的齿(引自兰多依斯)

在螽斯科中,相对的两个鞘翅彼此在构造上有所不同(图 13),其摩擦动作不同于蟋蟀科,不能逆向进行。左翅的作用有如提琴的弓,位于作为提琴的右翅之上。左翅底面的翅脉之一具有细齿,在相对的右翅上面的具有突起的翅脉上擦过。在我看来,我们英国的普通绿螽斯(*Phasgonura viridissima*)的锯齿状翅脉似乎是与相对另一翅的圆形后角相摩擦后面这张翅的边缘较厚,褐色,很锐利。在右翅上,而不是在左翅上,有一块云母般的透明小板,被翅脉包围着,称为响板。该科另一成员,葡萄隐螽(*Ephippiger vitium*),有一种奇妙的次要变化;因其鞘翅大为缩小,但"前胸后部隆起成圆屋顶状,而超出鞘翅之上,这大概是为了增强声音的效果"。[4]

---

① 《动物科学杂志》,第 17 卷,1867 年,117 页。
② 见韦斯特伍德的《昆虫的近代分类》,第 1 卷,440 页。
③ 《关于螽斯科的发音装置,达尔文主义的贡献》(*Ueber der Tonapparat der Locustiden,ein Beitrag zum Darwinismus*),《动物科学杂志》,第 22 卷,1872 年,100 页。
④ 韦斯特伍德,《昆虫的近代分类》,第 1 卷,453 页。

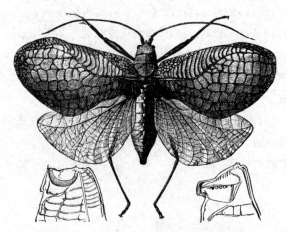

图 13 *Chlorocaelus Tanana*（引自贝茨）

因此，我们看到螽斯科的音乐器官（我相信在这一"目"中包括有最强有力的演奏者）比蟋蟀科的更加分化或更加特化了，蟋蟀科的两个鞘翅在构造上都是一样，功能也一样。[①] 然而，兰多依斯在螽斯科的一种、即黑螽斯属（*Decticus*）中，发现右翅鞘底面有一行既短又窄、仅是残迹状态的小齿，其右翅位于左翅之下，从不做琴弓之用。我在普通绿螽斯的右鞘翅底边观察到同样的残迹构造。因此我们可以有信心地推定，螽斯科是从现存的蟋蟀科那样的一种类型传下来的，这个类型的两张鞘翅底面都有锯齿状翅脉，而且同样都可作为琴弓之用；但在螽斯科中，这两张鞘翅就逐渐分化而且完善了，按分工原理，一张专门作琴弓用，另一张则作提琴用。格鲁勃博士持有相同的观点，他曾阐明残迹齿状物一般见于右翅的下面。蟋蟀科这种比较简单的器官是经过怎样步骤发生的，我们还弄不清楚，但大致的情况可能是这样：两张鞘翅的基部就像它们现在那样地彼此重叠；其翅脉摩擦所产生的音响是嘎嘎的，同现在雌虫鞘翅摩擦发出的声音一样。[②] 雄者偶尔或意外发出的这样嘎嘎声，如果对雌者曾起过哪怕是一点爱情召唤的作用，大概就会容易地在性选择的作用下通过翅脉粗糙化的变异而得到加强。

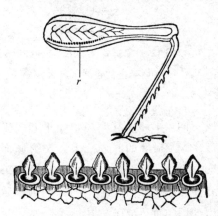

图 14 草蝗（*Stenobothrus pratorum*）的后肢 *r* 摩擦发音的脊；下图是放大很多的组成这条脊的齿（引自兰多依斯）

在最后一科也是第三个科即蝗科中，其摩擦发音则是按照很不相同的一种方式进行的，按照斯卡德博士的说法，其叫声远不及前两个科那样尖锐。在其腿节内表面（图 14，*r*）有一列纵向的、小巧玲珑的口针状弹性齿，齿数 85 到 93 个；[③]这些齿状物在鞘翅的锐利而

---

① 兰多依斯，《动物科学杂志》，第 17 卷，1867 年，121，122 页。

② 沃尔什先生还告诉我说，他曾注视过穴居扁叶螭（*Platyphyllum concavum*）的雌虫"被捉住时它们的鞘翅就会在一起摩来摩去，发出一种微弱的摩擦声"。

③ 兰多依斯，《动物科学杂志》，第 17 卷，1867 年，113 页。

突出的翅脉上擦过，就这样引起鞘翅振动而发出声响。哈里斯说，[①]当一只这种雄虫开始鸣奏时，它先"把后腿的胫节弯到股节之下，那里预先设计有一道小沟以容纳之，然后把腿轻快地上移动。两边的提琴并不一起演奏，而是先奏一个再奏另一个，交替进行"。在这一科的许多物种中，其腹基凹陷，成一大空腔，据信这是作为共鸣板之用的。属于本科一个南非的属，叫做牛蝗（Pneumora）（图15），在这里我们遇到了值得注意的新变异；其雄者从腹部两边斜着各伸出一道具有小缺刻的脊，与后股节互相摩擦。[②] 值得注意的是，尽管这种雄虫有翅（雌虫无翅），但股节不像通常那样同翅鞘相摩擦；不过这一点也许可用后肢异常短小的情况来解释。我未能检查其股节的内面，但根据类推，可以判断那里大概有细齿。牛蝗属（Pneumora）的诸物种在摩擦发音方面所发生的变异比其他任何直翅类昆虫都更为深刻；因为，其雄者全身已经变成一个乐器，体内充满空气而膨胀，像一个透明大气胞，以便增强共鸣的效应。垂门先生告诉我说，在好望角这些昆虫每到夜间就发出令人吃惊的喧嘈声。

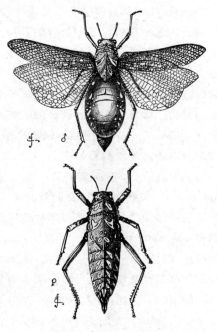

图 15 牛蝗（*Pneumora*）

（根据大不列颠博物馆的标本绘制）

上图为雄虫；下图为雌虫。

在以上三个科中，雌虫几乎总是缺少某种有效的音乐器官，但这个规律也有少数例外，因为格鲁勃博士曾阐明葡萄隐螽（*Ephippiger vitium*）的雄虫和雌虫都有这类器官，尽管它们的这类器官仍存在某种程度的差异。因此，我们不能假定这类器官是由雄者传递给雌者的，而许多其他动物的次级性征似乎就是这样。它们必定是分别在雌雄双方独立发展起来的，这些雄虫和雌虫一到求偶季节无疑就互相召唤。螽斯科大多数其他昆虫的雌者〔据兰多依斯说黑螽斯属（Decticus）除外〕具有雄者所特有的摩擦发音器官的残迹，这大概是由雄者传递来的。兰多依斯还在蟋蟀科雌虫的鞘翅底面和蝗科雌虫的腿节上找到这类残迹物。在同翅目中，雌虫也具有丧失作用的这种特有的音乐器官；此后我们还会在动物界其他部门中遇到许多这类的事例，即雄者所特有的构造在雌者身上表现为残迹状态。

兰多依斯观察了另一个重要事实，即，蝗科雌虫腿节上摩擦发音的齿其状态终生保持不变和其最初出现于雌雄幼虫期的状态是同样的。另一方面，雄者的这类器官则继续进一步发育，当它们最后一次蜕皮、即已经成熟并准备繁殖的时候，这类器官就获得了完善的构造。

从现在已经举出的事实来看，我们知道直翅目雄虫的发音手段是极其多种多样的，

① 《新英格兰的昆虫》，1842 年，133 页。

② 韦斯特伍德，《昆虫的近代分类》，第 1 卷，462 页。

而且和同翅亚目所使用的发音手段完全两样。① 然而在整个动物界里我们常常发现可用极其多样的手段来达到同一个目的,这似乎是由于世世代代以来整个体制经历了各种各样的变化,在一部分跟着一部分发生变异时,不同的变异都给同一个总目带来了好处。直翅目这 3 个科的以及同翅目的各种各样的发音手段给我们留下的深刻印象是,这类构造为了雄虫召唤和诱惑雌虫是高度重要的。根据斯卡德博士的卓越发现,② 我们现在知道直翅目有用之不尽的时间在这方面发生变异,所以我们就无须对它们的变异量之大感到惊奇了。这位博物学家最近在新不伦斯威克泥盆纪形成的地层中发现了一只化石昆虫,它具有"螽斯科雄虫的著名的鼓膜或摩擦发音器官"。这种昆虫虽然在大多数方面同脉翅目(Neuroptera)有关系;但似乎把两个有关系的目即脉翅目和直翅目连接起来了,有许多很古老的类型都是如此。

关于直翅目,我还要略谈一二。有些物种非常好斗:当两只雄的田蟋蟀(*Gryllus campestris*)关在一块时,它们就会斗到其中一只被杀死为止;螳螂属(Mantis)的一些物种被描写得像骑兵挥舞马刀那样地运用其剑状前肢。中国人把蟋蟀养在小竹笼里,使它们相斗③,就像斗鸡一样。在颜色方面,有些外来的蝗虫装饰得很漂亮;后翅有红、蓝、黑的斑点;但就整个这个"目"来说,雌雄二者在颜色上很少有大的差异,它们的鲜艳色彩大概不是由于性选择所致。鲜明颜色对这些昆虫的用处可能是要引起其他动物注意它们是不好吃的。例如,有人观察过④把一只色彩鲜艳的印度蝗虫给鸟类或蜥蜴去吃时,它们总是拒绝食用。然而已经知道有几个例子表明在这个"目"中雌雄体色有差异。有一种雄的美国蟋蟀⑤被描写白得像象牙一般,而雌者的颜色则变化不定,从接近白色到青黄色或微黑色的都有。沃尔什先生告诉我说,*Spectrum femoratum*[竹节虫科(Phasmidae)的一种]的雄性成虫"具有发亮的褐黄色;雌性成虫则呈暗淡无光的灰褐色;而雌雄两性的幼虫都是绿色的。最后,我还要提一下,有一种奇异种类的蟋蟀⑥,其雄者具有"一个长的膜质附器,就像一幅面纱似的将其脸部盖住",但什么是它可能的用途,还不清楚。

脉翅目(Neuroptera)

除颜色外,在这里没有什么值得一谈。在蜉蝣科(Ephemeridae)中,雌雄二者在其暗淡颜色上往往稍有差异,⑦但这大概不至于使雄者因此就能吸引雌者。蜻科(Libelluli-dae)以鲜艳的绿色、蓝色、黄色和朱红的金属色彩来装饰自己,雌雄二者在体色上常有差

---

① 兰多依斯最近发现了某些直翅目昆虫的残迹构造和同翅目昆虫的发音器官非常近似,这是一个令人吃惊的事实。参阅《动物科学杂志》,第 22 卷,第 3 册,1871 年,348 页。

② 《昆虫学会会报》,第 2 卷,第 3 辑(《会报杂志》,117 页)。

③ 见韦斯特伍德,《昆虫的近代分类》,第 1 卷,427 页,有关蟋蟀的资料,见 445 页。

④ 霍恩(Ch. Horne)先生,见《昆虫学会会报》,1869 年 5 月,12 页。

⑤ 即雪白树蜂(*OEcanthus nivalis*),《新英格兰的昆虫》,1842 年,124 页。我听维克托·卡拉斯(Victor Carus)说,欧洲透明树蜂(*OE. pellucidus*)的雄虫和雌虫的差异也几乎一样。

⑥ 即扁叶蟖(*Platyblemnus*),见韦斯特伍德的《昆虫的近代分类》,第 1 卷,447 页。

⑦ 沃尔什,《伊利诺伊的拟脉翅类昆虫》(*Pseudoneuroptera of Illinois*),见《费城昆虫学会会报》(*Proc. Ent. Soc. of Philadelphia*),1862 年,361 页。

异。例如，像韦斯特伍德教授所述说的①，有些色蟌科（Agrionidae）昆虫的雄者"具有浓艳的蓝色和黑色翅膀，雌者则呈优雅的绿色而翅膀无色"。但在红色蟌（*Agrion Ramburii*）中，其雌雄二者的颜色正好同上述相反。② 北美有一个大属，叫做宽角阔虫属（Hetaerina），只有雄者在每个翅基部具有洋红色的美丽斑点。有一种蜻蜓（*Anax junius*），其雄者的腹基部呈鲜艳的绀青蓝色，而雌者的则呈草绿色。另一方面，在一个亲缘关系密切的箭蜓属（Gomphus）中以及另外一些蜻蜓属中，雌雄二者在体色上的差别很小。在整个动物界的亲缘关系密切的诸类型中，与此相似的情况经常出现，即，有些雌者和雄者的体色差别很大，有些差别很小，有些则完全没有差别。虽然许多种蜻蜓的雌雄二者在体色上差别很大，但往往很难说何者更漂亮；而且如我们刚刚见到的，在色蟌属的一个物种中，雄者和雌者的正常体色却互相颠倒了。它们在任何情况下所获得的颜色大概都不是作为保护之用的。对这一科昆虫曾经密切研究过的麦克拉克伦先生写信告诉我说，蜻蜓——昆虫世界的暴君——是任何昆虫当中最不容易受到鸟类和其他敌害的攻击的，他相信它们的鲜艳色彩是用来吸引异性的。某些蜻蜓显然受特殊的颜色所吸引：帕特逊先生曾观察到③其雄者为蓝色的色蟌科成群地落在一根钓丝的蓝色浮子上，同时另外两个物种却受耀眼的白色所吸引。

有一个有趣的事实，首先是谢尔沃（Schelver）注意到的，即，在隶于两个亚科的几个属中，其雄虫最初从蛹的状态羽化时在体色上同雌虫的一模一样；但不久它们的身体就呈现出显著的乳蓝色，这是由于有一种可溶于乙醚和酒精的油类分泌出来的缘故。麦克拉克伦先生相信窄腹蜻蛉（*Libellula depressa*）的雄虫要在变态后经过近两周的期间，即当雌雄准备交配时，才发生这种颜色的变化。

按照布劳尔（Brauer）的说法，④脉翅科的某些物种表现了一种奇妙的二态现象，有些雌虫具有正常的翅，同时另外一些雌虫则"像同种雄虫的翅一样具有很丰富的网脉"。布劳尔"用达尔文的原理解释这现象，假定翅脉紧密相接乃是雄虫的一种第二性征，这种性征并不像一般情况那样传递给所有雌虫，而是突然地传递给一部分雌虫"。麦克拉克伦先生给我讲过另一个二态现象的例子，是关于色蟌属（Agrion）的几个物种的，在这些物种中有些个体是橙色的，它们必定是雌虫。这大概是返祖的一例；因为在纯系的蜻蜓科中，当雌雄二者在体色上有所差异时，则雌虫都是橙色或黄色的，所以假定色蟌属起源于某个原始类型，这个原始类型在其次级性征上同典型的蜻蜓类相类似，那么只在雌虫方面出现按照这种方式发生变异的一种倾向也就无足为奇了。

许多蜻蜓虽然都是大型的、强有力的而且凶猛的昆虫，但麦克拉克伦先生相信，除了色蟌的一些体型较小的物种外，他还没有见过雄蜻蜓互相搏斗的情形。在这个"目"的另一类群中，即白蚁类（Termites），当它们大群出动时，可以看到雌雄二者相互追逐，"雄蚁追在雌

---

① 《昆虫的近代分类》，第 2 卷，37 页。
② 沃尔什，同上书，381 页。以下有关 Hetaerina, Anax 和 Gomphus 的材料，是由这个博物学家提供的，谨此致谢。
③ 《昆虫学会会报》，第 1 卷，1836 年，81 页。
④ 参阅 1867 年《动物学纪录》的摘要，450 页。

蚁后面,有时两只雄的共追一只雌的,以巨大的激情互相竞争,看谁能占有雌者"。① 据说有一种啮虫,叫做白书生(*Atropos pulsatorius*)会用颚发出喧嘈声,此呼彼应。②

膜翅目(Hymenoptera)

无与伦比的观察家法布尔(M. Fabre)③在描述一种类似黄蜂的昆虫——砂蜂属(Cerceris)的习性时说道:"为了占有某只特殊雌虫,雄虫之间屡屡发生争斗,雌虫则坐以观战,一旦胜负分晓,它就安然地同胜利者一块飞去。"韦斯特伍德说,有一种叶蜂科(Tenthredinae)的雄虫"在争斗中互相用上颚紧紧揪住不放"。④ 由于法布尔提到节腹泥蜂属的雄虫努力去获得一只特殊雌虫的情况,因此应好好记住隶于这个"目"的昆虫经过一段长时间后仍有互相识别的能力,而彼此深深依恋。例如,胡伯尔的精确观察是无可怀疑的,他曾把某些蚂蚁分开,四个月后,它们又碰到原来属于同一群体的其他蚂蚁,彼此都能相识并用触角相互爱抚。如果碰到的是陌生的蚂蚁,就不免于争斗。再者,当两群蚂蚁发生战争时,有时在一片混战中同一边的蚂蚁也会互相攻击,但它们很快就会发现错误,其中一只连忙安慰另一只。⑤

在这个"目"中,体色依性别不同而有轻微差异是常见的,但除蜜蜂科外,很少有显著差异;然而某些类群的雌雄体色是那么鲜艳——例如青蜂属(Chrysis)常见的体色是朱红和金绿色——以致诱使我们把这种结果归因于性选择。根据沃尔什先生的见解⑥,姬蜂科(Ichneumonidae)雄虫的体色几乎普遍都比雌虫的浅。另一方面,叶蜂科雄虫的体色一般都比雌虫的深。在树蜂科(Siricidae)中,雄雌的体色常常不同,因此钢青小树蜂(*Sirex juvencus*)的雄虫具有橙色的带斑,而雌虫则呈暗紫色;但很难说二者之中何者装饰得更好。在鸽形树蜂(*Tremex columbae*)中,雌虫的体色比雄虫的鲜明。史密斯先生告诉我说,有几个物种的雄蚁呈黑色,而雌蚁则呈褐黄色。

我听同一位昆虫学家史密斯先生说,在蜜蜂科中,特别是在独居的物种中,雌雄的体色常常不同。雄者一般都较鲜明,在熊蜂属(Bombus)以及在*Apathus*这一蜂属中,雄虫体色的变异比雌虫的大。青条花蜂(*Anthophora retusa*)的雄虫具有一种浓艳的暗黄褐色,而雌虫则呈全黑色。木蜂属(Xylocopa)几个物种的雌虫也是如此,而雄虫则是鲜黄色的。另一方面,有些物种的雌虫,如金黄地花蜂(*Andraena fulva*),其体色比雄虫的鲜明。体色上的这类差异几乎不能以下面的说法来解释,即雄虫缺乏自卫能力因而需要这样的保护色,而雌虫则可凭借其螫针来很好地进行自卫。对蜜蜂习性做过特别研究的米勒⑦把这种体色差异主要归因于性选择。蜜蜂对颜色有一种敏锐感觉是肯定的。他说,

---

① 柯尔比和斯彭斯,《昆虫学导论》,第2卷,1818年,35页。
② 乌佐(Houzeau),《论智力》,第1卷,104页。
③ 参阅一篇有趣的文章,《法布尔的著作》(*The Writings of Fabre*),见《博物学评论》,1862年4月,122页。
④ 《昆虫学会会报杂志》,1863年9月7日,169页。
⑤ 胡贝尔(Huber),《蚁类习性的研究》,1810年,150,165页。
⑥ 《费城昆虫学会会报》,1866年,238—239页。
⑦ 《达尔文学说在蜜蜂中的应用》,见《动物比较解剖学年刊》,第29卷。

雄蜂热切地寻求雌蜂并为占有它而斗争,他把这种竞争看做是导致某些物种的雄蜂的颚大于雌蜂的原因。在某些场合中,雄蜂的数量不论在季节的早期或在所有时间和所有地点或地区性都比雌蜂多得多;反之,在另外一些场合中,雌蜂的数量又超过雄蜂。有些物种的较美丽的雄蜂似乎是雌蜂选择的对象;另外一些物种的较美丽的雌蜂似乎又是雄蜂选择的对象。结果在某个属中有几个物种的雄蜂在外貌上彼此差异很大,而雌蜂几乎没有差别;在另一个属中情况则相反。米勒相信,某一性别通过性选择所获得的颜色往往以不同的程度传递给另一性别,就像雌蜂的花粉采集器官往往会传递给雄蜂一样,尽管对后者来说这种器官是根本无用的。①

欧洲蚁蜂(*Mutilla Europaea*)会摩擦发出喧嘈的声音,按照古罗②(Goureau)的说法,其雌雄二者都有这种能力。他认为声音是由第三腹节同前一个腹节摩擦发出的,我发现在这等表面有很细的同心的隆起线;但在头与前胸分节处突出的骨片上也有这样的隆起线,如果用针尖在该骨片上一划,就会发出其特有声响。由于雄虫有翅而雌虫无翅,因此两者都有发音能力是相当奇怪的。众所周知,蜜蜂类以嗡嗡的叫声表达某些像愤怒那样的感情;按照米勒的说法,有些物种的雄蜂当追求雌蜂时会发出一种特别的歌声。

鞘翅目(Coleoptera)(甲虫)

许多甲虫的颜色都同它们常来常往的地面相似,从而避免被其敌害发觉。其他物种,如南美亮壳甲虫(diamond-beetles)*,乃饰以美丽的颜色,组成条纹,斑点,十字花纹以及其他优雅的式样。除非在某些食花物种的场合中,这等颜色几乎不能直接作为保护之用;但根据萤火虫散发萤光的同样原理,这等颜色可能作为一种警号或识别手段。由于甲虫雌雄二者的颜色一般相像,所以我们无法证明这等颜色是通过性选择获得的;但至少这是可能的,因为这等颜色可能先在性别的一方发育然后再传递给另一方;这个观点对那些具有其他十分显著第二性征的类群在某种程度上甚至也是可能适用的。盲甲虫当然不能见到彼此的美丽,听小沃特豪斯(Waterhouse)先生说,它们虽然往往有光滑的外鞘,但决不会呈现鲜艳的色彩;但对于其颜色的晦暗可能做如下解释,即,由于它们一般居住在洞穴中和其他阴暗地方的缘故。

---

① 佩里埃,《达尔文以后的性选择研究》(*la Sélection sexuelle d'après Darwin*)(见《科学评论》,1873 年 2 月,868 页),他在这篇文章中显然未经深思熟虑就提出异议,认为既然社会性的雄蜂是公认由未受精卵产出来的,它们就不会把新性状传递给其雄性后代。这真是一个不同寻常的异议。一只雄蜂如果具有便于两性结合的某种性状或者具有更能吸引雌蜂的某种性状,那么,被它受精的雌蜂所产下的卵将只育出雄蜂;但这些新育成的雌蜂在第二年还会生育出雄蜂,能说这等雄蜂不会承继其祖父雄蜂的性状吗?让我们从普通动物中尽可能举出一个近似的例子;如果有一只雌白色四足兽或鸟同一只雄黑色品种杂交,杂种后代的雌雄二者又互交,能说这个杂种第二代不会把它们祖父的黑色倾向承继下来吗?不育的工蜂获得新性状是一个难得多的问题,但在我的《物种起源》一书中,我尽力阐明了这些不育的生物是如何被自然选择力量所左右的。

② 韦斯特伍德引用,见他写的《昆虫的近代分类》,第 2 卷,214 页。

* 即 *Entimus imperialis*。——译者注

有些天牛（*Longicorns*），特别是某些锯天牛科（Prionidae）甲虫,却在甲虫雌雄颜色无差别这个规律之外。大多数这等昆虫都是大型的,颜色华丽。我在贝茨先生的采集品中看到,锯天牛属（Pyrodes）[①]的雄虫颜色一般与其说比雌虫红些莫如说暗些,雌虫或多或少地具有美丽的金绿色。另一方面,有一个物种的雄虫是金绿色的,而雌虫则具有鲜艳的紫红二色。在斑蛾属（Esmeralda）中,雌雄二者的颜色差别如此之大,以致被列为不同的物种;有一个物种,其雌雄二者都具有美丽的鲜绿色,但雄者的胸部则呈红色。总之,按照我所能判断的来说,雌雄颜色不同的锯天牛类,其雌虫颜色要比雄虫的更艳丽,这一点同经过性选择获得颜色的普遍规律是不相符的。

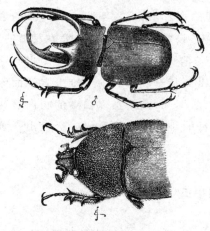

图 16 咖啡独角仙（*Chalcosoma atlas*）

上图是雄虫(缩小);下图是雌虫(原大)。

许多甲虫雌雄之间最明显的一个区别就是雄虫由头部、胸部和唇基等处长出的巨角,在少数场合中是从躯体底面长出来的。在庞大的鳃角组中,它们的角同各种四足兽,如公鹿、犀牛等的角相似,不论其大小还是其各式各样的形状都令人吃惊。为了免去描述,我举出了一些比较显著的类型的雄虫和雌虫的绘图(图 16 到图 20)。雌虫一般以小瘤或隆起的形式来表示角的残迹;但有些雌虫甚至连最细小的残迹物也没有。另一方面针角亮蜣螂（*Phanaeus lancifer*）雌虫的角几乎同雄虫的一样发达;该属以及小犀头属（Copris）的另外一些物种,其雌虫的角虽也发达,但比雄虫的稍差。贝茨先生告诉我说,这等角的差别同本科某些亚部之间更为重要的性状差异并不一致。例如,在黑团蜣属（Onthophagus）的同一部中,有的物种只生单独一只角,另外的物种则生两只角。

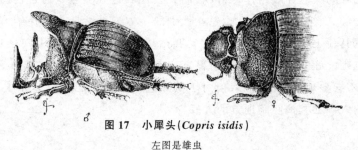

图 17 小犀头（*Copris isidis*）

左图是雄虫

---

① 贝茨先生在《昆虫学会会报》（1869 年）第 50 页曾描述过锯天牛（*Pyrodes pulcherrimus*）雌雄二者的明显差异。我将举出少数我所听到的例子来说明甲虫雌雄二者在颜色上的差异。柯尔比和斯彭斯《昆虫学导论》,第 3 卷,301 页）提到一种花萤（Cantharis）、油芫青（Meloe）、Rhagium 和砖色天牛（*Leptura testacea*）,后者雄虫呈砖瓦色,胸部黑色,而雌虫全身暗红色。后面这两种甲虫都属于天牛科。垂门和小沃特豪斯（Waterhouse.jun）,二位先生向我说过两种鳃角组甲虫的情况,一种是缘甲类（Peritrichia）,一种是斑金龟（Trichius）,后者雄虫颜色比雌虫晦暗。长形郭公虫（*Tillus elongatus*）雄虫呈黑色,雌虫据说呈暗蓝色,胸部为红色。沃尔什先生说有一种负泥虫（*Orsodacna atra*）,其雄虫也呈黑色,而雌虫（所谓 *O. ruficollis*）的胸部则呈赤褐色。

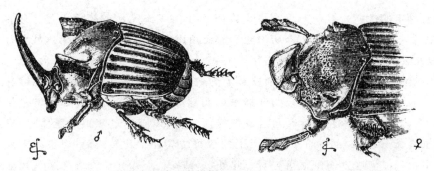

图 18 地区亮蜣螂（*Phanaeus faunus*）

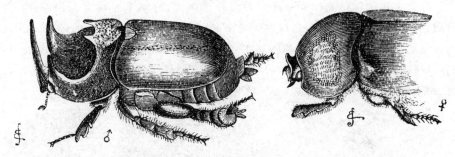

图 19 广东金龟子（*Dipelicus cantori*）

图 20 黑团蛒（*Onthophagus rangifer*）（放大图）

　　几乎在所有情况下，这等角都以它们的极端变异性而著称，故可形成一个级进的系列，从具有最高度发达的角的雄虫到角已退化到仅仅能同雌虫加以区别的其他雄虫。沃尔什先生[①]发现在闪亮蜣螂（*Phanaeus carnifex*）中，有些雄虫的角长为其他雄虫的三倍。贝茨先生对一百只以上黑团蛒（*Onthophagus rangifer*）（图 20）的雄虫进行了调查之后，认为他终于发现了一个物种，它的角没有发生过变异；但进一步的研究证明事实正好相反。

　　角的异常之大以及在近亲类型中角的构造的巨大差异都表示这些角是为了某种目的而形成的，但同一物种的雄虫的角表现了极端的变异性，这便引导我们推论这种目的

----

① 《费城昆虫学会会报》，1864 年，228 页。

并不具有确定的性质。这些角没有露出曾用于任何正常工作的摩擦痕迹。有的作者设想①雄虫到处漫游远比雌虫为甚，所以它们需要角以抵御敌害，可是由于这些角往往都是钝的，因此它们似乎并不适于防御之用。最明显的猜测乃是雄虫用这等角彼此相斗；可是从未见过雄虫相斗；贝茨先生详细检查了为数众多的物种以后，也没有能够从它们残断或破碎的状态中找到任何充分的证据来证明这等角曾用于相斗。如果雄虫是惯常的斗士，那么，它们的躯体大概就会通过性选择而增大，以至超过雌虫的躯体；但贝茨先生对金龟子科（Copridae）的一百个物种以上的雌雄二者作了比较之后，也没有在发育良好的个体中找到任何这方面的显著差异。此外，*Lethrus* 是属于鳃角组这同一大部的一种甲虫，据知其雄虫是相斗的，但它们没有角，虽然它们的上颚要比雌虫的大得多。

有一种结论说这等角是作为一种装饰而被获得的，这同下述事实最相符合：即这等角已发展到如此巨大的地步，却还没有固定下来——在同一物种中角的极端变异性以及在亲缘密切的物种中角的多样性都阐明了这一点。最初看来，这种观点好像极不可能；但我们以后将在许多远为高等的动物中，如鱼类、两栖类、爬行类和鸟类，发现各种各样的脊突、瘤状物、角和肉冠显然都是为了这唯一目的而发展起来的。

图 21　叉角蜣螂（*Onitis furcifer*）
雄虫底面图

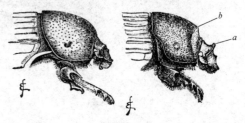

图 22　左方为叉角蜣螂雄虫的侧面图，
右方为雌虫图

a. 头角的残迹；*b*. 胸角或胸突的残迹。

有叉角蜣螂（*Onitis furcifer*）（图 21），其雄虫以及本属一些其他物种的雄虫在其前肢节上都具有奇特的突起，并在其胸部底面生有一只大型叉角或一对角。根据其他昆虫来判断，这等构造可能有助于雄虫紧紧抱住雌虫。雄虫虽然在躯体的上部表面连一点角的残迹也没有，但雌虫头上却明显地呈现着一个单角的痕迹（图 22，*a*），并在胸部有一个胸突（图 22，*b*）。雌虫这种微小的胸突显然是雄虫所特有的一种突起的残迹，虽然这个特殊物种的雄虫完全没有这种突起，因为野牛布蜣螂（*Bubas bison*）（次于 Onitis 的一个属）的雌虫在其胸部具有一个同样的小突起，而雄虫却在同一部位长出一个大型突起。因此几乎毫无疑义的是，叉角蜣螂的雌虫头上的那个小点（甲）以及两三个亲缘相近的物种的雌虫头上的小点，都是代表头角的一种残迹，这种头角实为许多鳃角组甲虫的雄者所共有，如亮蜣螂（*Phanaeus*）（图 18）就是如此。

旧的信念认为这等残迹物是为了完成自然界的计划而被创造出来的，这同实际情况非常不符，以致我们在这一科中所看到的正常状态正好完全相反。我们可以合理地猜测

---

① 柯尔比和斯彭斯，《昆虫学导论》，第 3 卷，300 页。

最初是雄虫生角,后来以残迹的状态把它们传递给了雌虫,正如其他许多鳃角组甲虫的情况那样。为什么雄虫后来失去了角,我们还不清楚;但由于其躯体底面发育了巨大的角和突起,这可能是由补偿原理所引起的;而且由于这只限于雄虫才有,所以雌虫上部的残迹角就不会这样消失掉。

迄今为止我们所举的例子都是关于鳃角组甲虫的,还有少数其他雄甲虫属于两个大不相同的类群,即象虫科(Curculionidae)和隐翅虫科(Staphylinidae),也都有角——前者的角在躯体的底面,后者的角则生于头部和胸部的上面。① 在隐翅虫科中,同一物种的雄虫的角变异多端,正如我们在鳃角组甲虫中所看到的那样。在扁螯(Siagonium)中,我们看到一个二态现象的例子,因其雄虫可分成两组,在躯体大小及角的发达等方面都有巨大差异,但无居间的级进。关于隐翅虫(Bledius)的一个物种(图23),也是属于隐翅虫科的,韦斯特伍德教授说道,"在同一地方能够找到的雄虫标本,有的胸部中央角很大,但头角完全处于残迹状态;有的胸角则非常之短,但头部突起却是长的"。② 这里我们显然看到了一个补偿的例子,刚才提到的雄叉角蜣螂失去上部角的设想,也可借此得到解释。

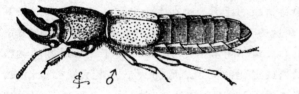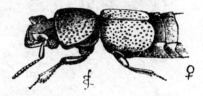

图23 一种隐翅虫(*Bledius taurus*)(放大图)

左图雄虫;右图雌虫。

战斗的法则

有些雄甲虫似乎不适于战斗,然而为了占有雌虫也照样卷入冲突。有一种喙很长的线状甲虫,叫 *Leptorhynchus angustatus*,华莱士先生③见过两只这种雄虫"为一只雌虫而战斗,后者则在一旁忙于钻孔。这两只雄虫用喙相互冲撞,用爪抓来抓去,砰砰地打来打去,显然处于激怒中"。然而较小的雄虫"很快跑开了,承认自己打败了"。在少数场合中,雄甲虫由于具有比雌甲虫上颚大得多的刻齿的巨大上颚,很适于战斗。普通的鹿角锹甲虫(*Lucanus cervus*)就是如此,其雄虫比雌虫约早一周从蛹羽化,因而往往可以见到若干雄虫追逐同一只雌虫。在这个季节内,它们的冲突进行得很激烈。当戴维斯先生④把两只雄虫和一只雌虫关在一个盒内时,大的雄虫猛钳小的雄虫,直到后者放弃了它的要求而后已。一位朋友告诉我说,有个小孩常把雄虫放到一块看它们相斗,他注意到它

① 柯尔比和斯彭斯,《昆虫学导论》,第3卷,329页。

② 《昆虫的近代分类》,第1卷,172页;扁螯,172页。在大不列颠博物馆我见过一只扁螯的雄虫标本处于中间类型,因此这二态现象不是严格的。

③ 《马来群岛》,第2卷,1869年,276页。赖利(Riley),《关于密苏里州昆虫的报告》(*Report on Insects of Missouri*),1874年,115页。

④ 见《昆虫学杂志》(*Entomological Magazine*),第1卷,1833年,82页。关于这个物种的冲突问题,参阅柯尔比和斯彭斯的《昆虫学导论》,第3卷,314页,韦斯特伍德的《昆虫的近代分类》,第1卷,187页。

们就像高等动物那样都比雌虫勇敢而凶猛。要是捉拿雄虫的前部,它们就会抓住他的指头不放,而雌虫虽有更强大的上颚却不会这样。锹甲科(Lucanidae)许多种类的雄虫以及上述 *Leptorhynchus* 的雄虫,都大于雌虫而且更有力量。大头粪金龟(*Lethrus cephalotes*,鳃角组甲虫的一种)的雌雄二者同住一穴;雄虫的上颚比雌的大。如果有一只陌生雄虫在繁殖季节企图撞入洞穴里来,就会受到袭击;雌虫不是处于被动地位,而是堵住洞口,并不断地从后面推其伴侣向前以资激励;战斗将一直持续到入侵者被杀死或逃走才告结束。① 另一种疤痕金龟子(*Ateuchus cicatricosus*)的雌雄二者成双成对地生活在一起,而且似乎彼此非常依恋;雄虫鼓励雌虫去滚动粪球,产卵其中;如果雌虫被移走,雄虫就变得非常焦躁不宁。若雄虫被移走,雌虫就会停止一切工作,而且如布律勒里(M. Brulerie)②所相信的,它将留在同一地点不去,直到死去。

图 24　巨颚甲虫(*Chiasognathus grantii*)缩小图

上图为雄虫;下图为雌虫。

锹甲科雄虫的巨大上颚在大小和构造两方面都是极其易变的,在这方面,同许多鳃角组和隐翅虫科(Staphylinidae)雄虫的头角和胸角相类似。因而介于装备最好的类型和装备最差或退化的类型之间的一个完整系列得以形成。普通锹形虫的、可能还有其他许多物种的上颚虽是用做战斗的有效武器,但其上颚之大是否也能如此解释尚属疑问。我们已知道北美洲的大锹甲(*Lucanus elaphus*)是用上颚去抓握雌虫的。由于它们如此显眼并具有如此优美的分枝,再加上长度大,因而并不十分适于抱握雌虫;我脑子里交织着这样猜测,即它们可能附带有装饰的作用,正如上述各个不同物种的头角和胸角那样。智利南部的巨颚甲虫(*Chiasognathus grantii*)雄虫——属于同一科的一种美丽甲虫——具有异常发达的上颚(图 24);它勇猛而好斗;当遇到威胁时,它就转过身来,张开巨颚,同时摩擦发出高叫。但其上颚不够有劲,挟住我手指还感不到真正苦痛。

意味着具有相当的知觉能力和强烈情欲的性选择对鳃角组甲虫比对任何其他科的甲虫似乎更加有效。有些物种的雄虫具有战斗的武器;有些物种成对生活,显示有相互的爱情;许多物种受到刺激时都有摩擦发音的能力;许多物种具有异常大的角,显然是作为装饰之用;有些物种具昼间活动的习性,它们的颜色都很华丽。最后,世界上最大的几种甲虫都属这一科,林纳和法布尔都把这一科分类在鞘翅目之首。③

----

① 引自费舍尔(Fischer),见《博物分类学辞典》(*Dict. Class. d'Hist. Nat.*),第 10 卷,324 页。

② 《法国昆虫学会年报》(*Ann. Soc. Entomolog. France*),1866 年,默里(A. Murray)在其《旅行记》(1868 年,135页)一书中曾加以引用。

③ 韦斯特伍德,《昆虫的近代分类》,第 1 卷,184 页。

摩擦发音器

许多差别很大的科的甲虫都具有这类器官。这样发出的声音有时在几英尺、甚至几码外仍可听到,[①]但是这种声音是无法同直翅目发出的声音相比的。这种音锉一般是由一个稍微升起的窄表面构成的,其上横亘着很细的平行肋状突起,有时如此之细,致成虹色,而且在显微镜下显出一种很漂亮的模样。在某些场合中,如牙粪金龟属(Typhoeus),其音锉整个周围表面布满了硬毛状或鳞片状微小突起,差不多成为平行线,由此逐渐过渡到音锉的肋状突起。这一过渡的完成是靠着那些微小突起汇集成一条直线,而且变得更突出和平滑。躯体的邻接部位上有一条硬脊作为音锉的刮具之用,但在某些场合中,为了这种用途,该刮具已经发生过特殊改变。它迅速地刮过音锉,或者反过来,音锉擦过刮具。

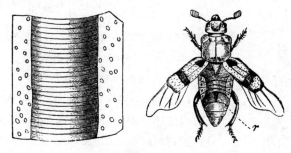

图 25 埋葬虫(兰多依斯提供)
r. 两个音锉。左图是高度放大的音锉一部分。

这类器官所处的位置很不相同。埋葬虫(*Necrophorus*)* 有两片平行的音锉(图 25,r),位于第五腹节背面,每片音锉[②]由 126 到 140 条细肋状突起构成。这些肋状突起同鞘翅的后缘互相刮拨,后者的一小部分伸出其一般轮廓之外。许多负泥虫科(Crioceridae)甲虫、四星锯角叶甲虫(*Clythra 4-punctata*,叶甲虫科 Chrysomelidae 的一种)以及拟步行虫科(Tenebrionidae)某些甲虫等[③]的音锉都位于腹部的背端,即臀板或前臀板之上,也是用鞘翅按上述同样方式刮拨。属于另一科的异角类(Heterocerus),其音锉位于第一腹节的两侧,而用腿节上的隆起线刮拨。[④] 某些象虫科(Curculionidae)和

---

① 沃拉斯顿(Wollaston),《关于某些鸣叫悦耳的象虫科》(*On certain Musical Curculionide*)。见《博物学杂志年刊》,第 6 卷,1860 年,14 页。

* 此类甲虫见鼠等小动物的尸体,则掘尸旁之土为穴,使之陷入土中而食之,故名。——译者注

② 兰多依斯,《动物科学杂志》,第 17 卷,1867 年,127 页。

③ 克罗契(Crotch)先生曾送给我属于这三个科以及其他科的各种甲虫的许多制成标本和有价值的资料,对此我非常感激。他认为锯角甲虫的摩擦发音能力以前没有发现过。我也非常感激詹森(E. W. Janson)先生提供的资料和标本。我要补充一点,鼠形皮蠹(*Dermestes murinus*)会摩擦发音,是我的儿子 F. 达尔文先生发现的,但没有找到发音器官。查普曼(Chapman)博士最近描述过棘胫小蠹虫(*Scolytus*)是一种能摩擦鸣叫的昆虫,见《昆虫学家月刊》(*Entomologist's Monthly Magazine*),第 6 卷,130 页。

④ 引自席厄德(Schiödte),其译文见《博物学年刊杂志》,第 20 卷,1867 年,37 页。

步行虫科（Carabidae）①，其发音部分的位置则完全颠倒，因其音锉位于鞘翅的下表面，接近翅尖或沿着翅的外缘那一部分，而腹节的边缘则用做刮具。赫氏龙虱（*Pelobius Hermanni*，龙虱科 Dytiscidae 或水甲虫的一种）有一条坚固的隆起线靠近鞘翅接合缝的边缘并与之平行，且诸肋状突起横过其上，这些肋状突起中央粗而两端逐渐变细，上端特别细；当在水中或空中把这种昆虫抓住时，它就用腹部的极度角质化边缘刮拨音锉，发出一种唧唧叫声。大量的长角甲虫（*Longicornia*）的这类器官位置则完全不同，其音锉位于中胸，而同前胸互相摩擦；兰多依斯在英雄天牛（*Cerambyx heros*）的音锉上数出 238 条很细的肋状突起。

许多鳃角组昆虫都有摩擦发音能力，但发音器官的位置大不相同。有些物种摩擦发出的声调很高，以致当史密斯先生捉到一只砂蚨（*Trox sabulosus*）时，站在旁边的一位猎物看守人竟以为他逮住了一只老鼠；但我没有发现这种甲虫特有的发音器官。在推丸蜣螂（Geotrupes）和歹粪金龟（Typhoeus）中，有一条窄隆起线斜穿（图 26，*r*）每只后足的基节（在 *G. stercorarius* 中，有 84 条肋状突起），由一个腹节特别突出的部分向它刮拨。近亲的镰刀形角金龟子（*Copris lunaris*）沿着其鞘翅边缘的接合缝有一条非常窄而细的音锉，靠近基部的外缘还有另一片短音锉；但据勒孔特（Leconte）说②，有些其他金龟子的音锉则位于腹部的背面。独角仙（Oryctes）的音锉位于前臀板；据这同一位昆虫学家说，有些其他独角仙类（Dynastini）的音锉则位于鞘翅的底面。最后，韦斯特林说，褐绢金龟（*Omaloplia brunnea*）的音锉位于前胸腹，而刮则位于后胸腹板，这样，发音部分所在的位置是躯体的下表面，而不是像长角甲虫那样在上表面。

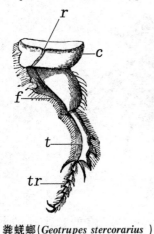

图 26 粪蜣螂（*Geotrupes stercorarius*）后肢图（引用 Landois）

r. 音锉；*c*. 基节；*f*. 股节；

t. 胫节；*tr*. 跗节。

我们由此看到鞘翅类不同科的摩擦发音器官位置的多种多样，实是惊人，但在其构造上却没有多大差别。在同一科中，有些物种具有这等器官，而另外一些物种就没有。这种差异是可以理解的，我们如果设想各种甲虫躯体的任何坚硬而粗糙的部分原先偶然相触，互相摩擦而发出模糊或嘶嘶的声音；而且由于这样发出的声音有点用处，那么其躯体的粗糙表面就会逐渐发展成为正规的摩擦发音器官。现在有些甲虫当行动时，不管有意或无意地还会发出一种模糊的声音，然而它们并没有任何适于这种用途的特殊器官。华莱士先生告诉我说，长臂金龟子（*Euchirus longimanus*，一种鳃角组甲虫，其雄虫的前肢奇长）"在移动时靠腹部伸缩发出一种低沉的嘶嘶声；如果把它捉住，它就会用后腿同鞘翅边缘互相摩擦而发出一种刺耳的声音"。这种嘶嘶声显然是由于一个窄音锉沿着每张鞘翅边缘的接合缝擦过而发出

---

① 韦斯特林描述过［克罗耶尔，《博物学文集》（*Naturhist. Tidskrift*），第 2 卷，1848—1849 年，334 页］这两科以及其他科的摩擦发音器官。在步行虫科中，我检查了克罗契先生送给我的黏滑斑蝥（*Elaphrus uliginosus*）和 *Blethisa multipunctata*。根据我所能作出的判断来说，Blethisa 腹节边缘上的横向隆起线并没有刮拨鞘翅音锉的作用。

② 我感谢伊利诺斯州的沃尔什先生，蒙他赠我拉康德的《昆虫学导论》，101,143 页的摘要。

的;我用它的腿节的粗糙表面同其对应的鞘翅凸凹不平的边缘互相摩擦,同样也能发出那种刺耳的声响;然而我无法在这里找出任何特殊的音锉,这种昆虫如此之大,我很不可能把这种音锉忽略掉的。在考察了高脊步行虫(Cychrus)并读过韦斯特林关于这种甲虫的著述后,我感到尽管它有发音能力,但是否有任何真正的音锉,似乎很有疑问。

根据直翅目和同翅亚目来类推,我曾预期在鞘翅目昆虫中会发现不同性别有不同的摩擦发音器官;但详细检查过若干物种的兰多依斯并没见到过这种差异;韦斯特林和克罗契(G. R. Crotch)先生制作了许多标本送给我,他们也没有见过这种差异。由于这类器官的巨大变异性,即便有任何差异,如果是轻微的话,也是难以被察觉的。例如我检查的第一对埋葬虫(Necrophorus humator)和 Pelobius,其雄虫的音锉要比雌虫的大得多;但后来检查的标本就不这样了。有三只粪蜣螂雄虫的音锉在我看来要比三只雌虫的音锉更厚,色更暗,也更隆起,因此,为了弄清楚不同性别的摩擦发音能力是否不同,我儿子 F. 达尔文先生搜集了 57 只活标本,用同样方法拿着,按照它们叫声的大小分成两堆。然后他检查了所有这些标本,发现这两堆雄虫和雌虫的比例很接近。史密斯先生保存了许多 Monoynchus pseudacori(象虫科)的活标本,他认为其雌雄二者都会摩擦发音,而其发音程度显然是相等的。

尽管如此,在某些少数鞘翅目昆虫中,摩擦发音能力肯定还是一种性征。克罗契先生发现 Heliopathes(拟步行虫科)的两个物种只有雄虫具有摩擦发音器官。我检查了驼背拟步行虫(H. gibbus)的五只雄虫,在最末腹节背面全有一个相当发达的音锉,其一部分分而为二;而在同样数目的雌虫中,甚至连一个音锉的痕迹也没有,最末这个腹节的膜是透明的,而且比雄虫的这种膜薄得多。一种拟步行虫(H. cribratostriatus)的雄者有一个同样的音锉,只是其一部分并不分而为二,而雌虫则完全缺少这种器官;此外雄虫在鞘翅尖端的边缘上,在鞘翅接合缝的每一边,有三四条短的纵向隆起线,其上横亘着极细的肋状突起,这等隆起线同腹部的音锉平行也相类似;这等隆起线究竟是作为独立的音锉之用还是作为腹部音锉的一个刮具,我还无法断定;雌虫一点也没有后述这种构造的痕迹。

还有,在鳃角类独角仙属(Oryctes)的三个物种中,我们看到一个近似的例子。钩角独角仙(O. gryphus)与尖鼻独角仙(O. nasicornis)雌虫的前臀板音锉上的肋状突起在连续性和清晰性上均不及雄虫;但主要的差异还在于这个体节的全部上表面,当把它放在适当光线中时,即可见到它上面覆盖着毛,而雄虫并没有这种毛,或仅以非常微细的绒毛为其象征。应该注意,在所有鞘翅目昆虫中,音锉的有效部分都是无毛的。塞内加尔独角仙(O. senegalensis)雌雄之间的差异更加强烈显著,当把这个特殊腹节弄干净作为透明物体观察时,就可以最清楚地看到这种差异。雌虫的这整个表面覆盖着分散的带刺小脊突;而雄虫的这些脊突在向腹端延伸的过程中逐渐会合,变得愈益规则,愈益没有毛刺;因而这个腹节的四分之三被极细的平行肋状突起所覆盖,是为雌虫所根本没有的。然而当把一个软化了的标本的腹部前后推动时,独角仙属所有这三个物种的雌虫都会发出一种轻微的嘎嘎声或唧唧声。

在拟步行虫属和独角仙属的场合中,雄虫的摩擦发音乃是为了召唤或刺激雌虫,几乎是无可疑问的了;但对多数甲虫来说,摩擦发出的叫声显然是用于雌雄的相互召唤。

甲虫类在各种情绪下的摩擦发音,也同鸟类一样,除向配偶鸣唱外,还为了许多目的来使用它们的叫声。巨大的巨颚甲虫当愤怒和挑战时就要摩擦发出鸣叫,许多物种如果被捉住因而无法逃脱时,由于绝望或恐惧也会发出鸣叫;沃拉斯顿(Wollaston)和克罗契二位先生在加那利群岛用敲打空心树干的方法可以引起仙人掌象虫属(Acalles)的甲虫摩擦发出鸣叫,因而探知它们的所在。最后,金龟子(Ateuchus)雄虫摩擦发出鸣叫以鼓励雌虫工作,当把雌虫移走后,也因悲痛而摩擦发出鸣叫。[1] 有些博物学家相信甲虫发出这种叫声是为了把它们的敌害吓走;但我不能想象一只四足兽或鸟既然能吞食一只大甲虫,怎么会被这么轻微的一种声音所吓倒。摩擦发音是用于性的召唤,这个信念得到了下述事实的支持,即方格斑纹窃蠹虫(Anobium tessellatum)以滴答声互相呼应而闻名,而且据我亲自的观察,它们也向一种人为的轻拍声呼应。道布尔戴先生也告诉过我,他不时见到一只雌虫发出滴答声,[2]过一两小时后发现它同一只雄虫在交配,还有一次被凡只雄虫包围起来了。最后,许多种类的雌雄甲虫起初很可能是靠它们躯体上邻接的坚硬部分彼此摩擦而发出轻微的声音来相互寻找;当那些声音最响亮的雄虫或雌虫最能成功地寻得配偶时,它们躯体不同部位上的皱纹通过性选择就会逐渐发展成为真正的摩擦发音器官。

---

① 布律勒里(M. P. de la Brulerie),默里的《旅行记》(第 1 卷,1868 年,135 页)曾加引用。

② 据道布尔戴先生说,"昆虫所发出的声音是靠着用后腿尽可能地把自己抬高,然后用胸部向坐在其下的东西连续五六次急速拍打"。关于这问题的参考资料,参阅兰多依斯的文章,见《动物科学杂志》,第 17 卷,131 页。奥利维尔(Olivier)说(柯尔比和斯彭斯在其《昆虫学导论》,第 2 卷,395 页,曾加引用)Pimelia striata 的雌虫用其腹部向任何坚硬的东西拍打都可发出相当高的声音,于是雄虫"按照这种召唤,很快前来伴随着它,然后交配了"。

第十一章　昆虫类的第二性征(续)
——鳞翅目(蝶类和蛾类)

蝴蝶的求偶——斗争——滴答响声——雌雄共有的颜色，或者雄虫的颜色更鲜艳——实例——非由于生活条件的直接作用——适于保护的颜色——蛾类的颜色——美的夸耀——鳞翅目的知觉能力——变异性——雄虫和雌虫颜色差异的原因——拟态，雌蝴蝶比雄蝴蝶的颜色更鲜艳——幼虫的鲜明颜色——关于昆虫第二性征的提要和总结——鸟类同昆虫的比较

在这个大"目"中，使我们最感兴趣的是，同一物种雌雄二者在颜色上的差异以及同一属不同物种之间在颜色上的差异。本章的绝大部分都要用来讨论这个问题，但在这之前我要先对其他一两个问题略作陈述。常常可以见到若干雄虫群集在同一只雌虫周围，向它求爱。它们的求偶看来是一件延续很久的事，因为我屡屡注视一只或一只以上的雄虫环绕一只雌虫旋转，直到我看得累了的时候还没有结果。巴特勒(A. G. Butler)先生也告诉我说，他曾几次注视过一只雄虫花了整整一刻钟的时间去向一只雌虫求爱，但后者顽固地拒绝它，最后停息在地面上并合拢双翅，以逃避它的求爱。

蝴蝶虽是脆弱的动物，却都好斗，有一只被捉住的"大彩虹蝶"[①]（*Emperor butterfly*）就是因为同另一只雄蝶冲突而把两片翅尖搞裂了。科林伍德（Collingwood）先生提到婆罗洲蝴蝶经常发生斗争时说道，"它们以最大速度互相围着旋转，似乎激起了极大愤怒而凶猛异常"。

有一种蝶（*Ageronia feronia*）发出的一种声音就像齿轮在弹簧轮挡下通过时的响声一样，在几码外都能听到：我只是在里约热内卢见到两只这种蝴蝶在一条不规则的路线上互相追逐时才注意到这种声音的，因此这种声音可能是雌雄在求偶时发出的。[②]

某些蛾类也发音，龟蛾（*Thecophora fovea*）的雄蛾就是一例。布坎南·怀特（F. Buchanan White）[③]先生有两次听到屺榉青实蛾（*Hylophila prasinana*）的雄蛾发出一种急促的刺耳声音，他相信，就像蝉属的发音那样，这声音是由具有肌肉的一片弹性膜产生的。他还引用了盖内的说法，即，毛蛾（*Setina*）显然是靠"位于胸部的两只鼓状大囊"之助，发出一种钟表那样的滴嗒声，而这类器官"在雄蛾身上远比在雌蛾身上发达得多"。

[①]　大彩虹蝶(Apatura Iris)，见《昆虫学家周刊》，1859 年，139 页。关于婆罗洲蝶类，见科林伍德的《一个博物学家的漫谈》，1868 年，183 页。

[②]　参阅我的《研究日志》，1845 年，33 页。道布尔戴先生已发觉[见《昆虫学会会报》，1845 年 3 月 3 日，123 页]在前翅基部有一特别的膜质囊，大概同发音有关。关于龟蛾，见《动物学纪录》，1869 年，401 页。关于布坎南·怀特先生的观察材料，见《苏格兰博物学家》，1872 年 7 月，214 页。

[③]　参阅《苏格兰博物学家》，1872 年 7 月，213 页。

因此，鳞翅目的发音器官同性机能似乎有某种关系。我所指的不是骷髅天蛾（Death's Head Sphinx）发出的那种人所熟知的声音，因为在这种蛾刚从茧羽化不久就可听到这种声音。

霍尔一向观察到天蛾有两个物种散发出麝香气味，这是雄蛾所特有的；①在较高等的动物纲中，我们将会碰到许多只有雄者才散发香气的事例。

许多蝶类和某些蛾类都极其美丽，无论何人，必加赞赏；或可这样提问：它们的颜色及其变化多端的式样是怎样形成的？是由于这些昆虫所暴露于其中的物理条件直接作用的结果吗？同时并不因此取得任何利益吗？还是由于作为一种保护手段，或者为了某种未知的目的，或者为了某一性别可以吸引另一性别，世世代代的变异被积累起来并由它们所决定的吗？再者，某些物种雌雄二者的颜色差异很大，而同一属其他物种雌雄二者的颜色却彼此相像，其意义是什么呢？在试图回答这些问题之前，一定要先举出大量的事实来。

关于我们美丽的英国蝴蝶，像红纹蝶（admiral）、孔雀蛱蝶（peacock）、画美人蛱蝶（Vanessae）以及其他许多蝴蝶，其雌雄二者都是彼此相像的。热带产的艳丽的长翅蝶（Heliconidae）和斑蝶（Danaidae）科的大多数也是如此。但某些其他热带类群以及我们英国的某些蝴蝶，像闪紫蝶（purple emperor），橙色翅尖蝶（orange-tip），等等（紫蛱蝶 *Apatura Iris* 和黄斑襟粉蝶 *Anthocharis cardamines*），其雌雄二者在颜色上的差异不是很大就是很小。有些热带物种的颜色之壮丽实非语言所可形容。甚至在同一个属中，我们也常常会发现有的物种雌雄之间表现的差异非常之大，而另外的物种雌雄之间又彼此密切近似。下述大多数事实均蒙贝茨先生见告，并审阅过这里的全部讨论，在南美的 Epicalia 这一属中他告诉我说，他知道有 12 个物种的雌雄二者常常出没于同一处所（蝶类并非永远如此），所以它们不会受到不同外界条件的影响。② 这 12 个物种中有 9 个，其雄蝶乃所有蝴蝶中最鲜艳者，它们同颜色比较平淡的雌蝶有如此巨大差异，以致后者先前曾被放入不同的属中。这九个物种的雌蝶在其一般色彩上都彼此相似；而且同世界各地所发现的若干亲缘关系密切近似属的物种的雌雄双方都相类似。因此我们可以推论这 9 个物种，大概还有该属的所有别的物种都是起源于一个颜色几乎相同的祖先类型。第 10 个物种的雌蝶仍保持相同的一般色彩，但雄蝶与之相似，因此它的颜色远不及前面九个物种绚丽，而且差别悬殊。第 11 和第 12 个物种的雌蝶失去了普通的样子，因其颜色几乎与雄蝶一样华丽，只是比后者稍差一点而已。因此，后面这两个物种的雄蝶的鲜明色彩似乎已传给了雌蝶；而第 10 个物种的雄蝶则保持或复现了雌蝶的以及该属原始类型的平淡颜色。这三个例子的雌雄二者尽管表现的方式相反，却很相似。在亲缘关系相近的 Eubagis 属中，某些物种雌雄二者的颜色都是平淡的而且近似；而大多数物种的雄蝶都装饰着多种多样美丽的金属色泽，同雌蝶差异很大。这整个属的雌蝶都保持着同样的一般色彩，因此它们互相之间的类似要大于它们和同种雄蝶之间的类似。

---

① 参阅《动物学记录》，1869 年，347 页。

② 再参阅贝茨先生的论文，见《费城昆虫学会会报》，1865 年，206 页。关于同样的问题，华莱士先生还对冠冕蠃（Diadema）进行过讨论，见《伦敦昆虫学会会报》，1869 年，278 页。

在凤蝶（Papilio）属中，安尼阿斯蝶（AEneas）类群的所有物种均以它们显明和差别悬殊的色彩而著称，它们也证明了雌雄二者之间在差异量上常见级进倾向。在少数物种中，例如斑点凤蝶（P. ascanius），雌雄二者彼此相似；在另外一些物种中，雄蝶的色彩或比雌蝶鲜明，或比雌蝶华丽得很多。同英国画美人蝶有亲缘关系的胥蝶（Junonia）属提供了一个几乎同样的情况，因为尽管该属大多数物种的雌雄二者都缺少华丽色彩而且彼此相像，但有些物种如青铜色六月蝶（J. anone）的雄者颜色则比雌者鲜明些，还有胥蝶的少数物种（例如 J. andremiaja）的雄者同雌者如此不同，以致可能把雄者误认为是一个完全不同的物种。

A. 巴特勒先生在大不列颠博物馆向我指出过另一个显著事例，即热带美洲蚬蝶（Theclae）属的一个物种，其雌雄二者几乎一样，极其美丽；另一个物种的雄者具有同样华丽的颜色，但雌者整个上部表面则都是一致的暗褐色。我们常见的英国灰蝶（Lycaena）的小型蓝蝴蝶表明其雌雄二者之间在色彩上有种种差异，几乎同上述外来的属一样，虽然不如后者那样显著。小丘灰蝶（*Lycaena agestis*）雌雄二者的翅都是褐色的，边上镶有像瞳眼的橙色小点，彼此都如此相似。雄爱琴岛灰蝶（*L. agon*）的翅是鲜蓝色的，镶着黑边，而雌蝶的翅都是褐色的，其镶边同小丘灰蝶（*L. agestis*）的翅很近似。最后，竖琴灰蝶（*L. arion*）雌雄二者的翅都是蓝色而且很相像，但雌蝶翅缘稍黑，上面的黑点稍淡；有一个鲜蓝色的印度物种雌雄二者彼此还更相像。

我列举上面这些细节是为了阐明，第一，当蝴蝶的雌雄二者出现差异时，按照一般规律总是雄者较为美丽，而且同该种所隶属的那一类群的普通色彩距离较远。因此，在多数类群中若干物种的雌蝶之间的相似远比雄蝶之间的相似更为密切。然而在某些场合中，雌蝶的颜色却比雄蝶更为艳丽，以后我还要谈到这一点。第二，上述这些细节清楚地使我们认识到同一属的雄蝶和雌蝶从其颜色毫无差异开始，经常出现各种级进，直至彼此的颜色如此不同，以致在昆虫学家们把它们归入同一属之前，长期以来一直把它们看做是两个属。第三，我们看到，当雄蝶和雌蝶彼此近似时，这似乎是由于雄蝶将其色彩传给了雌蝶，要不就是由于雄蝶保持或恢复了这一类群的原始色彩。还应注意的是，在雌雄二者有所差异的那些类群中，通常是雌蝶多少有些类似雄蝶，所以当雄蝶美丽到异常程度时，雌蝶也几乎总要呈现某种程度的美丽。根据雌雄二者在差异量上的许多级进事例，根据同一类群普遍具有的一般色彩，我们可以断定导致某些物种只有雄蝶才有鲜艳色彩以及另外一些物种雌雄二者都具有鲜艳色彩的原因一般是相同的。

由于这么多华丽的蝴蝶都产于热带，因此人们往往假定它们的颜色乃是由于该地区的巨大热量和湿度所致；但是，贝茨先生[①]在比较了许多产于温带和热带亲缘相近的昆虫类群之后，证明这个观点不能成立；当同一物种的色彩鲜艳的雄蝶和色彩平淡的雌蝶栖息在同样的地方，吃同样的食物并遵循着完全同样的生活习性时，这个证明就成为无可争辩的了。即使雌雄二者彼此相像，我们也几乎不能相信它们灿烂鲜艳的色彩乃是它们组织性质和周围环境条件的毫无目的之结果。

所有种类的动物，一旦为了某种特殊目的而发生了颜色变异，根据我们所能判断的

---

① 参阅《亚马孙河流域的博物学家》，第 1 卷，1863 年，19 页。

来说,这如果不是为了直接或间接的保护,就是为了性别之间的一种吸引。有许多蝴蝶的种,其翅的上表面都是颜色暗淡的,这多半可以使它们得以避免被发现和逃避危险。但是,蝴蝶在停息时特别容易受到其敌害的攻击;而且大多数种类在停息时都把翅垂直地竖立于背上,于是只有翅的下表面暴露于外界的视线之中。因此,正是这一面的颜色往往模拟它们通常停息于其上的物体色彩。我相信是勒斯勒尔(Rössler)博士首先注意到某些画美人蝶以及其他蝴蝶合拢的双翅同树皮的颜色相似。还可以举出许多类似的显著事实。最有趣的一个例子是华莱士先生[①]记载的一种印度和苏门答腊的普通蝴蝶(木叶蝶,Kallima),当它停息在矮树丛上时就像变魔术一样地消失了;因为它把头和触角都藏在合拢的双翅中间,这样从形状,颜色和翅脉来看就和一片带叶柄的枯叶无异。另外还有些例子:翅的下表面具有灿烂的颜色,仍然是作为保护之用。例如红纹蚬蝶(Thecla rubi)的双翅合拢时其颜色是翡翠绿,同黑莓树的嫩叶相类似,这种蝴蝶在春天常常停息于其上。还应注意的是,有许多物种的雌雄二者上表面的颜色差异很大,而下表面的色彩却非常近似或完全一样,这也是作为保护之用的。[②]

虽然许多蝶类上下两面的暗淡色彩无疑是便于隐蔽,可是我们不能把这一观点引申到上表面具有鲜艳夺目色彩的那样一些物种,如英国的红纹蝶、孔雀兰蝶、画美人蝶、粉蝶(Pieris),或是常出没于开阔沼地的大燕尾凤蝶——因为这些蝴蝶的颜色使它们可以被每个活的动物都能看到。这些物种的雌雄二者都彼此相似;但山黄粉蝶(*Gonepteryx rhamni*)的雄蝶是深黄色的,而雌蝶的颜色要淡得多;而黄斑襟粉蝶(*Anthocharis cardamines*)只有雄蝶的翅尖具有鲜明的橘黄色。在这些例子中,无论雄蝶与雌蝶都会惹起注目的,因而认为它们的颜色差异同正常的保护有任何关系的说法都是不可信的。魏斯曼(Weismann)教授说,有一种灰蝶的雌者当停息在地上时就把她褐色的翅展开,从而几乎无法把它识别出来[③];另一方面,其雄者好像明知其翅膀上表面的鲜蓝色会招来危险,当停息时就把它们合闭在一起,这说明蓝色决不能用于保护。尽管如此,惹起注目的色彩作为表示它们是不好吃的一个警号,对许多物种可能还是间接有利的。因为某些其他例子表明美丽色彩是通过模拟其他美丽物种而获得的,后者也居于同一地方并由于它们对其敌害有某种防卫作用而得以避免受到攻击;但另一方面我们还必须对模拟的物种之美丽色彩进行解释。

正如沃尔什先生向我说过的,上述黄斑襟粉蝶的和一个美国物种(美国襟粉蝶,*Anth. genutia*)的雌蝶大概向我们表明了该属亲种的原始色彩;因为该属有四五个散布很广的物种,其雌雄二者的色彩几乎是一模一样的。正如上述的几个例子,我们可在这里推断黄斑襟粉蝶和美国襟粉蝶(*Anth. genutia*)的雄蝶离开了该属的通常形式。产于加利福尼亚州的蛛襟粉蝶(*Anth. sara*),橘色翅尖的性状在雌蝶方面也得到了局部发育;但颜色比雄蝶要淡些,在其他一些方面也稍有差异。有一个亲缘相近的印度蝴蝶类型叫做齿小蠹(*Iphias glaucippe*),其橘色翅尖的性状在雌雄双方都得到了充分发育。正如

---

① 参阅《威斯敏特评论》,1867 年 7 月,第 10 页上的一篇有趣文章。华莱士先生在《哈德威克的科学随笔》(*Hardwicke's Science Gossip*)一书上提供了一幅木叶蝶的木刻图,1867 年 9 月,196 页。

② 弗雷泽先生,《自然界》,1871 年 4 月,489 页。

③ 《隔离对种类形成的影响》(*Einfluss der Isolirung auf die Artbildung*),1872 年,58 页。

巴特勒先生向我指出的,这个齿小蠹(Iphias)双翅的下表面同一片淡色的叶子奇异地相似;而我们英国的黄斑襟粉蝶的下表面则同野生欧芹的头状花相似,它们常在晚间停息于其上。① 这些都迫使我们相信下表面的色彩乃是为了保护的同样理由,又使我们不得不否认翅尖具有鲜明的黄色是为了同样的目的,特别是当这个性状只限于雄蝶时,尤其如此。

大多数蛾类在整个或大部分白天都不活动,而且其翅垂放;为了逃避外界的发现,它们整个上表面的颜色浓淡和着色方式,正如华莱士先生所说的,常常令人赞叹不已。蚕蛾(Bombycidae)科和夜蛾(Noctuidae)科②当停息时,其前翅一般重叠而把后翅掩盖起来;因此后翅大概具有灿烂的色彩而不致遭到大的危险;它们的后翅事实上往往都是这样着色的。蛾类在飞翔时常常能够逃避其敌害,尽管如此,由于其后翅这时完全暴露于外界的视线之中,一般说来其灿烂色彩的获得一定还是要冒一点危险的。但下述事实阐明,我们要对这个问题作出结论应该如何地谨慎。普通黄色后翅蛾的毛夜蛾(Triphaena)往往在白天或傍晚飞来飞去,由于它们后翅的颜色,那时是易于被察见的。人们自然要认为这可能是危险的一个根源;但詹纳·韦尔先生相信这实际上是逃避危险的一种手段,因为鸟类所注意到的是这等色彩灿烂而易碎的表面,并非它们的躯体。例如,韦尔先生把一只健壮的一种黄毛夜蛾(*Triphaena pronuba*)标本放进他的鸟舍里,马上就受到一只驹鸟的追逐;但是,把这只鸟的注意力吸引住的是标本的彩色翅膀,经过50次左右的尝试,而且蛾翅反复被撕裂成碎片后,才把它捉住。他用一只燕子和缘饰毛夜蛾(*T. fimbria*)在露天做过相同的实验;但这种蛾子的巨大体形妨碍了燕子把它捉获。③ 由此我们想起了华莱士先生的一段叙述,他说在巴西森林和马来群岛有许多非常漂亮的普通蝴蝶,它们虽有宽阔的翅膀,但都不善于飞翔;它们"被捉获时,其翅往往因被刺穿而破裂,好像它们曾被鸟类捉住后又逃脱了。倘若翅膀同虫体的比例小得多,那么这种昆虫的致命部位看来就可能更加频繁地受到打击和刺穿,因此翅膀的增大可能有间接的利益"。④

夸 耀

许多蝶类和有些蛾类的灿烂色彩都是为了夸示而特别安排的,所以它们容易被看见。在夜间,颜色是不会被看见的,毫无疑问,夜蛾作为一个整体来说,其装饰远不及具有夜息昼出习性的蝶类华丽。但某些科的蛾类,如斑蛾(Zygænidae)科、若干天蛾(Sphingidae)科、燕蛾(Uraniidae)科、某些灯蛾(Arctiidae)科和天蚕蛾(Saturniidae)科,在白天或傍晚四处飞翔,它们之中有许多都是极其美丽的,同严格夜出昼息的类型相比,其颜色要灿烂得多。然而也有少数夜出物种具有鲜艳色彩的例外情况曾被记录下来。⑤

① 参阅伍德先生写的、有趣的观察报告,见《学生》(*The Student*),1868年9月,第81页。
② 华莱士先生,《哈德威克的科学随笔》,1867年9月,193页。
③ 关于这个问题再参阅韦尔先生的论文,见《昆虫学会会报》,1869年,23页。
④ 《威斯敏特评论》,1867年7月,16页。
⑤ 例如虎蛄蟖(Lithosia),但韦斯特伍德教授(见《昆虫的现代分类》,第2卷,390页)对这例子似乎感到惊奇。关于昼出和夜出的鳞翅目昆虫的相对色彩,见《昆虫的现代分类》,第2卷,333,392页;再参阅哈里斯著作《关于新英格兰昆虫类的论文》(*Treatise on the Insects of New England*),1842年,315页。

　　关于夸示，还有另一类证据。如上所述，蝶类当停息时便竖起它们的翅，但在晒太阳的时候，往往把双翅交替地竖起或垂放，这样，翅的两面就充分可见；虽然下表面的色彩往往暗淡，以为保护，但有许多物种，其翅的下表面同上表面装饰得一样，非常华丽，而且其式样有时迥然不同。有些热带物种，其翅的下表面色彩甚至比上表面还要鲜艳。① 英国蛱蝶（Argynnis）只有下表面才装饰着闪闪的银光。尽管如此，作为一般规律，上表面大概暴露的更加充分，其颜色要比下表面更灿烂，更多样化。因此，在鉴定不同物种之间的亲缘关系时，下表面对昆虫学家们一般可以提供更为有用处的性状。弗里茨·米勒告诉我说，在巴西南部他的住宅附近发现了蝶蛾（Castnia）属的三个物种：其中两个物种的后翅颜色都是暗淡的，这两种蝴蝶停息时，其后翅总是被前翅所掩盖；但第三个物种的后翅是黑色的，其上有美丽的红色和白色斑点，这种蝴蝶不论在什么时候停息，它们的后翅都充分展开以显示其色彩。尚有其他这等事例可以举出。

　　现在我们转来谈谈蛾类这庞大的类群，我听斯坦登先生说，它们习惯上不把翅的下表面暴露得很清楚，我们很少发现这一面的色彩比上表面更灿烂或与之相当。关于这一规律的某些例外，不论是真实的还是表面的，如合欢螆（Hypopyra）的例子②，都必须加以注意。特里门（Trimen）先生告诉我说，在盖内的伟大著作中有三只蛾的绘图，它们的下表面要鲜艳得多。例如，澳洲枯叶蛾（Gastrophora）的前翅上表面是淡灰赭石色的，而下表面则饰以华丽的钴蓝色眼点，位于一块黑斑的中央，黑斑之外围绕着一层橙黄色，再外一层是浅蓝白色。但关于这三种蛾子的习性还不清楚；因而对它们色彩的不寻常式样无法加以说明。垂门先生也告诉我说，某些别的尺蠖蛾（Geometrae）类③和四裂的夜蛾（Noctuae）类，其翅膀的下表面或比上表面更色彩斑驳，或更鲜艳灿烂；但其中一些物种具有这样的习性："它们的翅完全竖立于背上，并在相当长的时间内保持着这种姿势"，这样就把下表面暴露于外界的视线之中。另外有些物种，在停息于地上或草本植物上时，不时突然而轻微地抬起它们的翅。因此，某些蛾类翅的下表面比上表面的颜色鲜明就不会像最初看来那么令人感到异常了。天蚕蛾科中有些蛾是所有蛾类中最美丽的，它们的翅像英国的天蚕蛾那样，饰有漂亮的眼点；伍德先生④观察到它们的一些活动同蝶类相似："例如，它们的翅好像为了夸示其美而轻轻起伏，昼出的鳞翅目昆虫比夜出的鳞翅目昆虫更具有这种夸示的特性。"

　　虽然许多颜色灿烂的蝶类的雌雄二者差异颇大，但根据我所能发现的，没有一种颜色灿烂的英国蛾类，其雌雄二者在颜色上有很大差异，几乎任何外国物种也是如此。然而，有一种美国蛾，叫做河神天蚕蛾（*Saturnia Io*）的，有人描述其雄者具有深黄色的前翅，其上奇妙地点缀着紫红色斑点；而雌蛾的双翅却是紫褐色的，点缀着灰色的线条。⑤

---

　　① 关于几个凤蝶种的翅膀上下表面的这等差别，见华莱士先生的《关于马来亚地区凤蝶科的研究报告》（*Memoir on the Papilionidae of the Malayan Region*）一文中的图版，载于《林纳学会会报》，第 25 卷，第一部分，1865 年。

　　② 参阅沃莫尔德（Wormald）先生讨论这种蛾的文章，见《昆虫学会会报》，1868 年 3 月 2 日。

　　③ 再参阅有关南美洲的一个属 Erateina（尺蠖蛾 Geometrae 类的一种）的记载，见《昆虫学会会报》，新辑，第 5 卷，15，16 页。

　　④ 参阅《伦敦昆虫学会会报》，1868 年 7 月 6 日，27 页。

　　⑤ 哈里斯，《关于新英格兰昆虫类的论文》，弗林特校，1862 年，395 页。

雌雄颜色不同的英国蛾为全褐色,或为各式各样的暗黄色,或接近白色。有几个物种,其雄蛾的颜色比雌蛾暗得多,①这些物种都属于一般在下午四处飞翔的类群。另一方面,正如斯坦登先生告诉我的,在许多属中,雄蛾的后翅要比雌蛾的白些——关于这个事实,鸣夜蛾(*Agrotis exclamationis*)提供了一个生动的实例。忽布蝙蝠蛾(*Hepialus humuli*)的这种差异更为显著;其雄蛾是白色的,雌蛾呈黄色并带有较暗的斑纹。② 这些事例或可说明雄蛾像这样表现得较为显眼,大概是为了在黄昏四处飞翔时比较容易被雌蛾看到。

根据上述若干事实来看,不能认为蝶类和某些少数蛾类通常是为了保护自己而获得其灿烂的色彩。我们已经看到,它们所安排和展示的色彩和优雅样式好像都是为了夸示其美。因此,我被引导着去相信,雌者爱好颜色比较灿烂的雄者,要不后者最能使雌者激动;因为,根据我们所能知道的来说,若依其他设想,都无法说明雄者装饰的目的何在。我们知道,蚁类和某些鳃角类甲虫都能感到彼此依恋之情,而且蚁类在间隔数月之后还能认出它们的伙伴。因此,在系统上同这等昆虫大概居于差不多相等或完全相等位置上的鳞翅目,具有充分的精神能力来赞赏灿烂的色彩,在理论上并非是不可能的。鳞翅类肯定是凭借颜色来发现花的。常常可以见到蜂鸟天蛾(Humming-bird Sphinx)在若干距离以外向绿叶丛中一束花猛扑过去;有两位海外人士向我保证说,这等蛾曾反复光临一间屋子墙上画的花,而且徒劳地试图把它们的喙插进去。弗里茨·米勒告诉我说,巴西南部有几种蝴蝶确无误地爱好某些颜色胜于爱好其他颜色;他观察到它们时常光临五六个植物属的灿烂红花,但从不光临同一花园里的同一属或其他属植物开白花或黄花的物种;我也收到过同样意义的其他报道。多勃尔德伊先生告诉我说,普通白蝶常飞向地面上的一块小片纸,无疑是把它错误地当做自己的同种。科林伍德(Collingwood)先生③当谈到在马来群岛收集某些蝶类的困难时说道,"把一只死标本钉在一条易见的小树枝上,往往会把一只正在匆忙飞翔中的同种昆虫引到捕虫网容易达到的范围之内,如果它同死标本的性别不同,就尤其容易用此法捕获"。

如上所述,蝶类的求偶是一个冗长的过程。有时雄蝶因竞争而互斗,也可看到有许多雄蝶在追逐同一只雌蝶或聚在其周围。那么,除非雌蛾喜爱某只雄蛾胜过其他雄蛾,否则雌雄配合必定完全委于机会,看来这似乎是不可能的。另一方面,如果雌蛾时常或者甚至偶尔选择更美丽的雄蛾,则后者的颜色将逐渐日益增其鲜明,按照普遍的遗传规律,这种颜色将传递给雌雄双方或只传给性别的一方。如果在第九章附录中根据种种证

---

① 例如,我在我儿子的标本箱内见到栎树枯叶蛾(*Lasiocampa quercus*)、吸饮枯叶蛾(*Odonestis potatoria*)、*Hypogymna dispar*、苹红尾毒蛾(*Dasychira pudibunda*)以及平纹细布蛾(*Cycnia mendica*)的雄蛾都比雌蛾的颜色更暗淡。后一物种雌雄之间在颜色上差异显著;华莱士先生告诉我说,他相信我们在这里见到一个事例表明保护性的模拟只限于一种性别,这在后面还要更充分地加以说明。平纹细布蛾的白色雌蛾同很普通的具斑灯蛾(Spilosoma menthrasti)相似,而后者雌雄都呈白色;斯坦登先生观察到后面这种蛾子为整窝小火鸡极端厌恶地所拒食,而它们却爱吃其他蛾类;因此若英国鸟类普通把平纹细布蛾误认作樱蛾,它们就可避免被吃掉,这样,其伪装的白色就是高度有利的。

② 值得注意的是,在设得兰群岛这种蛾的雄者不但同雌者没有很大差别,反而在色彩上同雌者密切相似(参阅麦克拉克伦先生的文章,《昆虫学会会报》,第 2 卷,1866 年,459 页)。弗雷泽先生提出(《自然》,1871 年 4 月,489 页)当蝙蝠蛾出现在这北方群岛的季节,月色微明,为了使雌蛾易于见到,雄蛾的白色就不是必要的了。

③ 《一个博物学家在中国诸海漫笔》(*Rambles of a Naturalist in the Chinese Seas*),1868 年,182 页。

据所作出的结论是可信的话,即许多鳞翅目的雄虫数量至少在成虫状态时远远超过雌虫,则性选择的过程将会大大被推进。

然而有些事实同雌蝶喜爱比较美丽雄蝶的信念不相符合;例如,有几位昆虫采集者向我保证说,常常可以看到生气勃勃的雌蝶同伤损的、憔悴的或光彩暗淡的雄蝶交配;但这几乎总是由于雄虫早于雌虫出茧羽化的一种情况。关于蚕蛾科的蛾,其雄蛾和雌蛾一进入成虫状态即行交配;因为它们的口器处于线迹状态而无法取食。正如几位昆虫学家向我说的,雌蛾几乎处于麻木状态,对其配偶似乎毫不显示选择之意。欧洲大陆和英国的一些饲养家告诉我说,普通家蚕蛾(*B. mori*)就是这样情况。华莱士博士对饲养臭椿蚕(*B. cynthia*)有丰富的经验,他相信这种雌蛾毫无选择或偏爱的表示。他曾把三百只以上的这种蛾子饲养在一起,并且经常发现最强壮的雌蛾同发育不全的雄蛾相配。雄蛾对雌蛾好像并不如此;因为,正如他所信的,较强壮的雄蛾置衰弱的雌蛾而不顾,却被最富生命力的那些雌蛾所吸引。尽管如此,蚕蛾科虽颜色暗淡,但由于它们那优雅而复杂的色调,在我们看来往往还是美丽的。

迄今为止,我所谈到的只是雄虫颜色比雌虫更为鲜明的那些物种,并且我把雄虫的美丽归因于雌虫许多世代以来总是选择更有吸引力的雄虫,并与之交配。相反的事例虽然很少,但也是有的,即雌虫的颜色比雄虫更为灿烂;在这种情况下,正如我相信的雄虫所选择的乃是比较美丽的雌虫,因而使雌虫慢慢地增添了它们的美丽。在各个不同的动物纲中都有少数物种的雄者选择比较美丽的雌者,而不是心甘情愿地接受任何雌者,这似乎是动物界的普遍规律,不过为什么如此,我们还弄不清楚。但是,如果同鳞翅目所发生的一般情况相反,雌者数量远比雄者多得多,则雄者大概就可能挑选更美丽的雌者。巴特勒先生让我看过大英博物馆入藏的几个 Callidryas 的物种,其雌虫之美有和雄虫相等者,另外还有大大超过雄虫者;因为只有雌虫的翅缘才满布着艳红色和橙色,并具有黑色斑点。这些物种的雄虫色彩比较平淡,彼此密切相似,这说明在这里发生变异的是雌虫;而在雄虫更富有装饰的那些事例中,发生变异的乃是雄虫,雌虫则保持密切相似。

在英国我们看到一些类似的情况,尽管不是那么显著。蚬蝶(Thecla)属的两个物种只有雌虫在其前翅上具有一种鲜紫色或橙色块斑。草地褐蝶(Hipparchia)的雌雄颜色差别不大;但有一种复面草地褐蝶(*H. janira*),其雌虫在翅上有一种显著的鲜褐色块斑;另外有些物种的雌虫也比雄虫颜色更为鲜艳。还有,可食粉蝶(*Colias edusa*)与黄纹豆粉蝶(*C. hyale*)的雌虫"在其黑色翅缘上有橙色或黄色斑点,在雄虫方面只表现为细条纹";在粉蝶(Pieris)属中,雌虫"在其前翅上装饰着黑色斑点,而这在雄虫的翅上只有部分表现"。那么,已知许多蝶类的雄者在其飞行结婚期间支撑雌者;但刚刚提到的那些物种却是雌者支撑雄者;因此雌雄双方所起的作用正好相反,这正如它们相对的美色也颠倒了一样。在整个动物界中,雄者在求偶过程中一般比较积极主动,由于雌者所接受的是吸引力较强的雄性个体,因而雄者的美似乎因此而增加了;但对这等蝶类来说,在最后的交尾仪式中乃是雌者居于比较积极主动的地位,所以我们可以设想它们在求偶过程中也起了同样的作用;在这样场合中,我们就能理解它们更加美丽的原因。上述系引自梅尔多拉(Meldola)先生的论述,他在总结时说道:"虽然我不相信昆虫的颜色是由性选择的作用而产生的,但不能否认这些事实明确地证实了达尔文先生的观点。"①

由于性选择主要依靠变异性,因此必须对这个问题稍作补充,关于颜色的变异性,并没有什么困难问题,因为可以举出任何数目的鳞翅目昆虫都是高度易变的。举一个明显的例子就够了。贝茨先生给我看过两种凤蝶(*Papilio sesostris* 和 *P. childrenae*)的一整套标本,后者的雄蝶在前翅的翡翠绿色美丽块斑的宽窄方面,在白斑的大小方面,以及后翅上艳红色的华丽条纹方面,都有很大变异;因此在最绚丽的雄蝶和最不绚丽的雄蝶之间形成了强烈对照。某种凤蝶(*Papilio sesostris*)的雄者远不及另一种凤蝶(*P. childrenae*)的雄者美丽;在其前翅上绿色斑块的大小以及后翅上偶尔出现的艳红色小条纹等方面也同样稍有变异,后一性状看来好像是来自本种的雌蝶;因为这个物种的雌蝶以及安尼阿斯蝶(Aeneas)类群其他许多物种的雌蝶都具有这种艳红色条纹。因此,在 P. sesostris 最鲜明的标本和 P. childrenae 最暗淡的标本之间只有一小段间隔,显然仅就变异性来说,凭借选择作用不断地给任何一个物种增添其美丽,并非困难之事。这里的变异性差不多只限于雄蝶;但华莱士先生和贝茨先生都曾指出②,有些物种的雌蝶是极易变异的,而雄蝶则几乎保持不变。我在后面一章将有机会说明许多鳞翅目昆虫的翅上美丽眼斑是显著易变的。这里我愿补充说明这些眼斑给性选择学说提供了一难点;因为在我们看来这些眼斑虽然非常富有装饰性,但从来没有只见于一种性别而不见于另一性别的,而且两种性别的眼斑也从来没有很大差异。③ 对这个事实目前还无法解释,但如果以后能发现眼斑的形成是由于翅膀组织有某种改变,譬如说,这种变化发生于很早的发育时期,则根据我们所知道的遗传规律,我们就可期待这种性状将会传递给雌雄双方,尽管它只在一种性别发生并完成。

总之,虽有许多严重的反对主张,但大多数鳞翅目的色彩鲜艳物种的颜色大概是由于性选择的结果,当然在即将谈到的某些事例中,其鲜明色彩的获得乃是由于作为保护的拟态。在整个动物界中,雄者因其热情一般都乐于接受任何雌者;而雌者则通常要尽力选择雄者。因此,如果性选择曾对鳞翅目发生过有效作用,则在雌雄相异的场合中,雄者的色彩应是更灿烂的,而事实无疑也正是如此。在雌雄双方都有着灿烂的色彩并彼此类似时,雄者所获得的这等性状大概传递给了雌雄双方。我们作出这个结论的根据是,即使在同一属中,雌雄二者之间在颜色上存在着从颜色差异非常之大到完全一样的等级。

但或可提问,关于雌雄二者之间的颜色差异,除性选择外,难道不能用其他方法来解释吗?例如,在若干事例中,据知同种的雄蝶和雌蝶栖息于不同的场所,④前者一般曝于

---

① 《自然》,1871 年 4 月 27 日,508 页。米尔多拉(Meldola)先生引用了唐塞尔(Donzel)关于蝴蝶交配飞行的资料,见《法国昆虫学会》,1837 年,77 页。再参阅弗雷泽先生关于若干英国蝴蝶的性别差异的文章,见《自然》,1871 年 4 月 20 日,489 页。

② 见华莱士关于马来西亚地区凤蝶科的著作,见《林奈学会会报》,第 25 卷,1865 年,8,36 页。华莱士先生提出过一个稀有变种的显著事例,这个稀有变种严格介于其他两个特征显著的雌蝶变种之间。再参阅贝茨先生的文章,见《昆虫学会会报》,1866 年 11 月 19 日,40 页。

③ 热心的贝茨先生曾在昆虫学会上提出这个问题,关于这种效果,我收到了几位昆虫学家的答复。

④ 贝茨,《亚马孙河流域的博物学家》,第 2 卷,1863 年,228 页。再参阅华莱士的文章,见《林奈学会会报》,第 25 卷,1865 年,10 页。

日光之下,后者则出没于幽暗的森林中。因此不同的生活条件可能会直接作用于雌雄二者;但看来这似乎不可能如此,[①]因为处于成虫状态的雄蝶和雌蝶只是在很短时期内暴露于不同的生活条件下,而它们在幼虫期则都暴露于同样的生活条件下。华莱士先生相信,性别之间的差异,其原因在于雄者的变异并非那样多,而在所有或几乎所有的场合中大都是由于雌者为了保护自己而获得了阴暗的色彩。在我看来,情况正好相反,远为可能的是,通过性选择主要发生变化的正是雄者。雌者的变化是比较小的。这样,我们就能理解亲缘关系密切的雌者之间的类似为什么一般甚于雄者之间的类似。于是这些雌者向我们大致显示了它们所隶属的这个类群的亲种的原始色彩。然而由于某些连续变异传递给了雌者,它们几乎总得要或多或少地发生改变,而雄者正是通过这些连续变异的积累而增添了美丽。但是,我无意否定在某些物种中仅是雌者为了保护自己而发生了特别变异。在大多数情况下,不同物种的雄者和雌者在其漫长的幼虫状态中将暴露于不同的生活条件下并因此受到不同的影响;然而雄者由此发生的任何细微的颜色变化一般都要被性选择所引起的灿烂色彩所掩盖。在我们论到鸟类时,关于雌雄二者之间的颜色差异有多大程度是由于雄者为了装饰目的而通过性选择发生的变异,或者有多大程度是由于雌者为了保护自己而通过自然选择发生的变异,对这整个问题我还要加以讨论,因此在这里稍微谈一下就可以了。

如果雌雄二者同等遗传的方式更为普遍,在所有这种情况下,色彩鲜明的雄者的受到选择也倾向于引起雌者色彩变得鲜明;而色彩阴暗的雌者的受到选择也倾向于使雄者色彩变得阴暗。如果这两个过程同时进行,它们则倾向于相互发生作用,其最终结果将决定于如下情况:究竟是雌者由于暗淡的色彩而得到保护并占有多数,以成功地留下了更多的后代,还是雄者由于色彩鲜明并因此觅得配偶而占有多数,以成功地留下了更多的后代。

为了说明性状常常只传递给一种性别的现象,华莱士先生表示相信雌雄二者比较普通的同等遗传方式可以通过自然选择转变为只向一种性别遗传的方式,但我还没有支持这种观点的任何证据。根据在家养状况下所发生的情况,我们知道新性状常会出现,它们一开始只传递给一种性别;经过对这等变异的选择,只使雄者具有鲜明的色彩,同时或者随后只使雌者具有暗淡的色彩,这并没有一点困难。按照这种方式,某些蝶类和蛾类的雌者可能是为了保护自己而变得颜色暗淡并与其同种的雄者大有差异。

然而,如果没有明显的证据,我无论如何也不愿承认在大量的物种中有两个复杂的选择过程在进行,它们各自要求把新性状只传递给一种性别——即雄者靠着击败其竞争者而变得颜色更灿烂,而雌者由于逃避其敌害而变得颜色更暗淡。例如普通黄粉蝶(Gonepteryx)的雄者,其黄色比雌者强烈得多,虽然其雌者的黄色也是同等显著的;其雄者获得鲜明色彩可能是作为一种性的吸引,但是要说雌者是为了保护自己而特别获得了暗淡的色彩似乎是不大可能的。黄斑襟粉蝶(Anthocharis cardamines)的雌者不像雄者那样具有美丽的橙色翅尖;结果它同我们花园中常见的粉蝶密切类似;但我们还没有证据可以证明这种类似对它是有益的。另一方面,由于它同居住在世界不同地方的该属若

---

① 关于这整个问题,参阅《动物和植物在家养下的变异》,1868年,第2卷,23章。

干其他物种的雌雄二者都相类似,因而它可能只是在很大程度上保持了其原始的色彩。

最后,正如我们所见到的,不同的考察都引出了下面的结论,即对大多数色彩灿烂的鳞翅目昆虫来说,主要通过性选择发生变异的乃是雄者,雌雄二者之间的差异量大都决定于起作用的遗传方式。遗传是受到如此众多未知的法则和条件所支配的,其作用方式在我们看来是捉摸不定的;[①]因此,在某种程度上我们可以理解为什么近亲物种的雌雄颜色或是惊人地不同或是完全一样。由于变异过程的所有后续步骤都必须通过雌者来传递,因而这类步骤就容易在雌者方面多少发展起来;于是我们就可以理解,在所有亲缘相近的物种中,雌雄二者从极端不同到毫无差别之间常常会出现一系列的级进。可以补充说明的是,这等级进的例子是如此普遍,以致不能支持我们在下述设想,即我们在这里所见到的雌者实际上经历了转变的过程,并为了保护自己而失去其鲜明色彩。因为我们有各种理由可以断定随便在任何时候大多数物种都是处于固定状态的。

拟　　态

这一原理是由贝茨先生在一篇令人钦佩的论文中首次阐明的,[②]因而对许多暧昧不明的问题提供了大量解释。以前曾有人观察过属于完全不同科的某些南美洲蝶类同长翅蛺蝶(Heliconidae)科在每一条纹和每一色调上如此密切类似,以致如果不是一位有经验的昆虫学家,就无法将它们区别开来。由于长翅蝶科所具者乃是本来的色彩,而别的蝶类则偏离了它们所属的类群的正常色彩,因此后者显然是模拟者,而长翅蛺蝶科则是被模拟者。贝茨先生进一步观察到,模拟的物种较少,而被模拟的物种则很多,这两组昆虫混在一起生活。长翅蝶科为颜色鲜明而美丽的昆虫,但它们的种和个体数量非常之多,他根据这个事实断定它们必定靠某种分泌物或气味来保护自己免受敌者的攻击;这一结论现已得到广泛的证实,[③]尤其是得到了贝尔特先生的证实。因此,贝茨先生推论模拟有所保护的物种的蝶类通过变异和自然选择而获得了它们目前那种不可思议的伪装,以图被误认为是那些有所保护的种类而逃避被吞食的危险。这里只想说明一下模拟的蝶类的鲜明色彩,而对被模拟的蝶类的鲜明色彩则不做任何解释。我们对后者的色彩必须按照本章以前讨论的诸例所用的同样方式进行说明。自从贝茨先生的论文发表之后,华莱士先生在马来亚地区,特里门先生在南非,并且赖利先生在美国都观察到了同等显著的相似事实。[④]

鉴于有些作者感到非常难于理解拟态过程的最初步骤如何能够通过自然选择而被完成,因此最好注意这一过程很久以前在颜色上并无显著差别的类型之间大概就开始

---

① 《动物和植物在家养下的变异》,第 2 卷,12 章,17 页。

② 《林奈学会会报》,第 23 卷,1862 年,495 页。

③ 《昆虫学会会报》,1866 年,12 月 3 日,45 页。

④ 华莱士,《林奈学会会报》,第 25 卷,1865 年,1 页;以及《昆虫学会会报》,第 4 卷(第 3 辑),1867 年,301 页。特里门,《林奈学会会报》,第 26 卷,1869 年,497 页。赖利,《关于密苏里州害虫类第三次年报》(*Third Annual Report on the Noxious Insects of Missouri*),1871 年,163—168 页。后面这篇文章是有价值的,因赖利先生在这里讨论了所有反对贝茨先生理论的意见。

了。在这种情况下,即使是一种轻微的变异大概也是有益的,如果这种变异能使其中一个物种更像另一个物种;以后被模拟的物种也许通过性选择或其他途径而被改变到极端的程度,如果这等变化是渐进的,则模拟者大概会容易地沿着同一轨道而随着变化,直至同它们原始状态的差别达到同等的极端程度;于是它们最终便获得了同它们所隶属的那个类群的其他成员完全不同的一种外貌或颜色。还应记住,鳞翅目的许多物种在颜色上都容易发生大量而突然的变异。本章已举出过少数例子,在贝茨先生和华莱士先生的论文中还可找到更多的例子。

有几个物种,其雄虫和雌虫是相似的,并且模拟另外一些物种的雌雄二者。但垂门先生在已经提到的那篇论文中举出三个例子,说明被模拟的类型的雌雄颜色彼此不同,而模拟的类型的雌雄颜色也以同样的方式而有所不同。还记载过若干事实,说明只有雌者才模拟色彩鲜艳的有所保护的物种,而雄者则保持"其直系同性的正常外貌"。在这里使雌者发生改变的连续变异显然只传递给了雌者一方,然而,在这许多连续变异中有些传递给了雄者并发展起来是可能的,如果不是获得这类变异的雄者因此失去对雌者的吸引力而被淘汰的话;所以只有从一开始就严格限于传递给雌者的那些变异才会保持下来。贝尔特(Belt)先生在一项叙述中对这些意见曾作了部分证明,[①]他说有的 Leptalides 的雄者在模拟有所保护的物种时仍以隐蔽的方式保留了它们一些原始状态。例如,雄虫"的下翅上半部是纯白色,其余部分则布满了黑的、红的以及黄的条斑和点斑,同它们所模拟的物种相似。雌虫则无此白色斑纹,雄虫通常用上翅将下翅掩盖起来而使它得以隐蔽,因此当它们把它展示于雌虫之前因而满足了后者对 Leptalides 所隶属的那一'目'之正常颜色的根深蒂固的爱好时,我不能想象它有任何别的用处可以比得上作为求偶时的一种吸引"。

蠋的鲜明颜色

回顾许多蝶类的美丽,使我想起有些幼虫的颜色也是灿烂的;由于性选择在这里不可能起作用,因此,除非对其幼虫的鲜明色彩能以某种方式进行解释,否则把成年昆虫的美丽归因于性选择就未免轻率了。第一,可以看出蠋(幼虫)颜色同成年昆虫颜色并无任何密切的相关。第二,它们鲜明的颜色在任何正常意义上都不是作为保护之用的。贝茨先生向我说过这方面的一个例子:有一种天蛾幼虫生活于南美开阔的大草原(Ilanos)上一株树的大绿叶子上,这是他看到过的颜色最鲜明的一种幼虫,长约 4 英寸,横向有黑和黄的带斑,头、足和尾均呈鲜红色。凡是路过的人,即使在许多码以外都会看到它。至于每只过路的鸟无疑也会看到它。

于是我请教了华莱士先生,他是一位解决难题的天才。他考虑了一下回答说:"大多数幼虫都需要保护,这一点可从下述情况推论出来,即,有些种类的幼虫具有棘状突起或刺激性的毛,许多幼虫都是绿色的,同它们所取食的叶子颜色相似,或者同它们生活于其上的小树枝相似。"还有一个关于保护的事例,是曼塞尔·威勒(J. Mansel Weale)先生提

---

① 见《博物学家在尼加拉瓜》(*The Naturalist in Nicaragua*),1874 年,385 页。

供给我的，可以补充谈谈，即，有一种蛾的幼虫，生活于南非的含羞草上，把自己伪装得同其周围的棘刺完全区别不出来。根据这等考察，华莱士先生想象颜色显著的幼虫可能由于有一种恶味而得到保护的；但是，由于它们的皮极嫩，一受到创伤肠子就容易脱出，一只鸟只要用它的嘴轻轻把它们一啄，对它们来说就如同被吞食一样地可以致死。因此，正如华莱士先生所说的，"仅仅味道讨厌也许还不足于保护一只幼虫，除非有外在的标志向其可能的破坏者表示其牺牲品是一种味道恶劣的食物"。在这等情况下，一只幼虫能被所有鸟类和其他动物马上确定地认出它们是不好吃的，这也许对它非常有利。这样，最绚丽的颜色可能就有用了，并且通过变异和最易被识别的个体的生存而获得了这种颜色。

这一假说最初看来好像很大胆，但一把它提到昆虫学会，[①]却受到了种种发言的支持。詹纳·韦尔先生在一个鸟舍里养过大量的鸟，他告诉我说，他做过许多试验，发现所有夜出日伏习性的而且表皮光滑的幼虫，所有绿色的幼虫，以及所有模拟树枝的幼虫，一概都被他养的鸟贪婪地吃掉，对此毫无例外。那些有毛的和有刺的种类一律都被拒而不食，四个颜色显著的物种亦复如此。当这些鸟拒绝不吃一种幼虫时，它们用摇头和擦净鸟喙来明确表示讨厌这种味道。[②] 巴特勒先生也把三种颜色显著的幼虫和蛾子给一些蜥蜴和蛙吃，它们虽爱吃其他种类的幼虫和蛾子，但对这三种却拒而不食。因此，华莱士先生观点的可能性得到了证实，即，某些幼虫变得颜色显著乃是为了其自身的利益，以便使其敌害容易地把它们认出，这同药商把毒药装在有色瓶里出售乃是为了人类安全几乎是同样道理。然而我们现在还不能这样来解释许多幼虫多种多样的雅致颜色；但是，任何一个物种在某一既往时期如果由于模拟周围的物体或者由于气候的直接作用等等，而获得了暗淡的、具有点斑的或条纹的外貌，那么，当这个物种的色调变得强烈而鲜明时，它的颜色几乎肯定不会一致；因为，仅仅为了使一种幼虫易于辨认，大概不会按照任何一定方向进行选择的。

有关昆虫类的摘要和结论

就上述几个"目"来看，我们知道雌雄常常在种种性状上有所差异，但其意义一点也弄不明白。雌雄二者的感觉器官和运动手段也常有差异，因而雄者可以迅速发现雌者并抵达那里。雌雄二者更常见的区别还有：雄者具有种种构造以抱持所找到的雌者。然而，我们这里所涉及的这些种类的雌雄差异仅仅是次要的方面而已。

在几乎所有的"目"中，有些物种的雄者，即使是娇弱的种类，据知也是高度好斗的；有少数物种具有特殊的武器，同其竞争者战斗。但战斗之规律在昆虫中几乎不像在高等动物中那样普遍。因此，可能只有在少数场合中，才会发生雄虫变得比雌虫更大更强壮。相反，它们通常都小于雌虫，以便在较短时间内可以完成发育，而为雌虫的出现准备下大量雄虫。

---

① 《昆虫学会会报》，1866 年 12 月 3 日，45 页；1867 年 3 月 4 日。

② 参阅詹纳·韦尔先生关于昆虫类和食虫鸟类的论文，见《昆虫学会会报》，1869 年，21 页；以及巴特勒先生的论文，同前会报，27 页。赖利先生也举出过类似的事实，见《关于密苏里州害虫类第三次年报》，1871 年，148 页。然而，华莱士博士和道威尔(M. H. d'Orville)提出过一些相反的事例，见《动物学纪录》，1869 年，349 页。

在同翅目的两个科、直翅目的三个科中,只有雄虫才具备有效状态的发音器官。这些器官在繁育季节不停地使用,这不仅是为了召唤雌虫,显然也是为了同其他雄虫竞赛以诱惑和刺激雌虫。凡是承认有任何种类的选择作用的人在读了上述讨论后,都不会再争论这些音乐器官是通过性选择而获得的。在其他四个目中,一种性别的成员,更普通的是雌雄双方的成员都具有可以发出各种声音的器官,这些声音显然只是作为呼唤之用。当雌雄双方都具有这类器官时,声音最高的或叫得最持久的个体也许比那些声音较低的个体先找到配偶,所以它们的器官大概是通过性选择而获得的。仔细想一想或者仅仅雄虫或者雌雄双方具有多样发音手段者不少于六个目,是会有所启发的。我们由此可以认识到性选择如何有效地引起了变异,这等变异如在同翅目中那样,同体制的重要部分是有关联的。

根据上一章所举出的原因,许多鳃角组昆虫以及某些其他甲虫,其雄者所具有的巨角大概是作为装饰物而获得的。因昆虫的体积小,我们就容易低估了其外貌。如果我们能想象披着一身亮光闪闪的青铜铠甲,而且长着复杂的大角的雄性独角仙类(Chalcosoma)(p200,图16)放大到一匹马、哪怕是一只狗那样大小,那么它也许是世界上最壮观的动物之一。

昆虫的颜色是一个复杂而暧昧不明的问题。当雄虫同雌虫的差别轻微而且双方颜色都不鲜艳时,这可能是由于雌雄二者在差别轻微的途径上进行变异的,而且这等变异各向其自身性别那一方传递下去,并不因此带来任何好处也不带来任何害处。当雄虫的颜色鲜艳并同雌虫差别显著时,如某些蜻蜓类和许多蝶类那样,那么雄虫的颜色可能是由于性选择所致;如果雌虫保持一种原始的或很古老形式的颜色,则由于上述作用所发生的变异就是轻微的了。但在某些场合中,雌虫显然由于单独传递给它的变异而变得颜色暗淡,以作为直接保护自己的一种手段;几乎肯定的是,有时雌虫也会变得颜色鲜艳,以模拟栖息在同一地区的其他具有保护性的物种。当雌雄二者彼此相似而颜色又都暗淡时,在很多场合中它们的颜色之所以变得这样,无疑是为了保护自己。当雌雄二者都具有鲜明颜色时,有些情况也同上述一样,因为它们这样来模拟具有保护性的物种,或同周围的物体、如花朵等相类似;或使其敌害注意到它们是不好吃的。在另外一些场合中,雌雄二者彼此相似又都颜色鲜艳,尤其是它们的颜色如果是为了夸耀,我们就可断定雄虫获得的这种颜色乃是作为一种性吸引,并把这种颜色传递给了雌虫。任何时候当在整个类群中普遍存在着同样的颜色形式时,而且我们如果发现有些物种的雄虫和雌虫的颜色差别很大,而另外一些物种的雌雄颜色差别很小或完全没有差别,并且有中间的级进把这两个极端的状态连接起来,那么,这等情况尤其足以引导我们作出上述结论。

正如鲜明的颜色常常由雄者部分地传给雌者一样,许多鳃角组昆虫和某些其他甲虫异常巨大的角也是如此。还有,同翅目和直翅目雄虫所特有的发音器一般以残迹(退化)状态甚至以几乎完善的状态传递给雌虫,但没有完善到有任何用途。还有一个同性选择有关的有趣事实,即,某种同翅目雄虫的摩擦发音器要到蜕最后一次皮时才完全发育,某些雄蜻蜓的颜色也要在从蛹羽化后不久并准备繁育时才完全发育。

性选择意味着,为异性所喜爱的是更富吸引力的个体;而对昆虫来说,当雌雄二者有所差异时,除少数例外,更富装饰的以及偏离这个物种所隶属的那种模式更远的,乃是雄虫——因为正是雄虫热切地寻求雌虫,所以我们必须假定雌虫常常地或者偶尔地偏爱更美丽的雄虫,因而后者获得了它们的美。雄虫具有许多抱持雌虫的独特装置,如巨颚,黏着垫、刺、延伸的腿等,用以抓住雌虫,从这等情况看来,在大多数或所有的"目"中,雌性昆虫可能具有拒绝任何特殊雄虫的能力;因这些装置表明在求偶活动中还有某种困难,所以雌者的同意似乎是必要的。根据我们所了解的各种昆虫的知觉能力和爱情来判断,认为性选择曾起了很大作用并无不可信之理。但关于这个问题我们还没有直接的证据,而且还有些事实同这个信念正相抵触。尽管如此,当我们见到许多雄虫追逐着同一只雌虫时,我们还是几乎无法相信这种配合是完全由于盲目的机会——即雌虫既不尽力实行选择,也不受雄虫的华丽颜色或它们所具有的其他装饰物所影响。

如果我们承认同翅目和直翅目的雌虫欣赏其雄性配偶的和谐音调,而且它们的各种发音器官是通过性选择而完成的,那么其他雌性昆虫欣赏形状上颜色上的美丽,并因而导致雄虫获得这类性状,看来也很少有不可信之理。但由于颜色非常易变,并且由于为了保护自己颜色如此经常地发生改变,所以难于断定性选择所起的作用究竟占有多大比率。这一点在直翅目、膜翅目以及鞘翅目的那些"目"中尤其难于得到断定,它们的雌雄二者在颜色上很少有重大差异。因为在这里除类推法外并无其他方法可循。如上所述,在鞘翅目中有一鳃角大类群,某些作者把它置于该目之首,我们时常看到其中雌雄之间的相互依恋,我们还发现某些物种的雄虫为了占有雌虫的斗争而具有武器,另外一些雄虫则具有异常大的角,许多雄虫具有摩擦发音器官,其他则装饰着辉煌的金属色泽。因此,所有这等性状大概都是通过同样的途径、即性选择而获得的。至于蝶类,我们则掌握有最好的证据,因为雄蝶有时尽力夸示其美丽的颜色;这种夸示除非是用于求偶,否则我们就无法相信它们为什么要这样做。

当我们讨论鸟类时,我们将看到它们在其次级性征方面同昆虫类是最相似的。于是,许多雄鸟都非常好斗,有些还具有特别的武器,同其竞争者战斗。它们还具有在繁育季节中用来发出声乐和器乐的器官。它们往往装饰着各式各样的肉冠,角状物,垂肉和羽毛,并且还具有美丽的颜色,这些显然都为了夸耀其美。我们将会发现,正如昆虫类那样,有某些群的雌雄二者都同样美丽,都同样地具有一般限于雄虫才有的那种装饰物。在其他类群中,雌雄二者则都颜色平淡,且无装饰。最后,还有某些少数异常的例子,表明雌者反比雄者更为美丽。我们将会常常发现,在同一个鸟的类群中,从雌雄之间毫无差异到雌雄之间具有极端差异,其间有各种等级。我们还会看到,母鸟像雌性昆虫那样,往往或多或少具有一些雄者所固有的并只对它们有用的那种性状,但这等性状是残迹的、即不发育的。确实,在鸟类和昆虫类之间所有这些方面的相似性是非常密切的。能应用于一个纲的无论什么解释大概也能应用于另一个纲,而这种解释,正如以后我们将进一步详细加以阐明的,就是性选择。

第十二章　鱼类、两栖类和爬行类的第二性征

鱼　类

雄者的求偶和争夺——雌者的较大体型——雄者，鲜明色彩和作为装饰的附器；其他奇特的性状——雄者只在繁殖季节才获得色彩和附器——雌雄二者均具鲜艳色彩的鱼类——保护色——不能根据保护原理来说明雌者色彩的较不显著——雄鱼筑巢并照顾卵和幼鱼。两栖类：雌雄二者在构造和色彩上的差异——发音器官。爬行类：龟类——鳄类——蛇类，颜色有时是保护性的——蜥蜴类及其斗争——作为装饰的附器——雌雄二者在构造上的奇特差异——色彩——雌雄差异之大几乎与鸟类相同

我们现在讨论的是脊椎动物门的大亚界，先从最低等的纲、即鱼类开始。横口鱼类（Plagiostomous fishes，鲨类，鳐鱼类）和银鲛类（Chimaeroid fishes）的雄者都有用以守住雌者的鳍脚，就像许多低等动物所具有的各种这样构造一样。除鳍脚外，许多虹鱼类的雄者在其头部都生有坚固锐利的刺丛，沿着"它们胸鳍的上部外表面"也有数行。有些物种的雄者生有这种刺丛，而其体躯的其余部分则是光滑的。刺丛只在繁殖季节才临时发育起来，京特（Günther）博士怀疑它们靠着把躯体两侧向内和向下弯曲而起抱握器官那样的作用。有一个值得注意的事实，即，有些物种，如刺背鳐鱼（*Raia clavata*），其背上生有钩状大刺者为雌鱼而非雄鱼。[1]

毛鳞鱼（*Mallotus villosus*，鲑科的一种）只有雄鱼才具有一条密集的毛刷状鳞隆起，当雌鱼在海滨沙滩飞泳和产卵时，有两个雄鱼凭借毛刷状鳞隆起之助各在一边以挟持之。[2] 和毛鳞鱼大不相同的毡毛单角鲀（*Monacanthus scopas*）也有一种多少相似的构造。正如京特博士向我说的，其雄者在尾部两侧生有一团肉冠似的坚硬直刺；在一个 6 英寸长的标本身上这种刺约为 1.5 英寸；雌鱼在同一部位则生有一簇硬毛，可同牙刷的硬毛相比拟。还有一种鲀鱼（*M. peronii*），其雄鱼生有的那种毛刷同后一物种的雌鱼所生的那种毛刷相似，而雌鱼尾部两侧则是光滑的。在同一属的某些其他物种中，可以看出其雄鱼尾部稍现粗糙，而雌鱼的尾部则完全是光滑的；最后，在其他物种中，则雌雄二者的尾部两侧都是光滑的。

---

[1]　雅列尔（Yarrell），《英国鱼类志》（*Hist. of British Fishes*），第 2 卷，1836 年，417，425，436 页。京特博士告诉我，刺背鱼的刺只限于雌者才有。

[2]　《美国博物学家》（*The American Naturalist*），1871 年 4 月，119 页。

许多鱼类的雄者都要为占有雌者而斗争。例如,有人描写光尾刺鱼(*Gasterosteus leiurus*)的雄者当雌者跑出其隐藏处来到前者为雌鱼做好的巢进行观察时,表现得"欣喜欲狂"。"它在雌鱼的周围钻来钻去,又钻到储备在巢里的物资那里,马上又折回雌鱼这里,当雌鱼不前进时,它就试图用吻去推雌鱼,然后又用尾巴和边刺试着把雌鱼推进巢里"。① 据说雄鱼是多配性的,②它们特别勇敢而好斗,而"雌鱼则都十分温和"。雄鱼之间的斗争常常是不顾死活的,"因为这些短小的斗士紧紧地互相缠住达数秒钟之久,翻过来滚过去,一直到它们显得体力已完全耗尽为止"。至于尾部粗糙的刺鱼(*G. trachurus*),其雄鱼在互斗中绕来绕去,相互撕咬并以竖起之侧刺试图把对方刺穿。这同一位作者接着说,"这些狂暴的小东西撕咬起来很凶猛。它们还运用其侧刺造成如此致命的效果,以致我曾见到在一次战斗中有一条雄鱼确实把其对手完全撕开使之沉下水底而死去"。当有一条鱼被征服时,"即行停止再向雌鱼献殷勤;它的华丽颜色随之减退;忍辱于其安静的伙伴之中,但在若干时间内它还是征服者所经常迫害的对象。"③

雄鲑鱼同小刺鱼一样好斗,我听京特博士说,雄鳟鱼(trout)也是如此。肖(Shaw)先生见过两条雄鲑鱼的一次激烈斗争持续了整整一天,渔场监督布伊斯特(Buist)先生也告诉我说,他从珀思(Perth)的桥上常常看到在雌鱼产卵时,雄鱼把它的竞争者赶走。这些雄鱼"总是在产卵床上互相厮打不已,许多受伤严重而造成相当的死亡,还有许多在体力竭尽的状态下在岸边游动,显然已处于垂死之中"。④ 彪斯特先生告诉我说,1868年6月斯托蒙特菲尔德养鱼场的管理员访问了泰恩河北段,发现有300条死鲑鱼,其中只有一条雌鱼,其余都是雄鱼,他相信它们是在厮斗中丧生的。

雄鲑鱼最奇异之处是,它们在生殖季节,除色彩出现轻微变化外,"下颚延长并在颚端生出一个朝上翻卷的软骨突起,当上下颚闭合时,该突起就占满了上颚颚间骨之间的那个深腔"。⑤(图27和图28)英国鲑鱼这等构造的变化只发生在繁殖季节;但洛德(J. K. Lord)⑥先生认为,在美洲西北部所产的一种狼鲑(*Salmo lycaodon*)这种变化却是永久性的,并且以前溯游到河里来的那些较老的雄鱼表现得最为显著。这些老雄鱼的下颚已经发展为一个巨大的钩状突起,上面的尖齿生长规则,长度往往超过半吋。按照劳埃德⑦先生的见解,当一条雄欧洲鲑鱼猛攻另一条雄鱼时,这种临时性的钩状构造既加强了鱼嘴的力量,也为它提供了防护;但美洲雄鲑鱼极其发达的牙齿则可以同许多雄性哺乳动物的獠牙相比拟,这意味着这等尖牙与其说是为了防护的目的,倒不如说是为了进攻的目的更为恰当。

---

① 参阅韦林顿(Warington)先生的有趣文章,见《博物学年刊杂志》,1852年10月和1855年11月。
② 诺埃尔·汉弗莱斯(Noel Humphreys),《水上公园》,1857年。
③ 劳登编辑的《博物学杂志》,第3卷,1830年,331页。
④ 《田野新闻》(*The Field*),1867年6月29日。关于肖先生的叙述,参阅《爱丁堡评论》(*Edinburgh Review*),1843年。另一位有经验的观察家说道[斯克罗普(Scrope)的《在捕鲑鱼的日子里》(*Days of Salmon Fishing*);60页]雄鲑鱼就像公鹿那样,如它能够做到的话,就会把其他雄鱼全赶走。
⑤ 雅列尔,《英国鱼类史》,第2卷,1836年,10页。
⑥ 《博物学家在温哥华岛上》(*The Naturalist in Vancourer's Island*),第1卷,1866年,54页。
⑦ 《斯堪的纳维亚探险记》(*Scandinavian Adventures*),第1卷,1854年,100,104页。

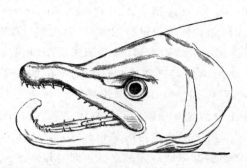
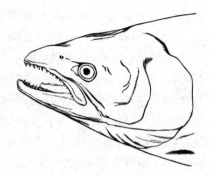

图 27　在生殖季节普通雄鲑鱼(*Salmo salar*)头部
(这幅图以及本章其他插图都是由著名画家 G. 福特先生在
京特博士诚恳指导下根据大英博物馆的标本画出的)

图 28　雌鲑鱼头部

鲑鱼不是雌雄牙齿相异的唯一鱼类,许多虹鱼也是如此。成年雄刺背鳐鱼(*Raia clavata*)具有朝后长的尖锐牙齿,而雌鱼的牙齿则阔而平,有如铺石路面;所以同一物种雌雄二者牙齿的这等差异要比同科不同属之间的通常差异更甚。雄鱼的牙齿要到成年时才变得尖锐,它们的牙齿在幼小时就像雌鱼那样是阔而平的。正如第二性征所屡屡发生的情况那样,鳐鱼类的某些物种(如 *R. batis*)在成年时,其雌雄二者都具有尖利的牙齿;在这里,为雄者所固有并首先为它所获得的一种性状似乎传递给了雌雄双方的后代。斑鳐(*R. maculata*)雌雄二者的牙齿同样也是尖形的,但只在它们完全成熟时才如此;而雄鱼获得这种性状的时期则早于雌鱼。关于某些鸟类,俟后我们还会遇到相似的情况,即雄鸟获得雌雄二者在成熟时所共有的羽衣的时期,多少要比雌鸟为早。至于虹鱼类的其他物种,即使雄鱼在年老的时候也从不生长尖锐的牙齿,因而其成年的雌雄二者的牙齿都同它们幼小时一样,也同上述物种的成熟雌鱼的牙齿一样,长得阔而平。[①] 由于鳐鱼是一种勇敢、强壮而贪婪的鱼类,我们可以想象其雄鱼之所以需要尖锐的牙齿乃是为了同其竞争对手进行争斗;但由于它们具有已发生变异而适于抱握雌鱼的许多部分,所以它们的牙齿也可能用于这一目的。

关于鱼的大小,卡邦尼尔[②]主张几乎所有鱼类的雌者都大于雄者;京特博士也不知道有任何一个事例可以说明雄者确比雌者为大。至于某些鳉类(Cyprinodonts),其雄者的大小甚至不及雌者的一半。正因为许多鱼类的雄者经常互斗,它们没有通过性选择的作用变得比雌鱼大而壮,确令人感到诧异。根据卡邦尼尔的意见,雄鱼因体形小而蒙受损害,这个物种若是肉食性的,那么它们就容易被本种的雌鱼所吞食,也无疑会被别种鱼所吞食。雄鱼需要力强体大以与其他雄鱼进行争斗,而雌鱼体形的增大,在某种意义上其重要性必然大于此者。这也许是为了可以大量产卵之故。

在许多物种中,只有雄鱼才饰有鲜明的色彩;或者说,雄鱼的色彩比雌鱼鲜明得多。有时,雄鱼也具有附器,但它们对雄鱼的正常生活用途并不比尾羽对孔雀更大。我感谢

---

① 雅列尔,《英国鱼类志》,第 2 卷,1836 年,416 页,关于鳐鱼类的说明,附精美插图,再参阅 422,432 页。

② 为《农夫》(*The Farmer*)一书所引用,1868 年,369 页。

京特博士的善意,他向我提供了大部分的下述事实。有理由猜想许多热带鱼类的雌雄二者在颜色和构造上都有差异,英国鱼类在这方面就有一些显著的事例。雄䲐(*Calliony-mus lyra*)"因其宝石般的鲜艳色彩",而有宝石䲐(*gemmeous dragonet*)之称。从海里捕获的这种活鱼,其躯体带有各种浓淡不同的黄色,其头部具有亮蓝色的条纹和斑点;其背鳍呈淡褐色并有暗色纵带斑;其腹鳍、尾鳍和臀鳍均呈蓝黑色。其雌鱼或称泥色䲐(*sor-did dragonet*),曾被林奈以及其后的许多博物学者当做一个不同的物种;雌鱼们的颜色是红褐的,没有光泽,背鳍呈褐色,其他诸鳍则为白色。雌雄二者在头部和嘴部的大小比例上以及眼睛着生的位置上也有差异;[①]但最显著的差异还在于雄者背鳍的特别延长(图29)。萨维尔·肯特(W. Saville Kent)先生说道,"我就圈养鱼种所作的观察得知,这等独特的附器同鹑鸡类雄者的垂肉、羽冠以及其他异常附器所从属的目的一样,都是为了雄者向其配偶献媚之用"。[②] 幼小雄鱼在构造和颜色上都同成年雌鱼相似。在整个䲐属[③]中,雄鱼的斑点一般远比雌鱼的鲜明得多,还有几个物种,其雄鱼不仅背鳍长得多,而且臀鳍也长得多。

图 29　䲐(*Callionymus lyra*)

上图为雄鱼;下图为雌鱼。

注意:下图较上图更为缩小。

蠍杜父鱼(*Cottus scorpius*)亦称海蝎鱼(*sea-scorpion*),其雄者比雌者细而小。它们之间在色彩上也有巨大差异。正如劳埃得先生[④]所说的,"当产卵时这种鱼的色彩极为鲜艳,任何人要是没有见过这种情况,他将难于想象这种混合的鲜艳色彩正是在那时装饰起来的,而在其他方面这种鱼并没有任何美丽之处。"杂种隆头鱼(*Labrus mixtus*)的雌雄二者虽在色彩上很不相同,但都是美丽的;其雄者呈橙色并带有亮蓝色的条纹,雌者呈鲜红色,背上有一些黑斑点。

在大不相同的鳉科中——国外的淡水鱼类——雌雄二者在种种性状上有时差异很

①　我的这一描述系根据雅列尔的《英国鱼类志》,第 1 卷,1836 年,261,266 页。

②　《自然》,1873 年 7 月,264 页。

③　《大英博物馆棘鱼(*Acanth*)鱼类目录》,1861 年,138—151 页。

④　《瑞典的猎鸟》,1867 年,466 页等。

大。黑帆鳉（*Mollienesia petenensis*）①雄者的背鳍极其发达,其上有一行颜色鲜明的大而圆的眼状斑;而雌者的背鳍却较小,形状也不同,其上只有不规则的曲线形的褐色斑点。雄者臀鳍的底边稍有延长,且色暗。一个亲缘关系相近的类型叫做剑尾鱼（*Xiphophorus Hellerii*）（图30）,其雄者尾鳍的下缘发展成一条长的丝状物,正如京特先生对我述说的,其上有色彩鲜明的线条。这等丝状物不含任何肌肉,显然它对这种鱼不会有任何直接的用处。同鳉属情况一样,其雄鱼当幼小时在色彩和构造上都同成年雌鱼相似。这类性差异可以严格地同鹑鸡类如此常见的性差异相比拟。②

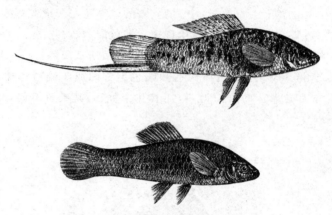

图 30　剑尾鱼（*Xiphophorus Hellerii*）
上图为雄鱼;下图为雌鱼。

产于南美洲淡水中的一种鲇鱼叫做有须鲇鱼（*Plecostomus barbatus*③（图31）,其雄者的嘴和内鳃盖骨边缘布满硬毛胡须,而这在雌者方面连一点痕迹也没有。这等硬毛具有鳞片的性质。同属的另一个鱼种,从其雄者的头前部伸出一些柔软易弯的触须,而雌者则缺如。这等触须乃是真皮的延长物,因此和上述鱼种的硬毛不是同源;然而,几乎无法怀疑它们都是用于同一目的。至于这个目的究竟是什么,就难于猜测了;在这里它们似乎不可能是用做装饰,但我们几乎无法设想这等硬毛和易弯的丝状物只对雄者有任何正常的用途。那个叫做怪银鲛（*Chimaera monstrosa*）的陌生怪物,其雄者头顶长出一个钩形骨指向前方,其顶端变圆且为锐刺所覆盖;而雌者则完全没有这等冠饰,但这等冠饰对雄者可能有什么用途,则全属未明。④

到目前为止所谈到的那些构造都是在雄鱼到达成熟后才成为永久性的;但在鳚属（*Blennies*）以及其他亲缘相近的属中,⑤有些种类只在繁殖季节,其雄鱼头上的冠饰才发育起来,而且其躯体的色彩也同时变得更加鲜艳。此等冠饰只是作为一种临时性的装

---

①　有关这个和以下的物种,我感谢京特博士所提供的材料;另参阅他写的论文,《中美洲的鱼类》,见《动物学会会报》,第6卷,1868年,485页。

②　这是京特博士的论述,见《大英博物馆鱼类目录》,第3卷,1861年,141页。

③　参阅京特博士关于这个属的文章,《动物学会会报》,1868年,232页。

④　巴克兰,见《陆和水》（*Land and Water*）杂志,1868年7月,377页,附插图。有关雄者的特殊构造还可补充许多其他情况,它们的用处均属不明。

⑤　京特博士,《鱼类目录》,第3卷,221,240页。

饰,看来很少有疑问,因为雌鱼丝毫没有呈现这种痕迹。同属的其他物种,其雌雄二者均有冠饰,至少有一个物种其雌雄二者都不具有这样构造。阿加西斯教授对我说[1],在雀鲷科(Chromidae)的许多鱼类中,如 *Geophagus*,尤其是丽鱼(*Cichla*),其雄者在前额上有一显著的突起部,而在雌者和幼小雄者的前额上则完全缺如。阿加西斯教授接着说,"我常常见到这些鱼类前额突起部在产卵季节为最大,而在其他季节则完全消失,以致雌雄二者这时从头部侧面轮廓看来一点也显不出什么差别。我丝毫不能确定它对任何特殊机能有何帮助,亚马孙河上的印第安人对它的用途也一无所知"。此等突起部在定期出现方面同某些鸟类头上的肉瘤相似,但它们是否用做装饰,目前仍有疑问。

图 31 有须鲇鱼(*Plecostomus barbatus*)

上图为雄鱼的头;下图为雌鱼的头。

　　阿加西斯教授和京特博士对我说,有些鱼类的雄者在色彩上同雌者永不相同,这些鱼类往往在繁殖季节就会变得更加鲜艳。还有大量的鱼类也是如此,其雌雄二者的色彩在繁殖以外的所有季节里都完全相同。可举出丁鱥(tench)、拟鲤(roach)和鲈鱼(perch)为例。雄鲑鱼当此繁殖季节,"其双颊呈现橙色条纹,这使它具有隆头鱼(*Labrus*)的外观,其周身也现金橙色。而雌者的颜色则是暗黑的,故通常称为黑鱼"。[2] 大南乳鱼(*Salmo criox*)雄者所发生的变化也与此类似,甚至更大;湖红点鳟(*S. umbla*)雄者的色彩当此繁殖季节同样也比雌者更为鲜明。[3] 美国网纹狗鱼(*Esox reticulatus*)的色彩,尤其是雄者的色彩,在繁殖季节变得极其浓烈、鲜艳和富于虹彩。[4] 雄光尾刺鱼(*Gasterosleus leiurus*)是这许多显著事例中的又一个,沃林顿(Warington)先生[5]描述它在繁殖季节所表现的"美丽非笔墨所可形容"。而雌鱼的背和眼的颜色单调,均为褐色,腹部白色。反之,雄刺鱼的眼乃"最艳丽的绿色,且具金属光泽,如同某些蜂鸟的绿羽。其喉部和腹部均呈鲜明的艳红色,背部为灰绿色,整条鱼看来多少有点透明,犹如体内有个白热的光源在闪闪发亮"。繁殖季节一过,这等色彩就全变了,其喉部和腹部的红色变淡了,背部的绿色变深了,发亮的色调消失了。

　　关于鱼类求偶的问题,自本书第一版问世以来,除已举出的刺鱼事例外,又观察到了一些其他例子。正如我们所知道的,杂种隆头鱼的雌雄二者在色彩上互不相同,肯特(W. S. Kent)先生说,这种雄鱼"在池塘沙滩做好一深穴,然后不厌其烦地极力诱使同种的一条雌鱼与之同居,它在雌鱼和已竣工的新居之间游来游去,对于雌鱼的依从显然表

---

① 另参阅阿加西斯教授及其夫人合著的《巴西纪游》(*A Journey in Brazil*),1868 年,220 页。

② 雅列尔,《英国鱼类志》,第 2 卷,1836 年,10,12,35 页。

③ 汤普孙(W. Thompson),《博物学年刊杂志》,第 6 卷,1841 年,440 页。

④ 《美国农学家》(*The American Agriculturist*),1868 年,100 页。

⑤ 《博物学年刊杂志》,1852 年 10 月。

示了最大的热望"。海管鱼（*Cantharus lineatus*）的雄者当繁殖季节，则呈深铅黑色，然后离开鱼群并挖穴为巢。"现在每条雄鱼均走上警卫各自巢穴的岗位，并向任何其他雄鱼猛烈进攻，把它们赶走。然而对其异性的配偶，雄鱼的行为就大不相同。许多雌鱼眼下因怀卵而躯体膨大，雄鱼便以力所能及的各种办法，逐一地把雌鱼极力引诱至它所准备好的巢穴，以便把它们满怀的无数鱼卵产在那里，然后，雄鱼就以最大的小心保护和守卫着这些鱼卵"。[①]

卡邦尼尔举出一种中国红鲤（Chinese macropus）雄者求偶以及夸示其美的显著事例。他对这等圈养中的鱼类进行了仔细观察。[②] 雄鱼的色彩最为漂亮，比雌鱼要美得多。它们在繁殖季节为占有雌鱼而争斗；雄鱼在求偶行动中把鳍展开，鳍上具有斑点并饰以色彩鲜明的鳍刺，据卡邦尼尔说，其方式有如孔雀开屏一样。然后它们非常活泼地在雌者周围窜来窜去，炫耀"其鲜艳动人之色彩以便吸引雌鱼的注意，而雌鱼对雄鱼的这等动作也未尝不感兴趣，于是它们慢慢随着雄鱼一起游去，似乎很乐于同雄鱼作伴而待在一起"。雄者赢得了其配偶之后，就从嘴里吹出空气和黏液形成一个小泡沫盘。接着它把雌鱼产的受精卵集拢在嘴里，这一现象曾使卡邦尼尔大为吃惊，以为这些卵要被雄鱼所吞食。但实际不然，雄鱼迅速地把卵附着在泡沫盘中，然后就守卫鱼卵、修补泡沫并对孵化的幼鱼进行照顾。我之所以要陈述这些细节，是由于我们马上就要见到有些鱼类的雄者是把卵搁在嘴里孵化的；那些不相信逐渐进化原理（the principle of gradual evolution）的人们大概要问这样一种习性何由而始；但是，我们如果知道某些鱼类是像上述那样收集和携带鱼卵的，那么这个难题就很容易理解了；因为，要是把卵存放于泡沫中的这件事因任何一种原因而受到耽搁，那么，也许就会获得把卵放在嘴里孵化的这种习性。

让我们回到更为直接的主题上来。情况是这样摆着：就我所知，如无雄鱼在场，雌鱼决不愿意产卵；而如无雌鱼在场，雄鱼也决不给卵授精。雄鱼为占有雌鱼而互相争斗。有许多物种，其雄鱼当幼小时在颜色上同雌鱼相似；但一到成年，就变得比雌鱼鲜艳得多，而且始终保持着这种颜色。另外有些物种，其雄鱼的颜色只在求偶季节才变得比雌鱼鲜艳，或者更富于装饰。雄鱼孜孜不倦地向雌鱼求偶，有一个例子，像我们所见过的，雄鱼卖力地在雌鱼面前夸示其美色。难道能认为它们在求偶过程中的这等行为是毫无目的的吗？若有目的，则雌鱼一定要尽力进行某种选择，而且选取它们最中意的或使它们最受刺激的那些雄鱼。如果雌鱼尽力进行这等选择，那么所有上述有关雄鱼装饰的事实就可以借性选择之助立刻得到说明。

其次我们势必要追问，某些雄鱼通过性选择获得其鲜明色彩的这个观点，能否依据性状向雌雄双方同等传递的法则，引申到雌雄二者色彩鲜艳的程度和式样都相同或几乎相同的那些类群上去。像隆头鱼这样的一个属，它含有世界上一些最绚丽的鱼类——以孔雀隆头鱼（*L. pavo*）为例，有人用可以谅解的夸张手法描绘说，[③] 它的鳞片是用闪闪发亮的黄金制成的，周身还镶饰着天青石、红宝石、蓝宝石、翡翠和紫水晶——关于这个属，

---

① 见《自然》，1873 年 5 月，25 页。
② 《驯化协会会报》（*Bull. de la Soc. d'Acclimat*），巴黎，1869 年 7 月和 1870 年 1 月。
③ 圣慁尚（Saint Vincent），《博物分类学辞典》（*Dict. Class, d Hist. Nat.*），第 9 卷，1826 年，151 页。

我们多半可以接受上述说法；因为我们已经知道，该属至少有一个物种的雌雄二者在色彩上是大不相同的。至于有些鱼类，正如许多低等动物那样，其华丽的色彩可能是其组织性质以及环境条件的直接结果，而并未借助于任何种类的选择。金鱼（*Cyprinus auratus*），根据普通鲤鱼的金色变种来类推，也许是一个恰当的例子，因为它的华丽色彩大概是由一种单纯的突然变异所形成的，而这种突然变异乃是它所处的圈养条件引起的。然而，更为可能的是这等颜色是通过人工选择而被加强的，因为从遥远的古代这个物种在中国就被精心培育出来了。① 在自然条件下，像鱼类这样高级体制的动物，生活于如此复杂的关系中，要说从如此一种巨大的变化中既没有受到某种祸害也没有得到某种益处，因而没有受到自然选择的干预，它们就会变得色彩鲜艳，看来是不大可能的。

那么，对于雌雄色彩都华丽的许多鱼类，我们将作出怎样的结论呢？华莱士先生认为②，有些物种常常出没于礁石之间，那里富有珊瑚虫和其他色彩鲜明的有机体，因而这等物种的色彩也变得鲜明，以免被其敌害发现；但根据我的回忆，它们却因此表现得极其显眼。在热带的淡水中并无色彩鲜艳的珊瑚虫或其他有机体可供鱼类模仿；但亚马孙河的许多鱼种却有着美丽的色彩，印度的肉食性鲤科有许多鱼类也饰有"各种色彩鲜明的纵线条"。③ 麦克莱兰（M'Clelland）先生在描写这些鱼类时竟离奇地设想"其色彩之特别鲜艳"是给"那些注定要来抑制其数量增殖的翠鸟、燕鸥以及其他鸟类提供一种较易识别的标志"；然而今日博物学家们很少承认任何动物之所以变得显眼乃是为了加速其自身的毁灭。某些鱼类变得显眼可能是为了警告那些猛禽和猛兽，表示它们是不好吃的，就像我们讨论鳞翅目幼虫时所阐明了的那样；但我相信，还不知道有任何一种鱼，至少是任何一种淡水鱼，因味道不好而被食鱼的动物所拒绝。总之，关于雌雄色彩都鲜艳的鱼类，最近理的观点是，这等色彩作为一种性的装饰先由雄者所获得，而后把它同等地或几乎同等地传递给了雌者。

我们现在必须考虑的是，当雄者在色彩上或其他装饰上以显著的方式同雌者有所差异时，是否只是雄者发生了变异，而且这等变异只遗传给其雄性后代；或者，雌者发生了特殊变异，为了保护自己而变得颜色暗淡，这等变异是否只遗传给雌者。无可怀疑，许多鱼类所获得的色彩乃是作为一种保护；凡是察看过比目鱼（flounder）斑点累累上部表面，谁都无法忽视这等表面同它所栖息于其上的海底砂床的相似性。再者，某些鱼类能通过其神经系统的作用在短时间内改变其颜色以同周围物体相适应。④ 关于利用其颜色以及利用其形状来保护自己的动物，见诸记载的最显著事例之一（根据保藏的标本所能判断

① 由于我在《动物和植物在家养下的变异》一书中有关于这一问题的一些论述，因而迈耶斯（W. F. Mayers）先生［见《关于中国的笔记和质疑》（*Chinese Notes and Queries*），1868 年 8 月，123 页］查阅了中国古代百科全书，他发现金鱼最早是在宋朝时圈养中培育出来的，该朝始于公元 960 年。到公元 1129 年这等金鱼已遍及各地。该书另一处宣称，公元 1548 年以来，"在杭州产生了一个变种，以其浓烈的红色而称之为火鱼。它受到了普遍的赞赏，乃至没有一家不养它，而且以其颜色互相竞赛，并把它作为一种赢利的来源"。

② 《威斯敏斯特评论》，1867 年 7 月，7 页。

③ 麦克莱兰先生的《印度的鲤科》（*Indian Cyprinidae*）一文，见《亚细亚的研究》（*Asiatic Researches*），第 19 卷，第二部分，1839 年，230 页。

④ 普歇，《研究》（*L'Institut.*），Nov. 1，1871 年，134 页。

的来说），是由京特博士举出的，①即，具有红光四射的丝状体的海龙（pipe-fish）同海草之间几乎无法加以区别，而它是用抱握性的尾部缠附于海草之上的。但现在所要考虑的问题在于是否只有雌鱼才为了保护的目的而发生变异。我们可以知道，假定雌雄双方为了保护的目的通过自然选择都发生了变异，那么任何一方所发生的变异绝不会超过另一方。除非是其中一方暴露于危险之中的期间比另一方较长，或者逃避这样危险的能力比另一方较差；然而在这些方面鱼类的雌雄二者看来并没有什么差别。如果说有任何差别的话，充其量也无非是雄鱼因其体形一般较小，而且较常游动，所以比雌鱼所面临的危险较大而已；尽管如此，一旦雌雄之间出现差异时，几乎总是雄鱼的色彩更为显著。鱼卵一经产下马上就会受精；如果这个过程像鲑鱼的情况那样，要持续数日的话，则雌鱼在这整个产卵期间里一直都会由雄鱼伴随左右。②在大多数场合中，鱼卵受精后就被其双亲弃置不顾，而失去了保护，因此就产卵而论，雄鱼和雌鱼所面临的危险是相等的，而且对于受精卵的产生，双方的重要性也是同等的；因此，任何一性的色彩鲜艳的个体，无论其鲜艳程度或大或小，其遭受毁灭或得到保存的倾向大概都是同等的，而且双方对其后代色彩的影响大概也是同等的。

属于若干个科的某些鱼类会筑巢，其中有些还会照顾刚孵化出来的幼鱼。颜色鲜明的锯隆头鱼（*Crenilabrus massa* 和 *C. melops*）的雌雄二者共同合作用海草和贝壳等材料修筑其巢穴。③但某些鱼类的雄者则单独承担了所有这项工作，以后还专门负责照顾幼鱼。颜色暗淡的刺鰕虎鱼类（gobies）的情况正是如此，④其雌雄二者的颜色据知并无差异，刺鱼（Gasterosteus）的情况也是如此，其雄者的色彩在产卵季节则变得鲜艳。光尾刺鱼（*G. leiurus*）的雄者在一段长时间内以堪称模范的谨慎和警惕履行其作为一个"保姆"的义务，当幼鱼离巢太远之际，它还不断地徐徐把它们引还巢去。它还勇敢地把所有敌害赶走，包括其本种的雌鱼在内。倘若雌鱼产卵完毕后马上就被某种敌害所吞食，这对于雄鱼的确可能是一个不小的安慰，因为要不如此，它就得不停地把雌鱼从巢里赶走⑤。

栖息于南美和锡兰的某些其他鱼类，属于两个不同的"目"者，其雄鱼有一种异常的习性，把雌鱼产下来的卵集拢在嘴里或鳃腔里孵化。⑥亚加西兹教授告诉我说，亚马孙河的鱼种的雄者就有这种习性，"它不仅在一般时期比雌鱼颜色鲜明，而且这种差异在产卵季节比在其他任何时期还要大。Geophagus 的鱼种也同样如此；在这个属中，雄鱼的前额在生殖季节有一个显著的突起物发育起来。关于鲷鱼类的各个物种，阿加西斯教授同样告诉我说，在以下各种场合中都可观察到其颜色上的性差异，即，"无论它们把卵产于水生植物之间的水里或把卵产于穴中，任其孵化，不再进一步给予照顾；还是在河泥里筑造浅巢，就像英国的刺盖太阳鱼（Pomotis）那样坐在其上。还应注意到这等坐巢鱼在它

① 《动物学会会报》，1865 年，327 页，图 14 和 15。
② 雅列尔，《英国鱼类志》，第 2 卷，11 页。
③ 根据格贝（M. Gerbe）的观察；参阅京特的《动物学文献著录》（*Record of Zoolog. Literature*），1865 年，194 页。
④ 居维叶，《动物界》（*Règne Animal*）第 2 卷，1829 年，242 页。
⑤ 参阅沃林顿先生对光尾刺鱼习性的最有趣的描述，《博物学年刊杂志》，1855 年 11 月。
⑥ 怀曼教授，见《波士顿博物学会会报》，1857 年 9 月 15 日，特纳教授，见《解剖学和生理学杂志》，1866 年 11 月 1 日，78 页。同样地，京特博士也描述过其他事例。

们各自所属的科中乃是颜色最鲜明的物种。例如，Hygrogonus 是亮绿色的，具有黑色大眼斑，眼斑环以最显著的艳红色"。在鲷鱼类的所有物种中，是否只有雄鱼才坐守卵上，尚属不明。然而，鱼卵受到双亲保护或不受到保护这一事实显然对于雌雄之间的颜色差异并无多大影响或根本没有影响。更加显然的是，在雄鱼专门负责守护鱼巢和幼鱼的所有场合中，颜色较鲜明的雄鱼之毁灭，其对于本族性状的影响比颜色较鲜明的雌鱼之毁灭所造成的影响要深远得多，这是因为在卵的孵化或养育幼鱼期间，雄鱼的死亡将会招致幼鱼的死亡，所以就不能将其特性遗传给幼鱼；尽管如此，在许多这等场合中，雄鱼的色彩还是比雌鱼的更为显著。

在大多数总鳃类（Lophobranchii，海龙，海马等）中，雄鱼的腹部不是具有袋囊就是具有半圆形的凹陷，用以承受雌鱼产下来的卵并孵化之。雄鱼还显示了对幼鱼的强烈依恋。[①] 雌雄二者的色彩通常差异不大；但京特博士相信雄海马的色彩比雌海马的鲜明。然而，剃刀鱼（Solenostoma）属提供了一个奇妙的例外，[②]因其雌者色彩之强烈以及斑点之多均远比雄者为甚，而且只有雌者具袋状腹囊以孵化鱼卵；所以剃刀鱼的雌者在后述这一点和所有其他总鳃类都不相同，而在其色彩比雄者更为鲜艳方面也几乎和所有其他鱼类不同。雌者性状这种双重的颠倒，看来不可能是一种偶然的巧合。由于专门照顾鱼卵和幼鱼的若干鱼类的雄者在色彩上比雌者更为鲜艳，还由于这里提到的剃刀鱼的雌者负有同样的责任，而且其色彩比雄者更为鲜明，因而可以这样辩说：雌雄两性中对后代繁荣较为重要的那一性，其显著色彩必定在某种方式上是保护性的。但从雄者色彩比雌者更为鲜艳的大量鱼类来看，无论这等色彩是永久性的还是临时性的，雄鱼的生命对于本种的繁荣绝不比雌鱼的更为重要，因此上述这种见解几乎无法成立。当我们讨论鸟类时，还要遇到相似的情况，即，雌雄二者的正常属性完全颠倒了，到那时我们将会提出一个也许是合理的解释，这就是说，雄者选择更富吸引力的雌者，而不是按照整个动物界的正常规律，由雌者选择更富吸引力的雄者。

总之，我们可以断定，关于雌雄色彩或其他装饰性状有所差异的大多数鱼类，雄者最先发生了变异，然后将其变异传递给同一性别，并且通过以吸引或刺激雌者来实现的性选择把这等变异积累起来。然而，在许多场合中，这等性状或是部分地或是全部地转移给了雌者。再者，在其他一些场合中，雌雄二者为了保护自己而着有相似的色彩；但似乎没有任何事例表明，只有雌者为了保护的目的而在颜色或其他性状上特殊地发生了变异。

需要加以注意的最后一点是，据知鱼类会发出各种各样的声响，有的声响据描写犹如音乐一般。对这个问题特别注意的迪福塞（Dufossé）博士说，这等声音是由不同鱼类以若干方法故意发出的：或靠咽头骨摩擦而发声——或靠附于鳔上的某些肌肉振动而发声，而鳔则用做一种回声板——有的还靠鳔的内肌振动而发声。鲂鮄属（Trigla）用后面这种方法发出一种纯正而拖长的声音，约在八音度范围之内。但使我们最感兴趣的一个

---

　　① 雅列尔，《英国鱼类志》，第 2 卷，1836 年，329，338 页。
　　② 自从记述这个物种的《桑给巴尔的鱼类》（*The Fishes of Zanzibar*）一书出版后（普莱费尔上校著，1866 年，137 页），京特博士又重新检查了这些标本，并给我提供了上述材料。

事例是鼬鳚属（Ophidium）有两个物种，只有它们的雄者才具发音器官，这种器官是由具有专门肌肉的、同鳔相连接的、能动的诸小骨构成的。[①] 欧洲海洋中的荫鱼类（Umbrinas）据说在 20 㖊[*] 深的海底发出来的鼕鼕响声还可以被听到；罗歇尔（Rochelle）地区的渔民断言，"只有其雄鱼在产卵时期才会发出这样响声；其声音可加以模仿，因此不用诱饵即可将它们捕获"。[②] 根据这个说法，尤其是根据鼬鳚属的事例，几乎可以肯定，脊椎动物中这个最低等鱼纲的发音器官，就像如此众多的昆虫类以及蜘蛛类那样，至少在某些场合中是作为把雌雄聚合在一起的一种手段，而且这等发音器官是通过性选择而发展起来的。

两 栖 类

有尾目（Urodela）

我从有尾两栖类开始。蝾螈的雌雄二者往往在色彩和构造上都大不相同。在某些物种中，雄者的前肢于生殖季节有抱握爪发育起来；雄蹼足北螈（Triton[**] palmipes）的后足在此季节有游泳蹼，而在冬季又几乎完全被吸收了；因而这时雄者的足遂与雌者的相类似。[③] 毫无疑问这等构造有助于雄者对雌者的热切追求。它向雌者求爱时即迅速摆动其尾端。关于英国的普通小蝾螈（斑北螈，Triton punctatus 和冠北螈，T. cristatus），雄者在生殖季节有一条深缺刻的多锯齿冠饰沿其脊背和尾巴发育起来，而到冬季就消失了。圣乔治·米伐特（St. George Mivart）先生告诉我说，这种冠饰无肌肉，因此不能用于运动。由于这种冠饰的边缘在求偶季节变得色彩鲜明，所以这是一种雄性的装饰，几乎没有疑问。还有许多物种的躯体呈现了差别非常悬殊的色调，平时是灰黄色，但到生殖季节则变得比较鲜艳。例如英国普通小蝾螈（斑北螈）的雄者，其"上面为灰褐色，下面为黄色，到春季又变为一种鲜艳的橙色，并有圆形黑斑分布于身体各处"。这时，其冠饰的边缘也呈鲜红色或紫色。其雌者平时为黄褐色，杂以褐色斑点，其底面的颜色则往往十分单调。[④] 幼者的色彩是暗淡的。卵在排出过程中即受精，随即被其双亲弃之不顾。由此我们可以断定，雄者是通过性选择获得其十分显著的色彩和装饰性附器的；这等性状或专向雄性后代传递，或向雌雄双方传递。

---

① 《法兰西科学院院报》（Comptes Rendus），1858 年，第 46 卷，353 页；1858 年，第 57 卷，916 页；1862 年，第 54 卷，393 页。荫鱼类（鹰石首鱼 Sciaena aquila）所发出的声音，据一些作者说，与其说像鼓声，莫如说更像笛声或风琴声；祖特文博士在这本书的荷文译本（第 2 卷，36 页）中进一步举出了有关鱼类发声的一些细节。

* 一㖊（fathom）等于 6 英尺。——译者注

② 金斯利（C. Kingsley）牧师，《自然》，1870 年 5 月，40 页。

** Triton 即 Triturus。——译者注

③ 贝尔，《英国爬行类志》（History of British Reptiles），第 2 版，1849 年，156—159 页。

④ 贝尔，《英国爬行类志》，第 2 版，1849 年，146,151 页。

图 32　冠北螈(*Triton cristatus*)

(原体大小之半,采自贝尔的《英国爬行类志》)上图为生殖季节的雄者;下图为雌者。

无尾目(Anura)或蛙类(Batrachia)

许多蛙类和蟾蜍类的色彩显然是作为一种保护之用的,如雨蛙的鲜绿色彩以及许多陆栖物种的斑驳而暗淡的色调就是如此。我曾见过的色彩最显著的蟾蜍是黑蟾蜍(*Phryniscus nigricans*)[①],其躯体的整个上表面黑如墨水,脚蹠以及腹的局部则有最鲜明的朱红斑点。在拉普拉塔(La Plata)的灼热太阳下,它在不毛的沙地或开阔的草原上到处爬行,不会不被每一只路过的动物所看见。这等色彩对它大概是有利的,因为这可以使所有猛禽类知道这种动物是一种味道恶劣的食物。

尼加拉瓜有一种小蛙,"披着一身红色和蓝色的鲜艳装束",它不像大多数其他物种那样把自己隐蔽起来,而在大白天到处蹦跳,贝尔特先生说[②],他一见到它那泰然自若的样子,就深信它是不可食的了。经过若干次试验后,他才成功地诱使一只幼小雌鸭衔住一只这种幼蛙,但马上就把它丢掉了;这只鸭子"甩动脑袋走来走去,犹如试图甩掉某种讨厌的味道一样"。

关于雌雄颜色的差异,无论是蛙类还是蟾蜍类,京特博士都不知有任何显著的事例;但他常常能凭雄者比雌者的稍为浓烈的色彩就可以把雄者同雌者区别出来。关于外部构造,他也不知道雌雄二者有任何显著差异,除了雄者的前肢上有些突起在生殖季节变得发达起来,借此以抱持雌者。[③] 这等动物没有获得更为强烈显著的性征是令人奇怪的;因为,它们虽是冷血动物,但其激情却是强烈的。京特博士告诉我说,他有几次发现一只不幸的雌蟾蜍因被三四只雄者如此紧紧地抱住而窒息闷死。霍夫曼(Hoffman)教授在吉森(Giessen)见过蛙类当生殖季节终日争斗不止,而且进行得如此激烈,以致其中一只的躯体竟被撕裂。

---

① 《"贝格尔"号舰航海中的动物学研究》,1843 年,贝尔,49 页。

② 《博物学者在尼加拉瓜》(*The Naturalist in Nicaragua*),1874 年,321 页。

③ 有一种锡金蟾蜍(*Bufo sikimmensis*),只是其雄者的胸部有两块碟状老茧皮,脚趾上也有某些皱纹,这也许和上述的突起物一样有助于达到同一目的(安德森博士,《动物学会会报》,1871 年,204 页)。

蛙类和蟾蜍类有一种有趣的性差异,即雄者具有发出音乐声响的能力;但说到音乐,如果把这个名词应用于雄莱蛙和某些其他物种所发出的那种压倒一切的不谐和声响,按照我们的欣赏力来说,似乎是非常不适当的。然而,有些蛙类的鸣唱无疑还是悦耳的。在里约热内卢附近,我惯于在傍晚坐下来,倾听那些栖息在水草上的小雨蛙(Hylae)发出来的谐和而美妙的声调。这各种声音主要是雄者在生殖季节发出的,犹如英国普通蛙在这种场合中也哇哇地乱叫一样①。与此事实相一致的是,雄者的发音器官比雌者的更为高度发达。在一些属中,只有雄者才具有与喉相通的囊②。例如,食用蛙(*Rana esculenta*)"的囊是雄者所特有的,在哇哇鸣叫时囊中充满了空气,成为球状的大气胞,位于头部两侧的咀角附近"。这样,雄者的哇哇叫声表现得十分有力;而雌者的叫声只不过是一种微弱的呻吟而已③。在这一科的某些属中,发音器官的构造大有差异,在所有场合中,它们的发达大概可以归因于性选择。

爬 行 类

龟类(Chelonia)

龟类和海龟类都没有呈现十分显著的性差异。在某些物种中,雄者的尾比雌者的较长。有些物种的雄者,其腹甲或其甲壳的下表面轻微凹陷而同雌者的背甲隆起相吻合。美国雄锦龟(*Chrysemys picta*)前足的爪为雌者的两倍长,在交配时使用。④ 加拉帕戈斯群岛有一种巨龟,名为黑陆龟(*Testudo nigra*),其雄者成熟后的躯体据说大于雌者;雄者只在交配季节期间,而不在其他期间,发出一种嘶哑的吼声,可闻于一百多码以外;反之,雌者决不发出叫声。⑤

关于印度的丽陆龟(*Testudo elegans*),据说"其雄者在争斗中互相冲撞时所发出的声音可闻于一定的距离"。⑥

鳄类(Crocodilia)

其雌雄二者的颜色显然无差异,我也不知道有雄者互斗之事,尽管这是可能的,因为有些种类的雄者在雌者面前极尽夸示自己之能事。巴特兰姆(Bartram)⑦描写过在咸水湖中有一只雄性短吻鳄,为了尽力赢得雌者,而在湖中兴浪作波和大声吼叫,"鼓气到快

① 贝尔,《英国爬行类志》,1849 年,93 页。
② 比肖波,《托德编的解剖学和生理学全书》,第 4 卷,1503 页。
③ 贝尔,同前书,112—114 页。
④ 梅纳德(C. J. Maynard),《美国博物学者》(*The American Naturalist*),1869 年 12 月,555 页。
⑤ 参阅我的《"贝格尔"号舰航海调查日记》,1845 年,384 页。
⑥ 京特博士,《英属印度的爬行类》(*Reptiles of British India*),1864 年,7 页。
⑦ 《卡罗利纳游记》(*Travels through Carolina*),1791 年,128 页。

要爆裂的程度,头尾高举,在水面上跳跃转圈,犹如一个印第安人的酋长在练习他的武艺一样"。在求爱季节,鳄的颌下腺散发出一种麝香气味弥漫在它经常出没的地方①。

蛇类(Ophidia)

京特博士告诉我说,其雄者总是小于雌者,而且一般具有比较细而长的尾巴;但在外部构造上,他不知道有任何其他差异。关于颜色,他依据雄者的更为强烈显著的色彩,几乎总能把它同雌者区别开来;例如,英国雄蝮蛇背上的那种之字形黑色带斑比雌者的更为清晰显著。北美响尾蛇雌雄之间的差异就愈益明显得多了,如动物园管理员指给我看的,其雄者周身均具有更为灰白的黄色,所以立刻可以把它同雌者区别开来。南非洲有一种蛇叫做牛头蛇(Bucephalus capensis),它表现有某种相似的差异,因其雌者"从不像雄者那样在其身体两侧如此充分地具有黄的斑驳"。② 反之,印度有一种毒蛇,名为双突齿食螺蛇(Dipsas cynodon),其雄者呈黑褐色,腹部的一部分为黑色,而雌者则呈微红色或淡绿黄色,腹部或一律为黄色或有黑色大理石斑纹。该地还有一种蛇,叫做 Tragops dispar,其雄者为鲜绿色,而雌者则呈青铜色。③ 某些蛇类的色彩无疑是保护性的,如树蛇类(tree-snakes)所呈现的绿色以及生活在沙质地方的那些物种所呈现的各种浓淡颜色的斑驳都是如此;但有许多种类,如英国的蛇和蝮蛇,其色彩是否用来隐蔽自己仍是一个疑问;对许多具有极为漂亮色彩的外国蛇的物种来说,这一疑问就更大了。有些蛇的物种,其色彩在成年时和幼小时很不相同。④

蛇类肛门香腺的功能在生殖季节变得活跃了,⑤蜥蜴类的肛门腺以及鳄类的颌下腺都是如此。由于大多数动物都是雄者寻求雌者,所以这等香腺与其说是为了把雌者引至雄者所在的地点,莫如说是为了刺激雌者或向它献媚。雄蛇虽然显得那样懒惰,却也多情;因为,曾见过许多条雄蛇集拢在同一条雌蛇的周围,甚至后者是一条死蛇,也会如此。尚未发现雄蛇因竞争雌蛇而互斗。它们的智力要比可能预料到的为高。它们在动物园里很快就懂得不能去碰撞用来打扫其笼子的铁栅门;费城的基恩(Keen)博士也告诉我说,他养的某些蛇类经历四五次后就懂得避开一种活套,用这种活套,起初很容易就把这些蛇逮住。锡兰有一位杰出的观察者莱亚德(E. Layard)先生见过⑥一条眼镜蛇把头伸入一个窄洞去吞食一只蟾蜍。"由于增加了蟾蜍这个障碍,它无法从窄洞缩回来;发现了这一点后,就勉强吐出了这口开始挣脱的宝贵食物;但这同蛇的哲学太不相容了,于是蟾蜍再次被它弄住,这条蛇经过剧烈的努力以图逃脱后,不得不再把口中的食物舍掉。然而这一次它得到了教训,于是咬住蟾蜍的一只腿,把它拖出,然后吞之大吉"。

动物园的管理员证实,某些蛇类,如响尾蛇属(Crotalus)和蟒蛇属(Python),都能把

---

① 欧文,《脊椎动物解剖学》,第1卷,1866年,615页。
② 安德鲁·史密斯爵士,《南非动物学:爬行纲》,1849年,图10。
③ 京特博士,《英属印度的爬行类》,雷蒙特协会(Ray Soc.),1864年,304,308页。
④ 斯托里兹卡(Stoliczka)博士,《孟加拉亚细亚协会杂志》,第39卷,1870年,205,211页。
⑤ 欧文,《脊椎动物解剖学》,第1卷,1866年,615页。
⑥ 见《锡兰漫笔》(Rambles in Ceylon),见《博物学年刊杂志》,第9卷,第2辑,1852年,333页。

他同别的人区别开。关在同一个笼里的眼镜蛇（Cobras）相互之间显然有某种依恋之情。[1]

然而，不能因为蛇类具有某种推理力、强烈的激情以及相互的爱情，就认为它们也同样赋有充分的鉴赏力以欣赏其配偶的鲜艳色彩，因而通过性选择使鲜艳色彩成为物种的装饰。但某些物种的极端美丽是难于以任何其他方法加以说明的，举例说，南美的珊瑚蛇类（coral-snakes）呈艳红色，并具黑色和黄色的横带斑。我记得很清楚，当我在巴西第一次见到一条珊瑚蛇滑过一条小路时，它的美色使我感到了何等惊奇。正如华莱士先生根据京特博士的材料所说的[2]，全世界除南美洲外，没有任何一处地方的蛇类有这种特殊颜色，而且在南美洲发现的这种蛇至少有四个属。其中一个属叫做 Elaps，是有毒的；第二个大不相同的属，是否有毒尚属疑问，其他两个属则完全是无害的。属于这几个不同属的物种均栖息于同一地区，而且彼此如此相像，以致"除非博物学者大概谁也不能把无害的种类和有毒的种类加以区分"。因此，正如华莱士先生所相信的，无毒的种类大概是为了保护自己，根据拟态的原理，而获得其色彩的；这是因为其敌害自然会认为它们是危险的。然而，有毒的 Elaps 鲜明色彩的形成原因尚有待于阐明，这个原因也许就是性选择。

蛇类除嘶嘶鸣叫外还能发出其他声音。剧毒的龙首蝰蛇（*Echis carinata*）其躯体两侧各有数行构造特殊的斜鳞片，鳞片边缘为锯齿形；当引起这种蛇激动时，这等鳞片就互相摩擦，产生"一种奇妙而拖长得近似嘶嘶的声音"。[3] 关于响尾蛇所做的咔塔咔塔响声，我们终于得到了一些确实的材料：因为奥盖（Aughey）教授说[4]，他曾两次把自己荫蔽起来，在一段不远处注视着一条响尾蛇盘蜷昂首，持续发出间隔短暂的嘎啦嘎啦响声达半小时之久；最后他见到另一条蛇来到了，它们相遇后即行交配。因此，他满意地认为这种嘎啦嘎啦声的用途之一就是把雌雄二者引到一块。遗憾的是，他不能确定在原处保持不动而招引异性的到底是雄者还是雌者。但根据上述事实，决不能说这等嘎啦嘎啦声对这些蛇类就不会有其他用途，例如作为对某些动物的警告大概就是一种用途，否则这等动物也许要对它们进行攻击。关于这等声响会使它们的捕获物吓得瘫痪的若干记载，我也不能完全置之不信。还有某些其他蛇类，把它们的尾部对着周围的树干迅速摆动，而发出一种清晰的声响，我在南美亲自听过一条蝰蛇（*Trigonocephalus*）就发出这种声音。

蜥蜴类（Lacertilia）

蜥蜴类的一些种类的雄者，也许是许多种类的雄者都因竞争雌者而互斗。例如南美树栖的冠饰安乐蜥（*Anolis cristatellus*）就极其好斗："在春季和初夏期间，两只成熟的雄者相遇时很少不发生争斗的。它们最初相遇之际，频频点头三四次，同时喉下的襞状部或喉囊便膨胀起来；双眼闪耀着愤怒的光芒，左右摆尾数秒钟，好像是聚集气力，然后彼此猛扑，上下翻滚，互相用牙齿紧紧地咬住不放。这场冲突一般以战斗的一方失去尾巴

---

[1] 京特博士，《英属印度的爬行类》，1864年，340页。
[2] 《威斯敏特评论》，1867年7月1日，32页。
[3] 安德森博士，《动物学会会报》，1871年，196页。
[4] 《美国博物学者》，1873年，85页。

而告结束，常常是胜利者把对方的尾巴吃掉。"这个物种的雄者远远大于雌者，[①]根据京特博士所能确定的来说，这一点乃是一切蜥蜴类的一般规律。安达曼群岛的红裸趾虎（*Cyrotodactylus rubidus*）只有雄者具肛前孔（preanal pores），根据类推，这种孔大概是用以散发香气的。[②]

雌雄二者的各种外部性状往往大不相同。上述安乐蜥的雄者沿着其脊背和尾巴生有一条冠饰，可以随意竖起；但雌者没有呈现这等冠饰的丝毫痕迹。印度聋蜥（*Cophotis ceylanica*）的雌者也有一脊冠，但远不及雄者的发达。正如京特博士告诉我的，许多鬣鳞蜥类（Iguanas）、避役类（Chameleons）以及其他蜥蜴类的情况也是如此。然而，在某些物种中，雌雄二者的冠饰是同等发达的，如瘤疣鬣鳞蜥（*Iguana tuberculata*）即是。在赛塔蜥蜴（*Sitana*）这一属中，只是雄者才具有一个大喉袋（图33），它可以像一把扇子那样折叠起来，呈蓝、黑、红三种色彩；但这等色彩只在求偶季节才有所表现。雌者没有这种附器，甚至连一点痕迹也没有。按照奥斯汀先生的材料，冠饰安乐蜥的雌者也有喉袋，呈艳红色并具黄色大理石花纹，尽管它是处于残迹状态的。再者，另外还有某些蜥蜴类，其雌雄二者都有同等发达的喉袋。在这里，我们看到了同上述许多事例一样的情况，即，在属于同一类群的诸物种中，同一种性状，有的只限于雄者才有，有的在雄者方面远比在雌者方面发达，有的在雌雄两方面都同等发达。飞蜥属（Draco）的小蜥蜴类借附于肋骨的膜伞在空中滑翔，其色彩之美丽实非语言所能形容，它的喉部具有皮质附器，"犹如鹑鸡类的垂肉"。当这种动物激动时，这等附器就会竖起。雌雄二者都有这等附器，然而它在雄者发育成熟时最为发达，这时，中央附器有时竟有头的两倍长。同样地，大多数物种沿着颈部也生有一条矮冠，完全成熟的雄者的这种矮冠比雌者的或幼小雄者的都发达得多。[③]

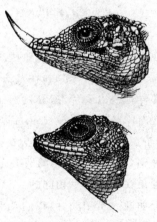

图 33　小赛塔蜥蜴（*Sitana minor*）具有膨胀喉袋的雄者
（采自京特的《印度的爬行类》）

图 34　斯氏角蜥（*Ceratophora stoddartii*）
上图为雌者；下图为雄者。

---

① 奥斯汀先生把这些动物养活了相当长的一段时间，见《陆和水》，1867 年 7 月，9 页。
② 斯托里兹卡，《孟加拉亚细亚协会杂志》，第 35 卷，1870 年，166 页。
③ 以上有关聋蜥属、赛塔蜥属和飞蜥属的全部叙述和引文，以及下述有关角蜥属（*Ceratophora*）和避役属的事实，都引自京特博士本人的述说或其辉煌的著作《英属印度的爬行类》，雷蒙特协会，1864 年，122，130，135 页。

据说有一个中国的物种在春季成双成对地生活在一块，"要是有一只被捕获，另一只就会自树上坠至地面，泰然就擒"——我推测这是出于绝望。[①]

某些蜥蜴类雌雄二者之间尚有其他更显著的差异。有一种角蜥（*Ceratophora aspera*），其雄者在吻端生有一种附器，长达头部的一半，圆柱状，复以鳞片，易弯，显然能竖立，但在雌者方面这等构造完全是残迹的。同属的第二个物种在其易弯的附器顶部有一个小角，是由一个末端鳞片形成的。而第三个物种斯氏角蜥（*C. Stoddartii*，图 34）的整个附器已变成一支角，通常为白色，但当这种动物激动时，就会呈现带紫的色彩。后面这个物种的成熟雄者的这支角长达半英寸，但雌者和幼小雄者的这支角则十分小。这等附器，如京特博士对我说的，可同鹑鸡类的肉冠相比拟，而且显然是用做装饰的。

图 35　双角避役（*Chamaeleo bifurcus*）

上图为雄者；下图为雌者。

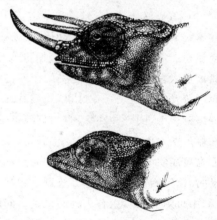

图 36　欧氏避役

上图为雄者；下图为雌者。

在避役属中，我们见到雌雄之间的差异已达到顶点。栖息于马达加斯加的雄性双角避役（*C. bifurcus*，图 35）在其头骨的上部生出两个坚硬的巨大骨质突起，就像头部其余部分那样地复以鳞片，这等构造上的奇异改变在雌者方面仅显示一点痕迹而已。再者，非洲西海岸的欧氏避役（*Chamæleon owenii* 图 36），其雄者的吻部和前额生有三只奇异的角，而在雌者方面则连一点痕迹也没有。这种角是由一种骨的赘生物构成的，复以平滑的外鞘，外鞘乃躯体普通外皮的一部分，因而它们同公牛、山羊或其他具有鞘角的反刍动物的角在构造上是相同的。尽管这三只角和双角避役头骨上那两个巨大的延长物在外观上如此大不相同，但我们几乎无法怀疑它们在这两种动物的组织中都是为着同一个总目的服务的。每个人所产生的第一种猜测将认为雄者利用这种角互斗，由于这些动物很善于争吵，[②]因此这个观点也许是正确的。伍德先生也告诉我说，他有一次见到两只小避役（*C. pumilus*）在树枝上激烈厮斗；用头猛冲，彼此试图咬住对方，然后休息一会儿，接着又继续厮斗。

有许多蜥蜴类，其雌雄二者的颜色有轻微差异，雄者的色彩和条纹比雌者的较为鲜

[①]　斯温赫先生，《动物学会会报》，1870 年，240 页。

[②]　布肖尔茨（Bucholz）博士，《普鲁士科学院月刊》（*Monatsbericht K. Preuss. Akad.*），1874 年 1 月，78 页。

明和轮廓较为清楚。例如，上述聋蜥属和南非洲的棘趾蜥（*Acanthodactylus capensis*）的情况就是如此。南非绳蜥属（Cordylus）的雄者不是比雌者红得多就是绿得多。印度黑唇树蜥（*Calotes nigrilabris*）的雌雄差异还要大，雄者嘴唇为黑色而雌者嘴唇乃绿色。英国的普通胎生小蜥蜴（*Zootoca vivipara*），"其雄者的躯体底面和尾基呈鲜橙色并具黑色斑点；雌者的这些部分则呈浅灰绿色而且无斑点"。① 我们已经知道塞塔蜥蜴只是雄者生有一个喉袋，并呈华丽的蓝、黑、红三种色彩。智利的瘦蜥蜴（*Proctotretus tenuis*）只有雄者才呈现蓝色、绿色和红铜色的斑点。② 在许多场合中，雄者全年都保持一样的色彩，但在另外一些场合中，雄者的色彩在生殖季节则变得鲜明得多；我再补充一个例子，即玛丽亚树蜥（*Calotes maria*）的雄者在这生殖季节，其头部呈鲜红色，而躯体其余部分则为绿色。③

许多物种的雌雄二者，其美丽的色彩完全相似，把这等色彩设想为保护色是毫无理由的。关于那些生活于草木之中的鲜绿色种类，这样的颜色无疑是为着荫蔽它们自己而服务的。在巴塔戈尼亚（Patagonia）*北部我见过斑点蜥蜴（*Proctotretus multimaculatus*）一受惊就伸平其躯体，闭上眼，于是凭其斑驳的色调几乎无法把它同周围的沙地分别开。不过，如此众多蜥蜴类所装饰的鲜艳色彩，以及它们所具有的各种奇异的附器，大概还是作为一种魅力先由雄者获得的，然后此等性状或只被传递给其雄性后代或被传递给其雌雄双方的后代。性选择对爬行类所起的作用确实就像对鸟类所起的作用那样，差不多是同等重要的：雌者的色彩不及雄者的显著，正如华莱士先生所相信的鸟类情况那样，是不能用雌鸟在孵卵期间面临着较大的危险来解释的。

① 贝尔，《英国爬行类志》，第 2 版，1849 年，40 页。
② 关于瘦蜥蜴，见《"贝格尔"号舰航海中的动物学研究：爬行类》，贝尔先生著，8 页。关于南非蜥蜴类，见《南非动物学：爬行类》，安德鲁·史密斯爵士著，25，39 页。关于印度树蜥属，见《英属印度的爬行类》，京特博士著，143 页。
③ 京特，《动物学会会报》，1870 年，778 页，附彩色插图。
* 位于南美阿根廷南部。——译者注。

第十三章　鸟类的第二性征

性差异——斗争的法则——特殊武器——发声器官——器乐——爱情的滑稽表演和舞蹈——永久性和季节性的装饰物——一年两次和一年一次的换羽——雄者夸耀其装饰物

鸟类的第二性征,同任何其他动物纲相比,也许不会引起其构造发生更重要的变化,但鸟类的第二性征却更加多种多样而且更加显著。因此,我将用相当长的篇幅来讨论这个问题。雄性鸟类有时也具有用于相斗的特殊武器,虽然这并不多见。它们用各种各样的声乐和器乐来魅惑雌鸟。从它们躯体的各个部分生出各种各样优美的肉冠、垂肉、隆起物、角、鼓气的囊、顶结、裸羽轴、羽衣以及修长的羽毛,用以装饰自己。它们的喙、头部周围的裸皮以及羽毛常常具有华丽的色彩。雄鸟有时靠舞蹈要不在地上或天空作出古怪的滑稽表演来表达它们的求爱。至少有一个事例表明雄鸟散发出一种麝香气味,我们可以设想这是用来魅惑或刺激雌鸟的;因为杰出的观察家拉姆齐(Ramsay)先生[1]说道,澳洲麝鸭(*Biziura lobata*)"在夏季月份里散发这等气味的,只限于雄鸭,同时有些个体可以把这种气味保持全年;甚至在繁殖季节我也从未打下过一只具有任何麝香气味的雌鸭"。这种气味在交配季节是如此强烈,以致远在见到这种鸟类之前就可发觉这种气味了。[2] 总之,鸟类大概是所有动物中的最善于审美者,当然不及人类,它们几乎具有同我们一样的审美力。这一点可从下述情况得到说明,即,我们喜爱倾听鸟类的鸣唱,我们的妇女,不论是文明的还是未开化的,都爱用鸟类羽毛来装饰头部,而且还爱戴宝石,但其色彩几乎并不比某些鸟类的裸皮和垂肉的色彩更为鲜艳。然而,人类既开化之后,他们的美感显然是一种愈益复杂得多的感觉,而且这是同种种理智的观念(intellectual ideas)联系在一起的。

当讨论我们这里所特别关切的性征以前,我想先略微谈一谈雌雄之间显然取决于不同生活习性的某些差异;因为这等情况在低等动物纲中虽是普通的,但在高等动物纲中却是罕见的。栖息于胡安·费尔南德斯(Juan Fernandez)群岛上的 Eustephanus 属的两种蜂鸟长期被人认为是不同的物种,但现已弄清楚,正如古尔德(Gould)先生告诉我的,它们原来是同一物种的雄者和雌者,二者在喙的形状上有轻微差异。在蜂鸟的另一个属(Grypus)中,雄者的喙缘为锯齿状,喙端为钩状,因而同雌者的喙大不相同。新西兰的新态鸟(Neomorpha),正如我们已经见过的,其雌雄二者因取食方式的关系,喙的形状出现了更加广阔的差异。已经观察到金翅雀(*Carduelis elegans*)有某种类似的差异,因为詹

---

[1] 《彩鹬》(*Ibis*),第 3 卷(新辑),1867 年,414 页。
[2] 古尔德,《澳大利亚鸟类手册》(*Handbook to the Birds of Australia*),第 2 卷,1865 年,383 页。

纳·韦尔先生曾向我保证说,捕鸟人能根据其雄鸟的稍长的喙,而把它识别出来。常常发现成群的这种雄鸟吃起川续断(Dipsacus)的种子,它们的长喙可以啄到这些种子,而雌鸟更常吃的却是水苏(betony)或玄参属(Scrophularia)植物的种子。以这样一种轻微的差异为基础,我们可看到雌雄二者的喙如何通过性选择而形成巨大差异。然而,在上述某些场合中,雄鸟的喙最初发生变异可能同其他雄鸟进行斗争有关,而以后这又导致了生活习性的轻微变化。

斗争的法则

几乎所有的雄性鸟类都极其好斗,它们用喙、翅和腿互相争斗。每年春季我们可以看到英国的歌鸲鸟(robins)和麻雀(sparrows)就是如此。所有鸟类中体型最小的为蜂鸟,而它却是最好争吵的鸟类之一。戈斯(Gosse)先生[1]描述过一对蜂鸟的一次争斗,它们互相咬住对方的喙不放,在空中来回旋转,直到几乎落地;孟斯·德奥卡(M. Montes de Oca)当谈到蜂鸟的另一属时说道,两只雄鸟如果在空中相遇很少不发生激烈冲突的:当把它们一块关进笼里时,"它们之间的战斗结果多半是其中之一的舌头被撕裂开,因而以后肯定因不能进食而死去。"[2]至于涉禽类(Waders),普通黑水鸡(Gallinula chloropus)的雄鸟"在求偶时,为争夺雌鸟而激烈争斗:它们几乎直立水中,用脚互相踢打"。有人见过两只这种雄鸟如此争斗了半小时之久,直到其中一只抓住了另一只的头,要不是旁观者加以干涉的话,被抓住的那只雄鸟大概要被弄死;而雌鸟在这整个期间犹如一个安静的观众,站在一旁看热闹。[3] 布赖茨先生告诉我说,有一种同鹬亲缘相近的鸟(凤头董鸡 Gallicrex cristatus),其雄鸟大于雌鸟三分之一,它们在繁殖季节非常好斗,因而东孟加拉当地人把它们养起来,让它们相斗。在印度也饲养各种其他的鸟用于相同的目的,例如,红鹎(Pycnonotus haemorrhous)就是"斗志昂扬地进行争斗"。[4]

多配性的流苏鹬(Machetes pugnax,图37)以其极端的好斗性而闻名;其雄鸟的体形大大超过雌鸟,它们在春季日复一日地聚集于某一特定的地点,那里就是雌鸟打算产卵的地点。捕鸟人根据草皮被践踏得有点光秃的情况就可发现这种地点。雄鸟在这里厮打,很像斗鸡那样,互相用喙啄住不放,彼此以翅相击。这时,颈部周围的长羽毛直竖,据蒙塔古上校说,"它像一面盾牌似的扫过地面,以保护躯体比较脆弱的部分";关于鸟类的任何构造当做盾牌用的情况,这是我所知道的唯一例子。然而,从其颈羽的种种富丽色彩看来,大概这主要是作为一种装饰之用的。就像大多数好斗的鸟类那样,它们似乎做好了随时战斗的准备,一旦把它们关在一起,就往往互相残杀;但蒙塔古观察到它们的好斗性在春季变得较强,这时其颈部长羽就充分发育了;而且在这期间,任何一只鸟的最小动作都会引起一场普遍的战争。[5] 关于蹼足鸟类的好斗性,举出两个例子来说明就足够

---

① 古尔德先生引用,见《蜂鸟科导论》(Introduction to the Trochilidae),1861年,29页。
② 古尔德,同上著作,52页。
③ 汤普孙,《爱尔兰博物志:鸟类》(Nat. Hist. of Ireland: Birds),第2卷,1850年,327页。
④ 杰尔登,《印度鸟类》(Birds of India),第2卷,1863年,96页。
⑤ 麦克吉利夫雷,《英国鸟类志》(Hist. Brit. Birds),第4卷,1852年,177—181页。

图 37　流苏鹬(*Machetes pugnax*)

(采自布雷姆(Brehm)的《*Thierleben*》)

了：在圭亚那，"野麝鸭(*Cairina moschata*)的雄者在繁殖季节就会发生血腥的战斗；凡发生过这等战斗的地方，河面上便有一段距离布满了羽毛。"①似乎不适于战斗的鸟类便进行激烈的冲突。例如，鹈鹕(pelican)的较强雄者会把较弱者赶走，用其巨大的喙猛啄，以其翅膀进行沉重的打击。雄沙锥(snipe)在互斗时，"用嘴以能想象的最奇妙方式又曳又推"。某些少数鸟类据信从不相斗，按照奥杜邦(Audubon)的材料，美国的金黄色啄木鸟(*Picus auratus*)就是如此，虽然"跟随这种雌鸟的放荡追求者竟有半打之多"。②

许多鸟类的雄者都大于雌者，这无疑是许多世纪以来较大、较强壮的雄者在胜过其竞争对手方面占有优势的结果。有几个澳大利亚的物种，其雌雄二者在体形上的差异已达到了极端。例如，雄麝鸭(*Biziura*)和雄 *Cincloramphus cruralis*(同英国鹨的亲缘接近)经过实测各为其雌者的两倍大。③ 另外有许多鸟类，则是雌鸟大于雄鸟。如上所述，对这种现象提出的解释，常常认为是由于雌鸟在养育幼鸟方面承担了大部分工作，但这种解释是不够充分的。以后我们将会见到，在某些少数场合中，雌鸟显然是为了战胜其他雌鸟并占有雄鸟而获得其较大的体形和较强的体力。

许多鹑鸡类的雄者，尤其是一雄多雌的种类，都具有同其竞争对手进行战斗的特殊武器，叫做距，使用这种武器能产生可怕的效果。一位可信赖的作者曾做过这样记载④：在德比郡(Derbyshire)有一只鸢(kite)袭击一只带着小鸡的雌斗鸡，这时，雄斗鸡飞奔来救，跃起一踢，用距准确地刺穿了侵略者的眼和头骨。把距从鸢的头骨中拔出是不容易的，而且鸢虽死了，仍牢牢地抓住对手不放，因而这两只鸟紧紧地联在一起了；但把雄斗鸡解脱出来之后，才知道它只不过受了点轻伤而已。雄斗鸡大无畏的勇气是有名的：有位先生很久以前曾目睹过下面的残酷景象，他告诉我说，有一只斗鸡因斗鸡场的某种事故而双腿折断了，它的主人打赌说，如果能把这只斗鸡的腿接好使它直立，它就会继续斗

① 肖姆勃克爵士，《皇家地理学会会报》(*Journal of R. Geograph. Soc.*)，第13卷，1843年，31页。
② 《鸟类志》(*Ornithological Biography*)，第1卷，191页。关于鹈鹕类和鹬类，见第3卷，138,477页。
③ 古尔德，《澳大利亚鸟类手册》，第1卷，395页；第2卷，383页。
④ 引自休伊特(Hewitt)先生，见《特戈梅尔的家禽手册》(*Poultry Book by Tegetmeier*)，1866年，137页。

下去。结果骨折处被接好了,这只斗鸡又勇敢地投入战斗,直到它受到了致命的一击。在锡兰有一个亲缘相近的野生物种,名为斯氏原鸡(*Gallus stanleyi*),据知它们在"保卫其配偶"时进行殊死的战斗,因而常常发现斗者之一死于战斗之中。① 一种印度石鸡(*Ortygornis gularis*)的雄者具有坚固而锐利的距,它们如此喜欢争吵,以致"你所捕杀的几乎每只鸟的胸部都有以往战斗的累累伤痕"。②

几乎所有鹑鸡类的雄者,每当繁殖季节都进行猛烈的冲突,即使无距者亦复如此。松鸡(capercailzie)和雄黑松鸡(*Tetrao urogallus* 和 *T. tetrix*)都是一雄多雌者,它们有约好的固定地点,群集于此,进行战斗并向雌鸟献媚达数周之久。柯瓦列夫斯基博士告诉我说,他在俄国曾经看到松鸡相斗过的场所,那里的雪全被血染红,当几只雄黑松鸡"进行一场大战之后",也弄得羽毛四处飞扬。在德国,把雄黑松鸡求偶的歌舞称为巴尔兹(Balz),老布雷姆对此做过奇妙的记载。这种鸟几乎连续地发出最奇怪的叫声:"高举其尾,展开为扇,昂起头和颈,所有羽毛全都竖起,并展其双翅。然后它朝不同的方向跳跃几步,有时是绕圈跳跃,并用其喙的下部抵住地面,而且抵得如此用劲,以致颏部羽毛纷纷被磨掉。当做这些动作时,它拍击双翅,转了一圈又一圈。它的热情越高,就变得越活泼,直到最后这种鸟看来就像一个疯狂的动物。"在这样的时候,雄黑松鸡是如此精神贯注,以致几乎变得什么也看不见,什么也听不到了,但同雷鸡相比,还有逊色,因此可在同一地点一只接一只地把它们射杀,甚至可徒手把它们挨个捉住。雄鸟在做完这些滑稽表演之后就开始相斗:同一只雄黑松鸡为了证明其体力胜过若干敌手,要在一个清晨里走访几处巴尔兹舞场(Balz-places),而这等场所在连续数年内都是保持不变的。③

具有长尾羽的孔雀与其说它像个战士,不如说它更像个纨绔子弟,但它们有时也发生猛烈的冲突:福克斯(W. Darwin Fox)牧师告诉我说,离切斯特不远的地方有两只相斗的孔雀变得如此激怒,以致它们飞越了整个城市仍在厮打,直到它们降落在圣约翰塔顶上才算结束。

鹑鸡类所具有的距一般只是单独一个;但多距的鸟类每只腿上则具有两个或两个以上的距;已经见过一种血雉(*Ithaginis cruentus*)的腿上有五个距。距一般只限于雄鸟才有,而在雌鸟腿上仅表现为小瘤、即残迹物;但爪哇绿孔雀(*Pavo muticus*)的雌者以及布莱恩(Blyth)先生告诉我的小型火背雉(*Euplocamus erythropthalmus*)的雌者都有距。在鹑鸡属(*Galloperdix*)中,通常是雄鸡每只腿上有两个距而雌鸡只有一个距。④ 因此可以把距视为一种雄性构造,偶尔或多或少地传给了雌鸡。就像大多数其他次级性征那样,同一物种的距无论在数量上或发育程度上都是高度容易变异的。

各种各样的鸟类在其双翅上有距。但埃及鹅(*Chenalopex aegyptiacus*)只有"光秃而不锐利的小瘤而已",而这等小瘤大概向我们展示了在其他物种中发展起来的真距的最初步骤。具有翅距的鹅,即距翅鹅(*Plectropterus gambensis*),其雄者的距比雌者的大得多;正如巴特利特先生告诉我的,它们用这等翅距进行争斗,因此在这种场合中,翅距是作

---

① 莱亚德,《博物学年刊杂志》,第 14 卷,1854 年,63 页。

② 杰尔登,《印度鸟类》,第 3 卷,574 页。

③ 布雷姆,《动物生活图解》,第 4 卷,1867 年,351 页。上述有些引自劳埃德,《瑞典的猎鸟》,1867 年,79 页。

④ 杰尔登,《印度鸟类》,关于血雉属(*Ithaginis*),见第 3 卷,523 页;关于鹑鸡属(*Galloperdix*),见 541 页。

图38　角叫鸟（*Palamedea cornuta*）

（采自布雷姆）图示其双翅距，
以及头顶的丝状物。

为性的武器来用的；但按利文斯通（Livingstone）的见解，它们主要是用来保卫幼者的。叫鸟（Palamedea）（图38）在每张翅上都装备了一对距，这是一种非常可怕的武器，据了解，只要用它一击就会把狗打得哀号而逃。但在这种场合或在某些具有翅距的秧鸡类（rails）的场合中，雄鸟的距并不见得比雌鸟的大。[①] 然而，在某些鸻类（plovers）中，必须把其翅距视为一种性征。例如，英国普通凤头麦鸡（*Vanellus cristatus*）的雄者在繁殖季节其翅肩上的小结节变得更为突出，而且互相争斗。跳凫属（Lobivanellus）的某些物种有一种相似的小结节在生殖季节就会发展成"一支短的角质距"。澳大利亚的裂跳凫（*L. lobatus*）的雌雄二者都有距，但雄者的距比雌者的大得多。与此亲缘相近的一种鸟，叫做 *Hoplopterus armatus*，它的距在生殖季节并不增大；但在埃及曾见过这种鸟

互相争斗，它们争斗的方式同英国田凫一样，在空中突然转向对方，从侧面互相攻击，时常会造成致命的后果。它们还这样把其他敌对者赶走。[②]

　　求偶的季节同时也是相斗的季节，但有些鸟类的雄者，如斗鸡和流苏鹬的雄者，甚至野火鸡和松鸡类的年青雄者[③]，不论何时，只要一相遇就会随时发生争斗。雌鸟的在场是这等可怕的战争之根源（teterrima belli causa）。孟加拉的印度绅士们挑起梅花雀（*Estrelda amandava*）小而美的雄者进行斗争的方法是，把三个小鸟笼排成一行，中间那只鸟笼关的是一只雌鸟，两头各关着一只雄鸟，过一会儿把这两只雄鸟放开，它们就立即开始了一场殊死的战斗。[④] 当许多雄鸟聚集在同一个约定的地点进行争斗时，就像松鸡类和其他种种鸟类的情况那样，一般都有雌鸟呆在旁边[⑤]，争斗结束后，它们就和胜利的斗士相配。但在某些场合中，交配是在争斗之前而不是在争斗之后进行的：例如，按照奥杜邦的材料[⑥]，弗吉尼亚夜鹰（*Caprimulgus virginianus*）的若干雄鸟"以一种非常殷勤的

　　① 关于埃及鹅，参阅麦克吉利夫雷的《英国鸟类志》，第4卷，639页。关于距翅鹅（Plectropterus），见《利文斯通游记》（*Livingstone's Travels*），254页。关于叫鸟见布雷姆的《动物生活图解》，第4卷，740页。关于这种鸟，再参阅阿扎拉的《南美游记》，第4卷，1809年，179，253页。

　　② 关于英国的凤头麦鸡，参阅卡尔（R. Carr）先生著述，见《陆和水》，1868年8月8日，46页。关于跳凫，见杰尔登的《印度鸟类》，第3卷，647页，以及古尔德的《澳大利亚鸟类手册》，第2卷，220页。关于 Holopterus，参阅艾伦先生著述，见《彩鹮》，第5卷，1863年，156页。

　　③ 奥杜邦，《鸟类志》，第2卷，492页；第1卷，4—13页。

　　④ 布莱恩先生，《陆和水》，1867年，212页。

　　⑤ 见理查森（Richardson）关于伞松鸡（*Tetrao umbellus*）的著述，见《美国边境地区动物志：鸟类》（*Fauna Bor. Amer: Birds*），1831年，343页。关于雷鸟和雄黑松鸡，见劳埃德的《瑞典猎鸟》，1867年，22，79页。然而，布雷姆认为（《动物生活图解》等，第4卷，352页）德国的雌灰色松鸡一般不光临雄黑色松鸡的巴尔兹舞场，但这是普遍规律的一个例外；可能雌松鸡隐藏于周围灌木丛中，如同斯堪的纳维亚的雌灰色松鸡的情况以及北美洲其他物种的情况那样。

　　⑥ 《鸟类志》，第2卷，275页。

方式向雌鸟求偶,当雌鸟刚一作出选择后就同意追击所有其他入侵者,并把它们赶出其领地之外"。雄鸟一般在交配前就试图把其竞争对手赶走或杀死。然而,看来雌鸟并不见得总是喜爱胜利的雄鸟。柯瓦列夫斯基博士的确曾向我保证说,雌松鸡有时会携一只年青的雄鸟私奔而去,后者是不敢同年长的雄鸟一块进入争斗场所的,苏格兰的雌赤鹿偶尔也会如此。当两只雄赤鹿在单独一只雌赤鹿面前进行争夺时,胜利者通常无疑会遂其意愿;但有些这类斗争是由于到处乱跑的雄者试图破坏已经成为配偶的安宁所引起的。①

即使是最好斗的物种,其雌雄的交配也可能不完全取决于雄者单纯的体力和勇气;因这等雄者一般都有种种装饰物来打扮自己,这些装饰物在生殖季节往往变得更鲜艳,并殷勤地在雌者面前进行夸示。雄者还用爱情的呼叫、鸣唱和滑稽表演来尽力献媚或刺激雌者,这种求爱在许多场合中是一种费时甚久的事。因此,雌者对异性的魅惑大概既不是无动于衷,也不总是被迫顺从胜利的雄者。更加可能的是,在雄者冲突之前或以后,雌者受到了一定雄者的刺激而不知不觉地爱上了它们。关于伞松鸡(*Tetrao umbellus*),一位杰出的观察家②甚至相信其雄者的相斗"完全是假装的,它们的表演是为了向集合于雄者周围而表示赞美的雌者显示其最大的优越性;因为我从来没有找到过一只受了伤的英雄,而所看到的折断的羽毛,很少超过一支"。以后我还要重新来讨论这个问题,但我愿在这里补充一点:关于美国的一种狂热松鸡(*Tetrao cupido*),约有 20 只雄者集合于一特定地点,大摇大摆地走来走去,空中到处回响着其喧嚣声。当从一只雌者得到第一个响应后,雄者便投入了猛烈的相斗,结果是弱者败走了;但这时,据奥杜邦说,胜败双方都寻求雌者,因此,雌者必须立即作出选择,否则争斗必定还要重新发生。再者,美国有一种草地鹨(*Sturnella ludoviciana*),其雄者激烈相斗,"但一见到雌者,就疯狂般地全都随着它飞去"。③

声乐和器乐

鸟类的鸣声是用以表达其种种感情的,诸如痛苦、恐惧、愤怒、胜利或单纯的欢乐。有时它显然是用以激起恐怖,如某些雏鸟所发出的嘶嘶叫声。奥杜邦说,他所驯养的一只夜鹭(*Ardea nycticorax* Linn.)常常在一只猫来近时躲藏起来,然后"突然跳起,发出一种最可怕的叫声,显然以猫之惊慌逃走为乐"。④ 普通家养公鸡找到一口好吃的食物时就会咯咯地召唤母鸡,母鸡又会咯咯地召唤其小鸡。母鸡下蛋时,"频频地重复同一种叫声,以高于六度音程而截止,最后这声调持续较久",⑤以此来表达其欢乐。有些群居性的鸟类显然是为了寻求帮助而互相呼唤,当它们从这棵树飞往那棵树时,就靠着喊喊喳喳的叫声互相呼应而保持鸟群的完整。在鹅类(geese)和其他水禽类夜徙的期间,我们可以

---

① 布雷姆,《动物生活图解》,第 4 卷,1867 年,990 页;奥杜邦,《鸟类志》,第 2 卷,492 页。

② 《陆和水》,1868 年,7 月 25 日,14 页。

③ 奥杜邦,《鸟类志》,关于狂热松鸡,见第 2 卷,492 页;关于椋鸟属(*Sturnus*),见第 2 卷,219 页。

④ 《鸟类志》,第 5 卷,601 页。

⑤ 戴恩斯·巴林顿,《自然科学学报》,1773 年,252 页。

听到夜空中带头鸟所发出的响亮鸣叫和后继者相呼应的鸣叫声。某种鸣叫声是作为危险信号发出的,猎人懂得这种信号所给他带来的损失,而且这种信号能为同一种鸟和其他种鸟所理解。战胜其竞争对手之后,家公鸡便引颈长鸣,公蜂鸟也嘁嘁喳喳地鸣叫起来。然而,大多数鸟类主要是在繁殖季节才发出真正的鸣唱以及种种奇特的叫声,这是用以献媚异性,或仅仅是用以召唤异性的。

关于鸟类鸣唱的目的,博物学者们的看法有很大分歧。蒙塔古堪称最精细的观察者,但他主张"鸣禽类和许多其他鸟类的雄者一般并不寻求雌者,而正好相反,它们在春季的事务都是停息于某一显眼的地点,纵声唱出其多情的音调;对此,雌者依其本能自能领会并前往该地择其配偶"。① 詹纳·韦尔先生告诉我说,夜莺的情况肯定如此。毕生从事养鸟的贝奇斯坦(Bechstein)断言,"雌金丝雀(canary)总是选择最善于鸣唱的公鸟,雌燕雀在自然状态下也是百里挑一地去选择最使它感到高兴的那些善于鸣唱的公鸟"。② 毫无疑问,鸟类非常注意彼此的鸣唱。韦尔先生曾向我说过一个例子:有一只红腹灰雀(bullfinch)被教会了鸣唱一支德国圆舞曲,它演奏得那么好,以致它的身价竟达 10 个吉尼(guineas)*;当这只鸟首次被放进一间养着其他鸟类的屋内并开始鸣唱时,所有其他鸟类,约为 20 只红雀(linnets)和金丝雀,都排列在各自鸟笼里最靠近它的一边,以最大的兴趣倾听这个新来客的演奏。许多博物学者都相信鸟类的鸣唱几乎完全是敌对和竞赛所引起的结果,并非为了向其配偶献媚。这就是戴恩斯·巴林顿和塞尔伯温的怀特(White)的见解,他们对这个问题都有特别的研究。③ 然而,巴林顿承认,"鸟类的善于鸣唱者比其他鸟类占有无比的优势,这是捕鸟人所熟知的"。

雄鸟之间在鸣唱方面肯定有激烈的竞争。玩鸟的人比赛他们所养的鸟,看哪只鸟鸣唱的时间最长,雅列尔先生告诉我说,第一流的鸟有时会一直鸣叫到坠落在地而几乎死去,或按贝奇斯坦的说法④,因肺部一条血管破裂而完全死去。不管其原因可能是什么,正如韦尔先生对我说的,雄性鸟类在鸣唱季节往往会突然死去。鸣唱的习性有时显然同爱情完全无关,因为有人曾描写过一只不育的杂种金丝雀⑤在镜子里见到自己形象时就鸣唱起来了,随后就向自己形象猛扑过去;把它和一只雌金丝雀关在同一个笼子时,它同样向雌鸟愤怒地进行攻击。由鸣唱行为所激起的妒忌性经常被捕鸟人所利用,把一只唱得好的雄鸟隐藏起来并加以保护,同时把一个剥制的鸟暴露在视线之内,并在其周围放置涂上粘鸟胶的小枝。正如韦尔先生告诉我的,有一个人用这种方法在一天之内所捉到的雄性欧洲苍头燕雀(Chaffinch)就有 50 只之多,另一次则高达 70 只。鸟类在鸣唱能力和鸣唱爱好方面的差异非常之大,一只普通雄性欧洲苍头燕雀的价钱虽只有 6 便士,但韦尔先生见到捕鸟人有一只这种鸟竟索价 3 镑之多。对一只真正善于鸣叫的鸟的检验

---

① 《鸟类学辞典》(*Ornithological Dictionary*),1833 年,475 页。

② 《笼鸟志》(*Naturgeschichte der Stubenvögel*),1840 年,4 页。哈里森·韦尔先生同样写信对我说:"我听说养在同一鸟舍里的最善于鸣唱的雄鸟,一般会首先获得一个配偶。"

* 英国以往的金币名,合现在 21 先令。——译者注

③ 《自然科学学报》,1773 年,263 页。怀特的《塞尔伯温博物志》(*Natural History of Selborne*),1825 年,第 1 卷,246 页。

④ 《笼鸟志》,1840 年,252 页。

⑤ 博尔德(Bold),《动物学者》(*Zoologist*),1843—1844 年,659 页。

方法是,把鸟笼在其主人头上转动时,它还会继续鸣唱。

雄性鸟类因竞争而鸣唱,也因献媚雌者而鸣唱,二者完全不矛盾;也许可以期待这两种习性会同时发生作用,就像夸示本身之美和好斗那两种习性同时发生作用一样。然而,某些作者争辩说,雄鸟的鸣唱不能用以迷惑雌鸟,因为某些少数物种,诸如金丝雀、知更鸟、百灵鸟(lark)和欧洲苍头燕雀的雌者,尤其当它们处于寡居的状态时,正如贝奇斯坦所说的,都会纵声唱出委婉动听的曲调。在某些这等事例中,鸣唱的习性可以部分地归因于雌鸟所受到的高度喂养和被圈禁,[①]因为这就扰乱了同物种繁殖有关的一切正常功能。关于雄鸟的次级性征部分地传递给雌鸟,已举出过许多事例,因而某些物种的雌鸟具有鸣唱的能力就完全不足为奇了。还有人争辩说,雄鸟的鸣唱不是作为一种魅惑,因为某些物种的雄鸟,例如知更鸟,在秋季也鸣唱。[②] 动物为了某种真实的利益在某一时期所遵循的无论什么本能,在另一时期还会以实践这种本能为乐,这是最常见的事。我们不是多么经常地见到飞行自如的鸟类显然由于取乐而在空中滑行和翱翔吗?猫戏弄捕得的鼠,鸬鹚戏弄捕得的鱼。织布鸟(Ploceus)被关进笼里时,仍在鸟笼的铁丝柱之间灵巧地编织草叶而自娱。习惯于在生殖季节相斗的鸟类一般在所有时期都准备进行战斗;雄雷鸟有时在秋季也会在它们通常集会的场所举行其巴尔森(Balzen)或勒克斯(leks)舞会。[③] 因此,雄性鸟类在求偶季节过后还继续鸣唱以自娱,就完全不足为奇了。

正如前章所阐明的,鸣唱在某种程度上是一种艺术,而且通过实践会大大提高。鸟类可被教会鸣唱各种不同的曲调,即使叫得难听的麻雀也曾学会像一只红雀那样地鸣唱。它们可学得养父养母的歌声[④],有时也可学得邻居的歌声。[⑤] 所有普通的鸣禽都属于燕雀类(Insessores)这一目,它们的发音器官要比大多数其他鸟类的发音器官复杂得多;但也存在一个奇特的事实,即,某些燕雀,诸如渡鸦、乌鸦和喜鹊,虽然从来不鸣唱,自然也不会发出抑扬的音调,但它们都具有这种正规的发音器官。[⑥] 亨特断言[⑦],关于真正的鸣禽,其雄鸟的喉肌都比雌鸟的更为强有力;但除这点轻微的差异外,雌雄二者的发声器官并无任何差别,尽管大多数物种的雄鸟鸣唱起来要比雌鸟好听得多,而且更加连绵不断。

值得注意的是,彻底善于鸣唱者皆为小型鸟。然而澳洲的琴鸟属(Menura)必须除外,因为,像半成熟火鸡那样大小的阿氏琴鸟(Menura Alberti)不仅模仿其他鸟类鸣叫,而且"它自己的啭鸣声也极其美妙而富有变化"。其雄鸟集合起来组成"科罗伯瑞舞场(corroborying places)*",它们在那里鸣唱,像孔雀那样地高举并展开其尾羽,同时双翅下垂。[⑧] 同样值

---

① D. 巴林顿,《自然科学学报》,1773 年,262 页;贝奇斯坦(Bechstein),《笼鸟》(*Stubenvögel*),1840 年,4 页。

② 河鸟(water-ouzel)的情况也是如此,参阅赫伯恩(Hepburn)先生著述,见《动物学者》,1845—1846 年,1068 页。

③ L. 劳埃德《瑞典的猎鸟》,1867 年,25 页。

④ 巴林顿同上著作,264 页;贝奇斯坦,同上著作,5 页。

⑤ 马尔(Malle)举出一个奇妙的事例,表明在他的花园内有些野生鸟鹩从一只笼鸟那里自然学会了一曲共和国的歌调。(《自然科学年刊》,第 3 辑,动物学部分,第 10 卷,118 页)

⑥ 毕肖普,《托德的解剖学和生理学全书》,第 4 卷,1496 页。

⑦ 如巴林顿在《自然科学学报》(1773 年,262 页)上所记述的。

* corroboree 系澳洲土著庆祝胜利舞蹈晚会。——译者注

⑧ 古尔德,《澳大利亚鸟类手册》,第 1 卷,1865 年,308—310 页;再参阅伍德先生在《学生》杂志(*Student*,1870 年 4 月,125 页)上的记述。

得注意的是,善于鸣唱的鸟类很少具有鲜艳的色彩或其他装饰物。以我们英国的鸟类来说,欧洲苍头燕雀和金翅雀除外,最善于鸣唱的都是色彩平淡的。鱼狗(King-fisher)、蜂虎(bee-eater)、德国佛法僧(roller)、戴胜(hoopoe)啄木鸟等都发出刺耳的叫声;并且色彩鲜艳的热带鸟类几乎都不是善于鸣唱者。[①] 因此,鲜明的色彩和鸣唱的能力似乎是可以互相取代的。我们可以看到如果羽衣色彩不变得鲜明,或者鲜明的色彩危及物种的生存,那么就可能采用其他手段来魅惑雌鸟,而悦耳的音调就提供了这样的手段。

图 39　狂热松鸡(*Tetrao cupido*)雄者

(采自伍德)

某些鸟类雌雄二者的发音器官差异很大。狂热松鸡(图 39)的雄者在其颈部两侧各有一个无毛的橙色囊,这种囊在繁殖季节即行膨大,此时雄鸟便发出奇妙的空洞叫声,在相当的距离以外都可听到。奥杜邦证实说,这种叫声同这等器官密切关联(这使我们回想起某些雄蛙在嘴的两侧各有一个气囊),因为他发现如果一只驯养的这种鸟的一个囊被刺破,其叫声就大大减弱,如果两个囊都被刺破,叫声则完全丧失。雌鸟的"颈部也有一块多少相似的、虽然稍微小一些的裸皮,但它不能膨胀"。[②] 另一种细嘴松鸡(*Tetrao urophasianus*)的雄者向雌者求爱时,其"黄色的无毛食管膨胀得非常之大,足有其躯体的一半";于是它发出各种嘎嘎的、深沉而空洞的声调。是时颈羽竖起,双翼低垂,跑来跑去,其长而尖的尾羽展开有如一把扇子,表现了种种奇形怪状。而这种雌鸟的食管则无任何值得注意的地方。[③]

现在似乎已弄清楚,欧洲雄性大鸨(*Otis tarda*),至少还有其他四个物种的雄鸟,它们的大喉袋并非以前所设想的那样用以存水,而是同繁殖季节中所发出的那种类似"喔

---

① 参阅古尔德的《蜂鸟科导论》,1861 年,22 页,有关这一效果的记述。

② 《加拿大的猎人和博物学者》(*The Sportsman and Naturalist in Canada*),罗斯·金(W. Ross King)少校著,1866 年,144—146 页。伍德先生在《学生》杂志(1870 年 4 月,第 116 页)上对这种鸟在求偶季节的姿态和习性做过最好的记载。他说道,其耳簇毛或颈羽都竖起来了,因而在头冠上面相遇。参阅他的绘图,图 39。

③ 理查森,《美国边境地区动物志:鸟类》,1831 年,359 页。奥杜邦,同前著作,第 4 卷,507 页。

克(oak)"的特殊叫声有关系。① 一种栖息于南美的形似乌鸦的伞鸟(*Cephalopterus ornatus*,图40)以其覆盖了整个头部的巨大顶结而被称为伞鸟(umbrella-bird),这种顶结是由羽毛形成的,羽根呈白色,裸露无毛,其顶端则生有暗蓝色的羽毛,它们竖起来便形成直径不下于五英寸的一个大圆顶。这种鸟的颈部有一条长而细的圆筒状肉质附器,其上厚厚地被覆着一层鳞片状的羽毛。它大概一部分用为装饰物,同时也用为一种回声器,因为贝茨先生发现它"同气管和发音器官的异常发育"有关系。当这种雄鸟发出那种独特的深沉、高昂而持久的嘹亮声调时,肉质附器就膨胀起来了。而雌鸟的羽冠和颈部附器则处于残迹状态。②

图40　伞鸟(*Cephalopterus ornatus*)的雄者

(采自布雷姆)

　　各种蹼足鸟类和涉禽类的发音器官极为复杂,且在雌雄二者有一定程度的差异。在某些场合中,气管是盘旋的,像支弯管乐号,且深深嵌入胸骨内。关于野天鹅(*Cygnus ferus*),其成熟雄者气管所嵌入的程度比成熟雌者和年青雄者更深。雄秋沙鸭(Merganser)的气管扩大部分具有一对附加的肌肉。③ 然而,有一种叫做斑点鸭(*Anas punctata*)的,其雄者的骨质扩大部分仅比雌者的稍微发达一点。④ 但鸭科(Anatidae)雌雄二者在气管方面的这等差异,其意义何在,尚属不明;因为雄鸭并不总是喧叫得更凶;例如,普通家鸭,其雄者

---

　　① 关于这个问题最近发表的文章有：A. 牛顿教授,见《彩鹬》(*Ibis*)1862年,107页;卡伦(Cullen)博士,同前著作,1865年,145页;弗劳尔先生,见《动物学会会报》,1865年,747页;以及默里博士,见《动物学会会报》,1868年,471页。后面这篇论文中有一幅绘图说明,一只雄澳洲鸨充分夸示其膨胀起来的喉囊,并非同一物种的所有雄者都有这种发达的喉囊,却是一个奇特的事实。

　　② 贝茨,《亚马孙河流域的博物学家》,1863年,第2卷,284页;华莱士,《动物学会会报》,1850年,206页。最近发现一个新的伞鸟物种(*C. penduliger*),它的颈部附器还要大些,见《彩鹬》,第1卷,457页。

　　③ 毕肖普,见《托德的解剖学和生理学全书》,第4卷,1499页。

　　④ 牛顿教授,《动物学会会报》,1871年,651页。

不过是嘶嘶地叫，而雌者却大声嘎嘎地叫。① 有一种小鹤（*Grus virgo*），其雌雄二者的气管均深陷胸骨中，但表现了"某种性别变化"。雄黑鹳（black stork）在支气管的长度和弯曲度两方面都表现了十分显著的性差异。② 因此，在这等场合中，如此高度重要的构造也因性别而发生了变异。

雄性鸟类在繁殖季节所发出的许多奇妙的叫声和音调，究竟是用以魅惑雌鸟，或仅仅作为一种召唤，是难以猜测的。或可假定，鸠和许多鸽类的柔和咕咕叫声是取悦雌者的。雌野火鸡在早晨鸣叫时，雄鸡则答以一种不同于咯咯叫声的音调，同时竖起羽毛，沙沙地抖动翅膀鼓起垂肉，并在雌鸡面前高视阔步并噗噗喷气。③ 雄黑松鸡的鸟语（spel）肯定是用以召唤雌者的，因为，据知一只关在笼中的雄者曾用这种鸟语把四五只雌者从远处召来。但是，由于雄黑松鸡连续做此鸟语达数小时并持续数日不断，并且在雷鸟的场合中还"伴以炽烈的激情"，因此这就使我们设想那些光临的雌者是这样被迷住了。④ 据知，普通秃鼻乌鸦（rook）的叫声到繁殖季节就会改变，所以从某一方面来看这是性的变化。⑤然而关于那种刺耳的尖叫声，如某些种类的金刚鹦鹉（macaws）的叫声，我们又该怎样说呢；这些鸟类的不善于欣赏音乐声调是否就像它们不善于欣赏色彩那样呢？根据它们的羽毛呈鲜黄色和蓝色这种不协调的颜色对比，可以判断它们欣赏色彩的能力显然是低劣的。从这样叫声不会获得任何利益，的确是可能的，许多雄性鸟类的高声鸣叫可能是由于它们当受到强烈的爱情、嫉妒和愤怒等感情的刺激时连续使用其发音器官的遗传效果所造成的；但关于这一点，在我们讨论四足兽时还要谈到。

到目前为止，我们所谈论的仅仅是鸟类的发声，但各种鸟类的雄者在其求偶期间所发出的鸣叫都可称之为器乐。孔雀和极乐鸟收拢其羽根，格格作响。雄火鸡以翼擦地，发出沙沙响声，松鸡的某些种类也这样发声。另一种北美松鸡叫伞松鸡，当它将尾羽竖起时，其颈羽即行张开，"向藏在附近的雌鸟夸耀其美"，按照海蒙德（R. Haymond）先生的材料，这时它用双翼急击其背而发出鼓声，并非像奥杜邦所想的是以双翼击其躯体两侧。这样发出的声音，有些人把它比作远方的雷声，另外有些人则把它比作快速擂鼓之声。雌鸟从不发出这样鼓声，"但它径直飞往雄鸟发出这种声音的场所"。喜马拉雅山的黑鹇（kalij-pheasant）的雄者，"常常以其双翅发出一种独特的鼓声，就像摇动一张僵硬的布块所产生的那种声音"。非洲西海岸的小型黑色织布鸟常常小群地在围绕一小块空地的灌木丛中聚会，又是鸣唱，又是以其抖动着的双翅在空中滑翔，"这样弄出来的一种急速转动的呼呼声，犹如一个小孩喋喋不休的语声"。一只鸟跟着一只鸟这样地进行表演，达数小时之久，但这种情况仅仅在求偶季节才发生。某些欧夜鹰属（Caprimulgus）的雄者只在这个季节，而不是在另外的时候，才用其双翅奏出一种奇特的隆隆声。啄木鸟的

① 琵鹭（*Platalea*）的气管盘旋成 8 字形，虽然这种鸟（杰尔登，《印度鸟类》，第 3 卷，763 页）是不会叫的；但布莱恩先生告诉我说，气管的这样盘旋并非经常出现，所以它们正趋向发育不全。

② R. 瓦格纳（Wagner）著，《比较解剖学原理》（*Elements of Comp. Anat.*），英译本，1845 年，111 页。上述有关鹳的情况，见雅列尔的《英国鸟类志》，第 3 卷，第 2 版，1845 年，193 页。

③ 波那帕特（C. L. Bonaparte），在《博物学者丛书：鸟类》（*Naturalist library；Birds*），第 6 卷，126 页。

④ 劳埃德，《瑞典猎鸟》，1867 年，22，81 页。

⑤ 詹纳，《自然科学学报》，1824 年，20 页。

各个物种用喙敲击树枝而发出一种响亮的声音,敲击时头部的往复动作是如此迅速,以致"在一瞬间它的头好像是在两处"。这样发出的声音可在相当远的地方听到,但无法被描写出来;而且我可以肯定,任何人首次听到这种声音时,都不会猜出它的声源在何处。由于这种刺耳的声响主要是在生殖季节发出的,因而它被认为是一种爱情之歌;但更严格地说,这也许是一种爱情的呼唤。当把雌鸟从巢里赶出来时,曾经观察到雌鸟就这样呼唤其配偶,后者以同样方式应答并很快出现在雌鸟的面前。最后,雄戴胜(*Upupa epops*)会把声乐和器乐结合起来;因为,正如斯温赫(Swinhoe)先生所观察的,在生殖季节,这种鸟先吸进空气,然后用喙端垂直地在一块石头或一棵树干上轻轻敲击,"这时使劲地把气从其管状喙呼出,于是就产生了正确的声音"。如果不用喙这样敲击某些物体,所发出的声音就完全不一样。同时吸进空气,食管也因而大为膨胀:这大概起了一个回声器的作用,不仅戴胜如此,鸽类和其他鸟类也都如此。[①]

上述事例所表明的是,声音的产生系借助于早已存在的而且在其他方面所必需的构造;但下述事例所表明的却是,某些羽毛乃是为了发声的特殊目的而发生变异的。普通丘鹬(*Scolopax gallinago*)所发出的鼓声、羊叫声、马嘶声或雷鸣声(不同的观察家对此有不同的表达),无论何人听到,都一定要感到惊奇。这种鸟在交配季节飞到"也许高达一千英尺的天空",弯弯曲曲地飞了一会儿之后,就展开尾羽,抖动着双翼,以惊人的速度沿着一条曲线降落地面。只有在这样快速降落时它才能发出这种响声。这样发声的原因,在梅费斯(M. Meves)以前没有一个人能加以说明,直到梅费斯才观察到:其尾部两边的外侧羽毛具有特殊的构造(图 41),羽轴坚硬,呈马刀形,羽轴上的斜羽枝极长,羽枝外侧的短毛紧紧结合在一起。他发现如果吹动这些羽毛,或把它们绑牢在一条长而细小

图 41　普通丘鹬(*Scolopax gallinago*)的外侧尾羽

(采自《动物学会学报》,1858 年)

图 42　马缰丘鹬(*Scolopax frenata*)的外尾羽

---

① 上述事实有关极乐鸟类的,参阅布雷姆的《动物生活图解》,第 3 卷,325 页。有关松鸡类的参阅理查森的《美国边境地区动物志:鸟类》,343,359 页;罗斯·金少校的《加拿大的猎人》,1866 年,156 页;海蒙德先生,见柯克斯(Cox)教授的《印第安纳的地质调查》(*Geol. Survey of Indiana*),227 页;奥杜邦《美国鸟类志》,第 1 卷,216 页。关于黑鹛,参阅杰尔登的《印度鸟类》,第 3 卷,533 页。关于织布鸟(weavers),参阅利文斯通的《赞比西探险记》(*Expedition to the Zambesi*),1865 年,425 页。关于啄木鸟类,参阅麦克吉利夫雷的《英国鸟类志》,第 3 卷,1840 年,84,88,89,95 页。关于戴胜,参阅斯温赫先生的记述,见《动物学会会报》,1863 年 6 月 23 日和 1871 年,348 页。关于夜鹰,参阅奥杜邦的上述著作,第 2 卷,255 页,以及《美国博物学者》,1873 年,672 页。英国夜鹰在春天快速飞行时也同样发出一种奇妙的响声。

棍上,迅速在空中挥动,就可重现这种活鸟所发出的那样鼓声。其雌雄二者都具有这种羽毛,但雄者的一般要比雌者的大些并发出一种更为深沉的声调。某些物种,如马缰丘鹬(*S. frenata*),其尾部两侧各有四支羽毛大大变异了(图 42),而爪哇丘鹬(*S. javensis*)尾部两侧大大变异了的这种羽毛(图 43)则不少于 8 支。把不同物种的这等羽毛在空中挥动时,就发出不同的音调;美国的韦氏丘鹬(*Scolopax wilsonii*)当快速向地面降落时所发的声音有如挥鞭。[①]

图 43　爪哇丘鹬(*Scolopax javensis*)的外尾羽

图 44　亮羽蜂鸟(*Selasphorus platycercus*)的初级翼羽(采自沙尔文先生的绘图)
上图为雄者的;下图为雌者的。

美洲所产的鹑鸡类一种大型鸟,叫做单色镰翅冠雉(*Chamaepetes unicolor*)的,其雄者的第一初级翼羽顶端弯曲,而且远比雌者的为细。有一种亲缘相近的鸟,即 *Penelope nigra*,沙尔文(Salvin)先生观察到一只这种雄鸟在往下飞时"展开双翼,发出一种冲击折裂之声",犹如一棵树倾倒的声音一般。[②] 印度的耳鸨(*Sypheotides auritus*)只有雄者的初级翼羽才大大变尖;据知有一个亲缘相近的物种,其雄者当追求雌者时会发出一种嗡嗡之声。[③] 在鸟类的一个大不相同的类群中,即蜂鸟,某些种类只有雄者的初级翼羽的羽轴膨大甚阔,或其羽枝在近尖端处陡然削细。例如,亮羽蜂鸟(*Selasphorus platycercus*)这种蜂鸟的雄者到成年时,其初级翼羽的顶端就这样削细(图 44)。它在花丛中飞来飞去时发出"一种尖锐的几乎同口哨一样的声音";[④]但沙尔文先生并不认为这种声音是有意发出的。

最后,美洲产燕雀类小鸟(Pipra 或 Manakin)的一个亚属的几个物种,正如斯克莱特(Sclater)先生所描述的,其雄者的次级翼羽以更加显著的方式发生了变异。色彩鲜艳的 *P. deliciosa*,有 3 支第一次级翼羽的羽茎变粗,且向体部弯曲;第四和第五支次级翼羽(图 45,a)的变化还要更大些;而第六和第七支次级翼羽(图 45,b,c)的羽轴则"加粗到异常的程度并形成一个坚固的角质块"。羽枝的形状同雌鸟的相应羽枝(图 45,d,e,f)相比,也大大改变了。甚至支撑着这些独特羽毛的翼骨,据弗雷泽说,在雄鸟方面也要粗得多。这种小型鸟类发出一种异常的声响,其头一个"尖锐的声调就像抽鞭子那样的噼啪声"。[⑤]

① 参阅梅费斯的有趣论文,见《动物学会会报》,1858 年,199 页。关于丘鹬的习性,参阅麦克吉利夫雷的《英国鸟类志》,第 4 卷,371 页。关于美国的丘鹬,参阅布莱基斯顿(Blakiston)的记述,见《彩鹮》,第 5 卷,1863 年,131 页。

② 沙尔文先生,《动物学会会报》,1867 年,160 页。我非常感谢这位著名的鸟类学家所提供的镰翅冠雉(Chamaepetes)的羽毛草图以及其他资料。

③ 杰尔登,《印度鸟类》,第 3 卷,618,621 页。

④ 古尔德,《蜂鸟科导论》,1861 年,49 页;沙尔文,《动物学会会报》,1867 年,160 页。

⑤ 斯克莱特,《动物学会会报》,1860 年,90 页;《彩鹮》,第 4 卷,1862 年,175 页;还有沙尔文的著述,见《彩鹮》,1860 年,37 页。

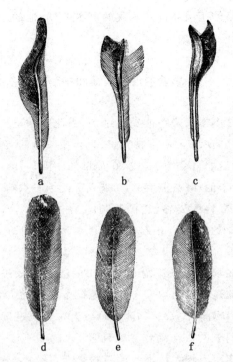

图 45　*Pipra deliciosa* 的次级翅羽（采自斯克莱特先生,见《动物学会会报》,1860 年）

上面三根羽毛 a,b,c 系采自雄者;下面三根相应的羽毛 d,e,f 系采自雌者。a 和 d,为雄者和雌者
第五次级翅羽的上表面。b 和 e,为第六次级翅羽的上表面。c 和 f,为第七次级翅羽的下表面。

　　许多鸟类的雄者在生殖季节所发出的声乐和器乐声音的多样性,以及发出这些声音
的方法的多样性,都是高度值得注意的。这样,我们对于它们在性的用途上的重要性便
提高了认识,并由此可以回忆到从昆虫类所得出的结论。不难想象鸟类发声所经历的步
骤有如下述:它们的声调最初仅仅是作为一种召唤或用于某种其他目的,继而可能改进
成为一种有旋律的爱情歌唱。在鸟类用变形的羽毛发出鼓声、口哨声或轰鸣声的场合
中,我们知道有些鸟类在求偶期间会拍击、抖动其未变形的羽毛或使它们嘎啦嘎啦地作
响;如果雌鸟被引导去选择那些最佳的表演者,那么在躯体任何部分具有最坚固或最厚
密或最尖细的羽毛的那些雄鸟大概是最能成功的;这样,其羽毛大概就会以缓慢的程度
发生几乎任何程度的改变。当然,雌鸟不会注意到其形状的每个细微的连续改变,而只
是注意到由此所产生的声音。奇怪的是,在这同一个动物纲中,其声音是如此不同,诸如
鹬的尾巴所发出的鼓声,啄木鸟的喙所发出的笃笃轻敲声,某些水禽粗里粗气的类似喇
叭的叫声,斑鸠的咕咕声,以及夜莺的歌唱,却全会取悦于若干物种的雌鸟。但我们决不
能用一个一致的标准去衡量不同物种的欣赏能力;而且也不能用人类的欣赏标准去做这
种衡量。我们应该记住,即使对人类来说,有些不协调的声音,如铜锣的锣声和芦笛的刺
耳声,都会使未开化人感到悦耳动听。贝克(Baker)爵士说,[①]"如同阿拉伯人的胃喜爱刚

---

　　① 《埃塞俄比亚的尼罗河支流》(*The Nile Tributaries of Abyssinia*),1867 年,203 页。

从动物身上取下的热乎乎的生肉和冒着热气的肝脏一样,他的耳朵也喜爱同样粗俗而不谐和的音乐,却不喜欢听所有其他音乐"。

求爱的滑稽表演和舞蹈

有些鸟类的奇特求爱姿态已经顺便提到过了,因此在这里不需多加补充。在北美有一种松鸡叫做尖尾松鸡(*Tetrao phasianellus*),在生殖季节的每天早晨,它们成群地在某个选中的平坦地点相会,沿着直径约 15 或 20 英尺的圆圈,一圈又一圈地奔跑,因而地面被踩得光秃秃的,犹如一个仙环(蘑菇圈)*。猎人称此为石鸡舞(partridge-dances),在这等鸟舞中,鸟类表现了最奇特的姿态,它们跑圆圈,有的向左,有的向右。奥杜邦描述过一种苍鹭(*Ardea herodias*)的雄者,它们在雌者面前迈着长腿非常威严地走来走去,显示着对其他竞争对手的蔑视。关于令人讨厌的一种吃腐肉的兀鹫(*Cathartes jota*),同一位博物学家说道,"其雄者在求爱季节开始时所作出的姿态和炫耀都是极其滑稽可笑的"。某些鸟类求爱的滑稽表演是在飞翔中而不是在地面上进行的,如我们所见过的非洲黑织布鸟就是如此。英国小白喉雀(*Sylvia cinerea*)春天常在某些灌木上空几英尺或几码高的地方飞翔,"它以一种间歇的古怪动作拍着翅膀,并鸣唱不已,然后落到它的栖木上"。英国大鸨当追求雌者时作出一种无法形容的奇特姿态,沃尔夫曾绘过它的图。在这样时期,亲缘相近的孟加拉鸨(*Otis bengalensis*)则"急拍双翼,垂直地高飞入空,竖起羽冠,鼓起颈羽和胸羽,然后落至地面";这等表演要重复几次,同时哼出一种特殊的声调。那些碰巧在近旁的雌鸟"听从了这种舞蹈式的召唤",等它们一到,雄鸟就像雄火鸡那样地拖着双翼,并展开尾羽。①

但最为奇特的例子乃得自澳大利亚鸟类三个亲缘相近的属,即著名的造亭鸟(Bower-birds)——它们无疑是某些古代物种的共同后裔,这些物种最先获得了造亭的奇异本能以进行其求爱的滑稽表演。这等用羽毛、贝壳、骨头和叶子装饰起来的亭子(图 46),正如我们以后就要见到的,系建于地面之上,其唯一用途是为了求偶,因为它们的巢是筑在树上的。雌雄二者在造亭上互相帮助,但雄鸟是主要的劳动者。这等本能是如此强烈,甚至在圈养的条件下也照样造亭,斯特兰奇(Strange)先生曾描述过他在新南威尔士一间鸟舍里所养的一些萨丁造亭鸟(Satin bower-birds)的习性。② 他说:"雄鸟不时在鸟舍里到处追逐雌鸟,然后向亭子走去,啄起一根华丽的羽毛或一张大的叶片,发出一种奇异的叫声,把全身羽毛竖起,绕亭奔跑并变得如此激动,以致它的双眼好像就要从头部迸出;它不断地举起一翼,然后再举起另一翼,发出一种低沉的哨声,并像家养的公鸡那样,好像

---

* fairy-ring,蕈类在草地上形成的环状斑纹,从前迷信地认为这是由仙女跳舞而成的。——译者注

① 关于尖尾松鸡(*Tetrao phasianellus*)见理查森的《美国边境地区动物志》,361 页,有关进一步的细节,参阅布莱基斯顿船长的记述,见《彩鹳》,1863 年,125 页。关于兀鹫属(*Cathartes*)和鹭属(*Ardea*),参阅奥杜邦的《鸟类志》,第 2 卷,51 页;第 3 卷,89 页。关于白喉雀,参阅麦克吉利夫雷的《英国鸟类志》,第 2 卷,354 页;关于印度鸨,参阅杰尔登的《印度鸟类》,第 3 卷,618 页。

② 古尔德,《澳洲鸟类手册》,第 1 卷,444,449,455 页。萨丁造亭鸟的亭子可以在摄政公园(Regent's Park)内的动物学会花园里看到。

从地上啄到了什么东西,这样的表演一直要继续到最后雌鸟向它温柔地走去为止。"斯托克斯(Stokes)船长描写过另一个物种即大型造亭鸟的习性及其"游戏室",他见过这种鸟"飞前飞后,轮流从贝壳的每一边把它衔起,并用嘴把它带过拱道,借此以自娱"。这等奇异建筑乃专门作为聚会场所之用,雌雄二者皆集此取乐,并进行求偶,造此建筑一定要花费这种鸟的巨大劳动。例如,一个胸部淡黄褐色的物种所造的亭子,长度近四英尺,高度近 18 英寸,而且是在一层厚厚的树枝所铺成的平台上建造起来的。

图 46 造亭鸟(*Chlamydera maculata*)及其所造之亭(采自布雷姆)

装 饰

我首先要讨论的事例是,雄鸟的装饰物为它所专有,或者其装饰程度远远高于雌鸟,在下一章所讨论的事例是,雌雄具有同等的装饰,最后所讨论的事例是比较罕见的,即雌鸟的色彩多少比雄鸟的更为鲜艳。鸟类的天然装饰物也如同未开化人和文明人所使用的人工装饰物一样,其主要装饰部位是在头部。[1] 这等装饰物,如本章开头所说的,极其多种多样。头的前部或后部的羽饰有各种不同的形状,有时能竖起或展开,借此来把漂亮的色彩充分显示出来。耳部偶尔生有漂亮的簇毛(见前面图 39)。头部有时像雉那样地被以天鹅绒般的柔毛;或裸露无毛而具有生动的色彩。喉部有时也装饰着一把胡子、垂肉或肉瘤。这等附器一般都是色彩鲜明的,虽然它们在我们眼里并不总是那么有装饰性,但无疑是作为装饰之用;因为当雄鸟向雌鸟进行求偶时,这等附器往往胀大并呈现生动的色彩,就像雄火鸡的情况那样。在这种时候,雄角雉(*Ceriornis temminckii*)头部周围的肉质附器就膨胀起来而成为喉部一个大垂肉和两只角,这两只角分别位于其漂亮顶结的两边;这时这等附器便呈现我有生以来所见过的最浓烈的蓝色。[2] 非洲犀鸟(*Bucorax*

---

[1] 对于这一效果的意见,参阅 J. 肖(Shaw)先生的《动物的美感》(*Feeling of Beauty among animals*),见《科学协会会刊》(*Athenaeum*),1866 年 11 月 24 日,681 页。

[2] 参阅默里博士的文章,见《动物学会会报》,1872 年,730 页,附彩色图。

abyssinicus）鼓起颈部的深红色囊状垂肉，低垂双翼并展开尾羽，"形成了十分雄壮的外观"。① 甚至雄鸟的眼球虹膜，其颜色有时也比雌鸟的更为鲜艳；鸟喙的情况也常常是这样，例如，我们英国的普乌鸫即然。还有一种犀鸟（*Buceros corrugatus*）的雄者，其整个喙部和巨大头盔的色彩都比雌者的更为显著；而"下颚两侧的斜沟，乃雄鸟所特有的"。②

此外，头部还往往支持着肉质附器、丝状物以及坚固的突起物。这等附器若非雌雄二者所共有，则总是只限于雄者所有。马歇尔博士对这等坚固的突起物做过详细描述，他指出它们或是由包在皮里面的松质骨所形成或是由上皮组织和其他组织所形成。③ 哺乳动物的真角永远生于额骨之上，但在鸟类，各种骨都为了这一目的而发生了变异；而在属于同一类群的诸物种中，这种突起物可能具有骨髓，也可能完全没有，在这两个极端之间有一系列的中间级进把它们连接起来。因此，正如马歇尔博士所正确指出的，种类最不相同的变异通过性选择为这等装饰附器的发展作出了贡献。延长了的羽毛、即羽饰几乎发生于躯体的各个部分。喉部和胸部的羽毛有时发展成美丽的轮状绉领和项圈。尾羽常常增加了长度，如同我们看到的孔雀尾部覆羽（tail-coverts）以及锦雉（*Argus pheasant*）尾部本身的羽毛就是如此。至于孔雀，甚至其尾骨也发生了改变以支持沉重的尾部覆羽。④ 锦雉的躯体并不大于家鸡，但从其喙端到尾端的长度却不下于 5 英尺 3 英寸，⑤ 而其饰以美丽眼斑的次级翅羽，其长度也将近三英尺。一种非洲小型夜鹰（*Cosmetornis vexillarius*）在生殖季节有一支初级翼羽长达 26 英寸，而该鸟本身的长度才仅仅 10 英寸。在另一个亲缘相近的夜鹰属中，其延长了的翅羽的羽干除末端着有圆盘羽毛外全都裸露无毛。⑥ 此外，另一个夜鹰属中，其尾羽的发达甚至还要惊人。一般说来，尾羽的延长往往比翼羽为甚，因为翼羽的任何过分延长都会有碍飞翔。这样，我们就可看见在亲缘密切相近的鸟类中雄鸟通过大不相同的羽毛的发育而获得了同类的装饰物。

有一个奇妙的事实：属于很不相同的类群的物种，其羽毛却按照几乎完全一样的特殊方式进行改变。例如上述一种夜鹰，其翼羽的羽干都是裸露无毛的，至其末端才着生圆盘羽毛，有时人们称它为勺状羽毛或球拍状羽毛。这种羽毛在摩特鸟（*Eumomota superciliaris*）、鱼狗、燕雀、蜂鸟、鹦鹉、几种印度庄哥鸟（卷尾鹃属，*Dicrurus* 和毛虫鹃属，*Edolius*，其中之一的圆盘羽毛与羽干成直角）以及某些极乐鸟类的尾部也有发生。极乐鸟的头部也装饰着相似的羽毛，其上有美丽的眼斑，某些鹑鸡类的鸟也有这种情况。有一种印度耳鸨（*Sypheotides auritus*），组成其耳簇的羽毛约 4 英寸长，其末端也着有圆盘羽毛。⑦ 正如沙尔文先生所明确指出的⑧，最独特的一个事实是，摩特鸟喙去羽枝使其尾羽呈球拍状，而且进一步指出，这种不断的自残行为产生了某种程度的遗传效果。

---

① 蒙蒂罗（Monteiro）先生，《彩鹳》，第 4 卷，1862 年，339 页。
② 《陆和水》，1868 年，217 页。
③ 《鸟类头骨的骨质突起》，见《荷兰的动物学文献》，第 1 卷，第 2 期，1872 年。
④ 马歇尔博士，《论鸟尾》（*Über den Vogelschwanz*），见前杂志，第 1 卷，第 2 期，1872 年。
⑤ 贾丁（Jardine）的《博物学家丛书：鸟类》，第 14 卷，166 页。
⑥ 斯克莱特，《彩鹳》，第 6 卷，1864 年，114 页。利文斯通，《赞比西探险记》，1865 年，66 页。
⑦ 杰尔登，《印度鸟类》，第 3 卷，620 页。
⑧ 《动物学会会报》，1873 年，429 页。

　　此外，在各种大不相同的鸟类中，羽枝呈丝状或羽毛状，诸如某些苍鹭类、彩鹮类（ibises）、极乐鸟类以及鹬鸡类都是如此。在其他场合中，羽枝消失了，整个羽干全部裸露无毛；而阿波达极乐鸟（*Paradisea apoda*）尾部的这等裸羽干竟达 34 英寸长；[①]在巴布亚极乐鸟（*P. papuana* 图 47），这等裸羽干就短得多而且细得多。这样没有羽枝的小羽毛看来就像火鸡胸部的鬃毛一般。正如人类赞赏时装的飞速变换那样，雄鸟羽毛在构造或色彩上的任何一种变化似乎也会受到雌鸟的赞赏。在大不相同的类群中，羽毛按照相似的方式发生改变这一事实，无疑主要决定于所有羽毛都具有几乎相同的构造和发育方式，因而有按照同样方式发生改变的倾向。在我们那些属于不同物种的家养品种中，我们常常看到它们的羽毛有一种发生相似变异的倾向。例如，若干物种都生有顶结。有一个已绝灭的火鸡变种，其顶结是由裸露无毛的羽翮形成的，其顶端着生柔软的绒羽，因而多少同上述球拍状羽毛相类似。在鸽和鸡的某些品种中，羽毛呈丝状，羽干有某种裸化的倾向。塞瓦斯托波尔（Sebastopol）鹅的肩羽大大延长了，蜷曲，甚至呈螺旋状，其边缘为丝状。[②]

图 47　巴布亚极乐鸟（*Paradisea papuana*）（引自 T. W. 伍德）

　　关于色彩，几乎不需在此多谈了，因为，每个人都知道许多鸟类的色彩是多么华丽，而且，这等色彩的配合又多么协调。鸟类的颜色往往具有金属的和彩虹的光泽。在圆点的周围有时环以一层或多层浓淡不同的色带，因而变成了眼斑。关于许多鸟类雌雄二者在颜色方面的巨大差异，也无须多赘。普通孔雀提供了一个显著的事例。雌极乐鸟的色彩暗淡而且缺少任何装饰物，反之，雄极乐鸟大概是所有鸟类中最精于装饰者，其装饰如此多种多样，

---

① 华莱士，《博物学年刊杂志》，第 20 卷，1857 年，416 页，另见他的《马来群岛》，第 2 卷，1869 年，390 页。

② 参阅我的《动物和植物在家养下的变异》，第 1 卷，289,293 页。

以致见者无不赞叹。在阿波达极乐鸟双翼下生出来的金橙色长羽,当垂直竖起并使之颤动时,有人把这种情景描写成犹如形成了一种太阳晕轮,位于中央的头"看去就像一个由绿玉做成的小太阳,其光线乃是由两支羽毛形成的"。① 另有一个最美丽的物种,其头部却是秃的,"具有一种鲜艳的钴蓝色,其上有几道横穿而过的天鹅绒般的黑色羽毛"。②

雄蜂鸟(图48和图49)之美几乎可与极乐鸟相匹敌,凡是见过古尔德先生的佳作或其丰富采集品的人都会承认这一点。很值得注意的是,这些鸟类的不同装饰方法是何等之多。它们羽毛的几乎每一部分都被利用了,而且发生了变异;在属于几乎每个亚群的一些物种中,正如古尔德先生向我指出的,这种变异已达到了令人吃惊的极端。这等情况同我们看到的人类为了装饰所培育出来的那些观赏品种的情况非常相似;某些个体最初在某一性状上发生了变异,而同一物种的其他个体则在其他性状上发生了变异;人类抓住了这等变异,并把它们大大地加以扩充——如扇尾鸽的尾羽、毛领鸽(jacobin)的羽冠、信鸽的喙和垂肉等等表明了上述一点。这两类事例之间的唯一不同之处在于:一方面是由于人类选择的结果,而另一方面,如蜂鸟类、极乐鸟类等,乃是由于雌者选择了比较美丽的雄者的结果。

图48　花冠蜂鸟(*Lophornis ornatus*),
雄鸟和雌鸟(采自布雷姆)

图49　长尾蜂鸟(*Spathura underwoodi*),
雄鸟和雌鸟(引自布雷姆)

我只再谈谈另一种鸟,它是以雌雄二者色彩的极其强烈对照而闻名的,这就是著名的南美铃鸟(*Chasmorhynchus niveus*),远在3英里左右尚可辨别其鸣声,每一个人最初听见它的鸣声时,无不感到惊奇。其雄鸟呈纯白色,其雌鸟呈暗绿色;而白色在中等大小和没有侵害习性的陆栖物种中,是很罕见的色彩。正如沃特顿(Waterton)所描述的,这种雄鸟还有一个3英寸左右的螺旋形管从喙的基部伸出来。它的颜色漆黑,点缀着微细

---

① 引自德拉弗雷内(M. de Lafresnaye)的著述,见《博物学年刊杂志》,第13卷,1854年,157页;再参阅华莱士先生写的内容更为丰富的文章,见该刊第20卷,1857年,412页,以及见他的《马来群岛》。
② 华莱士,《马来群岛》,第2卷,1869年,405页。

的绒毛。此管和腭相通,可充气膨胀,不膨胀时则挂在一边。这个属包含四个物种,其雄鸟很不相同,而雌鸟则如斯克莱特先生在一篇很有趣的论文中所描述的那样,彼此密切相似,于是这向我们提供了有关共同规律的一个最好例证,即,在同一类群中雄者相互的区别远比雌者相互的区别为大。在第二个物种裸颈铃鸟(*C. nudicollis*)中,雄鸟同样是雪白色的,只有喉部和眼睛周围的一大块裸皮除外,这种裸皮在生殖季节呈艳绿色。在第三个物种三丝铃鸟(*C. tricarunculatus*)中,雄鸟的头部和颈部都是白色的,而躯体的其余部分则呈栗褐色,这个物种的雄者有三条丝状突起物,其长度为其躯体的一半——一条从喙的基部伸出来,另两条从嘴的两角伸出来。①

成年雄鸟的彩色羽衣和某些其他装饰物或保持终生,或在夏季和繁殖季节定期地更新。在繁殖季节里,它们的喙及其头部周围的裸皮也常常改变颜色,诸如某些苍鹭类、鹳类、鸥类以及刚刚提到的一种铃鸟等都是如此。白彩鹮的双颊、喉部能鼓起的皮肤以及喙的基部在那时都变为艳红色。② 有一种秧鸡,叫做冠董鸡(*Gallicrex cristatus*),在这期间其雄者的头顶有一块红色大肉冠发育起来了。红嘴鹈鹕(*Pelecanus erythrorhynchus*)喙上的一个薄角质突起也是如此;因为,在生殖季节过后,这种薄角质突起就像雄鹿头上的角那样地脱落了,有人发现在内华达州一个湖中小岛的岸边上,布满了这种脱落下来的奇异残骸。③

羽衣色彩的季节性变化决定于:第一,每年两次的换羽,第二,羽毛自身色彩的实际变化,第三,暗色羽毛边缘的周期性脱落,或者,决定于这三个过程或多或少的结合。暂时性羽毛边缘的脱落可同其幼鸟绒毛的脱落相比拟。因为在大多数场合中,绒毛是由第一真羽的顶端长出来的。④

关于每年两次换羽的鸟类,可分下列五种:第一,雌雄二者彼此相类似,而且无论在什么季节它们的毛色都不改变,如鹬类、燕鸻类(swallow plovers,Glareolae)和杓鹬类(curlews)皆是。我不知道它们的各羽是否要比夏羽厚些和暖和些,不过毛色既不改变,保暖似乎是换羽两次的最可能的目的。第二,雌雄二者相类似,但冬羽同夏羽稍有差异,如红脚鹬(*Totanus*)和其他涉禽类的某些物种皆是。然而冬羽和夏羽的差异如此轻微,以致这种差异几乎不会给它们带来任何益处;也许,这可能是这些鸟类在两个季节中所处的不同条件直接作用的结果。第三,还有许多其他鸟类,其雌雄二者彼此相类似,但夏羽和冬羽则大不相同。第四,有些鸟类,其雌雄二者在色彩上彼此不同,但雌者虽两次换羽却整年都保持着同样的色彩,而雄者则经历色彩的变化,有时变化颇大,如某些鸻类就是如此。第五,也是最后一种,有些鸟类,其雌雄二者无论夏羽和冬羽均彼此不同;但雄者在周而复始的每个季节里所经历的色彩变化,其程度要比雌者为大——在这方面流苏鹬(*Machetes pugnax*)提供了一个良好的事例。

① 斯克莱特先生,《知识界观察家》(*Intellectual Observer*),1867 年 1 月。《沃特顿游记》(*Waterton's Wanderings*),118 页。再参阅沙尔文先生的有趣论文,附图,见《彩鹮》,1865 年,90 页。
② 《陆和水》,1867 年,394 页。
③ 埃利奥特先生,《动物学会会报》,1869 年,589 页。
④ 尼奇(Nitzsch)的《羽区学》(*Pterylography*),斯克莱特校订,雷伊协会(Ray Soc.),1867 年,14 页。

关于夏羽和冬羽在色彩上相异的原因或目的,在某些事例里,例如雷鸟,[①]可能在两个季节中都是作为一种保护之用的。倘若夏羽和冬羽的差异轻微,这也许像已经说过的,可能是生活条件直接作用的结果。但对许多鸟类来说,夏羽作为装饰品几乎是无可怀疑的,即使雌雄二者彼此相类似,也是如此。我们可以断定,许多苍鹭类、白鹭类等的情况都是如此,因为它们只在繁殖季节才获得美丽的羽饰。还有,这等羽饰、顶结等,虽为雌雄二者所具有,但雄者的比雌者的偶尔稍为发达,而且雄者的羽饰和装饰物只同其他鸟类雄者所具有的相类似。我们还知道圈养可以影响雄性鸟类的生殖系统,因为圈养常常会抑制其次级性征的发育,但对其他任何性征却没有直接的影响;巴特利特先生告诉我说,在动物园中圈养的漂鹬(*Tringa canutus*)有八九个样本整年保持其不加装饰的冬羽,根据这一事实,我们可以推论许多其他鸟类的夏羽虽为雌雄二者所共有,却带有完全的雄性性质。[②]

根据上述事实,尤其是根据某些鸟类无论雌雄在每年任何一次换羽时都不改变色彩,或改变得如此轻微以致这种改变对它们几乎没有任何用处,以及根据其他物种的雌者虽两次换羽却还整年保持着同样的色彩,我们可以断定,鸟类所获得的每年换羽两次的习性并非为了雄鸟在繁殖季节呈现一种装饰的性状,而是原先为了某种不同目的所获得的两次换羽习性,后来在某些场合中为了取得婚羽而被利用了。

某些亲缘相近的物种有规律地经历每年两次换羽,而其他物种只是一年换羽一次,最初一看,这似乎是一个令人惊奇的情况。例如,雷鸡每年换羽两次甚至三次,而黑琴鸡每年仅换羽一次。印度某些色彩华丽的花蜜鸟类(honey-suckers,太阳鸟类 Nectariniae)以及色彩暗淡的鹨(Anthus)的某些亚属一年换羽两次,而其他仅每年换羽一次。[③] 但是,已知各种鸟类换羽方式的种种级进向我们表明:鸟类的物种或整个类群最初怎样获得了其每年两次换羽的习性,或者怎样一度获得了这种习性而后又失掉了。某些鸫类和鹟类的春季换羽远远是不完全的,有些羽毛更新了,有些羽毛颜色改变了。还有理由可以相信,关于正常换羽两次的某些鸫类和形似秧鸡的鸟类,其较老的雄鸟有些整年保持其婚羽不变。在春季可能只有少数高度变异的羽毛增添于羽饰之中,如某些印度卷尾鸟(Bhringa)的圆盘形尾羽,以及某些苍鹭背部、颈部、胸部上的延长羽毛,就是如此。按照上述这些步骤,就可使婚羽的脱换越来越完全,直到最终便获得完全的换羽两次的习性。有些极乐鸟类整年保持其婚羽,这样就仅换羽一次;另外一些极乐鸟类在繁殖季节过后其婚羽就立即脱落,这样,便进行换羽两次;还有其他极乐鸟的婚羽只在头一年的繁殖季节脱落,此后则不,所以后面这些物种的换羽方式乃处于中间地位。许多鸟类每年保持

---

① 雷鸟的有斑驳的褐色夏羽,作为一种保护色,对它来说其重要性不亚于白色冬羽;因为在斯堪的纳维亚的春季期间,当积雪融化时,这种鸟据了解在获得其夏羽之前受猛禽之害极甚。参阅威廉·冯·符里特(Wilhelm von Wright)的记述,见劳埃德的《瑞典的猎鸟》,1867 年,125 页。

② 上述换羽情况,有关鹟类的,参阅麦克吉利夫雷的《英国鸟类志》,第 4 卷,371 页;有关燕鸲类、麻鹬类和鸫类的,参阅杰尔登的《印度鸟类》,第 3 卷,615,630,683 页;有关鹬属(*Totanus*)的,参阅前书,700 页;有关苍鹭羽饰的,同前书,738 页,以及麦克吉利夫雷的前书,第 4 卷,435,444 页,还有斯塔福德艾伦先生的著述,见《彩鹎》,第 5 卷,1863 年,33 页。

③ 关于雷鸟的换羽,参阅古尔德的《英国的鸟类》。关于花蜜鸟,参阅杰尔登的《印度鸟类》,第 1 卷,359,365,369 页。关于鹨类的换羽,参阅布赖茨著述,《彩鹎》,1867 年,32 页。

这两种羽衣的期限长短也大不相同,所以其中一种羽衣也许保持全年,而另一种羽衣就完全消失了。例如,流苏鹬在春季只能把它的颈羽保持两个月。在纳塔尔(Natal),雄黑尾长羽鸟(Chera progne)在十二月和正月获得其美丽的羽衣和长尾羽,一到三月它们就脱落了,因此它们大约只保持 3 个月。换羽两次的大多数物种可把其装饰性的羽毛保持 6 个月左右。然而,野生原鸡(Gallus bankiva)的雄者可把其颈部长羽保持 9 个月或 10 个月;当这等羽毛脱落后,下面的黑色颈羽就充分显现出来了。但是,就这个物种的家养后裔来说,雄鸟的颈部长羽马上就会被新羽所置换,因此在这里我们看到,羽衣的一部分由两次脱换变为在家养状况下的一次脱换了。①

众所周知,普通公鸭(Anas boschas)在繁殖季节过后就失去其雄性羽衣达 3 个月之久,在这期间它的羽衣同雌鸭的一样。雄针尾鸭(Anas acuta)失去其雄性羽衣的时间要短些,为 6 周或 2 个月。蒙塔古说:"在这么短的时间内换羽两次是一种最异常的情况,这似乎是向人类的一切推理进行挑战。"但是,相信物种渐变的人在发现所有级进类型时决不会感到惊奇。如果雄尖尾鸭在更短的期间内获得其新羽衣,那么,新的雄性羽毛几乎必然要和旧的羽毛混在一起,而且新旧羽毛又会和雌者所固有的羽毛混合在一起;一种亲缘不远的鸟,即红胸秋沙鸭(Merganser serrator)的情况就是如此,因为,据说其雄者"经历了羽衣的一种变化,从而使它的羽衣变得同雌者的有几分相像"。这个过程稍微再加快一点,则换羽两次就会完全消失了。②

如上所述,有些雄鸟的色彩在春季变得更为鲜明,并非由于春季换羽,而是由于其羽色发生了实际变化,要不,就是由于其色彩暗淡的暂时性羽毛边缘脱落了。如此而引起的色彩变化所持续的时间可能有长有短。在春季,白鹈鹕(Pelecanus onocrotalus)的全部羽衣都具有美丽的玫瑰色彩,胸部有柠檬颜色的斑点;但这等色彩,正如斯克莱特先生说的,"保持不久,一般约在六周或两个月后就消失了"。某些雀类的羽毛边缘于春季脱落,这时其色彩变得更鲜明,而燕雀类其他的种则不经历这样的变化。例如,美国的暗色燕雀(Fringilla tristis)同许多其他美国的物种一样,只在冬季过后才呈现其鲜明的色彩,而确切表现了这种鸟的习性的英国金翅雀,以及在构造上同这种鸟还要接近的英国黄雀(siskin),则不经历这样的年度变化。但是,亲缘接近的物种在羽衣上有这类差异并不为奇,因为属于同一科的普通红雀,其艳红色的前额和胸部只在英国的夏季才呈现出来,而在马德拉,这等色彩则可保持全年。③

---

① 上述有关部分换羽和成年雄鸟保持其婚羽的情况,参阅杰尔登论述鸫类和鹬类的文章,见《印度鸟类》,第 3 卷,617,637,709,711 页。还有布赖茨的文章,见《陆和水》,1867 年,84 页。关于极乐鸟的换羽,参阅马歇尔博士的有趣论文,见《荷兰文献》(Archives Neerlandaises),第 6 卷,1871 年。关于黑羽长尾鸟,参阅《彩鹮》,第 3 卷,1861 年,133 页。关于庄哥-伯劳鸟,参阅杰尔登的前书,第 1 卷,435 页。关于苍鹭(Herodias bubulcus)的春季换羽,参阅艾伦先生的著述,见《彩鹮》,1863 年,33 页。关于原鸡,参阅布赖茨的著述,见《博物学年刊杂志》,第 1 卷,1848 年,455 页;关于这个问题还可参阅我的《动物和植物在家养下的变异》,第 1 卷,236 页。

② 麦克吉利夫雷,《英国鸟类志》,第 5 卷,34,70,223 页。关于鸭科的换羽材料,引自沃特顿和蒙塔古。另参阅雅列尔著述,《英国鸟类志》,第 3 卷,243 页。

③ 关于鹈鹕,参阅斯克莱特文章,见《动物学会会报》,1868 年,265 页。关于美国的燕雀类,见奥杜邦的《鸟类志》,第 1 卷,174,221 页,以及杰尔登的《印度鸟类》,第 2 卷,383 页。关于马德拉的燕雀(Fringilla cannabina),参阅弗农·哈考特(Vernon Harcourt)先生的著述,见《彩鹮》,第 5 卷,1863 年,230 页。

雄鸟夸耀其羽衣

一切种类的装饰物，不论是永久获得的或暂时获得的，均为雄鸟孜孜不倦地加以夸示，显然这是为了刺激、吸引或魅惑雌鸟。但是，当没有雌鸟在场时，雄鸟有时也夸示其装饰物，如松鸡类在其巴尔兹舞场偶尔发生的情况，又如孔雀也有这种情况；然而，孔雀显然渴望得到某种观众，正如我常常看到的，它在家禽甚至在猪的面前也显示其华丽的羽衣。[①] 所有曾经密切注意过鸟类习性的博物学家们，不论所注意的是自然状况下的或是圈养状况下的，都一致承认雄鸟乐于夸耀其美。奥杜邦屡次谈到雄鸟用各种办法尽力献媚雌鸟。古尔德先生在描述了一只雄蜂鸟的某些特性之后说道，他不怀疑它在雌鸟面前能够最有效地表现其特性。杰尔登博士[②]坚持认为雄鸟的美丽羽衣乃是用于"魅惑和吸引雌鸟的"。伦敦动物园的巴特利特先生用最有力的字眼向我表达了他自己对这种效果的同样看法。

图 50　美洲巨冠黄鸟（*Rupicola crocea*）的雄者
（引自 T. W. 伍德）

出现于印度森林里的下述情景必定是很壮观的："忽然出现了 20 或 30 只孔雀，在感到喜悦的雌者之前，雄者夸示其华丽的尾羽，意气扬扬，昂首阔步。"野生雄火鸡竖起其灿烂的羽毛，展开其具有精美轮纹的尾羽和具有条纹的翼羽，再加上其艳红色和蓝色的垂肉，一起形成了一副美丽的模样，虽然这种模样在我们的眼里是奇形怪状。有关各种松鸡的相似事实已经列举过了。现在让我们转来谈谈鸟类的另一个"目"。雄性美洲巨冠黄鸟（*Rupicola crocea*，图 50）是世上最美丽的鸟类之一，它具有华丽的橙色，有些羽毛奇妙地缩短而成羽状。其雌鸟为褐绿色并蒙上红晕，而且其羽冠比雄鸟的小得多。朔姆布尔克（R. Schomburgk）爵士描述过它们的求爱，他发现它们的一个聚会场所，那里有 10 只雄鸟和两只雌鸟。场所的直径为 4～5 英尺，其中没有一片叶子，而且平滑得就像用人手整理过的一样。一只雄鸟"在跳跃着，显然使若干其他鸟感到高兴。它随即展翅昂首，或展开羽尾如扇；接着以一种跳跃的步法大摇大摆地走来走去，直到累了为止，这时它急促地发出某种声调，跟着让位给其他雄鸟。于是，有三只雄鸟相继占领了这块空地，然后自我欣赏地退下去休息"。印第安人为了猎取其鸟皮，守候在它们的一个聚会场所，等这些鸟都热衷于跳舞之际，就能用毒箭一只又一

---

① 再参阅《有装饰的家禽》（*Ornamental Poultry*），狄克逊（E. S. Dixon）牧师著，1848 年，8 页。

② 《印度鸟类》，第 1 卷，绪论，第 24 页；关于孔雀，第 3 卷，507 页。参阅古尔德的《蜂鸟科导论》，1861 年，15，111 页。

只地射杀四五只。① 至于极乐鸟类，有一打或一打以上羽毛丰满的雄鸟集合于一株树上举行当地土人所谓的舞会：它们在这里飞来飞去，高举双翼，竖起其优美的羽毛并使之颤动，就像华莱士先生所说的，这整株树好像充满了飘动的羽毛。当它们这样进行时，竟变得如此凝神专注，以致一个好射手几乎可把整个舞会上的鸟全部射下来。当把这些鸟圈养在马来群岛时，据说它们很注意保持其羽毛的整洁；常常伸开其羽毛加以检查，并把每一个尘粒都清除掉。有一位养了几对这种鸟的观察家并不怀疑雄鸟的夸示其美是为了取悦于雌鸟。②

金雉（gold pheasant）和云实树雉（amherst pheasant）在求偶期间不仅展开和抬高其华丽的颈羽，而且如我亲自看到的，还把它扭曲并使之斜对着雌鸟，不论它站在哪一边都是如此，这显然是为了把一个大的表面显示在雌鸟之前。③ 同样地，它们还把其美丽的尾羽和尾覆羽稍微转向雌鸟那一边。巴特利特先生见过一只在求偶活动中的雄孔雀雉（Polyplectron，图 51），并给我看了按当时姿态制作的一个标本。这种鸟的尾羽和翼羽都饰以美丽的眼斑，就像孔雀尾羽上的眼斑那样。当雄孔雀夸示自己时，便展开并竖起其尾羽，使其同躯体相横切，这是因为它站在雌鸟之前，需要同时显示其鲜蓝色的喉部和胸部。但团花雉胸部的色彩是暗淡的，而且眼斑并不限于尾羽才有。因而团花雉不是站在雌鸟之前；但它略为斜斜地抬高和展开其尾羽，把对着雌鸟那边的一翅展开并低垂下来，而把另一边的一翅高举起来。依此姿势，遍布全身的眼斑就可以同时暴露在对此赞赏的雌鸟

图 51　孔雀雉（*Polyplectron chinquis*），雄鸟
（引自 T. W. 伍德）

眼前，从而构成一幅宽阔灿烂的景象。雌鸟不论转到哪个方向，雄鸟张开的双翼羽和斜举的尾羽也会转向雌鸟那一边。雄红胸角雉的行为也几乎一样，虽然它不展开翼羽，却把向着雌鸟那一方的躯体上的羽毛竖起，它们在其他时候隐蔽不显，一竖起来则几乎一切具有美丽斑点的羽毛都同时显示出来了。

锦雉提供了一个更为显著得多的事例。其极为发达的次级翼羽只限于雄鸟才有，每张翼羽饰以一行 20～30 个直径 1 英寸以上的眼斑。这些羽毛还具有雅致的斜条纹和成行的暗色斑点，犹如把虎皮和豹皮上的纹彩结合起来一样。这些美丽的装饰物平时隐而

---

① 《皇家地理学会会报》，第 10 卷，1840 年，236 页。

② 《博物学年刊杂志》，第 8 卷，1854 年，157 页；再参阅华莱士的前书，第 20 卷，1857 年，412 页，以及《马来群岛》，第 2 卷，1869 年，252 页，还有贝内特（Bennett）博士的著述，布雷姆在《动物生活图解》中予以引用，第 3 卷，326 页。

③ 伍德先生就这种夸示方法做过充分记载（《学生》，1870 年 4 月，115 页），一是关于金雉的，一是关于日本雉（*Ph. versicolor*）的，他称此为侧面的或单面的夸示。

图 52　雄锦雉侧面图，正在雌鸟之前夸耀自己。
伍德先生根据在自然界的观察绘制而成

不露，等到雄鸟在雌鸟面前夸示自己时才显露出来。这时它竖起尾羽并把翼羽展开，成为一把几乎笔直的大圆扇或一张大盾牌，置于躯体的前方。它的颈和头均保持在一边，因而被大圆扇所遮住（图 52）；但这种雄鸟为了望见正向其夸示自己的雌鸟，有时把头从两支翼羽之间伸出去（像巴特利特先生所见过的），于是表现了一副奇形怪状。这必定是这种鸟在自然状况下的一种常见的习性，因为巴特利特先生和他的儿子在检查从东方送来的一些完整鸟皮时，发现在那两支翼羽间有一处磨损得很厉害，好像鸟头曾经常常在该处伸进伸出。伍德先生认为这种雄鸟也能越过圆扇的边缘从一边窥视雌鸟。

翼羽上的眼斑是一种不可思议的装饰物，正如阿盖尔公爵所说的，[①]其浓淡如此合宜，以致它们形状凸出得就像松松置于球穴中的一只球。我在大英博物馆看到过这种标本，它两翼展开，向下垂放，但它使我大失所望，因为这等眼斑显得扁平，甚至凹陷。不过古尔德先生很快就把情况给我讲清楚了，因为，雄鸟当在自然状况下夸示其美的位置上竖起羽毛时，光线是从上方照射下来的。因而各个眼斑立刻就会显得类似那种所谓球与穴的装饰物了。这等羽毛曾给几位艺术家看过，他们对其色彩的浓淡适宜无不表示赞赏。似乎应该这样提问：这种色彩浓淡适宜的艺术性装饰物会不会依据性选择的手段而形成的呢？不过把这个问题推延到我们下一章讨论级进的原则时再予以回答将会方便些。

以上所说的是关于次级翼羽的情况，至于初级翼羽，在大多数鹑鸡类中其色彩都是一致的，但在锦雉中则同样是不可思议的。它们具有柔和的褐色以及大量的暗黑斑点，每个斑点都是由 2～3 个小黑点组成的，并围以暗黑环带。同暗蓝色羽干相平行的有一处空白，它的轮廓是由一支位于真羽之内的次级羽毛形成的，这正是其主要的装饰所在。其里层部分着有较淡的栗色并有微小的白点密布其上。我曾把这等羽毛给若干人士看过，其中有许多人对它的赞赏甚至超过了对球与穴的那些装饰物的赞赏，他们还声称与其说它是自然生成的，莫如说它更像是一种艺术作品。在通常所有情况下这些羽毛完全隐而不现，只有当它们和长长的次级羽毛一起全部展开而形成一把大扇或一面盾牌的时候才充分显示出来。

雄锦雉的情况是显著有趣的，因为它提供了很好的证据来说明最优雅的美可能是作为一种性的魅诱而无其他目的。我们必须断定情况确系如此，因为在雄鸟进行求偶之前，其次级翼羽和初级翼羽完全不显露，而且球与穴那种装饰也不完全充分显露。锦雉

① 《法则的支配》(*The Reign of Law*)，1867 年，203 页。

的色彩并不鲜艳,因此它求爱的成功似乎决定于其巨大的羽型以及精心制作的最优雅样式。许多人将会宣称,一只雌鸟能够欣赏浓淡合宜的色彩和雅致的样式乃是极不可信的。这诚然是一个不可思议的事实:雌鸟大概具有近乎人类水平的鉴赏力。凡是认为能够可靠地估计低等动物的鉴别力和欣赏力的人,可能都会否定锦雉能够欣赏这种优雅的美;但是,这时他将被迫承认,雄鸟在求偶活动中所表现的异常姿势,借此以充分显示其非常美丽的羽衣,乃是无目的的。这是我永远不会承认的一个结论。

虽然那么多的雉类以及亲缘接近的鹑鸡类都不厌其烦地在雌鸟面前夸示其羽衣,但是,正如巴特利特先生告诉我的,值得注意的却是,颜色暗淡的蓝马鸡(*Crossoptilon auritum*)和欢乐雉(*Phasianus wallichii*)的情况却非如此,所以说这等鸟类似乎意识到了它们没有多少可以夸示的美。巴特利特先生从未见过这两个物种的雄鸟相互争斗,虽然他观察欢乐雉的机会不如观察角雉的机会那样好。詹纳·韦尔先生也发现一切雄鸟如果具有色彩浓艳或特征强烈显著的羽衣,就比同一类群中那些色彩暗淡的物种更好争吵。例如,金翅雀就远比红雀好斗,乌鸫也比画眉好斗。同样地,羽衣发生季节性变化的那些鸟类也在它们装饰最华丽的期间变得更加好斗得多。某些颜色暗淡的鸟类无疑也会互相进行殊死的战斗,但是,当性选择发挥其高度影响并使任何物种的雄鸟具有鲜明色彩时,似乎也往往使这些雄鸟具有一种好斗的强烈倾向。我们在讨论哺乳动物时将会遇到差不多相似的事例。另一方面,同一物种的雄鸟既获得鸣唱的能力又获得灿烂的色彩却是罕有的;但这两方面所获得的利益也许是一样的,这就是魅诱雌鸟的成功。尽管如此,还必须承认,若干色彩灿烂的鸟类,其雄者的羽毛为了发出器乐鸣叫的缘故也曾经发生过特别的变异,虽然这种美,至少按我们的鉴赏标准来说,是无法同许多鸣禽类所发出的声乐鸣叫之美相比拟的。

我们现在转来谈谈没有高度装饰的雄鸟,它们在求偶时仍将其可能有的无论什么吸引力都显示一番。这等事例在某些方面比上述那些事例更为奇妙,但很少为人所注意。感谢韦尔先生为我提供了下述事实,他长期圈养过许多种类的鸟,包括所有英国的燕雀科(Fringillidae)和鹀科(Emberizidae)的鸟。这些事实就是从他好心寄给我的大量有价值的记录中选出来的。红腹灰雀为了求爱而走近雌鸟之前时,噗地一下鼓起其胸部,因此其艳红色的羽毛立刻得见,这比在任何位置上都显示得更清楚。与此同时,它把黑尾低垂,从这一边扭转到那一边,作出一副可笑的样子。欧洲苍头燕雀也站在雌鸟之前,这样来显示其红色胸部和"蓝钟"——养鸟行家以此名其头;同时双翼微张,使其肩部的纯白带斑显露无遗。普通红雀鼓起其玫瑰色胸部,微张其褐色的双翅和尾部,以使这等羽毛的白色边缘最充分地显露出来。然而,要断言双翅的展开仅仅是为了显示之故,必须要谨慎,因为某些鸟类的翅膀并不漂亮,但也会这样做。家养雄鸡的情况就是这样,但它所展开的那个翅膀总是对着雌鸡的,同时以翅擦地而过。雄金翅雀的行为不同于所有其他英国常见笼养鸟类:它的双翅是美丽的,肩部黑色,翼羽上散布着白色斑点,其尖端呈黑色,边缘为金黄色。当它向雌鸟求偶时,其躯体摆来摆去,并迅速将其略微张开的双翅先转到一边,然后再转到另一边,于是产生了金光闪闪的效果。韦尔先生告诉我说,没有其他英国常见笼养鸟类在求偶期间这样转来转去的,即使亲缘相近的雄金雀也是一样,这大概因为其美丽并不因此而有所增添。

大多数英国的鹀类（buntings）都是颜色平淡的鸟；但雄苇鹀（*Emberiza schaeniculus*）的头部羽毛到春天就脱去其污色的毛尖，而获得一种优美的黑色；这等羽毛在求偶活动中就会竖起来。韦尔先生曾经养过澳大利亚产的环喉雀（Amadina）的两个物种：*A. castanotis* 是一种体型很小而色彩朴素的燕雀类，具有一条黑尾，白臀，以及漆黑的尾上覆羽（upper tail-coverts），后者每根羽毛上都有三个显著的椭圆形白色大斑点。① 这个物种当向雌鸟求偶时，便把这等杂色的尾覆羽微微张开并以很奇特的方式进行摇晃。雄拉塔环喉雀（*Amadina lathami*）的行为则很不相同，它们在雌鸟之前展示其具有鲜艳斑点的胸部、猩红色的臀部以及猩红色的尾上覆羽。根据杰尔登博士的材料，我在这里还可以补充一点：印度红鹎（*Pycnonotus haemorrhous*）具有鲜红色的尾下覆羽，可以想象，这等尾覆羽永远不会充分展示的；但这种鸟"一旦激动时，也往往会把这等尾覆羽横向地张开，因而即使从上面也能看到它们"。② 某些其他鸟类的鲜红色尾下覆羽，即使不进行夸示，也能看见，大型啄木鸟（*Picus major*）的情况就是如此。普通鸽子的胸部具有彩虹色的羽毛，大家一定都看到过这种雄鸽当向雌鸽求偶时，便把胸部鼓起，这样就会使胸部羽毛显示到充分的程度。澳大利亚有一种具有漂亮的青铜色翅膀的鸽子，叫做冠毛野鸽（*Ocyphaps lophotes*），其行为，如韦尔先生向我描述的，则迥然不同：当雄鸽站在雌鸽之前时，低垂其头几乎达到地面，张开并高举其尾，并半张其双翅。然后它交替地使其躯体缓慢起落，因而那些具有彩虹色金属光泽的羽毛立刻尽收眼底，并在阳光下闪闪发亮。

现在已经举出了足够的事实来阐明雄鸟多么细心地显示其种种魅力，而且它们是极其熟练地进行这种显示。当它们用嘴来啄理其羽毛时，它们经常有机会进行自我欣赏并学习如何最好地展示其美。但是，由于同一物种的所有雄鸟都以完全一样的方式来显示自己，因此，这种行为最初也许是有意的，以后就变成为本能的了。果真如此，我们就不应责备鸟类有意识地进行虚夸，然而当我们见到一只把尾羽展开并使其抖动着的孔雀大摇大摆地走来走去时，它似乎就是骄傲与虚夸的唯一典型。

雄者的各种装饰物对它们肯定具有最高的重要性，因为在某些场合中，它们获得这等装饰物是以面临飞行或奔跑的巨大阻力为代价的。非洲夜鹰（Cosmetornis）在交配季节有一支初级翼羽发展成很长的飘带，因而大大减慢了其飞行速度，虽然它在其他时候是以飞得快而著称的。雄锦雉的次级翼羽"非常笨重"，据说这"几乎完全剥夺了它的飞翔能力"。雄极乐鸟的美丽羽毛使它们在大风之际处于困境。南非的雄黑羽长尾鸟（Vidua）的极长的尾羽使"它们飞翔吃力"，一旦这等尾羽脱落后，它们就飞得同雌鸟一样好了。由于鸟类总是在食物丰富时进行繁殖，因此雄鸟在寻找食物时大概不会由于它们行动的阻力而遇到很多不便；但几乎无可怀疑的是，它们一定会更容易地被猛禽类所击落。我们也无法怀疑孔雀的长尾以及锦雉的长尾和翼羽一定会使它们更容易被任何四处觅食的山猫所捕获，否则就不会如此。甚至许多雄鸟的鲜明色彩也必定会使它们易于被各种敌害所发现。因此，正如古尔德先生说过的，这种鸟类大概一般都具有一种胆怯的性情，好像意识到了它们的美就是危险的根源，它们比颜色暗淡、性情较为温顺的雌鸟

---

① 有关这些鸟类的描述，参阅古尔德的《澳大利亚鸟类手册》，第 1 卷，1865 年，417 页。

② 《印度鸟类》，第 2 卷，96 页。

或者比尚未装饰的幼小雄鸟更难被发现或者更难接近。①

　　一个更为奇异的事实是,某些鸟类的雄者具有进行战斗的特殊武器,它们在自然状况下如此好斗以致常常互相残杀致死,这等鸟类由于具有某些装饰而身受其苦。斗鸡者修剪斗鸡的颈部纤毛,割去其肉冠和垂肉,据说这时它们才取得了斗鸡的称号。一只尚未取得斗鸡称号的公鸡,正如特格梅尔先生所主张的,"是处于一种可怕的劣势,它的鸡冠和垂肉容易被其对手啄住,雄斗鸡总是向它所啄住的地方进行打击,一旦它啄住其对手时,就把对手完全控制在自己的力量之下了。即使假定这只雄斗鸡没有被杀死,未经修剪者所流的血也远比修剪者多得多"。② 幼小雄火鸡在相斗时总是啄住对方的垂肉,我相信成年火鸡也是按照同样的方式彼此争斗。也许有人会反对说,肉冠和垂肉并非装饰性的,因而在这方面不会对它们有什么用处;但是,即使以我们的眼光来看,光泽闪闪的黑色雄西班牙鸡之美也会被其白脸和鲜红色肉冠大大加强;雄红胸角雉在求偶时便鼓起华丽的蓝色垂肉,凡是见过这种情景的人将会毫不迟疑地承认它要达到的目的正是在于美观。根据上述事实,我们清楚地看到了雄鸟的羽饰以及其他装饰物对它们一定具有最高的重要性;我们进一步看到这种美甚至有时比相斗的胜利还更重要。

---

　　① 关于非洲夜鹰(Cosmetornis)参阅利文斯通的《赞比西探险记》,1865 年,66 页。关于锦雉,参阅贾丁的《博物学丛书:鸟类》,第 14 卷,167 页。关于极乐鸟类,参阅莱生的著述,布雷姆引用,见《动物生活图解》,第 3 卷,325 页。关于黑羽长尾鸟,见巴罗(Barrow)的《非洲游记》(*Travels in Africa*),第 1 卷,243 页,以及《彩鹳》,第 3 卷,1861 年,133 页。古尔德先生关于雄鸟胆怯的论述,见《澳大利亚鸟类手册》,第 1 卷,1865 年,210,457 页。

　　② 特格梅尔,《家禽之书》,1866 年,139 页。

第十四章　鸟类的第二性征(续)

> 雌鸟实行选择——求偶历时甚久——丧偶的鸟类——心理属性和审美力——雌鸟对特殊雄鸟所表现的爱好和憎恶——鸟类的变异性——变异有时是突发的——变异的法则——眼斑的形成——性状的级进——孔雀、锦雉和蝶鸟诸例

当雌鸟和雄鸟在美丽方面或在鸣唱能力方面或在演奏我所谓的器乐能力方面有所差异时,几乎总是雄鸟胜过雌鸟。这些属性,如我们刚刚见过的那样,对雄鸟显然具有高度的重要性。如果只在一年的一部分时间表现有这等属性,这总是在生殖季节以前。只有雄鸟才尽力显示其种种的魅力,并常常在地面或空中于雌鸟之前进行奇怪的滑稽表演。每只雄鸟都要把其竞争对手赶走,要是办得到的话,就要把它们杀死。因此,我们可以断言,雄鸟的目的就在于诱使雌鸟与之交配,为了达到这个目的,它试图用各种方法去刺激她,媚惑她;这就是所有仔细研究过活鸟习性的人们所持的见解。但是,还留下一个同性选择有非常重要关系的问题尚待解决,即,同一物种的每只雄鸟是否都同等地刺激和吸引雌鸟呢? 或者,雌鸟是否实行选择并且偏爱某些雄鸟呢? 后面这个问题,可用许多直接的和间接的证据予以肯定的回答。究竟是那些属性来决定雌鸟的选择,殊难断言;但我们在这里也有某些直接的和间接的证据可以证明雄鸟的外在魅力在很大程度上是决定雌鸟选择的因素;虽然雄鸟的精力、勇敢以及其他心理属性无疑也起了作用。我们将从间接的证据开始。

求偶历时甚久

某些鸟类的雌雄二者日复一日地在一个约定的场所相会,历时颇久,这大概部分地决定于鸟类求偶是一件费时的事情,而且部分地决定于交配行为是反复进行的。例如,在德国和斯堪的纳维亚,黑松鸡所举行的巴尔兹(balz)或勒克斯(leks)舞会从三月中开始,经过四月份整整一个月,一直到五月才结束。在勒克斯舞会上聚会的鸟竟达 40 或 50 只之多,甚至还要多;而且以后连续数年往往都在这同一场所聚会。雷鸟的勒克斯舞会从三月底开始,到五月中、甚至到五月底才结束。在北美,尖尾松鸡(*Tetrao phasianellus*)的"鹧鸪舞""要持续一个月或者还要长些"。无论北美或西伯利亚东部的其他种类的松鸡差不多都遵循相同的习性。[①] 捕鸟人根据草被踏光的情况可以发现流苏鹬相聚的小

---

① 诺曼(Nordman)描述[《莫斯科自然科学皇家学会公报》(*Bull. Soc. Imp. des Nat. Moscou*),1861,tom xxxiv. p. 264]阿穆尔细嘴松鸡(*Tetrao urogalloides*)的巴尔兹舞会。他估计集合在舞场中的鸟约在一百只以上,不包括卧藏于周围灌木中的雌鸟。它们发出的喧嚣声和松鸡(*urogallus*)的有所不同。

丘,这说明此处是它们长期出没的场所。圭亚那的印第安人十分熟悉岩鸽的清洁的活动场所,他们可以期望在那里找到漂亮的雄岩鸽;新几内亚土人知道极乐鸟聚会于其上的那些树,10～20只羽饰丰满的这种雄鸟常集合于此。在后面这个例子里,没有明确提到在这些树上是否有雌鸟来会,但是,捕鸟人如果没有被特别询及,大概不会谈到有无雌鸟在场,因为她们的鸟皮是毫无价值的。一种非洲织巢鸟(Ploceus)在繁殖季节集合起来举行小型舞会并表演其优美的舞蹈动作达数小时之久。大量的独居丘鹬(Scolopax major)每于黄昏时节在沼泽中相聚;以后连续几年它们为了同样目的仍然常常出没于同一场所;在那里可以看到它们"像许多大老鼠似的"跑来跑去,高耸其羽毛,拍打其双翼,并发出最奇异的叫声。①

在上述鸟类中有些据认为是一雄多雌者,如黑松鸡、雷鸟、雉松鸡(pheasant-grouse)、流苏鹬、独居鹬即是,大概还有其他鸟类也是这样。对这等鸟类来说,可以认为其雄鸟之强者大概只要把弱者赶走后,马上就可以占有尽可能多的鸟;但如果雄鸟必须去刺激或取悦于雌鸟的话,那么我们就能理解为什么需要那样长的时间进行求偶,而且需要在同一个地点集合那么多雌雄二者。某些严格单配的物种也同样举行结婚集会;斯堪的纳维亚有一种松鸡似乎就是如此,其勒克斯舞会从三月中旬开始一直到五月中旬才结束。澳大利亚琴鸟(Menura superba)做成的"小圆丘",以及阿氏琴鸟(M. alberti)给自己扒成的浅穴,都被当地土人称为"克罗伯瑞舞场",据认为那里就是雌雄二者相聚的场所。澳大利亚琴鸟的集会有时规模很大。最近一位旅游者发表的一文章说,②他曾到过一处地方,其下为一茂密丛林所覆盖的山谷,他听到从那里发出了"一阵使他十分震惊的喧哗";他慢慢地走近该处,惊奇地看到了约有150只华丽的琴鸟"列阵相争,并以无法形容的狂怒进行战斗"。造亭鸟的亭子乃其雌雄二者在生殖季节常去之处;"雄鸟在此相遇并为了取悦于雌鸟而互相争斗,雌鸟则集合于该处向雄鸟卖弄风情"。该属有两个物种,它们许多年都常常在同一个亭子相聚。③

普通喜鹊(Corvus pica, Linn.),如达尔文·福克斯牧师告诉我的,常从德勒密尔(Delamere)森林各处集合起来,以庆祝其"盛大的喜鹊婚礼"。数年前这种鸟的数量特别多,因而一个猎场看守人在一个早晨就打死了19只雄鸟,另一人一枪就打死了栖息在一起的7只鸟。再者,它们有早春集合于特殊地点的习性,在那里可以看到成群的这种鸟叽叽喳喳乱叫,有时互相争斗,并在树的周围喧闹着飞来飞去。这种鸟显然把这全部情况看做是极其高度重要的事情之一。在集会后不久它们就各自分散了,于是福克斯先生和其他人士曾见到它们就在这一季节交配。凡是一个物种没有大量成员存在的任何地区,自然无法在那里举行盛大集会,因而同一物种在不同地方可能有不同的习性。例如,

① 关于上述松鸡的集会,见布雷姆的《动物生活》(Thierleben),第4卷,350页;再参阅劳埃德的《瑞典猎鸟》,1867年,19,78页。理查森,《美国边境地区动物志》,鸟类,362页。有关其他鸟类集会的参考材料已列举过了。关于极乐鸟类,参阅华莱士的著述,见《博物学年刊杂志》,第20卷,1857年,412页。关于鹬,参阅劳埃德的上述著作,221页。

② 伍德先生引用,见《学生》杂志,1870年4月,125页。

③ 古尔德,《澳大利亚鸟类手册》,第1卷,300,308,448,451页。关于以上提到的雷鸟,参阅劳埃德的上述著作,129页。

韦德伯恩（Wedderburn）先生向我说过一个例子：黑松鸡在苏格兰只举行一次例会，而在德国和斯堪的纳维亚这等集会是如此闻名，以致获得了专用名称。

丧偶的鸟类

根据现在提出的事实，我们可以得出结论说，属于大不相同的类群的鸟，其求偶往往是一件费时、微妙而麻烦的事情。甚至还有理由推测，最初看起来这好像是不可能的，即，栖息于同一地区、属于同一物种的某些雄鸟和雌鸟并非总是相互喜欢，因而不互相交配，已经发表过的许多记载表明，一对配偶中的雄鸟或雌鸟如果被射杀，很快就会有另一个来代替。在喜鹊比在任何其他鸟类更会经常看到这种情况，恐怕这是由于其外貌和鸟巢惹人注目之故。著名的詹纳说，在维尔特郡（Wiltshire），一天之内就射杀了一对喜鹊中的一只不下 7 次之多，"但全无用处，因为剩下的那只喜鹊很快又找到了另一只配偶"；而最后这一对照样养育幼鸟。新配偶一般要在隔天才会找到；但汤普孙先生举出过一个例子表明在同一天傍晚就换了一个配偶。即使在鸟卵孵化之后，若有老鸟之一被杀，也会找到一只配偶；卢伯克爵士的猎场看守人最近观察到的一个例子①表明，这种情形发生在两天之后。首先的和最明显推测将是，雄喜鹊的数量一定比雌喜鹊多得多；而且在上述场合中，以及在能够举出的许多其他场合中，被杀死的只是雄鸟。这种推测对某些事例显然是适用的，因为德勒密尔森林的猎场看守人向福克斯先生保证说，以前有大量的喜鹊和食腐肉的乌鸦在其鸟巢附近被相继打死，而且被打死的全是雄鸟；他们对这一事实的解释是，雄鸟在把食物带给孵卵的雌鸟时比较容易被打死。然而，麦克吉利夫雷根据一位优秀观察家的材料，举出一个事例表明，在同一个窝里相继被打死的 3 只喜鹊都是雌鸟；另外还有一个事例表明，有 6 只喜鹊连续被打死，当时它们都相继在抱同一窝的卵，从抱窝这一点来看，它们多数可能是雌鸟；但是，我听福克斯先生说过，雌鸟一旦被打死，雄鸟就要代之孵卵。

卢伯克爵士的猎场看守人曾反复地用枪射死了一对松鸦（*Garrulus glandarius*）中的一只，但不能详说其射击次数，射杀一只以后，总能发现另一只未亡者又再婚配了。福克斯先生，勃恩德（Bond）先生以及其他人士都曾用枪打死过一对食腐肉的小嘴乌鸦（*Corvus corone*）中的一只，但其巢很快又有一对鸦住上了。这些鸟类都是相当普通的，但游隼（*Falco peregrinus*）则是罕见的，然而汤普孙先生说道，在爱尔兰"如果其成熟的雄者或雌者在生殖季节中任何一个被打死了（这并非是不常有的事），另一只配偶在很短几天内就会被找到，因此，隼鹰尽管有了这类伤亡，肯定还会产出足够的幼鸟来补充。"詹纳·韦尔先生所知道的滩头堡（Beachy Head）的隼也是如此。同一位观察家告诉我说，三只红隼（*Falco tinnunculus*），全系雄者，在先后光顾同一鸟巢时都相继被打死了；其中两只都具成熟的羽衣，第三只则具前一年的羽衣。一位苏格兰的可信赖的猎场看守人向伯贝克（Birkbeck）先生保证说，即使是罕见的金雕（*Aquila chrysaëtos*），倘若一对中有一

① 关于喜鹊，参阅詹纳的论述，见《自然科学学报》，1824 年，21 页。麦克吉利夫雷，《英国鸟类志》，第 1 卷，570 页。汤普孙，《博物学年刊杂志》，第 8 卷，1842 年，494 页。

只被打死了,很快就会找到顶替它的另一只。短耳鸮(*Strix flammea*)也是如此,"未亡者很容易找到一只配偶,虽然射杀不断进行"。

塞尔伯恩(Selborne)的怀特,即举出鸮的实例者,进一步说,他知道有一个人相信山鹬的交配会由于雄者的相斗而受到干扰,所以常常去射死它们;他虽然几次使同一只雌鸟丧偶,但她总是很快地又找到了一个新配偶。同一位博物学家又因麻雀夺去了家燕的巢,命令把前者射杀;但一对中所留下的"不论是雄者或雌者,立刻就会得到一只配偶,这样连续进行几次都是如此"。有关苍头燕雀、夜莺以及红尾鸲的情况,我还可以补充几个近似的例子。就红尾鸲(*Phaenicura ruticilla*)来说,一位作家感到非常惊奇的是,抱窝的雌鸟如何能够那么快地作出有效的表示,使雄鸟知其为寡者而来就之;之所以叫之感到惊奇还因为附近并不常见这个种鸟。詹纳·韦尔先生向我说过一个非常相似的事例;他在布莱克希思(Blackheath)从未见过野红腹灰雀,也没有听过它的鸣叫,然而当他养在笼子里的一只雄鸟死后,一般在几天之内就会有一只野生雄鸟飞来栖于丧偶的雌鸟附近,而雌鸟的叫声并不高。根据同一位观察家的材料,我还要再举另一个事实;有一对紫翅椋鸟(*Sturnus vulgaris*),其中之一在早晨被打死,到了中午一个新配偶就被找到了;这一只又被打死,但到晚上以前这一对又配齐了。因此那个忧伤的寡鸟或鳏鸟在同一天之内就三次得到了安慰。恩格尔哈特(Engleheart)先生也告诉我说,在布莱克希思有一处房屋,欧椋鸟在这所房屋一个空穴内筑巢,几年以来他常常把配偶的一只打死,但失去的那一只的位置总是立刻就会补上。在某一个季节里,他作了记录,发现从同一个巢打死了35只,其中有雌鸟、也有雄鸟,但二者的比例如何,他说不清楚;尽管如此,在经历了所有这样灾祸以后,一窝鸟还是生育出来了。[①]

这些事实十分值得注意。怎么会有那么多的鸟随时可以立即顶替雄者或雌者任何一方所失去的一个配偶呢?我们在春季所看到的喜鹊、松鸦、小嘴乌鸦、山鹑和其他一些鸟类总是成双成对的,从未见过它们是独身的;乍一看,这种情况是极其复杂的。但是,同一性别的鸟,当然不会真正地相配,虽然如此,有时也成对或成小群地生活在一起,据知鸽子和鹧鸪的情况即是。有时鸟类还会三只一组地生活在一起,有人观察到椋鸟、小嘴乌鸦、鹦鹉和山鹑就是如此。关于山鹑,已知有两只雌者和一只雄者生活在一起以及两只雄者和一只雌者生活在一起。在所有这类场合中,这种结合大概容易破裂;因为三者之一随时都会同一只寡鸟或一只鳏鸟相配。偶尔会听到某些鸟类的雄者在过了特定的季节很久以后还纵声高唱其求爱的歌曲,这表明它们已经失去或从未得到过一只配偶。一对配偶中的一只如死于事故或疾病,就会使另一只成为自由而孤单的;有理由相信雌鸟在生殖季节特别容易夭折。此外,巢窝被毁的鸟,或不育的配偶,或发育迟缓的个

---

① 关于游隼,参阅汤普孙的《爱尔兰博物学,鸟类》,第 1 卷,1849 年,39 页。关于枭、麻雀和鹧鸪,参阅怀特的《塞尔伯温博物志》,第 1 卷,1825 年,第 1 版,139 页。关于红尾鸲,参阅劳登主编的《博物学杂志》,第 7 卷,1834 年,245 页。布雷姆《动物生活》,第 4 卷,991 页)也提到了鸟类在同一天交配三次的例子。

体,大概都容易诱使其一离去,而且还会出于乐趣和义务去抚养虽非自己所生的后代。① 这种偶然发生的事情大概可以说明大多数上述事例。② 尽管如此,在同一地区内,正值生殖季节的高峰期间,成对之鸟损失其一,竟有如此众多的雄鸟和雌鸟随时准备补上,也还是一个奇怪的事实。为什么这等孤独诸鸟没有彼此立刻相配呢? 难道我们没有某种理由来推测,由于鸟类的求偶看来在许多场合中都是一件费时而麻烦的事,所以会偶尔出现某些雄鸟和雌鸟在特定季节内没有能够成功地激起彼此的爱情,因而没有结为配偶吗? 詹纳·韦尔先生就曾做过这样的推测。当我们看到了雌鸟会偶尔对特殊的雄鸟表示何等强烈的憎恶和偏爱之后,可知这种推测似乎就不那么不可能了。

鸟类的心理属性及其对美的鉴赏力

在我们进一步探讨雌鸟究竟选择魅力较强的雄鸟还是接受它们所可能碰到的头一只雄鸟这个问题之前,大致地考察一下鸟类的精神能力将是合宜的。它们的理智一般被认为是低等的,这种意见也许是正确的;但还可以举出导致相反结论的一些事实。③ 然而,低级的理解力同强烈的感情、敏锐的知觉以及对美的鉴赏力是并存的,我们从人类可以看到这种情形;而我们在这里所要讨论的正是后面这些属性。往往听说,鹦鹉如此深深地相互依恋,以致有一只死了,另一只会长期悲伤憔悴;但詹纳·韦尔先生认为大多数鸟类感情的强度是被夸大了。尽管如此,当配偶的一只在自然状况下被打死之后,还会听到未亡者在此后几天要发出一种痛苦的鸣叫;圣约翰先生(Mr. St. John)举出了各种事实来证明已成配偶的鸟类有相互依恋之情。④ 贝内特先生述说⑤,中国所产的美丽鸳鸯,如果其雄者被偷走之后,剩下的雌鸳鸯尽管有另一只雄鸳鸯在雌者面前显示其全部的魅力,殷勤地向其求爱,仍然郁郁不乐。三周以后那只被偷走的雄鸳鸯又出现了,于是这一对鸳鸯立即以极大的喜悦彼此认出来了。另一方面,如我们已经见到的,欧椋鸟同一天

---

① 参阅怀特关于在该季节的早期有小群雄鹪鹩存在的著述(《塞尔伯温博物志》,第 1 卷,1825 年,140 页),我还听到过有关这一事实的其他例子。参阅詹纳关于某些鸟类生殖器官延缓发育的著述,《自然科学学报》,1824 年。关于三鸟同居,詹纳·韦尔先生为我提供了有关椋鸟和鹦鹉的事例,福克斯先生提供了有关鹪鸪的事例,谨此致谢。有关小嘴乌鸦,参阅《田野新闻》,1864 年,415 页。关于各种雄鸟在特定时期过后的歌唱,见詹尼斯牧师的《博物学观察》,1846 年,87 页。

② 下述事例是由莫里斯(F. O. Morris)牧师根据尊敬的福雷斯特牧师(Rev. O. W. Forester)的权威材料提出的,(《泰晤士报》,1868 年 8 月 6 日),他说:"猎场看守人今年在此发现了一个鹰巢,内有五只小鹰。他捕杀了其中 4 只,留下一只剪短了翅膀的小鹰作为媒鸟,用以诱杀老鹰。次日,有两只老鹰给小鹰喂食,都被打死了,看守人以为事情就会至此完结。但第二天他来到那里,发现又有两只慈悲的老鹰怀着收养和救助孤雏的心情到了那里。他又把它们打死了,然后离开鹰巢而去。后来他回去时又发现两只更加慈悲的老鹰来办理同样的慈善事。他用枪打死了其中一只,另一只也被打中,但未能找到。此后就再没有老鹰来干这种无效的事了"。

③ 下面一段是牛顿教授从亚当先生的《一个博物学家的游记》(Travels of a Naturalist,1870 年,278 页)中摘录的。他在谈到笼养的䴓(nut-hatches)时说道,日本五十雀通常的食物为浆果紫杉比较容易破裂的果实,有一次我用榛果代替了这种食物,这种鸟由于不能把榛果弄破,就把榛果一粒一粒地放到水盂里去,显然以为早晚能把它泡软。——这是有关这种鸟的智力的一个有趣证据。

④ 《萨瑟兰郡游记》(A Tour in Sutherlandshire),第 1 卷,1849 年,185 页。布勒(Buller)博士说(《新西兰的鸟类》,1872 年,56 页),一只大型长尾雄鹦鹉被打死了;于是雌鸟"表现焦急和郁郁不乐,拒绝进食,因过度悲伤而死"。

⑤ 《新南威尔士流浪记》(Wanderings in New South Wales),第 2 卷,1834 年,62 页。

内三次失偶，三次换配新偶，而感到欣慰。鸽子对地点具有非常卓越的记忆力，据知它们离开原地九个月后还能飞回，可是，如我听哈里逊·韦尔先生所说的，如果有一对自然终生匹配的鸽子在冬天被分开少数几个星期，又分别同其他鸽子相配，那么，此后把原来那一对鸽子再放到一起时，彼此还能相认者，即使有的话，也是罕见的。

鸟类有时表现有仁慈的感情；它们喂养甚至属于不同物种的幼鸟，不过也许应认为这是一种错误的本能。它们还喂养双目失明的同种的成年鸟，本书前一部分对此已有所论及。布克斯顿先生做过一项奇妙的记载，表明一只鹦鹉照管一只异种的冻伤了而残废的鸟，将其羽毛弄干净，保护它免受其他在花园周围自由飞翔的鹦鹉的攻击。更为奇妙的是，这些鸟对于同伙的欢乐明显表示了某种同情。当一对白鹦（cockatoos）在一株合欢树上做巢时，"同种的其他鹦鹉对这件事表示了高度的兴趣，其态至为滑稽可笑"。这等鹦鹉还表现有无限的好奇心，而且明显地具有"财产和所有权的观念"。① 它们有良好的记忆力，因为在动物园里经过几个月后它们还能明确地认出以前的主人。

鸟类具有敏锐的观察能力。已配的每一只鸟当然都认识其伴侣。奥杜邦说，"模拟画眉"（Mimus polyglottus）有一定数量一年到头都留在路易斯安那（Louisiana），而其余的那些则向东部各州迁徙；这些鸟一回来马上就会被其南方同胞认出，而且总要遭到它们的攻击。笼养的鸟能辨认不同的人，它们对某些个人并无明显原因的强烈而持久的憎恶或喜爱证明了这一点。我听说过不少关于松鸦、山鹑、金丝雀，尤其是灰雀在这方面的事例。赫西（Hussey）先生描述过一只驯养的鹧鸪如何奇异地认出了每个人；它的爱和憎都很强烈。——这只鸟似乎"喜欢华丽的颜色，谁穿上新上衣或戴上新帽子没有不引起它的注意的"。② 休伊特先生描述过某些鸭的习性（乃野鸭的最近后代），它们一见陌生的狗或猫来到，就急速纵身入水，竭力逃避；但它们同休伊特先生的狗和猫如此熟识，甚至卧于其旁晒太阳。它们见到陌生就避去，喂养它们的妇女如果在衣服方面有任何重大改变，它们也会避开。奥杜邦说，他驯养过一只野火鸡，它一见到任何陌生的狗总是跑掉；它曾逃入森林，几天后奥杜邦以为他见到了一只野火鸡，就叫他的狗去追它，当狗追到时却不攻击这只火鸡，原来它们彼此早就是老相识了。③

詹纳·韦尔先生相信鸟类特别注意其他鸟类的色彩，这有时是出于嫉妒，有时表示彼此是亲属。例如，他把一只具有黑色头饰的苇鹀放进他的鸟舍，除一只红腹灰雀外，没有引起任何鸟对这只新客的注意，而这只红腹灰雀的头同样也是黑色的。这只红腹灰雀是很安静的，以前从未和任何同伴争吵过，包括另一只头部尚未变黑的苇鹀在内；但是，这只黑头苇鹀受到的虐待如此之凶，以致不得不把它移走。蓝顶雀（Spiza cyanea）在生殖季节呈鲜蓝色；虽素性温和，但也攻击仅头部呈蓝色的蓝顶雀（S. ciris），甚至把后面这不幸者的头皮完全剥掉。韦尔先生也不得不把一只歌鸲从他的鸟舍移走，因为它在其中大肆攻击所有在羽衣上带有红色的鸟类，对其他鸟则不攻击，事实上它弄死了一只红交

---

① 巴克斯顿议员（C. Buxton，M. R.）著，《鹦鹉的驯化》（Acclimatization of Parrots），见《博物学年刊杂志》，1868 年 11 月，381 页。

② 《动物学者》，1847—1848 年，1602 页。

③ 休伊特关于野鸭的著述，见《园艺杂志》，1863 年 1 月 13 日，39 页。奥杜邦关于野火鸡的著述，见《鸟类志》，第 1 卷，14 页。关于"模拟画眉"，参阅上述著作，第 1 卷，110 页。

嘴雀(crossbill)，而且几乎把一只金丝雀弄死。另一方面，他也观察到，当把某些鸟类首次放进鸟舍时，它们就飞向那些色彩最像它们的物种，并落于其旁。

由于雄鸟在雌鸟之前很细心地显示其漂亮的羽衣和其他装饰物，所以这等雌鸟欣赏那些求婚者的美，显然是可能的。然而要获得有关雌鸟审美力的直接证据却是困难的。当鸟类注视其镜中之影时(关于这方面的例子已有许多记载)，我们无法肯定这不是出自它对一个假想竞争对手的嫉妒，虽然有些观察家的结论与此相反。在其他场合中，要把单纯的好奇和鉴赏区别开来也是困难的。正如利尔福(Lilford)爵士所说的，[①]吸引流苏鹬向任何明亮目标飞去的恐怕就是好奇心，因此在爱奥尼亚群岛(Ionian Islands)，"它不顾反复射击，急向一块颜色明亮的手绢飞下"。用一面小镜子在太阳底下晃动使其闪闪发光，这样就可以把普通云雀从天空引至地面而大批捕获它们。喜鹊、乌鸦和其他某些鸟类偷藏诸如银器和珠宝等某些明亮物体，究竟是出于鉴赏还是出于好奇呢？

吉尔德先生说，某些蜂鸟以"最大的兴趣"来装饰其鸟巢外部，"它们本能地在它上面贴上美丽平坦的地衣块，大者置于中央，小者放在和树枝相连的地方。不时把一根美丽的羽毛缠结在或黏着于鸟巢外面，把羽梗总是放在适当的位置，以使羽毛突出于表面之外"。然而，关于审美力的最好证据，还是前面提到的澳洲造亭鸟三个属所提供的。它们的亭子(见 p.257，图 46)是雌雄二者相聚和进行奇异滑稽表演的场所，其构造各不相同，但同我们的讨论最有关联的乃是几个物种以不同的方式去装饰它们的亭子。萨丁造亭鸟收集色彩华丽的物品，诸如长尾鹦鹉的蓝色尾羽、漂白的骨头和贝壳，把它们插于树枝之间或摆在门口。吉尔德先生在一个亭子里发现了一柄工艺灵巧的石斧和一束蓝色棉花，显然这是从当地土人的一个野营里取来的。这些物体不断地被重新摆设，这些鸟在嬉戏时还把它们带来带去。斑点造亭鸟(spotted bowerbird)的亭子"系用高高的草造成，诸草排列整齐美观，草尖几乎相碰，而且装饰物极其丰富"。圆石子被用来把草梗固定于适当的位置，并用它们铺成一些通往亭子的曲径。石子和贝壳常常是从远方运来的。大王造亭鸟如拉姆齐(Ramsay)先生所描述的，用五六种漂白的陆贝壳以及"蓝的、红的和黑的各种颜色浆果装饰其矮亭，这些浆果的外貌在新鲜时非常漂亮。"此外，还有新拣回来的几片叶子和淡红色的嫩枝用做装饰，整个情况表明"它有一种明确的审美力"，古尔德先生也许说得好："这等高度装饰起来的聚会大厦必被认为是迄今所发现的鸟类建筑的最奇异事例"；而几个物种的这种审美力，如我们所见到的，肯定有所不同。[②]

雌鸟对特殊雄鸟的偏爱

在对鸟类的鉴别力和审美力预先作了以上这些记述后，我将把我所知道的有关雌鸟偏爱特殊雄鸟的全部事例列举出来。有一点是肯定的，即鸟类的不同物种在自然状况下会偶然交配并产生杂种。可举出这方面的许多事例：麦克吉利夫雷述说，一只雄乌鸫和

① 参阅《彩鹳》，第 2 卷，1860 年，344 页。
② 关于蜂鸟的有装饰的鸟巢，参见古尔德的《蜂鸟科导论》，1861 年，19 页。关于造亭鸟参阅古尔德的《澳大利亚鸟类手册》，第 1 卷，1865 年，444—461 页。拉姆齐，《彩鹳》，1867 年，456 页。

一只雌画眉"彼此多么相爱",并产生了后代。① 关于松鸡和雉之间的杂种,几年前在英国曾记载过 18 个事例;②但是,大多数这等例子,根据独身雄鸟找不到本种的雌鸟与之相配这一情况,或者可以得到说明。关于其他鸟类,如詹纳·韦尔先生有理由相信的那样,其杂种有时是近巢诸鸟偶尔互相杂交的结果。但这种说法对驯养或家养的异种鸟类的许多见于记载的事例不能适用,它们虽和本种的同类生活在一起,却被异种强烈地吸引住了。例如,沃特顿说③,有一大群加拿大的白颈雁,共 23 只,其中一只雌雁和一只独居的伯尼克尔雄雁(Bernicle gander)交配了,尽管它们的外观和大小是那样不同,可是还产生了杂种后代。一只雄赤颈凫(Mareca penelope)虽和同种的雌者生活在一起,据知却和一只针尾鸭(Querquedula acuta)交配了。劳埃德描述过一只雄麻鸭(Tadorna vulpanser)和一只普通母鸭之间的明显相恋。还可进一步举出许多例子;狄克逊牧师说,"凡是把许多异种的鹅养在一起的人都很了解它们彼此之间常常极相依恋,但其原因不明,它们十分愿意和一个显然跟自己最不相同的族(物种)的诸个体交配,并养育其后代,其情况正如和本种交配一样。"

福克斯牧师告诉我说,他同时饲养着一对鸿雁(Anser cygnoides)和一只雄的、三只雌的欧洲普通雁。开始时这两种鹅的界限十分分明,后来一只雄鸿雁竟引诱了一只雌普通雁与之共同生活。尤有甚者,从雌普通雁下的蛋孵出来的小雁只有 4 只是纯种的,另外 18 只都证明是杂种;因此这只雄鸿雁的魅力似乎在雄普通雁之上。我只再举一个例子;休伊特先生说,有一只圈养的雌野鸭,"同雄野鸭交配繁育了几年之后,因我把一只雄针尾鸭放入水中,她立刻就把雄野鸭甩掉了。这是一个一见钟情的事例,因为她在新来者的周围游来游去,爱抚备至,尽管雄尖尾鸭对此感到惊奇,并厌恶她主动表示的热情。从此以后,她就把原来的配偶忘掉了。冬季过去之后,到了翌年春天,这时雄针尾鸭对雌野鸭的献媚似乎变得回心转意了,因为它们同巢而居并产生了七八只小鸭"。

在若干这等场合中,除了单纯的新奇之外,还会有什么魅力呢,对此我们甚至无法进行猜测。然而色彩有时会起作用;因为按照贝希斯坦的材料,要使黄雀(Fringilla spinus)和金丝雀产生杂种,最好的办法是选择同样色彩的这两种鸟,把它们放在一起。詹纳·韦尔先生把一只雌金丝雀放进他的鸟舍,那里原来已有雄朱顶雀、雄金燕雀、雄黄雀、雄金翅雀、雄欧洲苍头燕雀以及其他种类的雄鸟,其目的是为了看看她选择何者;毫无疑问,当天她就选定了金翅雀,与之交配并产生了杂种后代。

雌鸟选中同种的某一雄鸟并与之交配的事实,似不及我们刚才看到的异种间所发生的这种情况更容易吸引我们的注意。前一情况最适于在家养的或圈养的鸟类中进行观察;但这些鸟类由于高水平的饲养而吃得过饱,它们的本能有时受到了极度损害。关于后面那种情况,我可举出有关鸽子、尤其是鸡的充分证据,但无法在此述及。上述某些杂

① 《英国鸟类志》,第 2 卷,92 页。
② 《动物学者》,1853—1854 年,3946 页。
③ 沃特顿,《博物学论文集》(Essays on Nat. Hist.),第 2 辑,42,117 页。在以下的叙述中,关于赤颈凫,参阅劳登主编的《博物学杂志》,第 9 卷,616 页;劳埃德,《斯堪的纳维亚探险记》,第 1 卷,1854 年,452 页。狄克逊,《有装饰的家禽》(Ornamental and Domestic Poultry),137 页;休伊特,《园艺杂志》,1863 年 1 月 13 日,40 页,贝希斯坦,《笼鸟志》(Stubenvögel),1840 年,230 页。詹纳·韦尔先生最近就鸭的两个物种向我提供了一个相似的事例。

种组合也许可用受损害的本能加以说明；但在许多这种场合中，那些鸟类是允许自由地生活于大水塘中的，所以没有理由设想它们会由于高水平的饲养而受到了不自然的刺激。

关于自然状况下的鸟类，每个人最初和最明显的设想是，雌鸟在繁殖季节接受她可能遇到的第一个雄鸟；但是，由于雌鸟几乎总是被许多雄鸟所追求，所以她至少有实行选择的机会。奥杜邦——我们必须记住他曾长期在美国的森林中徘徊，并对鸟类进行观察——并不怀疑雌鸟审慎地选择配偶；例如，当他谈到一只啄木鸟时，说道：这种雌鸟有六只华丽的追求者，它们不断作出奇异的滑稽表演，"直到雌鸟对某只雄鸟表示了明显的偏爱而后已"。红翼椋鸟（*Agelaeus phaeniceus*）的雌者同样被若干雄者所追求，"等到它们都变得疲乏之后，雌者才落下来接受它们的求爱并迅速作出选择"。他还描述过几只雄夜鹰如何屡屡以惊人的速度从空中急速下降，而后突然旋转，这样便发出一种独特的声响；"但雌鸟一经作出选择，其他雄鸟就全被赶走了"。美国有一种秃鹫（*Cathartes aura*），其雌雄二者常有 8 只、10 只或更多只在伐倒的木材上聚会，"表示其彼此求悦的最强烈愿望"，几经爱抚之后，每只雄鸟便偕其配偶飞去。奥杜邦同样仔细观察过成群的野生加拿大雁（*Anser canadensis*）并对其求爱的滑稽表演做过图解描绘；他说，以前有过配偶的雁"早在一月就开始重新进行求偶，而其他未曾有过配偶的雁则每天要花数小时去争斗和献媚，直到所有的鸟似乎对各自的选择都感满意为止，以后，它们虽然仍聚集在一起，但任何人都可容易地看出它们是在小心翼翼地保持其配偶。我也观察过越是年长的鸟其求爱序曲就越短。那些独身的雄者和老处女，无论是处于抱恨之中或是不在意那种喧闹的搅扰，而静静地走到一旁，卧于远离其余诸鸟的地方"。[①] 这位观察家对其他鸟类所做的相似叙述，尚有许多可以引用。

现在让我们转来看看家养和圈养的鸟类，我将从我了解得不多的有关家鸡求偶的情形开始。我曾收到休伊特先生和特格梅尔先生关于这个问题的长信，并还收到过已故布伦特（Brent）先生一篇将近完成的论文。这几位先生由于他们已发表的著作而闻名于世，每个人都会承认他们是细心而有经验的观察家。他们都不相信雌鸟偏爱某些雄鸟是由于后者羽衣美丽的缘故；但必须对这些鸟类长期被养于人为状态下的情况做些考虑。特格梅尔先生相信一只雄斗鸡虽被刈掉垂肉，拔掉颈羽，以至容貌毁损，但它仍会像一只保持着全部自然装饰的雄者那样容易地被雌者所接受。然而，布伦特先生承认，雄鸟的美丽大概有助于刺激雌鸟；而雌鸟的默认也是必要的。休伊特先生认为雌雄二者的结合决不是单纯碰巧发生的，因为雌者几乎总是挑选精力最旺盛、最好斗而且最勇敢的雄者；因此，正如他说的，"如果一只健康良好而有力的雄斗鸡在那个地点活动，要想进行纯种繁育几乎是无效的，因为，几乎每一只雌鸡当离开鸡棚时，都会前去找那只雄斗鸡相会，即使雄斗鸡实际上可能不把和雌鸡变种相同的雄鸡赶走，也是如此"。布伦特先生向我描述说，在正常情况下家鸡的雄者和雌者似乎依靠某些姿势而达到相互了解。但雌鸡对幼小雄鸡的过分殷勤，乃常避之。老母鸡和性情好斗的母鸡，正如同一位作者告诉我的，不喜欢陌生的雄鸡，而且它在被狠狠打得顺从之前，是决不屈服的。然而，弗格森（Ferguson）描述过

---

① 奥杜邦，《鸟类志》，第 1 卷，191，349 页；第 2 卷，42，275 页；第 3 卷，2 页。

一只好争吵的母鸡如何被一只上海雄鸡温存的求爱所征服。①

有理由相信雌鸽和雄鸽都喜欢和同品种的鸽子交配；普通家鸽对所有高度改良的品种都不喜欢。② 哈里逊·韦尔先生最近听一位可信赖的观察家说，他饲养蓝色的鸽，这种鸽把所有其他颜色的变种，诸如白的、红的和黄的，全都赶走；另一位观察家也说过，有一只暗褐色的雌信鸽经过反复试验之后，还是不能同一只黑色雄鸽相配，但同一只暗褐色的雄鸽马上就配上了。此外，特格梅尔先生养过一只雌蓝色浮羽鸽（turbit），它顽固地拒绝和同品种的两只雄鸽交配，这两只雄鸽曾连续和雌鸽共同关在一起达数周之久；但一放出去，雌鸽马上就接受了向它提供的第一只雄蓝色龙鸽（dragon）。由于它是一种有价值的鸽子，所以把雌鸟和一只银色（即很淡的蓝色）的雄鸽在一起关了许多星期，最后它还是和这只雄鸽交配了。尽管如此，就一般规律而言，羽色对于鸽的交配似乎没有多大影响。特格梅尔先生根据我的请求，把他养的一些鸽子染上了洋红，但它们并没有引起其他鸽子的很多注意。

雌鸽偶尔也会对某些雄鸽感到强烈憎恶，而无任何明显原因可言。例如，积有45年以上经验的包依塔和考尔比说，"当一只雌鸽厌恶一只被弄来和它交配的雄鸽时，尽管雄鸽燃起了爱情的全部火焰，尽管喂以白燕米和大麻仁以增加其情欲，尽管把它们关在一起达六个月乃至一年之久，这只雌鸽还是断然拒绝了雄鸽的求爱。它的殷勤、它的挑逗、它的回旋表演、它那温柔的咕咕叫声，所有这一切都不能引起它的喜爱，也不会使它激动；雌鸽气鼓鼓地蜷缩于笼子的一角，除了饮水和进食以及对雄鸽的纠缠不休而狂怒的时候，它总是蹲在那里不动。"③另一方面，哈里逊·韦尔先生亲自观察过而且听几位养鸽人说过：一只雌鸽偶尔会强烈爱上一只特殊的雄鸽并且为着它而抛弃了原来的配偶。另一位富有经验的观察家里德尔（Riedel）说④，有些雌鸽性情放荡，它们几乎对任何所遇到的雄鸟的喜爱皆胜过对其原有配偶的喜爱。某些好色的雄鸽，被我们英国的鸟类玩赏家称为"花花鸟"（gay birds）的，是从事风流艳事的能手，以致必须把它们关起来以免去捣乱。

按照奥杜邦的材料，美国的雄野火鸡"有时会向家养的雌鸡求爱，一般都会受到她们的欢迎"。因此，在野生雄鸡和家养雄鸡之间母鸡们显然喜欢前者。⑤

这里还有一个更奇妙的事例。赫伦（R. Heron）爵士曾大量繁育过孔雀，关于它们的习性，他保存有多年的记载。他说，"雌孔雀常常很偏爱一只特殊的雄孔雀。所有它们都非常偏爱一只老的雄斑孔雀，有一年它被关了起来，但仍可以看到，这些雌孔雀经常聚集在这只雄孔雀的铁丝笼之旁，而且不容许一只黑翼雄孔雀去碰它们。到了秋天，这只雄斑孔雀被放出来了，于是最老的雌孔雀马上向它求爱并获得了成功。翌年，这只雄斑孔

---

① 《稀有和获奖的家禽》(*Rare and Prize Poultry*)，1854年，27页。

② 《动物和植物在家养下的变异》，第2卷，103页。

③ 包依塔和考尔比，《鸽类》，1824年，12页。吕卡（Lucas），《自然遗传的特点》(*Traité de l'Héréd. Nat.*)，第2卷，1850年，296页，亲自观察到有关鸽类的几乎同样的事实。

④ 《鸽的培育》(*Die Taubenzucht*)，1824年，26页。

⑤ 《鸟类志》，第1卷，13页。关于同样的效果，参阅布赖恩特（Bryant）博士的意见，见艾伦编著的《佛罗里达的哺乳类和鸟类》(*Mammals and Birds of Florida*)，344页。

雀被关进一个马厩，这时，雌孔雀就全向那只雄孔雀的一个竞争对手求爱了"。[①] 这只竞争对手乃是雄黑翼孔雀，在我们看来，它比普通孔雀更美丽。

利希滕施泰因（Lichtenstein）是一位优秀的观察家，而且有极好的机会在好望角进行观察，他向鲁道菲（Rudolphi）保证说，雄黑羽长尾鸟在生殖季节饰有长尾羽，如果长尾羽脱落后，雌鸟就会同它脱离关系。我想他所观察的这种鸟类一定是圈养的。[②] 这里还有一个近似的例子；维也纳动物园主任耶格尔博士（Dr. Jaeger）说，[③] 一只雄白鹇（silver-pheasant）战胜了所有其他雄鹇而成为雌鹇所接受的爱侣，可是其羽饰被弄坏之后，它的位置马上就被一只竞争对手顶替了，后者占了上风，然后把整个雌群带走了。

已经表明色彩对鸟类的求偶是何等重要，因此下述事实值得注意：博德曼（Boardman）先生，一位多年在美国北部从事鸟类收集和考察工作的著名人士，在其广泛的经历中从未见过一只白变鸟同另一只鸟相配的；虽然他有机会去观察属于若干物种的白变鸟。[④] 简直不能肯定，白变鸟在自然状况下不能繁育，因为它们在圈养条件下能够极其容易地进行繁殖。因此，看来我们必须把它们没有相配这一事实归因于它们遭到了其正常色彩的同伙所拒绝。

雌鸟不仅实行选择，而且在少数场合中，还追求雄鸟，或者甚至为占有雄鸟而互相争斗。赫伦爵士说，关于孔雀，最先的求爱总是由雌者进行的；按照奥杜邦的材料，野火鸡的年长雌者也是如此。关于雷鸟，当雄者在一个聚会地点昂首阔步行进时，雌者则在其周围飞来飞去，吸引雄者注意。[⑤] 我们知道，一只驯养的野鸭经过长时间的求偶后，终于将一只不情愿的雄针尾鸭勾引上了。巴特利特先生相信虹雉属（Lophophorus）和其他许多鹑鸡类的鸟一样，天生是一雄多雌者，但不能将两只雌者和一只雄者关在同一个笼里，因为这样它们会激烈相斗。下述有关竞争的例子更加令人惊奇，因为这是一个叙述红腹灰雀的例子，而红腹灰雀通常是终身配偶的。詹纳·韦尔先生把一只颜色暗淡而丑陋的雌鸟引进了他的鸟舍，它马上向另一只已有配偶的雌鸟发动了如此无情的攻击，以致不得不把后者隔离开。新来的雌鸟尽其爱之能事，最后获得了成功，因为它和那只雄鸟交配了；但过了一段时间，雌鸟受到了公正的报应，因为，当其好斗性停息后，它就被原来的雌鸟取而代之，于是雄鸟舍弃了新欢而同旧偶重归于好。

在所有正常场合中，雄鸟对雌鸟是如此热切以致它会接受任何一只雌鸟，就我们所能判断的来说，雄鸟不会选来选去；但是，如我们今后将要看到的，在少数某些类群中这一规律显然还有例外。关于家养的鸟类，我听说过的仅有一例表明，雄者对某些雌者有所偏爱，根据休伊特先生高度权威的材料，雄鸡喜爱年轻母鸡胜于喜爱年老母鸡。相反

---

① 《动物学会会报》，1835 年，54 页。斯克莱特先生认为黑翼孔雀是一个独特的物种，并命名为 *Pavo nigripennis*；但在我看来这些证据不过表明它只是一个变种而已。

② 鲁道菲，《人类学研究》（*Beyträge zur Anthropologie*），1812 年，184 页。

③ 《达尔文学说及其在道德和宗教上的位置》（*Die Darwin'sche Theorie，und ihre stellung zu Moral und Religion*），1869 年，59 页。

④ 这段叙述到利思·亚当斯（A. Leith Adams）先生所提供，参阅他的《田野和森林散记》（*Field and Forest Rambles*），1873 年，76 页，这同他自己的经验是一致的。

⑤ 关于孔雀，参阅赫伦爵士的著述，见《动物学会学报》，1835 年，54 页，以狄克逊牧师的《有装饰的家禽》，1848 年，8 页。关于火鸡，见奥杜邦的上述著作，4 页；关于雷鸟，参阅劳埃德的《瑞典的猎鸟》，1867 年，23 页。

地，凡雄雉和普通母鸡杂交奏效者，休伊特先生相信，雄雉总是选择年老的母鸡。雄鸡似乎丝毫不受雌鸡色彩的任何影响，而"其爱情最反复无常"①：由于某种莫名其妙的原因，雄鸡对某些母鸡表示了断然的憎恶，繁育者虽想尽力矫正这种毛病，也是枉然。休伊特先生告诉我说，有些母鸡即使对本种的雄者也毫无魅力，因此，它们可能同几只雄鸡在整个繁殖季节都被关在一起，但所下的四五十个卵竟被证明无一受精。另一方面，埃克斯特龙（M. Ekström）说，"长尾鸭（*Harelda glacialis*）的某些雌者据说远比其他雌者受到更多的追求。确实可以常常看到一只雌者被六只或八只好色的雄者所包围"。我不清楚这一叙述是否可靠，但当地猎人射杀这些雌者是为了把它们剥制成媒鸟的。②

关于雌鸟对特殊雄鸟感到偏爱，必须记住，我们只能用类比方法来判断雌鸟实行选择。如果有一位另一星球的居民看见了许多年轻的乡下人在一处集市上追求一位漂亮姑娘并为她而争吵，就像鸟类在一处聚会地点所做的那样，那么，他将根据追求者热心地取悦于姑娘和显示他们的华丽服饰来推论这位姑娘有选择的能力。那么对鸟类来说，实行选择的证据是这样的：它们具有敏锐的观察能力，而且对色彩和声音似乎都有某种审美力。有一点是肯定的，即，雌鸟由于未知的原因偶尔会对特殊雄鸟表示最强烈的憎恶和偏爱。如果雌雄二者在颜色或其他装饰上有所差异，除了很少例外，总是雄鸟装饰得更美，无论这等装饰是永久性的或只是在生殖季节暂时表现的，都是一样。它们在雌鸟之前孜孜不倦地炫耀其各种装饰，发出鸣声并进行奇特的滑稽表演。即使武装良好的雄鸟在大多数场合中也是具有高度装饰的，虽然它们的成功完全是按战争的法则来决定的；而且它们获得这些装饰乃是以某些能力的损失为代价的。在其他场合中，装饰物的获得则是以增加来自猛禽和猛兽的危害为代价的。各个物种的许多雌雄个体集合于同一地点，而且它们的求偶是一件费时甚久的事情。由此看来，甚至有理由猜想同一地区内的雄者和雌者在相互取悦和交配方面并非总是成功的。

那么，根据这些事实和考察我们应作出怎样的结论呢？雄鸟以如此浮夸的姿态和以如此激烈竞争的手段来显示其魅力，难道这是毫无目的的吗？我们相信雌鸟会实行选择并接受最使她喜爱的那些雄鸟的求爱，难道是不正确的吗？雌鸟大概不会有意识地进行周密考虑；但那些最美丽的、或最善于鸣叫的。或最会献殷勤的雄鸟最能使雌鸟激动，或最能吸引她。无须设想雌鸟会研究色彩的每一条纹或每一斑点，譬如说，无须设想雌孔雀会赞赏雄孔雀华丽尾巴上的每个细节——雌者所受到的大概只是一般影响而已。尽管如此，当听到雄锦雉多么仔细地显示其优美的初级翼羽并将其具有眼斑的羽饰竖起到恰当位置以达到充分的效果之后；或者当听到雄金翅雀如何交替地显示其金光闪闪的翅膀之后，我们就不应过于肯定地认为雌鸟不会注意到美的每个细节。如上所述，我们只能根据类比方法来判断雌鸟是实行选择的；而且鸟类的心理能力同我们的并无根本差异。根据这种种考察，我们可以断言，鸟类的交配并非完全靠机会；在正常情况下那些被接受的，是以其种种魅力最能取悦和引起雌鸟激动的雄鸟。如果这一点得到承认，那么在理解雄鸟如何逐渐获得其种种装饰方面就没有太多困难了。一切动物都表现有个体

---

① 休伊特先生的论述，在《特格梅尔的家禽之书》（1866 年，165 页）中引用。
② 在劳埃德的《瑞典的猎鸟》（345 页）中引用。

差异,而且,正如人类靠着选择那些他认为最美丽的个体就能改变其家养的鸟类那样,雌鸟经常地或者甚至偶尔地偏爱那些魅力较强的雄鸟,几乎肯定也会导致雄鸟的改变;而这种改变只要同物种的存在不相矛盾,则几乎可以随着岁月的推移而扩大到任何程度。

鸟类的变异性尤其是其第二性征的变异性

变异性和遗传性是选择工作的基础。家养鸟类肯定发生了重大变异,而且它们的变异肯定是遗传了的。鸟类在自然状况下发生了变异而成为不同的族,这一点现在已得到了普遍承认。[①] 变异可分为两类;一类似乎是自然发生的,我们迄今还不能了解其原因,另一类同周围环境有直接关联,因此同一物种的一切或几乎一切个体所发生的变异是相似的。艾伦先生对后一类情况曾进行过仔细观察,[②] 他指出美国鸟类的许多物种愈往南方其色彩愈逐渐加强,愈往西方内陆干旱平原其色彩则愈变淡。其雌雄二者似乎一般都受到了相等的影响,但有时某一性所受到的影响比另一性所受到的为大。这一结果同下述看法并不矛盾,即,鸟类色彩主要是由于在性选择作用下的连续变异的积累;因为,甚至在雌雄两性已发生了重大分化之后,气候还可能对双方产生相等的影响,或者因某种体质差异对某一性产生的影响比对另一性为大。

同一物种诸成员之间在自然状况下所发生的个体差异是每个人都承认的。强烈显著的突然变异则属罕见;如果这等变异是有益的,它们是否会常常通过选择而被保存下来并传递给后代,还是一个疑问。[③] 尽管如此,举出少数我所能搜集的主要有关色彩的例子还是值得一做的,——单纯的白化(albinism)和暗化(melanism)则除外。古尔德先生承认只有少数变种存在,乃是人所共知的,因为他把很轻微的差异评价为物种的差异;然而他还说,[④] 靠近波哥大,阔嘴蜂鸟属(Cynanthus)的某些蜂鸟分为两三个族或变种,它们彼此的差异在于尾羽的颜色——"有的整个尾羽呈蓝色,而其他只有八支中央尾羽的尖

---

① 按照布拉西乌斯(Blasius)博士的材料(《彩鹨》,第 2 卷,1860 年,297 页),在欧洲繁殖的有 425 个真实的物种,此外还有 60 个类型常常被看成为独特的物种。关于后者,布拉西乌斯认为只有 10 个类型确有疑问,而其余 50 个类型则应归入亲缘关系最近的物种;不过这表明了我们欧洲的某些鸟类必定有相当大的变异量。博物学家们对于一点还肯定不下来,即某些北美鸟类是否同其相应的欧洲物种有区别而列为不同的物种。还有许多北美类型不久以前被视为不同的物种,现在则认为不过是地方族而已。

② 《佛罗里达东部的哺乳类和鸟类》,以及《堪萨斯鸟类考察》等。尽管气候对鸟类的色彩有影响,但仍难说明栖息于某些地方的几乎所有物种何以是暗色的或黑色的,例如赤道下的加拉帕戈斯群岛,巴塔戈尼亚(Patagonia)温暖的广阔平原,以及像埃及那样的地方(参阅哈茨霍恩先生的论述,见《美国博物学家》,1873 年,747 页)。这些地方是开阔的,为鸟类提供的庇荫处很少;但具有明亮色彩的物种的缺如是否能用保护原理加以解释,似乎尚属可疑。因为彭巴斯草原虽为绿草所覆盖,却是同开阔的,而鸟类也面临着同等的危险,然而许多具有鲜艳和显著色彩的物种在彼此却是常见的。我有时猜想,上述地方的景色普遍都是暗淡的,这是不是会影响那里的鸟类欣赏鲜明色彩。

③ 《物种起源》,第五版,1869 年,104 页。我一向见到构造上罕有的和极显著的偏差,值得称为畸形的,很少能够通过自然选择被保存下来,甚至高度有利的变异的保存在某种程度上也决定于机会。我还充分理解单纯的个体差异的重要性,这引导我如此强烈地主张人类无意识选择的重要性,其结果是各个品种的最有价值的个体得到保存,而不需要人类事先有任何改变这个品种性状的意图。但一直到我读了《北英评论》上所刊载的一篇有水平的文章以前(1867 年 3 月,289 页及以后各页),我没有看出单独个体所发生的变异,无论是轻微的或强烈显著的,被保存下来的机会是何等之多;这篇文章对我极为有用。

④ 《蜂鸟科导论》,102 页。

端呈美丽的绿色"。在这个场合以及下述一些场合中，似乎没有观察到中间的级进。有一种澳大利亚长尾鹦鹉（parrakeets），只有某些雄者的"大腿呈猩红色，而其他雄者的大腿则为草绿色"。另外还有一种澳大利亚长尾鹦鹉，"它们某些个体的翼覆羽上有一鲜黄色横带斑，而其他个体的同一部位则为红色"。① 在美国，猩红色的红灰雀 *（Tanagra rubra）的某些少数雄者"在较小的翼覆羽上有一条美丽的红光闪闪的横带斑"；②但是，这种变异似乎多少是罕见的，因此它只有在特殊有利环境下才能通过性选择而被保存下来。在孟加拉，蜂鹰（Pernis cristata）或在其头顶上有一个小型的痕迹羽冠，或完全没有；然而，如果不是印度南部的这同一物种具有"由若干渐次变化的羽毛所形成的一个十分显著的后头羽冠"，③那么上述那种非常轻微的差异就不值得注意了。

下述事例在某些方面更为有趣。渡鸟的一个黑白斑变种只限于费罗群岛（Feroe Islands）才有，其头部、胸部、腹部以及翼羽和尾羽的一部分均呈白色。这个变种在该处并不少见，因为格拉伯（Graba）在访问那里期间曾见过 8～10 只活标本。尽管这个变种的性状不十分稳定，却仍然被几位著名的鸟类学家定为一个独特的物种。这种黑白斑鸟受到岛上其他渡鸟大吵大闹的追求和迫害，这一事实是使布吕尼哈（Brünnich）断定它们是一个独特物种的主要原因；但现在已经知道这是一个错误。④ 这个事例同刚刚举出的下述事例似乎是相似的，即，白化的鸟类由于遭到其同伙的拒绝而不能交配。

在北方海域的各个不同部分都发现有普通海雀（Uria troile）的一个显著变种，而在费罗群岛，据格拉伯估计，每五只鸟中就有一只发生了这样的变异。其特征为眼睛周围有一纯白色的圈，从白圈向后伸出一条弯曲的白色窄线条，长达一时半。⑤ 这个显著的特征使几位鸟类学家把这种鸟列为一个独特的物种，命名为 U. lacrymans，但现在已弄清它不过是一个变种而已。它常和普通种类交配，然而从未见有中间级进；这也不足为奇，因为那些突然发生的变异，如我在别处所指出的，⑥往往是不变地传递下去，要不就是完全不传递。于是，我们看到同一物种的两个不同类型可在同一地区共存，我们不能怀疑如果其中某一个类型具有超出另一个类型的任何优势，则它就会迅速地成倍增殖起来而把后者排斥掉。例如，如果黑白斑的雄渡鸟不是受其同伙的迫害，而是能够高度吸引黑色雌渡鸟（像上述黑白斑雄孔雀那样），那么它们的数目就会迅速地增加起来。这大概就是性选择的一例子。

就同一物种一切成员所共有的轻微个体差异而言，不论其程度大小如何，我们有各种理由可以相信这等差异对于选择工作是最重要的。第二性征是显著易于变异的，无论对自然状况下的动物还是对家养状况的动物来说，都是这样。⑦ 还有理由相信，如我们在

---

① 古尔德，《澳大利亚鸟类手册》，第 2 卷，32，68 页。

* Tanagra 来自南美图皮印第安语，意为颜色鲜明的鸟，这种鸟是中南美产的一个灰雀类。——译者注

② 奥杜邦，《鸟类志》，第 4 卷，1838 年，389 页。

③ 杰尔登，《印度鸟类》，第 1 卷，108 页；以及布莱恩先生的论述，见《陆和水》，1868 年，381 页。

④ 格拉伯，《法鲁旅游日记》（Tagebuch Reise nach Färo），1830 年，51—54 页。麦克吉利夫雷，《英国鸟类志》，第 3 卷，745 页。《彩鹳》，第 5 卷，1863 年，469 页。

⑤ 格拉伯，同上著作，54 页。麦克吉利夫雷，同上著作，第 5 卷，327 页。

⑥ 《动物和植物在家养下的变异》，第 2 卷，92 页。

⑦ 关于这几点，再参阅《动物和植物在家养下的变异》，第 1 卷，253 页；第 2 卷，73，75 页。

第八章中所看见的那样,雄者比雌者容易发生变异。所有这等偶然发生的情况都是高度有利于性选择的。这样获得的性状究竟是传递给雌雄中的一性还是传递给雌雄两性,如我们将在下一章看到的,乃决定于遗传形式。

鸟类雌雄二者之间的某些轻微差异,究竟是单纯地由于变异受到了限于性别的遗传,而不借助于性选择;还是这等轻微差异通过性选择的作用而被扩大了,对此难以形成一种见解。我在此没有论及雄鸟显示华丽羽彩和其他装饰物而且雌鸟在这方面也稍有表现的许多事例,因为这几乎肯定是由于最先由雄鸟获得的性状或多或少地传递给雌鸟了。但关于某些鸟类,譬如说,其雌雄二者的眼睛在色彩上有轻微差异者,我们又该怎样来做结论呢?[①] 在某些场合中,雌雄二者的眼睛差异显著;例如黑颈鹳属(Xenorhynchus)属的鹳(stork),其雄者的眼睛为淡黑褐色,而雌者的眼睛则为橙黄色;我听布莱恩先生说[②],雄犀鸟的眼睛呈强烈的艳红色,而雌者的眼睛则为白色。关于犀鸟(Buceros bicornis),其雄者的头羽后缘以及喙部突起上的一道条纹均呈黑色,而雌者并不如此。我们可否假设雄鸟的这等黑色标志以及眼睛的艳红色彩系通过性选择而被保存下来或被扩大的呢? 这是很有疑问的;因为巴特利特先生在伦敦动物园中向我说明,雄犀鸟嘴的内侧为黑色而雌犀鸟嘴的内侧则为肉色;至于它们的外貌或它们的美并不受这样影响。我在智利见过一只一岁左右的新域鹫(condor),其眼睛虹彩为暗褐色,到了成年,其雄者的眼睛虹彩就变为黄褐色,而雌者的则变为鲜红色。[③] 这种神鹰的雄者还有一个小而长的铅色肉冠。许多鹑鸡类的肉冠都是高度富有装饰性的,而且在求偶活动中其色彩变得鲜艳;但是,神鹰的铅色肉冠在我们看来一点也没有装饰性,对此我们又该做何解释呢? 关于各种其他性状,也可以提出同样的问题,例如鸿雁(Anser cygnoides)喙基上的瘤状物,在雄者就比在雌者大得多。对于这些问题均无法作出确切的回答;但是,我们在假设那些瘤状物以及各种肉质附器对雌者不会有吸引力时,务必要慎重;如果我们想到未开化人的种种可怕的毁形风俗——面部的深刻伤痕使肌肉突出而成为若干肉疙瘩,用细枝或骨头穿透的鼻壁,大大拉开的耳孔和唇孔——全都作为装饰而受到赞赏,我们就知道为什么在作出上述假设时一定要慎重了。

雌雄二者之间无关紧要的差异,诸如上面所举出的那些,不管是否通过性选择而被保存下来,这等差异以及其他所有差异最初一定是由变异法则来决定的。根据相关发育的原理,羽毛常常在身体的不同部位或在全身按照同样的方式发生变异。我们看到家鸡的某些品种在这方面提供了很好的例证。所有这些品种的雄者,其颈部和腰部的羽毛都延长了,因而被称为长绒羽(hackles);那么,当雌雄二者都获得了作为该属一种新性状的顶结时,雄者头部羽毛则变为长羽状,这显然是由于相关原理起的作用所致;而雌者头部羽毛仍保持正常形状。构成雄者顶结的长羽在色彩上也常常同颈部和腰部的长羽相关,例如,我们把金斑和银斑波兰品种的这等羽毛,以及把霍丹鸡(Houdans)*、V-形肉冠鸡

---

① 譬如说,关于管足鸟(Podica)和董鸡(Gallicrex)的虹彩,参阅《彩鹳》,第 2 卷,1860 年,206 页;第 5 卷,1863 年,426 页。

② 再参阅杰尔登的《印度鸟类》,第 1 卷,243—245 页。

③ 《贝格尔号舰航海中的动物学》,1841 年,6 页。

* 法国霍丹地方育成的品种。——译者注

(Crève-caeur)*等品种的这等羽毛,加以比较,就可看出上述情形。关于某些生活于自然界的物种,我们可以观察到这等相同的羽毛在色彩上完全一样的相关,例如华丽的金雉和云实树雉的雄者就是如此。

各个单独羽毛的构造一般会致使羽色的任何变化成为对称的;我们在家鸡的花边品种、亮斑品种以及条纹品种中可以看到这种现象;根据相关原理,全身羽毛常常是按照同样方式着色的。因此,我们不必费多大劲就可育出羽色同自然物种一样对称的品种来。花边品种和亮斑品种的羽毛边缘的颜色,其界限是截然分明的;但是,我用一只带有绿色光泽的雄西班牙黑鸡同一只白色雌斗鸡杂交,育成了一个杂种,这个杂种的全身羽毛全是黑中略带微绿,只有每根羽毛的尖端是白中略带微黄;不过在每根羽毛白色顶端和黑色基部之间有一个弯曲而对称的暗褐色区域。在某些事例里,羽轴决定着羽色的分布范围;例如,用同一只雄西班牙黑鸡和雌银斑波兰鸡杂交所育出的一只杂种鸡,其体部羽毛的羽轴及其两侧的一窄条部位全是黑中略带微绿,它又被一个有规则的暗褐色区域所环绕,其边缘则系白中略带微褐。在这些事例中,我们看到羽毛的颜色都是对称的,就像许多自然物种的情形那样,这等对称的颜色使其羽衣增添了无限的华丽。我还注意过普通家鸽的一个变种,其翼部带斑对称地环以三种鲜明色调的羽毛,而不像其亲种那样,这等带斑只是单调地在石板青的底色上呈现出黑色而已。

鸟类有许多类群,其若干物种的羽色虽不相同,但全都保持着一定的点斑、块斑或条斑。一些鸽的品种也有类似的情况,它们通常都保有两条翼带斑,尽管带斑的颜色可以是红的、黄的、白的、黑的或蓝的,而羽毛的其余部分则呈现某种完全不同的色彩。这里还有一个更为奇妙的事例:某些斑记的颜色虽然同自然物种的这等斑记的颜色差不多完全相反,但这等斑记仍被保持着;原鸽有一条蓝色的尾,其中两根外尾羽的外部羽瓣位于末端的那一半呈白色;于是出现了一个亚变种,它的尾部不是青色,而是白色,而且原种呈白色的那一部分显然变为黑色的了。[①]

鸟类羽衣眼斑的形成及其变异性

装饰物之美没有过于各种鸟类羽毛上的、某些哺乳类毛皮上的、爬行类和鱼类鳞片上的、两栖类皮肤上的、许多鳞翅类和其他昆虫翅膀上的眼斑,因此它们值得特别予以注意。一个眼斑是由一个斑点围以另一种颜色的圆环所构成的,犹如瞳孔位于虹彩之内一样,但其中央的斑点往往被附加的若干同心色带所环绕。孔雀尾覆羽上的眼斑以及孔雀蛱蝶(Vanessa)翅上的眼斑向我们提供了一个人所熟知的例子。垂门先生给过我一份描述一种产于南非的蛾(Gynanisa isis)的材料,它同英国的天蚕蛾有亲缘关系,这种蛾每张后翅的全部表面差不多被一个壮丽的眼斑所占满;这个眼斑含有一黑色中心,其中有一个半透明的新月形斑,其外挨次围以赭黄的、黑的、赭黄的、桃红的、白的、桃红的、褐的以

---

　　* 法国品种,黑色,具羽冠。——译者注
　　① 贝希斯坦,《德国博物志》(*Naturgeschichte Deutschlands*),第 4 卷,1795 年,31 页,关于"僧侣鸽"的一个亚变种之论述。

及白的色带。虽然我们还不了解这等异常美丽而复杂的装饰物的发展步骤,但其过程似甚简单,至少对昆虫类来说是这样;因为,正如垂门先生所函告的那样,"在鳞翅类中作为单纯斑记或色彩的诸性状,没有一种像眼斑那样不稳定的,无论其数目还是其大小都是如此。"华莱士先生最先使我注意到这个问题,他给我看过英国普通草地尺蠖(*Hipparchia janira*)的一套标本,这套标本显示了由一个简单的小黑点到一个色调优美的眼斑之间有大量的级进。在同一科中还有一种产于南非的莉达蝶(*Cyllo leda*,Linn.)。其眼斑甚至更容易变异。它的一些标本(图 53,A)的翅膀上表面大部分作黑色,其中有不规则的白色斑记;从这种状态到一个相当完善的眼斑(A′)之间,可以追踪出一套完整的级进这个完善的眼斑乃是由不规则色斑的收缩而形成的。在另一套标本中,从非常小的一些白斑点环以勉强看得见的黑线这种状态(B)到一个完全对称的大眼斑(B′)①之间也可以找出它们的级进。在与此相似的一些场合中,一个完善眼斑的发展并不需要一个变异和选择的长过程。

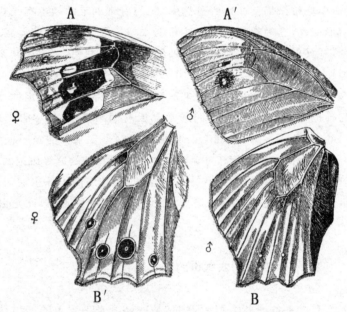

图 53 莉达蝶(*Cyllo leda*,Linn.)

(采自特里门先生的绘图,表明眼斑有极广泛的变异范围)

A. 采自毛里求斯的标本,   B. 采自爪哇的标本,
  图示前翅上表面。   图示后翅上表面。

A′. 采自纳塔尔的标本,同上。   B′. 采自毛里求斯的标本,同上。

    关于鸟类以及其他许多动物,根据亲缘相近的物种比较的结果,似乎圆斑的产生常常是由于条纹的断裂和收缩。就红胸角雉来说,其雌者身上模糊不清的白线正是相当于

---

    ① 这幅木刻系由特里门先生根据一幅美丽的绘图为我制成的,谨此致谢;再参阅他对这种蝴蝶翅膀的色彩和形状变异的非常变异量的描述,见其所著《非洲和澳洲的蝶类》(*Rhopalocera Africae Australis*),186 页。

雄者身上那些美丽的白斑点;^①在锦雉的雌雄二者身上也可观察到多少类似的情况。不论其形成原因如何,它的外观支持了下述信念;即,从一方面来看,一个黑点往往是因有色物质从周围区域向中心点收缩而成,因而其周围区域的颜色因此变淡;从另一方面来看,一个白点则往往是因有色物质从一中心点被驱散而成,因而其周围区域由于有色物质的集聚而加深。无论在哪一种场合中,其结果都会导致一个眼斑的形成。这等有色物质的量大概差不多是固定的,但它既可向心地也可离心地重新分布。普通珍珠鸡(guinea-fowl)的羽毛提供了一个良好的例子,表明白色的斑点环以较暗的色带;凡是在白色斑点既大而彼此接近的地方,则周围的暗色诸带就会融合在一起。在锦雉的同一根翼羽上既可观察到黑色斑点为一淡色带所环绕,又可观察到白色斑点为一暗色带所包围。因此,一个最基本状态的眼斑的形成看来是一件简单的事情。至于进一步还要经过那些步骤才能产生那些更为复杂的、依次环以许多层色带的眼斑,我不敢妄加评说。但是,不同颜色的家鸡所产生的杂种,其羽毛具有色带,并且鳞翅类昆虫的眼斑具有异常大的变异性,这两种情况可以引导我们作出下列结论:眼斑的形成并不是一个复杂的过程,而是决定于相邻组织的性质所发生的某种轻微而逐渐的变化。

第二性征的级进

级进的情况是重要的,因为它向我们表明了高度复杂的装饰物可由一些连续的小步骤而获得。为了发现任何现存鸟类的雄者获得其华丽的色彩或其他装饰物所经过的实际步骤,我们就应该追溯其绝灭的祖先的悠久系谱;但这显然是不可能做到的。然而,一般我们可以用比较同一类群所有物种的方法——如果它是一个大类群的话,找到一点头绪;因为它们之中有些大概还会保存、至少部分地保存其以往性状的痕迹。在各个类群中固然有一些关于级进的显著事例可举,但为了避免讨论那些烦琐的细节,最好的办法似乎是对一两个非常典型的事例加以研究,例如孔雀的事例,看看这样是否可以说明这种鸟的装饰经过了怎样步骤而变得如此华丽。雄孔雀之所以引人注目,主要在于其尾覆羽特别长;而尾羽本身并没有延长多少。几乎沿着尾羽全长的尾枝都是分离的或分解的;但许多物种的羽毛以及家鸡和家鸽的羽毛也是如此。这些羽枝向羽干的末端合拢而形成一个椭圆形的圆盘或眼斑,它肯定是世界上最漂亮物体之一。它包含一个闪光的、深蓝色的锯齿状中心,环以一层鲜绿的色带,其外又环以一层铜褐色的宽色带,在这层宽色带外面又环以五层彼此略有不同的闪光的窄色带。在圆盘上有一种微小的性状值得注意;沿着某一同心环带的羽枝或多或少地都缺少小羽枝,所以圆盘的一部分被一个几乎透明的环带所围绕,使它具有一种非常精致完美的外观。不过我在别处也曾描述过^②雄斗鸡的一个亚变种,其颈部长羽的变异同上述情形完全相似,具有金属光泽的这种长羽顶端,"由一个对称形状的透明环带把它同其下的羽毛隔开,这个透明环带系由羽枝的无毛部分构成的"。眼斑的蓝黑中心的下缘或底部在羽干线上成深锯齿形。周围的色带

---

① 杰尔登,《印度鸟类》,第3卷,517页。
② 《动物和植物在家养下的变异》,第1卷,254页。

同样显露了缺刻甚至破裂的痕迹,如图 54 所示。这些缺刻是印度孔雀(*Pavo cristatus*)和爪哇绿孔雀(*P. muticus*)所共有的,鉴于这等缺刻同眼斑的发展可能有关系,似乎值得特别注意;然而长期以来我未能猜出其意义何在。

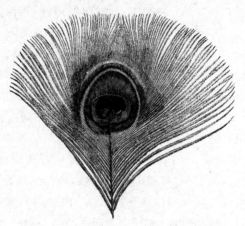

图 54　孔雀的羽毛,福特(Ford)先生绘,
透明的环带以最外面的白色环带代表之,只限于圆盘的上端

如果我们承认逐渐进化的原理,那么在孔雀那特别长的尾覆羽和所有普通鸟类的短尾覆羽之间;还有,在孔雀那壮丽的眼斑和其他鸟类的比较简单的眼斑或仅仅是有色的斑点之间,必定有许多体现了每个连续步骤的物种存在过,至于孔雀的所有其他性状亦复如此。让我们通过亲缘相近的鹑鸡类来看一看今天依然存在的任何级进。团花雉的物种和亚种所栖息的地方同孔雀的原产地相毗邻;它们同孔雀如此相似,以致它们有时也叫做孔雀雉(peacock-pheasants)。巴特利特先生也向我说过,团花雉在鸣声和某些习性方面也同孔雀相似。如上所述,其雄者于春季期间,在色彩相对平淡的雌者之前大摇大摆地走来走去,展开并竖起它们的尾羽和翼羽,其上装饰着大量的眼斑。我请读者再看一下前面那幅团花雉的图(图 51)。拿破仑团花孔雀雉(*P. napoleonis*)身上的眼斑只限于尾羽才有,其背部呈华丽的蓝色,具金属光泽;这个物种在这些方面都接近于爪哇孔雀。哈德团花孔雀雉(*P. hardwickii*)有一个特殊的顶结,同爪哇孔雀的顶结多少相似。所有物种的翼眼斑和尾眼斑不是圆的就是椭圆的,这种眼斑含有一个闪光的蓝绿色或紫绿色的美丽圆盘,圆盘的周围环以黑色的边缘。这个黑色边缘在成吉思团花孔雀雉(*P. chinquis*)身上逐渐向外变为褐色,镶着淡黄的边,因此这里的眼斑是由各种不同色调的、但不明亮的同心色带环绕着。团花雉另一个显著的性状是它的尾覆羽特别长;因为在某些物种中其尾覆羽为真尾羽的一半长,在另外一些物种中,其长度为真尾羽的三分之二。其尾覆羽就像孔雀那样地具有眼斑。这样,团花雉的几个物种在其尾覆羽的长度、眼斑的环带以及其他一些性状方面都明显地向着孔雀逐渐接近。

尽管有这种接近,但我检查的第一个团花雉的物种几乎使我放弃这方面的探索;因我不仅发现其真尾羽装饰着眼斑——孔雀的真尾羽则完全没有这种装饰,而且其所有羽毛的眼斑都同孔雀的眼斑有根本差异,在团花雉的同一根羽毛上有两个眼斑,各居羽干的一侧(图 55)。因此,我断定孔雀的早期祖先不能和团花雉相似。但随着我的研究继续深入,我观察到某些物种的那两个眼斑彼此挨得很近;在哈德团花雉的尾羽上它们相互接触了;而且这同一物种尾覆羽上的以及马六甲团花孔雀雉(*P. malaccense*)尾覆羽上的两个眼斑终于实际上融合在一起了(图56)。由于融合起来的只是中央部分,因此在上下两端都有一个缺刻,其周围的色带同样也有缺刻。一个简单的眼斑就这样在每根尾覆羽上形成了,虽然它还明显地表现着两个眼斑的来源。这等融合而成的眼斑和孔雀的单个眼斑之间的差异在于前者的上下两端都有缺刻,而不像后者那样只在下端或底端才有缺刻。然而,这种差异并不难以说明;关于团花雉的某些物种,其同一根羽毛上的两个卵形眼斑彼此平行;其他物种(如成吉思团花孔雀雉)的那两个眼斑则向一端收敛;那么这两个收敛的眼斑的局部融合将会在岔开的一端比在收敛的一端明显地留下一个深得多的缺刻。如果这种收敛极其显著而且融合得完全,那么在收敛一端的缺刻就会趋于消失。

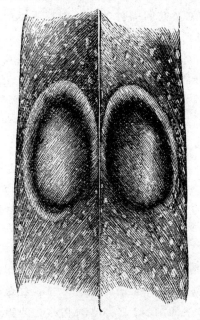 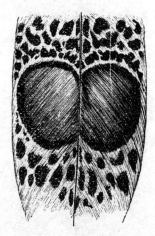

图 55　成吉思团花孔雀雉的尾覆
羽局部,其上有两个眼斑,原大

图 56　马六甲团花孔雀雉
(*Polyplectron malaccense*)
的尾羽局部,具有两个眼斑,
原大,部分地融合在一起

有两个孔雀的物种,其尾羽完全没有眼斑,这显然同它们被长的尾覆羽所掩盖有关系。在这一点它们同团花雉的尾羽显著不同,大多数团花孔雀雉的尾羽上的眼斑都大于尾覆羽上的眼斑。因此,这引导我对若干物种的尾羽进行了仔细检查,其目的在于发现它们的眼斑是否有任何消失的倾向;使我感到很满意的是,情况似乎正是这样。拿破仑团花雉的中央尾羽在羽干的两侧各有一个充分发达的眼斑;但越靠外边的尾羽其内侧的眼斑就越来越不显著,到了最外边的那根尾羽,其内侧眼斑就只剩下了一个暗影或痕迹而已。此外,马六甲团花孔雀雉(*P. malaccense*)尾覆羽上的那两个眼斑,就像我们已经看到的那样,融合起来了;而且这等尾覆羽特别长,竟达尾羽长度的三分之二,因此在这两方面马六甲团花孔雀雉都同孔雀接近。那么,在马六甲团花孔雀雉中,只有两根中央尾羽有所装饰,每一根中央尾羽有两个色彩明亮的眼斑,所有其他尾羽的内侧眼斑则全消失了。结果,团花雉这个物种的尾覆羽和尾羽在构造和装饰这两方面都很接近于孔雀的相应羽毛。

按照级进原理既然可说明孔雀获得其华丽尾羽所经历的步骤,那么几乎不需要再多谈什么了。如果我们给自己勾画出一个孔雀的祖先,它几乎完全处于一种中间状态,介乎现存孔雀和一种普通鹑鸡类的鸟之间,前者具有大大延长了的并装饰着单个眼斑的尾覆羽,而后者的尾覆羽则是短的,其上仅有某一种颜色的斑点,那么我们将会看到一种同团花雉相似的鸟——这就是说,这种鸟具有能竖起和展开的尾覆羽,其上装饰着两个局部融合起来的眼斑,它的尾覆羽特别长,几乎足以把尾羽掩藏起来,而尾羽上的眼斑已部分地消失了。两个孔雀种的眼斑中心圆盘的缺刻及其周围色带的缺刻都明显地表明它们同这个观点是吻合的,否则这种缺刻就无法得到解释。团花雉的雄者无疑是美丽的鸟,但从稍远的地方去看,它们的美就无法同孔雀相比了。许多雌孔雀的祖先,在其由来的悠久系统中必定欣赏这等优越性,因为通过对最漂亮雄者的不断选择,它们已无意识地使雄孔雀变成了现存鸟类中的最佼佼者。

锦　　雉

另一个可供研究的极好事例乃锦雉翼羽上的眼斑,其色彩浓淡适宜,令人惊异,犹如松松地置于穴中的诸球,因而和普通眼斑有所不同。我想没有人会把这种曾激起许多有经验艺术家赞叹的色调归因于偶然——即有色物质的原子之偶然汇集。如果认为这等装饰物的形成是通过对许多连续变异的选择,而其中没有一种变异打算产生"球与穴"的效果,那么这种说法之不可信,犹如认为拉斐尔(Raphael)所画圣母马利亚像是由于对青年艺术家长期连续的乱涂胡抹所进行的选择的结果,而其中没有一位艺术家曾经最初打算过去画人体像的。为了发现眼斑是如何发展起来的,我们无法追溯其悠久的祖先系统,也无法考察其许多亲缘密切相近的类型,因为它们目前已不复存在了。但幸运的是,某些翼羽足以给我们提供一个解决问题的线索,它们可以证明从一个简单的斑点逐渐发展成一个像"球与穴"那样精致完美的眼斑至少是可能的。

具有眼斑的翼羽布满黑色条纹(图 57)或数行黑色斑点(图 59),每根条纹或每行斑点皆自羽干外侧斜趋向下而达于一个眼斑。那些斑点一般延长成一条线而横过其所在的那一行。它们往往会合起来,使其所在的那一行连成一线——这时便形成了纵条纹——或是横向会合,即由相邻诸行的斑点会合起来,这时便形成了横条纹。有时一个斑点会分裂为若干小斑点,它们仍位于其固有的位置。

为方便起见,我们先描述一个形似"球与穴"的完整眼斑,这种眼斑包含一个漆黑的圆环,圆环之内的部分着色浓淡非常适宜,使其恰似一个球。这里刊出的图系由福特先生精巧绘制的,而且雕刻甚佳,不过一幅木刻图是无法显示出原来优美色调的。这个圆环差不多总是略有破裂或中断(见图 57),中断之处在上半部的某一点,位于球外白影上方略偏右之处;有时圆环也在右侧靠基部处破裂。这等小破裂具有一种重要意义。圆环靠左上角处总是大大变粗,这里的边缘界限模糊不清,这根羽毛是直竖的,其位置如图所示。在变粗的那一部分下面,有一道几乎纯白的倾斜斑记位于球的表面,往下颜色逐渐变淡,先变成一种铅灰色,再变成黄色,而后为褐色,于是朝着球的下部再徐徐地越变越黑。正是这种色调当光线照射到一个凸面时便产生了如此令人赞叹的效果。如果检查一下其中的一个球,就会看到其下部系褐色,它同上部被一条斜曲线所模糊地分开,上部颜色较黄,铅色也较深;这道斜曲线同白色光块的长轴、确实也同所有色调的长轴相垂直;当然这种颜色差异是不能在木刻图上表现出来的,但这种颜色差异一点也不妨碍这个球的完整色调。特别要加以观察的是,每个眼斑都和一根黑条纹、要不就和一纵行黑斑点明显地相连,因为二者都出现于同一根羽毛之上,并无差别,如图 57 所示,条纹 A 走向眼斑 a;条纹 B 走向眼斑 b;条纹 C 的上部断裂了,它走向下一个眼斑,但在木刻图上没有表示出来;条纹 D 又走向更下的一个眼斑,条纹 E 和 F 则照此类推。最后,这几个眼斑彼此被一个带有不规则黑色斑记的淡色表面所分开。

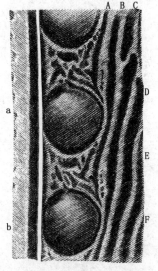

图 57　绵雉次级翼羽的一部分,图示两个
完整的眼 a 和 b、A、B、C、D 等乃暗色条纹,
斜趋向下各至一个眼斑(羽干两侧的羽瓣
尤其是在羽干左侧者,大部分被去掉了)

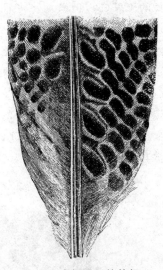

图 58　次级翼羽的基部,
最靠近身体的部位。

其次我将描述这个系列的另一极端,即一个眼斑的最初痕迹。那些短次级翼羽(图58)最靠近身体的部分就像其他羽毛那样,具有斜走的、纵向的、不甚规则的数行颜色很暗的斑点。其下方五行(最下一行除外)的基部斑点,即距羽干最近的斑点,比同行的其他斑点略大并在横的方向略长。它和其他斑点的差别还表现在其上部边缘是以某种模糊的暗黄色调为界的。但这个斑点在任何方面并不比许多鸟类羽衣上的那些斑点更惹人注目,因而容易被忽略掉。在它上方的那个斑点和同行上部的其他斑点就完全没有差别了。短次级翼羽的这等较大的基部斑点所在的位置正是较长翼羽的完整眼斑所在的相应位置。

通过对依次的另外两三根翼羽的观察,可从刚刚描述的那个基部斑点以及在它上面的那个同一行斑点到一个不能称为眼斑的奇妙装饰物——由于还没有更好的名称,所以我命名它为"椭圆装饰物",可以追踪出一个绝对不知不觉的级进过程。所有这些都在图59中示明。我们在这里看到具有平常性状的几行斜趋的暗色斑点 A、B、C、D 等(参阅右侧的文字图解)。每行斑点都下趋至一个椭圆装饰物并与之相连,其方式正同图 57 所示的每根条纹下趋至一个形似"球与穴"的眼斑并与之相连的情况完全一样。拿任何一行来看,譬如图 59 的 B 行,其最下方的斑点 b 比它上面的那些斑点更粗,而且长得多,其左端变尖并向上弯曲。这个黑斑的上边突然出现一个具有鲜艳色调的宽阔部分,始于一条褐色狭带,然后逐渐变为橙色,由橙色又逐渐变为一种淡铅色,其向羽干的那一端颜色还要淡得多。这等浓淡具备的色彩充满了椭圆装饰物的整个内部。斑记(b)在每个方面都同上一节(图 58)所描述的简单羽毛的那个浓淡适宜的基部斑点相当,只不过是发达得更为高度、而且色彩更为鲜明而已。这个斑点的右上方色调鲜明,那里有一个属于同一行的窄而长的黑斑(c),稍微向下弯曲,正好与(b)相对。这个黑斑有时断裂为两个部分。其下部边缘也是窄的,呈暗黄色。c 的左上方尚有另一个黑斑(d),亦居于同一倾斜的方向,但总是或多或少地不同于 c。这个斑记一般为亚三角形,而且形状不规则,但这个图解中所示的,它异常地窄而长并且是规则的。它显然包含斑点(c)已断裂的横向延长部分,以及与之会合的上面那个斑点已断裂的延长部分;但关于这一点我还不能肯定。这三个斑记 b、c 和 d,以及它们之间的明亮色调一起构成了所谓的"椭圆装饰物"。这些装饰物同羽干平行,其位置明显地同那些形似"球与穴"的眼斑的位置相当。我们无法从图中来欣赏其非常优美的外观,因为橙色和铅色同黑斑之间的衬托如此之美,那是无法从该图显示出来的。

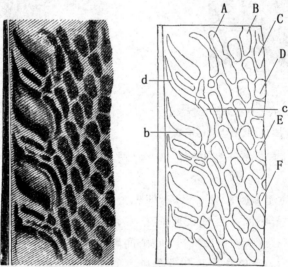

图 59 一根次级翼羽靠近身体的部分,示明所谓的"椭圆装饰物"。右图仅为文字
说明的图解:A、B、C、D 等分别代表下趋的诸斑点行列以及形成的椭圆装饰物。
b. 为 B 行最下方的斑点或斑记;c. 同一行中的次一斑点或斑记;
d. 显然是同一 B 行的斑点 C 已经断裂的一个延长部分。

在椭圆装饰物和形似"球与穴"的完善眼斑之间有如此完整的级进，以致几乎不可能决定应该何时使用眼斑这一术语才是。从前者过渡到后者是这样来完成的，即，下面的黑斑（图59，b）伸长并朝上弯曲，尤其是上面的黑斑（c）更为如此，同时那个伸长的亚三角形，即那个狭斑（d）收缩，所以这三个斑记最后会合在一起，形成一个不规则的椭圆环。这个环逐渐变得越来越圆，越来越规则，同时扩大了其直径。我在此提供一幅按天然大小画下来的一个尚未十分完善的眼斑图（图60）。黑环的下部比椭圆装饰物（图59，b）的下部斑记弯曲得多。黑环的上部包含两三处分开的部分；形成白影上方那块黑斑的部位只有一点变粗的痕迹。这白影本身尚未十分集中；而且在其下方的表面比一个形似"球与穴"的完整眼斑的色彩更为明亮。即使在最完善的眼斑中，也可以观察到形成圆环的那三四个伸长的黑斑的接合。这个不规则的亚三角形或狭斑（图59，d），通过它的收缩和均等化，明显地在形似"球

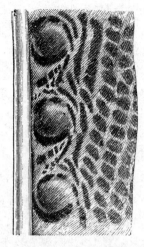

图60 一个中间状态的眼斑，介于椭圆装饰物和形似"球与穴"的完善眼斑之间。

与穴"的完善眼斑的那个白影上方形成了圆环的加粗部分。圆环的下部总是比其他部分略粗一些（见图57），这是由于椭圆装饰物的下部黑斑（图59，b）原来就比其上部的黑斑（c）为粗。会合和改变的过程所经历的每个步骤都能被追查出来；围绕圆形眼斑的黑环无疑是由椭圆装饰物的那三个黑斑 b、c、d 所形成的。相邻眼斑之间的那些不规则的弯曲黑斑显然都是由于椭圆装饰物之间的那些较为规则、但彼此相似的黑斑破裂所成。

形似"球与穴"的眼斑，其色调形成的连续步骤也同样可以清楚地被追查出来。那些褐色的、橙色的和淡铅色的狭带构成了椭圆装饰物下部黑斑的界线，可以看到它们的颜色变得越来越弱并且逐渐融合起来，上面颜色较明亮的那一部分靠左角愈益变得明亮，以致几乎变成白色，同时也更加收缩。如上所述，甚至在形似"球与穴"的最完善眼斑中，还可以察觉出球的上部和下部之间在色彩上有一种轻微差异，虽然并非色调上的差异；球的上部和下部的分界线是斜的，其倾斜的方向正如椭圆装饰物的具有明亮颜色的光影的方向。于是可以阐明，形似"球与穴"的眼斑在形状和颜色上的几乎每一个细节都是来自椭圆装饰物的逐渐变化；而且从两个差不多是简单的斑点的结合，通过同等的小步骤，可以追踪出椭圆装饰物的发展过程，居于下方的那个斑点的上部边缘呈暗淡的黄褐色。

图61 一根具有形似"球与穴"完善眼斑的次级翼羽近末端的部分

a. 具有装饰的上部；b. 最顶端的形似"球与穴"的不完善眼斑（眼斑顶端的白色斑记光影在这里显得太暗了点）；c. 完善的眼斑。

具有形似"球与穴"的完善眼斑的次级长羽末端都有特别的装饰（图61）。那些斜的纵条纹向上突然中止并相

互混合起来;在这个界限之上的整个羽毛上端(a)布满了白色小点,围以黑色小环,位于暗色背景之上。属于最上眼斑(b)的斜条纹仅仅成为一个很短的不规则黑斑,仍具有平常那样的横向弯曲的底部。由于这个条纹是那样突然地断掉了,因此我们根据前面所发生的一切,也许能够理解这个圆环上方的加粗部分是如何在这里消失的;因为,如上所述,这个加粗部分显然同上面那个较高斑点已断裂的一个延长部分存在着某种关系。由于圆环上部加粗部分的缺如,最高的那个眼斑尽管在其他所有方面都是完善的,但其顶端好像斜斜地被削去了一块。我想,任何一个人如果认为锦雉的羽衣一创造出来就像我们现在所看到的那样,那么在他说明最高眼斑的不完善状态时就会感到困惑。我应该再作一点补充,即距离身体最远的那些次级翼羽上的所有眼斑都比其他羽毛上的眼斑为小,而且较不完善,其圆环的上部缺如,恰如刚才提到那种情况一样。这种不完善的情况在此似乎同下述事实有关,即,这种羽毛上的斑点会合成条纹的倾向比通常的情况为小;相反,它们往往断裂成较小的斑点,所以有两三行斑点走向同一个眼斑。

现在留下来的还有一个很奇妙的问题值得注意,这是伍德(Wood)先生首先观察到的。[①] 伍德先生给过我一张照片,其上为一个进行夸耀自己的人工制作标本,可以看到其垂直举起的羽毛上诸眼斑的白色斑记皆在上端或最远的一端,也就是对着上方,这一白色斑记体现着从一凸面反射出来的光线;当这只鸟在地面上夸耀自己时光线自然是从上面照射下来的。但妙处就在于此:它的外部羽毛保持着几乎水平的状态,其眼斑所处的位置似乎应该适于接受来自上方的光照,因而那个白色斑记应该位于眼斑的上侧;它们的位置果然如此,真是令人不可思议! 因此,若干羽毛上的眼斑就光线而言虽处于很不相同的位置,但看来好像光线都是从上方照射的一般,恰如一位美术家给它们涂上了浓淡适宜的色彩一样。尽管如此,它们并非严格地从同一点接受光照,像它们应该表现的那样;因为保持几乎水平状态的羽毛上诸眼斑的白色斑记位置过于接近较远的一端;也就是说它们并非完全横向的。无论如何我们无权期望通过性选择所获得的具有装饰性的那一部分是绝对完善的,正如通过自然选择所获得的具有实际用途的那一部分也不是绝对完善的一样;例如,像人类眼睛那样奇妙的器官亦复如此。我们都知道赫姆霍尔兹(Helmholtz)——关于这个问题的欧洲最高权威——对人类眼睛说了些什么;他说,如果一位光学仪器商卖给他的仪器粗制滥造得像人类眼睛那样,他大概会认为自己有充分的正当理由去退货。[②]

我们现在已经看到从一个简单斑点到形似"球与穴"的奇妙装饰物之间可以追踪出一个完整的系列。古尔德先生给过我一些这种羽毛,盛情可感,关于这个级进的完整性,他完全同意我的意见。同一只鸟的羽毛所显示的发展阶段显然完全没有必要向我们表明这个物种的绝灭祖先在发展过程中所经历的步骤;但是,它们大概向我们提供了有关这个实际步骤的线索,至少它们证明了渐次的级进是可能的。如果没有忘记雄锦雉如何小心翼翼地在雌鸟之前夸示其羽衣,而且如果没有忘记前此所举的许多事实,证明雌鸟会偏爱更有魅力的雄鸟,那么凡是承认性选择在任何场合中都会发生作用的人,就不会

---

① 《田野新闻》,1870 年 5 月 28 日。

② 《科学问题通俗讲演集》(*Popular lectures on Scientific Subjects*),英译本,1873 年,219,227,269,390 页。

否认一个简单的暗黄褐色斑点通过相邻的两个斑点的接近和变异,再加上颜色的稍微变深,就可以变为一种所谓的椭圆装饰物。曾把这等椭圆装饰物给许多人看过,他们莫不承认它们是美丽的,有的人甚至认为它们比形似"球与穴"的眼斑更美丽。由于次级羽毛通过性选择而变长了,又由于椭圆装饰物的直径加大了,因此它们的颜色显然变得较不鲜明了;于是,势必通过样式和色调的改进而获得羽衣的装饰性;这个过程继续进行不已,直到最后发展为奇妙的形似"球与穴"的眼斑为止。这样我们就能理解——在我看来用别的方法都不能理解——锦雉翼羽装饰物的现在状态及其起源。

根据级进原理所提供的说明——根据我们所知道的变异法则——根据我们许多家养鸟类所发生过的变化——最后,根据幼鸟未成熟的羽衣性状(对此我们以后将会看得更清楚)——我们有时能够以某种程度的自信来示明雄鸟获得其鲜艳羽衣以及各式各样的装饰物所经历的大致步骤;但在许多场合中我们还是完全处于黑暗之中的。古尔德先生若干年前曾向我指明,有一种名叫白尾梢蜂鸟(*Urosticte benjamini*)的,以雌雄二者之间的奇特差异而著称。其雄者除了有一个华丽的新月形颈饰外,还有黑绿色尾羽,其中四根中央尾羽的尖端为白色;其雌者和大多数亲缘相近的物种一样,其每侧三根外尾羽的尖端为白色,因此这种白色尖端的尾羽,雄者有四根是在中央而雌者有六根是在外侧。使这种情况更加奇妙的是,尽管许多蜂鸟种类的雌雄二者的尾羽颜色有显著差异,但除了白尾梢蜂鸟属(*Urosticte*)以外,古尔德先生再也不知道有任何物种的雄者具有四根白色尖端的中央尾羽。

阿盖尔(Argyll)的公爵评论这一情况时竟完全忽略了性选择,并且问道,"对这等特殊的变种,自然选择法则能够给予什么解释呢?"他的回答是,"什么都解释不了";[1]我完全同意他。但这种看法能够令人信服地用于性选择吗?鉴于蜂鸟类的尾羽有如此多方面的差异,为什么那四根中央尾羽不应该单在这一个物种中发生变异从而获得其白色的尖端呢?这等变异可能是逐渐的或者是突发的,像最近所举出的波哥大附近蜂鸟类的例子就是如此,这个例子表明"中央尾羽尖端呈艳绿色者"仅为某些个体。我注意到白尾梢蜂鸟属的雌者的那四根黑色中央尾羽,其外侧两根有极细小的或残迹的白尖;因此我们在这里便有了关于这个物种羽衣的某种变化迹象。如果我们承认雄者的中央尾羽有变白的可能性,那么关于这等变异系出于性选择,就毫不足怪了。这种白色羽尖以及白色小耳簇毛,正如阿盖尔的公爵所承认的,肯定会增添雄者的美貌;而白色显然是其他鸟类所欣赏的颜色,这从雪白的雄性铃鸟的情况可以推论出来。赫伦爵士所做的叙述不应忘记,他说,如果禁止他的雌孔雀同雄斑孔雀接近,那么前者就不同其他任何雄孔雀交配,因而在那个季节就没有后代产生出来。白尾梢蜂鸟属的尾羽异变乃是专门为了装饰而受到选择,并不是奇怪的事。因为该科中紧挨着的下一个属就是由于它的华丽尾羽而取得了辉尾蜂鸟属(Metallura)这个名称。此外,我们还有良好的证据可以证明蜂鸟特别尽力地夸示其尾羽;贝尔特先生[2]描述了白颈蜂鸟(*Florisuga mellivora*)的美丽之后说道,"我见过停息在一条树枝上的这种雌鸟,而且有两只雄鸟在雌鸟面前夸示其魅力。一只

---

① 《法则的支配》,1867年,247页。
② 《博物学者在尼加拉瓜》,1874年,112页。

雄鸟像火箭似的向上飞去,然后突然展开其雪白的尾羽,犹如一只倒置的降落伞,徐徐地降到雌鸟的面前,顺序回转,展示其全身的前前后后。……其展开的白色尾部遮盖了身体的下余部分还有余,当进行这种表演时,其容貌显然是壮丽的。在一只雄鸟降落的同时,另一只雄鸟就会向上突飞,展开其尾羽,徐徐下降。这场表演将以两个表演者的相斗而告终;但究竟是最美丽的还是最勇敢的成为被接受的求婚者,我还弄不清楚。"古尔德先生在描述了白尾梢蜂鸟属的特殊羽衣之后,接着说道:"我本人一点也不怀疑其唯一的目的乃是为了装饰和变异。"[①]如果承认了这一点,我们就能看出原先以最优美和最新奇的方式来装饰自己的雄者在同其他雄者的竞争中,而非在正常的生存斗争中,将会获得一种优势,而且会留下较大数量的后代来继承其新获得的美貌。

---

① 《蜂鸟科导论》,1861年,110页。

第十五章 鸟类的第二性征(续二)

关于为何某些物种只有雄者的色彩是鲜明的而另外一些物种的雌雄二者的色彩都是明亮的这一问题的讨论——限于性别的遗传性,适用于各种构造以及色彩鲜明的羽衣——筑巢同颜色的关系——冬季期间婚羽的消失

我们在本章所探讨的是,为什么许多鸟类的雌者没有获得和雄者一样的装饰;另一方面,为什么其他许多鸟类的雌雄二者都有一样的或几乎一样的装饰? 在下一章,我们将探讨有关雌鸟的色彩比雄鸟的更为显著的少数事例。

在我的《物种起源》一书中,①我曾简略地提到过雌孔雀如果具有雄孔雀那样的长尾,在孵卵时大概不会方便,而且雌雷鸟如果具有雄雷鸟那样的显著黑色,在孵卵时大概会招致危险;结果,通过自然选择这些性状从雄者向雌性后代的传递就会受到抑制。我原来认为这种情况还可能在少数事例中出现:但对我所能收集到的全部事实加以深思熟虑之后,我现在倾向于相信,如果雌雄二者有所差异,一般说来其连续变异的传递一开始就只限于首先出现这种变异的那一性别。自从我发表了这个见解以来,华莱士先生在他写的一些很有趣的论文中探讨了这个性别色彩的问题,②他相信几乎在所有场合中,那些连续变异在最初都倾向于相等地传递给雌雄二者,只不过雌鸟通过自然选择避免了获得雄鸟的显著颜色,不然的话,雌鸟在孵卵期间就会因此招来危险。

为了说明这个见解,需要对一个难题进行冗长的讨论,即,最初由雌雄二者所承继的一种性状,此后是否能够通过自然选择只限于向某一性别传递。我们必须记住,正如在最先讨论性选择的第八章中所表明的,那些只限于在某一性别发育的性状在另一性别总是潜伏的。下面这个假想的例证将会最好地帮助我们去理解这个问题的难点:我们假设有一位鸟类玩赏家希望育出一个鸽品种,仅使这个品种的雄鸽具有淡蓝色而让雌鸽保持其原有的石板青色。由于鸽的各种性状通常都是相等地传递给雌雄二者,因此这位玩赏家就必须试着把后面这种遗传形式转变为限于性别的传递。他所能做的全部事情无非是百折不挠地把每只稍微具有淡蓝色的雄鸽选择下来;如果长期坚持进行这种选择,而且,如果这种淡蓝色变异得到强烈的遗传或常常重现,那么这种选择过程的自然结果大概可以使他的整个鸽群都具有一种较淡的蓝色。但我们这位玩赏家将被迫一代又一代地使其淡蓝色雄鸽同石板青色雌鸽进行交配,因为它希望使后者仍保持石板青色。其结果一般是育出许多杂色的杂种,而更可能是淡蓝色迅速而彻底地消失;这些因为原始的石板青色将以优势的力量传递下来。然而,假设在连续的每一个世代中都产生了一些淡

---

① 《物种起源》,第 4 版,1866 年,241 页。
② 《威斯敏斯特评论》,1867 年 7 月。《旅游杂志》(*Journal of Travel*),第 1 卷,1868 年,73 页。

蓝色的雄鸽和石板青色的雌鸽，并且总是彼此杂交，那么石板青色的雌鸽，如果我可以用下面方式来表达的话，就会在雌鸽们血管里有大量的蓝色血液，因为它们的父代、祖代等全都是蓝色的鸟。在这种情况下可以想象得到（尽管我不知道有什么显著的事实可以说明这是可能的），石板青色雌鸽所获得的淡蓝色的潜伏倾向是如此强烈，以致不会破坏其雄性后代的淡蓝色，而其雌性后代仍会承继石板青色。果真如此，那么育成一个雌雄二者的色彩永不相同的品种这个所要求的目的就会达到。

上述场合中所要求的性状，即淡蓝色这个性状，虽然在雌鸽方面处于潜伏状态，但它的存在还是极端重要的，毋宁说是必不可少的，这样，雄鸽的淡蓝色就不致恶变，下述情况将使这一点得到最好的说明：铜色雉（soemmerring's pheasant）雄者的尾羽长达 37 英寸，而雌者尾羽的长度仅为八英寸；普通雄雉的尾羽长约 20 英寸，而其雌者尾羽的长度为 12 英寸。那么，如果具有短尾的雌铜色雉同普通雄雉进行杂交，毫无疑问其雄性杂种后代的尾羽将会比普通雉纯种后代的尾羽长得多。另一方面，普通雌雉的尾羽比雌铜色雉的尾羽长得多，如果前者同雄铜色雉进行杂交，那么其雄性杂种后代的尾羽就会比铜色雉纯种后代的尾羽短得多。①

我们的玩赏家为了育成一个这样的新品种：其雄鸽为淡蓝色，其雌鸽保持原色不变，他必须在许多世代中连续对雄鸽进行选择；而且颜色变淡每一阶段都必在雄者方面固定下来，并且使其在雌者方面潜伏下来。这将是一项极其困难的工作，从未有人试过，但却是可能实现的。其主要障碍大概是，由于必须同石板青色雌鸽反复进行杂交，而后者一开始就没有产生淡蓝色后代的任何潜伏倾向，则淡蓝的色调将在早期内完全消失。

另一方面，如果有一两只雄鸽出现了非常轻微的淡蓝色变异，而且这种变异从一开始就只限于传递给雄性一方，那么要育成一个预期类型的新品种的工作大概就会容易了，因为只要简单地选择这种雄鸽并使之同普通雌鸽交配就可以了。实际上有一个类似情况曾经出现过，因为在比利时有些鸽的品种只有其雄者才具有黑色条纹。② 再者，特格梅尔先生最近指出，③龙鸽（dragons）产生了不少银色的鸽，这等鸽几乎都是雌的；他自己就育成了 10 只这样的雌鸽。反之，如果育成一个银色的雄鸽，那就是一件很特殊的事情了；因此如果愿意的话，没有比育成一个龙鸽品种——其雄者为蓝色、其雌者为银色——更为容易的了。这种倾向的确是非常强烈的，因而当特格梅尔先生最后获得了一只银色雄鸽并使它同一只银色雌鸽进行交配时，他期望获得雌雄二者都是这等色彩的一个品种，但他失望了，因为雄幼鸽复现其祖代的蓝色，只有雌幼鸽呈银色。毫无疑问，只要有耐心，用偶尔出现的银色雄鸽同银色雌鸽进行交配，这样育成的雄鸽，其返祖倾向还是可以排除的，于是雌雄二者的色彩便是同样的了；埃斯奎兰特（Esquilant）先生在银色浮羽鸽的场合中成功地实现了这一过程。

至于家鸡，其传递只限于雄性的那些颜色变异是经常发生的。当这种遗传形式居于

① 特米克（Temminck）说，雌铜色雉（*phasianus soemmerringii*）的尾羽只有六英寸长，参阅《彩色版画》（Planches coloriées），第 5 卷，1838 年，487 和 488 页；以上面列举的数据是斯克莱特先生为我测得的。关于普通雉，参阅麦克吉利夫雷的《英国鸟类志》，第 1 卷，118—121 页。

② 沙普伊（Chapius）博士，《比利时信鸽》，1865 年，87 页。

③ 《田野新闻》，1872 年 9 月。

优势时,大概常常会发生下述情况:即,有些连续变异也会传递给雌鸡,于是这等雌鸡就会同雄鸡稍微相似,如某些品种实际上所发生的情况那样。此外,大多数的但并非全部的连续变异可能传递给雌雄二者,于是雌者就会同雄者密切相似。雄突胸鸽(pouter)比雌突胸鸽的嗉囊大不了多少并且雄信鸽比雌信鸽的垂肉大不了多少,其原因无可怀疑地正在于此;因为玩赏家们所选择的某一性并不比另一性为多,而且没有任何意图使这等性状在雄者方面比在雌者方面表现得更为强烈,尽管这两个品种的情况正是如此。

如果期望育成一个只是雌者具有某种新色彩的品种,那么就必须遵循同样的过程,而且会遇到同样的困难。

最后,我们的玩赏家也许希望育成一个这样的品种:其雌雄二者彼此不同,而且和亲种也不相同。在这种场合中要想获得成功是极其困难的,如果那些连续变异一开始在雌雄双方都有性别限制,那么大概就不会有什么困难。我们在家鸡的场合中可以看到这种情况;例如条斑汉堡鸡的雌雄二者彼此大不相同,而且同原始祖先原鸡(*Gallus bankiva*)的雌雄二者也不相同;于是靠着连续选择,其雌雄二者在其优秀标准上都保持了稳定;除非雌雄二者的独特性状在传递上有所限制的话,那么这种连续选择就几乎是不可能的了。

西班牙鸡提供了一个更加奇妙的事例:其雄者有一个巨大的肉冠,这一性状系通过连续变异的积累而获得的,但有些连续变异似乎已传递给了雌者;因为它的肉冠比亲种雌者的肉冠要大许多倍。但雌者的肉冠和雄者的肉冠在某一点上有所不同,因为雌者的肉冠容易垂下;最近玩赏家决定使它永远如此,并迅速获得成功。现在肉冠下垂这一性状在传递上必定有性别限制,否则它就会制止雄者肉冠的完全直立,而每个玩赏家对此都感到厌恶。另一方面,其雄者肉冠的直立也必定同样是有性别限制的一种性状,否则它也会制止雌者肉冠的下垂。

根据以上说明,我们知道即使有几乎不受限制的可以自由支配的时间,通过选择把一种传递方式改变为另一种方式,也是极端困难而复杂的、也许是不可能实现的过程。因此,无论在什么场合中,若无显著的证据,我不愿承认自然物种会完成这一过程。另一方面,凭借一开始在传递上就有性别限制的连续变异,要使一只雄鸟在颜色或其他任何性状方面和雌鸟大不相同,就不会有丝毫困难了;同时雌鸟仍保持不变,或稍有改变,或为了保护自己而发生特殊改变。

由于鲜明的色彩有助于雄鸟同其他雄鸟进行竞争,因此这等色彩无论是否专门向同一性别传递,都会受到选择,结果,可以期望雌鸟往往会程度不同地分享雄鸟的鲜明色彩;很多物种都发生过这种情形。如果所有连续变异都相等地传递给雌雄二者,则雌者和雄者就没有区别;许多鸟类所发生的情况正是如此。然而,如果暗淡的色彩对于雌鸟在孵卵期间的安全是高度重要的话,例如许多地栖鸟类(ground birds)的情况,那么那些色彩变得鲜明的雌鸟,或那些通过遗传从雄鸟方面继承了任何显著鲜明色彩的雌鸟,迟早都不免于毁灭。但是,雄鸟把自身的鲜明色彩传递给其雌性后代已经历了无限长的时期,要想消除这种倾向,就必须通过遗传方式的改变;这,正如我们前面的例证所表明的那样,大概是极端难的。假设同等地向雌雄二者传递的方式占主导地位,那么那些色彩比较鲜明的雌鸟长期不断遭到毁灭的更加可能的结果将是色彩鲜明的雄鸟的减少或覆灭,这是由于雄鸟,同色彩比较暗淡的雌鸟不断进行杂交的缘故。要——列举所有其他可能的结果会令人感到厌烦;但我愿提醒读者注意一点,如果雌鸟发生了有性别限制的鲜明色彩的变异,即使这等变异并没有给它们带来丝毫损害,因而也没有使它们覆灭,可是它们仍然不会因此受益或受到选择,这是因为雄鸟通常会接受任何一只雌鸟,并不选择更有魅力的个体;结果这等变异就容易消失,而对于这个族的性状并不会发生多大影响;这将有助于我们解释雌鸟的色彩为何普遍都比雄鸟的色彩暗淡。

在第八章曾举出过一些事例,表明诸变异在不同年龄出现者,亦于后代的相应年龄遗传之,在此还可以对此等事例做许多补充。它们还表明在生命晚期发生的变异通常都是传递给最先出现这种变异的那一性别;而在生命早期发生的那些变异则倾向于传递给雌雄双方;并非对受得性别限制的一切传递事例都能这样给予解释。上述事例进一步表明,如果一只雄鸟在幼小时发生了色彩更加鲜明的变异,那么这等变异在达到生殖年龄之前是没有用处的,而到了生殖年龄,雄鸟之间就会发生竞争。但是,生活于地面的鸟类通常都需要暗淡的色彩作为保护,在这种场合中,鲜明的色彩对于没有经验的幼小雄鸟比对于成年雄鸟更加危险得多。因此,那些发生鲜明色彩变异的幼小雄鸟就会受到大量损害并通过自然选择而覆灭;另一方面,那些在接近成熟期发生这样变异的雄鸟,尽管处于更多的危险之中,但仍会活下去,而且由于通过性选择得到了利益,它们的种类就会繁衍起来。由于在变异的时期和传递的方式之间往往存在着一种相互联系,因此,倘若具有鲜明色彩的幼小雄鸟遭到了毁灭而且具有鲜明色彩的成熟雄鸟在求偶方面获得了成功,那么就只有雄鸟会获得鲜明色彩并把这种性状专门传递给其雄性后代。但我丝毫没有坚持认为年龄对传递方式的影响乃是许多鸟类雌雄二者在鲜明颜色方面存在着巨大差异的唯一原因。

当鸟类的雌雄二者在颜色上有所差异时,令人感到有趣的是,决定这等差异究竟是因为只有雄鸟在性选择作用下发生了变异而雌鸟保持不变呢,还是因为雄鸟只是部分地和间接地发生了这种变化呢;或者,是否因为雌鸟在自然选择作用下为了保护自己而发生了特殊变异呢。因此,我将用一定的篇幅来充分讨论这个问题,从其内在的重要性来看,我的讨论也许过于充分,因为只有这样才可以便利地对各个并行的奇妙问题进行考察。

在我们讨论色彩问题、尤其是有关华莱士先生的一些结论之前,用同样观点先讨论一下某些别的性差异,也许是有用的。以前在德国有一个家鸡品种①,其雌者有足距,是很好的产卵鸡,但它们的足距对于鸡窝的损坏如此之大,以致不能允许它们去孵自己的卵。因此,有一个时期我以为野生鹑鸡类(Gallinaceae)雌者足距的发展大概通过自然选择而受到了抑制,这恐怕也是由于其足距给鸡窝造成了损坏的缘故。从下述事实看来,这一点就似乎完全可能了,即,由于翼距在孵卵期间不会给鸟窝造成损坏,因此雌鸟翼距往往和雄鸟翼距一样地发达;尽管在不少场合中雄鸟翼距略大。如果雄鸟具有足距,雌鸟几乎总是表现有足距的残迹,——这个残迹物像在原鸡属(Gallus)中那样,有时仅仅是由一个鳞片构成的。因此,有人会争辩说,雌鸡原来都具有十分发达的足距,不过

---

① 贝希斯坦,《德国博物志》,1793 年,第 3 卷,339 页。

后来由于不使用或自然选择作用而消失了。但是，如果承认这个观点，就得把它引申到其他无数事例，而这意味着现存的有距物种的雌性祖先曾一度受到一种有害附器的拖累。

在少数某些属和物种中，诸如山鹑属（Galloperdix）、团扇雉（Acomus）以及爪哇绿孔雀（Pavo muticus），其雌者和雄者一样都有十分发达的足距。根据这一事实我们是否可以推论说雌鸟们所造的巢不同于其近亲物种所造的巢，这种巢不容易受到它们的足距的损坏，所以它们的足距并没有因此消失呢？或者我们是否可以假设这几个物种的雌者特别需要足距以保卫它们自己呢？一个更为可能的结论是，雌鸟足距的存在和缺如都是占有主导地位的不同遗传规律所造成的结果，而同自然选择无关。关于足距以残迹状态出现的许多雌鸟，我们可以断定，通过连续变异，雄鸟的足距发达了，其中少数连续变异是在雄鸟的生命很早时期发生的，结果传递给了雌鸟。另外有些雌鸟的足距也是充分发达的，关于这非常罕见的事例，我们可以断定全部的连续变异都传递给了雌鸟；而且它们逐渐获得了并遗传了不弄坏其鸟巢的习性。

雌雄二者的发音器官和经过种种改变以便发音的羽毛，以及运用这等器官的固有本能，往往彼此有所差异，但有时是彼此相同的。能否用下述原因来说明这等差异呢？即，雄鸟获得了这些器官和本能，而雌鸟并不遗传它们，以免引起猛禽或猛兽的注意而处于危险之中。每当我们想起大量的鸟类在春天无忧无虑地以其鸣声给乡村带来欢乐时，就觉得这个原因似乎是不可能的。① 较为可靠的一个结论是，由于声乐器官和器乐器官的特别用途在于雄鸟的求偶，所以这些器官是通过性选择并在雄性中不断使用而发展起来的——其连续变异以及使用的效果从一开始就或多或少地只限于传递给雄性后代。

还有许多相似的事例可以引证；诸如雄鸟头上的羽饰一般比雌鸟的长，有时二者的长度相等，偶尔雌鸟头上缺少羽饰，——这几种情形竟在鸟的同一类群中发生。用下述说法很难解释雌雄二者之间的这等差异，即认为雌鸟的冠毛小于雄鸟的冠毛对雌鸟来说是有利的，因而通过自然选择它的冠毛缩小了或完全受到抑制了。但是，我将举一个有关尾羽长度的更好事例。如果雌孔雀具有雄孔雀那样的长尾羽，在其孵卵期间以及伴随幼者期间不仅使它不方便而且会给它招来危险。因此，它的尾羽的发育通过自然选择而受到抑制，在演绎上并非一点也不可能。各种雌雉在其开放的鸟巢中所面临的危险显然同雌孔雀所面临的一样大，但前者仍具有相当长的尾羽。琴鸟（Menura superba）的雌者和雄者一样，也具有长长的尾羽，它们还修造了一种有圆顶的鸟巢，这种鸟巢对于如此大型的一种鸟来说是一种重大的反常现象。雌琴鸟在孵卵期间如何处理它的长尾羽曾使博物学家们感到疑惑；但是，现在已经知道，"入巢时头部在先，然后转过身来，它的尾羽有时弯在背上，但更常见的是弯在身边。一到这样的时候，雌鸟的尾羽就变得十分歪斜，这是一个忍受痛苦的标志，表明这种鸟的孵卵期间很长"。② 一种澳洲翠鸟（Tanysiptera sylvia）的雌雄二者都具有大大变长的中间尾羽，其雌者造巢于穴中；我听夏普先生说，这

---

① 然而，戴恩斯·巴林顿认为会鸣唱的雌鸟只有少数，可能是因为这种本事在其孵卵期间会招来危险（《自然科学学报》，1773年，164页）。他进一步说，用类似的观点可能说明雌鸟的羽饰何以劣于雄鸟的羽饰。

② 拉姆齐先生，《动物学会会报》，1868年，50页。

等尾羽在孵卵期间变得非常弯曲。

在后面这两种场合中,尾羽的巨大长度在某种程度上一定对雌鸟是不方便的;这两个物种的雌鸟的尾羽或多或少地短于雄鸟的尾羽,因此有人也许会争辩说,雌鸟尾羽的充分发展通过自然选择受到了阻止。但是,如果雌孔雀尾羽的发展只是在它变得不方便或危险性增大时才被阻止,那么它保留的尾羽,大概要比它实际有的尾羽长得多;因为,按尾羽和体型大小的比例来说,雌孔雀的尾羽并没有像许多雌雉的尾羽那样长,也不长于雌火鸡的尾羽。还必须记住,按照这个观点来说,一旦雌孔雀的尾羽长度达到招致危险的地步,因而它的发展受到抑制时,它大概就会不断地对其雄性后代发生作用,这样就要阻止雄孔雀获得其现在那样华丽的长尾羽。因此,我们可以推断说,雄孔雀尾羽之长和雌孔雀尾羽之短都是雄孔雀必然发生的变异的结果,而这些变异从一开始就只传递给其雄性后代。

有关雉的各个物种的尾羽长度,也会引导我们作出几乎相似的结论。蓝马鸡(*Crossoptilon auritum*)雌雄二者的尾羽长度是相等的,即 16 英寸或 17 英寸长;雄普通雉的尾羽长约 20 英寸,雌普通雉的尾羽长为 12 英寸;雄铜色雉的尾羽长为 37 英寸,而雌铜色雉的尾羽长仅 8 英寸;最后,雄中国雉(Reeve's pheasant)尾羽的实际长度有时竟达 72 英寸,而雌中国雉的尾羽长度仅为 16 英寸。这样,姑置若干物种的雄鸟尾羽不论,雌鸟尾羽的长度也有巨大差异;在我看来,这种差异可以用遗传法则——即,连续变异从一开始就或多或少紧密地限于传递给雄性一方——得到解释;这比用自然选择的作用——即,其结果是由尾羽长度或多或少地有害于这几个亲缘相近的物种的雌者所引起的——来进行解释更加合理得多。

我们现在可以考察一下华莱士先生有关鸟类的性别色彩问题的论点。他认为雄鸟原先通过性选择所获得的鲜明色彩,在所有的或几乎所有的场合中,都传递给了雌鸟,除非这种传递通过自然选择受到了抑制。我在这里可以提醒读者注意,同这个观点相矛盾的各种事实已在有关爬行类、两栖类、鱼类和鳞翅类的章节中列举过了。如我们将在下一章看到的,华莱士先生将其信念主要建立在而并非专门建立在下列陈述的基础之上,[1]即,当雌雄二者都具有很显著的色彩时,其鸟巢就具有隐蔽对孵卵之鸟加以隐蔽的性质;但是,如果雌雄二者的色彩存在着显著的对比,雄鸟色彩鲜艳而雌鸟色彩暗淡,那么它们的鸟巢就是开放的,孵卵之鸟一望得见。这种巧合,就其所表现的来说,似乎肯定有利于下述信念,即,在开放鸟巢中孵卵的雌鸟为了保护自己发生了特殊的变异;但我们马上就会知道还有另一种更为合理的解释,即,色彩显著的雌鸟比色彩暗淡的雌鸟获得营造圆顶鸟巢之本能者更加常见。华莱士先生承认,像可以预料到的那样,关于他的那两条规律,有一些例外,但问题在于这些例外是否没有多到可以使这两条规律归于无效的严重程度。

阿盖尔的公爵[2]认为一种圆顶大鸟巢比开放的小鸟巢容易为其敌害所见,尤其容易为攀行树间的食肉兽所见,这是非常正确的看法。我们一定不要忘记,营造开放鸟巢的

---

① 默里编,《旅游杂志》,第 1 卷,1868 年,78 页。
② 同上书,281 页。

许多鸟类的雄者也会孵卵而且帮助雌者喂养幼鸟：例如美国最华丽的一种鸟（*Pyranga aestiva*）的情况就是如此，①这种雄鸟呈朱红色，雌鸟则为淡褐绿色。那么鲜艳的色彩对于在开放鸟巢里孵卵的鸟如果是极端危险的话，则雄鸟在这等场合中就会大大受害。然而，为了击败其雄性对手，雄鸟具有鲜艳色彩是最重要的，这是以补偿某种附加的危险而有余。

华莱士先生承认，短尾属（Dicurus）、黄鹂属（Orioles）以及八色鸫科（Pittidae）的雌者都具有显著的色彩，但它们却造开放的巢；然而他极力主张，第一类群的鸟高度勇猛善斗，能够保卫自己；第二类群的鸟则极端谨慎地把其开放的鸟巢隐蔽起来，但实际情况并非永远如此；②至于第三类群的鸟，其雌者的鲜明色彩主要在身体的底面。除这些事例外，鸽子的色彩有时也是鲜明的，而且几乎总是显著的，众所熟知，它容易遭受猛禽的攻击，因而这对华莱士的规律又提供了一个突出的例外，因为鸽子所造的巢几乎总是开放的和外露的。另一大科，即蜂鸟科，其所有物种都营造开放的鸟巢，可是有些最华丽的物种，其雌雄二者的色彩是彼此相似的；从大多数物种来看，尽管雌鸟的华丽色彩不及雄鸟，但它们的色彩仍然是鲜明的。认为一切色彩鲜明的雌蜂鸟由于具有绿的色泽就可逃避察觉也是不对的，因为有些雌蜂鸟的体部上表面呈现红色、蓝色以及其他颜色。③

关于鸟类在穴中做巢或营造圆顶鸟巢，华莱士先生认为，这样除了有荫蔽的好处以外，还有其他好处，诸如可以避雨和避酷热，而且在热带可以防止太阳的照射；④据此，就不能有效地反对他的观点，他认为，许多鸟类的雌雄二者虽然都呈暗淡的色彩，却造荫蔽的巢。⑤ 以印度和非洲的雌犀鸟（Bucerus）为例，它在孵卵期间非常细心地把自己保护起来，它在穴中孵卵，用自己的排泄物封闭穴口，只留一个小孔，以便雄鸟给它进食；于是它在整个孵卵期间成了一个被禁闭的囚徒⑥；然而雌犀鸟的色彩并不比那些营造开放鸟巢的其他许多同等大小的鸟类的色彩更为显著。如华莱士先生自己所承认的，同他的观点相矛盾的还有一个更严重的情况，即，某些少数类群的雄鸟色彩鲜艳而雌鸟色彩暗淡，但后者仍然在圆顶鸟巢中孵卵。澳大利亚的鹤类（Grallinae）和同一地方的"超等歌手"*（Maluridae）、太阳鸟类（Nectariniae）以及某些澳大利亚吸蜜鸟科（Meliphagidae）的情况都是如此。⑦

倘若我们观察一下英国的鸟类，就会知道在雌鸟的色彩和它所营造的鸟巢的性质之

---

① 奥杜邦，《鸟类志》，第1卷，233页。

② 杰尔登，《印度鸟类》，第2卷，108页。古尔德的《澳大利亚鸟类手册》，第1卷，463页。

③ 例如：燕尾蜂鸟（*Eupetomena macroura*）的雌者，其头部和尾部呈暗蓝色，腰部为红色；火炬蜂鸟（*Lampornis porphyrurus*）雌者的上表面为黑绿色，其眼和喉部两侧呈艳红色；*Eulampis jugularis* 雌者的头顶和背部呈绿色，但腰部和尾部为深红色。关于具有高度显著色彩的雌蜂鸟，还可以举出许多其他例子。请参阅古尔德先生有关这一科的巨著。

④ 沙尔文先生在危地马拉注意到（《彩鹳》，1864年，375页），当太阳强烈照射时，蜂鸟类在很炎热天气里比在凉爽、阴天或下雨的时候更不愿意离开其鸟巢；它们的卵在炎热天气里好像更容易受到损害。

⑤ 关于色彩暗淡的鸟类营造荫蔽的鸟巢，我可以列举八个澳洲属的物种作为例子，在古尔德的《澳大利亚鸟类手册》，第1卷，340、362、365、383、387、389、391、414等页均有对它们的描述。

⑥ 霍恩先生，《动物学会会报》，1869年，243页。

* Superb Warblers 系鸟名。——译者注

⑦ 有关后面这些物种的造巢及其色彩，参阅古尔德的《澳大利亚鸟类手册》，第1卷，504、527页。

间并没有密切而普遍的关联。大约有 40 种英国的鸟类（那些能保卫自己的大型鸟类除外）把巢做在河岸的穴、岩石的穴或树穴中，或者营造有圆顶的巢。我们若将金丝雀、红腹灰雀或乌鸫的雌者色彩作为显著程度的一个标准，因为这等色彩对孵卵的雌鸟并没有高度的危险性，那么在上述 40 种鸟类中只有 12 种雌鸟色彩的显著程度可以认为达到危险的地步，其余 28 种的色彩可视为不显著。① 在同一属中，雌雄二者色彩十分显著的差异和其所造的鸟巢的性质之间并无任何密切关系。例如，雄家麻雀（*Passer domesticus*）和雌家麻雀差异很大，而雄树麻雀（*P. montanus*）和雌树麻雀几乎没有差异，可是二者都营造十分荫蔽的巢。普通食虫的鹟（*Muscicapa grisola*）的雌雄二者几乎没有区别，而斑色鹟（*M. luctuosa*）的雌雄二者差异颇大，可是这两个物种都做巢于穴中，即将其鸟巢荫蔽起来。雌乌鸫（*Turdus merula*）和雄乌鸫差异很大，雌环纹黑鸫（*T. torquatus*）和雄环纹黑鸫差异较小，而普通雌鸫（*T. musicus*）和雄鸫几乎完全没有差异；可是它们做的巢全都是开放的。反之，同上述鸟类亲缘关系不很远的河鸟（*Cinclus aquaticus*）则营造一种圆顶鸟巢，其雌雄二者之间的差异程度却和环形黑鸫的情形一样。黑松鸡和红松鸡（*Tetrao tetrix* 和 *T. scoticus*）在同等十分荫蔽的地点营造开放的巢，但其中一个物种的雌雄二者差异很大，而另一物种的雌雄二者差异却很小。

尽管有上述同华莱士先生的论点相矛盾的事实，但读了他那篇优秀的论文之后，我还是不能怀疑：从全世界的鸟类来看，确有大多数物种，其雌鸟色彩显著者（在这种场合中，除很少例外，其雄鸟的色彩也同等显著），为了保护自己而营造荫蔽的巢。华莱士先生列举了长长的一系列类群合乎这一规律；②但在这里，举出一些比较驰名的类群，如翠鸟，鹲鹳（toucans），咬鹃（trogons），须䴕科（Capitonidae），蕉鹃（Musophaga），啄木鸟以及鹦鹉，就足够了。华莱士先生相信，在这些类群中，由于雄鸟通过性选择逐渐获得了其鲜艳色彩，这些鲜艳色彩遂传递给雌鸟，因为雌鸟们的造巢方式已经使它们得到了保护，所以没有因自然选择而消灭。按照这个观点，它们现在的造巢方式的获得先于它们现在的色彩的获得。但是，在我看来，远远更加可能的是，在大多数场合中，由于雌鸟分享了雄鸟的色彩而逐渐变得越来越鲜艳，所以导致它们逐渐改变了其本能（假定它们原来造的是开放的巢），而营造有圆顶的或荫蔽的巢，以寻求保护。关于美国北部和南部的同一物种的鸟巢差异，奥杜邦做过报道，③譬如说，凡是读过这篇报道文章的人，就不会感到任何重大困难去承认：鸟类，或通过其习性的改变（按其严格的字义来讲），或通过本能的所谓

---

① 关于这个问题，我曾查阅过麦克吉利夫雷的《英国的鸟类》，虽然在某些场合中有关鸟巢荫蔽的程度，和雌者色彩的显著程度等问题还存在着一些疑问，可是把卵产于穴中或圆顶鸟巢内的下述鸟类，根据上述标准几乎不能认为它们是色彩显著者：麻雀，有两个物种；椋鸟（Sturnus）其雌者不及雄者鲜艳远甚；河鸟属（Cinclus）；脊鹡（*Motallica boarula*(?)）；鸲（Erithacus(?)）；灌木鹩属（Fruticola）有两个物种，石雕属（Saxicola）；红尾鸲属（Ruticilla），有两个物种；莺属（Sylvia），有三个物种，山雀属（Parus），有三个物种，长尾鸟属（Mecistura），Anorthura，旋木雀属（Certhia），䴓属（Sitta），蚁䴕属（Yunx）；鹟属（Muscicapa）有两个物种，燕属（Hirundo）有三个物种，以及雨燕（Cypselus）。下面 12 种鸟类之雌者按同一个标准衡量可视为色彩显著者，即，粉红椋鸟（Pastor），白鹡鸰（*Motacilla alba*），大山雀（*Parus major*）和青山雀（*P. caeruleus*），戴胜属（Upupa），啄木鸟属（Picus）四个物种，佛法僧属（Coracias），翠鸟属（Alcedo）和蜂虎属（Merops）。

② 默里编，《旅游杂志》，第 1 卷，78 页。

③ 参阅《鸟类志》中的许多论述，再参阅尤哥蒙·比托尼（Eugenio Bettoni）对意大利的鸟巢所作的一些奇妙考察，见《意大利科学协会会报》（*Atti della Società Italiana*），第 6 卷，1869 年，487 页。

自发变异的自然选择,大概会容易地被引导去改变其造巢方式。

关于雌性鸟类的鲜明色彩和其造巢方式之间的关系,这种观察方法,就其所能适用的范围来看,可以从撒哈拉沙漠所发生的某些事例得到某种支持。在那里,就像在其他大多数沙漠那样,各种鸟类以及其他许多动物的色彩以可惊的方式同周围地面的色泽相适应。尽管如此,正如特里斯特拉姆(Tristram)牧师告诉我的,关于这一规律还有一些奇妙的例外;如矶鸫(*Monticola cyanea*)的雄者因其鲜明的蓝色而惹人注目,其雌者因其褐色和白色相杂的羽衣几乎同等地惹人注目;白尾岩鸫(*Dromolaea*)有两个物种,其雌雄二者都有一种黑色光泽;因此,这三个物种因其色彩而远远不能得到保护,但它们还是能够生存下来了,这是因为它们已经获得了在洞穴中或岩石裂缝中躲避危险的习性。

关于雌鸟既有显著色彩又造荫蔽鸟巢的上述类群,不需要假设每个物种的造巢本能分别地发生过特殊的改变;只不过是每个类群的早期祖先逐渐被引导去建造圆顶的或荫蔽的鸟巢,而且,后来又把这种本能以及鲜明的色彩一起传递给其变异了的后代。就所能相信的来说,下述结论是有趣的,即,性选择以及雌雄二者相等的或几乎相等的遗传性,曾经间接地决定了整个鸟类的造巢方式。

有些类群的雌鸟由于在孵卵期间受到了圆顶鸟巢的保护,所以其鲜明色彩未曾通过自然选择而被消除,按照华莱士先生的意见,即使在这种场合中,雄鸟和雌鸟往往还有轻微的差异,有时有很大程度的差异。这是一个有重要意义的事实,因为对于这等色彩的差异一定要以雄者的某些差异从一开始就限于只向同一性别传递来进行解释;必须做如此解释的原因在于,简直不能认为这等差异可以用于保护雌者;如果这等差异轻微就尤其如此。例如,在三宝鸟这一华丽类群中,所有物种都在穴中造巢;古尔德先生提供了其25个物种的雌雄二者的绘图,[1]其中除有一个物种表现了局部的例外,全部物种的雌雄二者的色彩有时差异轻微,有时差异显著——尽管这等雌鸟也同样好看,但雄鸟总是比雌鸟更漂亮。翠鸟的所有物种都在穴中造巢,而且大多数物种的雌雄二者的色彩都同等鲜艳,因此华莱士先生的规律在此颇为适用;但在某些澳大利亚物种中,雌鸟的色彩比雄鸟的稍欠鲜艳;还有一个色彩华丽的物种,其雌雄二者的差异如此之大,以致最初一看会把它们当做不同的物种。[2] 对这个类群进行过特别研究的夏普先生给我看过一些美国的物种鱼狗(Ceryle),其雄者胸部有黑色带斑。此外,还有一种翠鸟(Carcineutes),其雌雄二者差异显著:雄鸟上表面呈暗蓝色,具有黑色带斑,下表面局部呈淡黄褐色,而头部甚红,雌鸟上表面呈红褐色,具有黑色带斑,下表面呈白色,并有黑色斑纹。有一个有趣的事实,表明雌雄色彩的同一独特样式往往构成了亲缘相近的诸类型的共同特征,在鸿属(*Dacelo*)的三个物种中,雄鸟不同于雌鸟之处仅在于前者的尾羽呈暗蓝色并具黑色带斑,而雌鸟的尾羽则为褐色并具微黑的条纹;因此,在这里雌雄二者尾羽色彩的差异恰如一种翠鸟(Carcineutes)雌雄二者整个上表面色彩的差异一样。

关于同样在穴中造巢的鹦鹉类,我们发现有相似的事例:大多数物种的雌雄二者的色彩都是鲜艳的,而且难以区分,但也有不少的物种,其雄色的色彩比雌者的更加鲜艳,

---

① 见其《咬鹃科(Trogonidae)专论》一书,第1版。

② 即深蓝翠鸟(*Cyanalcyon*)。见古尔德的《澳大利亚鸟类手册》,第1卷,133,130,136页。

甚至和雌者的很不相同。例如,除了其他强烈显著的差异之外,雄性澳洲猩猩鹦鹉(*Aprosmictus scapulatus*)的整个下表面均呈猩红色,而雌者的喉部和胸部则为绿色,带有红的色调。另一种鹦鹉(*Euphema splendida*)也有类似的差异,其雌者的脸部和翼覆羽的蓝色都比雄者的为淡。① 在营造荫蔽巢的山雀(Paridae)这一科中,英国普通蓝山雀(*Parus caeruleus*)的雌者在色彩上远不及雄者的鲜明。而印度的华丽的苏丹黄山雀(Sultan yellow tit)其雌雄二者的差异还要大。②

此外,在啄木鸟这个大类群③中,其雌雄二者一般差不多是相像的,但是,大型绿啄木鸟(*Megapicus validus*)雄者的头部、颈部和胸部呈艳红色,而雌者的所有这等部分则为淡褐色。由于几种啄木鸟的雄者头部呈鲜明的艳红色而雌者头部的色彩是平淡的,所以在我看来,如果雌者具有雄者头部的那种色彩,只要它把头伸出鸟巢洞口之外,就可能有惹起注目的危险,因而按照华莱士先生的信念,雌者头上的这种色彩被消除了。马勒布(Malherbe)关于印度啄木鸟(*Indopicus carlotta*)的叙述加强了这个观点;他说,幼小的雌啄木鸟和幼小的雄啄木鸟一样它们的头部稍呈艳红色,但在成熟的雌啄木鸟,头部这种色彩就消失了,相反,在成熟的雄啄木鸟头部这种色彩却加强了。尽管如此,下述考察还是使这个观点显得极其可疑:雄啄木鸟在孵卵期间也承担了相当的责任,④这就使得它们几乎相等地暴露于危险之中;有许多物种,其雌雄二者的头部具有同等鲜明的艳红色;另外有些物种,其雌雄二者的猩红色差异程度如此轻微,以致几乎不能在招致危险方面形成任何可以觉察的差别;最后,雌雄二者头部的色彩也往往在其他方面有轻微的差异。

在雌雄二者按照一般规律彼此相似的那些类群中,凡是雌雄之间在色彩上有轻微的和级进的差异者,迄今所举的事例,都与营造圆顶鸟巢或荫蔽鸟巢的物种有关系。但是,有些类群的雌雄二者按照一般规律是彼此相似的,但营造开放的鸟巢,在这等场合中同样可以观察到相似的级进差异。

由于我在前面曾以澳洲鹦鹉为例,因此我愿在这里以澳大利亚鸽类为例,⑤但不举任何细节。值得特别注意的是,在所有这些场合中,雌雄二者羽衣的轻微差异的一般性质同偶尔出现的较大差异的一般性质是相同的。关于这个事实,那些翠鸟已经提供了良好的例证,其雌雄二者或仅在尾羽或在羽衣的整个上表面都以同样的方式而有所差异,相似的情况也可在鹦鹉类和鸽类中观察到。同一物种的雌雄二者之间在色彩上的一般差异性质也和同一类群的不同物种之间在色彩上的一般差异性质相同。这是因为在雌雄二者通常彼此相似的类群中,如果雄者相当不同于雌者,那么雄者色彩的风格并不见得是全新的。因此我们可以推断说,在同一类群中,雌雄二者彼此相似时的特殊色彩,以及雌雄者二者稍微不同、甚至相当不同时的雄者色彩,在大多数场合中,都是由相同的一般

---

① 雌雄之间各个级进差异可以在澳洲鹦鹉中追查出来。见古尔德的《澳大利亚鸟类手册》,第 2 卷,14—102 页。

② 麦克吉利夫雷的《英国的鸟类》,第 2 卷,433 页。杰尔登,《印度鸟类》,第 2 卷,282 页。

③ 所有以下事例全引自马勒布的巨著《啄木鸟类专论》(*Monographie des Picidées*)1861 年。

④ 奥杜邦的《鸟类志》,第 2 卷,75 页;再参阅《彩鹳》,第 1 卷,268 页。

⑤ 古尔德的《澳大利亚鸟类手册》,第 2 卷,109—149 页。

原因所决定的；这个原因就是性选择。

正如已经说过的，雌雄二者之间的色彩差异如果很轻微，这种差异对于保护雌鸟大概就不会有什么作用。然而，假定这等差异有这种作用，那大概就会认为它们是处于过渡状态；但我们没有理由相信许多物种都同时发生变化。因此我们简直无法承认在色彩上和其雄鸟差异很轻微的大量雌鸟为了保护自己现在一齐开始变得色彩暗淡了。即使我们考察多少更为显著的雌雄差异，例如雌欧洲苍头燕雀的头部，——雌红腹灰雀胸部的艳红色彩——雌金翅雀（greenfinch）的绿色——雌金冠鹪鹩（golden-crested wren）的冠羽，是否可能全是为了保护自己而在缓慢的选择过程中变得较不鲜明吗？我不能认为是这样；尤以营造荫蔽鸟巢的那些鸟类的雌雄之间差异轻微者，更不是这样。反之，雌雄之间的色彩差异，不论大小，都可以在相当大的程度上根据连续变异的原理得到说明，即，雄鸟通过性选择所获得的连续变异，从一开始就或多或少地限于只传递给雌性一方。在同一类群的不同物种中，这种传递的限制程度大概也是不同的，凡是研究过遗传法则的任何人对此都不会感到惊奇，因为这等法则是如此复杂，而且由于我们的无知，在我们看来，其作用好像是彷徨不定的。①

就我所能发现的情况来说，在鸟类中只有少数的大类群，其所有物种的雌雄二者都彼此相似，而且都具有鲜明的色彩，但我听斯克莱特先生说，蕉鹃似乎就是如此。我也不相信有任何这样的大类群存在，即其全部物种的雌雄二者在色彩上会有天壤之别：华莱士先生告诉我说，南美洲的伞鸟科（Cotingidae）在这方面提供了一个最好的例子；在其中有些物种，其雄鸟的胸部呈美艳的红色，而雌鸟的胸部也稍微呈现一点红色；其他物种的雌鸟也表现了雄鸟所具有的绿色和其他色彩的痕迹。尽管如此，我们还有一些近似的事例表明，在几个类群中其全部物种的雌雄二者都是密切相似的，或者是不相似的。而这一点，从刚才听说的遗传的彷徨性质来看，乃是一个多少令人奇怪的情况。但是，相同的法则可以广泛地通用于亲缘相近的动物，却不足为奇。家鸡已经产生了大量的品种和亚品种，它们的雌雄二者的羽衣一般都有差异；所以当某些亚品种出现了雌雄二者彼此相似的现象时就会被看做是一种异常的情况。另一方面，家鸽也同样产生了一大批不同的品种和亚品种，除了罕见的例外，它们的雌雄二者都是完全相似的。

因此，鸡属和鸽属的其他物种如果经过家养和变异，那么我们预言由遗传形式所决定的雌雄相似和不相似的同样规律在这两种场合都可适用，并不算轻率。和上述一样，在自然状况下，同样的传递方式一般也通用于相同的整个类群，尽管对这一规律还有一些显著的例外。这样，在同一科里，甚至在同一属里，其雌雄二者的色彩或完全相同，或差异很大。关于同一属的这等事例早已举出过了，诸如麻雀、鹟科食虫鸟、画眉和松鸡的例子。在雉科中，几乎所有物种的雌雄二者都非常不相似，但马鸡（Crossoptilon）的雌雄则完全相似。鹅的一个属，即白雁属（Chloephaga），其两个物种的雄者除体型大小外，在其他方面都无法同雌者区别；而另外两个物种，其雌雄二者如此不相似，以致容易地把它们误作不同的物种。②

---

① 关于这种效果，参阅我的《动物和植物在家养下的变异》，第2卷，第十二章。
② 《彩鹳》，第6卷，1864年，122页。

只有用遗传规律才能说明下述情况，即，雌者在其生命后期获得了雄者所特有的某些性状，最终会或多或少地同雄者完全相似。"保护"在这里几乎不起作用了。布莱恩先生告诉我说，黑头黄鹂（Oriolus melanocephalus）以及某些亲缘相近的物种，其雌者当成熟到足以生殖时，它的羽衣同成熟雄者的羽衣差异很大；但在第二次或第三次换羽后，雌鸟们和雄者的差异仅仅在于其鸟喙有一种淡绿色彩而已。在矮小的鸻属（Ardetta）中，根据这位权威人士的意见，"其雄者在第一次换羽时就获得了其最后羽衣，而雌者在第三或第四次换羽之后才获得其最后羽衣，这时它的羽衣呈现一种中间的色彩，最终乃换成与雄者一样的羽衣"。还有游隼（Falco peregrinus）的雌者也是这样，它获得蓝色羽衣比雄者较慢。斯温赫先生说，有一种黑卷尾（Dicrurus macrocercus），其雄者当几乎还是未离巢的雏鸟时，就换掉柔软的褐色羽衣，而变成均匀的富有光泽的绿黑色了；但是，其雌者却长期在腋羽上保持着白色条纹和斑点；而且历时三年后才呈现雄者那样的均匀黑色。这位杰出的观察家说，中国的雌篦鹭（Platalea）在第二年春天才同第一年的雄者相像，显然，不到第三年春季它不会获得雄者在早得多的年龄所具有的那样成年羽衣。加罗林太平鸟（Bombycilla carolinensis）的雌者和雄者的差异很小，但其翼羽上有一种火红色念珠般的装饰物，[1]这种附器在雌者身上发育较晚而在雄者生命的很早的时期就发育了。有一种印度的长尾鹦哥（Palaeornis javanicus），其雄者的上喙在最早的幼年期即呈珊瑚红色，但其雌者的上喙，如布莱恩先生就笼养的和野生的这种鸟所观察到的，最初是黑色，至少在一岁以后才变为红色，这时雌雄二者在所有方面都彼此相似了。野火鸡雌雄二者的胸部最终都会具有一簇刺毛，但在两岁时，雄野火鸡的这簇刺毛约为四英寸长，而雌野火鸡这簇刺毛，还不十分显露；然而，当雌野火鸡到四岁时，这簇刺毛即长达四至五英寸。[2]

千万不要把这等事例同下述情况混淆起来，即，有病的或年老的雌者会反常地呈现雄性特征，或者，能育的雌者在幼小时通过变异或某种未知的原因而获得雄者特征。[3]但所有这等事例都有一个密切的共同点，即，根据泛生论的假说，它们是由来自雄者身体各个部分的芽球（gemmules）所决定的，这等芽球在雌者身上也是存在的，却处于潜伏状态；芽球的发育乃是由雌者构造组织的选择亲和力的轻微变化所左右的。

还必须对羽衣的季节性变化稍作补充。根据以前所举出的那些理由，关于白鹭、苍鹭以及其他许多鸟类只在夏季发育和保持的华丽羽饰、下垂的长羽、冠毛等系用于装饰

---

① 雄鸟在追求雌鸟时，这些装饰都在颤动，并展翅以"卖弄其巨大优越性"：见利思·亚当斯的论述，《田野和森林散记》，1873年，153页。

② 关于鸻属（Ardetta），见居维叶的《动物界》（159页脚注），布莱恩译。关于游隼，参阅布莱恩先生的著述，见查尔斯沃思编的《博物学杂志》，第1卷，1837年，304页。关于卷尾属，见《禾鹳》，1863年，44页。关于琵鹭，见《禾鹳》，第6卷，1864年，366页，关于太平鸟属（Bombycilla），见奥杜邦的《鸟类志》，第1卷，229页。关于长尾鹦哥属（Palaeornis），再参阅杰尔登的《印度鸟类》，第1卷，263页。关于野火鸡，见奥杜邦的《鸟类志》，第1卷，15页；但我听卡顿（J. Caton）说，在伊利诺伊，雌野火鸡获得一簇硬毛者很少。关于岩栖鸣禽类（Petrocossyphus）的雌者，夏普先生在《动物学会会报》（1872年，496页）举出过类似事例。

③ 有关后面这些情况，布莱恩先生曾就伯劳属（Lanius）、鸲属（Ruticilla）、朱顶雀属（Linaria）和鸭属（Anas）记载下许多例子，居维叶的《动物界》，英译本，158页。关于 Pyranga aestiva，奥杜邦也记载过一个相似的事例（《鸟类志》，第5卷，519页）。

和婚配的目的,并无多大可疑之处,虽说这等羽毛为雌雄二者所共有。这样就会使雌鸟的色彩在孵卵期间比在冬季更显著;但是,像苍鹭和白鹭这等鸟类大概是能够保卫自己的。然而由于羽饰在冬季大概会带来不方便而且确实没有用处,所以可能通过自然选择而逐渐获得了一年换羽两次的习性,这是为了到冬季去掉其不方便的装饰物的缘故。但这个观点不能引申到许多涉禽类,它们的夏羽和冬羽在色彩上差别很小。关于不能自卫的物种,凡雌雄二者或只有雄者的色彩,在生殖季节变得极其显著者,——雄者在这个季节获得那样长的以致妨碍其飞翔的翼羽或尾羽者,如非洲小型夜鹰(Cosmetornis)和黑羽长尾鸟(Vidua),最初看来,肯定高度可能的是,第二次换羽习性的获得乃是专门为了去掉这等装饰物。然而,我们必须记住,有许多鸟类,如某些极乐鸟、锦雉和孔雀,在冬季并不脱落其羽饰;而且几乎不能认为这些鸟类的体质,至少是鹑鸡类的体质,使它们不可能有两次换羽的习性,因为雷鸟就一年换羽三次。[①] 因此,在冬季脱换其羽饰或失去其鲜明色彩的许多物种,是否为了免除不便或危险、不然就要受害而获得了这种习性,仍属疑问。

所以我的结论是,获得一年换羽两次的习性在大多数或所有场合中首先是为了某种不同的目的,也许是为了得到比较暖和的冬装;而羽衣在夏季发生的那些变异则是通过性选择而被积累起来的,并在每年的同一季节传递给其后代;这等变异或被雌雄双方所承继,或只被雄性一方所承继,视何种遗传形式占主导地位而定。这一结论比下述见解似乎更为合理,即,物种在所有场合中原本都倾向于在冬季保持其装饰性的羽衣,但由于它带来了不便或危险,结果通过自然选择而摆脱了这种倾向。

有人认为,武器,鲜明色彩以及各种装饰物现在只限于雄者所有,乃是由于通过性选择这等性状向雌雄双方同等传递转变为只向雄性一方传递的缘故,我在本章曾试图阐明支持这一观点的论证是不可信赖的。许多鸟类雌者的色彩是否由于为了保护自己而把最初只限于向雌性一方传递的那些变异保存了下来,也是可疑的。但是,对这个问题的进一步探讨,留待下一章我讨论幼鸟和老鸟的羽衣差异时再进行,将是方便的。

---

① 古尔德,《英国鸟类志》。

第十六章 鸟类的第二性征(续完)

雌雄二者成熟时的羽衣性状同未成熟时羽衣的关系——六大类别的事例——亲缘密切相近的物种或典型的物种的雄鸟之间的性差异——雌鸟呈现雄鸟的性状——幼鸟羽衣同成鸟夏羽和冬羽的关系——关于全世界鸟类美丽的增加——保护色——色彩显著的鸟类——对新奇的欣赏——有关鸟类四章的提要

我们现在必须考察同性选择有关的受到年龄限制的性状传递。关于在相应年龄的遗传原理的真实性和重要性没有必要在此多赘,因为对这个问题已经进行过足够的讨论了。在列举我所知道的有关幼鸟和老鸟羽衣差异的几项相当复杂规律或几类事例之前,最好先稍作绪论如下。

在所有种类的动物中,如果成年动物的色彩异于幼年动物,且幼年动物的色彩,就我们所能知道的来说,并没有任何特殊的用途,则幼年动物的色彩正如各种胚胎的构造那样,乃是以往性状的保留。但是,只有当几个物种的幼年动物密切相似同时和属于同一类群的其他成年物种密切相似时,才能有把握地坚持这一观点,因为后者乃是这种状况在以往可能存在过的活证据。幼狮以及幼美洲狮(Puma)都有不明显的条纹或成行的斑点,而且像许多亲缘相近的物种那样,无论幼者或老者都有相似的斑记,凡是相信进化论的人都不会怀疑狮和美洲狮的祖先都是一种具有条纹的动物,而且其幼者就像黑色小猫那样,保持了这等条纹的残迹,可是黑色小猫一长大就没有一点这种条纹的残迹了。许多鹿的物种在成熟时没有斑点,而在幼小时都布满了白色斑点,就像某些少数物种在成长状态时那样。再者,还有整个猪科(Suidae)的幼者以及某些亲缘关系相当远的动物、如貘(tapir)的幼者,都有暗色纵条纹;但我们在这里所看到的显然是来自一个绝灭祖先的性状,而现在只被幼者所保存。在所有这等场合中,老年动物的色彩随着岁月的推移而发生改变,但幼年动物仍保持原样,很少改变,这是通过在相应年龄遗传的原理来实现的。

这同一原理可以应用于各个类群的许多鸟类,它们的幼者彼此密切相似而同各自的成年父母差异很大。几乎所有鹑鸡类的幼者以及某些远亲的鸟类、如鸵鸟类的幼者,都被有纵条纹的绒毛;但这种性状反映了如此遥远的事物状况,以致简直同我们没有什么关系。幼小嘴雀(Loxia)最初具有直喙,同其他燕雀类的喙相似,它们未成熟时的具有条纹的羽衣则同成熟红雀(redpol)和成熟雌金雀的羽衣相类似,也同金翅雀、绿鹦以及其他一些亲缘相近的物种的幼者羽衣相类似。有许多种类的鹀(Emberiza),其幼者彼此相似,也同普通鹀(E. miliaria)的成年状态相类似。在鹀的差不多整个大类群中,其幼者的胸部都具有斑点——这是许多物种终生保持的一种性状,但其他物种却完全失去了这种性状,如候鸫(Turdus migratorius)即是。再者,许多鸫类的背部羽毛在第一次换羽前都是杂色的,这是某些东方物种终生保持的一种性状。伯劳属(Lanius)许多物种的幼者,一些啄木鸟和一种印度的绿背金鸠(*Chalcophaps indicus*)的幼者,其体部底面具有横条纹;而某些亲缘相近的物种或整个属当成年时也有相似的斑记。在一些亲缘相近、色彩灿烂的印度金色杜鹃(Chrysococcyx)中,成熟的物种彼此在色彩上差异相当大,然而它们的幼者则无法区别。一种印度瘤鸭(*Sarkidiornis melanonotus*)的幼者在羽衣方面同一个亲缘相近的属、即树鸭(Dendrocygna)的成熟者密切相似。[①] 以后还要列举有关某些苍鹭类的相似事实。黑琴鸡(*Tetrao tetrix*)的幼者同某些其他物种、如红松鸡(*T. scoticus*)的幼者及其老者相类似。最后,正如精密研究过这个问题的布莱恩先生所恰当说过的,许多物种的未成熟羽衣最好地表现了它们的自然亲缘关系;由于所有生物的真正亲缘关系都是由它们来自一个共同祖先这一事实所决定的,因此布莱恩先生的这个意见有力地证实了一个信念:即,未成熟的羽衣大致向我们表明了该物种以前的或祖化的状态。

各个不同科的许多幼鸟虽然这样隐约地闪现了其遥远祖先的羽衣状况,但还有其他许多鸟类,无论色彩暗淡的或色彩鲜明的,其幼者却和它们的父母密切类似。在这种场合中,不同物种幼者的彼此相似就不能比它们和各自父母的相似更为密切;当它们成长时也不能和亲缘相近的类型显著相似。它们只不过使我们稍微知道一点其祖先的羽衣状况而已,除非整个类群的所有物种的幼鸟和老鸟都具有同样的一般色彩,否则其祖先大概不会具有相似的色彩。

现在我们要对各类的事例进行考察,以便把雌雄双方或单独一方的幼鸟和老鸟在羽衣方面的差异和相似加以分类。这等规律首先是由居维叶提出的;但随着知识的进展,需要对它们做某种修改和补充。在这个问题的极端复杂性所允许的范围内我曾试图根据从不同方面得到的材料来完成这一工作;但由一位有才华的鸟类学家就这个问题写出一篇内容充实的论文还是非常需要的。为了证实每个规律可以通用到什么程度,我把四种巨著所举出的事实列成了表,这些著作是麦克吉利夫雷关于英国鸟类的著作,奥杜邦关于北美鸟类的著作,杰尔登关于印度鸟类的著作以及古尔德关于澳大利亚鸟类的著作。我在这里可以先谈谈,第一,有若干事例或规律在逐渐互相转化,第二,当提到幼鸟同其父母相似时,并不是说它们是完全相像的,因为幼鸟的色彩几乎永远不及父母的鲜艳,而且其羽毛比较柔软,羽毛形状也往往不同。

规律或事例的分类

(一) 如果成年雄鸟比成年雌鸟更为美丽或更为显著,则雌雄幼鸟在第一次羽衣方面同成年雌鸟密切相似,普通家鸡和孔雀就是如此;或者,像偶尔发生的情况那样,它们同

---

① 关于鹡、伯劳和啄木鸟,参阅布莱恩的论述,查尔斯沃思主编的《博物学杂志》,第 1 卷,1837 年,304 页;以及他译的居维叶的《动物界》一书,159 页脚注。我举出的交喙鸟属的例子系根据布莱恩先生的材料。关于鹡,再参阅奥杜邦的《鸟类志》,第 2 卷,195 页。关于金色杜鹃和印度鸽,参阅布莱恩的论述,在杰尔登《印度鸟类》,第 2 卷,485 页引用。关于瘤鸭(Sarkidiornis),参阅布莱恩的论述,《彩鹳》,1867 年,175 页。

成年雌鸟的相似远比同成年雄鸟的相似更为密切得多。

（二）如果成年雌鸟比成年雄鸟的色彩更为显著，则雌雄幼鸟在第一次羽衣方面同成年雄鸟相似，这种情况有时发生，但不多见。

（三）如果成年雄鸟同成年雌鸟相似，则雌雄幼鸟具有特殊的羽衣，如欧鸲的情况就是如此。

（四）如果成年雄鸟同成年雌鸟相似，则其雌雄幼鸟在第一次羽衣方面同成鸟相似，如翠鸟、多种鹦鹉、乌鸦以及篱莺（hedge-warblers）即是。

（五）如果雌雄成鸟的冬羽和夏羽不一样，不论雄鸟和雌鸟是否有所不同，其幼鸟在冬羽方面同雌雄成鸟相似；或者，其幼鸟在夏羽方面同雌雄成鸟相似，但这种情形要罕见得多；或者，幼鸟同雌鸟相似。或者，幼鸟可能具有一种中间的性状；再不然，它们同成鸟的冬羽和夏羽都迥然不同。

（六）在少数场合中，雌雄幼鸟的第一次羽衣彼此相异；幼年雄鸟多少同成年雄鸟密切相似，而幼年雌鸟多少同成年雌鸟密切相似。

第一类　在这一类中，幼年的雌雄二者同成年的雌鸟多少密切相似，而成年的雄鸟同成年的雌鸟则有差异，而且其差异往往极为显著。在所有的"目"中可以举出无数这类例子；只要想一想普通雉、鸭和家雀的例子就足够了。这类事例逐渐进入别类。这样，其雌雄二者在成年时的差异如此轻微，而且幼鸟同成鸟的差异也如此轻微，以致令人怀疑这等事例究竟应该归入现在这一类还是应该归入第三类或第四类。此外，幼年的雌雄二者不但不十分相似，反而可能有轻微程度的差异，如第六类所示。然而，这些过渡性的事例还是少数，或者说，同那些可以严格归入现在这一类的事例比较起来，至少不是非常显著的。

按照一般规律雌雄二者同幼鸟全都相似的那些类群，完善地阐明了现在这个法则的确切意义；因为在这等类群中，如果雄鸟和雌鸟确有差异，如某些鹦鹉、翠鸟、鸽子等的情况，那么幼年的雌雄二者就会同成年的雌鸟相似。[1] 我们看到在某些异常的场合中同样的事实表现得更加明显；例如黑耳仙蜂鸟（*Heliothrix auriculata*），其雄者显著不同于雌者，因为雄者具有美丽的新月形颈饰和耳簇毛，而雌者的尾羽由于比雄者尾羽长得多而著称；那么，幼年的雌雄二者（除胸部有青铜色斑点外）同成年的雌鸟在所有其他方面都相似，包括尾羽的长度在内，所以雄鸟到了成熟时，其尾羽实际上是变短了，这是一种极不寻常的情况。[2] 再者，雄秋沙鸭（*Mergus merganser*）的羽衣色彩要比雌者的更显著，肩羽和次级翼羽都长得多；但成年雄鸟的冠羽，就我所知，同其他任何鸟类的都不同，虽比雌鸟的宽，却相当地短，其长度只有 1 英寸刚出头；而雌鸟的冠羽竟有 2.5 英寸长。于

---

　　① 请参阅例如古尔德对 Cyanalcyon（蓝翠鸟的一种）的说明（《澳大利亚鸟类手册》，第 1 卷，133 页），其幼年雄鸟虽与成年雌鸟相似，但色彩鲜艳较差。在鸫属的一些物种中，其雄鸟具有蓝色尾羽，而雌鸟的尾羽却呈褐色；夏普先生告诉我说，有一种鸫（*D. gaudichaudi*），其幼年雄鸟的尾羽最初呈褐色。古尔德先生曾描述过某些黑色美冠鹦鹉和大型长尾鹦鹉的雌雄二者及其幼鸟，它们也受同一规律所支配。还有杰尔登关于红色鹦哥（*Palaeornis rosay*）的论述（《印度鸟类》，第 1 卷，260 页），它的幼鸟同雌鸟的相似胜于同雄鸟的相似。参阅奥杜邦关于雀形鸽（*Columba passerina*）雌雄二者及其幼鸟的论述（《鸟类志》，第 2 卷，475 页）。

　　② 关于这个材料，我感谢古尔德先生，他给我看过这些标本，再参阅他的《蜂鸟科导论》，1861 年，120 页。

是，幼年的雌雄二者同成年的雌鸟完全相似，所以幼鸟的冠羽实际上长度较大，虽然比成年雄鸟的冠羽较窄。[1]

如果幼鸟同雌鸟密切相似，而且二者都同雄鸟相异，则最明显的结论是只有雄鸟发生了变异。即使在黑耳仙蜂鸟和秋沙鸭那样异常的场合中，可能是其中一个物种的成年雌雄二者最初具有大大加长了的尾羽，另一个物种的成年雌雄二者具有大大加长了的冠羽——此后由于某种无法解释的原因，成年雄鸟部分地失去了这等性状，并以减弱的状态只把这等性状传递给在相应成熟年龄的雄性后代。在本类的事例中只有雄鸟发生改变，这一信念，就雄鸟和雌鸟及其幼鸟之间的差异而言，得到了布莱恩先生所记载的一些显著事实的有力支持，[2]这些事实是关于不同地方的可以互相代表的近亲物种的情况。因为，若干这等代表性的物种，其成年雄鸟发生了一定程度的变异，而且是可以区别的；来自不同地方的雌鸟和幼鸟却是无法区别的，因此它们绝对没有发生过变化。某些印度鸣禽类（Thamnobia）、某些花蜜鸟（Nectarinia）、林鵙（Tephrodornis）、某些翠鸟类（Tanysiptera）、卡利雉*（Gallophasis）以及树鹧鸪（Arboricola）的情况都是如此。

在某些类似的场合中，即夏羽和冬羽相异而雌雄相似的鸟类，其某些亲缘密切相近的物种可以容易地从其夏羽或婚羽加以区别，然而从其冬羽以及未成熟的羽衣方面则无法加以区别。某些亲缘密切相近的印度鹬鸻的情况就是如此。斯温赫先生告诉我说，[3]苍鹭有一个属叫做池鹭属（Ardeola），它的三个物种分居于各大陆，它们的夏羽，"彼此差异极为显著"，但到了冬季它们简直完全没有区别。这三个物种的幼鸟的未成熟羽衣同成鸟的冬羽密切相似。这一情况越发有趣，因为池鹭属另外两个物种的雌雄二者的冬羽和夏羽同上述三个物种的冬羽及其未成熟羽衣差不多是一样的；几个不同物种在不同年龄和不同季节中所共有的这种羽衣大概向我们阐明了该属的祖先具有怎样的色彩。在所有这些场合中，婚羽已发生了变异，而冬羽和未成熟羽衣则保持不变；我们可以假定婚羽原本是由成年雄鸟在生殖季节中获得的，并且在相应的季节传递给成年的雌雄二者。

问题自然由此产生：在后面这些场合中雌雄二者的冬季羽衣，并且在前面那些场合中成年雌鸟的羽衣，以及幼鸟的未成熟羽衣，何以完全没有受到影响呢？那些在不同地方互为代表的物种几乎总是处于多少不同的条件下，但我们简直不能把只有雄鸟羽衣发生变异的这种情况归因于这一作用，因为雌鸟和幼鸟虽然也处于同样的条件下，却没有受到影响。几乎没有任何事实比许多鸟类雌雄二者的惊人差异更清楚地向我们阐明，同无限变异通过选择的积累相比，生活条件直接作用的重要性就显得非常次要了；因为雌雄二者都吃相同的食物并处于相同的气候中。尽管如此，我们并不排除下述信念，即，随着岁月的推移，新的条件可能对雌雄双方都发生某种直接作用，或者，由于雌雄之间的体

---

[1]　麦克吉利夫雷，《英国鸟类志》，第 5 卷，207—214 页。

[2]　参阅他的可钦佩的论文，见《孟加拉亚细亚协会杂志》，第 19 卷，1850 年，223 页；再参阅杰尔登的《印度鸟类》，第 1 卷，导言，第 29 页。关于翠鸟类，施勒格尔（Schlegel）教授告诉布莱恩先生说，他根据对成年雄鸟的比较，就能区别若干不同的族。

*　Kalij pheasant，为 Kallege 的一个变种，同银雉的亲缘关系相近。——译者注

[3]　再参阅斯温赫先生的论述，《彩鹳》，1863 年 7 月，131 页，以前还有一篇论文，附载布赖茨先生的笔记摘要，见《彩鹳》，1861 年 1 月，25 页。

质差异,只对某一性别发生作用。我们看到的只是同选择的积累结果相比,其重要性就是次要的了。然而,根据广泛的类推来判断,当一个物种迁入一处新地方时(这必定发生在形成代表性物种之前),它们几乎总要处于改变了的外界条件之中,这等外界条件将致使它们发生一定程度的彷徨变异。在这种场合中,受一种易变因素所左右的性选择——雌者的审美力或鉴赏力——将会对新的色调或其他差异发生作用并把它们积累起来;由于性选择经常在起作用,所以,根据我们所知道的人类对家养动物所进行的无意识选择的结果来源,如果居住在隔离地区的、因而决不能够杂交并把它们新获得的性状混合起来的那些动物,经过了充分的时间以后还没有发生不同的变异,那将是令人惊奇的事。这些意见同样可以应用于婚羽或夏羽,不论它们为雄鸟所专有,或为雌雄二者所共有,都是一样。

虽然上述亲缘密切相近的或代表性的物种的雌鸟及其幼鸟彼此几乎完全没有区别,所以可以区别的只有它们的雄鸟,可是同一属中大多数物种的雌鸟显然还是有区别的。然而雌鸟之间的差异程度像雄鸟之间差异那么大的,则属罕见。我们在整个的鹑鸡科中清楚地看到了这一点:例如,普通雉和日本雉的雌者,特别是金雉和云实树雉的雌者——银雉和野鸡的雌者——彼此在色彩上都很近似,而其雄者之间的差异都达到了异常的程度。伞鸟科、燕雀科以及其他许多科的大多数物种的雌鸟都是如此。按照一般规律,雌鸟的改变不及雄鸟那样大,确无疑问。然而,少数某些鸟类提供了一个异常而费解的例外;例如极乐鸟(*Paradisea apoda*)和巴布亚极乐鸟(*P. papuana*)的雌者之间的差异大于它们各自雄鸟之间的差异[①];后一物种的雌者的体部底面为纯白色,而极乐鸟的雌者的体部底面则为深褐色。再者,我听牛顿教授说,伯劳类(Oxynotus)有两个在毛里求斯岛和波旁岛互为代表的物种,其雄鸟彼此只在色彩上稍有差别,而雌鸟彼此差异甚大。[②]在波旁岛的那个物种的雌鸟似乎部分保持了羽衣的未成熟状态,因为乍一看来,雌鸟"会被当做毛里求斯的那个物种的幼鸟"。这等差异可同那些和人工选择无关的某些斗鸡亚品种的差异相比拟,这些亚品种雌鸡彼此很不相同,而雄鸡则几乎无法加以区别。[③]

关于亲缘相近的物种,其雄鸟之间的差异,我既然用性选择进行了大量的说明,那么对所有普通场合中的雌鸟之间的差异,又该如何解释呢?我们没有必要在这里去考察不同属的物种;因为对这些物种来说,对不同生活习性的适应以及其他动因都会发生作用。关于同属的雌鸟之间的差异,在我观察了各个大类群之后,几乎可以肯定其主要动因乃是雄鸟所获得的性状通过性选择或多或少地传递给了雌鸟。在若干英国鹀类中,其雌雄二者之间的差异或很轻微或很显著;如果我们把绿鹀、苍头燕雀、金翅雀、红腹灰雀、交喙鸟、麻雀等的雌者加以比较,我们就会看出它们之间的差异之点主要在于它们同各自雄鸟局部相似的那些部分;而雄鸟的色彩可以稳妥地归因于性选择。关于许多鹑鸡类的物种,雌雄之间的差异已经达到了极度,如孔雀、雉以及家鸡的情况就是如此,另外还有一些物种,其雄鸟的性状部分地或者甚至全部地传递给了雌鸟。因花雉类若干物种的雌者

---

① 华莱士,《马来群岛》,第 2 卷,1869 年,394 页。

② 波伦(M. F. Pollen)曾描述过这些物种,见《彩鹳》,1866 年,275 页,附彩色插图。

③ 参阅《动物和植物在家养下的变异》,第 1 卷,251 页。

以一种模糊的状态表现了其雄者所具有的华丽眼斑,尤以尾部为甚。雌鹬鸪和雄鹬鸪的差异之处仅仅在于雌者胸部的红斑较小;而雌野火鸡和雄野火鸡的差异之处则在于雌者的色彩要暗淡得多。珠鸡(guinea-fowl)的雌雄二者则彼此无法区分。这种鸟的色彩平淡、但具有特殊斑点的羽衣最先由雄鸟获得、然后传递给雌雄双方,并非是不可能的;因为它们的羽衣同雄红胸角雉所专有的那种美丽得多的斑点羽衣并无本质的区别。

从某些例子里应该看到从雄鸟向雌鸟的性状传递显然是在一个遥远的时期就已经完成了,此后雄鸟又经历了巨大变化,而它后来所获得的任何性状却没有传递给雌鸟。例如,黑色琴鸡(*Tetrao tetrix*)的雌者和幼者同红色松鸡(*T. scoticus*)的雌雄二者及其幼者相当密切类似;因此,我们可以推断说,黑色松鸡系起源于其雌雄色彩几乎和红色松鸡色彩一样的某一古老物种。由于后一物种的雌雄二者所具有的带斑在生殖季节比在其他任何时期更加显著,又由于雄鸟以其更强烈显著的红色和褐色而稍异于雌鸟,[①]因此我们可以断定,它的羽衣至少在某种程度上受到了性选择的影响。倘情况果真如此,我们可以进一步推断说,雌黑色琴鸡的差不多相同的羽衣是在以前的某个时期同样这么产生出来的。但是从那个时期以后,雄黑色琴鸡便获得了其优美的黑色羽衣,具有分叉而向外卷曲的尾羽;但几乎没有任何这等性状传给了雌鸟,除了雌鸟的尾羽现了卷曲分叉的一点痕迹。

所以我们可以得出结论说,那些亲缘相近但彼此不同的物种的雌鸟,其羽衣之所以往往或多或少地有所不同,乃是由于雄鸟在远期或近期通过性选择所获得的性状不同程度地传递给了雌鸟。但值得特别注意的是,鲜艳色彩的传递要比其他色彩罕见得多。例如,红喉蓝胸的瑞典蓝雀(*Cyanecula suecica*)的雄者具有艳蓝色的胸,其上有一个亚三角形的红斑;现在几乎相同形状的斑记已传给了雌鸟,但斑记的中央呈暗黄色而非红色,而且其周围的羽毛为杂色而非蓝色。鹑鸡科提供了许多相似的事例;因为诸如在鹬鸪、鹌鹑、珍珠鸡等物种中,其雄鸟的羽衣色彩已大量传给了雌鸟,这等物种没有一个是色彩鲜艳的。雉类是这方面的良好例证,雄雉一般都比雌雉鲜艳得多;但蓝马鸡(*Crossoptilon auritum*)和欢乐雉(*Phasianus wallichii*)的雌雄二者彼此密切类似,而且它们的色彩都是暗淡的。我们甚至可以相信:如果这两种雉的雄者羽衣的任何部分已变得色彩鲜艳,这等色彩大概不会传给雌鸟。这些事实强有力地支持了华莱士先生的观点,即,关于那些在孵卵期间暴露在大量危险之中的鸟类,其鲜明色彩从雄鸟向雌鸟的传递已经通过自然选择而受到了抑制。然而,我们一定不要忘记,上述有另一种解释还是可能的;那就是,当雄鸟在幼小和无经验的时期发生了变异而色彩鲜明,它们大概也会暴露在大量危险之中,而且一般会遭到毁灭;反之,年龄较老和富有警惕性的雄鸟,如果以同样的方式发生了变异,它们恐怕不仅能够生存下来,而且在同其他雄性对手的竞争中还会处于有利的地位。那么,在生命晚期发生的变异有专门向同一性别传递的倾向,所以在这种场合中,极端鲜明的色彩大概不会向雌鸟传递的。另一方面,一种较不显著的装饰物,诸如角雉和欢乐雉所具有的,大概不会有什么危险,如果这等装饰物是在幼年早期出现的,一般会传递给雌雄双方。

---

① 麦克吉利夫雷,《英国鸟类志》,第 1 卷,172—174 页。

亲缘密切相近的物种,其雌鸟之间的某些差异,除了由于雄鸟向雌鸟部分传递其性状这一效果之外,还可归因于生活条件的直接或一定的作用①对雄者来说,任何这类作用一般都会被通过性选择所获得的鲜艳色彩所掩盖;但对于雌者来说,就不是这样了。我们在家禽中所看到的羽衣每个无止境的变化当然都是某种一定原因所造成的结果;而在自然的和更一致的条件下,假定某种色彩决无害处,几乎肯定它迟早会占优势。属于同一物种的许多个体的自由杂交最终会使这样诱发起来的任何色彩变化在性状上成为一致的。

没有人会怀疑许多鸟类雌雄二者的色彩适于保护之目的;也可能有些物种,仅是其雌鸟为了这一目的而发生了改变。正如上一章所阐明的,通过选择把一种传递形式转变为另一种形式,虽然是一个困难的、也许是不可能的过程,但是,通过一开始就限于传递给雌鸟的那些变异的积累,使雌鸟的色彩——与雄鸟无关的色彩——适应于周围的物体,却没有一点困难。如果这等变异不是受到这样的性别限制,那么雄鸟的鲜明色彩就会退化或遭到破坏。许多物种是否只有雌鸟才有这样特殊的改变,在目前来说还很有疑问。但愿我能充分领会华莱士先生的见解;因为承认他的见解就可解决一些难题。任何变异几对雌鸟的保护无所裨益者即被消除,而不单是由于没有被选择、或由于自由杂交而被取消,也不是由于传递给雄者的变异在任何方面都有害于它而被消除。这样,雌鸟的羽衣性状就会保持稳定。如果我们能承认许多鸟类的雌雄二者获得和保持其暗淡色彩是为了保护自己,那么这在解决难题上大概也是一种帮助——例如,岩鹨(*Accentor modularis*)和普通鹪鹩(*Troglodytes vulgaris*)的暗淡色彩就是如此,关于它们的暗淡色彩,我们还没有掌握性选择作用的充分证据,然而,当我们断定在我们看来是暗淡的色彩就会对某些物种的雌鸟没有魅力时,应该小心;我们应该记住普通家雀那样的情况,它们的雄鸟和雌鸟差异很大,但没有表现任何鲜明色调。在开阔地面上生活的许多鹑鸡类的鸟为了保护自己,已经获得现有色彩,至少是部分地获得这种色彩,对此大概已没有任何争论。我们知道它们借此被隐蔽得多么好;我们知道羽脚松鸡类当从冬羽换成夏羽时,虽则冬羽和夏羽都具有保护性的色彩,仍受猛禽类为害甚大。但是,我们能够相信黑色松鸡和红色松鸡的雌者在色彩以及斑记上的很轻微差异是用于保护的吗?鹪鹑现在的色彩是否比它们同鹪鹩的色彩相类似可以受到更好的保护吗?普通雉、日本雉和金雉的雌者之间的轻微差异是作为保护之用的吗?或者,它们的羽衣是否可以彼此交换而不受害吗?根据华莱士先生对东方某些鹑鸡类习性所做的观察,他认为这种轻微差异是有益的。至于我自己,我要说的只是:我不信。

以前解释雌鸟的色彩比较暗淡时,我倾向于把重点放在保护作用上,那时我以为雌雄二者及其幼鸟的色彩可能原来都是同等鲜明的;但后来雌鸟由于在孵卵期间招致了危险以及幼鸟由于缺少经验,所以它们的色彩都变得暗淡以作为保护。但这一观点没有得到任何证据的支持,而且是不可能有的事;因为,如果我们这样来设想,那就是使雌鸟及其幼鸟在过去都暴露于危险之中,因此保护其变异了的后裔,此后便成为必要的了。通过逐渐的选择过程,我们还势必使雌鸟和幼鸟具有几乎完全相同的色彩和斑记而且势必

---

① 关于这个问题,参阅《动物和植物在家养下的变异》,第 23 章。

使它们在相应的生命时期把这等性状传递给相应的性别。如果假定雌鸟和幼鸟在变异过程的每一阶段中共同都倾向于变得像雄鸟那样的鲜明色彩，那么雌鸟不会变得色彩暗淡，倘幼鸟不参与这种变化，这也是一件多少奇怪的事；因为就我所能发现的来说，还没有一个事例表明雌鸟色彩暗淡而幼鸟色彩鲜明的物种。然而，某些啄木鸟的幼者提供了一个局部的例外，因为它们"头的整个上部都呈红色"，而雌雄二者以后到达成年时，它就减弱为仅仅一圈红线，或者雌鸟到达成年时，它就完全消失。①

最后，关于我们眼前这一类事实最可能的解释似乎是：只有在雄鸟生命相当晚的时期在鲜明色彩或其他装饰性状方面发生的连续变异才被保存了下来；而这等变异的大部分或全部，由于它们出现的时期是在生命晚期，因而从一开始就只向成年的雄性后代传递。雌鸟或幼鸟所发生的任何鲜明色彩的变异，对它们都没有用处，因而不会被选择；若有危险的话，甚至会被消除掉。这样，雌鸟和幼鸟或保持不变，或通过传递从雄者那里接受某些连续变异而发生局部改变（这更是常见得多）。雌雄二者恐怕都受到了它们长期暴露于其中的生活条件的直接作用；但雌鸟将会更好地表现任何这等效果，因为除此之外别无他法可使它大大改变。这些变化以及所有其他变化由于许多个体之间的自由杂交将会保持一致。在某些场合中，特别是在地栖鸟类的场合中，雌鸟和幼鸟为了保护自己，可能发生与雄鸟无关的变异，结果是获得了同样的暗淡色彩的羽衣。

第二类　凡是成年雌鸟比成年雄鸟的色彩更显著的，则雌雄幼鸟的第一次羽衣同成年雄鸟的相似。——这一类事实同上一类恰恰相反，因为在这里雌鸟的色彩比雄鸟的更鲜明或更显著；而其幼鸟，就已知情况来看，是同成年雄鸟相似而不是同成年雌鸟相似。但是，雌雄之间的差异决不像第一类许多鸟类的雌雄差异那么大，而且这一类情况比较罕见。华莱士先生最先注意到雄鸟较不鲜明的色彩和它们承担孵卵义务之间存在着一种独特关系，他非常强调这一点，②认为这是一个决定性的考察，可以证明在孵卵期间暗淡色彩的获得乃是为了保护自己。还有一个不同的观点，在我看来，似乎更为合理。由于这些事实奇特而且为数不多，我将把我所能找到的全部事实简要列举如下。

三趾鹑属（Turnix）有一个组（section），形似鹌鹑，其雌鸟永远大于雄鸟（有一个澳大利亚的物种，差不多要大两倍），对鹑鸡类来说，这却是一种异常的情况。在该属大多数物种中，雌鸟的色彩比雄鸟的更显著而且更鲜明，③但在少数一些物种中雌雄二者则彼此相似。印度三趾鹑（*Turnix taigoor*）的雄者，其"喉部和颈部缺少黑色，其羽衣的整个色调比雌鸟的较淡而且较不鲜明"。雌鸟看来比雄鸟更爱吵闹，肯定比雄鸟更加好斗得多；因此，当地人民常常养雌鸟而不是养雄鸟，使它们相斗，就像养斗雄鸡那样。英国捕鸟人用雄鸟为媒鸟，置于陷网的近旁，以激起其他雄鸟的竞争心而捕获之，在印度则用三趾鹑的雌者作为媒鸟。当雌鸟被这样用做媒鸟时，它们很快就开始"咕噜咕噜地高声鸣叫，这种叫声在远处还能听到，任何雌鸟听到叫声时就会迅速奔往该地，并开始同放在那里的

---

① 奥杜邦，《鸟类志》，第 1 卷，193 页。麦克吉利夫雷，《英国鸟类志》，第 3 卷，85 页。再参阅前此所举的有关印度啄木鸟的事例。

② 《威斯敏特评论》，1867 年 7 月。默里《游记》，1868 年，83 页。

③ 关于澳大利亚的物种，参阅古尔德的《澳大利亚鸟类手册》，第 2 卷，178,186,188 页。在不列颠博物馆可以看到澳大利亚的漂鸟（*Pedionomus tonquatus*）标本也表现了相似的性差异。

笼中鸟相斗。"用此方法仅在一天之内就可以捕到12～20只鸟,全都是正在生殖期的雌鸟。当地人民断言,雌鸟在下完卵以后就集合成群并且留下雄鸟去孵卵。没有任何理由可以怀疑这个断言的真实性,它得到了斯温赫先生在中国所作的一些考察材料的支持。[①]布莱恩先生相信其幼年的雌雄二者同成年雄鸟相似。

彩鹬(*Rhynchaea*,图62)有三个物种,其雌鸟"不仅比雄鸟大,而且色彩华丽得多"。[②]凡是雌雄二者气管构造有所不同的一切其他鸟类,都是雄鸟的气管比雌鸟的更为发达而且更为复杂;但在南方彩鹬(*Rhynchaea australis*)来说,则雄鸟的气管构造简单,而雌鸟的气管要经过四道显著的盘旋才进入肺部。[③] 因而这个物种的雌鸟已获得了一种显著的雄性特征。布莱恩先生在检查了许多标本之后,查明孟加拉彩鹬(*R. bengalensis*)的雌雄二者的气管也都不盘绕,这个物种同南方彩鹬如此相似,以致除了脚趾较短以外,简直没有其他区别。亲缘密切相近的类型的次级性征往往差异很大,关于这一法则,上述事实又是一个显著的例证;但这等差异同雌有关时,那便是一种很罕见的情况了。孟加拉彩鹬雌雄幼鸟的第一次羽衣据说同成熟雄鸟的相似。[④] 也有理由相信其雄鸟承担了孵卵的义务,因为斯温赫先生[⑤]发现其雌鸟在夏末以前就集合成群,正如雌三趾鹑所发生的情况一样。

图62 彩鹬(*Rhynchaea capensis*)(采自布雷姆)

灰瓣蹼鹬(*Phalaropus fulicarius*)和红领瓣蹼鹬(*P. hyperboreus*)的雌者都比雄者大,它们的夏羽也"装束得更华丽"。但是,雌雄二者在色彩上的差异则决不是显著的,按照斯廷斯特拉普(Steenstrup)教授的材料,灰瓣蹼鹬只有雄鸟担任孵卵的义务;雄鸟在生殖季节中的胸羽也表明了这一点。斑点鸻(*Eudromias morinellus*)的雌者比雄者大,其

---

① 杰尔登,《印度鸟类》,第3卷,596页。斯温赫先生的论述,见《彩鹬》,1865年,542页;1866年,131,405页。
② 杰尔登,《印度鸟类》,第3卷,677页。
③ 古尔德的《澳大利亚鸟类手册》,第2卷,275页。
④ 《印度的田野》(*The Indian Field*),1858年9月,3页。
⑤ 《彩鹬》,1866年,298页。

体部底面具有红和黑的色彩,胸部新月形白斑以及眼睛上面的条纹都更强烈显著。其雄鸟至少也参与孵卵;但雌鸟同样照看幼鸟。① 我没有能够弄清楚这些物种的幼鸟同成年雄鸟的相似是否甚于同成年雌鸟的相似;因为作出这种比较或多或少是困难的,这是由于两次换羽的缘故。

现在来谈谈鸵鸟目:普通鹤鸵(*Casuarius galeatus*)的雄鸟由于其体型较小,由于其附器和头部裸皮的颜色远不如雌鸟的那样鲜明,所以任何人都会把它当做雌鸟;并且巴特利特先生告诉我说,在动物园里肯定只有其雄鸟孵卵并照看幼鸟。② 伍德先生说③,其雌鸟在生殖季节表现了一种最好斗的性情;这时其垂肉变大而且色彩更鲜艳。此外,斑鸸鹋(*Dromaeus irroratus*)的雌鸟比雄鸟大得多,它具有一个微小的顶结,除此之外,在羽衣其他方面则无法加以区别。然而,它"在愤怒或受到其他刺激时,似乎比雄鸟的力气更大,颈部和胸部的羽毛皆竖起,就像雄火鸡那样。它通常更勇敢而且更好斗。尤其在夜间它会发出一种空洞深沉的隆隆喉音,就像一面小锣的响声一般。其雄鸟的骨骼较纤细,而且较驯顺,愤怒时只发出一种压抑的咝咝声,或一种嘎嘎声"。它不仅承担了孵卵的整个义务,而且还要保护幼鸟不受它们母亲的危害;"因为母亲一看见其后代就变得非常激动,不顾父亲的抵抗,似乎要尽最大努力去毁灭幼鸟。数月之后,把双亲放在一起,还是不安全的,激烈的争吵乃是不可避免的结果,在这场争吵中雌鸟一般都是胜利者。"④ 因此,关于鸸鹋,我们看到了一种完全颠倒的情况,不但父母的和孵卵的本能颠倒了,而且雌雄二者的正常精神品质也颠倒了;其雌鸟凶猛,好争吵而且喧闹,而雄鸟则温和而且良善。非洲鸵鸟的情况远非如此,因为其雄鸟比雌鸟多少要大些,而且具有比较美观的羽饰,其色彩对比更为强烈,尽管如此,雄鸟还是担负着整个孵卵的义务。⑤

我将列举我所知道的其他少数事例来作说明,这些事例表明其雌鸟比雄鸟的色彩更为显著,虽然对其孵卵方式毫无所知。关于福克兰群岛(Falkland Islands)上的一种食腐肉的鸢(*Milvago leucurus*),我在解剖时非常惊奇地发现,那些全身色彩强烈显著的个体——蜡膜和腿部呈橙色,都是成年的雌鸟;而那些羽衣色彩比较暗淡的、腿部呈灰色的个体,都是雄鸟或幼鸟。澳大利亚有一种红喉短嘴旋木雀(*Climacteris erythrops*),其雌鸟异于雄鸟之处在于"喉部有美丽发亮的赤褐色斑记,而雄鸟这一部分的色彩则十分平淡"。最后,澳大利亚有一种欧夜鹰,"其雌鸟体型总是大于雄鸟,色彩之鲜艳也超过雄

---

① 关于这若干记述,参阅古尔德先生《大不列颠鸟类》,牛顿教授告诉我说,他根据自己和其他人的观察,长期一直相信上述物种的雄鸟全部地或者大部地担负起孵卵的义务,而且"在危险中它们对幼鸟的献身精神远比雌鸟大得多"。正如他告诉我的,斑尾塍鹬(*Limosa lapponica*)和少数一些涉禽类的雌鸟都比雄鸟大,而且具有更强烈对比的色彩。

② 塞兰岛土人断言(华莱士,《马来群岛》,第2卷,150页),其雄鸟和雌鸟轮流孵卵;但巴特利特先生认为这大概是雌鸟来巢下卵之误。

③ 《学生》,1870年4月,124页。

④ 关于这种鸟在圈养条件下的习性,参阅贝内特先生的杰出文章,见《陆和水》,1868年5月,233页。

⑤ 斯克莱特先生关于鸵鸟孵卵问题的论述,见《动物学会学报》,1863年6月9日游鸵(*Rhea darwinii*)的情况也是如此;马斯特斯(Musters)船长说(《和巴塔哥尼亚的印第安人相处的日子》,1871年,128页),其雄鸟比雌鸟更大、更强壮而且动作更快,其色彩稍暗淡;但它担负孵卵和照看幼鸟的全部责任,正如游鸵属普通物种的雄鸟那样。

鸟,另一方面,雄鸟初级飞羽上的两个白斑点比雌鸟的更为显著"。①

于是我们看到,雌鸟的色彩比雄鸟的更显著,幼鸟的未成熟羽衣同成年雄鸟的羽衣相似,而不是像前章所述的那样同成年雌鸟的羽衣相似,这些事例虽见于各个"目",但为数不多。雌雄二者之间的差异量比前一类常常发生的差异量小到无法相比的程度;所以差异的原因,不论它可能是什么,在这里对雌鸟发生的作用,不及对第一类雄鸟发生的作用那样有力或那样持久。华莱士先生认为雄鸟的色彩在孵卵期间为了保护自己而变得较不显著;但是几乎所有上述事例都表明雌雄二者之间的差异并不够大,似不足据以稳妥地接受这一观点。在一些这类场合中,雌鸟较为鲜明的色彩几乎都限于体部底面,而雄鸟体部底面的色彩如果鲜明,它们在孵卵时大概也不会暴露在危险之中。还应该记住,雄鸟不仅在色彩显著程度上稍逊于雌鸟,而且比雌鸟小而弱。此外,它们不仅获得了母性孵卵的本能,而且还不如雌鸟那样好斗和大声喧叫,有一个例子表明它们的发音器官也比较简单。这样,雌雄二者之间的本能、习性、性情、色彩、大小以及某些构造之点便完成了几乎完全的倒置。

现在如果我们可以假定本类的雄鸟已经失去了它们这一性通常具有的一些热情,因而不再急切地寻求雌鸟;或者,如果我们可以假定其雌鸟的数量比雄鸟的多得多——在印度三趾鹑的场合中据说其雌鸟"远比雄鸟更为常见"②——那么这导致雌鸟追求雄鸟而不是被雄鸟所追求,就不见得不可能了。在一定程度上某些鸟类的情况确系如此,我们在雌孔雀、野火鸡以及某些种类的松鸡中所看到的情况就是这样。如果把大多数雄鸟的习性作为指针,则三趾鹑和鸨鹬的雌鸟的较大体型和体力以及异常的好斗性,都必定意味着它们为了占有雄鸟而尽力把竞争的雌性对手赶跑;从这个观点来看,全部事实就变得一清二楚了;因为,雌鸟由于具有鲜明色彩、其他装饰物以及发音能力,所以最能吸引雄鸟,而雄鸟大概最容易受这等雌鸟的媚惑和刺激。于是,性选择就发生作用,不断地给雌鸟增添魅力;而雄鸟和幼鸟则完全不变,或改变甚少。

第三类 凡成年雄鸟和成年雌鸟相似的,则雌雄幼鸟就具有自己特殊的第一次羽衣。在这一类中,雌雄成鸟彼此相似并异于幼鸟。许多种类的鸟所发生的情况就是如此。雄欧鸲和雌欧鸲几乎无法区别,但其幼鸟则大有差异,它具有暗橄榄色和褐色的斑点羽衣。华丽的猩红色鹦鸟的雄者和雌者彼此相似,而其幼鸟却呈褐色;至于这种猩红色虽为雌雄所共有,但显然是一种性的特征,因为在圈养的条件下,这种性征在任何一性都不会充分发育;当鲜艳的雄鸟被圈养时,这种色彩往往就会消失。有许多苍鹭的物种,其幼鸟和成鸟彼此差异很大;成鸟的夏羽虽为雌雄所共有,却清楚地具有婚羽的特征。幼天鹅呈鼠色,而成熟的天鹅却为纯白色;不过再举一些这方面的例子大概就是多余的

---

① 关于食腐肉的鸢,见《贝格尔舰航海中的动物学:鸟类》,1841 年,16 页。关于旋木鸟和欧夜鹰(*Eurostopodus*),见古尔德的《澳大利亚鸟类手册》,第 1 卷,602,97 页。新西兰的麻鸭(*Tadorna variegata*)提供了一个完全相似的情况;其雌鸟的头部呈纯白色,而背部则比雄鸟的颜色更红,雄鸟的头部为一种鲜艳的暗青铜色,其背部覆以美丽的细纹鼠色羽衣,因此这两方面加起来它就会被认为是两性中更漂亮者。它比雌鸟大,更好斗,而且不孵卵,因而从所有这些方面看,这个物种应归入我们第一类;但斯克莱特先生(《动物学会会报》,1866 年,150 页)非常惊奇地看到幼年雌雄二者在孵出后三个月左右的时候,它们暗色的头部和颈部同成年雄鸟相似,而不同成年雌鸟相似;因此在这种场合中似乎是雌鸟发生了改变,而雄鸟和幼鸟则保持其羽衣的以往状态。

② 杰尔登,《印度鸟类》,第 3 卷,598 页。

了。幼鸟和老鸟之间的这等差异,正如上述两类情况那样,显然在于幼鸟保持了既往的古老状态的羽衣,而雌雄老鸟则获得了新的羽衣。如果成鸟具有鲜明的色彩,我们根据刚才对猩红色鹮鸟和许多种苍鹭所做的记述,以及根据第一类诸物种所做的类推,可以得出结论说,这等色彩是由接近成熟的雄鸟通过性选择而获得的;但不同于上述两类情况的是,这种性状的传递虽然限于相同的年龄,却不限于相同的性别。结果,雌雄二者在成熟时彼此相似而异于幼鸟。

第四类 凡成年雄鸟同成年雌鸟相似的,则雌雄幼鸟的第一次羽衣同成鸟的羽衣相似。——在这一类中,幼年的和成年的雌雄二者,不论其色彩鲜艳或暗淡,都彼此相似。我想,这一类情况比上一类情况更为常见。在英国可举之例有:翠鸟、某些啄木鸟、松鸦、喜鹊、乌鸦以及许多色彩暗淡的小型鸟类,如篱莺或普通鹪鹩。但幼鸟和老鸟之间在羽衣方面的相似决不完全,而渐次变为不相似。例如,鱼狗科某些成员的幼鸟不仅在色彩上不及成鸟鲜艳,而且其体部底面的许多羽毛具有褐色的边,[①]这大概是其已往羽衣状态的痕迹。在这种鸟的同一类群中,甚至在同一属中,例如在锦鹦(Platycercus)的一个澳大利亚的属中,某些物种的幼鸟同其彼此相似的双亲密切相似,而其他物种的幼鸟则同其彼此相似的双亲相当不同。[②] 普通樫鸟的雌雄二者及其幼鸟都彼此相似;但加拿大噪鸦(*Perisoreus canadensis*)的幼者同其双亲的差异如此之大,以致过去曾把它们描述为不同的物种[③]。

在继续往下讨论之前,我愿指出,在这一类以及下述两类的场合中,事实是如此复杂,而且结论是如此可疑,因而对这个问题不感特别兴趣的任何人还是略而不谈为好。

这一类的许多种鸟都是以其鲜艳的或显著的色彩作为特征,这等色彩很少有或者决不会有保护作用;因此大概是雄鸟通过性选择获得了这等色彩,而后传递给了雌鸟和幼鸟。然而,有可能雄鸟选择更有魅力的雌鸟,如果这些雄鸟将其性状传递给雌雄双方的后代,则其结果同雌鸟选择更有魅力的雄鸟所产生的结果是一样的。但有证据可以证明,在雌雄二者一般彼此相似的任何鸟的类群中,这种偶然情况即便曾经有过,也是很少发生的;因为这等连续变异未能传递给雌雄二者的甚至只是少数,则雌鸟也会在美观方面稍微超过雄鸟。在自然状态下发生的情况恰好相反;因为,在雌雄二者一般彼此相似的差不多每一个大类群中,某些少数物种的雄鸟色彩的鲜明程度略胜于雌鸟。也有可能雌鸟会选择比较美丽的雄鸟,而这等雄者反过来也会选择比较漂亮的雌鸟;但这种双重选择过程是否可能发生,还是有疑问的,这是因为其中一性的热情要大于另一性,再者,这种双重选择过程是否比只有一方的选择更为有效,也是有疑问的。因此最合理的观点是,按照动物界的一般规律,就所涉及的装饰性状而言,性选择曾经对雄鸟发生过作用,而且这些雄鸟把它们渐次获得的色彩或是相等地或是几乎相等地传给了其雌雄二者的后代。雄鸟最初发生的连续变异究竟在其接近成熟之后,抑在其十分幼小的时候,是一个更大的疑问,在任何上述一种场合中,只要雄鸟为了占有雌鸟势必同其对手进行竞争

---

① 杰尔登,《印度鸟类》,第1卷,222,228页。古尔德,《澳大利亚鸟类手册》,第1卷,124,130页。

② 古尔德,同上著作,第2卷,37,46,56页。

③ 奥杜邦,《鸟类志》,第2卷,55页。

时性选择就一定会对雄鸟发生作用；在那两种场合中这样获得的性状就会传递给雌雄双方，而且这种传递系在所有年龄中进行的。但是，这等性状如果是由成年雄鸟获得的，那么就只传递给成鸟，并且在此后的某个时期再传递给幼鸟。因为已经知道，在相应年龄遗传的规律一旦失效，其后代承继那些性状的时期，往往要早于双亲最初出现那些性状的时期。① 在处于自然状况下的鸟类中可以明显地观察到这等情况。例如，布莱恩先生见过红色伯劳（*Lanius rufus*）和冰雪群岛鹏（*Colymbus glacialis*）的标本，它们在幼小的时候便十分反常地呈现了其双亲的成年羽衣。② 再者，普通天鹅（*Cygnus olor*）的幼者要到 18 个月或两岁才脱掉其暗色羽毛而变成白色的；但福勒尔（F. Forel）博士描述过三只精力旺盛的幼天鹅，它们这一窝一共有 4 只，而这 3 只一生下来就是纯白色的。这些幼鸟并非白化体（albinoes），因为它们的喙和腿的颜色和成鸟的同一部分接近相似。③

本类雌雄二者以及幼鸟可能按照上述三种方式而彼此相似，用麻雀属的奇妙事例来说明这三种方式，这是值得一试的。④ 家雀的雄者同其雌者以及幼者差异很大。其幼者和雌者彼此相似，并在很大程度上同巴勒斯坦麻雀（*P. brachydactylus*）的以及亲缘关系密切相近的物种的雌雄二者和幼者相似。因此我们可以假定家雀的雌者和幼者大致向我们表明了该属祖先的羽衣状况。且说，山麻雀的雌雄二者和幼者都同家雀的雄者密切相似，所以说，它们全都按照同样的方式发生变异，而且全都背离了它们早期祖先的典型色彩。这可能是由山麻雀的一个早期雄性祖先来实现的，它发生变异，第一可能是在接近成熟的时期，第二可能在它十分幼小的时期，而且无论在上述哪一种场合中，都把改变了的羽衣传递给了雌鸟和幼鸟；或者第三，它也许在成年发生变异，并把其羽衣传递给了成年的雌雄二者，并且，由于在相应年龄遗传的法则失效，在以后某个时期传递给了幼鸟。

这三种方式在这一类情况中何者属于主导地位，仍是无法确定的。最可能的是，雄鸟在幼年发生变异，并把它的变异传递给了其后代的雌雄二者。我可以在此作点补充，我曾查阅各种著作，试图确定鸟类的变异时期对于性状传递给一性或传递给两性究竟可以决定到什么程度，但很少成功。常常提到的那两条规律（即，在生命晚期发生的变异只传递给相同性别的一方，而在生命早期发生的变异则传递给雌雄双方），明显地适用于第一类⑤、第二类以及第四类的情况；但对第三类，往往还对第五类⑥，而且对小小的第六类

---

① 《动物和植物在家养下的变异》，第 2 卷，79 页。

② 查里沃思主编的《博物学杂志》，第 1 卷，1837 年，305，306 页。

③ 《科普协会简报》（*Bulletin de La Soc. Vaudoise des Sc. Nat.*），第 10 卷，1869 年，132 页，波兰天鹅，即雅列尔命名的变天鹅（*Cygnus immutabilis*），其幼鸟永呈白色；但是，正如斯克莱特先生告诉我的，据认为，这个物种不过是普通天鹅（*Cygnus olor*）的一个变种而已。

④ 我感谢布莱恩先生提供有关这个属的材料。巴勒斯坦麻雀乃是一个石雀（*Petronia*）的亚属。

⑤ 例如，夏鹨（*Tanagra aestiva*）和蓝燕雀（*Fringilla cyanea*）的雄鸟的漂亮羽衣完全长好，需时 3 年，而燕雀（*Fringilla crris*）的雄鸟需时 4 年（见奥杜邦的《鸟类志》，第 1 卷，233，280，378 页），斑凫（Harlequin duck）需时三年（同上著作，第 3 卷，614 页）。我听詹纳·韦尔先生说，雄金雉在孵出三个月左右就可同雌金雉区别开来，但其华丽的完善羽衣要到来年九月底才会出现。

⑥ 这样，坦塔罗斯彩鹳（*Ibis tantalus*）和美洲鹤（*Grus americanus*）需时四年，红鹳（*Flamingo*）需时数年，而游鹭（*Andea ludovicana*）需时两年，才获得其完善的羽衣。参阅奥杜邦的上述著作，第 1 卷，221 页；第 3 卷，133，139，211 页。

就不适用了。然而，就我所能判断的来说，它们可以应用于相当多数的物种；我们千万不要忘记马歇尔博士对鸟类头部突起所作的惊人概括。这两条规律是否一般都能适用，我们根据第八章所举出的事实可以断言，变异的时期在决定传递形式方面是一个重要的因素。

关于鸟类，我们应该用什么标准去判断变异时期的迟或早，是根据同生命期限有关的年龄，还是根据生殖能力，要不根据物种所通过的换羽次数，都是难以决定的。鸟类的换羽，即使在同一科里，有时没有任何可指出的原因也彼此大不相同。有一些鸟类那么早就换羽，以致在其初级翼羽充分成长之前其体部的羽毛就几乎全脱光了；我们不能相信这是事物的原始状态。如果换羽时期提前了，则其成熟羽衣颜色最先发育的年龄会使我们错误地认为它比实际的发育年龄为早。有些鸟类玩赏家所用的鉴定性别的方法可以说明这一点，他们从尚未离巢的红腹灰雀的胸部，从幼小金雉的头部或颈部，拔掉少许羽毛，以确定它们的性别；因为，若是雄鸟，则在拔掉的那些羽毛原处立即会长出有色的羽毛。① 我们只知道少数鸟类的生命期限，所以我们几乎无法用这个标准来作出判断。至于获得生殖能力的时期，有一个值得注意的事实，即，各种鸟类在保持其未成熟的羽衣时就偶尔进行繁育。②

鸟类在保持其未成熟羽衣时就进行繁育的事实似乎同以下信念相反，即，如我所相信的，性选择在使雄者获得装饰性的色彩、羽饰等并通过同等传递把这些性状传递给许多物种的雌者等方面起了重要的作用。如果年龄较小和装饰较差的雄者能像年龄较大和外观较美的雄者那样成功地赢得雌者和繁殖其种类，那么这种相反的情况就是有确实根据的了。可是我们没有理由假定情况确系如此。奥杜邦曾把一种彩鹳（*Ibis tantalus*）的未成熟雄者进行繁殖当做一种稀罕的事来说，斯温赫先生也提到过黄鹂属（*Oriolus*）的未成熟雄者发生过这种情况。③ 如果任何物种的幼鸟在羽衣尚未成熟的状况下能够比成鸟更成功地赢得配偶，则成年的羽衣大概很快就会消失，因为那些最长久保持未成熟羽衣雄鸟大概居于优势，这样，物种的性状最终要发生变异。④ 反之，如果幼鸟在获得雌鸟方面从未成功，那么早期生殖的习性恐怕迟早要归于消灭，因为这一定要消耗体力，但无

---

① 布莱恩先生的论述，见查理沃思主编的《博物学杂志》，第 1 卷，1837 年，300 页。有关金雉的材料是巴特利特先生告诉我的。

② 我曾注意到奥托邦的《鸟类志》中的下述事例。美国的红尾鸲（*Muscapica ruticilla*，第 1 卷，203 页），坦塔罗斯彩鹳需时四年才达到完全成熟，但有时在孵出后第二年就繁育（第 3 卷，133 页）。美洲鹳需要同样长的时间，但在获得其完善羽衣前就繁育（第 3 卷，211 页）。青鹭（*Ardea caerulea*）的成鸟呈蓝色，幼鸟则呈白色；可以看到白色的、杂色的以及成熟的蓝色鸟全都在一块繁育（第 4 卷，58 页）；但布莱恩先生告诉我说，某些苍鹭显然是二态的，因为可以看到同龄的白色和有色的个体。斑鸭（*Anas histrionica* Linn.）需时三年才能获得其完善羽衣，虽然许多凫类在孵出后第二年就繁育（第 3 卷，614 页）。白头隼（*Falco leucocephalus*，第 3 卷，210 页）据知同样在未成熟时就繁育。黄鹂属的一些物种（根据布莱恩先生和斯温赫先生的材料，见《彩鹳》，1863 年 7 月，68 页）同样在获得其完善羽衣前就繁育。

③ 见上注。

④ 属于完全不同纲的其他动物，无论是惯常地还是偶然地都能在完全获得其成年性状之前就可以繁育。鲑鱼的幼年雄者就是如此。有几种两栖动物，据知尚保持其幼体构造时就进行繁育。弗里茨·米勒指出（《支持达尔文的事实和论证》，英译本，1869 年，79 页）有几种异脚类甲壳动物的雄者在幼小时即达到性成熟了；我推论这是成熟前就进行繁育的一个例子，因为那时它们还没有获得其完全发育的抱握器。所有这类事实都是非常有趣的好像凭一种手段就可使物种实现性状的巨大改变。

此必要。

　　某些鸟类的羽衣在充分成熟后的许多年里还不断增添其美丽；孔雀和一些极乐鸟的尾羽，以及几种苍鹭（如 *Ardea ludovicana*）的羽冠和羽饰就是如此。[①] 但这种羽毛的不断发育究竟是对连续的有利变异的选择的结果（尽管这个观点对极乐鸟来说是最合理的）还是单纯的不断生长的结果，尚有疑问。大多数鱼类在它们健康和食物丰富的期间，其大小还在不断增长；鸟类的羽饰可能也受一种与此多少相似的法则所支配。

　　第五类　凡成年的雌雄二者具有不同冬羽和夏羽的，无论其雄鸟是否异于雌鸟，其幼鸟的冬羽同成年雌雄二者的冬羽相似，或同它们的夏羽相似，但这种情况要罕见得多；或者幼鸟仅同雌鸟相似。或者，幼鸟可能具有一种中间的性状；还有幼鸟同雄鸟的冬羽和夏羽都迥然不同。——这一类情况异常复杂；这也不奇怪，因为它们决定于遗传，而这种遗传不同程度地受到三个方面、即性别、年龄以及季节性的限制。在某些场合中同一物种的一些个体至少要经过五种不同的羽衣状态。关于雄鸟只在夏季或更为罕见地在冬夏两季异于雌鸟的物种，[②]其幼鸟一般同雌鸟相似——所谓北美的金翅雀、显然还有鲜艳的澳洲莫鲁里鸟（*Maluri*）都是如此。[③]　关于雌雄二者在夏季和冬季都彼此相像的物种，其幼鸟同成鸟的相似在于：第一，它们的冬羽；第二，它们的夏羽，但这种情况要罕见得多，第三，介于以上两种状态之间；第四，幼鸟可能在所有季节里都和成鸟迥然不同。这四种情况的第一种有一种印度白鹭（*Buphus coromandus*）为例，其幼鸟和成年的雌雄二者在冬季均呈白色，到夏季，成鸟就变为浅金黄色。关于印度的懒钳嘴鸭（*Anastomus oscitans*），其情况与此相似，但其色彩正好相反：因为在冬季其幼鸟和成年的雌雄二者均呈灰色和黑色，到夏季其成鸟就变为白色。[④]　作为第二种情况的一个例子，如剃刀喙海雀（*Alca torda*, Linn.），其幼鸟的早期羽衣在色彩上同成鸟的夏季羽衣相像；而北美白冠燕雀（*Fringilla leucophrys*）的幼鸟，一会飞时，头上就有优美的白色条纹，到冬季幼鸟和老鸟的这等性状都消失了。[⑤]　关于第三种情况，即幼鸟具有介于成年的夏羽和冬羽之间中间性状，雅列尔[⑥]坚决认为许多涉禽类都发生过这种情况。最后，关于幼鸟和雌雄二者的成年夏羽和成年冬羽都迥然不同的情况，在北美和印度的一些苍鹭以及白鹭中均有发生——只有它们的幼鸟呈白色。

　　关于这些复杂的情况我仅稍作陈述。凡幼鸟和雌鸟的夏羽相似或同成年雌雄二者的冬羽相似的，其情况同第一类和第三类情况的不同之点仅在于雄鸟在生殖季节最先获

---

　　① 杰尔登，《印度鸟类》，第 3 卷，507 页，关于孔雀。马歇尔博士认为极乐鸟的较老和较鲜艳的雄鸟比较年幼的雄鸟有更大优越性；见《荷兰文献》，第 6 卷，1871 年。——关于鹭属，见奥杜邦的上述著作，第 3 卷，139 页。

　　② 关于图例见麦克吉利夫雷的《英国鸟类志》一书，关于鹬属见第 229，271 页；关于流苏鹬，见第 172 页；关于剑鸻（*Charadrius hiaticula*），见 118 页；关于雨鸻（*Charadrius pluvialis*），见第 94 页。

　　③ 有关北美洲金翅雀、暗色燕雀见奥杜邦的《鸟类志》第 1 卷，172 页。关于莫鲁里鸟，见古尔德的《澳大利亚鸟类手册》，第 1 卷，318 页。

　　④ 我感谢布莱恩先生提供的有关印度白鹭的材料；再参阅杰尔登的《印度鸟类》，第 3 卷，749 页。关于懒钳嘴鸭，见布莱恩的论述，《彩鹮》，1867 年，173 页。

　　⑤ 关于海雀，见麦克吉利夫雷的《英国鸟类志》，第 5 卷，347 页。关于白冠燕雀见奥杜邦的上述著作，第 2 卷，89 页。我以后还会提到某些苍鹭和白鹭的幼鸟呈白色的问题。

　　⑥ 参阅《英国鸟类志》，第 1 卷，1839 年，159 页。

得的并限于在相应季节传递的那些性状。凡成鸟具有不同的夏羽和冬羽,而且其幼鸟异于雌雄二者的,其情况就比较费解了。我们可以承认幼鸟大概保持了一种古老的羽衣状态;我们根据性选择能够说明成鸟的夏羽或婚羽,可是我们如何说明其不同的冬羽呢?如果我们能承认这种羽衣在所有场合中都是作为保护之用的,那么它的获得就是一件简单的事了;但似乎没有恰当的理由来承认这一点。或可提出这样的意见:冬季和夏季迥然不同的生活条件对这种羽衣发生了直接作用;这也许有一些影响,但我没有多大信心来承认我们所看到的这两种羽衣之间的如此重大差异是这样引起的。比较合理的一种解释是,通过夏羽某些性状的传递古老的羽衣样式发生了部分变异,而这种古老的羽衣样式在冬季还为成鸟所保持。最后,属于这一类的所有情况,显然都是由成年雄鸟获得的性状所支配的,这些性状的传递受到了年龄、季节和性别的各种不同限制;但要试图进一步探明这些复杂的关系也许是不值得。

第六类 凡幼鸟的第一次羽衣按不同性别而彼此相异的,则幼小的雄鸟同成年的雄鸟多少密切相似,而幼小的雌鸟同成年的雌鸟多少密切相似。属于这一类的情况,虽出现于各种类群,但为数不多;幼鸟一开始就应该或多或少地和同一性别的成鸟相似,而且逐渐变得越来越相似,好像是最自然不过的事了。黑冠莺(*Sylvia atricapilla*)的成年雄鸟的头部为黑色,而雌鸟的头部则呈红褐色;布莱恩先生告诉我说,其雌雄幼鸟甚至在还没有离巢的时候也能根据这等性状加以区分。在鸫这一科中,有异常多的相似事例已被注意到了;例如雄乌鸫(*Turdus merula*)的雏鸟就能同雌乌鸫的雏鸟相区别。饶舌鸫(*Turdus polyglottus*, Linn.)的雌雄二者彼此差异很小,可是其雄鸟在年龄很小时由于呈现更纯的白色而能容易地同雌鸟区分开来。[①] 树鸫(*Orocetes erythrogastra*)和岩鸫(*Petrocincla cyanea*)的雄鸟有很多羽毛呈现一种优美的蓝色,其雌鸟则呈褐色;这两个物种的雄性雏鸟其主要的翼羽和尾羽都有蓝色的边,而雌鸟则具有褐色的边。[②] 幼小乌鸫的翼羽表现了成熟的性状,而且在其他羽毛之后变黑;反之,刚才提到的那两个物种的翼羽则在其他羽毛之前变蓝。关于这一类情况,最合理的观点是,和第一类情况有所不同,即,雄鸟把这种色彩传递给雄性后代的年龄早于它们最初获得这种色彩的年龄;因为,如果雄鸟是在十分幼小时发生变异的,那么其性状大概就会传递给雌雄二者。[③]

有一种蜂鸟,叫亮羽蜂鸟(*Aithurus polytmus*),其雄鸟具有黑和绿的灿烂色彩,而且有两条大小延长了的尾羽;雌鸟只有一条平常的尾羽而且色彩也不显著;于是其幼小雄鸟不是按照普通的规律同成年雌鸟相似,而是以一开始就呈现这种性别所固有的那种色彩而且其尾羽也迅速变长了。我感谢古尔德先生提供这个材料,他还向我提供下述更惊人的而且迄今尚未发表的事例。有两种属于 *Eustephanus* 的蜂鸟均具美丽的色彩,栖居

---

① 奥杜邦,《鸟类志》,第 1 卷,113 页。

② 赖特(C. A. Wright)先生的著述,见《彩鹳》,第 6 卷,1864 年,65 页。杰尔登,《印度鸟类》,第 1 卷,515 页。再参阅布莱恩关于乌鸫的论述,见查理沃思主编的《博物学杂志》,第 6 卷,1837 年,113 页。

③ 尚有数例补充如下:玫红唐纳雀(*Tanagra rubra*)的年幼雄鸟同年幼雌鸟有区别(奥杜邦,《鸟类志》,第 4 卷,392 页),一种印度的蓝鸱(*Dendrophila frontalis*),其雄鸟也同样地雌雄有别(杰尔登,《印度鸟类》,第 1 卷,389 页)。布莱恩先生也告诉我说,黑喉石雕(*Saxicola rubicola*)在很早的年龄其雌雄二者就可彼此区别。沙尔文先生举出(《动物学会会报》,1870 年,206 页)一个例子表明一种蜂鸟同下面所说的 *Eustephanus* 相似。

于胡安·费尔南德斯的小岛上,而且永远被划为不同的物种。但最近已经证实,其中呈鲜艳栗褐色、头部为金红色的一种乃是雄鸟,而呈绿色和白色斑驳的优美色彩、头部为金绿色的另一种则是雌鸟。于是,其幼鸟在最初就同相应性别的成鸟或多或少地相似了,以后这种相似逐渐变得越来越完全。

如果我们像以前那样地把幼鸟的羽衣作为我们的指针,那么雌雄二者似乎彼此无关地各自变得美丽;而不是某一性把其美丽部分地传递给了另一性。雄鸟显然是通过性选择获得了鲜明的色彩,其方式正如第一类场合中的孔雀和雉那样;而雌鸟则是按照第二类场合中彩鹬属或三趾鹑属的雌鸟那样方式获得其显著色彩的。但是要理解同一物种雌雄二者为何能够同时实现这一过程那就困难得多了。沙尔文先生说,正如我们在第八章所见到的,关于某些蜂鸟,其雄鸟在数量上大大超过了雌鸟,而栖居在同一地方的其他物种则是雌鸟的数量大大超过了雄鸟。于是,如果我们可以假定在以前某个长时期里胡安·费尔南德斯物种的雄鸟在数量上大大超过了雌鸟,而在另一个长时期里又是雌鸟的数量远远超过了雄鸟,那么我们就能理解如何通过对任何一性的色彩鲜明的诸个体的选择在某一个时期使雄鸟、又在另一个时期使雌鸟增添了美丽;雌雄二者在比平常相当早的年龄把它们的性状传递给了幼鸟。这种解释正确与否,我不想妄加评说;但这个事例极其值得注意,以致不能把它忽略过去。

我们现在已于所有这六大类中看到幼鸟羽衣和雌雄两性的或某一性别的成鸟羽衣之间所存在的密切关系。这些关系可根据下述原理得到相当确切的解释,即,某一性别——在大多数场合中这是雄性——通过变异和性选择最先获得了鲜明色彩或其他装饰物,然后按照那些公认的遗传规律以不同方式把它们传递下去。为什么有时即使是属于同一类群的物种,它们的变异也会发生于生命的不同时期,我们还不清楚,但就传递的形式而言,一个重要的决定性原因似乎是变异最先出现时的年龄。

根据在相应年龄遗传的原理,并且根据雄者早期发生的任何颜色变异,在那时都不受到选择的原理——反之往往由于有危险而被淘汰——尽管在生殖期前后发生的相似变异都被保存了下来,幼鸟的羽衣还往往会保持不变或变得很少。这样我们就可略窥现存物种的祖先是什么颜色了。在这六类情况中的五类有大量物种其某一性别或雌雄两性的成鸟是色彩鲜明的,至少在生殖季节期间是如此,而同时幼鸟的色彩总不如成鸟的鲜明,或是色彩十分暗淡;因为,就我所能发现的来说,没有一个事例表明色彩暗淡的物种其幼鸟呈鲜明色彩的,或色彩鲜明的物种其幼鸟比其父母更鲜艳。然而,在第四类中,幼鸟和老鸟彼此相似,有许多物种(尽管决非全部物种)其幼鸟呈鲜明的色彩,既然古老类群是由这些物种组成的,所以我们可以推论其早期祖先也同样是鲜明的。除了这一例外,如果我们从全世界鸟类去看,自从它们的未成熟羽衣给我们作了部分记录的那个时期以来,它们的美似乎大大增加了。

同保护有关的羽衣色彩

已经看到我不能追随华莱士先生去相信暗淡的色彩,当限于雌鸟所专有时,在大多数场合中乃是特别为了保护而被获得的。然而,毫无疑问,如上所述,许多鸟类雌雄二者的色彩都发生了变异,以便逃避其敌害的注意;或者在某些事例中,乃是为了接近其捕食对象时不会被发觉,正如猫头鹰具有柔软的羽毛乃是为了在飞行时不闻其声。华莱士先生说,"只有在热带不落叶的丛林里我们才会找得到其主要色彩是绿色的整群鸟类"。①凡曾试过的,每个人都会承认要把鹦鹉从一株长满绿叶的树识别出来有多么困难。尽管如此,我们还必须记住许多鹦鹉都装饰了深红的、蓝的和橙黄的色彩,而这些色彩几乎是没有保护作用的。啄木鸟显然是树栖的,但除了绿色物种以外,还有许多黑的以及黑白相间的种类——所有这些物种都明显地暴露在几乎相同的危险之中。因此,大概是出没于树间的鸟类通过性选择获得了强烈显著的色彩,但由于额外的保护利益,故绿色的获得往往多于任何其他颜色。

关于在地面上生活的鸟类,每个人都承认它们的色彩是模拟其周围地面的。要看见一只伏在地上的小鹑、沙锥、丘鹬(Woodcock)、某些鸻类、云雀和欧夜鹰是多大地困难。在沙漠居住的动物提供了最惊人的事例,因为那里的地面是裸露的,没有藏身之处,几乎所有较小的四足兽类、爬行类以及鸟类的安全都依靠其体色。特里斯特拉姆先生说,所有撒哈拉的居住者都是以其"淡黄色或沙色"来保护自己。② 当我想起南美的沙漠鸟类以及大不列颠的大多数地栖鸟类,在我看来其雌雄色彩一般差不多是一样的。因此,我向特里斯特拉姆先生请教有关撒哈拉沙漠鸟类的情况,他好心地向我提供了下述材料。有15个属的26个物种,都明显具有保护色彩的羽衣;这种保护色越发惊人的是,大多数这等鸟类的色彩都异于其同种的鸟类。在这26个物种中有13个其雌雄二者的色彩是一样的;但这些物种都是属于通常受这一规律所支配的属,因此,关于沙漠鸟类雌雄二者具有一样的保护色,这些物种并没有向我们说明什么。至于其他13个物种,其中有3个是属于其雌雄二者平常有差异的属,而在这里它们都彼此相似。其余的10个物种,其雄鸟异于雌鸟,但这种差异主要局限于羽衣的底面,当这等鸟伏于地面时就把这一部分掩盖住了;其雌雄二者的头部和背部也具有同样的沙色。因此,这10个物种的雌雄二者的上表面为了保护之故在自然选择的作用下而彼此相像;同时为了装饰之故只有雄鸟的体部底面通过性选择而多样化了。在这里,既然雌雄二者都相等地得到了妥当的保护,我们可以清楚看到自然选择并没有阻止雌鸟继承其父方的色彩;因此我们必须求助于受性别限制的传递法则了。

在世界所有部分的许多软嘴鸟类,特别是那些常常出没于芦苇或苔草中的鸟类,其雌雄二者均呈暗淡的色彩。毫无疑问,如果其色彩是鲜明的,惹起其敌害的注目就要容易得多;可是它们的暗淡色彩是否特别为了保护自己而获得的,就我所能判断的来说,似乎还有相当疑问。至于获得这种暗淡色彩是否会为了装饰之故,就更加可疑了。然而我们必须记住,雄鸟尽管是色彩暗淡的,但往往还同雌鸟有很大差异(像普通麻雀那样),这就使我们相信为了吸引雌鸟这等色彩是通过性选择而被获得的。许多软嘴鸟类都是鸣禽;不应忘记前章的那一段讨论,它表明装饰着鲜明色彩的鸣禽是罕见的。如此看来,作

---

① 见《威斯敏特评论》,1867年7月,5页。
② 《彩鹳》,1859年,第1卷,429页,及以下诸页。然而,罗尔夫斯(Rohlfs)博士在一封信中对我说,根据他在撒哈拉沙漠的经验,这个说法未免过火。

为一般的规律,选择配偶的好像是雌鸟,它们或取雄鸟甜蜜的鸣声或取雄鸟漂亮的色彩,而并非二者兼取。有一些物种的色彩显然是为了保护自己,诸如姬鹬(jacks-nipe)、丘鹬以及欧夜鹰即是,但它们的斑纹和色调按照我们的审美标准来看,照样是极其优美的。在这等场合中我们可以作出结论说,自然选择和性选择为了保护和装饰而共同发挥作用。是否有任何这样一种鸟存在,它并不具有某种用来诱惑异性的特殊魅力,实属可疑。如果雌雄色彩是如此暗淡,以致不应轻率地去假定性选择可以发生作用,而且如果不能提出直接的证据来表明这等色彩系作为保护之用,那么最好还是承认我们对其原因一无所知,或者,几乎是一回事,把其结果归因于生活条件的直接作用。

许多鸟类雌雄二者的色彩虽不鲜艳,却是触目的,诸如数目众多的黑的、白的或黑白相间的物种即是;这些色彩大概都是性选择的结果。普通翅鹬、雷鸟、黑色公松鸡、黑凫(Oidemia)、甚至还有一种黑极乐鸟(Lophorina atra),只有其雄鸟是黑色的,而雌鸟则呈褐色或杂色;这种黑色乃是一种性选择的性状,几乎是无可怀疑的。所以像乌鸦、某些美冠鹦鹉、鸛和天鹅,以及许多种海鸟那样的一些鸟类,其雌雄二者的全局部的黑色同样是性选择的结果,并伴以向雌雄双方的同等传递,在某种程度上是可能的;因为黑色在任何场合中几乎都不能作为保护之用。有若干鸟类,仅是其雄鸟呈黑色,另一些鸟类,其雌雄二者均呈黑色,而它们的喙或头皮则呈鲜明的色彩,由此产生的颜色对比大大增添了它们的美;从雄翅鹬的鲜明的黄喙,从黑色公松鸡和雷鸟眼睛上方的艳红色皮肤,从雄黑凫的各种鲜明颜色的喙,从黄嘴山鸦(Corvus graculus,Linn.)、黑天鹅以及黑鹳的红喙,我们看到了这种美。这个情况使我注意到巨嘴鸟的巨型鸟喙也许是性选择的结果,这样来显示装饰在其巨喙上的各式各样色彩鲜艳的条纹。我看这并不是不可信的。① 鸟喙基部和眼睛周围的裸皮往往也同样是色彩灿烂的;古尔德先生在提到某一个物种时说道,其喙色"在支配期间无疑是最优美和最灿烂的"。② 巨嘴鸟以其巨喙来显示其优美的色彩(在我们看来,误以为不重要),巨喙的松质的构造虽然尽可能使它变轻,但也给它带来了不便,正如雄锦雉以及某些其他鸟类的羽饰妨害了它们的飞行,给它们带来了不便一样,前一情况的可能性未必小于后一情况。

如上所述,各个物种只有雄鸟呈黑色,而雌鸟则呈暗色,同这种情况一样,在少数场合中只有雄鸟全部或局部呈白色,而雌鸟则呈褐色或暗淡的杂色,如南美的几种铃鸟(Chasmorhynchus)、南极黑雁(Bernicla antarctica)、银雉等即是。因此,按照上述同样的原理,许多鸟类的雌雄二者通过性选择获得了其多少完全白色的羽衣是可能的,诸如鹮、若干种有漂亮羽饰的白鹭、某些鹦类、鸥类(gulls)、燕鸥类(terns)等就是这样。在某些这种场合中,只有到了成熟期羽衣才变为白色。若干种鲣鸟(gannets)、热带鸟类等,还

---

① 关于巨嘴鸟的巨嘴迄今尚无满意的解释,至于其鲜艳的色彩,有关解释还要少。贝茨先生说(《亚马孙河流域的博物学家》,第 2 卷,1863 年,341 页),它们是用嘴来啄取树枝末端的果实;同样地,像其他作者说过的,它们还用巨嘴去攫取其他鸟类巢里的卵和幼鸟。但是,正如贝茨先生所承认的,这种鸟嘴"对于用它所要达到的目的来说简直不能认为是形状很完善的工具"。如果说这种鸟嘴仅仅用做把握器官,则其宽度、深度、以及长度所示明的那样巨大体积乃是不可理解的。贝尔特先生相信这等鸟喙的基本用途在于抵御敌害,特别是在树洞里孵卵的雌鸟尤其需用它(《博物学者在尼加拉瓜》,197 页)。

② 即龙首鹦鹉(Ramphastos Carinatus),见古尔德的《鹦鹉科专论》(Monograph Ramphastidae)。

有雪雁(*Anser hyperboreus*)的情况均系如此。后者既然是在尚未被雪覆盖的"不毛地面上"产卵繁育,并且在冬季向南迁居,因此毫无理由假设其雪白的成年羽衣是作为保护之用的。关于懒钳嘴鸭,我们有更好的证据可以证明这种白色羽衣乃是一种婚羽的性状,因为它只在夏季发育;而不成熟的幼鸟以及身着冬装的成鸟都呈灰色和黑色。至于有许多种类的鸥(*Larus*),它们的头部和颈部在夏季变为纯白色,在冬季以及在其幼小状态则呈灰色或杂色。反之,较小的鸥鸟、或潜鸟(*Gavia*)以及某些种燕鸥(*Sterna*),所发生的情况正好相反;因为其幼鸟在头一年,以及成鸟在冬季,它们的头部或呈纯白色或比在生殖季节的色彩暗淡得多。后面这些情况提供了另一种事例,表明性选择好像往往以不定的方式发生作用。①

水栖鸟类获得白色羽衣者远比陆栖鸟类常见得多,这大概决定于水栖鸟类的巨大体型和强大飞行能力,所以它们能容易地防卫自己或逃避猛禽类,此外它们和猛禽类也不常遇。结果,性选择在这里并没有受到保护作用的干扰或支配。毫无疑问,在广阔海洋上方翱翔的鸟类,当因其全白色或深黑色而容易得见时,其雄鸟和雌鸟的彼此觅得就容易得多;因此这等色彩可能就像许多陆栖鸟类呼唤鸣叫那样地用于同一目的。② 当一只白色的或黑色的鸟发现一具在海上漂动或冲上海滩的尸体并向它飞下时,在很远的地方就可看到这只鸟。而且它会引导同一物种的和其他物种的鸟飞向那具尸体,但是,这对第一个发现者是不利的,所以那些最白的或最黑的个体所获得的食物不会多于色彩较不强烈的个体。因此不能为此目的通过自然选择而逐步获得这种显著色彩。

既然性选择受到像审美那样一种彷徨不定的因素所支配,于是,我们就能理解在具有几乎相同习性的鸟的同一类群中,何以会存在白的或接近白的物种,而且存在黑的或接近黑的物种——例如,既有白的又有黑的美冠鹦鹉、鹳、鹮、天鹅、燕鸥和海燕。同样地,黑白斑物种有时和黑的以及白的物种一起在同一类群中出现;如黑颈天鹅,某些燕鸥和普通喜鹊皆是。我们在经过彻底调查任何大量采集品之后可以断言,鸟类对强烈对比的色彩是喜爱的,因为雌雄二者的差异往往是,就淡白色和纯白色的对比而言,雄鸟的白色比雌鸟的更纯,就各种暗色同较深的暗色对比而言,雄鸟的暗色比雌鸟的更深。

甚至还会出现这种情形:单纯的新颖,即为了改变而发生的轻微变化,有时也会作为一种魅力对雌鸟发生作用,就像风尚的改变对我们发生作用一样。例如,有些鹦鹉的雄者几乎不能说比其雌者更美丽,至少按我们的审美标准来看是如此,但它们有这样几点是不同的,如具有一条玫瑰色的颈圈,而不是"一条鲜明的翡翠般的绿色狭颈圈",或者雄鹦鹉具有一条黑颈圈,而不是"位于颈部前方的黄色半颈圈",而且其头部呈浅玫瑰色而不是梅青色。③ 既然有那么多雄鸟以其延长的尾羽或冠羽作为它们主要的装饰,所以上述雄蜂鸟的缩短尾羽以及雄秋沙鸭的缩短冠羽,大概就像我们所欣赏的许多时装改变中

---

① 关于鸥属、潜鸟以及燕鸥,见麦克吉利夫雷的《英国鸟类志》,第5卷,515、584、626页。关于雪雁,见奥杜邦的《鸟类志》,第4卷,562页。关于懒钳嘴鸭,见布莱恩先生的论述,《彩鹮》,1867年,173页。

② 关于兀鹫,可以注意到它们在高空翱翔,既远又广,就像海洋上的水鸟那样,它们有三或四个物种几乎是完全白色或大部白色,许多其他物种则呈黑色。因此这里再一次表明了显著的色彩在生殖季节也许能帮助雌雄二者互相找到对方。

③ 参阅杰尔登关于长尾鹦鹉属的论述,见《印度鸟类》,第1卷,258—260页。

的一种改变那样。

苍鹭科的一些成员提供了一个更为奇妙的例子，表明新颖的颜色似乎为了新颖而受得赞赏。灰鹭（*Ardea asha*）的幼鸟呈白色，而其成鸟则呈暗鼠色；亲缘相近的一种印度白鹭（*Buphus coromandus*）不仅其幼鸟而且其成鸟的冬羽均呈白色，这种白色到生殖季节就变为鲜艳的淡金黄色。要说这两个物种的以及同一科某些其他成员的幼鸟由于任何特殊目的而变为纯白色①并因而引起其敌害的注目，乃是不可置信的，或者说这两个物种之一，其成鸟在一个冬季从不下雪的地方特别变为白色，也是不可置信的。反之，我们有良好的理由来相信许多鸟类获得这种白色乃是作为性的装饰的。因此，我们可以作出结论说，灰鹭和印度白鹭的某一早期祖先为了婚配的目的而获得了白色羽衣，并把这种颜色传递给了幼鸟；因而其幼鸟和老鸟就像某些现存的白鹭那样变成了白色；此后这种白色由幼鸟保存了下来，同时成鸟以更强烈显著的色彩代替了这种白色。但是，如果我们能够进一步追溯这两个物种的早期祖先，我们大概可以看到，其成鸟是色彩暗淡的。根据幼鸟呈暗色、成鸟呈白色的许多其他鸟类的类比，我可以推论出情况大概就是这样的；根据另一种喉鹭（*Ardea gularis*）的情况来类比，问题就清楚了，这种鹭的色彩同灰鹭的色彩正相反，其幼鸟呈暗色，而成鸟呈白色，幼鸟保持了往昔的羽衣状态。因此，在悠久的生物由来的系统中，灰鹭、印度白鹭及其某些近亲的成年祖先似曾经历了下述变化：第一，暗淡的色调；第二，纯白色；第三，由于风尚（如果我可这样表达的话）的另一种变化，它们表现了现今的鼠色、微红色或淡金黄色。只有根据鸟类本身崇尚新颖这一原理才可以解释这等连续的变化。

某些作者设想雌性动物和未开化女人对某些色彩和其他装饰物的审美不会在许多代里保持固定不变；它们最初赞美这一种颜色，后来又赞美另一种颜色，结果就不能产生持久的效果；他们以此来反对性选择的整个理论。我们可以承认审美是彷徨不定的，但并不是完全随心所欲的。它多半是由习性所决定的，我们在人类所看到的就是如此；我们可以推论这也适用于鸟类和其他动物。即使我们的服装也长期保留了其一般的特征，其变化在某种程度上还是逐渐的。在后面一章的两个地方将举出大量的证据，表明许多种族的未开化人若干代以来都赞美同样的皮肤疮痕、同样丑陋的穿孔的嘴唇、鼻孔、或耳朵，变形的头部等等；而这种毁形同各种动物的天然装饰物表现了某种类似。尽管如此，对未开化人来说，这种风尚并不会永久保持下去，因为我们可以从同一个大陆上亲缘相近的部落之间在这方面的差异推论出来。再者，珍奇动物的饲养者许多代以来肯定赞美一些同样的品种，而且现今还在赞美这些品种；他们热切期望出现一些轻微的变化，轻微的变化被视为改进，而任何重大的或突然的变化则被视为最大的瑕疵。关于自然状况下的鸟类，我们没有理由设想它们会赞美一种样式全新的色彩，即使重大的或突然的变异常常发生也是如此，而在自然状况下的变异决不会这样。我们知道，普通家鸽不愿意同各种色彩的珍奇品种合伙；白化的鸟平常找不到配偶；法罗群岛（Feroe Islands）的黑渡鸟把其黑白斑的弟兄赶走。但是，对突然变异的这种厌恶并不妨碍它们对轻微变化的欣

---

① 美国的青色鹭和红色鹭的幼鸟也是白色的，成鸟的颜色犹如各自特有的名称。奥杜邦（《鸟类志》，第3卷，416页；第4卷，58页）在想到羽衣的这种显著变化将大大使"分类学家们为难"时，似乎颇为高兴。

赏，这种情况不会有任何超出人类好恶的地方。因此，审美是受许多因素所支配的，但它部分决定于习性，部分决定于对新颖的爱好，关于审美，动物既很长时期地赞美，装饰物或其他吸引物的同样的一般样式，还欣赏颜色、形状或声音的轻微变化，这似乎不是没有可能性的。

关于鸟类四章的提要

大多数雄鸟在生殖季节是高度好斗的，而且有的还具有适于同其竞争对手进行战斗的武器。但最好斗和武装得最好的雄鸟很少或从来不是单单依靠赶跑或杀死其竞争对手的能力而取得成功的，它们还有媚惑雌鸟的特殊手段。这等手段有些是鸣唱的能力，或发出奇怪的叫声，或为器乐的演奏，结果雄鸟在发音器官、或某些羽毛构造方面就要同雌鸟有所差异。根据产生各种声响的多种多样的奇特手段，我们深刻意识到这种求偶手段的重要性。许多鸟类在地面或天空、有时还在事先预备好的地方进行爱情舞蹈或做滑稽表演以尽力媚惑雌鸟。但许多种类装饰物，最鲜艳的色彩，鸡冠和垂肉，漂亮的羽饰，延长的羽毛，顶结等等，乃是最常见的手段。在某些场合中单是新颖似乎也起了一种媚惑作用。雄鸟的一些装饰物对它们来说一定是高度重要的，因为在并非少数的场合中，获得这等装饰物是以增加来自敌害的危险为代价，甚至以损害同其竞争对手进行战斗的某种能力为代价的。很多物种的雄鸟不到成熟时不会披上其装饰性的装束，或只在生殖季节才披上这等装束，或者其色彩到这时才变得更为鲜艳。某些装饰性的附器在求偶行为的期间增大了，饱满了，而且色彩鲜明了。雄鸟精心地夸示其魅力，以达到最佳的效果；这一切都是在雌鸟的面前进行的。求偶有时是一件冗长的事，而且许多的雄鸟和雌鸟集合于一个预定的地点。要是假定雌鸟不欣赏雄鸟的美丽，就无异于承认它们那些灿烂的装饰、它们所有的盛大仪式和夸示魅力都是无用的；而这种假定是不可置信的。鸟类具有敏锐的识别能力，在少数场合中，可以表明它们具有一种审美力。还有，据了解雌鸟对某些雄性个体偶尔显露出一种显著的偏爱或厌恶。

如果承认雌鸟喜爱比较漂亮的雄鸟，或无意识地受到这等雄鸟的刺激，那么雄鸟通过性选择大概就会缓慢地、但肯定地变得越来越富有魅力。主要发生变异的乃是雄鸟，从下述事实我们可以推论出这一点，即：在雌雄相异的几乎每个属中，雄鸟彼此之间的差异远比雌鸟彼此之间的差异大得多；这种情况又可从下述事实得到充分阐明，即：在某些亲缘密切接近的诸代表性物种中，其雌鸟几乎无法区别，而其雄鸟则十分不同。自然状况下的鸟类所提供的个体差异可以充分满足性选择工作的需要；不过我们已经看到它们偶尔会表现更强烈的显著变异，而这等变异如此经常重现，以致它们如果可以诱惑雌鸟就会马上被固定下来。变异的法则必然决定最初变化的性质并将大大影响其最后结果。在亲缘相近物种的雄鸟之间可以观察到的级进指明了它们所通过的那些步骤的性质。它们还以最有趣的方式说明了某些性状是如何发生的，诸如孔雀尾羽上的齿状眼斑，以及锦雉翼羽上的球与穴眼斑。许多雄鸟的灿烂色彩、顶结、优美的羽饰等等不会是作为保护手段而被获得的；它们的确有时会招致危险。我们可以肯定这等性状的产生并不是由于生活条件之直接而一定的作用，因为雌鸟也暴露在相同的条件之下，却往往同雄鸟极度不同。虽然变化了的外界条件的长期作用在某些场合中可能对雌雄两性、有时对某一性别产生一定的效果,但更重要的结果将是一种变异倾向的加强或产生更强烈显著的个体差异;而这种差异将为性选择提供最好的基础。

雄鸟为了装饰自己、为了产生各种声响以及为了彼此相斗而获得的那些性状,永久地或者在一年的某些季节定期地只传递给雄性一方还是传递给雌雄双方,皆由遗传法则来决定,而与选择无关。为什么各种性状有时会按某一种方式传递,有时又按另一种方式传递,在大多数场合中都是我们所不知的;但变异的时期似乎常常是决定性的原因。当雌雄二者共同遗传了所有性状时,它们必然彼此相似;但是,由于连续变异的传递方式不同,因此,甚至在同一属中,从雌雄二者彼此最密切相似到最广泛不相似之间,可以找到每一个可能的级进。关于遵循差不多相同生活习性的亲缘密切相近的物种,其雄鸟彼此之间的差异主要是由性选择作用造成的,而雌鸟彼此之间的差异则主要是由于或多或少地分享了雄鸟这样获得的那些性状。加之,由于强烈显著的色彩和其他装饰物通过性选择而被积累起来,生活条件一定作用的效果在雄鸟中便被掩盖,而在雌鸟中则不然。雌雄二者的诸个体虽受这样影响,但由于许多个体间的自由杂交,在各个相继的时期内仍能保持接近一致。

关于雌雄色彩相异的物种,有些连续变异可能是常常倾向于相等地传递给雌雄双方的;但是,当这种情况发生时,雌鸟由于在孵卵期间所遭到的毁灭,它获得雄鸟的鲜明色彩就会受到阻止。没有任何证据可以证明通过自然选择把一种传递形式转变为另一种是可能的。但是,通过一开始就限于传递给同一性别的连续变异的选择,使一只雌鸟呈暗淡色彩而雄鸟仍保持其鲜明色彩,并没有丝毫困难。许多物种的雌鸟是否实际上发生了这样的改变,目前一定还有疑问。通过性状相等地向雌雄双方传递的法则,当雌鸟的色彩变得和雄鸟一样显著时,它们的本能似乎也常常发生了改变,所以它们被引导去建造有圆顶的或荫蔽的鸟巢。

一小类奇妙的事例表明,雌雄二者的性状和习性正好完全颠倒,因为雌鸟比雄鸟更大,更强壮,更好斗,而且色彩更鲜明。它们还变得如此爱争吵,以致为了占有雄鸟而常常互相搏斗,就像其他好斗物种的雄鸟为了占有雌鸟而相斗一样。如果这类雌鸟惯常地把其竞争对手赶走,并且靠显示其鲜明色彩或其他魅力以尽力吸引雄鸟的话——看来这是很可能的,那么我们就能理解它们如何通过性选择和受性别限制的遗传而逐渐变得比雄鸟更美丽——而后者则保持不变或只有轻微的改变。

无论何时,只要在相应年龄遗传的法则起支配作用,而不是受性别限制的,遗传法则起支配作用,那么,如果其双亲发生变异的时候是在生命晚期——我们知道,我们的家鸡偶尔也有其他鸟类所发生的情况永远如此——则其幼鸟将不受影响,而其成鸟的雌雄二者将会发生改变。如果这两个遗传法则都起支配作用,而且无论哪一性别的变异均发生在生命晚期,那么就只有那一性别才发生改变,而另一性别和幼鸟都不受影响。当鲜明色彩或其他显著性状的变异都发生在生命早期时,无疑就像常常发生的情况那样,不到生殖时期性选择不会对它们发生作用;因而,如果它们对幼鸟有危险的话,就会通过自然选择而被淘汰。这样,我们就能理解那些发生在生命晚期的变异何以被保存下来,作为雄鸟的装饰;而雌鸟和幼鸟则几乎不曾受到影响,所以彼此相似。关于具有不同的夏羽和冬羽的物种,其雄鸟在冬夏两季或只在夏季不是和雌鸟相似就是和雌鸟有差异,幼鸟和老鸟彼此相似的程度和性质都是极其复杂的;而这等复杂性是由雄鸟最初获得的性状来决定的,这等性状以各种不同的方式,如在年龄、性别和季节的限制下传递下去。

既然有那么多物种的幼鸟在色彩和其他装饰方面只发生很小改变,所以这使我们能够对其早期祖先的羽衣作出某种判断;如就全类情况来看,我们就可推论出我们的现存物种自从那个时期以来已大大增加了其美丽,而幼鸟不成熟的羽衣向我们指明了有关那个时期的间接记录。许多鸟类,尤其是那些多半生活在地面上的鸟类无疑是为了保护自己而呈现暗淡色彩的。在某些事例中,其雌雄二者羽衣暴露在上方表面的均呈暗淡色彩,同时只有雄鸟的底面通过性选择才装饰着各式各样的色彩。最后,根据这四章所列举的事实,我们可以作出结论说,战斗的武器、发声的器官、许多种类的装饰物、鲜明而显著的色彩,一般都是由雄鸟通过变异和性选择而获得的,并且按照几项遗传法则以各种不同的方式传递下去——雌鸟和幼鸟则相对地改变很小。①

---

① 我非常感激斯克莱特先生为我审阅了有关鸟类的第四章以及后面有关哺乳动物的两章。这样在一些物种的名称上,以及在叙述任何一件为这位著名博物学家所清楚了解的事实上,我得以避免发生谬误。不过关于我从不同作者引用来的叙述的精确性如何,他当然完全没有责任。

第十七章　哺乳类的第二性征

斗争的法则——限于雄者所有的特殊武器——雌者不具武器的原因——为雌雄二者所共有的、而最初由雄者所获得的武器——这等武器的其他用途——它们的高度重要性——雄者的较大身体——防御的手段——四足兽雌雄任何一方对配偶的选择

关于哺乳类动物，其雄者赢得雌者似乎是通过斗争，而不是通过魅力的夸耀。最怯懦的、不具有任何特殊斗争武器的动物，在求爱季节也进行殊死的冲突。两只雄野兔据知相斗到其中一只死去为止，雄鼹鼠常常相斗，有时会造成致命的结果；雄松鼠屡屡争斗，"彼此皆负重伤"，雄河狸也是如此，因而"几乎没有一张皮不是有伤痕的"。[1] 我在巴塔戈尼亚看到美洲羊驼（guanacoes）的皮也是伤痕累累；有一次几只美洲羊驼如此精神贯注地进行争斗，以致冲到我身旁也无所畏惧。利文斯通说，南非许多雄性动物差不多都显示有在以往争斗中所负的伤痕。

水栖哺乳动物也受斗争法则的支配，与陆栖哺乳动物无异。众所周知，雄海豹在繁殖季节如何用牙和爪拼命地进行争斗；它们的皮同样也是伤痕累累。雄抹香鲸在繁殖季节是很嫉妒的；在斗争中"它们的颚往往咬在一起，扭来扭去"，所以它们的下颚常常被弄歪。[2]

众所熟知，具有特殊战斗武器的一切雄性动物都进行猛烈斗争。关于雄鹿的勇敢及其殊死的争斗，常见于记述；世界各地都曾发现过它们的骨骼，双方的角紧紧扭在一起而不可解，表明争斗双方同归于尽。[3] 世界上没有一种动物比求偶时的象更为危险的了。坦克维尔（Tankerville）勋爵给过我一份有关奇玲根（chillingham）狩猎公园中公野牛相斗的图解，它们是巨大原牛（Bos primigenius）的后裔；虽在身体大小上退化了，但勇气依然如旧。1861 年有数牛争霸；人们看到有两头比较年轻的公牛合伙向一头老的带头公牛进行攻击，把它打倒，使其丧失战斗力，所以狩猎公园管理人以为这头老公牛已经受到致

---

① 参阅沃特顿关于两只野兔相斗的记载，《动物学者》（*Zoologist*），第 1 卷，1843 年，211 页。关于鼹鼠，贝尔，《英国兽类志》，第 1 版，100 页。关于松鼠，奥杜邦和贝克曼，《北美的胎生四足兽》（*Viviparous Quadrupeds of N. America*），1846 年，269 页。关于河狸，格林先生，《林奈动物学会会刊》（*Journal of Lin. Soc. Zoolog.*），第 10 卷，1869 年，362 页。

② 关于海豹的战斗，艾博特（C. Abbott），《动物学会会报》（*Proc. Zool. Soc.*），1868 年，191 页；布朗先生，同上"会报"，1868 年，436 页；劳埃德，《瑞典的猎鸟》，1867 年，412 页；还可参阅彭南特（Pennant）的文章。关于抹香鲸，J. H. 汤普孙，《动物学会会报》，1867 年，246 页。

③ 参阅斯克罗普（《鹿的狩猎技术》，*Art of Deer-stalking*，17 页）关于两只马鹿（*Cervus elaphus*）的角纠结在一起的记载。理查森，《美国边境地区动物志》，1829 年，252 页，他说，马鹿、驼鹿以及驯鹿的角都会这样地纠结在一起。史密斯在好望角发现过两只角马（gnus）的骨骼，它们的角也是如此。

命伤而倒在附近的树林中了。但是,数日之后当其中一头幼公牛单独走近那片树林时,这位"狩猎地之王"激起了复仇的火焰,跑出树林,很快就把它的敌对者弄死了。于是这头老公牛悠然地回到牛群,长期保持了其无可争辩的统治。沙利文海军上将告诉我说,当他住在马尔维纳斯群岛时,他曾输入一匹英国幼种马,它常同八匹母马往来于威廉港(Port William)附近的山中。在这座山里还有两匹野公马,各领一小群母马;"这些公马一相遇就要发生争斗。这两匹野公马都曾试图单独地同那匹英国种马争斗并把它的母马赶走,但都失败了。有一天,这两匹野公马一齐来了,并对英国种马进行攻击。管理马群的队长看到这种情况,乘马驱至该处,发现其中一匹野公马同英国种马争斗,另一匹则驱赶母马,而且已经赶走了四匹。于是那位队长把整个马群赶入畜栏,问题才告解决,否则那两匹野公马是不会舍母马而去的。

雄性动物凡具有用于普通生活目的之切断齿或撕裂齿者,如食肉类、食虫类和啮齿类,很少再有另外同其竞争对手进行战斗的特殊武器。至于许多其他动物的雄者,其情况就很不相同了。我们看到鹿和某些种类的羚羊就是如此,它们的雄者有角,而雌者无角。有许多动物,其雄者的上颚犬齿、或下颚犬齿、或上下颚双方犬齿都远比雌者的大得多,也许雌者完全没有这等犬齿,有时仅留有一个隐蔽的残迹。某些羚羊、麝、骆驼、马、野猪、各种猿类、海豹、海象均为可举之例。雌海象有时完全不具獠牙。[1] 印度的雄象以及儒艮(dugong)的上颚切齿乃是攻击性的武器。[2] 雄独角鲸(narwhale)唯有左侧犬齿非常发达,呈螺旋状,有时长达 9～10 英尺,所谓角者即是。人们相信雄独齿鲸用这种角相斗;因为"很少找到一只没有损坏的角,偶尔在损坏处还会发现另一个齿尖"。[3] 雄独角鲸的左侧犬齿仅是一个残迹,长约 10 英寸,埋藏于颚中;但是,有时左右两侧的犬齿也同等发达,虽然这是罕见的。雌独角鲸的左右两侧犬齿永远是残迹。雄抹香鲸的头大于雌者,在水战中大的头无疑是有助益的。最后,成年的雄鸭嘴兽(Ornithorhynchus)具有一种奇器,即前腿上的距(spur),同毒蛇的毒牙密切相似;但是,按照哈廷(Harting)的说法,这个腺体的分泌物并无毒;而且在雌鸭嘴兽的腿上有一个凹陷,显然为承受那个距之用。[4]

如果雌者没有雄者所具有的那样武器,则这等武器系用于同其他雄者进行争斗就毫无疑问了;这等武器是通过性选择获得的,而且只传递给雄者。要说雌者由于武器对它们无用、多余或在某一方面有害而被阻止去获得这等武器,乃是不可能的。相反,既然雄者常常把它们用于各种不同的目的,尤其是用于防御其敌手,所以它们在许多动物的雌者身上如此发育不良,或完全缺如,却是一件可怪的事。关于雌鹿,如果在每年的一定季节内有大型的枝角发育,关于雌象,如果有巨大獠牙发育,假定它们对雌者没有任何用

---

① 拉蒙特(Lamont)先生说(《海象的交配季节》(*Seasons with the Sea-Horses*,1861 年,143 页),雄海象的良好獠牙重达 4 磅,比雌海象的獠牙为长,后者重约 3 磅。据描述雄海象相斗凶猛异常。关于雌海象偶尔缺少獠牙,参阅布朗的文章,《动物学会会报》,1868 年,429 页。

② 欧文,《脊椎动物解剖学》,第 3 卷,283 页。

③ 布朗先生,《动物学会会报》,1869 年,553 页。关于这个獠牙的同源性质,参阅特纳教授的论著,《解剖学及生理学杂志》,1872 年,76 页。关于雄者两只獠牙都发达的情况,参阅克拉克的论著,《动物学会会报》,1871 年,42 页。

④ 关于抹香鲸和鸭嘴兽,欧文,同前杂志,第 3 卷,638,641 页。祖特文(Zouteveen)在该书的荷兰文译本(第 2 卷,292 页)中,曾引用哈廷的说法。

处，那么这大概会造成生命力的重大浪费。结果，倘连续变异的传递仅限于雌者，则这等角和牙通过自然选择在雌者方面就会倾向于消失；因为倘不如此，则雄者的武器大概就要受到有害的影响，而且这会造成较大的恶果。从全面来看，并且根据对下列事实来考虑，可能的情况似乎是，如果各种武器在雌雄两方面有所差异，那么这种差异一般决定于通行的传递方式。

在整个鹿科中雌者具角的只有驯鹿这一个物种，但雌鹿们的角比雄驯鹿的角稍小、稍细而且分枝略少，因此，自然会认为这种角对于雌者有某种特殊用途，至少在这一场合中是如此。雌驯鹿的角充分发育时系在九月，从那时起，经过整个冬季，直到四月或五月雌鹿产小鹿时为止，都保持着角。克罗契（Croteh）先生曾在挪威特别为我调查过此事，看来雌驯鹿在这个季节为了生产小鹿似乎要隐匿两周之久，然后又再现，那时一般已经没有角了。然而我听里科斯先生说，在新斯科夏（Nova Scotia）雌驯鹿保持的角的期间有时要长些。另一方面，雄驯鹿角的脱落时期要早得多，约在十一月末。雌雄驯鹿皆有同样的需要，遵循同样的生活习性，而且雄驯鹿在冬季无角，因此这等角在冬季对雌驯鹿来说不见得会有任何特殊用途，冬季占其具角时期的大部分。雌驯鹿的角也未必是由鹿科的某一古代祖先遗传而来的，这是因为地球上所有地方的如此众多的物种的雌者均不具角，所以我们可以作出结论说，这是该类群的原始性状。①

驯鹿的角在极其幼小的时候就发育了；但其原因是什么，现在还弄不清楚。显然是角向雌雄双方传递起了作用。我们应该记住，角永远是通过雌者向下传递的，而且它有一种发育角的潜在能力，我们从老年的或患病的雌者可以看到这种情形。② 再者，鹿的其他一些物种的雌者正常地或偶尔地表现有角的残迹；例如，雌麝鹿（*Cervulus moschatus*）"具有硬而短的毛簇，其先端形成一个瘤状物，以代替角"；大多数雌美洲赤鹿（*Cervus canadensis*）的标本表明，"在角的位置上生有尖锐的骨质突起"。③ 根据这几种考察结果，我们可以作出结论说，雌驯鹿具有十分发育良好的角，乃是由于雄者最初获得了角作为同其他雄者进行争斗的武器；其次由于某种未知原因，它们在雄者年龄异常小的时候就发育了，结果遂传递给雌雄二者。

现在转来谈谈鞘角反刍动物：关于羚羊，可以形成一个级进的系列，从雌者完全不具角的物种开始——进而到雌者的角小至几乎成为残迹的那些物种［例如叉角羚羊（*Antilocapra americana*），这个物种在四只或五只中仅有一只具角者④］，再进而到一些物种具

---

① 关于驯鹿角的构造及其脱落，霍夫勃格（Hoffberg），《（*Amoenitates Acad*）》，第 4 卷，1788 年，149 页。关于美国的变种或物种，理查森，《美国边境地区动物志》，241 页；再参阅罗斯·金（Ross King）少校的《加拿大的狩猎爱好者》（*Sportsman in Canada*），1866 年，80 页。

② 小圣·伊莱尔，《动物学通论》（*Essais de Zoolog. Générale*），1841 年，513 页。除去角之外，其他雄性性状有时也可照样地传给雌者；例如，邦纳（Boner）先生在谈到雌性小羚羊时说道（《巴伐利亚山区中小羚羊的狩猎》，*Chamois Hunting in the Mountains of Bavaria*，1860 年，第 2 版，363 页），老龄雌性小羚羊"不仅其头部同雄性的极相似，而且沉其背部有一行长毛，通常这只在雄者身上才有"。

③ 关于麝鹿，格雷博士，《大英博物馆哺乳动物目录》（*Catalogue of Mammalia in the British Museum*），第三部分，220 页。关于美洲赤鹿，卡顿，《渥太华自然科学研究院院报》，1868 年 5 月，9 页。

④ 此项材料蒙坎菲尔德（Canfield）博士提供，这篇论文见《动物学会会报》，1866 年，105 页。

有相当发达的角,但显然比雄者的角较小、较细,而且有时角的形状也不同,①最后到达雌雄二者具有相等的角的那些物种为止。对驯鹿来说,同样地对羚羊来说,如上所述,在角的发育时期和角向某一性传递或向雌雄两性传递之间存在着一种关系;所以某些物种的雌者有角或无角以及其他物种的雌者具有较完善状态的角或较不完善的角,并不决定于它们有任何特殊用途,而是简单地决定于遗传。下述情况同这种观点相符合,即,甚至在同一个属中,有些物种的雌雄二者均具角,而另外一些物种唯独雄者具角。还有一个值得注意的事实:印度黑羚(*Antilope bezoartica*)的雌者通常不具角,但布莱恩先生曾看到具角的雌者不少于三只,而且没有理由来假定它们是老的或患病的。

山羊和绵羊的一切野生种,其雄者的角都比雌者的角为大,而且雌者常常完全无角。② 这两种动物的几个家养品种,唯独其雄者具角,还有一些品种,例如北威尔士(North Wales)绵羊,虽然雌雄二者正常都具角,但母羊很容易变得无角。有一位可信赖的目击者在产羔季节有目的地对一群这种羊进行过检查,他告诉我说,羊羔初生时,其雄者的角一般比雌者的角发育得更充分。皮尔(J. Peel)先生曾用雌雄二者永远都具角的隆克(Lonk)绵羊同无角的莱斯特(Leicester)绵羊以及无角的希罗普郡绒毛绵羊(Shropshire Downs)进行杂交;结果是,其雄性后代的角相当地缩小了,同时雌性后代则完全无角。这几个事实表明,母绵羊的角远远不像公绵羊的角那样地是一个十分稳定的性状;这就引导我们相信绵羊的角最初起源于雄者。

关于成年的麝牛,其雄者的角大于雌者的角,而且雌者的角基不相接触。③ 至于普通牛,布莱恩先生指出:"在大多数野生牛类中,公牛的角比母牛的牛既大且粗,母爪哇牛(*Bos sondaicus*)*的角显著地小,而且非常向后倾斜。"关于牛的家养族,无论是隆背的还是不隆背的类型,其公牛的角既短且粗,而母牛和阉牛的牛则比较长而细;关于印度水牛,也是公牛的角既短且粗,而母牛的角比较长而细。关于印度野牛(*Bos gaurus*),其雄者的角大都比雌者的角既长又粗。④ 福塞思·梅杰(Forsyth Major)博士也告诉我说,在瓦尔达诺(Val d'Arno)发现过一个头骨化石,据信这是属于狂野牛(*Bos estruscus*)这种母牛的,它完全没有角。我再补充一点,雌白独角犀(*Rhinoceros simus*)的角一般大于雄白犀的角,但不及后者那样有力;另外有些犀牛的物种,据说其雌者的角较短。⑤ 根据这几个事实我们可以推论说,所有种类的角,甚至在雌雄双方同等发育时,大概也是最初由雄者获得,以便战胜其他雄者,而且或多或少完全地传递给了雌者的。

去势的效果值得注意,因为它对上述同一问题的解决投射了光明。公鹿在去势之后,永不重新生角。但雄驯鹿必须除外,因为它在去势后仍然重新生角。这一事实以及

---

① 例如,雌南非羚羊(*Ant. euchore*)的角同一个不同物种南美羚羊(*Ant. dorcas. var. Corine*)的角相似,参阅德马雷(Desmarest)的《哺乳动物学》(*Mammalogie*),455 页。

② 格雷,《大英博物馆哺乳动物目录》,第三部分,1852 年,160 页。

③ 理查森,《美国边境地区动物志》,278 页。

* 产于爪哇及东印度群岛的野牛,行动迅速,常为小群,马来人有饲养这种牛的。——译者注

④ 《陆和水》,1867 年,346 页。

⑤ 安德鲁·史密斯,《南非洲动物学》(*Zoology of S. Africa*),图版第十九。欧文,《脊椎动物解剖学》,第 3 卷,624 页。

雌雄二者均具角的情况,最初一看似乎证明了在这一物种中角并不构成性的特征;①但是,它们是在雌雄体质尚无差异的很幼小年龄中发育的,所以它们不应受到去势的影响,这并没有什么奇怪,即使它们最初是由雄者获得的,也是如此。关于绵羊,雌雄二者正常均具角;我听说雄威尔契绵羊(Welch sheep)的角由于去势而相当地缩小了;但缩小的程度大部分视其实行去势的年龄而定,其他动物的情况也是如此。公美利奴羊具有大角,而母美利奴羊则"一般没有角";去势对这个品种所产生的作用多少要大些,所以倘在早期实行去势,它们的角"就几乎保持不发育的状态"。② 在几内亚海岸有一个品种,它们的雌羊决不具角,温伍德·里德先生告诉我说,其公羊在去势之后就完全没有角。公牛在去势之后,它们的角就发生很大改变,不再短而粗,而是比母牛的角更长,在其他方面则同母牛的角相似。印度黑羚提供了多少相似的情况:其雄者具有长而直的螺旋形角,二角接近平行,并且向后倾斜;其雌者偶尔具角,但是当这等角出现时,其形状却很不相同,因为它们不是螺旋形的,而且彼此相距甚远,弯曲而角尖向前。那么,正如布赖茨先生告诉我的,在去势的雄性动物中,它们的角就像雌性动物的角那样地具有同样特殊的形状,不过比较长而粗罢了,这是一个值得注意的事实。如果我们可以根据类推法来判断,那么雌者在牛和羚羊这两种场合中大概向我们表明了各个物种的某一早期祖先所具之角的往昔状态。但去势为什么会导致对角的早期状态的重视,目前还不能肯定地加以说明。尽管如此,下述说明似乎还是近理的,即:正如两个不同物种或两个不同族之间的杂交在后代中造成体质的扰乱,因而会导致长久亡失性状的重现,③同样地,由去势在个体体质中所引起的扰乱,也会产生同样的效果。

不同物种或不同族的象的獠牙,依性别不同而有所差异,其情况同反刍类几乎一样。在印度或马六甲,只是雄象具有十分发达的獠牙。大多数博物学者认为锡兰象是一个不同的族,但有些博物学者则认为它们是一个不同的物种,"在100头中未曾发现1头具有獠牙,少数具有獠牙者也都是雄象"。④ 非洲象无疑是不同的,它们的雌者具有大而充分发达的獠牙,虽然它们不及雄象的獠牙那样大。

象的几个族和几个物种的獠牙差异——鹿角的巨大变异性,这在野生的驯鹿中表现得尤其显著——黑印度羚(*Antilope Bezoartica*)的雌者偶尔具角,以及叉角羚羊(*Antilocapra americana*)的常常不具角——少数一些雄独角鲸具有两个獠牙——有些雌海象完全没有獠牙——都是有关次级性征极端变异性的事例,也是次级性征在亲缘关系密切接近的诸类型中易于出现差异的事例。

虽然獠牙和角在所有场合中似乎是最初作为性武器而发达起来的,但它们常常用于其他目的。象用它的獠牙向虎进攻;按照布鲁斯(Bruce)的材料,它用牙刻截树干,直到

---

① 这是赛德利茨(Seidlitz)的结论,《达尔文学说》(*Die Darwinsche Theorie*),1871年,47页。

② 我非常感激维克托·卡勒斯教授,他为我在萨克森做过有关这一问题的调查。冯·纳修西亚斯(H. von Nathusius)说,如对绵羊在其幼年时进行阉割,它们的角或者完全消失,或者仅留一点残迹(《牲畜饲养》*Viehzucht*,1872年,64页);但我不知道他所谈的是美利奴羊,还是普通品种。

③ 我曾举出各种试验以及其他证据,证明情况确系如此,见我的著作《动物和植物在家养下的变异》,1868年,39—47页。

④ 埃默森·坦南特(J. Emerson Tennent)爵士,《锡兰》(*Ceylon*),第2卷,1859年,274页。关于马六甲,见《印度群岛杂志》(*Journal of Indian Archipelago*),第4卷,357页。

容易把它弄倒时为止，它还会用牙把棕榈树的含淀粉的树心取出；非洲象常常使用一只獠牙，而且永远使用这一只，去探查地面是否能承当它的重量。普通公牛用角来保卫其牛群；按照劳埃德的材料，瑞典的驼鹿（elk）用它的大角一下就可以把狼击死。还可以举出许多相似的事实。动物角的第二种最奇妙用途，曾为赫登（Hutton）上尉所见，[①]即：喜马拉雅角羚（Capra aegagrus）的雄者如果不慎自高处跌落，就把头向内弯，以其巨角触地，减轻震荡，据说北山羊（ibex）也会如此。母山羊的角较小，不能做此用，但是，由于母羊的性情比较温和，并不那样迫切需要这种奇怪的防护。

　　每一种雄性动物各以特有的方式来使用它的武器。普通公羊的角基猛撞之力如此强大，以致我曾见到一个强壮的汉子犹如儿童那样被撞翻在地，山羊以及绵羊的某些物种，如阿富汗的圆角盘羊（Ovis cycloceros）[②]，使其后腿立起，然后不仅猛烈顶撞，"而且以其弯刀形双角的有棱顶尖向下刺入，再猛然向上一拉，就像一把马刀一般。当阿富汗圆角盘羊向一只以好斗闻名的大型家养公羊进攻时，采取了一种全然新奇的战斗方法而获胜，它总是立即接近其敌手，对准其面鼻，用头猛撞，然后在反击来到之前即飘然逸去"。在彭布罗克希尔郡（Pembrokeshire）有一只公山羊，它是一群羊的头羊，这群羊野化已有数代之久，据知它仅在一次战斗中就把几只公羊杀死了；这只公羊具有巨大的角，全长足有 39 英寸。众所周知，普通公牛用角抵撞和掀挑其敌手；但是，据说意大利水牛从来不用它们的角，而是用它们的凸额对其敌手进行猛击，当后者倒翻在地后，更以膝盖践踏之——这是普通公牛所不具有的一种本能。[③]因此，一只狗如果被水牛的鼻子按住，就会立刻被碾成齑粉。然而，我们必须记住，意大利水牛是长期家养的，其野生亲类型肯定不会具有相似的角。巴特利特先生告诉我说，如果把一头母好望角水牛（Bubalus caffer）放进围栏，和一头同种的公水牛生活在一起，这头母水牛就要对公水牛进行攻击，而后者则猛烈地把母水牛推来推去，以为回敬。但是，巴特利特先生明了，如果不是这头公水牛表现了高贵的克制，只要用它的巨角从侧面一击，就可以容易地把那头母水牛杀死。雄长颈鹿的角比雌长颈鹿的角稍长，前者以奇妙的方式使用它的带有茸毛的短角；它向两边摇摆头部，几乎是由上而下，其力至大，我曾看到一块坚硬的木板在它一击之下就出现了深深的刻痕。

　　羚羊角的形状甚为奇特，其如何使用，有时难以想象；例如南非跳羚（Ant. euchore）的角相当短而直，角尖锐利，向内弯曲，几成直角，彼此相对；巴特利特先生不知道这等角如何使用，但他认为它们可以重创敌手面部的两侧。阿拉伯大羚羊（Oryx leucoryx，图63）的角微向后方弯曲，极长，角尖超出背部的中点，在背部上方几乎成平行线。这样，它们似乎特别不适于相斗；但巴特利特先生告诉我说，当两个这种动物准备相斗时，它们先跪下，置其头于两条前腿之间，当做这种姿势时，它们的角差不多同地面平行，甚为接近，角尖向前直指，稍微向上。于是这两只格斗者彼此逐渐接近，每一只都力图把朝上翘的角尖插入对方的身下；如果有一只成功地做到这一点，它就突然跃起，同时高耸其头，这

---

　　①　《加尔各答博物学杂志》（Calcutta Journal of Nar. Hist.），第 2 卷，1843 年，526 页。
　　②　布莱恩先生，《陆和水》，1867 年 3 月，134 页，系根据赫顿上尉以及其他人士的材料。关于彭布罗克希尔郡山羊，参阅《田野新闻》，1869 年，150 页。
　　③　贝利，《关于兽角的使用》（Sur l'usage des Cornes），见《自然科学年刊》，第 2 卷，1824 年，369 页。

样,它就会使其敌手负伤,甚至把它戳穿。双方总是跪下,尽可能提防对方的暗算。记载表明,有一只这种羚羊甚至用它的角有效地敌住了一头狮子;然而,为了使角尖指向前方,它不得不把头置于前腿之间,这样,当受到任何其他动物攻击时,一般就要处于非常劣势。因此,它们的角变为现在这样的巨大长度及其特殊位置,大概不是为了保护自己以防御猛兽之用的。可是,我们可以知道,一旦阿拉伯大羚羊的某一古代雄性祖先获得了适度的角长时,它大概就会在同其雄性对手的战斗中被迫把头略微向下朝内弯曲,就像某些雄鹿现在的情形那样;于是它大概最初偶尔获得了跪下的习性,以后便成为一种固定的习性,这并非是不可能的。在这种场合中,几乎肯定的是,双角最长的雄者比双角较短的雄者占有巨大优势;于是它们的角通过性选择就会逐渐地变得越来越长,终于获得它们现在这样的异常长度和位置。

图 63　阿拉伯大羚羊(*Oryx leucoryx*),雄鹿

(引自 Knowsley Menagerie)

许多种类的雄鹿具有分枝的角,这是一个难以解释的奇特事例;因为单独一个直角尖肯定远比几个分歧的角尖更能造成严重的创伤。在菲利浦·埃格顿(Philip Egerton)爵士的博物馆内陈列着一具马鹿的角,长 30 英寸,其上"不少于 15 个分枝";在莫里茨堡(Moritzburg)仍然保存有一对马鹿的角,是弗雷德里克一世(Frederick I.)于 1699 年射杀的,其中一只角的分枝数令人吃惊,竟达 33 个,另一只角的分枝为 27 个,二者合计为60 个分枝。理查森绘制过野生驯鹿的一对角,共有 29 个角尖。[①] 根据鹿角的分枝形式,特别是根据诸鹿相斗偶尔用前足相踢的情况,[②]贝利(M. Bailly)实际上作出的结论不是说鹿角害多于利吗? 但是,这位作者忽略了竞争的雄鹿所进行的猛烈战斗。关于分枝角的用途或利益,我感到十分困惑,于是我向科隆塞(Colonsay)的麦克尼尔(MacNeill)请教,他曾长期细心地观察过赤鹿的习性,他告诉我说,他从来没有见过鹿角的分枝有什么用途,不过额前的分枝由于向下倾斜,对于保护前额大有裨益,其角尖同样也可用于攻击。菲利浦·埃格顿爵士也告诉我说,马鹿和粘鹿(fallow-deer)在争斗时彼此突然猛撞,以角尽力抵住对方的身体,拼命相斗。当一方被迫屈服并后退时,胜利者便尽力用它的额前分枝角刺入被击败的对手。这样,上部的分枝角似乎主要地或完全地用于相推或相

---

　　① 关于马鹿的角,欧文,《英国化石哺乳类动物》(*Brifish Fossil Mammals*),1949 年,478 页;关于驯鹿的角,理查森,《美国边境地区动物志》,1829 年,24 页。关于莫里茨堡的材料,系得克托·卡勒斯教授提供,特此致谢。

　　② 卡顿说,"当在鹿群中的优势问题一旦解决并为全群所接受之后",美洲鹿就用其前足相斗。贝利,《兽角的使用》,见《自然科学年刊》,第 2 卷,1824 年,371 页。

刺。尽管如此,还有几个物种,其上部分枝角是作为进攻武器之用的;在卡顿的渥太华猎园中,有一人受到加拿大马鹿(Wapitideer,*cervus canadensis*)的攻击,当数人前往救援时,那头雄鹿"决不从地面上把头抬起,事实上其面部几与地平,其鼻差不多处于二前足之间,但是当它窥测新的冲刺方向时,就把头转向一边"。当做这种姿势时,角尖便直对敌方。"它必须把头稍微抬起,才能转动它,因为它的角特长,如果不把头在一边抬起,就无法转动,同时在另一边它的角已触及地面。"这只公鹿用这种方法把一群前来救援的人逐渐赶到150~200英尺以外,而受攻击的那个人终于被弄死。①

　　鹿角虽是有效的武器,但我以为单独一个角尖无疑要比分枝角危险得多;对鹿类具有丰富经验的卡顿完全同意这个结论。分枝角对于防御其他竞争的雄鹿虽是高度重要的手段,但它容易纠结难分,看来也并不十分完善地适于这种目的。于是我猜想它们的角也许部分地作为装饰之用。鹿的分枝角以及某些羚羊的优美竖琴状的角呈双重弯曲(图64),在我们眼里都具有装饰性,任何人对这一点都不会有争论。如果它们的角有如古代骑士的华丽装备,可以增添鹿和羚羊的高贵风采,它们可能部分地为此目的而发生变异,虽然其实际用途主要还在于争斗;不过我没有掌握有利于这一见解的证据。

图64　库杜捻角羚(*Strepsiceros kudu*)
(引自安德鲁·史密斯爵士的
《南非洲动物学》)

　　最近发表的一个有趣事例表明,在美国的某一地方有一只鹿,它的角目前正在通过性选择和自然选择进行变异。一位作者在一份最优秀的美国杂志②上写到,晚近21年来他都在阿迪隆达克斯(Adirondacks)行猎,那里盛产弗吉尼亚鹿(*Cervus virginianus*)。约在十四年前,他最初听说有一种钉状角的雄鹿(spike-horn bucks)。这种鹿逐年增多;约在五年前,他射得一只,以后又射得一只,而现在射得的就很多了。"钉状角同弗吉尼亚鹿的普通角大不相同。它是一个单独的钉状物,比分枝角为细,长不及分枝角的一半,自额部突向前方,末端锐利。具有这种角的雄鹿比普通雄鹿占有相当的优势。这种钉状角可以使鹿更迅速地穿过茂密的森林和矮树丛(每一个猎人都知道雌鹿和一周岁的雄鹿远比具有笨重分枝角的大型雄鹿跑得快得多),除此之外,钉状角同普通角相比,还是一种更有效的武器。具有钉状角的雄鹿由于占有这种优势,就会胜过普通雄鹿,总有一天前者在阿迪隆达克斯可以完全取代后者。毫无疑问,具有钉状角的雄鹿的最初出现,不过是一种偶然的反常现象而已。但这种钉状角给予它一种优势,而且使它可以传续这种特性。其后裔具有同样的优势,而且以稳定的增长率来传续这种特性,终于它们会慢慢地把具有分枝角的鹿排挤出它们所栖息的地域之外。"一

---

①　参阅上述卡顿的论文附录,其中有非常有趣的记载。
②　《美国博物学者》,1869年12月,552页。

位批评家对这种说法提出十分有力的异议,问道:如果说单角现今如此有利,那么祖代类型的分枝角为何能够发达? 对此我的回答只能是,利用新武器实行新式攻击大概是最有利的,上述阿富汗圆角绵羊的例子阐明了这一点,它就是这样战胜了一只以其战斗力闻名的家养公羊。如果一只公鹿只是和同一种类的其他公鹿相斗,那么它的分枝角虽然十分适于同其竞争对手相斗,而且慢慢获得长而分枝的角虽然对叉角变种有利,但决不能因此就说分枝角最适于战胜具有不同武装的敌手。上述瞪羚的例子表明,如果它只和同一种类的竞争对手相斗,它的角越长大概就越有利,但若遇到一种短角羚羊而无须跪下者,则胜利几乎肯定要归于这种羚羊。

具有獠牙的雄性四足兽,以各种方式使用它们,正如角的使用情况一样。公野猪用其獠牙进行侧击和向上挑;麝[1]以其獠牙向下刺,均可给其敌手以重创。[2] 海象的颈部虽很短,体部虽很笨拙,却能同等敏捷地从上方、下方以及侧面进击。[3] 已故的福尔克纳博士(Falconer)告诉我说,印度象按其獠牙的位置和曲度而采取不同的争斗方式。如果它的獠牙直插前方而且向上,它就能把一只虎抛掷甚远——据说可至 30 英尺;如果它的獠牙短而且向下,它就会突然地尽力把虎压在地上,这样,对乘象人是危险的,因为容易把他掷出象轿(howdah)之外。[4]

很少四足兽具有特别适于同雄性对手进行战斗的两种不同武器。然而雄吠麂(*Cervulus*, muntjac deer)[5]提供了一个例外,因为它既有角,又有突出的犬齿。但我们可以从下述事实推论一种类型的武器随着岁月的推移,可以代替另一种类型的武器。关于反刍动物,角的发达甚至同中等发达的犬齿一般处于相反的关系。例如,骆驼、红褐色美洲羊驼(guanacoes)、鼷鹿(chevrotains)和麝均无角,但有有效的犬齿;"雌者的这等犬齿永远小于雄者的"。骆驼科(Camelidae)除了具有真正的犬齿以外,在上颚还有一对犬齿形状的切齿。[6] 另一方面,雄鹿和雄羚羊都有角,它们却很少有犬齿;如有犬齿,也总是小型的,所以它们在战斗中究竟有何作用是可以怀疑的。在蒙大拿山羚羊(*Antilope montana*)中,其幼小雄者只有犬牙的残迹,当它成长以后,犬齿即行消失;而所有年龄的雌者都不具犬齿;但某些其他种类的羚羊和鹿据知偶尔也有犬齿的残迹。[7] 公马有小型的犬齿,母马完全没有犬齿或仅有其残迹;但这等犬齿似乎并不用于战斗,因为公马用切牙咬啮,而且不像骆驼和红褐色美洲羊驼那样地可以把嘴张大。如果成年雄者具有犬齿,现已无效,同时雌者没有犬齿或仅具其残迹,我们就可断言,这个物种的早期雄性祖

---

① musk-deer,一名香獐,形似鹿而小。雌雄皆无角,雄之上颚甚发达,有细长犬齿突出口外,长约 3 寸。——译者注

② 帕拉斯,《动物学专论》(*Spicilegia Zoologica*),第 13 分册,1779 年,18 页。

③ 拉蒙特,《海象的交配季节》,1861 年,141 页。

④ 关于短獠牙的莫克那(Mooknah)变种攻击其他象的方法,再参阅科斯(Corse)的文章,见《自然科学学报》,1799 年,212 页。

⑤ 体重约 30 磅,毛角呈赤黄褐色,角小而不分枝,上颚犬齿发达,叫声如狐。——译者注

⑥ 欧文,《脊椎动物解剖学》,第 3 卷,349 页。

⑦ 吕佩尔(Rüppell)论鹿和羚羊的犬齿,见《动物学会会报》,1836 年 1 月 12 日,3 页,其中并有马丁先生关于雌美洲鹿的附注。再参阅法克纳的关于一只成年雌鹿的犬齿的报道,见《古生物学的专题研究及记录》(*Palaeont、Memoirs and Notes*),第 1 卷,1868 年,576 页。老龄雄麝的犬齿有时长达三英寸(《动物学专论》,第 13 分册,1779 年,18 页),而老龄雌麝的犬齿仅系残迹,高出牙床半英寸。

先具有有效的犬齿,而且部分地传递给了雌者。雄者的这等犬齿的缩小,似乎是由于其战斗方式发生了某种变化所致(但马的情况并非如此),而这种变化乃是由新武器的发达所引起的。

獠牙和角对其拥有者显然具有高度重要性,因为它们的发育要消耗大量的有机物质。亚洲象——一个绝灭的多毛物种的一个獠牙以及非洲象的一个獠牙据知各重 150、160 和 180 磅;有些作者所记载的重量还要大。① 鹿的角定期地更新,这在体质消耗上一定更大;驼鹿(moose)的角重达 50~60 磅,还有一种绝灭的爱尔兰驼鹿,它们的角重达 60~70 磅——而后者的头骨平均仅重 5.25 磅。绵羊的角虽不定期地更新,但许多农学家们认为它们的发达会给饲养主造成明显的损失。再者,公鹿当逃避猛兽的追击时,其角重有碍它的奔驰,而且大大减弱其穿过树林的速度。例如,驼鹿角两个顶端之距为 5.5 英尺,虽然它们在安步行走时,能够如此灵巧地运用它们的角,以致不会碰到或折断一个树枝,但当迅速逃避一群狼时,就不能那样灵巧地适用它们的角了。"当它前进时,高举其鼻,以便把角向后放在水平的位置;而做这种姿势时,就无法清楚地看到地面了。"②大型爱尔兰驼鹿的两个角端相距实际上竟达 8 英尺! 当角上被以茸毛时,这在赤鹿要持续 20 周左右,它们极易受伤,所以在德国这时公鹿的习性多少有些变化,它们避开茂密的森林,往来于幼树和低矮灌木之间。③ 这些事实会使我们想起,雄鸟获得装饰性的羽毛是以飞翔受到阻碍为代价的,而获得其他装饰物则以损害它同雄性对手相斗的力量为代价的。

关于哺乳动物,正如情况所常常表明的那样,雌雄二者大小不同,雄者几乎永远比雌者大而强。古尔德先生告诉我说,澳大利亚有袋类的这种情况也是显著的,它们的雄者直到异常老的年龄还继续生长不已。但是,一个最特殊的例子还是由一种海狗(Callorhinus ursinus)④提供的,其充分成长的雌者在重量上小于充分成长的雄者六分之一。⑤ 吉尔博士说,众所周知,多配偶的海狗,其雄者彼此相斗非常剧烈,而且雌雄二者在体型上差别很大;单配偶的物种则差别很小。鲸类也提供了证据,表明雄者的好斗性同其体型有一定关系,好斗鲸类的雄者在体型上大于雌者;雄露脊鲸(right-whales)彼此不相斗,它们不但不大于雌者,反而较小;相反,雄巨头鲸彼此激烈相斗,它们的身体"往往有其对手牙齿所造成的伤痕",其雄者的体型为雌者的两倍。雄者的强大力气,正如亨特很久以前所指出的⑥,永远表现在同其他雄性对手战斗时所使用的那些身体部分——例如公牛的粗壮颈部。雄性四足兽也比雌者更为勇敢、更为好斗。毫无疑问,这等特性的获得,一部分是通过性选择,这是由于较强的和较勇敢的雄者对较弱的雄者取得了一系列的胜利

---

① 埃默森·坦南特,《锡兰》,第 2 卷,1859 年,275 页;欧文,《英国化石哺乳类动物》,1846 年,245 页。

② 理查森,《美国边境地区动物志》,关于驼鹿,236、237 页;关于驼鹿角的扩张《陆和水》,1869 年,143 页。再参阅欧文的《英国化石哺乳类动物》,关于爱尔兰驼鹿,447、455 页。

③ 《森林动物》(Forest Creatures),博纳,1861 年,60 页。

④ 或称海熊、腽肭兽。——译者注

⑤ 参阅艾伦先生的很有趣的论文,见《剑桥大学有袋类比较动物学学报》(Bull. Mus. Comp. Zoolog. of Cambridge),美国版,第 2 卷,第 1 号,82 页。其重量系由谨慎的观察家勃兰特上尉所确定。吉尔博士,《美国博物学者》,1871 年 1 月;关于雌雄鲸的相对大小,《美国博物学者》,1873 年 1 月。

⑥ 《动物的身体机构》(Animal Economy),45 页。

所致，一部分则是通过使用的遗传效果。在体力、大小以及勇气方面的连续变异无论是起于单纯的变异性，还是起于使用的效果，雄性四足兽都是借着连续变异的积累而获得了在生命晚期出现的这等特性，因而这等特性在很大程度上大概只限于传递给同一性别。

根据上述若干考察，我急于得到有关苏格兰猎鹿狗的材料，因为其雌雄二者在体型上的差异大于任何其他品种（虽然嗅血猎狗①的雌雄差异也相当大），也大于我所知道的任何野生犬种。因此，我向卡波勒斯先生请教，他以成功地驯养这个品种而闻名于世，他曾对自己养的那些狗进行过称重和度量，蒙他盛情相助，为我从各种来源收集了下述事实。优良的公苏格兰猎鹿狗，其肩高从低者 28 英寸至 33 英寸、甚至 34 英寸；其重量从轻者 80 磅至 120 磅或更多。母苏格兰猎鹿狗的高度从 23 英寸至 27 英寸，甚至 28 英寸；其重量从 50 磅至 70 磅、甚至 80 磅。② 卡波勒斯断言，公猎鹿狗的重量从 95 磅至 100 磅，母猎鹿狗的重量 70 磅，大概是一个可靠的平均数；但有理由相信，雌雄二者在往昔都曾达到过更大的重量。卡波勒斯先生曾对降生后两周的小狗进行过称重，一胎中四只小公狗的平均重量超出两只小母狗的平均重量 6.5 盎司；在另一胎中四只小公狗的平均重量超出一只小母狗的重量不到 1 盎司；长到三周时，这等小公狗的平均重量超出那只小母狗 7.5 盎司，长到六周时，差不多超出 14 盎司。赖特先生在给卡波勒斯先生的一封信中写道："我曾对许多胎小狗的大小和重量做过记录，就我经验所得，按照一般规律，小公狗和小母狗的重量在 5～6 个月之前差异很小；此后小公狗即开始增大，无论在大小方面或重量方面都超过小母狗。在降生时或降生后数周之内，小母狗偶尔大于小公狗，但最终一定要被小公狗所超过。"科隆塞的麦克尼尔（McNeill）先生断言，"公狗不超出两岁不会达到充分成长的状态，虽然母狗达到这种状态要早些"。按照卡波勒斯（Cupples）先生的经验，公狗直到 12～18 个月的时候还在身高方面继续增长，在重量方面直到 18～24 个月还继续增长；而母狗一到 9～14 个月或 15 个月的时候在身高方面就停止生长，在重量方面则到 12～15 个月的时候停止增长。根据这几种记载，苏格兰猎鹿狗（Scotch deer-hound）不到生命的相当晚期，其雌雄二者在大小方面显然不会获得充分的差异。用于追猎的几乎完全是公狗，因为，正如麦克尼尔告诉我的，母狗没有足够的体力和重量来推倒一只充分成长的鹿。我听卡波勒斯先生说，在远古时代的传说中，公狗最负盛名，而母狗仅作为有名公狗的母亲而被提及。因此，许多世代以来在体力、大小、速度以及勇气方面受到测验的主要是公狗，而且选其最优良者为传种之用。由于公狗不到生命的相当晚期不会达到其充分大小，所以按照常常提出的那条规律来看，它们倾向于把其特性只传给雄性后代；这样，苏格兰猎鹿狗雌雄之间的大小极不相等大概就可以得到解释了。

有些少数四足类，其雄者具有专为对付其他雄者进攻的器官或部分。某些种类的鹿，就像我们已经见到的那样，主要地或完全地使用它们角的上部分枝来防卫自己；正如巴特利特先生告诉我的，瞪羚用其微微弯曲的长角非常巧妙地进行防卫；但是这等角同

---

① blood-hound，善嗅血腥，可训练其追蹑负伤的猎物，或在战场寻觅伤兵，或破获凶杀案件。——译者注

② 再参阅理查森的《关于犬的手册》(Manual on the Dog)，50 页。麦克尼尔先生曾就苏格兰猎鹿狗提出过非常有价值的报告，他首先提醒人们注意到这种狗雌雄二者大小不相等，见斯克罗普的《鹿的狩猎技术》。卡波勒斯有意发表有关这一著名品种的全部材料及其历史，我翘首以待。

图 65 壮年期公野猪的头

样地也可作为攻击器官来使用。同一位观察家说道，犀类在相斗时彼此用它们的角挡开对方的侧击，咔嗒咔嗒地作响，其声甚高，就像公野猪使用獠牙时的情况那样。虽然公野猪彼此拼命相斗，但是，按照布雷姆的材料，它们很少负重伤，这是由于彼此的打击皆落在獠牙之上，或者落在那层遮盖肩部的软骨般的皮肤之上，德国猎人把这块皮肤叫做盾；在这里我们看到了一个身体部分专门为了防卫而发生了改变。公野猪在壮年时期的下颚獠牙是用于战斗的（参阅图 65），但是，正如布雷姆所述，到了老年，这等獠牙向内和向上弯曲得如此厉害，甚至高过鼻部，所以不再能用于战斗了。然而，它们仍然可能作为防御的手段，甚至更为有效。为了补偿下颚獠牙不能再作武器的损失，一向从两侧稍微向外突出的上颚獠牙在年老时便大大增加了其长度，并且向上弯曲得很厉害，因而它们也可用于攻击。尽管如此，一头老龄的公野猪对人来说，就不像六七岁的公野猪那样危险了。[①]

西里伯斯产的充分成长的雄东南亚疣猪（*Babirusa* pig，图 66），其下颚獠牙是可怕的武器，就像欧洲野猪在壮年时期的獠牙那样，然而，其上颚獠牙如此之长并牙尖向内弯曲如此之甚，有时甚至弯及额部，以致完全不能作为进攻武器之用。与其说它们是牙，倒不如说它们很像角，它们显然不能作为牙用，所以从前设想这种动物是把头部挂在树枝上面来休息的！如果把头部稍微侧向一方，上颚獠牙的凸面大概可以作为最好的防御器；因此，老龄东南亚疣猪的这等獠牙"一般都是折断的，好像就是由于争斗所致"。[②] 于是在这里我们看到了一个奇妙的事例：东南亚疣猪的上颚獠牙在壮年时期所正常呈现的构造显然只适于用做防御；而欧洲公野猪的下部獠牙只在老年时期具有差不多同样的形状，唯其程度较轻，这时它们才以同样的方式用做防御。

图 66 东南亚疣猪（*Babirusa*）的头骨
（采自华莱士的《马来群岛》）

雄疣猪（*Phacochoerus aethiopicus*，图 67）在壮年时期的上颚獠牙向上弯曲，而且尖锐，是一种可怕的武器。其下颚獠牙比上颚獠牙尤其锐利，但很短，所以它几乎不能用做攻击的武器。然而它们同上颚獠牙的根部密切相合，作为它们的基础，所以它们一定可以大大加强上颚獠牙的力量。无论上颚獠牙或下颚獠牙似乎都没有为了防卫而发生特别变异，虽然它们在一定程度上无疑是用于这一目的的。但是，疣猪并不缺少其他特别的防御手段，它在面部两侧的眼睛下方各有一块软骨性的椭圆形护垫，与其说它是坚硬

---

① 布雷姆，《动物生活》，第 2 卷，729—732 页。

② 参阅华莱士先生关于这种动物的有趣报道，见《马来群岛》，第 1 卷，1869 年，435 页。

的，不如说是韧性的，而且向外突出二三英寸；当看到这种活的动物时，巴特利特先生和我都以为，当其敌手用獠牙从下方进行攻击时，这等护垫大概就会向上翻起，于是就可以极好地保护其多少突出的眼睛。根据巴特利特先生的权威材料，我还可以补充一点：这等公野猪在战斗时直接面对面而立。

图 67　母疣猪的头部

(引自《动物学会会报》(1869 年)；图示具有公疣猪的同样性状，虽然其程度较差)

附注：当此图最初刻成时，我还以为它是雄的。

最后，非洲河猪(*Potomochoerus penicillatus*)在面部两侧的眼睛下方各有一个软骨性的硬瘤，同疣猪的韧性护垫相当；它在上颚还有两个骨质突起，位于鼻部的上方。在伦敦动物园里，一只这种公野猪最近弄坏了疣猪的围栏，蹿入其中。它们彻夜相斗，至晨双方疲惫不堪，但均未负重伤。上述护垫和瘤状物满布血迹，其上有非常严重的戳伤和擦伤；这是一个重要的事实，因为它阐明了这等护垫和瘤状物的用途。

虽然猪科很多成员的雄者具有武器，而且像我们刚才看到的，还具有防御手段，但这等武器似乎在较晚的地质时期内才获得的。福赛思·梅杰博士①列举了几个中新世的物种，其中没有一个物种的雄者的獠牙似乎是非常发达的；卢特迈耶教授以前也曾被这一事实所打动。

雄狮的鬃毛对敌对雄狮的攻击是一种良好的防御，这是它容易遇到的一种危险，因为，正如史密斯爵士告诉我的，雄狮之间进行极其猛烈的争斗，幼狮不敢接近老狮。1857年，布拉米奇(Bromwich)的一只虎弄坏了一只狮子的围栏，蹿入其中，于是一个可怕的场面出现了："狮子的颈部和头部由于受到鬃毛的保护，未受重伤，但那只虎终于把狮子的腹部撕裂，数分钟后即行死去。"②加拿大山猫(*Felis canadensis*)喉部和颈部周围的丛毛，在雄者要比在雌者长得多；但这种丛毛是否用于防御，我不知道。众所熟知，雄海豹

---

① 《意大利自然科学协会会刊》(*Atti della Soc. Italiana di Sc. Nat.*)，第 15 卷，第 4 分册，1873 年。

② 《时代》(*The Times*)，1857 年 11 月 10 日。关于加拿大山猫，参阅奥杜邦和贝克曼的《北美四足兽》(*Quadrupeds of North America*)，1846 年，139 页。

(seals)彼此拼命相斗,其某些种类如鬃海狗①(Otaria jubata)②的雄者具有长鬃,而雌者的鬃却很短或根本没有。好望角的雄狒猴(Cynocephalus porcarius)的鬃和犬齿要比雌者的大得多;其鬃大概作为保护之用,因为,我曾问过伦敦动物园的管理员,为了不暴露我提问的目的,我说,是否有任何种类的猴专向颈背攻击,我得到的答复是,除了上述狒狒之外,都不如此。爱伦堡(Ehrenberg)曾把成长的雄阿拉伯狒狒(Hamadryas baboon)的鬃比做幼狮的鬃,幼小的雌雄狒狒以及成长的雌狒狒几乎都没有鬃。

雄美洲野牛(bison)的羊毛状的巨鬃,长几及地,而且雄者的鬃远比雌者的发达,我以为这种鬃大概是在剧烈的战斗中作为保护之用的;但一位有经验的猎人告诉卡顿说,他从来没有见过任何可以支持这种信念的事实。雄马的鬃比雌马的茂密;我曾特别询问过两位经验丰富的驯马人和养马人,他们都曾管理过许多马群,皆确言"它们永远力图咬住对方的颈部"。然而,这并不是说,当颈毛作为保护之用时,在最初就是为了这个目的而发达起来的,虽然在某些场合中可能是这样,如在狮子的场合中就是如此。麦克尼尔告诉我说,雄马鹿(Cervus elaphus)喉部的长毛当被猎逐时,可以起重大的保护作用;但这等长毛并不见得是专门为了这个目的而发达起来的;否则,幼者和雌者也会有同等的保护。

四足兽的雌雄任何一方对配偶的选择

在下章对雌雄二者在发声、气味以及装饰物等方面所表现的差异进行讨论之前,在这里先考察一下雌雄二者当结合时是否实行选择,将会有某些方便。在雄者争夺雄性霸权之前或在此之后,雌者是否会挑选任何特殊的雄者;或者,雄者如果不是多配偶的,是否会选择任何特殊的雌者?育种家的一般印象似乎是,雄者可以接受任何雌者,这是由于雄者对雌者的热切追求,在大多数场合中,大概是如此。作为一般规律,雌者是否毫无差别地接受任何雄者,则是一个大得多的疑问。在第十四章中已经指出,关于鸟类,有大量的直接和间接的证据阐明了雌者对其配偶是实行选择的;那么,位于较高等级并且具有较高心理能力的雌四足兽如果不一般地、或者至少常常地实行某种选择,那大概是一种奇怪的反常现象。在大多数场合中,如果一个不能取悦于雌者或者不能使它激动的雄者来求偶时,这个雌者就要逃去;如果一个雌者受到几个雄者追求,如普通发生的情形那样,当雄者彼此争斗时,这个雌者往往有机会同一个雄者逃走,或者至少同其临时交配。在苏格兰常常可以看到雌赤鹿有后面这种情形,这是菲利普·埃格顿(Philip Egerton)爵士以及其他人士向我说过的。③

---

①　鬃海狗亦有译作"海狮",为海驴(Otaria stelleri Less.,又名steller's sea lion)的一种,常群集于福克兰岛。斑海豹(seal,phoca vitulina L.),多产于北太平洋。二者均属鳍脚类。

②　默里博士,关于海狗,《动物学会会报》,1869年,109页。艾伦先生在上述论文中(75页)曾提到,雄者的颈毛固然长于雌者的颈毛,但是否值得叫做鬃,尚可怀疑。

③　博纳先生曾对德国赤鹿做过最好的描述(《森林动物》,1861年,81页),他说,"当雄鹿保卫其权利,反击一只入侵者的时候,另一只入侵者趁机侵入其妻妾禁区,——驱走为其战利品。完全一样的情况也发生于海豹,参阅艾伦先生的论文,同前杂志,100页。

关于自然状况下的雌四足兽在婚配时是否实行任何选择，几乎不可能知道的很多。勃兰特上尉有充分的机会对海狗（*Callorhinus ursinus*）进行观察，下述有关一只海狗求偶的奇妙细节，就是根据这位人士的权威材料。[①] 他说，"许多雌海狗当到达其进行繁育的岛屿时，好像渴望依附某一特定的雄者，爬上外围的岩石，眺望全群，发出呼叫，并似乎倾听那熟悉的声音。于是更换另一地点，重复同样的动作……当有一只雌者一到海岸，最相近的一只雄者就从上方下来同雌者相会，同时发出一种喧嚣声，就像母鸡呼唤其雏鸡一般。雄者向它点头弯腰，进行哄诱，直到它处于雌者和水之间，所以它无法再避开它。于是雄者的态度为之一变，厉声吼叫，把它赶到其'妻妾'所在的地方。然后又继续这样进行，直到其'妻妾'所在之地差不多充满时为止。于是诸雄者登上较高处所，窥伺时机，当其更为幸运的邻居疏于防范时，即行窃取其'妻妾'。当进行窃取时，它们把雌者叼在嘴中，高高举起，超出其他雌者的头部之上，小心谨慎地把它们放置在自己的'妻妾'之间，就像老猫携带小猫那样。居于更高处的雄者也按同法为之，直到整个场所充满雌者而后已。为了占有同一只雌者，两只雄者之间屡屡发生争斗，双方同时咬住这只雌者，以致撕裂为二，或者由于咬啮而受到重伤。当整个场所充满雌者时，老年雄者洋洋得意地巡阅其家族，申斥那些拥挤或打扰其他雌者的分子，而且凶猛地把一切入侵者赶跑。进行这样监视经常使自己忙碌不堪。"

关于自然状况下的动物的求偶，所知者非常之少，因此我曾努力发现家养四足兽在交配时所实行的选择会达到怎样程度。犬类提供了最好的观察机会，因为它们受到了细心的照顾，而且对它们可以充分理解。许多育种家对这一问题表示了强有力的意见。例如，梅休（Mayhew）先生说："母狗能够施给爱情，温柔的回忆对它有强烈的影响，就像我们所知道的比它更为高等的动物在其他场合里所表现的那样。母狗在爱情方面并非总是那么持重，而是容易委身于低等的杂种狗。若把母狗同外貌卑劣者同育一处，则在这一对配偶间常常会发生热爱，此后就永远不能制止。这种热爱是真实的，并非浪漫主义的，所以能够持久。"梅休先生所观察的主要是小型品种，他相信大型公狗对小型母狗有强烈的吸引力。[②] 著名的兽医布莱恩（Blaine）说道[③]，他自己养的一条母哈巴狗（pug）非常热情地爱上了一只长毛垂耳狗（spaniel），还有一只母谍犬（setter）也非常热情地爱上了一只杂种狗，以致经过几个星期之后，它们才同自己的品种交配。我曾收到同样的而且可以信赖的两项记载，表明一只母拾物猎狗（retriever）和一只母长毛垂耳狗都爱上了獚（terrier）。[④]

卡波勒斯先生告诉我说，他可以亲自保证下述更为显著的事例是确实的，即，一只贵重的、异常聪明的雌獚爱上了邻居的一只长毛垂耳狗，它竟爱到这样程度，以致势必常常把它拖走，才能离开那只公狗。把它永久隔离之后，它的乳头虽然屡现乳汁，但决不接受任何其他公狗的求爱，因而终生没有生仔，它的主人对此甚为遗憾。卡波勒斯先生还说，在他的狗窝中有一只母猎鹿狗（deerhound），1868 年曾三次产仔，同窝还有四只公猎鹿

---

① 艾伦先生，《剑桥大学有袋类比较动物学学报》，美国版，第 2 卷，第 1 号，99 页。

② 梅休著，《狗：它们的管理》（*Dogs：their Management*），第 2 版，1864 年，187—192 页。

③ 艾力克斯·沃克（Alex Walker），《论血族通婚姻》（*On Intermarriage*），1838 年，276、244 页。

④ 形小，常用于助猎，以捕获鼬、獾、兔或水獭。——译者注

狗,每次母狗都对其中一只身体最大的、长相最漂亮的公狗表现了最显著的爱好,所有这四只公狗均在壮年。卡波勒斯先生观察到,母狗一般喜爱和它有过交往而相识的公狗;母狗的腼腆和怯懦最初使其倾向于拒绝陌生的公狗。相反,公狗却似乎倾向于陌生的母狗。公狗拒绝任何特定的母狗,大概是罕见的,但是,一位著名的狗育种家——耶尔德斯雷俱乐部(Yeldersley House)的赖特(Wright)先生告诉我说,他知道有关这方面的一些事例;他举出自己饲养的一只公猎鹿狗为例,它对任何特定的母獒(mastiff)都不屑一顾,所以势必使用另一只公猎鹿狗才行。再举我所知道的其他事例大概是多余的,我只补充一点;巴尔(Barr)先生细心地繁育过许多嗅血猎狗,他说,几乎在每一个事例中,公狗或母狗的特定个体都彼此表现了一种明显的爱好。最后,卡波勒斯先生又一年研究了这个问题之后,写信向我说,"我可以充分证明我以往的叙述,即,狗在繁育时彼此均表现有明显的爱好,这往往受到体型大小、毛色鲜明以及个性的影响,同时也受到以往彼此熟识程度的影响"。

就马来说,世界上最伟大的竞赛跑马育种家布伦基隆(Blenkiron)先生告诉我说,种马在其选择上如此屡屡反复无常,没有任何明显的原因,就拒绝某一母马而就另一母马,以致必须惯常地对它施用各种诡计才行。例如,著名的公"大王"马(Monarque)决不会有意识地对母"斗士"马(Gladiateur)看上一眼,因而势必施以诡计。对贵重的种竞赛马的需求如此之大,以致会把它弄得筋疲力尽,我们知道这就是这类种马为什么在其选择上那样苛求的部分原因。布伦基隆先生从来不知道母马会拒绝公马;但在赖特先生的马厩中就曾发生过这种情形,所以势必对这匹母马进行欺骗。卢卡斯[①]引用过各种法国权威人士的论述,他说,"确有公马特别选取一定的母马,而对其他一切母马一概拒绝"。他根据贝伦(Baëlen)的权威材料举出过有关公牛的相似事实;里克斯(H. Reeks)先生向我保证说,他父亲有一头公短角牛,"永远拒绝同一头黑母牛交配"。霍夫勃格在描述家养的驯鹿时说道:"母鹿似乎很喜爱大型而强壮的公鹿,避开幼小的以及壮年的鹿,于是那只公鹿将把诸幼鹿驱散。"[②]有一位传教士繁育过许多猪,他断言母猪往往拒绝某一头公猪,而立即接受另一头公猪。

根据上述事实可以断言,家养四足兽常常表现有强烈的独特反感和独特爱好,在这方面雌者甚于雄者更为常见。既然如此,则处于自然状况下的四足兽的交配大概不可能仅仅委于偶然。远为可能的是,雌者被特殊雄者所诱惑或引起雌者的激情,这等雄者比其他雄者具有某种较高程度的特性;但这等特性是什么,我们很少能够或者永远不能够确切地发现。

---

① 《自然遗传专论》(*Traité de I'Héréd. Nat.*),第 2 卷,1850 年,296 页。
② 《动物研究院院报》(*Amœnitates Acad.*),第 4 卷,1788 年,160 页。

第十八章　哺乳类的第二性征(续)

声音——海豹的显著雌雄特性——气味——毛的发达——毛和皮肤的颜色——雌类比雄类装饰得更美的反常事例——由于性选择而发生的体色和装饰物——为了保护的目的而获得的体色——虽为雌雄二者所共有的体色,也往往是由于性选择而发生的——关于成年四足兽的斑点和条纹的消失——关于四手目的体色和装饰物——提要

四足兽使用它们的声音有各种不同目的,或作为危险的信号,或作为兽群中某一成员对另一成员的呼唤,或系母兽对亡失仔兽的召唤,或系仔兽呼唤母兽来保护自己;但对这等用途均无须在此讨论。我们现在所要讨论的仅仅是雌雄二者之间的声音差异,例如,雄狮和雌狮、公牛和母牛的声音差异。几乎所有雄性动物在发情季节远比在任何其他时期更多使用它们的声音;有些动物,例如长颈鹿和豪猪①除了在发情季节以外据说是完全哑的。比如喉部(即喉头和甲状腺②)在繁殖季节开始时定期地肥大,因而可以设想它们强有力的声音由于某种未知原因对它们一定是高度重要的;但这一点非常可疑。根据二位有经验的观察家麦克尼尔先生和埃格顿爵士向我提供的材料,三岁以下的幼鹿似乎并不鸣叫;老鹿在繁殖季节开始时才开始鸣叫,当它们到处不停地漫游去寻求雌鹿时,最初仅偶尔一鸣,其声低沉。当雄鹿进行战斗之前,则大声鸣叫,而且声音拖长,但在实际冲突中,则毫不出声。惯于使用声音的所有种类的动物当处于任何强烈的感情之中时都会发出各种不同的噪声,例如当激怒和准备战斗时就会如此;但这可能只是神经兴奋的结果,于是引起身体的几乎所有肌肉的痉挛收缩,例如当一个人在愤怒时的咬牙切齿和紧握双拳就是如此。毫无疑问,雄鹿以其鸣叫挑起彼此进行殊死的战斗;但是,具有比较强有力声音的那些雄鹿,除非同时也是更强壮的,具有更好武装的,而且更加勇敢的,否则就不会比其敌对者占有任何优势。

狮子的吼叫在威吓其敌对者方面可能对它有某种帮助;因为当它发怒时,同时也把其鬃毛竖起,这样就本能地使自己尽量显得可怕。但是,几乎不能假定,公鹿的鸣叫即使在这方面有所帮助,就会导致其喉部的定期扩大。有些作者提出,雄鹿的鸣叫系用于召唤雌鹿;但上述两位富有经验的观察家告诉我说,虽然雄鹿热切地寻求雌鹿,但雌鹿并不寻求雄鹿,根据我们所知道的其他四足兽习性来说,可以预料情况确系如此。另一方面,雌鹿的鸣声可以把一头或更多的雄鹿很快引到自己的身旁,③猎人们清楚地晓得这一点,

---

① 欧文,《脊椎动物解剖学》,第 3 卷,585 页。
② 同上书,595 页。
③ 关于驼鹿和野生驯鹿的习性,参阅罗斯·金(Ross King)的著作,见《加拿大的猎人》,1866 年,53、131 页。

所以他们在野外模仿雌鹿的鸣声。如果我们能够相信雄鹿有用声音使雌鹿激动或媚惑雌鹿们的能力，那么根据性选择原理以及受到同一性别和季节所限制的遗传原理，雄鹿发音器官的定期肥大就是可以理解的了；但我们还没有证据来支持这一观点。按照其情况来看，雄鹿在繁殖季节的高声鸣叫，无论在求偶期间，或在战斗期间，或在任何其他方面，对它来说似乎都没有任何特殊用途。但是，在强烈的爱情、嫉妒以及愤怒中屡屡使用其声音，并连续许多世代如此为之，我们能够不相信这对于雄鹿乃至对于其他雄性动物的发音器官最终会产生一种遗传的效果吗？在我们现今的知识状况下，我以为这是最近理的一种观点。

成年雄大猩猩的叫声非常洪大，它具有一种喉囊，就像雄猩猩那样。[①] 长臂猿为猿类中的最喧器者，而且苏门答腊合趾长臂猿（*Hylobates syndactylus*）也具有气囊；但是，曾有机会对其进行过观察的布莱恩先生并不相信其雄者比雌者更为喧器。因此，合趾长臂猿的叫声大概用做相互召唤，有些四足兽类，例如河狸，肯定如此。[②] 敏捷长臂猿（*H. agilis*）之所以著名，是由于它有发出完全而准确的八度音阶的能力，[③]我们可以合理地推测这是用于性的媚惑；但在下一章，我势必还要谈到这个问题。美洲卡拉亚吼猴（*Mycetes caraya*），其雄者的发音器官大于雌者的三分之一，而且非常强有力。这种猴在温暖的天气里使树林朝夕充满着其压倒一切的叫声。雄猴开始其可怕的合唱，常常延续许多小时，雌猴有时也参加，但其吼叫的力量较小。一位优秀的观察家伦格尔（Rengger）[④]未能发现这是由任何特殊原因所激起的，他以为，就像许多鸟类那样，它们也喜欢自己的音乐，而且彼此争胜。上述大多数猿类之所以获得其强有力的叫声，是否为了击败其敌对者并向雌者献媚——或者，这等发音器官通过长期连续使用的遗传效果而被加强和增大，是否没有因此而获得任何特殊利益——我不敢说；但上述观点，至少在敏捷长臂猿的场合中似乎是最近理的。

我愿提一提海豹类所具有的两种很奇妙的雌雄特性，因为有些作者设想它们对声音有影响。雄象海豹（*Macrorhinus proboscideus*）的鼻子大大增长，并且能够竖起。在这种状态下有时长达一英尺。雌象海豹在生命的任何时期都不如此。雄象海豹发出一种狂热的、嘶哑的和咯咯的叫声，可闻于很远的地方，据说这种声是由其长鼻增强的；雌象海豹的叫声则有所不同。莱生（Lesson）把这种鼻的竖立比做鹑鸡类在向雌者求偶时的垂肉膨胀。另一种亲缘相近的冠海豹（*Cystophora cristata*），其头上冠以巨大的兜帽、即囊状物。这是由鼻隔所支持的，鼻隔向后伸长甚远，且于鼻内隆起，高达 7 英寸。这种兜帽被有短毛，而且是肌肉质的，膨胀时可以超出整个的头部！雄冠海豹当发情时在冰上进行剧烈的争斗，它们的吼声"据说有时如此之高，以致可闻于四英里之外"。当受到攻击时，它们同样地吼叫；当激怒时其头部囊状物即行膨胀而颤动。有些博物学者相信它们的声音就是这样增强的，但也有人举出这种异常构造还有各种其他用途。布朗先生以为它有保护作用，以防止所有种类的意外事故；但这是不可能的，因为，曾经杀过 600 头这

①　欧文，《脊椎动物解剖学》，第 3 卷，600 页。
②　格林先生，《林奈学会会刊》，第 10 卷，动物学部分，1869 年，362 页。
③　马丁，《哺乳动物志大纲》（*General Introduction to the Nat. Hist. of Mamm. Animals*），1841 年，431 页。
④　《巴拉圭哺乳动物志》，1830 年，15、31 页。

种海豹的拉蒙特先生向我确言，其雌者的兜帽是残迹的，而且雄者的兜帽在幼小时不发达。①

气　味

有些动物，譬如说著名的美洲臭鼬（skunk），它们发出的那种压倒一切的气味好像是完全作为防御之用的。鼩鼱（Sorex）的雌雄二者均具腹部臭腺，毫无疑问，从鸷鸟和猛兽拒食它们的身体来看，这种气味是保护性的；尽管如此，其雄者的这种腺体在繁殖季节还是增大了。在许多其他动物中，雌雄二者的这种腺体是同等大小的，②但它们的用途还不清楚。另外有些物种，这种腺体只限于雄者才有，或者雄者的腺体比雌者的更为发达；它们的作用几乎总是在发情季节变得更强。雄象面部两侧的腺体在这期间变大，并且分泌一种具有强烈麝香气的分泌物。许多种类的蝙蝠，其雄者在身体各个不同部位具有腺体和可以突出的囊袋；据信这等囊袋是有臭味的。

雄山羊放出的恶臭气是众所周知的，某种雄鹿的恶臭气也非常强烈而且持久。在普拉塔河岸边距离一群平原鹿（Cervus campestris）半英里下风处，我就觉察到那里的空气沾染了这种雄羊的气味，我曾用丝手帕包了一块这种羊皮回家，虽然常用常洗，在一年零七个月中，最初一把这块手帕打开，还可闻到它保持着的这种气味痕迹。这种动物在生育以后上才会散发它的强烈气味，如果在幼小时进行阉割，就永远不会散发这种气味。③除了某些反刍动物（如麝牛，Bos moschatus）的全身在繁殖季节弥漫着一般气味外，许多种类的鹿、羚羊、绵羊和山羊在身体各种不同部位、特别是在面部都具有臭腺。所谓泪囊或眶下窝（suborbital pits）也可以归入这一部分。这等腺体分泌一种半流体的恶臭物质，有时如此大量泌出，以致污及整个面部，我曾亲自看到一只羚羊就是如此。"雄者的这等腺体通常比雌者的为大，而且其发育受到去势的抑制。"④按照德马雷（Desmarest）的材料，红斑羚羊（Antilope subgutturosa）的雌者完全缺少这种腺体。因此，这种腺体无疑同生殖机能有密切关系。在亲缘密切相近的诸类型中，这种腺体也是有时存在、有时不存在。成年的雄麝（Moschus moschiferus），其尾部周围的裸皮湿漉漉地沾满了芳香液体，而成年的雌麝以及未满两岁的雄鹿，其尾部周围具毛，而且不散发香气。这种鹿所特有的麝香囊从其部位来看，必然限于雄者所有，而且形成了一种附加的芳香器官。奇怪的是，这种腺体所分泌的物质，按照帕拉斯的说法，在发情季节，浓度不变，数量也不增加；

---

① 关于象海豹，参阅莱生的文章，见《博物分类学辞典》，第 13 卷，418 页。关于冠海豹，参阅德凯（Dekay）的文章，见《纽约博物学会年报》（Annals of Lyceum of Nat. Hist. New York），第 1 卷，1824 年，94 页。彭南特也曾从海豹猎人那里搜集过有关这种动物的材料。最充分的材料是由布朗先生提出的，见《动物学会会报》，1868 年，435 页。

② 关于河狸，参阅摩尔根先生的很有趣的著作《美国河狸》（American Beaver），1868 年，300 页。帕拉斯很好地讨论了哺乳动物散发气味的腺体，见《动物学专论》，第 8 卷，1779 年，23 页。欧文也曾记载过这种腺体，其中包括象和鼩鼱的腺体，见《脊椎动物解剖学》，第 3 卷，634、763 页。关于蝙蝠，参阅多布森先生的文章，见《动物学会会报》，1873 年，241 页。

③ 伦格尔，《巴拉圭哺乳动物志》，1830 年，355 页。这位观察家还举出一些有关这种气味的奇妙特性。

④ 欧文，《脊椎动物解剖学》，第 3 卷，632 页。再参阅默里博士对这等腺体的观察材料，见《动物学会会报》，1870 年，340 页。德马雷关于红斑羚羊（Antilope subgutturosa），见《哺乳动物学》（Mammalogie），1820 年，455 页。

尽管如此,这位博物学者还承认这种腺体的存在在某一方面是同生殖行为有关联的。但是,他对其用途只提供了一种推测的而且不能令人满意的解释。①

在大多数场合中,如果只有雄者在繁殖季节散发强烈的气味,那么这大概是用以刺激或魅惑雌者。我们千万不要以我们的嗜好来判断这个问题,因为,众所熟知,鼠喜好某种香料油,猫喜好缬草,而我们却非常讨厌这些东西,狗虽然不吃死尸,却用鼻子嗅它们,并且在它们上面打滚。根据以上讨论公鹿鸣唤时所举出的理由,我们可以拒绝接受气味乃用以从远方招致雌者来就雄者的概念。积极的和长期连续的使用在这里不能发生作用,就像发音器官的情形那样。散发的气味对雄者来说一定是相当重要的,因为在某些场合中,大而复杂的腺体发达了,它们具有肌肉以便把囊袋翻开,并且启闭囊孔。如果气味最盛的雄者在赢得雌者方面是最成功的,而且所留下的后代遗传了它们逐渐完善化的腺体和气味,那么这等器官的发展就可以依据性选择得到解释了。

毛 的 发 育

我们已经看到,雄四足兽在颈部和肩部的毛常常比雌者的发达得多;此外还可以举出许多有关事例。这种毛在雄者进行争斗时对它有保护作用,但在大多数场合中其发育是否特别为了这一目的,还很有疑问。我们差不多可以肯定的是,当沿着背部仅有一条稀而狭的脊毛时,情况并非如此;因为这种脊毛几乎不能提供任何保护,何况脊背也不是容易受到伤害的地方;尽管如此,这等脊毛有时也仅限于雄者所有,或者在雄者身上比在雌者身上更为发达得多。有两种羚羊,林羚(*Tragelaphus scriptus* 参阅图 70)②和大羚羊(*Portax picta*),可作为例子。当马鹿以及雄野山羊被激怒和惊恐时,这等脊毛即行竖起③;但不能设想它们的发达仅是为了威吓其敌手。上述大羚羊(*Portax picta*)的喉部具有一大块界限分明的黑毛丛,雄者的这种毛丛比雌者的大得多。北非的鬣羊(*Ammotragus tragelaphus*)为绵羊科(sheep-family)的一个成员,悬挂在其颈部和前腿上半部特别长的毛差不多把它的前腿都遮盖住了;但巴特利特先生不相信这等毛盖对雄者有什么用处,而雄者的这种毛盖比雌者的要发达得多。

许多种类的雄四足兽同雌者的差别在于前者面部的某些部位具有较多的毛或不同特性的毛。例如,只是公牛在其前额具有卷毛。④ 在山羊科(goat family)中有三个亲缘密切近似的亚属,只是其雄者具有颔毛,有时且甚长;还有另外两个亚属,其雌雄二者均具颔毛,但普通山羊的某些家养品种则没有颔毛;塔尔羊(*Hemitragus*)的雌雄二者也都没有颔毛。北山羊(ibex)的颔毛在夏季不发达,在其他时期也非常之小,以致可以称为残迹。⑤ 某些猿猴,如猩猩,仅限于雄者才有颔毛;或者,雄者的颔毛比雌者的大得多,例如

---

① 帕拉斯,《动物学专论》,第 13 卷,1799 年,24 页。德穆兰(*Desmoulins*),《博物分类学辞典》,第 3 卷,586 页。

② 格雷博士,《诺斯雷动物园采访记》(*Gleanings frorn the Menagerie at KnowSley*),28 页。

③ 卡顿论北美马鹿,《渥太华自然科学院院报》(*Transact. Ottawa Acad. Nat. Sciences*),1868 年,36、40 页;布莱恩,关于喜马拉雅野山羊,《陆和水》,1867 年,37 页。

④ 欧文,《亨特的论文及其观察材料》(*Hunter's Essays and Observations*),第 1 卷,1861 年,236 页。

⑤ 参阅格雷博士的《大英博物馆哺乳动物目录》,第三部分,1852 年,144 页。

卡拉亚吼猴和僧面猴（*Pithecia satanas*，图 68）就是如此。猕猴某些物种的颊毛是这样，①狒狒某些物种的鬈毛也是这样。但大多数种类的猴，其雌雄二者面部和头部的各种毛丛都是一样的。

图 68　僧面猴（*Pithecia satans*），雄性
（引自布雷姆）

牛科（Bovidae）以及某些羚羊类各个成员的雄者均具颈部垂肉，即大型皮褶，而在雌者方面其发达程度就差得多。

关于这样的性差异，我们必须作出的结论是什么呢？大概谁也不敢说某些雄山羊的额毛、公牛的颈部垂肉或某些雄羚羊沿着背部的脊毛在其普通习性方面对它们有任何用途。雄僧面猴（Pithecia）的巨大额毛、雄猩猩的长额毛在它们进行战斗时可能保护其喉部；因为伦敦动物园的管理员告诉我说，许多猴类彼此攻击对方的喉部；但是，要说额毛的发达，其意义不同于颊毛、触须以及面部的其他毛丛，似乎是不可能的；而且谁也不会设想它们可用于保护。我们必须把毛和皮的所有这等附器仅仅归因于雄者无目的的变异性吗？不能否认这是可能的；因为，许多家养动物的某些性状，显然不是通过返祖从任何野生的祖先类型那里传下来的，这些性状仅限于雄者才有，或者在雄者比在雌者更为发达——例如，印度雄瘤牛（zebu-cattle）的隆肉，公肥尾羊的尾巴，几个绵羊品种的雄者前额的弓形轮廓，最后，雄伯布拉（Berbura）山羊②的鬈毛、后腿长毛以及颈部垂肉，都是如此。有一个非洲的绵羊品种，只是公羊有鬈毛，这是一种真正的次级性征，因为我听温伍德·里德（Winwood Read）说，如果对这种公羊施行去势，其鬈毛就不发育。正如在我的著作《动物和植物在家养下的变异》中所阐明的，要断言任何性状，甚至由半开化人所养的那些动物的性状，没有受过人类的选择并因而有所扩大，应该极其小心，但在刚才举出的那些例子中，却不可能如此，尤其是仅限于雄者所有的那些性状，或在雄者方面比在雌者方面更为强烈发达的那些性状，更不可能如此。如果确知上述非洲公羊同其他绵羊品种均属于同一个原始祖先的后裔，如果具有鬈毛、颈部垂肉的公伯布拉山羊同其他山羊均出自同一个祖先，而且假定选择未曾应用于这等性状，那么它们的发生必定是由于单纯的变异性以及限于性别的遗传性。

因此，把这个观点引申到生活在自然状况下的动物的所有相似事例看来是合理的。尽管如此，我还不敢相信这可适用于一切情况，如雄鬣羊（Ammotragus）喉部和前腿异常发达的毛以及雄狐尾猴的巨大额毛。根据我对自然界所能做的研究，我相信高度发达的部分或器官是在某一时期为着一种特殊目的而获得的。有些羚羊，其成年雄者的色彩比雌者的色彩表现得更为强烈，有些猴类，其面部的毛排列优雅，颜色殊异，那些其毛冠和

① 伦格尔，《哺乳动物志》，14 页；德马雷，《哺乳动物学》，86 页。
② 参阅我的《动物和植物在家养下的变异》第 1 卷中所载的这几种动物；还有第 2 卷，73 页；以及第二十章中所载的有关半开化人实行选择的情况。关于伯布拉山羊，参阅格雷的《目录》，157 页。

毛簇就可能是作为装饰物而被获得的；据我所知，这正是有些博物学者的见解。如果这是正确的，则它们是通过性选择而被获得的、至少是通过性选择而变异的，就很少疑问了；但这种观点对哺乳动物来说究竟能引申到何等地步却很难说。

毛和裸皮的颜色

首先我要大致谈谈我所知道的有关雄四足兽的色彩不同于雌者的所有事例。关于有袋类，正如古尔德先生告诉我的，其雌雄二者在这方面很少差异；但红色大袋鼠（kangaroo）提供了一个显著的例外，"雌者呈现优雅蓝色的那些部分，在雄者则为红色"。① 卡宴（Cayenne）②的负鼠（*Didephis opossum*）雌者的颜色据说比雄者的稍红。关于啮齿类，格雷博士说，"非洲松鼠，尤其是热带地方的松鼠，其毛皮在每年的某些季节比在其他季节更为鲜艳，而且其雄者的毛皮一般比雌者的更为鲜明"。③ 格雷博士告诉我说，他之所以举出非洲松鼠为例，是因为它们异常鲜明的颜色最好地表示了这种差异。俄国巢鼠（*Mus minutus*）雌者的色泽比雄者的较浅而且较暗。大多数雄蝙蝠的皮毛比雌蝙蝠的鲜明④。关于这种动物，多布森博士说道："其差异部分地或者完全地决定于雄者皮毛色彩远为鲜艳者，或以不同斑纹或以某些皮毛部分较长为区别者，在任何可以觉察的范围内，仅见于视觉发达良好的、以果实为食的蝙蝠。"这一叙述值得注意，因为它同鲜明颜色是否由于是装饰性的而对雄性动物有所帮助这一问题有关。关于树懒（sloths）的一个属，格雷博士说，现已证实"其雄者在装饰上和雌者有所不同——这就是说，雄者在两肩之间生有一片柔软的短毛，一般或多或少地呈橘黄色，有一个物种则呈白色。相反，雌者却缺少这种标志"。

陆栖的食肉类和食虫类很少表现任何种类的性差异，包括体色在内。然而豹猫（*Felis pardalis*）是一个例外，其雌者的颜色如同雄者相比，"不及后者鲜明，而且雌者的灰褐色部分较暗，白色部分较不纯，斑纹较狭，斑点较小"。⑤ 同豹猫亲缘相近的线斑猫（*Felis mitis*），其雌雄二者也有差异，但程度较轻；雌者的一般颜色比雄者的颇淡，而且斑点的黑色也较差。另一方面，海栖食肉类或海豹类有时在颜色上的差异相当大，正如我们已经看到的，它们还有其他显著的性差异。例如南半球的褐海狗（*Otaria nigrescens*），其雄者的体部上面呈浓艳的褐色；而雌者的体部上面则呈暗灰色，不过雌者获得其成年的色泽比雄者为早，雌雄二者的幼仔均呈深巧克力色。格陵兰海豹（*Phoca groenlandica*）的雄者呈茶灰色，在背部有一块奇特的马鞍形暗色斑纹；其雌者的身材要小得多，并且具有很不相同的外貌，"呈暗淡的白色或草黄色，背部则呈茶色"；"幼仔最初是纯白色

---

① 关于岩大袋鼠（*Osphranter rufus*），古尔德，《澳大利亚哺乳动物》（*Mammals of Australia*），1863 年，第 2 卷。关于负鼠，德马雷，《哺乳动物学》，256 页。

② 为圭亚那的一处地方。——译者注

③ 《博物学年刊杂志》，1867 年 11 月，325 页。关于巢鼠，德马雷，《哺乳动物学》，304 页。

④ 艾伦，《剑桥大学有袋类比较动物学学报》，美国版，1869 年，207 页。多布森博士关于翼手目性征的文章，见《动物学会会报》，1873 年，241 页。格雷博士关于树懒的文章，同上杂志，1871 年，436 页。

⑤ 德马雷，《哺乳动物学》，1820 年，220 页。关于线斑猫（*Felis mitis*），伦格尔，同前书，194 页。

的,同冰丘和雪几乎无法区别,这样它们的颜色便起着保护作用"。①

反刍类在颜色方面的性差异比在其他目中更常常发生。条纹羚羊(Strepsicerene antelopes)的这种差异是普遍的,例如雄大羚羊(Portax picta)呈青灰色,远比雌者的颜色为深,而且喉部有一个正方形白色斑块,蹄后上部毛丛有白色斑纹,双耳有黑色斑点,所有这些都比雌者的显著。我们已经看到,这个物种的毛冠和毛丛同样地在雄者方面比在无角的雌者方面更为发达。布莱恩先生告诉我说,其雄者不换毛,而定期地在繁育期间其毛色变得较深。幼小的雄者在出生后 12 个月以前同幼小的雌者并无差别;如果在此时期以前对雄者进行去势,按照这位权威的材料,它的颜色就永远不会改变。这个事实是重要的,它可以证明大羚羊的颜色来源于性别,当我们听到②弗吉尼亚鹿(Virginian deer)的红色夏毛和青色冬毛完全不受去势影响时,这个事实的重要性就显而易见了。林羚属(Tragelaphus)的大多数或全部高度装饰的物种,其雄者的颜色都比无角雌者的为深,而且其毛冠也更加充分发达。华丽的德比大角斑羚(Derbyan eland),其雄者比雌者的体部较红,整个颈部较黑,间隔这两种颜色的白色带斑较宽。好望角大角斑羚(Cape eland),其雄者也比雌者的颜色稍深。③

公黑印度羚(A. bezoartica)属于羚羊的另一个族(tribe),其雄者的颜色很暗,几乎是黑色的;而无角的雌者则呈浅黄褐色。布莱恩先生告诉我说,关于这个物种,我们遇到了一系列同大羚羊(Portax picta)完全相似的事实,即:其雄者定期地在繁育季节改变颜色,去势对这种颜色改变的影响,雌雄二者的幼仔彼此无法区别。另一种黑印度羚(Antilope niger)的雄者是黑色的,而雌者以及雌雄二者的幼仔都是褐色的;水草地印度羚(A. sing-sing)的雄者比无角雌者的颜色要鲜明得多,而且前者的胸部和腹部的黑色也较深;卡玛印度羚(A. caama)的雄者,其身体各个部位的块斑和条纹都是黑色的,而在雌者方面这些则是褐色的;斑纹角马(A. gorgon)的雄者的颜色"几乎同雌者的颜色一样,只是较深而且较鲜明而已"。④ 还可举出一些相似的事例。

马来群岛的公爪哇牛(Bos sondaicus)几乎是黑色的,四腿和臀部则呈白色;母牛具有鲜明的暗褐色,牛犊在三岁之前也如是,此后便迅速改变颜色。去势的公牛则重视母牛的颜色。母克马斯山羊(Kemas goat)的颜色较浅,据说这些雌者们以及母喜马拉雅野山羊(Capra aegagrus)均较其雄者的颜色更为均匀。鹿的颜色很少呈现任何性差异。然而卡顿告诉我说,雄美洲赤鹿(Cervus canadensis)的颈部、腹部以及四腿的颜色均远比雌者的为深;但在冬季这种较深的颜色即逐渐褪去以至消失。我在这里可以提一下卡顿

① 默里博士关于海狗的文章,见《动物学会会报》,1869 年,108 页。布朗先生关于格陵兰海豹的文章,同上杂志,1868 年,417 页。关于海豹的颜色,再参阅德斯玛列司特的文章,同上杂志,243,249 页。

② 卡顿,《渥太华自然科学院院报》,1868 年,4 页。

③ 格雷博士,《大英博物馆哺乳动物目录》,第三部分,1852 年,134—142 页;再参阅格雷博士的《诺斯雷动物园访问记》,该书载有一张漂亮的德比大角斑羚的图:参阅该书有关羚属的章节。关于好望角大角斑羚(Orea canna),参阅安德鲁·史密斯的《南非动物学》,41,42 页。在伦敦动物园中也有许多这等羚羊。

④ 关于黑印度羚(Ant. niger),参阅《动物学会会报》,1850 年,133 页。有一个亲缘近似的物种,在体色方面有同等的性差异,参阅贝克爵士的《阿伯特·尼安萨》(Albert Nyanza),第 2 卷,1866 年,627 页。关于水草地印度羚,格雷,《大英博物馆哺乳动物目录》,100 页。德马雷,《哺乳动物学》,468 页,关于卡玛印度羚。安德鲁·史密斯,《南非动物学》,关于角马。

的园囿,那里有弗吉尼亚鹿的三个族,其体色彼此稍有差异,但这种差异几乎完全限于青色的冬季毛皮,即繁育时期的毛皮;所以这个例子可以同前章所说的鸟类的亲缘密切近似种、即代表种相比拟,它们的羽衣只在繁育时期才呈现差异①。南美沼地鹿(*Cervus paludosus*)的雌者以及雌雄幼鹿在鼻部不具黑色条纹,在胸部不具黑褐色线纹,而这些却都是成年雄者的特征②。最后,正如布莱恩先生告诉我的,颜色美丽和具有斑点的南亚斑鹿(axis deer)的成熟雄者在体色方面比雌者深得多,但去势后的雄者永远不会获得这种颜色。

我们需要讨论的最后一个目为灵长目(Primates)。黑狐猴(*Lemur macaco*)的雄者一般呈煤黑色,而雌者呈褐色。③ 在新世界的四手目中,卡拉亚吼猴的雌者和幼者均呈灰黄色,而且彼此相似;当两岁时,雄性幼者变为红褐色;三岁时,除去腹部外均呈黑色,而到四岁或五岁时,腹部也变得十分黑了。赤吼猴(*Mycetes seniculus*)和白喉卷尾猴(*Cebus capucinus*)雌雄之间差异也非常显著;前一个物种,我相信还有后一个物种的幼者均同雌者相似。白头僧面猴(*Pithecia leucocephala*)的幼者也是同雌者相似的,其上部呈黑褐色,下部呈锈红色。蛛猴(*Ateles marginatus*)面部周围的毛丛在雄者呈黄色,在雌者则呈白色。再来看看旧大陆的情况:白眉长臂猿(*Hylobates hoolock*)的雄者除去眉的上方有一条白色带斑外,通身都是黑色的,而雌者则由白褐色到杂以黑色的暗色,但决没有完全黑色的。④ 关于美丽的白须长尾猴(*Cercopithecus diana*)其成年雄者的头部呈深黑色,而雌者的头部则呈暗灰色;前者大腿之间的皮毛为优雅的浅黄褐色,而后者的这一部分的颜色则较淡。关于美丽而稀有的髭长尾猴(*Cercopithecus cephus*),雌雄之间的唯一差异为雄者的尾巴呈栗色,而雌者的尾巴则呈灰色;但巴特利特先生告诉我说,当雄者到达成年时,其全身颜色都变得更为显著,而雌者则仍保持幼小时的颜色。按照所罗门·米勒(Solomon Müller)的彩色绘图,金黑瘦猴(*Semnopithecus chrysomelas*)差不多是黑色的,而雌者则是淡褐色的。关于狗尾猴(*Cercopithecus cynosurus*)和灰绿长尾猴(*C. griseoviridis*),其雄者身体的一部分呈最鲜艳的青色或绿色,同其臀部的鲜红色裸皮形成了显著的对照。

最后,在狒狒科(baboon family)中,埃塞俄比亚鼯猴(*Cynocephalus hamadryas*)的成年雄者不仅在其巨大鬃毛方面同雌者有所差别,而且在毛和胼胝的颜色方面也和雌者稍有不同。山魈(*C. leucophaeus*)的雌者和幼者均比成年雄者的颜色较淡,而且比后者的绿色较浅。在整个哺乳动物纲中,没有一个成员像西非山魈(*C. mormon*)的成年雄者那样颜色特殊的。其面部到成年时即变成优雅的青色,鼻梁和鼻尖则呈最鲜艳的红色。按照有些作者

---

① 《渥太华自然科学院院报》,1868 年 5 月 21 日,3、5 页。

② S. 米勒,关于爪哇牛,《马来群岛动物志》(*Zoog. Indischen Archipel.*),1839—1844 年,35 彩图;再参阅拉弗尔斯(Raffles)的文章,布莱恩先生引用,见《陆和水》,1867 年,476 页。关于山羊,格雷博士,《大英博物馆目录》,146 页;德马雷,《哺乳动物学》,482 页。关于南美沼地鹿,伦格尔,同前书,345 页。

③ 斯克莱特,《动物学会会报》,1866 年,1 页。M. M. 波伦和范达姆(van Dam)也充分肯定了同一事实。再参阅格雷博士的文章,《博物学年刊杂志》,1871 年 5 月,340 页。

④ 关于吼猴,伦格尔,同前书,14 页;布雷姆,《动物生活图解》,第 1 卷,96,107 页。关于悬猴,德马雷,《哺乳动物学》,75 页。关于长臂猿,布莱恩,《陆和水》,1867 年,135 页。关于瘦猴(*Semnopithecus*),S. 米勒,《马来群岛动物志》,10 彩图。

图69 雄西非山魈(mandrill)的面部
(引自热尔韦的《哺乳动物志》)

的材料,其面部还有苍白的条纹,而且部分地略现黑色,不过这等颜色似乎是变异的。其前额有一毛冠,而且在下巴上有黄须。"其股之上方及臀部大片裸皮呈极其强烈的红色,并杂以优雅的青色,这就使其颜色越发鲜艳活泼。"①当西非山魈激动起来时,所有无毛部分的颜色都变得更为鲜艳得多。有几位作者以最热烈的词句来描写这等灿烂的颜色,他们把这等颜色同最美丽的鸟类的颜色相比拟。另一个值得注意的特性是,当大犬齿充分发育时,在其双颊便形成了巨大的骨质突起,这骨质突起有纵向的深沟,在它上面的裸皮呈鲜艳的颜色,就像以上所叙述的那样(图69)。在其雌者和雌雄幼者方面几乎看不见有这种骨质突起,无毛部分的颜色也远不及雄者那样鲜明,而且它们的面部差不多是黑色的,带有青的色调。然而成年雌者的鼻子到一定的时期却变成红色。

迄今所举的一切事例都表明雄者比雌者的颜色更为强烈或更为鲜明,而且雄者的颜色同雌雄幼者的都不相同。但是,就像某些少数鸟类那样,雌者的颜色比雄者的更为鲜明,恒河猴(*Macacus rhesus*)也是如此,其雌者尾部周围的裸皮面积甚大,呈一种鲜艳的胭脂红色,伦敦动物园的管理员向我确言,这种颜色定期地表现得更为鲜艳活泼,它的面部也是浅红的。另一方面,恒河猴的成年雄者以及雌雄幼者(我曾在伦敦动物园中见到)不论其臀部裸皮或面部一点也没有红色的痕迹。但是,根据有些发表的记载看来,其雄者的确偶尔地或在某些季节表现有一些红色的痕迹。虽然在装饰方面不及雌者,但是雄者的手较大,犬齿较长,颊须较发达眉脊较突出,在这些方面还是遵循雄者胜过雌者的普遍规律。

有关哺乳动物雌雄二者之间的颜色差异,现在我已经举出我所知道的一切事例。有些这等差异可能是变异的结果,而这种变异只限于同一性别并向同一性别传递,并不因此获得任何利益,所以不借助于选择。关于我们的家养动物就有这样的事例,例如某些猫类的雄者是锈红色的,而其雌者却呈龟甲色。在自然界中也有近似的例子:巴特利特先生曾见到美洲豹(jaguar)、豹、袋貂(*Vulpine phalanger*)②和毛鼻袋熊(wombat)③的许多变种是黑色的,他肯定所有或者几乎所有这等动物都是雄性的。另一方面,狼、狐而且显然还有美洲松鼠,其雌雄二者偶尔生下来就是黑色的。因此,十分可能的是,某些哺乳动物的雌雄二者在颜色上的差异,并不借助于选择,而单纯地为一种或一种以上变异的

---

① 热尔韦(Gervais),《哺乳动物志》,1854年,103页,载有雄西非山魈的头骨图。再参阅德马雷的《哺乳动物学》,70页。小圣伊莱尔和居维叶,《哺乳动物志》,第1卷,1824年。

② 即 *Phalangista vulpina*,属食果有袋类,形似松鼠,体长约一尺半,尾长一尺许,每产一二仔,幼仔渐长,离去育儿囊,尚负于母背上,产于澳大利亚。——译者注

③ 即 *Phascolomys wombat*,属啮齿有袋类。体肥大,长二三尺,四肢粗短而强壮,皆有五趾。后肢除第二趾皆有长曲之爪,以爪掘穴而居。食木根及草等,故其齿列颇似啮齿类。——译者注

结果,且这等变异的传递从一开始就专限于某一性别。尽管如此,某些四足兽、例如上述猿猴类和羚羊类的各种各样的、鲜艳的和对照鲜明的色彩还是不可能因此得到解释。我们应该记住,这等颜色并不是在雄者降生时出现的,而仅仅是在成熟期或接近成熟期才出现的;而且这和普通变异有所不同,如果对雄者施行去势,这等颜色就消失了。总之,雄性四足兽的强烈显著的颜色以及其他装饰性状,在它们同其他雄者竞争时大概是有利的,因而是通过性选择而获得的。根据上述各点可以推断,这一观点由于以下的情况而被加强,即:雌雄二者在颜色上的差异几乎完全是发生于表现有其他强烈显著第二性征的那些哺乳动物类群或亚类群;这等第二性征也是性选择的结果。

四足兽对颜色显然是注意的。贝克爵士屡屡见到非洲的象和犀特别愤怒地对白色或灰色的马进行攻击。我在他处曾阐明,①半野生的马显然喜爱那些颜色和自己相同的马,颜色不同的鼢鹿群,虽在一起生活,却长期保持界限分明。还有一项更有意义的事实:一匹母斑马不接受一头公驴的追求,可是当把这头驴涂饰成斑马的模样时,正如约翰·亨特所说的,"母斑马就欣然同意那头公驴了"。"从这一奇妙的事实,我们看到了仅仅由颜色所激发起来的本能,这一本能的作用如此之强,以致胜过了任何其他本能。但雄者并不需要这种本能,只要雌者同他自己的颜色稍为相似,就足以使他激动起来。"②

在以前的一章我们曾看到,高等动物的心理能力同人类的、尤其是同低等野蛮种族的相应能力,虽在程度上有重大差别,但在性质上并无不同;看来甚至人类的审美感同四手目的审美感也没有广泛的差异。非洲黑人把面部肌肉弄成平行的隆起条纹,"即疤痕,高出颜面的本来表面,这种丑陋的毁形却被视为个人容貌的巨大魅力";③世界许多地方的黑人和未开化人在他们的面部画上红的、青的、白的和黑的带斑;与此相似,西非狒狒也获得了它们的具有深刻凹痕和色彩绚丽的面部,以吸引雌者。毫无疑问,臀部的颜色为了装饰之故甚至比面部更为鲜艳,这在我们看来,是极其滑稽可笑的;但这比许多鸟类尾羽具有特别装饰,并不会使人感到更为奇怪。

关于哺乳动物,目前我们还没有掌握任何证据可以证明雄者尽力在雌者面前夸示其魅力;而雄鸟和其他雄性动物以其精心设计的方式来进行这样的表演,乃是最强有力的论点来支持如下的信念:雌者赞赏在其面前展示的装饰物和颜色,或受到这等装饰物和颜色的刺激而兴奋起来。可是哺乳类和鸟类在它们的一切第二性征方面还是有显著的平行现象,即,在它们所具有的同其雄性对手进行争斗的武器方面,在它们所具有的装饰性附器方面,在它们的颜色方面,均有平行现象。在这两个纲的动物中,如果雄者和雌者有所不同,雌雄二者的幼仔却几乎总是彼此相似,而且在大多数场合中,它们的幼仔也同成年的雌者相似。在这两个纲的动物中,雄者在繁殖龄期不久之前会表现出这一性别所特有的性状;如果在早期施行去势,这等性状就要消失。在这两个纲的动物中,颜色的改变时常是季节性的,而且无毛部分的色泽时常在求偶的行为中变得更为鲜艳活泼。在这两个纲的动物中,雄者几乎总是比雌者的颜色更为鲜艳活泼,或者更为强烈,而且雄者装

---

① 《动物和植物在家养下的变异》,第2卷,1868年,102、103页。
② 欧文,《亨特的论文及其观察材料》,第1卷,1861年,194页。
③ 贝克爵士,《阿比尼西亚的尼罗河支流》,1867年。

饰有较大的冠毛或羽冠以及其他这类附器。在少数例外的场合中,这两个纲的雌者比雄者的装饰更为高级。有许多种哺乳动物,至少有一种鸟,其雄者比雌者所散发的香气为甚。在这两个纲的动物中,雄者比雌者的声音更加强有力。鉴于这种平行现象,毫无疑问,有一个同样的原因,不管它是什么,曾对哺乳类和鸟类发生作用;仅就装饰的性状来说,在我看来,其结果可以归因于某一性别的个体对异性某些个体长期连续的喜爱,而且结合着它们在遗留大量后代以承继其优越的魅力方面获得成功。

装饰性状对雌雄二者的同等传递

由类似之理推之,可信许多鸟类的装饰物最初是由雄者获得的,然后同等地或几乎同等地传递给雌雄二者;那么我们可以问,这一观点对哺乳动物究竟能应用到怎样程度。相当多的物种,尤其是较小的种类,其雌雄二者的颜色是为了保护自己而获得的,同性选择并无关系;但就我所能判断的来说,这样的事例不及在大多数较低等诸纲中那样多,而且其表现方式也不那样显著。奥杜邦说道,当麝鼠(musk-rat)[①]蹲在浑浊河流的岸边时,他常常误认它为一块泥土,其形酷似。山兔(hare)当跑向兔穴时凭借颜色而隐蔽起来的事例是众所熟知的;但这一原理对一个亲缘密切近似的物种——家兔(rabbit)就部分地不适用了,因为当它跑向兔穴时,它那向上翻卷的白尾就会引起猎人、无疑也会引起一切猛兽的注意。谁都不会怀疑栖息在白雪覆盖地方的四足兽变为白色,乃是为了保护自己免受敌方的危害,或者有利于它们潜近所要捕食的动物。在容易化雪的地方,白色的毛皮将会有害;因而在世界上较热的地区,白色物种是极其罕见的。值得注意的是,栖息在不甚寒冷地方的许多四足兽虽然没有白色的冬季毛皮,但在这一季节其毛皮颜色却变得较淡;显然这是它们长期暴露于其中的外界条件所造成的直接结果。帕拉斯述说[②],在西伯利亚,狼、鼬属(Mustela)的两个物种,家马、野驴(*Equus hemionus*)[③]、家牛,印度羚的两个物种、麝、狍(roe)、驼鹿、驯鹿都会发生这种性质的颜色变化。例如狍其夏季皮毛是红色的,而冬季皮毛则是灰白色的,当这种动物漫游于那些点缀着白雪和严霜的无叶灌木丛中时,那种灰白色对它们也许可以起一种保护作用。如果上述动物扩展其栖息范围而达到永久覆盖冰雪的地方,那么通过自然选择它们的淡色冬季皮毛大概会变得愈来愈白,直到白得似雪为止。

瑞克斯(Reeks)先生给我的一个奇妙事例表明,一种动物由于具有独特颜色而得到了利益。他在一个有围墙大园内养了五六十只褐白杂色的家兔;同时在他的家里还养着一些同样颜色的猫。正如我常常注意到的那样,这种猫在日间是很显眼的,但它们惯于在黄昏时刻卧守于兔穴之口,而那些家兔显然不能把它们同其杂色弟兄分别开来。其结果便是,每一只这样杂色的家兔在 18 个月内全被灭绝;而且有证据表明这都是那些猫干的。颜色对另一种动物——臭鼬似乎也是有助益的,其方式正如其他动物纲中许多事例所表现的那

---

①　关于麝鼠,奥杜邦和贝奇曼,《北美的四足兽》(*The Quadrupeds of N. America*),1846 年,109 页。

②　《关于四足兽的新种》,1778 年,7 页。我所谓的狍(roe)就是帕拉斯命名的 *Capreolus sibiricus subecaudatus*。

③　产于西藏、青海以及蒙古等处,或谓即驴之原种,体高达四尺,毛色概灰带赤、或栗色,背部中脊有黑纹一条,体下白色。幼驴毛色黄中带赤,与栖处之砂质色相合。——译者注

样。当这种动物激怒时，便会散发出可怕的气味，所以没有一种动物会自愿地攻击它；但在黄昏时就不容易把它辨识出来，因而可能受到猛兽的攻击。这样，正如贝尔特(Belt)先生[1]所相信的那样，臭鼬便有一条白色的蓬松大尾巴，作为一种容易引起注意的警告。

图 70　林羚(*Tragelaphus scriptus*)的雄者

(引自诺斯雷动物园，Knowsley Menagerie)

虽然我们必须承认许多四足兽获得它们现在那样的颜色，或是为了保护自己，或是为了有助于捕食其他动物，但是，还有大量的物种，其色彩太显眼了，而且颜色的排列也太奇特了，以致不能允许我们去设想它们可用于这等目的。我们可以用某些羚羊的情况来做例证；当我们看到喉部的正方形白色块斑、蹄部后上方丛毛的白色标志以及双耳的黑色圆形点斑，在大羚羊(*Portax picta*)的雄者方面均比在其雌者方面更为明显——当我们看到德比大角斑羚(*Oreas derbyanus*)的雄者比雌者的颜色更为鲜艳活泼，而且肋部的狭白线和肩部的宽白斑更为明显——当我们看到具有奇妙装饰的一种林羚(图 70)雌雄二者之间的相似差异，——我们无法相信这种种差异对雌雄任何一方在其日常生活习性方面有什么用处。更可能的结论似乎是：这各种不同的斑纹最初是由雄者获得的，其颜色通过性选择而被加强，然后部分地传递给雌者。如果承认这一观点，毫无疑问的是，许多其他羚羊的同等奇特的颜色和斑纹，虽为雌雄双方所共有，却是按照同样的方式而被获得和传递的。例如，南非捻角羚羊(*Strepsiceros kudu*，图 64)雌雄二者在其后肋均有狭窄的垂直白线，而且在其前额均有优雅的角形白色斑纹。南非达玛利斯羚属(*Damalis*)雌雄二者的颜色都很奇特；白臀达玛利斯羚(*D. pygarga*)的背部和颈部呈紫白色，到两肋逐渐变为黑色；这等颜色同其白腹和臀部的一大块白斑截然分明；其头部的颜色还更奇特，有一块镶着黑边的椭圆形白斑遮盖面部直达双眼(图 71)，在前额还有三条白纹，

---

[1]　《博物学者在尼加拉瓜》，249 页。

双耳也有白色的标志。这个物种的幼羚通身均呈淡黄褐色。白耳达玛利斯羚（*Damalis albifrons*）的头部同前一个物的头部有所不同，前者头部只有一条白纹，而不是三条白纹，并且它的双耳几乎是完全白色的。[1]在我尽力研究了所有各纲动物的性差异之后，我不能不作出如下结论：许多羚羊的排列奇妙的颜色，虽为雌雄双方所共有，却是最初应用于雄者的性选择之结果。

同一结论也许可以引申到虎，这是世界上最美丽的动物，但其雌雄二者无法从颜色方面加以区别，即使野兽商人也不能做到这一点。华莱士先生相信，[2]虎的条纹皮毛"同竹子的挺直茎干如此谐调一致，以致可以帮助它们隐蔽起来去接近所要捕食的动物"。但是，在我看来，这一观点恐难令人满意。我们有某种微小的证据可以证明虎的颜色可能是由性选择所致，因为猫属（*Felis*）有两个物种，其彼此相似的斑纹和颜色在雄者方面均比在雌者方面更为鲜明。斑马的条纹是容易引起注目的，而且在开阔的南非平原上这等条纹不能提供任何保护。伯切尔（Burchell）[3]在描述斑马群时说道："它们柔滑发亮的肋部在日光中闪耀，它们鲜明的、整齐的条纹皮毛呈现了一幅非常美丽的图画，大概没有任何四足兽可以胜过它们。"但在整个马科（Equidae）中，雌雄二者的颜色是完全一致的，所以在这里我们还没有掌握性选择的证据。尽管如此，这位曾把各种羚羊肋部的白色和暗色垂直条纹归因于性选择作用的人，大概还会把同样的观点引申到兽中之王——虎以及美丽斑马的。

图 71　白臀南非达玛利斯羚
（*Damalis pygarga*），雄者
（采自诺斯雷动物园）

我们在前一章已经看到，属于任何纲的幼小动物所遵循的生活习性如果同其双亲的生活习性差不多相同，但其颜色却有差异，那么可以推论这等幼小动物保持了某一绝灭了的古老祖先的颜色。在猪族以及貘族中，幼仔具有纵条纹，这同这两个类群的一切现存的成年物种均有差异。许多种类的幼鹿具有优雅的白色斑点，而其双亲却一点没有表现这种痕迹。从斑鹿——其雌雄二者在一切年龄和一切季节都具有美丽斑点（雄者比雌者的颜色更强烈），到无论老鹿和幼鹿均不具有斑点的物种可以找出一条逐渐的系列。我将举出这个系列中的一些等级。满洲鹿（*Cervus mantchuricus*）全年均具白色斑点，但我在伦敦动物园里看到，在夏季其斑点就比冬季淡得多，其一般的夏季皮毛颜色也较淡，而一般的冬季皮毛颜色就较深，而且双角也充分发达。豚鹿（*Hyelaphus porcinus*）的斑点在夏季极其显著，那时它的皮毛呈赤褐色，但在冬季它的斑点就完全消失，那时它的皮

---

[1]　参阅史密斯《南非动物学》及格雷博士的《诺斯雷动物园访问记》二书中的精美图版。
[2]　《威斯敏特评论》，1867 年 7 月 1 日，5 页。
[3]　《南非游记》，第 2 卷，1824 年，315 页。

毛则呈褐色。① 这两个物种的幼鹿均具斑点。幼弗吉尼亚鹿同样也有斑点，卡顿告诉我说，在他的园囿中约有百分之五的这种成年鹿当红色夏季皮毛由带蓝色的冬季皮毛所代替时，在其双肋便暂时地各现一行斑点，这两行斑点的清晰度虽有变异，但其数目却永远是一样的。从这种状态到成年鹿在一切季节中均不具斑点者，相距不过很小的一步；最后则到达在一切年龄和一切季节中均不具有斑点的状态，有如某些物种所发生的那样。根据这一完整系列的存在，尤其是根据如此众多物种的幼鹿均具斑点，我们便可断言鹿科现存的成员乃是某一古代物种的后裔，这个物种就像轴鹿那样地在一切年龄和一切季节中均具斑点。它们更早的一个古代祖先大概同西非鹿（*Hyomoschus aquaticus*）多少相似，因为这种动物具有斑点，而且无角雄者具有可以发挥作用的大型犬齿，现在还有少数真正的鹿保持着犬齿残迹。西非鹿也是一个类型把两个类群联结在一起的有趣事例之一，因为它在某些骨骼性状上介乎厚皮类（pachyderms）和反刍类之间，而以前却认为这两类动物是截然相异的。②

　　于是在这里产生了一个奇难的问题。如果我们承认有色的斑点最初是作为装饰物而被获得的，那么如此众多的现存鹿——本来具有斑点的动物之后裔以及猪和貘的所有物种——本来具有条纹的动物之后裔，怎么会在成熟状况下失去了其以往的装饰物？我还不能令人满意地回答这个问题。我们几乎可以肯定的是，现存物种的祖先在成熟期或接近成熟期失去了斑点和条纹，所以幼仔依然保持着它们；而且，由于在相应年龄遗传的法则，这等斑点和条纹传递给此后各代的幼仔。由于狮和美洲狮的生息地是开阔的，所以条纹的消失可能对它们有重大利益，这样便可不易为猎物所见；如果达到了这一目的的连续变异发生于生命的较晚时期，那么幼仔大概还会保持其条纹，现在的情况正是如此。弗里茨·米勒（Fritz Müller）向我提出，关于鹿、猪和貘，通过自然选择而去掉其斑点或条纹，它们大概就不易被敌者所见；并且食肉动物在第三纪体格增大，数量增多的时候，它们大概特需要这种保护。这也许是正确的解释，但幼仔没有受到这样的保护就颇为奇怪了，而且更加奇怪的是，有些物种的成年动物却在每年的一部分时期局部地或者完全地保持了它们的斑点。我们知道，当家驴发生变异并且变为赤褐色、灰色或黑色时，其肩部、甚至脊部的条纹常常消失，虽然我们还不能说明其原因。在身体任何部分均具

图72　赤瘦猴（*Semnopithecus rubicundus*）
[本图及以下各图（引自热尔韦）示明
头毛奇特的排列和发育]

----

　　① 格雷博士，《诺斯雷动物园访问记》，64页。布赖茨在谈到锡兰豚鹿（hog-deer）时说道，在换角季节它的白色斑点比普通猪鹿的白色斑点更为鲜明。

　　② 福尔克纳（Falconer）和考特雷（Cautley），《地质学会会报》（*Proc. Geolog. Soc.*），1843年；以及法克纳的《古生物学论文集》（*Pal. Memoirs*），第1卷，196页。

条纹的马,除暗褐色者以外,为数很少,然而我们有良好的理由可以相信原始马在其腿部、脊部、大概也在肩部均具条纹。① 因此,在现存的成年的鹿、猪和貘中,其斑点和条纹的消失可能是由于一般的皮毛颜色发生了变化;但这种变化究竟是由于性选择或自然选择的作用,还是由于生活条件的直接作用,抑或由于某种其他未知的原因,还不可能决定。斯克莱特先生所做的一个观察很好地示明了我们对于那些支配条纹的出现和消失的法则乃一无所知;栖息在亚洲大陆的驴属(*Asinus*)一些物种均不具条纹,甚至连肩部的横条纹也没有,而栖息在非洲的那些物种则具有显著的条纹,但纹驴(*A. taeniopus*)这个物种是一个局部的例外,它只有肩部横条纹,一般在腿部还有一些模糊不清的带斑;这个物种所栖息的地带几乎介于上埃及(Upper Egypt)和埃塞俄比亚之间。②

四 手 类

当作出结论之前,先稍微谈一谈猿猴类的装饰物将是有益的。在大多数物种中,其雌雄二者在颜色方面彼此相似,但在某些物种中,就像我们已经看到的那样,雄者同雌者有所差异,尤其是在皮肤无毛部分的颜色方面、在颔毛、颊须和鬃毛方面更加如此。许多物种的颜色如此特殊或者如此美丽,而且具有如此奇妙而漂亮的冠毛,以致我们不能不把这等性状的获得视为用做装饰。附图(图 72 至图 76)示明几个物种的面毛和头毛的排列情形。要说这等冠毛以及毛和皮的对照强烈的颜色仅仅是变异的结果,而没有选择作用的帮助,几乎是不可想象的;而且,要说这等性状在任何日常生活方面对这等动物有什么用处也是不可想象的。如果这样说法不错,那么这等性状大概是通过性选择而获得的,虽然它们同等地或者几乎同等地传递给了雌雄双方。关于许多四手类动物,我们还有另外的证据可以证明性选择在以下各方面的作用:如雄者比雌者的体格较大、体力较强而且犬齿较发达。

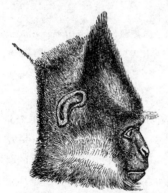

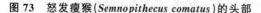

图 73　怒发瘦猴(*Semnopithecus comatus*)的头部　　图 74　白喉卷尾猴(*Cebus capucinus*)的头部

---

① 《动物和植物在家养下的变异》,第 1 卷,1868 年,61—64 页。

② 《动物学会会报》,1862 年,164 页。再参阅哈特曼(Hartmann)的文章,见《农业年鉴》(*Ann. d. Landw.*),第 43 册,222 页。

图 75　蛛猴(*Ateles marginatus*)的头部

图 76　长毛卷尾猴(*Cebus vellerosus*)的头部

举出少数事例就足以说明有些物种雌雄二者的奇异颜色以及其他物种的美丽。长尾猴(*Cercopithecus petaurista*，图 77)的面部是黑色的，颊须和额毛是白色的，它的鼻部具有一个界限分明的圆形白色斑点，其上蔽以白色短毛，使得这种动物的外貌差不多是滑稽可笑的。额斑猴(*Semnopithecus frontatus*)的面部也是稍带黑色的，而且还有黑色的长额毛，在其青白色前额上有一个无毛的大斑点。多毛猕猴(*Macacus lasiotus*)的面部呈不鲜明的肉色，而且在其双颊各有一个界限分明的红色斑点。埃及南部白眉猿(*Cercocebus aethiops*)的外貌是滑稽可笑的，它具有黑色的面部、白色的颊须和颈毛以及栗色的头部，在两个眼睑上各有一个无毛的大型白色斑点。很多物种的额毛、颊须以及面部周围的冠毛同其余头部的颜色是不同的，如果不同，它们的色泽总较淡，[①]常常是白色的，有时是亮黄的或者是微红的。南美短尾猴(*Brachyurus calvus*)的整个面部均呈灿烂的猩红色，但不到这种动物接近成熟时，不会出现这种颜色。[②]　各个不同物种的面部裸皮在颜色上差异非常之大。它常常呈褐色或肉色，局部呈白色，而且也常常呈黑色，有如最黑的黑人面色一般。秃顶猴的猩红色面部比含羞的高加索少女的面部更为鲜艳。有的面部呈橘黄色，比任何蒙古人的面部黄色更加明显，有几个物种的面部呈青色，亦有呈紫罗兰色或灰色者。在巴特利特先生所知道的一切物种中；凡是成年雌雄二者的面部呈浓色时，在其早年的幼小时期，这等颜色则是暗淡的，或竟不具颜色。西非狒狒和恒河猴的情况也是如此，其面部和臀部具有鲜艳颜色者只是雌雄中的一方。在后述这等场合中，我们有理由相信这等颜色是通过性选

图 77　长尾猴(*Cercopithecus petaurista*)

(采自布雷姆)

---

①　我在伦敦动物园曾见过这种情况，在小圣伊莱尔和居维叶的《哺乳动物志》的彩色图版中也可看到许多这种情形。

②　贝茨，《亚马孙河流域的博物学家》，第 2 卷，1863 年，310 页。

择而被获得的;我们自然地便被引导把同样的观点引申到上述物种,虽然其雌雄二者在成年时的面部具有同样的颜色。

图 78　白须长尾猴(*Gereopithecus diana*)
(引自布雷姆)

虽然许多种类的猴按照我们的趣味来看,远远不是美丽的,但另外有些物种由于它们的漂亮外貌和鲜艳颜色普遍地受到了称赞。眉线瘦猴(*Semnopithecus nemaeus*)的颜色虽然奇特,却被描写得非常之美;其橘黄色面部绕以具有光泽的白色长颊须,在双眉之上各有一条栗红色的线;背部皮毛呈雅致的灰色,腰部各有一块方斑,尾部和前臂是纯白的;胸部覆盖着栗色的皮毛;大腿为黑色,小腿为栗红色。我只再谈一谈另外两种猴的美;我之所以选用它们是因为它们在颜色方面表现了轻微的性差异,这就在某种程度上可能说明其雌雄二者的漂亮外貌是由于性选择所致。髭猴皮毛的一般颜色为带有斑驳的微绿色,喉部为白色;其雄者的尾端为栗色,但其面部则系最富装饰

的部分,面皮主要呈微带青色的灰色,至双眼下方逐渐变为微黑色,上唇呈优雅的青色,下唇边有一条稀疏的黑髭,颊须为橘黄色,其上部则呈黑色,向后延伸到双耳,形成一条带形物,双耳则覆被着微白色的毛。在动物学会的动物园里,我常常无意中听到游客们赞美另一种猴,它可以名副其实地称为白须长尾猴(图 78);其皮毛的一般颜色为灰色;胸部和前腿内面呈白色;背的后部有一个界限分明的大三角形块斑,呈鲜艳的栗色;雄者大腿的内面及其腹部为优雅的浅黄褐色,而且头顶呈黑色;面部和双耳为浓黑色;同其双眉上方的横向丛毛和白色长额毛形成了优美的对照,额毛的基部则呈黑色。①

在这等猴以及许多其他猴中,其颜色之美及其奇特的排列,尤其是头部冠毛以及簇毛的各式各样的优雅排列,迫使我不得不相信这等性状完全是作为装饰物,通过性选择而获得的。

提　要

为了占有雌者而进行战斗的这一法则,看来是通行于整个的巨大哺乳纲的。大多数博物学者们都承认雄性动物的较大的体格、体力、勇气以及好斗性,它特有的进攻武器以及特有的防御手段,都是通过我称为性选择的那种方式而获得或变异的。这并不决定于一般生存竞争中的任何优越性,而是决定于某一性别的某些个体、一般是雄者的某些个体成功地战胜其他雄者,并比成功较小的雄者留下较大数量的、遗传其优越性的后代。

---

　　① 我在动物学会的动物园中曾见到大部分上述猴类。关于眉线瘦猴的描述系引自马丁的《哺乳动物志》,1841年,460 页;再参阅 475、523 页。

　　还有另一种比较和平的竞争,在这种竞争中雄者尽力以各种不同的魅力去刺激或引诱雌者。在某些场合中这种竞争大概是由雄者在繁殖季节散发出强烈的气味来进行的;散发气味的腺体是通过性选择而获得的。与此相同的观点是否可以引申到声音,尚有疑问,因为雄者发音器官的加强,一定是由于雄者在成熟时期受到了爱情、嫉妒或愤怒的强烈刺激而使用这等器官的缘故,因而这种特性只向雄者传递。各种不同的冠毛、簇毛和鬃毛或者仅限于雄者所有,或者在雄者方面比在雌者方面更为发达,它们在大多数场合中似乎仅仅是为了装饰,虽然有时也用做防御雄性竞争对手的手段。甚至有理由来设想公鹿的枝角以及某些羚羊的漂亮双角,虽然用做进攻的或防御的武器,大概也是部分地为了装饰而发生变异的。

　　当雄者在颜色上不同于雌者时,雄者的色泽一般表现得较深而且对照较强烈。在哺乳纲中我们所看到的华丽的红色、青色、黄色和绿色并不像在雄性鸟类和许多其他动物中那样普遍。无论如何,某些四手类动物的无毛部分必须除外,因为这等部分的位置往往是奇特的,而且在某些物种中,其颜色是鲜艳的。在其他场合中,雄者的颜色可能是单纯地由于变异,而不借选择之助。但是,如果其颜色是丰富多彩而且强烈显著的,如果它们不接近成熟时不会发展,而且,如果它们在去势以后就会消失,那么我们简直不得不作出如下结论:它们是为了装饰通过性选择而获得的,而且完全地或者几乎完全地只向同一性别传递。如果雌雄二者具有同样的颜色,而且这等颜色是显著的或者排列奇妙的,却一点没有作为保护的明显用途,尤其是如果它们和各种不同的其他装饰性附器结合在一起,那么我们便可用类推方法作出同样的结论,即:它们是通过性选择而获得的,虽然它们是向雌雄双方传递的。显著而丰富多彩的颜色,不论是仅限于雄者所有或为雌雄二者所共有,按照一般规律,在同一类群或同一亚类群中都是和用于战争或装饰的其他次级性征结合在一起的,如果我们回顾一下本章和前一章中所举的各种不同事例,便可知道情况确系如此。

　　向雌雄双方同等传递性状的法则,仅就体色和其他装饰物而言,通行于哺乳类远比通行于鸟类更加广泛;但是,诸如角、獠牙那样的武器往往专向雄者传递,或者传递给雄者远比传递给雌者更加完全。这是使人惊奇的,因为雄者使用其武器来防御一切种类的敌对者,所以这等武器对于雌者大概也是有用的。仅就我们所能知道的来看,雌者缺少这等武器只能根据通行的那种遗传形式才能得到解释。最后,在四足兽中同一性别的诸个体之间所进行的争斗,无论是和平的还是流血的,除了极罕见的例外,仅限于雄者才进行之;所以雄者通过性选择发生变异者远比雌者更加普遍,无论是在彼此之间的战争方面,还是在向异性进行引诱方面,均系如此。

　　雄蜂鸟之美几乎可与极乐鸟相匹敌,凡是见过古尔德先生的佳作或其丰富采集品的人都会承认这一点。

▲ 这幅漫画想说明：根据达尔文的进化理论，艺术家是由刷子和颜料罐进化而来的（讽刺画，后期着色木版画，1879年）。

▲ 维多利亚女王时代的中层社会都认为，女王是一位完美的女子，她是王朝的天使，伦理的捍卫者和王朝一切美好生活的源泉。虽然猿猴在很多方面与人类有惊人的相似，但是这些人不敢想象，美丽的女子与猴的后代有何关联？正如图中所示，把她与多毛的猿猴联想起来是多么不可能！

◀ 这是英国收藏家霍金斯所画，表现了达尔文《物种起源》中的论述"人类最早的祖先是外表丑陋、毫无魅力的哺乳动物，并且身体矮小，由于经常被风吹日晒，皮肤变成为难看的暗棕色。全身大部分皮肤都覆着长而粗糙的毛发。"

达尔文在《人类的由来及性选择》一书中阐明了他在《物种起源》中已经形成的观念，即物种起源的一般理论也完全适用于人这样一个自然的物种。他进一步认为，人类的智力、人类社会道德和感情的心理基础等特性也像人体结构的起源那样，可以追溯到较低等的动物。

◀《人类的由来及性选择》英文版。该书在1871年问世之后的3年里，就连续重印数次。1874年第二版时，达尔文又进行了一些改正。本中文版即是根据其英文第二版译得。

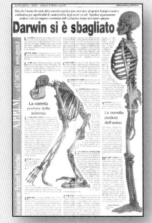

▶ 当年的一份拉丁文报纸详细地阐述了达尔文关于人类进化的理论。

◀《人类的由来及性选择》现代法文版的封面。书中，达尔文通过相当多的研究证据，来支持人类源于动物的思想。他指出，人耳上残存的耳郭，其中有些肌肉显然是用于移动耳朵的。他还提到，脊柱底部的尾骨，是痕迹器官的又一例证，显然它是人种演变过程中的早期遗留产物。

▲ 根据达尔文的理论而绘制的人类进化图。达尔文在本书结论里谈到：人类起源于某种低等的生物类型，将会使许多人感到非常厌恶。但几乎无可怀疑的是，我们乃是未开化人的后裔。

本书的第一部分，主要是论述人类起源于低等生物类型，为此，达尔文引用大量的事实证据来证明自己的观点。他认为："人类是按照其他哺乳动物同样的一般形式或模型构成的。人类骨骼中的一切骨可以同猴的、蝙蝠的或海豹的对应骨相比拟。人类的肌肉、神经、血管以及内脏也如此。"

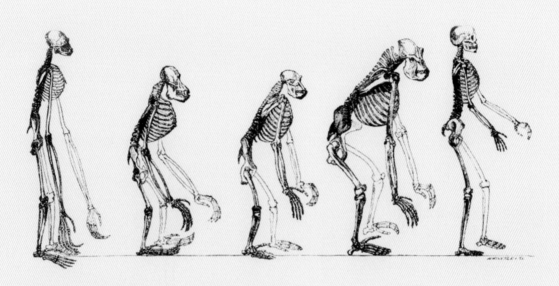

▲ 赫胥黎通过解剖手段证明，人脑也遵循达尔文提出的这一法则。图为赫胥黎《人类在自然界的位置》一书的插图，比较了从猿到人的骨骼结构。

▲ 脑部结构的比较图。19世纪末以后，陆续发现了很多古猿和古人类化石，为研究人类起源提供了直接证据。

▶ 达尔文在本书中提到："美洲蛛猴，当喝醉酒之后的第二天早上，非常易怒而忧郁，用双手抱住疼痛的脑袋，作最可怜的表情，当再给它们啤酒或果子酒时，它们就厌恶地躲开，但对柠檬汁却喝得津津有味……这些证明了人类和猴类的味觉神经是多么相似，而且他们的全部神经系统所受到的影响又是多么相似。"图为一只美洲蛛猴。

达尔文在本书第二部分，用性别选择理论对某些物种作了说明：物种个体（往往是雄性个体）之间的争斗往往是为了有限的性伙伴，而不是为了有限的环境资源。

◀ 雄性鸥鸽。达尔文说："我养的一种鸟，当它膨胀起颈项，喙就埋进了脖子。雄性鸥鸽尤为突出，一受刺激，喉咙就鼓得比雌性更厉害，而且，还因自己有能力展现这个本事而洋洋得意。"

▲ 求偶过程中的雄性孔雀为了夸示自己，吸引雌孔雀的注意，便展开并树立其尾羽，尾羽上有美丽的眼斑。

◀ 雄性麝香鸭，在夏季月份会散发出一种麝香气味，用于魅惑或刺激雌性，有些个体可以把这个气味保持全年。野生的雄性麝香鸭，在繁殖季节常会发生血腥战斗。

➤ 达尔文认为，在庞大的昆虫纲中，雌雄的差异有时表现在运动器官上，但往往是表现在感觉器官上，如许多物种的雄虫所具有的节状触角和美丽的羽状触角即是。但他关心的主要是使某只雄者在战斗中或求偶中凭其体力、好斗性、装饰，或音乐去战胜其他雄者的那些构造。比如，达尔文观察到：有一种蜻蜓（Anax junius），其雄者的腹部呈鲜艳的青蓝色，而雌者的则呈草绿色。

达尔文在本书的第三部分，详细讨论了人类的第二性征，并明确地得出本书的结论：人类起源于某种低等的生物类型。

➤ 达尔文认为：不同种族的、甚至同一种族不同部落或家族的男人，在胡须以及体毛的发育方面均有显著差异。一般以为，印度以东的各个种族，胡须稀疏，尽管如此，在日本列岛最北方居住的虾夷人（Ainos）（如图）却是世界上最多毛的人。

◀ 达尔文在谈到"美对决定人类婚姻的影响"时，列举了世界各地对于美丑的不同标准。他认为，完全的美意味着许多性状都以一种特殊方式发生改变，这在每一个种族中大概都是奇迹。

➤ 达尔文认为，导致人类种族之间在外貌上有所差别的所有原因，以及人类和低于人类的动物之间在某种程度上有所差别的所有原因，其中最有效的乃是性选择。

➤ 达尔文的表弟弗朗西斯·高尔顿（1822—1911），一生都执著地热衷于有关杰出思想家的遗传谱系统计研究。图为他建立的"人体测量实验室"。当达尔文在人类学研究方面保持沉默期间，高尔顿建立了偏离达尔文主义的第二大支流，创立了所谓的"优生学"，但他对达尔文理论诠释得面目全非，所以，终在1871年被达尔文否决。

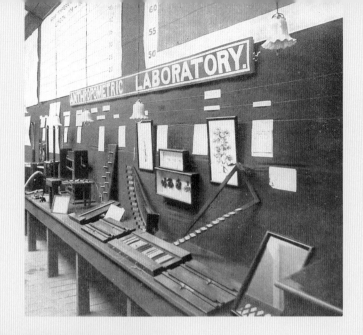

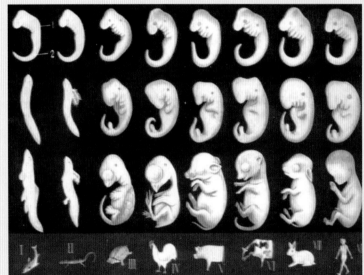

◀ 鱼、火蜥蜴、龟、鸡、猪、牛、兔、人类的胚胎发育比较。从图中可见，人类和许多低等动物的早期胚胎相似。

➤ 今天，在实验室里，对"进化论"的研究仍然在继续。随着科技的进步，达尔文曾推断出所有生物体是"从某一个原型细胞遗传下来的"，这种尝试性的结论得到了有效论证。

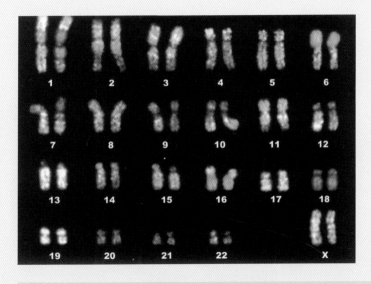

进化论没有停滞不前，20世纪和21世纪的许多生物学家在达尔文和华莱士的原始理论基础上，又增加了有关突变和遗传机制方面的新知识。正在兴起的地球历史理论，对现代进化论也有贡献，例如古生物学家古尔德（Stephen Jay Gould，1941—2002）和艾尔德里奇（Niles Eldredge，1943—   ）。

▲ 达尔文港 1842年"贝格尔号"第三次远航，当航行到澳大利亚一个无名港湾时，船长将之命名为"达尔文港"，1869年这个名字得到了官方认可，图为今日的达尔文港。

▲ 1964年，为了纪念达尔文家族而在剑桥大学建成的达尔文村。

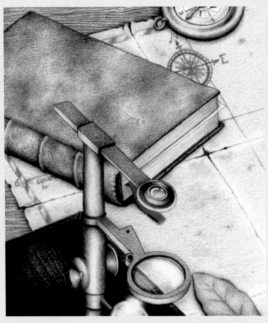

▲◀ 2009年是达尔文诞辰200周年，《物种起源》发表150周年，为此，世界各地都在举办达尔文诞辰庆祝活动。就连那些反对达尔文的人也承认：达尔文是一名伟人，他显然很重要，他的思想改变了世界。图为著名的《柳叶刀》杂志以*Darwin's Gifts*为主题的封面和插画。

▼ 2009年，英国为纪念达尔文诞辰及《物种起源》发表而铸造的2英镑钱币。

▲ 自2006年起，以达尔文为主题的展览就先后在纽约、波士顿、多伦多相继举办，2009年伦敦自然历史博物馆（Natural History Museum）将此展览作为全世界纪念达尔文诞辰200周年的活动之一。在达尔文的故乡，更是以"Darwin's Shrewsbury 2009 Festival"庆祝。

第三部分

人类的性选择及本书的结论

· *Sexual Selection in Relation to Man, and Conclusion* ·

　　这里所得到的主要结论是，人类起源于某种体制较低的类型，这一结论现在已得到了许多有正确判断能力的博物学者们的支持。这一结论的根据决不会动摇，因为人类和较低等动物之间在胚胎发育方面的密切相似，以及它们在构造和体质——无论是高度重要的，还是最不重要的——的无数之点上的密切相似，还有，人类所保持的残迹（退化）器官，他们不时发生畸形返祖的倾向，都是一些无可争辩的事实。

第十九章 人类的第二性征

男女之间的差异——这等差异以及男女双方所共有的某种性状的起因——战斗的法则——心理能力以及声音的差异——美貌对决定人类婚姻的影响——未开化人对装饰品的注重——未开化人对女性美的概念——对各个先天特性夸张的倾向

人类男女之间的差异大于大多数四手类的性差异,但不及某些四手类,如西非山魈的性差异那么大。男人平均比女人高得多、重得多、而且力量大得多,前者的双肩较宽阔,肌肉也显著地更发达。由于肌肉的发达同眉部的向前突出存在着关联[1],所以男人的眉脊一般高于女人的。男人的体部,尤其是面部具有更多的毛,而且他的音调不同,更加强有力。在某些种族中,据说女人的肤色同男人的稍有差异。例如,施魏因富特(Schweinfurth)当谈到居住在北纬数度的非洲腹地的蒙博托族(Monbuttoos)黑人妇女时说道:"她的皮肤比她丈夫的要淡几个色调,有点呈半炒咖啡色,所有她这个种族都是如此。"[2]由于妇女在大田里劳动,而且不穿衣服,所以她们在肤色上同男人的差异不见得是由于暴露在日光中较少的缘故。欧洲妇女的肤色恐怕比男人的较鲜明,当男女双方同等地暴露在日光中时即可明了这一点。

男人比女人勇敢、好战、精力强,而且富有较高的发明禀赋。男人的脑绝对地大于女人的脑,但这是否同其较大的身体成比例,我相信还没有得到充分的肯定。女人的面部较圆;两颚和头骨基部较小;体部轮廓较圆,有些部位较突出;而且女人的骨盆比男人的宽阔[3];但是,与其把后述这一性状视为初级性征,莫如把它视为次级性征。她达到成熟的年龄比男人更早。

在所有各纲的动物中,雄性不到接近成熟时,其显著不同的性状不会充分发展,而且施行去势之后,这等性状即永不出现;在人类中亦复如此。例如,胡须是一种次级性征,

---

◀在动物学会的动物园里,我常常无意中听到游客们赞美另一种猴,它可以名副其实地称为白须长尾猴。

在这等猴以及许多其他猴中,其颜色之美及其奇特的排列,尤其是头部冠毛以及簇毛的各式各样的优雅排列,迫使我不得不相信这等性状完全是作为装饰物,通过性选择而获得的。

---

[1] 沙夫豪森,译文见《人类学评论》,1868 年 10 月,419,420、427 页。
[2] 《非洲中心地带》(*The Heart of Africa*),英译本,第 1 卷,1873 年,544 页。
[3] 埃克(Ecker)译文见《人类学评论》,1868 年 10 月,351—356 页。男女头骨形状的比较,是由韦尔克(Welcker)非常仔细地作出的。

男孩没有胡须,虽然在其幼小时头发很多。这大概由于在男人方面所发生的连续变异是在生命的很晚时期出现的,男人通过这等变异获得了男性特征,而这些特征只向男性传递。男孩和女孩彼此密切相似,就像如此众多的其他动物的雌雄幼仔彼此相似一样,在这些动物中其成年的雌雄二者却大有差别;同样地,男孩和女孩同成熟女人的相似远比同成熟男人的相似为甚。然而,女人最终总要呈现某种明确不同的性状,而且在其头骨的构造上据说是介于儿童和男人之间的。① 再者,亲缘密切近似,但有所不同的物种,其幼仔之间的差异并不像成年动物之间的差异那样大,人类不同种族的儿童也是如此。有些人甚至主张从婴儿的头骨不能找出种族的差异。② 关于肤色,新降生的黑人婴儿呈微红的栗色,很快就变为蓝灰色;在苏丹,婴儿到一岁时其皮肤黑色才充分发达,在埃及,不到三岁这种黑色不会充分发达。黑人的眼睛在最初呈蓝色,毛发最初为栗褐色,而不是黑色,只在发端是卷曲的。澳大利亚人的儿童刚降生时呈黄褐色,但在以后的年龄中其肤色就变深了。巴拉圭的瓜拉尼族(Guaranys)婴儿呈白黄色,但在几个星期后便获得了其双亲的黄褐色。在美洲的其他部分所作的观察也相似。③

我之所以列举上述人类男女之间的差异,是因为他们同四手类的情况异常相似。在四手类中,雌者的成熟年龄早于雄者的,至少巴拉圭卷尾猴(Cebus azarae)肯定如此。④大多数四手类物种的雄者比雌者身大力强,在这方面,大猩猩提供了一个众所周知的事例。甚至像非常微小的一种性状,如眉脊的突出,某些猿猴类的雄者也不同于雌者,⑤这与人类的情况相符。在大猩猩以及某些其他猿猴类中,成年雄者的颅骨具有强烈显著的矢形突起(sagittal crest),而雌者却没有这种突起;埃克尔发现澳洲人男女间也有与此相似的差异残迹。⑥ 在猿猴类中,如果在叫声方面存在任何差异,总是雄者的叫声更加强有力。我们已经看到,某些雄猴具有十分发达的胡须,而雌者却完全没有胡须,或者其胡须发育差得多。据知还没有一个事例表明雌猴的胡须、颊须和髭长于雄者的。甚至在胡须的颜色方面,人类和四手类之间也异常相似,人类的胡须如果同头发的颜色有所差异,正如通常所见到的那样,几乎总是胡须的颜色较淡,而且常常呈现微红色。我在英格兰曾反复对此做过观察;但有两位先生最近给我写信说,他们是例外。其中一位先生说,其原因在于他家庭中父系和母系的发色迥然不同。此二人早已觉察到这一特点(其中一人常被指责把胡须染了),因而被引导去观察别人,他们终于相信这等例外是很罕见的。胡克博士在俄国为我注意观察过这个问题,发现没有一个例外。在加尔各答,植物园的斯考特先生非常热心地为我观察了当地以及印度一些其他地方的许多种族,即:锡金的两个

---

① 埃克和韦尔克,同前杂志,352,355 页;沃格特(Vogt),《人类讲义》,英译本,81 页。

② 沙夫豪森,《人类学评论》,1868 年 10 月,429 页。

③ 普鲁纳-拜(Pruner-Bey)论黑人的婴儿,沃格特引用,《人类讲义》,1864 年,189 页;关于黑人婴儿的另外事实,引自温特-博顿和坎普尔的著述,参阅劳伦斯的《生理学讲义》,1822 年,451 页。关于格拉尼族的婴儿,参阅伦格尔的《哺乳动物志》,3 页。再参阅戈德隆的《物种》,第 2 卷,1859 年,253 页。关于澳大利亚土人,参阅魏茨的《人类学概论》,英译本,1863 年,99 页。

④ 伦格尔,《哺乳动物志》,1830 年,49 页。

⑤ 关于爪哇猴(Macacus cynomolgus),见德马雷的《哺乳动物学》,65 页;关于长臂猿,见小圣·伊莱尔和居维叶的《哺乳动物志》,第 1 卷,1824 年,2 页。

⑥ 《人类学评论》,1868 年 10 月,353 页。

种族、波达人（Bhoteas）、印度人、缅甸人和中国人，大多数这些种族的面毛都很稀少；他总是发现，如果头发和胡须在颜色方面有任何差异的话，一定是胡须的颜色较淡。那么，关于猿猴类，如上所述，它们的胡须和头发在颜色上往往差异显著，在这等场合中，总是胡须的颜色较淡，常呈纯白色，有时呈黄色或微红色。①

就一般体毛而言，都是女人的毛比男人的毛较少；在少数某些四手类中，雌猴身体底面的毛比雄猴这一部分的毛为少。② 最后，雄猴就像男人那样，比雌猴更勇敢而且更凶猛。它们领导猴群，遇有危险，则勇往直前。由此我们便可知道，人类和四手类的性差异是何等密切相似。然而，少数某些物种，如某些狒狒、猩猩以及大猩猩的性差异要比人类的大得多，犬齿的大小、毛的发达及其颜色，尤其是裸皮的颜色，都是如此。

人类的一切次级性征都是高度容易变异的，甚至在同一种族的范围内也是如此；而若干种族的次级性征则差别很大。这两条规律一般在整个动物界中都是适用的。在诺瓦拉（Novara）船上所做的精密观察表明，③澳大利亚人的男子仅高于女子 65 毫米，而爪哇人的男子却高于女子 218 毫米；因此，后一种族的男女身高之差高出澳大利亚人 3 倍以上。关于身长、颈围、胸围、脊骨长度以及双臂长度，在各个不同种族中进行了大量的精细测量；几乎所有这些测量结果都表明，男人彼此的差异要比女人的大得多。这一事实示明，仅就这等性状而言，自若干种族从其共同祖先分歧以来，主要发生变异的正是雄者。

不同种族的、甚至同一种族不同部落或家族的男人，在胡须以及体毛的发育方面均有显著差异。我们欧洲人看看自己就可知道这一点了。按照马丁的材料④，在圣基尔达岛（St. Kilda），男人不到 30 岁或 30 岁以上不长胡须，甚至在这时候他们的胡须也很稀疏。在欧亚大陆，直到越过印度以西，各个种族男人的胡须都很旺盛；但锡兰土人却往往不长胡须，第奥多拉斯（Diodorus）在古代已经注意到这一点。⑤ 印度以东的各个种族，如暹罗人、马来人、蒙古人（Kalmucks）、中国人以及日本人则胡须稀疏，尽管如此，在日本列岛最北方居住的虾夷人（Ainos）⑥却是世界上最多毛的人。非洲黑人甚少胡须或无胡须，而且具有颊须者也很少；男女双方的体部几乎连细毛也没有。⑦ 相反，马来群岛的巴布亚

---

① 布莱恩告诉我说，关于猴子的胡须和颊须在年老时变白，他只见过一个事例，但人类通常皆如是。在槛中饲养的一只老年爪哇猴的胡须变白，它的唇须"非常之长，同人类的相似"。这只老猴同欧洲的一个在位君主非常相似，普通竟以这个君主的名称作为这只猴子的绰号。人类某些种族的头发从不变成灰白色，例如福布斯告诉我说，他从未看见过南美的亚马拉人（Aymaras）和基切人（Quichuas）的头发变成灰色的。

② 这是关于长臂猿几个物种的雌者的例子，参阅小圣伊莱尔和居维叶的《哺乳动物志》，第 1 卷。关于白手长臂猿（H. lar.），再参阅《佩尼百科词典》（Penny Cyclopedia），第 2 卷，149、150 页。

③ 这个结果是由魏斯巴赫（Weisback）教授根据策尔（Scherzer）和施瓦茨（Schwartz）两位教授所作的测计推算出来的，参阅《诺瓦拉旅行记》；《人类学评论》，1867 年，216、231、234、236、239、269 页。

④ 《圣基尔塔航行记》（Voyage to st. kilda），第 3 版，1753 年，37 页。

⑤ 坦南特爵士，《锡兰》（Ceylon）。

⑥ 考垂费什，《科学报告评论》，1868 年 8 月 29 日，630 页。沃格特，《人类讲义》，英译本，127 页。

⑦ 关于黑人的胡须，沃格特，《人类讲义》，127 页；魏茨，《人类学概论》，英译本，第 1 卷，1863 年，96 页。值得注意的是，美国的纯种黑人及其混血儿后代的体毛之多似乎同欧洲人差不多一样（见《关于美国士的军事学和人类学的统计之研究》，1869 年，569 页）。

人虽和黑人差不多一样黑,却有十分发达的胡须。① 太平洋上斐济群岛(Fiji Archipelago)的居民都有浓厚的大胡须,但其附近汤加(Tonga)群岛和萨摩亚(Samoa)群岛的居民就不长胡须;不过他们属于不同的种族。在埃利斯(Ellice)群岛,所有居民都属于同一种族,然而只有一个岛,即努内玛亚岛(Nunemaya)的"男人生有漂亮的胡须,而其余各岛男人的胡须照例也不过是十几根零乱的毛而已"。②

在整个美洲大陆上居住的土人可说都不长胡须,但几乎所有部落的男人都有在面部生长少数几根短毛的倾向,特别是老年人尤其如此。在北美的诸部落中,卡特林(Catlin)估计20个男人中就有18个生来就完全不长胡须;间或可以看到一个男人,如果在青春期忘拔胡须的话,也会有1~2英寸长的柔软胡须。巴拉圭的格拉尼族和所有周围的部落不同,具有短胡须,甚至在体部也长些毛,但没有颊须。③ 福布斯先生特别注意过这个问题,他告诉我说,科迪耶拉(Cordillera)的亚马拉人和基切亚人都是显著无毛的,但到了老年偶尔也会在下巴上长出少数几根零乱的毛。这两个部落的人在欧洲人茂密长毛的那些身体部位,却只长很少的毛,而女人在相应的部位则无毛。而他们男女的头发却特别长,往往几乎触及地面;有些北美部落的人也是如此。就毛的数量和身体的一般形状而言,美洲土人男女之间的差异并不像大多数其他种族那样大。④ 这一事实同亲缘密切近似的猴类之间的情况是相似的;例如黑猩猩雌雄二者之间的差异就不像猩猩或大猩猩雌雄二者之间的差异那样大。⑤

在以上数章里我们已经看到,有各种理由可以相信哺乳类、鸟类、鱼类、昆虫类等等的许多性状最初是由某一性通过性选择而被获得的,然后又传递给另一性。由于这种同样的传递形式显然也非常通用于人类,所以当我们讨论为雄者所特有的性状以及为雌雄二者所共有的某些其他性状之起源时,将会省去无用的重复。

战斗的法则

关于未开化人,例如澳洲土人,妇女是同一部落诸成员之间以及不同部落之间进行战斗的一个经常原因。在古代无疑也是如此;"希腊以前,战争的原因就是为可憎的女子"。关于某些北美印第安人,他们的这种争斗已成为一种制度。优秀的观察家赫恩(Hearne)说⑥:"男人强夺他们所爱慕的女人,已成为这等民族的风俗;当然,总是最强的

---

① 华莱士,《马来群岛》,第 2 卷,1869 年,178 页。

② 巴纳德·戴维斯论大洋洲的种族,《人类学评论》,1870 年 4 月,185,191 页。

③ 卡特林,《北美的印第安人》(*North American Indians*),第 2 卷,第 3 版,1842 年,227 页。关于格拉尼族,阿扎拉(Azara)《南美游记》,第 2 卷,1809 年,58 页;还有,伦格尔,《巴拉圭的哺乳动物》(*Säugethiere von Paraguay*),3 页。

④ 阿加西斯教授说美洲男女之间的差别小于黑人之间的以及高等种族之间的差别,见《巴西游记》(*Journey in Brazil*),530 页;关于格拉尼族,再参阅伦格尔的上述著作,3 页。

⑤ 吕蒂迈尔(Rütimeyer)《动物界的边际;用达尔文学说进行的观察》(*Die Grenzen der Thierwelt;eine Betrachtung zu Darwin's Lehre*),1868 年,54 页。

⑥ 《从威尔士亲王要塞出发的旅行记》(*A Journey from Prince of Wales*)第八版,都柏林(Dublin),1796 年,104 页。卢伯克爵士提供一些北美的相似事例,见《文化的起源》,1870 年,69 页。关于南美的瓜纳族(Guanas),参阅阿扎拉的《航海记》,第 2 卷,94 页。

一伙得胜。一个软弱的男人除非是一个良好的猎手而且十分可爱，很少能保住自己的妻子而不被较强者夺去。这种风俗通行于所有部落，并且鼓舞着青年们的竞争精神，他们从小就利用一切机会参加抢婚，练武习艺。"阿扎拉说，南美瓜纳人（Guanas）的男子不到20岁以上很少娶妻，因为在20岁以前他们不能战胜其对手。

还可以举出其他相似的例子；但是，即使没有关于这一问题的证据，根据高等四手类的情况来类推①，我们差不多也可以肯定战斗的法则在人类的早期发展阶段是通行的。人类今天还偶尔生长犬齿，超出其他诸齿之上，下颚也偶尔会出现容纳上颚犬齿的虚位痕迹，这种情况完全可能是返归往昔状态的一个例子，那时人类的祖先还具有这等武器，就像如此众多的现存雄性四手类那样。在前一章已经提到，当人类逐渐变得直立并且不断地使用手和臂拿木棍和石头来进行战斗以及从事其他生活活动时，他们使用颚和齿就会越来越少。于是上下颚及其肌肉通过不使用大概就要缩减，而牙齿通过尚未十分理解的生长相关原理和生长经济原理大概也要缩减；因为我们随处可以看到，凡是不起作用的部分都要缩小。通过这样的步骤，人类男女的颚和齿的原始不相等性，最终就会消除。这一情况同许多雄性反刍动物的情况差不多是相似的，反刍动物的犬齿已缩小成仅仅是一种残迹，或竟消失，这显然是角的发达的结果。由于猩猩和大猩猩雌雄二者在头骨方面的重大差异同其雄者巨大犬齿的发达存在着密切关系，所以我们可以推论，人类早期祖先的颚和齿的缩小一定会引起他们的面貌发生最显著而有利的变化。

同女人比较起来，男人的体格较大、体力较强，而且双肩较阔，肌肉较发达，身体轮廓较粗壮，更为勇敢，更为好斗，所有这些主要都是来自其半人男性祖先的遗传。然而，在人类长期的未开化期间，由于最强壮而且最勇敢的男人无论在一般生存斗争还是在夺妻斗争中均获得成功，上述性状大概会被保存下来，甚至会被增大；这种成功大概还会保证他们比其较劣的同伴留下大量的后代。男人最初获得较强的体力大概不会是由于下述的遗传效果所致，即男人为了自己和家庭的生计要比女人付出更强的劳动；因为，在所有未开化的民族中女人也要被迫劳动，其强度至少和男人的一样。凭战争来占有妇女，在文明人中早已停止了；另一方面，按照一般规律，男人势必比女人付出更强的劳动来维持其共同的生活，这样，他们的较强体力大概会保持下来。

男女心理能力的差异

关于男女之间这种性质的差异，性选择大概起了高度重要的作用。我知道有些作者怀疑任何这等差异是否经过遗传而来的；但是，根据具有其他第二性征的低于人类的动物来类推，上述情况至少是可能的。没有人会争论，公牛和母牛、公野猪和母野猪、公马和母马，在性情方面彼此之间都不相同，而且正如动物园管理员所熟知的那样，大型猿类雌雄二者的性情也彼此不同。女人和男人的气质似乎也不相同，这主要表现在她们较多的温柔和较少的自私；甚至未开化人也是如此，在芒戈·帕克所写的《旅行记》的著名一

---

① 关于雄大猩猩的争斗，参阅萨维奇的文章，见《波士顿博物学杂志》，第5卷，1847年，423页。关于长尾叶猴（*Presbytis entellus*），参阅《印度大地》（*Indian Field*），1859年，146页。

节中以及在许多其他旅行者的叙事中均有这样记载。女人由于她的母性本能,对其婴儿把这等属性发扬到极端的程度,所以她们把这等属性扩展到同群之人是很可能的。男人是另外男人的竞争对手;喜欢争胜,这就会引起野心,而野心非常容易发展成利己主义。后面这等属性似乎是他所具有的天然的而且不幸是生来就有的权利。一般承认,女人所具有的直觉能力、迅速知觉的能力、恐怕还有模仿的能力,都比男人强得多;但是,至少有些这等官能乃是较低种族的特征,因而也是过去文化较低状态的特征。

男女智力的主要差别在于男子无论干什么事,都比女人干得好——无论需要深思、理性的,还是需要想象的,或者仅仅使用感觉和双手的,都是如此。如果列出两张表,载入在诗歌、绘画、雕塑、音乐(包括作曲和演奏)、历史、科学以及哲学诸方面的成就最杰出的男人和女人,每一门为 10 名,即可看这两个表将无法进行比较。高尔顿先生在其《遗传的天才》那一著作中,对"平均离差法则"(law of the deviation from average)做过充分的说明,我们根据这一法则可以推论,如果男人在许多智力活动方面都优于女子,则男子的心理能力一定高于女子。

在人类的半人祖先中,以及在未开化人中,男人之间为了占有女人进行了许多世代的斗争。但是仅恃体大力强,很少能取胜,除非同勇敢、坚忍以及不挠的精力结合起来,才能奏效。关于社会性的动物,幼小的雄者在赢得一个雌者之前,势必通过多次争斗,而且较老的雄者也势必重新进行战斗才能保持住它所占有的雌者。在人类的场合中,男人还势必保卫其占有的女人及其子女不受所有种类的敌者为害,同时还得为大家的共同生存去狩猎。但是,为了成功地避免敌害或向它们进攻,为了捕获野生动物,为了制造武器,就需要较高的心理官能、即观察、理解、发明或想象的帮助。这种种官能在男子成年期间不断受到检验和淘汰;在这同一期间,这等智力通过使用进而得到加强。因此,按照常常提到的那一原理,我们可以预期这等智力至少倾向于在相应的男子成年期间主要向男性后代传递。

那么,如果两个男人进行竞争,或者一个男人同一个女人进行竞争,而且双方所具有的每一种心理属性都是同等完善的,那么倘一方具有较高的精力、坚持力和勇气,则这一方一般就会在各种事务中领先并占有优势。[①] 所以说他有天才——因为一位大权威曾经宣称,天才就是耐力;从这种意义来说,耐力就意味着不屈不挠的坚持。但这种对天才的见解恐怕还有不足之处;因为,如果没有想象和理解的较高能力,就不能在许多问题上得到卓越的成功。后面所说的这等官能以及前面所说的那些官能在人类中是通过性选择——即通过敌对的雄者之间的斗争、而且部分地通过自然选择——即通过在一般生存斗争中获得成功而发达起来的;由于这两种争斗都是在成熟期间进行的,所以,这一时期所获的性状传递给雄性后代的比传递雌性后代的更加充分。

这同下述观点显著符合,即,人类许多心理官能的变异和加强都是通过性选择来完成的,第一,这等心理官能的大量变化显然发生于青春期,[②]第二,阉人的这等心理官能终

---

① 米尔(Mill)说,"男人最胜过女人的,在于那些需要以独立思考进行和若干千锤百炼的事情"《女子的隶属地位》(The Subjection of Women),1869 年,122 页,此非精力和坚忍为何?

② 莫兹利(Maudsley),《精神和身体》(Mind and Body),31 页。

生处于劣势。这样，男人终于要变得优于女人。幸而性状向雌雄双方同等传递的法则通行于哺乳类；否则男人的心理禀赋可能远远高出女人之上，就像雄孔雀的装饰性羽衣优于雌孔雀的那样。

必须记住，雌雄任何一方在生命晚期获得的性状，都有在那一时期传递给同一性别的倾向，而在生命早期获得的性状则有传递给雌雄双方的倾向，这虽然是一般规律，但并非永远都能适用。如果这一规律永远适用，我们便可断言（但我已超出了我的讨论范围），男孩和女孩的早期教育的遗传效果大概会同等地向男女双方传递；所以男女双方心理能力现今这样的不相等并不会由于早期教育的相似过程而被抹去；而且这种不相等也不是由于早期的不相似教育而形成的。因此，要使女人达到男人同样的标准，就应该在她们接近成年时锻炼其精力和坚忍精神，而且运用其理解力和想象力以达到最高水平；于是，她大概可以把这等属性主要传递给其成年的女儿。然而，不是所有女人都能提高到这样的水平，除非具有上述健全美德的女人在许多代中都能婚嫁，而且比其他女人生下数量较多子女。至于上面所说的体力，现今已用不到它去进行夺妻斗争了，这种选择方式已成过去，但是，在男子成年期，他们一般还要进行剧烈的争斗以维持其本身和家族的生存；这就倾向于把他们的心理能力保持下来，甚至增强，其结局便形成了男女之间现今这样的不相等性。[①]

声音和音乐能力

在四手类的某些物种中，成年的雌雄二者之间在发音能力方面以及在发音器官的发达程度方面都有重大差异；人类似乎也从其早期祖先遗传了这种差异。成年男人的声带约比女人和小孩的长三分之一，去势对人类发生的效果和对低于人类的动物发生的效果一样，因为这种效果"抑制了甲状腺的显著生长，等等，而'声带'的延伸正与甲状腺的生长相伴随"。[②] 关于男女之间这种差异的原因，我在前一章曾谈到雄者在爱情、愤怒和嫉妒的激动下长期连续使用发音器官的可能效果，此外我还无可补充。按照邓肯·吉布（Duncan Gibb）的说法，[③] 声音和喉头的形状在人类的不同种族中是不同的；但是，据说鞑靼人、中国人等，其男人的声音同女人的声音不像大多数其他种族男女之间的这种差别那样大。

歌唱和演奏音乐的能力及其爱好，虽然不是人类的一种性征，却不可置之不论。所有种类的动物发出的声音虽有许多用途，但有一个强有力的事例可以说明，发音器官的最初使用及其完善化是同物种的繁殖有关联的。昆虫类以及某些少数蜘蛛类是最低等的动物，它们故意地发出声音；这种发音一般是借助于构造美丽的摩擦发音器官来完成

---

① 沃格特做的一项观察同这个问题有关，他说："值得注意的一个情况是，男女之间关于脑壳的差异，随着种族的发展而增加，所以欧洲男女在这方面的差异远比黑人男女为甚。韦尔克尔根据胡希克（Huschke）对黑人和德国人头骨所做的测计，证实了他的上述说法。"但是，沃尔特认为对这个问题还需要进行更多的观察（《人类讲义》，英译本，1864 年，81 页）。

② 欧文，《脊椎动物解剖学》，第 3 卷，608 页。

③ 《人类学学会会刊》（*Journal of the Anthropolog. Soc.*），1869 年 4 月，57、58 页。

的,而这种器官往往只限于雄者所有。这样发出的声音是由有节奏地反复同一音调构成的[1],我相信在所有场合中都是如此;这种音调有时甚至使人类感到悦耳。其主要的、在某些场合中唯一的目的在于召唤或魅惑异性。

据说在某些场合中只有雄鱼在繁殖季节才发出声音。一切呼吸空气的脊椎动物均须具有一种吸入和呼出空气的器官,同时还需具有一根在一端可以关闭的气管。因此,当这一纲的原始成员强烈激动时,它们的肌肉就要剧烈收缩,毫无目的的声音几乎肯定会由此发生;这等声音如果被证明在任何方面有所作用,由于完全适应的变异得到保存,它们大概就会容易地被改变或加强。呼吸空气的最低等动物为两栖类;在这类动物中,蛙类和蟾蜍类都有发音器官,在繁殖季节它们不断地使用这等器官,而雄者的发音器官往往比雌者的更加高度发达。在龟类中只有雄者才能发音,而且仅在求偶季节如此。雄鳄鱼在求偶季节也吼叫。众所周知,鸟类把它们的发音器官用做求偶手段的是何等之多;而且有些物种还会演奏所谓的器乐。

在这里我们特别关心的是哺乳类,在这一类动物中,几乎所有物种的雄者在繁殖季节比在任何其他时期更加常常使用它们的声音;有些物种除在这一季节外绝不发音。另外有些物种,其雌雄二者或只是雌者使用它们的声音作为求偶的召唤。鉴于这等事实,以及某些雄性四足兽的发音器官在繁殖季中永久地或暂时地比雌者的发音器官更加发达得多;同时鉴于在大多数较低等的动物纲中,雄者的发音不仅用来召唤雌者而且用来刺激或魅惑雌者,那么,要说我们至今还没有掌握任何良好的证据来阐明雄性哺乳动物使用这等器官来魅惑雌者,那就真是一件怪事了。美洲卡拉亚吼猴恐怕是一个例外,同人类近似的敏长臂猿也是如此。这种长臂猿的声音极高,不过好听。沃特豪斯(Water-house)说[2],“其音阶的上下之差永远正好是半音;我确信其最高音至最低音恰为八音度。音调非常悦耳;除了它的声音过高外,我不怀疑一位好提琴家大概能够正确地奏出长臂猿所作的曲调”。然后沃特豪斯记出其音符。欧文教授是一位音乐家,他证实了以上的叙述,并且说道,“在野生的哺乳动物中只有长臂猿可称为能歌唱”,但这种说法是错误的。它们在歌唱之后,似乎非常激动。不幸的是,在自然状况下从来没有对它的习性进行过观察,但从其他动物来类推,它在求偶季节格外运用其音乐能力。

在能歌会唱的属中,这种长臂猿不是唯一的物种,因为我的儿子弗朗西斯·达尔文(Francis Darwin)在伦敦动物园中用心地听过银灰长臂猿(H. leuciscus)的歌唱,这个乐章由三种音调组成,其音程真正是音乐的,而且具有清楚的音乐调子。还有更为奇怪的事情,某些啮齿类会发出音乐的声音。常常提到有能歌唱的鼠,而且被展览过,不过一般猜测这是欺骗。然而,我们终于得到了著名观察家洛克伍德(Lockwood)牧师[3]对一个美洲物种的音乐能力所作的清楚记载,这个物种就是西洋鼠(Hesperomys cognatus),属于和英国鼠不同的一个属。这个小动物养于拘禁之中,反复地听到它的演奏。它演奏的有两支主要歌子,在其中的一支歌子中,“最后一小节屡屡延长为两三个小节;它有时把 C

---

① 斯卡德尔(Scudder),《关于摩擦发音的记录》(Notes on Stridulation),见《波士顿博物学会会报》,第 11 卷,1868 年,4 月。

② 见马丁的《哺乳动物志大纲》,1841 年,432 页;欧文,《脊椎动物解剖学》,第 3 卷,600 页。

③ 《美国博物学者》,1871 年,761 页。

高音和 D 音变为 C 本位音和 D 音,然后用柔和的颤音唱出这两个音调,片刻之后,以快速的 C 高音和 D 音来作结束。其半音之间的界限有时是很明显的,而且善听之耳容易加以区别"。洛克伍德先生把这两支歌子记入乐谱,而且补充说道,这种小鼠"虽无节奏感,却能保持 B 调(降两个半音),而且严守主调"。……"其柔和清脆的声音非常正确地降下一音阶;然后在结束时再度抬高转为 C 高音和 D 音的急速颤声。"

一位批评家问道,人类之耳(他还应加入动物之耳)何以能够通过选择而适应去辨别音乐的声调。但是,这一发问表明了对这个问题的认识还有某种混淆不清之处,所谓噪音乃是对各个不同乐段的若干空气"单振动"同时存在所产生出来的感觉,各个单振动的中断如此屡屡发生,以致无法觉察到它的分别存在。噪音和音乐声调的差别仅仅在于噪音的振动缺少连续性,且各个振动之间缺少和谐性。这样,耳就能够辨认噪音——每一个人都承认这种能力对一切动物的高度重要性,因此耳对音乐声调也一定能够有所感觉。甚至在等级很低的动物中,我们也可以看到有关这种能力的证据:例如,甲壳类具有不同长度的听毛(auditory hairs),如果奏出适当的音乐声调,可以看到听毛就会振动。[①]在前一章已经提到,关于蚊类触角上的毛,也做过同样的观察。优秀的观察家们曾经断定,音乐对蜘蛛有吸引力。有些狗听到特殊的音调就要吠叫,[②]这也是众所熟知的。海豹显然欣赏音乐,"古人对海豹的这种爱好是非常熟悉的,而且在今天猎人还常常利用这一点"。[③]

因此,仅就对音乐声调的感觉而言,无论在人类的场合中,还是在其他动物的场合中,似乎都不存在特殊的难题。海伦赫支根据生理学的原理来说明和谐音为什么是悦耳的,而不和谐音为什么是不悦耳的;但这同我们的讨论关系不大,因为和谐的音乐乃是晚近的发明。同我们的讨论关系较多的乃是悦耳的音调,按照海伦赫支的说法,为什么要使用音阶的音符也是可以理解的。耳可以把所有声音分析为合成这等声音的单振动,虽然我们对于这种分析并不自觉。在一种音乐声调中最低的音一般占主位,其他较不显著的音为第八音,第十二音,第十六音,等等,所有这等音都是同基础主音相和谐的;音阶中的任何两个音共同都有许多这等和谐的陪音。于是,情况就似乎相当清楚了:如果一个动物总是准确地唱同一支歌,那么它就要接连地使用那些共同具有许多陪音的音调——这就是说,这个动物为它的歌唱大概会选用属于人类所使用的音阶的那些音调。

但是,如果进一步追问,具有一定顺序和节奏的音乐调子为什么能使人和其他动物感到愉快,我们所能举出的理由不会超出为什么一定的味道可以悦口而且一定的气味可以悦鼻。根据这等声音是由许多昆虫类、蜘蛛类、鱼类、两栖类以及鸟类在求偶季节发出的,我们可以推论这等声音确能使动物感到某种愉快;因为,除非雌者能够欣赏这等声音,而且受到它的刺激或魅惑,否则雄者不屈不挠的努力以及往往只是雄者才具有的这种复杂构造大概就是无用的了;但这是不可相信的事。

---

① 赫姆霍尔兹(Helmholtz),《音乐的生理学理论》(*Théorie Phys. de la Musique*),1868 年,187 页。

② 关于这种效果曾发表过几篇文献。皮奇(Peach)先生写信告诉我说,他反复看到,当长笛发出 B 降半音时,他的那条老狗就吠叫,而它听到其他音调就不吠叫。我还可以补充一个事例:有一只狗当听到演奏六角手风琴走调时,它就哀哀吠叫。

③ 布朗先生,《动物学会会报》,1868 年,410 页。

一般认为，人类的歌唱乃是器乐的基础或起源。由于欣赏音乐以及产生音乐调子的能力就人类的日常生活习性而言都是一点也没有用处的才能，所以必须把它们列为人类禀赋中最神秘的一种。人类的所有种族、甚至未开化人都有这等才能，虽然是处于很原始的状态；若干种族爱好什么样的音乐却如此不同，以致我们的音乐不会使未开化人感到有趣，而他们的音乐大多数则使我们感到讨厌和索然寡味。西曼（Seemann）在一些有关这个问题的有趣评论中[①]怀疑到，"甚至在西欧诸民族中，某一个民族的音乐是否会按照同样的意义被其他民族所理解，虽然它们交通紧接，来往频繁，关系密切。愈向东行，我们便会发现那里肯定有不同的音乐语言。欢乐的歌唱以及舞蹈的伴奏已不像我们那样地使用大调（major keys），而总是使用小调"。无论人类的半动物祖先是否像能够献唱的长臂猿那样地具有产生音乐调子、因而无疑具有欣赏音乐调子的能力，我们知道人类在非常远古的时期就有这等才能了。拉脱特描述两支由骨和驯鹿角制成的长笛，这是在洞穴中发现的，其中还有燧石具以及绝灭动物的遗骸。唱歌和跳舞的艺术也是很古老的，现在所有或几乎所有人类最低等的种族都会唱歌和跳舞。诗可以视为由歌产生的，它也是非常古老的，许多人对于诗发生在有史可稽的最古时代都感到惊讶。

我们知道，完全缺少音乐才能的种族是没有的，这种才能可以迅速地而且高度地得到发展，例如霍屯都人和黑人都可以成为最优秀的音乐家，虽然他们在其家乡所演奏的没有一种可以称为音乐的。然而，施魏因富特却喜欢他在非洲腹地所听到的一些简单的曲调。不过人类的音乐才能处于潜伏状态一点才不奇怪：有些鸟类的物种生来就不鸣唱，但把它们教会并不十分困难；例如，有一只家麻雀学会了红雀的鸣唱。由于这两个物种的亲缘是密切接近的，都属于燕雀目，这个目包括了世界上几乎所有能鸣唱的鸟，所以麻雀的某一个祖先可能就是能鸣唱的。更加值得注意的是，鹦鹉所属的类群不同于燕雀类，且其发音器官具有不同的构造，它不仅可以学会说话，而且可以学会吹奏人类所制的曲调，所以它一定有某种音乐才能。尽管如此，倘假定鹦鹉来源于某一个能鸣唱的祖代类型，未免还是过于轻率了。可以举出许多事例来表明，原本适于某一目的的器官和本能竟用于另一截然不同的目的。[②] 因此，人类未开化种族所具有的高度发达的音乐能力，或是由于人类半动物祖先演奏某种粗略形式的音乐，或是单纯地由于它们获得了适于不同目的的适当的发音器官。但是，在后一场合中我们必须假定他们已经具有对音调的一定感觉，上述鹦鹉的情况就是这样，恐怕还有许多动物也是如此。

音乐可以激发人类的各式各样的情绪，但不是恐怖、畏惧、愤怒等那样激烈的情绪。它能唤醒温柔而怜爱的优雅感情，由此很容易变为虔诚。在中国的编年史中写道，"闻乐如置于天上。"它还能激起我们的胜利感以及光荣地进行战争的热情。这等强有力的和交集的感情可以充分地引起崇高感。正如西曼博士所观察的，一曲音乐比若干页文章更

---

① 《人类学学会会报》，1870年10月，155页。再参阅卢伯克爵士的《史前时代》一书的后面几章，第2版，1869年，其中有关于未开化人的令人钦佩的记载。

② 当本章付印之后，我曾看到乔塞·赖特所写的一篇有价值的文章（见《北美评论》，1870年10月，293页），当他讨论上述问题时说道："终极法则、即自然界的一致性产生许多结果，于是某一种有用能力的获得将会引出许多利益以及有限度的不利（实际的和可能的），这可能是功利原理在其作用中所不曾包括的。"正如我在以前一章所试图阐明的，这一原理同人类获得某些心理特征有重要关系。

能把我们的强烈感情凝聚起来。当雄鸟倾吐其全部歌唱，与其他雄鸟竞争，以吸引雌鸟时，其感情同人类所表现的大概差不多是相同的，不过远远不及人类情感那样强烈，那样复杂而已。在我们的歌曲中爱情依然是最普通的主题。赫伯特·斯宾塞说："音乐可以激发潜伏的情感，我们既不能想象其存在，又不知其意义；或者，如里克特(Richter)所说的，音乐告诉我们的事情是未曾见到的，而且今后也不会见到。"相反，当演说家感到并表达强烈的情绪时，甚至在普通谈话中，也会本能地使用音乐的调子和节奏。非洲黑人当激动时会突然大声歌唱；"另外的人则以歌作答，于是大家用低沉的声音齐声合唱，好像受到音乐之波的触击一般"。① 即使猴类也会用不同的音调来表达强烈的感情——用低音来表达愤怒和急躁——用高音来表达恐惧和痛苦。② 由音乐所激发的或由演说的抑扬声调所表达的情感和观念，从其模糊不清、但深远的性质来考虑，颇似在心理上返归悠久过去时代的情绪和思想。

如果我们可以假设人类的半动物祖先在求偶季节会使用音乐的声调和旋律，那么，有关音乐以及热情讲话的所有上述事实在一定程度上都是可以理解的了；其实，所有种类的动物在这个季节不仅会由于爱情而激动，也会由于嫉妒、竞争以及胜利的感情而激动。根据基础深厚的遗传的联想原理，音乐的调子大概会模糊不定地唤起悠久过去时代的强烈情绪。由于我们有各种理由可以设想，有音节的语言是人类所获得的最晚的、肯定也是最高的一种艺术，同时由于产生音乐声调和音乐旋律的本能力量在低等动物的系列中已经得到了发展，所以，如果我们还承认人类的音乐能力是从热情洋溢的讲话发展起来的，那就完全同进化原理背道而驰了。我们必须假定演说的韵律和抑扬声调是来源于以前发展起来的音乐能力。③ 这样，我们便能理解音乐、舞蹈、歌唱以及诗歌怎么会是从如此古老时代发展而来的艺术。甚至可以进一步说，如前章所述，我们相信音乐的声调是语言发展的基础之一。④

由于几种四手类动物雄者的发音器官比雌者的发达得多，而且由于一种长臂猿——类人猿的一种——可以发出全部八音度的音调，或者可以说他们会歌唱，所以，人类的祖先，或男或女，或男女双方，在获得用有音节的语言来表达彼此爱慕之情的能力以前，大概会用音乐的声调和韵律来彼此献媚的。关于四手类动物在求偶季节使用声音的情况，我们所知者如此之少，以致没有方法去判断最初获得歌唱习性的，究竟是人类的男性祖先，还是女性祖先。一般都认为妇女的声音比男子的更甜蜜，仅用这一点作为判断的依

① 温伍德·里德，《人类的折磨》，1872 年，441 页；《非洲随笔》，第 2 卷，1873 年，313 页。
② 伦格尔，《巴拉圭的哺乳动物》，49 页。
③ 赫伯特·斯宾塞先生所写的《关于音乐的起源及其功能》(*Origin and Function of Music*)对这个问题进行了很有趣的讨论，载于他的《论文集》，1858 年，359 页。斯宾塞所做的结论同我的结论正相反。他的结论正如戴德罗特(Diderot)以前所做的那样，认为激情言语所使用的抑扬顿挫的声调提供了音乐所赖以发达的基础；而我的结论则是，音乐的调子和节奏是由人类男女为了取悦异性而最初得到的。这样，音乐的调子同一种动物所能感到的最强烈激情是牢固地联系在一起的，结果就会本能地使用音乐调子，或在言辞中表达强烈情绪时通过联想也会使用音乐调子。为什么高亢的和深沉的音调会表达人类和低于人类的动物的某些情绪，斯宾塞先生没有提供任何令人满意的解说，我也没有能够做到这一点。斯宾塞先生对诗歌、朗诵和歌唱之间的关系也进行过有趣的讨论。
④ 我在蒙包多(Monboddo)勋爵的《语言的起源》(*Origin of Language*)一书(第 1 卷，1774 年)中发现布莱克洛克(Blacklock)同样认为，"人类最初的语言为音乐，在用有音节的声音来表达我们的思想之前，则赖不同程度的高低的音调来互通思想"。

据,我们可以推论妇女最先获得了音乐的能力,以便吸引男性[1]。但是,如果真是这样的话,这也是发生在很久以前,那时我们的祖先还没有十足地变成人类,而且也没有把妇女仅仅当做有用的奴隶来对待。热情洋溢的演说家、诗人以及音乐家用其变化多端的乐音以及抑扬的声调激起了听众的最强烈情绪,那么,毫无疑问,他所使用的方法同其半动物祖先很久以前在求偶和竞争期间用以激发彼此热情的方法是没有什么两样的。

美对决定人类婚姻的影响

在文明生活中,男人在选择妻子时大部分要受到对方外貌的影响,但决非全部都如此;不过我们所讨论的主要是原始时代,而我们判断这个问题的唯一方法只能去研究现存的半文明民族和未开化民族。如果这样能够阐明,不同种族的男人喜爱具有种种特点的女人,或者不同种族的女人喜爱具有种种特点的男人,那么我们势必去研究这种选择实行许多代以后,按照通行的遗传方式,是否会对这个种族的男女任何一方或双方产生任何可以觉察的效果。

最好先稍微详细地说明一下未开化人对其个人的容貌是非常注意的。[2] 众所周知,他们热心于装饰;一位英国哲学家甚至主张,衣服最初的制作乃是为了装饰,而不是为了取暖。正如魏采教授所说的,"无论多么贫穷和悲惨的人,都以装饰自己为乐"。下述情况足以表明南美的裸体印第安人在装饰自己方面是很奢侈的:"一个高个子的男人艰苦地工作两周所得才能换得用来涂身的红色'奇卡'(chica)颜料。"[3] 驯鹿时期(Reindeer period)[4]的欧洲古代野蛮人把他们碰巧找到的任何发亮的或特别的物品都带回洞中。今天各地的未开化人还用羽毛、项圈、臂钏、耳环等物来打扮自己。他们用最多种多样的方式来涂饰自己。正如洪堡(Humboldt)所观察的,"如果对涂身的民族就像对着衣的民族那样,进行相同的考察,大概可以发觉最丰富的想象力和最多变的趣味创造了涂饰的流行样式,就像创造了服装的流行样式那样"。

在非洲有一个地方的人把眼睑涂成黑色;另一个地方的人把指甲染为黄色或紫色。还有许多地方的人把头发染上各种颜色。不同地方的人把牙齿染成黑的、红的、蓝的,等等,在马来群岛,人们认为牙齿"如果白的像狗牙那样"简直是可耻。北自北极地区,南至新西兰,没有一处大地方的土人不文身。古代的犹太人和布立吞人都实行文身。在非洲也有些土人文身,但那里最普通的风俗却是在身体各部割一些伤口,然后在伤口上擦盐,使成疤状物;苏丹的科尔多凡人(Kordofan)和达尔福尔人(Darfur)把这种疤状物视为

---

① 参阅赫克尔(Häckel)对这个问题的有趣讨论,《普通形态学》,第 2 卷,1866 年,246 页。

② 关于世界各地未开化人装饰自己的方法,意大利旅行家曼特加沙教授做过最优秀的详细记载,见《拉普拉塔旅行记及其研究》(*Rio de la Plata Viaggi e Studi*),1867 年,525—545 页;所有以下叙述,凡未记明其他参考书者,均引自此书。再参阅魏采的《人类学概论》,英译本,第 1 卷,1863 年,275 页及以下诸页。劳伦斯也做过很详细的记载,见他的《生理学讲义》,1822 年。本章写成之后,卢伯克爵士发表了他的《文化的起源》(1870 年),该书的有趣一章对现在这个问题进行了讨论,关于未开化人染牙、染发以及穿齿孔,我从那一章引用了一些事实(42、48 页)

③ 洪堡,《个人记事》,英译本,第 4 卷,515 页;关于涂身所表明的想象,522 页;关于改变小腿的形状,466 页。

④ 古石器时代的后半期。——译者注

"最富魅力的容姿"。在阿拉伯各国，凡双颊"或鬓角没有伤疤的"①不能叫做完全的美人。在南美，正如洪堡所说的，"如果母亲没有使用人工的方法把孩子的小腿按照该地的流行样式改变形状，她就要受到对孩子不关心的责备"。在新世界和旧世界，往昔于婴儿时期就把头骨弄成奇形怪状，现在还有许多地方依然如此，而这种毁形却被视为一种装饰。例如，哥伦比亚（Colombia）的未开化人②把非常扁平的头视为"美的必不可少的部分"。

在各个地方，对头发的梳理都特别注意；有的任其充分生长，以至触及地面，有的梳成"紧密而卷曲的拖巴头，巴布亚人把这种发式视为骄傲和光荣"。③ 在北非，"一个男子完成其发式的时间需要 8～10 年"。另外一些民族却实行剃光头，南美和非洲一些地方的人，甚至把眉毛和睫毛都拔掉。上尼罗河地方的土人把四个门牙敲掉，说，他们不愿同野兽相像。更向南行，巴托卡人（Batokas）只敲掉上边的两个门牙，正如利文斯通所说的④，这使其面貌可憎，由于其下颚突出之故；但这些人却认为门牙最不雅观，当看到一些欧洲人时，便会喊出，"瞧大牙呀！"酋长塞比图尼（Sebituani）曾试图改变这种风气，但失败了。非洲和马来群岛各地的土人把门牙锉尖，就像锯齿那样，或者在门牙上穿孔，把大头针插入。

在我们来说，赞人之美，首在面貌，未开化人亦复如此，他们的面部首先是毁形的所在。世界所有地方的人都有把鼻隔穿孔的，也有把鼻翼穿孔的，但比较少见；在孔中插入环、棒、羽毛或其他装饰品。各地都有穿耳朵眼的，而且带上相似的装饰品，南美的博托克多人（Botocudos）和伦瓜亚人（Lenguas）的耳朵眼弄得如此之大，以致下耳唇会触及肩部。在北美、南美以及非洲，不是在上嘴唇就是在下嘴唇穿眼，博托克多人在下嘴唇穿的眼如此之大，以致可以容纳一个直径 4 英寸的木盘。曼特加沙写过一项令人惊奇的记载说：一位南美土人因卖掉他的"特姆比塔"（Tembeta）——一块插入唇孔的着色大木片——而感到羞愧，并且因此引起了对他的嘲笑。中非妇女在下嘴唇穿孔，还要安上一块晶体，在说话时由于舌的转动，这块晶体"也随着颤动，其可笑之状简直无法形容"。拉图卡族（Latoka）的酋长夫人告诉贝克爵士说，"如果贝克夫人把下颚的四个门牙拔掉，并且在下嘴唇装上一个尖而长的发亮晶体，就可大增其美"。⑤ 更向南行，玛卡洛洛族（Makalolo）在上嘴唇穿孔，并且在孔中插入一个大型的金属环和竹环，这种环叫做"陪尔雷"（pelelé）。"这使一位妇女的嘴唇突出于鼻尖以外达 2 英寸，当这位妇人发笑时，由于肌肉的收缩，竟把上嘴唇抬高到双眼之上。有人问年高德劭的酋长秦苏尔第（Chinsurdi），妇女们为什么戴这些东西？他对这样愚蠢的问题显然感到惊异，答道：那是她唯一所有的美丽东西；男人有胡须，女人却没有。如果不戴上"陪尔雷"，她将是什么样的一个

---

① 《尼罗河支流》（The Nile Tributaries），1867 年；《阿尔贝·尼安萨》（The Albert N'yanza），第 1 卷，1866 年，218 页。

② 皮卡得（Pichard），《人类体格史》，第 1 卷，第 4 版，1851 年，321 页。

③ 关于巴布亚人，参阅华莱士的《马来群岛》，第 2 卷，445 页。关于非洲人的头发式样，参阅贝克爵士的《阿尔贝·尼安萨》，第 1 卷，210 页。

④ 《旅行记》，533 页。

⑤ 《阿尔贝·尼安萨》，第 1 卷，1866 年，217 页。

人啊？她的嘴像男人，却又没有胡须，她大概完全不是一个女人了。"①

身体的任何部分，凡是能够人工变形的，几乎无一幸免。其痛苦程度一定达到顶点，因为有许多这样的手术需费时数年才能完成，所以需要变形的观念一定是迫切的。其动机是各式各样的；男人用颜色涂身恐怕是为了在战斗中令人生畏；某些毁形，或同宗教仪式有关，或作为发育期的标志，或表示男子的地位，或用来区别所属的部落。在未开化人中，相同的毁形样式流行既久②，因此，无论毁形的最初原因为何，很快它就会作为截然不同的标志而被重视起来。但是，自我欣赏、虚荣心以及企图博得赞美似乎是最普通的动机。关于文身，新西兰的传教士告诉我说，他们曾试图劝说一些少女戒绝此事，她们答道，"我们必须在嘴唇上稍微划上几条线，否则在我们长大以后就会变得十分丑陋"。关于新西兰的男子，一位最有才华的判断者说道，"在脸部刺上优美的花纹，乃表示青年们的大野心，这使他们对妇女有吸引力，还使他们在战斗中显得威风"。③ 在前额刺上一颗星，在颊部刺上一个斑点，都被非洲一个地方的妇女视为不可抗拒的魅力。④ 在世界大部分地方，但非全部地方，男人的装饰都过于女人，而其装饰方式也往往不同；有时女人几乎一点也不装饰，但这种情形并不多见。由于未开化人的妇女必须从事最大部分的劳动，而且由于不允许她们吃最好的食物，所以不允许她们得到或使用最优良的装饰品，是同人类所特有的自私性相一致的。最后，正如上述所证明的，值得注意的一个事实是，在改变头部形状方面，在头发的装饰方面，在用颜色涂身方面，在文身方面，在鼻、唇或耳的穿眼方面，以及在拔除或锉磨牙齿方面等等，世界上相距辽远的地方现在都通行着或长久以来就通行着相同的样式。要说如此众多民族所实行的这等风俗应该是由于来自任何共同起源的传统，都是极其不可能的。这表明人类心理是密切相似的，无论他们属于什么种族都是如此，正如舞蹈、化装跳舞以及绘制粗糙的画是最普遍的习俗一样。

关于未开化人赞赏各式各样的装饰品以及我们视为最难看的毁形，即如上述，现在我们再看一看女人的外貌对男人究竟可以吸引到怎样程度，还有，他们的审美观念是什么。我曾听到有人主张未开化人对他们的妇女的美漠不关心，而仅把她们当做奴隶来评价；因此，最好注意到这一结论同妇女喜欢装饰自己和妇女具有虚荣心是完全不相符的。伯切尔（Burchell）⑤做过一项有趣的记载：布西（Bush）部落⑥的妇女大量使用油脂、红赭石以及闪闪发光的粉，"如果她的丈夫不很富有，将会因此而破产"。她"还表现有很大的虚荣心，而且她的优越意识也是非常明显的"。温伍德·里德先生告诉我说，非洲西海岸的黑人常常讨论他们的妇女的美。有些优秀的观察家们认为可怕的杀婴恶习的部分原

---

① 利文斯通，《英国科学协会》（*British Association*），1860 年；《科学协会会刊》所刊登的一篇报告，7 月 1 日，1860 年，29 页。

② 贝克爵士当谈到中非土人时说道（同前书，第 1 卷，210 页）"每一个部落都有一种固定的特殊发式"。阿加西斯记载过亚马孙河流域印第安人固定的文身式样，见《巴西游记》，1868 年，318 页。

③ 泰勒（R. Taylor）牧师，《新西兰及其居民》（*New Zealand and its Inhabitants*），1855 年，152 页。

④ 芒特热沙（Mantegezza）《拉普拉他旅行记及其研究》（*Viaggi e Studi*），542 页。

⑤ 《非洲游记》，第 1 卷，1824 年，414 页。

⑥ 南非卡拉哈里沙漠地区的一个游牧部落。——译者注

因在于妇女期望保持其美貌。① 若干地区的妇女戴咒符或用迷药以博取男子的爱情；布朗先生举出 4 种植物，是美洲西北部的妇女为了达到这个目的而使用的②。

一位最优秀的观察家赫尔恩③多年同美洲的印第安人生活在一起，当他谈到他们的妇女时说道，"如果问北部印第安人何为美女时，他的回答将是：宽而平的脸，小眼，高颧骨，双颊各有 3 条或 4 条宽阔的黑线，低额，大而宽的下巴，隆大的钩鼻，黄褐色皮肤，而且乳房下垂及腹"。帕拉斯曾经访问过中华帝国的北部，他说，"在那里满洲式的女人是为人所爱好的，这就是说，要有宽脸、高颧骨、很宽的鼻子以及大耳朵"；④沃格特说，"作为中国人和日本人特征的斜眼在画上未免夸大了，其用意似乎在于"同红毛野蛮人的眼睛相比，以表示这种斜眼的美"。正如胡克（Huc）反复提到的，中国内地的人认为欧洲人很丑，因为他们的皮肤是白的，鼻子是高的。按照我们的看法，锡兰土人的鼻子远远不算太高；但"7 世纪的中国人已经看惯了蒙古族的扁平面貌，对于锡兰人的高鼻子还是感到惊奇；张把他们描写为鸟喙人身之人"。

芬利森（Finlayson）在详细地描述了交趾支那（Cochin China）人之后说道，他们的圆头和圆脸为其主要特征；接着他说："女人整个面部的圆形更为显著，她们的脸越圆被认为越美。"暹罗人的鼻子小，鼻孔远离，阔口，厚唇，面庞甚大，颧骨高而阔。所以"我们认为是美人的，在他们看来却是异乡人，这一点也不奇怪。但他们以为他们自己的妇女要比欧洲妇女漂亮得多"。⑤

众所周知，许多霍屯都人（Hottentot）妇女的臀部异常突出；这叫做臀脂过肥（steato-pygous）；安德鲁·史密斯爵士肯定这一特点必为那里的男子大加赞赏。⑥ 有一次他看到一位被视为美人的妇女，其臀部如此发达，以致坐在平地上时无法起立，她势必拖着自己前进，直至达到一个斜坡时，才能站起。在各个不同的黑人部落中，有些妇女也具有同样特点；按照伯顿（Burton）的说法，索马里男人"选择妻子的方法是，把她们排成一线，挑出其臀部最为突出者"。与此相反的形态乃是黑人最厌恶不过的。⑦

就肤色来说，芒戈·帕克的白皮肤和高鼻子受到了黑人的嘲笑，他们认为此二者皆不堪入目，而且形态奇异。反之，帕克却称赞他们的皮肤黑得光泽夺目，鼻子扁得秀丽美观，他们说这是"甜言蜜语"，尽管如此，还是给他东西吃。非洲的摩尔族（Moors）⑧看到帕克的白皮肤，"便皱起眉来，好像不寒而栗"。在非洲东海岸，黑人小孩们看到伯顿（Burton）时便大声喊叫："看这个白人呀，他难道不像白猿吗？"温伍德·里德先生告诉我

---

① 参阅格兰德（Gerland）的《原始民族的消亡》(*Ueber das Aussterben der Naturvölker*)，1868 年，51，53，55 页；再参阅阿扎拉的《航行记》，第 2 卷，116 页。

② 关于美洲西北部分印第安人所使用的植物，参阅《药学杂志》(*Pharmaceutical Journal*)，第 10 卷。

③ 《从威尔士亲王要塞出发的旅行记》，第 8 卷，1796 年，89 页。

④ 普里查德（Prichard）在其著作《人类体格史》中引用，第 4 卷，第 3 版，1844 年，519 页；沃格特，《人类讲义》，英译本，129 页。关于中国人对僧伽罗人（Cingalese）的看法，参阅坦南特的《锡兰》，第 2 卷，1859 年，107 页。

⑤ 普里查德引用克劳弗德（Crawfurd）和芬利森的意见，见《人类体格史》，第 4 卷，534，535 页。

⑥ 这位声名赫赫的旅行家告诉我说，我们最嫌恶的妇女月经带，以前却最受这个种族的重视，但这种风气现在已有改变，其重视程度已经远不及以前了。

⑦ 《人类学评论》，1864 年 11 月，237 页。再参阅魏茨的《人类学概论》，英译本，第 1 卷，1863 年，105 页。

⑧ 指非洲西北部柏柏尔人的后裔。——译者注

说,在非洲西海岸,黑人称赞皮肤越黑越美。按照这位旅行家的意见,他们对白皮肤感到恐怖,这可能部分地由于大多数黑人相信魔鬼和灵魂都是白色的,部分地由于他们认为白皮肤是健康恶劣的标志。

非洲大陆较南部分的班埃族(Banyai)也是黑人,但"大多数这种人的皮肤都是浅咖啡牛奶色的,在那整个区域,的确都把这种肤色视为漂亮美观的";所以,我们在这里看到了一种不同的审美标准。卡菲尔人(Kafirs)同黑人大不相同,"除了靠近迪拉果阿湾(Delagoa Bay)的部落以外,他们的皮肤通常都不是黑色的,主要的肤色为黑与红的混合色,最普通的色调为巧克利色。暗色的皮肤由于最普遍,自然得到最高的评价。如果告诉一位卡菲尔人说,他的皮肤是浅色的,或与白人相像,这会被认为大不敬。我听说有一个不幸的男子,由于他的皮肤白皙,以致没有一个女子愿意嫁给他"。祖鲁族(Zulu)①的王有一徽号为"汝乃黑色者"。② 高尔顿先生当同我谈到南非土人时说道,"他们的审美观念和我们的似乎很不相同;因为在某一个部落中,有两位窈窕淑女竟得不到土人的赞美"。

再来看看世界其他地方的情况;按照普法伊费尔夫人(Madame Pfeiffer)的材料,在爪哇,黄皮肤的、而不是白皮肤的女子被视为美人。一位男子"以轻蔑的语调谈到英国大使夫人的牙白得像狗牙一样,红润的肤色就像马铃薯花的颜色那样"。我们知道,中国人讨厌我们的白皮肤,北美土人赞美"黄褐色的皮肤"。南美的余拉卡拉族(Yuracaras)居住在东部科迪耶拉山潮湿的、森林茂密的斜坡上,皮肤色甚淡,正如他们语言所表示的其名称那样;尽管如此,他们还认为欧洲妇女远在其本族妇女之下。③

在北美的若干部落中,头发极长;卡特林提出一个奇妙的证据来证明在那里长头发受到何等重视,因为,乌鸦族(Crows)的酋长之所以能够被选举担任此职,是因为在该部落的男子中他的头发最长,即达10英尺7英寸。南美的亚马拉人和基切人同样也有很长的头发;福勃斯告诉我说,长头发之美受到如此高度的评价,以致把它割掉乃是所能给予他的最严厉的惩罚。无论南美或北美的土人有时为了增加头发的长度,要把纤维物质编进去。虽然头发受到这样的珍视,但北美印第安人却把脸上的毛视为"丑陋不堪",所以每一根脸毛都被仔细地拔掉。整个美洲大陆,北从温哥华岛起,南至火地,都盛行此事。当贝格尔号舰上的火地人约克·明斯特尔(York Minster)被带回他的家乡时,那里的土人告诉他应该把脸上的那几根毛拔掉才好。有一位青年传教士同他们相处不久,他们威胁他,要把他的衣服剥光,拔掉他脸上和身上的毛,然而他的毛决不是很多。这种风气在巴拉圭的印第安人中达到了极端,以致他们把眉毛和睫毛统统拔掉,说,他们不愿同马相似。④

---

① 在非洲东南部,班图族的一支。——译者注

② 芒戈·帕克的《非洲游记》,1816 年,53,131 页。沙夫豪森引用伯顿的叙述,见《人类学文献集》(*Archiv für Anthropolog*),1866 年,163 页。关于班埃人,利文斯通,《游记》,64 页。关于卡菲尔人,斯库特尔(Schooter)牧师,《纳塔尔和祖鲁地方的卡菲尔人》(*The Kafirs of Natal and the Zulu Country*),1857 年,1 页。

③ 关于爪哇人和交趾支那人,参阅魏茨的《人类学概论》,英译本,第 1 卷,305 页。关于余拉卡拉族,皮卡得在《人类体格史》中引用杜比尼的材料,第 5 卷,第 3 版,476 页。

④ 卡特林,《北美的印第安人》,第 1 卷,第 3 版,1842 年,49 页;第 2 卷,227 页。关于温哥华岛的土人,参阅斯普罗特(Sproat)的《未开化人生活的景象及其研究》,1868 年,25 页。关于巴拉圭的印第安人,参阅阿扎拉的《航行记》,第 2 卷,105 页。

值得注意的是，全世界的种族凡是几乎完全不具有胡须的，都讨厌脸上的和身上的毛，而且尽力把它们拔光。外蒙古人是无发的，众所熟知，他们把所有散生于身体各处的毛都拔掉，波利尼西亚人、某些马来人以及暹罗人都是如此。维奇（Veitch）先生说，所有日本妇女"都对我们的连鬓胡子有反感，认为它很丑，并且叫我们把它刮掉，像日本男子那样"。新西兰人生有卷而短的胡须；然而他们以往都把脸上的毛拔掉。他们有一句谚语："没有一个女子愿意嫁给多毛的男子"；不过新西兰人的这种风气大概已经改变了，这恐怕是由于欧洲人来到那里之故，有人向我确言，毛利人现在已对胡须加以赞美了。①

相反，胡须长的种族却赞美他们的胡须并对其评价很高；在盎格鲁撒克逊人中，身体的每一部分都有一个公认的价值；"失去胡须者估价为 20 先令，而大腿折断者仅定为 20 先令"。② 在东方，男子用他们的胡须庄严地发誓。我们已经看到，非洲玛卡洛洛（Makalolo）族的酋长秦塞第（Chinsurdi）认为胡须是一种重大的装饰。太平洋的斐济人的胡须"十分茂密，这是他们最大的骄傲"，但邻近的汤加群岛（Tonga Is.）和萨摩亚群岛（Samoa Is.）的居民"却是无须的，并且厌恶毛糙的下巴"。在埃利斯群岛中，只有一个岛上的男人多须，"但对此毫不感到骄傲"。③

由此我们可以看出人类不同种族的审美感是何等广泛地不同。每一个民族如果达到充分进步的程度，都要雕刻他们的神像以及他们的奉若神明的统治者像，毫无疑问，雕刻师们都会尽力表达其美丽与庄严的最高理想。④ 根据这一观点，我们最好把希腊的朱庇特（Jupiter）像或阿波罗（Apollo）像同埃及或亚述的雕像加以比较；再把这些雕像同中美败壁残垣上的丑陋浮雕加以比较。

我所遇到的反对这一结论的叙述还不多。温伍德·里德先生有丰富的机会不仅对非洲西海岸的黑人进行过观察，而且对从来没有同欧洲人接触过的非洲腹地的黑人也进行过观察，然而他却相信他们的审美观念同我们的完全一样；罗尔夫斯（Rohlfs）博士写信告诉我说，泡尔奴族（Bornu）以及普洛（Pullo）部落所在地方的情况也是如此。里德先生发现他和黑人对评价当地女子的美有一致的看法，而且他们对欧洲妇女美的欣赏，同我们也是一致的。他们赞美长发，并且用人工方法使其显得茂盛；他们还赞美胡须，虽然自己胡须稀疏。什么样的鼻子最受称赞，里德先生还感到怀疑；他曾听见一个女子说，"我才不要嫁他呢，他没有生鼻子"；这表明很扁平的鼻子是不受欢迎的。然而，我们应该记住，西海岸黑人的平阔的鼻子及其突出的颚部，乃是非洲居民的例外类型。里德先生尽管有以上叙述，他还是承认黑人"不喜欢我们皮肤的颜色；他们以厌恶的神情来看我们的蓝眼睛，他们以为我们的鼻子太长，我们的嘴唇太薄"。仅仅根据对身体美的鉴赏，里德

---

① 关于暹罗人，普里查德，同前书，第 4 卷，533 页。关于日本人，雏奇，《艺园者纪录》（Gardener's Chronicle），1860 年，1104 页。关于新西兰人，曼特加沙，《拉普拉他旅行记及其研究》，1867 年，526 页。关于上述其他民族，劳伦斯，《生理学讲义》，1822 年，272 页。

② 卢伯克，《文化的起源》，1870 年，321 页。

③ 巴纳德·戴维斯引用皮卡得先生以及其他人士关于波利尼西亚人这等事实的述说，见《人类学评论》，1870 年 4 月，185，191 页。

④ 孔德（Ch. Comte）在其《法律专著》[（Traité de Législation），第 3 版，1837 年，136 页]中曾谈到此事。

先生并不以为黑人喜欢最美丽的欧洲妇女胜过喜欢一个面貌好看的黑人女子。[①]

很久以前洪堡[②]所主张的原理说,人类赞美而且常常夸大自然给予他的任何特征,这一原理的一般正确性已从许多方面得到阐明。少须的种族把每一根胡须都拔光,而且常常把所有身体上的毛都拔掉,这一情况为上述提供了例证。在古代和近代,许多民族大大改变了其头骨形状;毫无疑问,这种习俗的风行乃是由于要夸大某种自然的和受到赞美的特点。据知,许多美洲印第安人赞美极扁的头,它们扁到这样的程度,以致在我们看来好像是白痴的头。非洲西北海岸的土人把头部压成尖圆锥形;而且经常把头发束弄在头顶,打成一个结,正如威尔逊(Wilson)博士所说的,这是为了"增加他们所爱好的圆锥形的明显高度"。若开(Arakhan)的居民赞美宽而平的前额,为了"弄成这种形状,他们在新降生的婴儿头上捆扎一块铝板"。相反,斐济群岛的土人却把"宽而十分圆的后头视为至美"。[③]

对鼻子也像对头骨一样;阿替拉(Attila)时代的古匈奴人惯于用绷带把婴儿的鼻子捆平,"为了夸大一种自然的形态"。塔希提人[④]把"高鼻子"视为侮辱的字眼,为了美观,他们把小孩的鼻子和前额压平。苏门答腊的马来人、霍屯都人、某些黑人以及巴西土人也是如此。[⑤] 中国人的脚本来异常之小;[⑥]众所熟知,中国上层阶级的妇女还要把脚缠得更小。最后,洪堡以为美洲印第安人喜欢用红色涂身是为了夸大其自然的色调;直到最近,欧洲妇女还用胭脂和白色化妆品来增添其自然的鲜艳肤色;不过野蛮民族在涂饰自己时一般是否有这种意图,还是一个疑问。

就我们的服装流行式样而言,我们看到了把每一点弄到极端的完全一样的原理和完全一样的愿望;我们还表现了一样的竞争精神。但未开化人的流行式样远比我们的流行式样持久得多;当他们的身体人工地被改变之后,情况必然如此。上尼罗河的阿拉伯妇女要用三天左右的时间去整理头发;她们决不模仿其他部落,"只是彼此竞争,以求得最新颖的式样"。威尔逊博士在谈到各个美洲种族压平其头骨时,接着说道,"在革命的冲击下,可以改朝换代,消灭更为重要的民族特点,但这种习惯最难除尽而且会长久保存下

---

① 《非洲随笔》,第2卷,1873年,253、394、521页。有一位传教士曾同火地人长久在一起住过,他告诉我说,火地人以为欧洲妇女非常美丽,但是,根据我们看到的其他美洲土人的判断,我不得不认为这种说法是错误的,除非少数火地人曾同欧洲人一起生活过一段时间,而且他们把我们看做优等的人。我应该补充一点:最有经验的观察家伯尔登船长相信我们认为美丽的妇女在全世界都会受到称赞,《人类学评论》,1864年3月,245页。

② 《个人记事》,英译本,第4卷,518页及其他诸页。曼特加沙在其《拉普拉他旅行记及其研究》中强烈主张这同一原理。

③ 关于美洲部落的头骨,参阅诺特(Nott)和格利敦(Gliddon)的《人类的模式》,1854年,440;普里查德,《人类体格史》第1卷,第3版,321页;关于若开土人,同前书,第4卷,537页;威尔逊,《自然人种学》(Physical Ethnology),史密森协会(Smithsonian Institution),1863年,288页;关于火地人,290页。卢伯克爵士关于这个问题写过一篇优秀的摘要,见《史前时代》,第2版,1869年,506页。

④ 居住在南太平洋的塔希提岛。——译者注

⑤ 关于匈奴人,戈德隆,《论物种》,第2卷,1859年,300页。关于塔希提人魏采,《人类学概论》,英译本,第1卷,305页。皮卡得在其《人类体格史》中引用马斯登(Marsden)的材料,见该书,第5卷,第3版,67页。劳伦斯,《生理学讲义》,337页。

⑥ 此事见《诺瓦拉旅行记》(Reise der Novara);《人类学评论》,威斯巴哈博士1867年,265页(这是臆造的情况——译者注)。

去"。① 同样的原理在育种技术上也会发生作用；于是我们便能理解那些仅仅作为观赏之用的动物和植物的种族为什么会那样异常发达，我在他处已经说明过这一点。② 动物和植物的爱好者永远要求各种性状仅仅稍为增大而已；他们并不赞美中间的标准，他们肯定不希望他们的品种性状发生重大而突然的变化；他们所赞美的仅仅是他们所习见的那些性状，但他们热烈地希望看到各个特征稍微有一点发展。

人类和较低等动物的感觉似乎是这样构成的：它们都适于欣赏鲜艳的颜色和某些形态以及和谐的、有节奏的声音，并把这些称之为美；但为什么会如此，我们还不知道。要说在人类思想中有任何关于人体美的普遍标准，肯定是不正确的。无论如何，某些爱好经过一定时间可能是遗传的，虽然没有任何证据可以支持这种信念；果真如此，各个种族大概都会有自己先天的审美理想标准。有人主张③，丑恶同低等动物的构造接近，对比较文明的民族来说无疑这是部分正确的，这些民族对理智有高度评价；但这种解释不能完全应用于所有的丑恶形态。各个种族的人都爱好他们所习见的东西；他们不能忍受任何重大的变化；但他们喜欢多样化，而且赞美各个特征不趋于极端，④只有适度的改变。习惯于接近椭圆形脸庞、端庄容貌、鲜艳肤色的男人们，正如我们欧洲人所知道的，称赞非常发达的这些特征。另一方面，习惯于宽脸、高颧骨、矮鼻子、黑皮肤的男人们却称赞强烈显著这等特点。毫无疑问，所有种类的性状都可能过于发达而超出美的范围之外。因此，完全的美意味着许多性状都以一种特殊方式发生改变，这在每一个种族中大概都是奇迹。正如大解剖学家比夏（Bichat）很久以前所说的，如果每一个人都是在同一个模型里铸造出来的，大概就没有美人可言了。如果所有妇女都变得像维纳斯（Venus de' Medici）那样美丽，我们将会暂时感到陶醉；但很快我们就要希求变异；一旦我们得到了变异，我们则希求看到某些性状稍微超过现在的普通标准就可以了。

---

① 《史密斯协会》，1863 年，289 页。关于阿拉伯妇女的发式，贝克爵士，《尼罗河支流》，1867 年，121 页。

② 《动物和植物在家养下的变异》，第 1 卷，214 页；第 2 卷，240 页。

③ 沙夫豪森，《人类学文献》，1866 年，164 页。

④ 关于美的观念，贝恩先生搜集了约 12 个多少不同的学说（见《心理学和道德学》，1868 年，30—314 页）；但是没有一个学说同这里所说的相同。

第二十章　人类的第二性征(续)

各个种族的妇女按照不同审美标准连续选择对象的效果——干涉文明民族和野蛮民族进行性选择的诸原因——原始时代有利于性选择的诸条件——人类性选择的作用方式——未开化部落的妇女有选择丈夫的某种权利——体毛的缺如以及胡须的发育——肤色——提要

我们在前章已经看到,所有野蛮种族都高度重视装饰品、衣服以及外表;并且男子以迥然不同的标准来评定其妇女的美。其次,我们必须研究,那些对各个种族的男子最有魅力的妇女许多世代以来受到这样偏爱、因而受到选择,是否会仅仅改变妇女一方的性状,或改变男女双方的性状。对哺乳动物来说,一般的规律似乎是,所有种类的性状都同等地遗传给雌雄二者;因此,对人类来说,我们可以期待女方或男方通过性选择所获得的任何性状普通都会传递给女性后代和男性后代。如果这样引起了任何变化,几乎肯定的是,不同种族将会有不同的改变,正如各个种族有它自己的审美标准一样。

关于人类,尤其是关于未开化人,仅就身体构造而言,有许多干涉性选择作用的原因。文明人大部分受到妇女精神魅力以及她们的财富所吸引,尤其受到她们社会地位的吸引;因为男子很少同比自己等级低得多的妇女结婚。能够成功地得到比较美丽妇女的男子,并不见得比那些娶平凡妇女为妻的男子有更好的机会留下悠长系列的后裔,但按照长子继承权留下遗产的少数人则除外。关于选择的相反方式,即妇女选择比较富有魅力的男子,虽然文明民族的妇女有选择对象的自由,或者差不多有这种自由(野蛮种族没有这种自由),但她们的选择大部分要受男子的社会地位及其财富的影响;而男子在其生涯中获得这种成功主要决定于他们的智力及其精力,或者依靠其祖先由这等能力所获得的成果。比较详细地讨论一下这个问题是理所当然的;因为,正如德国哲学家叔本华(Schopenhauer)所说的,"一切私通的最终目的,不论是喜剧的还是悲剧的,都比人类生活的其他目的更为重要。它所实现的就是下一代的构成……这不是任何个人的幸与不幸,而是同未来人类的存亡攸关"。[①]

然而,有理由可以相信,在文明民族和半文明民族中,性选择对改变某些人的身体构造曾发生过一些影响。许多人相信,我们的贵族(在这个名词下包括长期实行长子继承权的一切富有家庭)许多代以来从所有阶级中选择比较美丽的妇女为妻,按照欧洲人的标准,他们已经变得比中等阶级更为漂亮,我也认为这种说法是合理的;不过就身体的完

---

① 《叔本华和达尔文主义》(*Schopenhauer and Darwinism*),见《人类学杂志》(*Journal of Anthropology*),1871年1月,323页。

全发育来说，中等阶级所处的生活条件同贵族是相等的。库克(Cook)说，"在太平洋所有其他岛屿上所看到的贵族那样端正的容貌，在桑威奇群岛上则到处可见"；但这种情形可能主要是由于他们的食物以及生活方式较好的缘故。

古时的旅行家查丁(Chardin)在描写波斯人时说道，"他们的血液由于同格鲁吉亚人(Georgians)和塞卡斯人(Circassians)①不断地通婚，现在已高度改良了，这两个民族的容貌之美在世界上首屈一指。波斯上等人的母亲大都是格鲁吉亚人或塞卡斯人"。接着他又说，他们的美貌"不是从其祖先那里遗传的，因为如果没有上述通婚，作为鞑靼族后裔的上等波斯人大概是极其丑陋的"。②　这里还有一个更为奇妙的例子；在西西里岛的圣朱利亚诺(San-Giuliano)有一座维纳斯·爱里西纳(Venus Erycina)庙，这个庙的尼姑都是从全希腊选出来的美女；但她们并不是纯贞的处女，这个事实是考垂费什③讲的，他说，圣朱利亚诺的妇女现在以其最美的容貌而驰名该岛，美术家们常求之为模特儿。但是，所有上述事例的证据显然都是可疑的。

下述事例虽然是关于未开化人的，由于它的奇特性也值得在此一提。温伍德·里德先生告诉我说，在非洲西海岸有一个黑人部落叫做乔洛夫(Jollofs)，他们"以其一致的美好容貌而闻名"。他的一个朋友问到其中一人："为什么我遇到的每一个人都这样好看？不仅男子而且妇女都是这样？"乔洛夫部落的人答道，"这很容易解释：长久以来我们有一种风俗，就是把最难看的奴隶挑出来，卖掉他们"。所有未开化人都以女奴为妾，这就无须多说了。这个部落的黑人之所以有如此美好的容貌，应归功于长期不断地汰去那些丑陋的妇女，至于这种做法是对还是错当做别论；不过这种情况并不像最初听到时那样令人感到奇怪；因为，我在别处已经阐明④，黑人对其家养动物选育的重要性是有充分认识的，我根据里德先生的材料不过补充一个有关这个问题的证据而已。

在未开化人中阻止或抑制性选择作用的诸原因

其主要的原因是，第一，实行所谓杂婚(communal marriage)，即乱交；第二，实行杀害女婴的后果；第三，早婚；第四，贱视妇女，待之如奴隶。对这四点必须稍作详论。

显然，只要人类或其他任何动物的交配只要完全靠着机会，任何一性都不实行选择，那么就不会有性选择；也不会有某些个体由于在求偶时比其他个体占有优势而对其后代发生作用。现在有人断言，今天还有一些部落实行卢伯克爵士用有礼的言辞所谓的杂婚；这就是说，一个部落的男女彼此相互为夫妻。许多未开化人的混乱生活确是令人吃惊的，但是，在我看来，在我们充分承认他们在任何场合中都实行乱交之前，还需要更多

①　高加索人的一个部落。——译者注
②　这些话引自劳伦斯的《生理学讲义》(*Lectures on Physiology*)，1822 年，393 页，他把英国上等阶级的美貌归因于这个阶级的男子长期选择比较美丽的妇女。
③　《人类学》，见《科学报告评论》，1868 年 10 月，721 页。
④　《动物和植物在家养下的变异》，第 1 卷，207 页。

的证据。尽管如此,所有最密切研究过这个问题的人①,而且他们的判断远比我的判断更有价值,都相信杂婚(对这个名词有各种不同解释)乃是全世界所通行的普通而原始的形式,其中包括兄弟姐妹的通婚。已故史密斯爵士曾广泛地在南非各地游历,他通晓那里的以及别处的未开化人的风习,他以最强烈的看法向我表示,没有一个种族把妇女视为公共财产的。我相信他的判断大部分是由婚姻这个名词的含义所决定的。在以下整个讨论中,我是按照博物学者们所说的动物一雌一雄相配的同样意义来使用这个名词的,因此其意义乃是雄者只选一个雌者或为一个雌者所接受,同雌者在繁殖期间或全年生活在一起,并且依照强权律把她据为己有;或者,我是按照博物学者们所说的一雄多雌的物种那样意义来使用这个名词的,其意义乃是一个雄者同若干雌者生活在一起。我们在这里所讨论的就是这种婚姻,因为对性选择的作用来说,这就足够了。但是,我知道上述作者中有些人认为婚姻这一名词意味着受到部落所保护的公认权利。

支持往昔曾经盛行杂婚的间接证据是强有力的,其主要依据为,在同一部落中诸成员之间所使用的亲属关系这一名词意味着和部落的关系,而不是和任何一亲的关系。但是,即使在这里对这个问题扼要地谈一谈,也是范围太大而且太复杂,所以我只能稍微说上几句。在这种婚姻的场合中,或者说在婚姻结合很放纵的场合中,孩子同父亲之间的关系是无法知道的。但如果说孩子同母亲的关系也完全受到忽视,则似乎是难以令人相信的,特别是因为大多数未开化人部落的妇女哺育婴儿的时间要很久。因此,在许多场合中只能通过母系而不是通过父系去追查谱系。但在其他场合中,所使用的名词仅表示和部落的一种关系,甚至不表示和母系的关系。同一部落的具有亲族关系的诸成员共同暴露在所有种类的危险中,由于需要相互的保护和帮助,他们之间的关系似乎可能远比母与子之间的关系更加重要得多,因此就会导致专门使用表示上述那种关系的名词;但莫尔根先生相信这种观点决不够充分。

世界各地所用的亲属关系这一名词,按照莫尔根的意见,可以分为两大类,即分类的(classificatory)和描述的(descriptive)——我们所使用的为后一种。分类的体系强烈地导致了如下的信念,即杂婚以及其他极端放纵形式的婚姻最初是普遍实行的。但是,就我所能了解的来说,即使以此为根据,也没有必要去相信绝对乱交的实行;我高兴地得知卢伯克爵士也持有这一观点。男和女就像低于人类的许多动物那样,以往在每次生产时都要实行严格的、虽然是暂时的结合,这种场合就像乱交场合那样,在亲属关系这一名词方面会发生差不多一样大的混乱。仅就性选择来说,全部所需要的就是在双亲结合之前实行选择,至于这种结合是终生的或者仅是一个季节的,并无关紧要。

除了由亲属关系这一名词所得到的证据以外,其他方面的推论也可示明以前曾广泛

---

① 卢伯克爵士,《文化的起源》,1870年,第三章,特别是60—67页。伦南先生在其极有价值的著作《原始婚姻》(1865年,163页)中谈到,男女的结合"在最古时代是散漫的、暂时的而且在某种程度上是混乱的"。伦南先生和卢伯克爵士就现今未开化人的极其混乱生活搜集了大量证据。莫尔根先生在一篇有关亲属关系分类体系的有趣报告中断言[见《美国科学院院报》(*Proc. American Acad. of Sciences*),第7卷,1868年2月,475页],一夫多妻以及所有婚姻形式在原始时代基本上都是不存在的。根据卢伯克爵士的著作,巴霍芬(Bachofen)似乎也相信原始时代曾盛行过群交。

实行过杂婚。卢伯克爵士用共妻曾为原始交配形式这一点，来说明①异系婚姻（exoga-my）这一奇特而广泛实行的习俗——即某一部落的男子从另一不同部落夺取妻子；所以，一个男子除非从一个邻近的敌对部落俘虏到一个妻子外，他决不会得到自己专有的妻子，俘虏到一个妇女后，她自然就会变为他专有的宝贵财产。这样，抢妻之风就兴起了，由于因此可以获得荣誉，这种习俗最终就会普遍实行。按照卢伯克爵士的意见②，我们由此还能理解"根据古老的观念，一个人没有权利占有属于全部落的东西，由于结婚破坏了部落的习俗，所以有赎罪的必要"。卢伯克爵士进一步列举了大量事实来阐明，在古代极端放荡的妇女非常受到尊敬；正如他说明的，如果我们承认乱交曾是原始的，因而长期受到尊重的部落习俗，上述情况就是可以理解的了。

摩尔根先生、伦南先生以及卢伯克爵士曾对此事进行过最严密的研究，根据这三位作者的几点分歧意见，我们可以推论婚姻约束的发达方式还是一个没有弄清楚的问题，虽然如此，但根据上述证据以及若干其他方面的证据③，可知婚姻习俗按其字面的任何严格意义来说，似乎可能是逐渐发展起来的；而且接近乱交的结合，即很放纵的结合在全世界一度是极其普遍的。尽管如此，根据动物界普遍具有的强烈嫉妒感，根据低于人类的动物来类推，特别是根据与人类最接近的动物来类推，我无法相信在人类达到动物界现今等级的不久之前曾经盛行过绝对的乱交。正如我试图阐明的，人类肯定是从某一类猿动物传下来的。关于现存的四手类，仅就所知道的其习性而言，某些物种是一夫一妻的，但每年只有一部分时间同雌者生活在一起；猩猩在这方面似乎提供了一个例子。有几个种类的猿猴，例如某些印度猴和美洲猴都是严格一夫一妻的，而且全年都同妻子生活在一起。另外有些种类是一夫多妻的，例如大猩猩和几个美洲物种就是如此，而且各个家族是彼此单独生活的。即便是这种情形，居住在同一地区的诸家族大概多少还是社会性的；例如，黑猩猩偶尔会合成一大群。再者，还有些物种也是一夫多妻的，不过各有其自己雌者的若干雄者共同生活在一起，例如狒狒的几个物种就是如此。④ 我们知道所有雄性四足兽都是嫉妒的，它们许多都有特殊的武器同其竞争对手进行战斗，我们的确可以据此断言，在自然状况下，乱交是极端不可能的。配偶可能并非终生，但可限于每一次生产；然而，如果雄者是最强壮的而且最能保卫或帮助其雌者和幼者，那么它们就能选择更富魅力的雌者，只此一点就足可以进行性选择了。

因此，回顾远古，且由人类现今的社会性习俗来判断，最合理的观点似乎是，人类在原始时期系以小群生活在一起，每个男人只有一个妻子，如果男人是强者，就有几个妻子，于是他要嫉妒地防备所有其他男人来侵犯他的妻子们。或者，他还没有成为社会性

---

① 《在英国学术协会上关于人类低等种族社会状况和宗教状况的讲话》（*Address to British Association on the Social and Religious Condition of the Lower Races of Man*），1870 年，20 页。

② 《文化的起源》，1870 年，86 页。在以上引用的几种著作中可以发现关于单独通过母系的亲属关系以及单独通过部落的亲属关系的丰富证据。

③ 韦克强烈反对这三位作者所持的观点——认为往昔曾盛行过接近群交的结合方式，他以为亲属关系的分类体系可用他法来解释（《人类学》，1874 年 3 月，197 页）。

④ 布雷姆说（《动物生活图解》，第 1 卷，77 页），埃塞俄比亚鬣猴（*Cynocephalus hamadryas*）营大群生活，其中成年雌者为雄者的两倍。参阅伦格尔关于美洲一夫多妻物种的叙述，以及欧文《脊椎动物解剖学》，第 3 卷，746 页）关于美洲一夫一妻物种的叙述。此外还有其他参考材料。

动物,就像大猩猩那样,同几个妻子在一起生活;因为所有土人"都承认在一群大猩猩中只能看到一只成年的雄者;当幼小的雄者长大之后,就会发生争夺统治权的斗争,最强的雄者把其他雄者杀死或赶跑之后,他就成为这一群的首领"。① 这样被赶跑的幼小雄者便到处漫游,如果最后能够找到一个伴侣,大概就可以防止在同一家族的范围内进行过于密切的近亲交配。

虽然未开化人的生活现在是极端放荡的,虽然杂婚在往昔可能盛行过,但许多部落还是实行某种形式的婚姻,但其性质远比文明民族的婚姻松弛得多。正如刚才所说的,每个部落的首领几乎普遍实行一夫多妻。尽管如此,还是有些部落,虽然位于差不多最低的等级,却实行一夫一妻。锡兰的维达人(Veddahs)②就是如此:据卢伯克爵士说③,他们有一句谚语:"夫妻不死不分离。"康提人(Kandyan)的一位酋长自然是一夫多妻的,他对只有一个妻子而且不死彼此不分离的极端野蛮风俗非常抱有反感。他说:"这恰好同乌绵猴(Wanderoo monkeys)相似。"现在实行某种婚姻形式(不论是一夫多妻或一夫一妻)的未开化人是否从原始时代起就保有这种习俗,还是通过乱交的阶段而又返回某种婚姻形式,我不敢妄自猜测。

杀婴(Infanticide)

实行杀婴现今在全世界很普通,有理由相信在古时实行得更为广泛。④ 野蛮人发现同时养活他们自己和儿童是困难的,简单的办法就是把他们的婴儿杀掉。按照阿扎拉的材料,南美的某些部落以前杀死了如此之多的男女婴儿,以致濒于绝灭的境地。据知,波利尼西亚群岛的妇女要杀掉四个至五个、甚至十个自己的孩儿;埃利斯在那里未曾发现一个妇女没有杀死过自己孩儿的。麦克洛克(MacCulloch)在印度东部边境的一个村庄竟连一个女孩也未曾发现过。凡是盛行杀婴的地方,生存斗争的剧烈程度就要差得多⑤,而且部落的所有成员都会有差不多同等良好的机会来养育其幸存下来的少数儿童。在大多数场合中,女婴被杀害的要比男婴为多,因为,对部落来说,男婴显然有较高的价值,在他们长大之后,可以协助保卫部落,而且能够养活自己。但是,正如妇女们自己以及各观察家所列举的,妇女养育小孩的麻烦,由此而失去她们的美貌,以及妇女数量越少越受到重视而且命运越佳,都是杀婴的另外动机。

当妇女由于杀害女婴而少起来的时候,从邻近部落抢妻的风习自然就会兴起。然而,正如我们已经看到的,卢伯克爵士把抢妻的主要原因归于往昔的杂婚,因此男子就会从其他部落抢妻作为他们自己的私有财产。还可以举出另外的原因,如群体很小,在这

---

① 萨维奇,《波士顿博物学杂志》,第5卷,1845—1847年,423页。

② 锡兰(现名斯里兰卡)最古老的土著。——译者注

③ 《史前时代》,1869年,424页。

④ 伦南,《原始婚姻》,1865年。特别参阅有关族外婚姻和杀婴部分,130、138、165页。

⑤ 格兰德博士(《原始民族的消亡》,1868年)搜集了很多有关杀婴的材料,特别参阅27、51、54页。阿扎拉(《游记》,第2卷,94、116页)详细地讨论了其动机。再参阅伦南(同前书,139页)所举出的有关印度的例子。本书第2版在上述一节中不恰当地举出了格雷(Grey)爵士错误的引证,现已删去。

样场合中可婚嫁的妇女往往是缺乏的。抢妻的习俗在古代最盛行,甚至文明民族的祖先也实行过抢妻,保存下来的许多奇特风俗和仪式明确地阐明了这一点,关于这等风俗和仪式,伦南先生做过有趣的记载。英国举行婚礼时的"伴郎"最初似乎就是新郎抢妻时的主要帮手。现在只要男子还习惯地通过暴力和诡计来获得他们的妻子,他们大概就乐于占有任何妇女,而不去选择那些比较更有魅力的。但是,如果和一个不同部落用物物交换(barter)的办法来获得妻子,就像现今在许多地方所发生的情况那样,被购买的大概一般就会是比较更有魅力的妇女。然而,任何这种形式的习俗必然要引起部落与部落之间的不断杂交,这就有使同一地方的所有居民保持差不多一致性状的倾向;而且这还会干涉性选择对分化诸部落的力量。

　　杀害女婴引起妇女的缺少,妇女的缺少又引起一妻多夫的实行,现今在世界的若干地方实行一妻多夫的还很普通,伦南先生相信在往昔几乎全世界都盛行过这种习俗:不过摩尔根先生和卢伯克爵士却对这个结论有所怀疑。[①] 只要两个或两个以上的男子被迫娶一个女人,这个部落的所有女人肯定都可以结婚,这样就不会有男子选择魅力较大的女人的事情了。但是,在这种情况下,妇女无疑会有选择的权力,她们将挑选魅力较大的男子。例如,阿扎拉描述一个瓜纳人(Guana)的妇女在接受一个或更多的丈夫之前多么细心地要求各种特权;因而那里的男子非常注意他们自己的容貌。印度的托达人(Todas)也是如此,他们也实行一妻多夫,女子可以接受或拒绝任何男人。[②] 在这等场合中,很丑的男子恐怕完全不能得到一个妻子,或者只能在晚年得到一个妻子;不过,比较漂亮的男子虽然能够更成功地得到妻子,但就我们所知道的来说,他们大概不会比同一个妇女的较不漂亮的丈夫们留下更多的后代以遗传他们的美貌。

早期订婚以及奴役妇女

　　许多未开化人有一种风俗,当女子还在婴儿的时候就实行订婚;这会有效地阻止男女双方按照容貌去实行选择对象。但是,这不能阻止更强有力的男子在以后把魅力较大的妇女从其丈夫那里把她们偷走或抢走;在澳大利亚、美洲以及其他地方都常常发生这种情形。当妇女几乎完全被视为奴隶或牛马时,就像许多未开化人的情形那样,性选择在一定程度上也会产生同样效果。男子在无论什么时候大概都会按照他们的审美标准去挑选最漂亮的奴隶。

　　由此我们看到了未开化人所盛行的几种风俗,这一定会大大地干涉或完全停止性选择的作用。另一方面,未开化人所处在的生活条件以及他们的某些习俗则有利于自然选择;这同时对性选择也会起作用。据知,未开化人由于反复出现的饥馑而受害严重;他们不会用人为的方法去增加食物;他们对婚姻很少限制[③],一般在幼小时就结婚了。结果他

---

① 《原始婚姻》,208 页;卢伯克爵士,《文化的起源》,100 页,再参阅摩尔根上述著作中有关古时盛行一妻多夫的部分。
② 阿扎拉,《游记》,第 2 卷,92—95 页,马歇尔上校,《在托达人中间》(*Amongst the Todas*),212 页。
③ 伯切尔说(《南非游记》,第 2 卷,1824 年,58 页),在南非各野蛮民族中无论男人或女人没有过独身生活的。阿扎拉(《南美游记》,第 2 卷,1809 年,21 页)对南美野蛮印第安人提出了恰好一样的看法。

们一定要不时陷入剧烈的生存斗争,只有占有优势的个体才能生存下来。

在很古时期,人类还未达到现在这样阶段以前,他们同现今未开化人所处的许多生活条件都不相同。从低于人类的动物来类推,那时他们实行的不是一夫一妻,就是一夫多妻。最强有力而且最能干的男子最能成功地得到富有魅力的妇女。他们在一般生存斗争中,以及在保卫其妻子儿女不受一切种类的敌害侵袭方面最能获得成功。在这样古远的时期,人类祖先的智力还没有充分进步到可以看到遥远未来的意外事故;他们也不会预见到养育他们的孩子、特别是女孩将会使其部落陷入更加剧烈的生存斗争中。他们比今天的未开化人更多地受到其本能、更少地受到其理性的支配。他们在那一时期不会失去所有本能中最强烈的一种,这是一切低于人类的动物所共有的,即,对他们幼儿的爱;因此,他们不会实行杀害女婴。这样,妇女就不至于缺少,一妻多夫就不至于实行;因为,除了妇女的缺少之外,几乎没有任何原因似乎足以打倒天然的和广泛占有优势的嫉妒感以及每个男子各自占有一个女人的欲望。杂婚或接近乱交的习俗大概是自然由一妻多夫发展而来的;虽然最优秀的权威们都相信乱交的习俗在一妻多夫之前。在原始时代不会有早期订婚,因为这含有预见的意思。那时也不会把妇女仅仅视为有用的奴隶或牛马。如果允许男人和女人实行任何选择的话,男女双方差不多都要完全根据外貌而不是根据精神的美或财产,也不是根据社会地位去选择其配偶。所有成年人都会结婚或找到配偶,所有子女只要可能都会受到养育;所以生存斗争就要周期地异常剧烈起来。于是,在这样时期比在较晚时期——人类在智力上进步、但在本能上退步的时期,所有条件更有利于性选择。因此,在产生人类种族之间的差异以及人类和高等四手类之间的差异方面,无论性选择的影响如何,这种影响大概在远古时期比在今天更为强有力,虽然这种影响在今并未完全消失。

人类性选择的作用方式

关于刚才所说的生活在有利条件之下的原始人类,关于那些在今天实行任何婚姻约束的未开化人,性选择或多或少地受到杀害女婴、早期订婚等等干涉,它大概以下述方式发生作用。最强壮的和精力最充沛的男子——那些最能保卫其家族并为其狩猎的男子,那些拥有最好武器和最大产业(如大量的狗或其他动物)的男子——比同一部落中较弱而且较穷的成员,大概会在平均数量上养育更多的儿女。毫无疑问,这样的男子一般还会选择魅力较强的妇女。现今世界上几乎每一个部落的酋长都能得到一个以上的妻子。我听曼特尔(Mantell)先生说,在新西兰,直到最近,几乎每一个漂亮的女子或者将来可成为漂亮的女子,都是某一酋长的"塔布"(tapu)[①],汉密尔顿(Hamilton)先生说,卡菲尔人的"酋长一般在许多英里范围内挑选妇女,而且不屈不挠地确立或巩固他们的特权"。[②]我们已经看到各个种族都有它自己的美的风格,并且我们知道,如果家养动物、服装、装饰品以及个人容貌稍微超出平均之上,就会受到人们的称赞,这乃是人类的本性。于是,

---

① 即 tabbo,系宗教迷信或社会习俗的禁忌。——译者注
② 《人类学评论》,1870 年 1 月,16 页。

如果上述几项主张得到承认（我看不出其中有什么可疑之处），那么，魅力较大的妇女被力量较强的男子所选择，并且平均养育了较多数量的儿童，要说这样经过许多世代之后还没有使这个部落的特性有所改变，大概是费解的事情。

如果家养动物的一个外国品种被输入一处新地方，或者，如果一个本地品种作为实用品种或鉴赏品种而长期受到细心的养育，只要采用比较的方法，就可发现经过数代之后就会发生或多或少的变化。这种变化的发生是由于在一长系列的世代中进行了无意识选择的缘故——这就是最受称赞的个体被保存下来了——饲养者并没有要求或预期这种结果的发生。再者，如果有两位细心的饲养者多年以来都养育同一家族的动物，而且不使它们相互比较或同一个共同标准比较，那么就会出乎饲养者的意外，他们的动物会出现轻微的差异。① 正如冯·纳修西亚斯所恰当表达的那样，每位饲养者已把他自己的心理特性——他自己的爱好和判断刻印在他的动物之上。那么，如果说每一部落中能够养育最多小孩的男子连续选择最受赞美的妇女，而不会产生与上述同样的结果，实无理由可举。这大概就是无意识选择，因为无意识选择会产生一种效果，而同偏爱某些妇女的男子的任何要求或期望无关。

假定有一个部落的成员实行某种形式的婚姻，散布于无人居住的大陆上，他们很快就会分裂成不同的群，彼此被各种壁垒所隔离，由于所有野蛮民族之间的不断战争，这种隔离就更加有效。这些群将处于稍微不同的生活条件和生活习俗之下，他们迟早会在某种微小程度上出现差异。一旦这种情形发生，各个隔离的部落就会形成它自己的稍微不同的审美标准②；于是，通过比较强有力且居于领导地位的男子挑选他所喜爱的妇女，无意识选择就要发生作用。这样，部落之间的差异在最初虽很轻微，但会逐渐地而且不可避免地有所增大。

关于在自然状况下的动物，雄者所固有的许多特性，如力气、特殊武器、勇敢以及好斗性，是依照斗争法则而获得的。人类的半人祖先，就像其亲缘关系相近的动物——四手类那样，几乎肯定也是这样变异的；由于未开化人现在依然为了占有妇女而进行争斗，一种相似的选择过程大概或多或少地一直延续到今天。低等动物雄者所固有的其他特性，如鲜明的体色以及各种装饰物，乃是由于雌者挑选她们所喜爱的魅力较大的雄者而获得的。然而也有例外的情形，即雄者选择雌者，而不是被雌者所选择。根据雌者比雄者的装饰更为高度——她们的装饰特性完全地或者主要地传递给雌性后代，我们便可认识上述那种情形。在人类所属的灵长目中有一个这样的例子，那就是恒河猴。

男人在肉体和精神方面都比女人更加强有力，而且在未开化状态下男人对女人的束缚远远超过任何其他动物的雄者；所以他应该得到选择的权力，就不足为奇了。各地的妇女都会意识到其美貌的价值，当有办法的时候，她们比男人更喜欢用所有种类的装饰物来打扮自己。她们借用雄鸟的羽毛来打扮自己，这是大自然给予雄者的装饰，以便用来取悦于雌者。由于妇女因其美貌而长期受到选择，因此她们的某些连续变异应该完全

---

① 《动物和植物在家养下的变异》，第 2 卷，210—217 页。

② 一位富有才华的作者主张，从意大利画家拉斐尔（Raphael），荷兰画家鲁宾斯（Rubens）以及近代法国画家们的绘画来看，美的概念即使在欧洲也绝对不同，参阅旁贝特（Bombet）著，《海登和莫扎特的生平》（*Lives of Haydn and Mozart*），英译本，278 页。

传递给同一性别,就没有什么奇怪了;结果是,她们把美貌传递给女性后代的,在程度上应稍高于传递给男性后代的,按照一般的意见,她们这样就会变得比男子更美。然而,妇女肯定要把大多数特性传递给男女后代,其中包括某种美貌在内;所以各个种族的男子按照他们的审美标准,挑选他们所喜爱的魅力较大的妇女,将有助于按照同样方式来改变这个种族的男女。

关于性选择的另一种方式(低等动物实行这种方式的要多得多),即,雌者选择雄者,而且只接受那些最能使她们激动或魅力最强的雄者,我们有理由相信这种性选择的方式以前曾对我们的祖先发生过作用。人类的胡须恐怕还有某些其他性状,多半是从一个古代祖先那里遗传来的,这个祖先由此得到了装饰。但是,这种选择方式可能是在较晚时期偶尔实行的;因为在极端野蛮的部落中,妇女在选择、拒绝和引诱其情人方面,以及此后在更换其丈夫方面,所拥有的权利之大可能超出了我们的预料之外。这一点具有一定的重要性,所以我将详细地举出我所能搜集到的这类证据。

赫恩描述过美洲近北极地方有一个部落的妇女,如何屡屡从她的丈夫那里跑掉去同情人相聚;按照阿扎拉的材料,南美的卡鲁阿人(Charruas)①可以完全自由地离婚。阿比朋人(Abipones)②的男子当选中一个妻子时要同她的父母商定她的身价。但是,"屡屡发生的是,这个女子会取消双亲和新郎达成的协议,顽固地拒绝这个婚事"。她常常跑走,隐匿起来,以逃避新郎。马斯特斯(Musters)上尉曾同巴塔戈尼亚人一齐生活过,他说,他们的婚姻永远是根据个人意愿来决定的;"如果双亲所许的婚事同女儿的意愿相违背,她就会加以拒绝,决不被迫去服从"。在火地岛,一个青年男子先要给女方的父母做些事情以求得他们的同意,这时他就试着把女子带走;"但如果她不愿意,她就躲藏在森林之中,直至求婚者倦于寻找而后已;不过这种情形很少发生"。在斐济群岛,男子真正地或假装地用武力去占有他要使其作为妻子的妇女;但是"当到达这位劫持者的家中时,如果她不赞同结婚,她即跑到能够保护她的某位人士那里;如果她满意了,就可立刻成婚"。关于蒙古人,新娘和新郎按照规定要进行一场竞跑,而且新娘公平地先起跑;"克拉克肯定地说道,除非她对追逐者有所爱好,就不会发生女子被捉到的情况"。在马来群岛的野蛮部落中,也有竞跑求婚的;卢伯克爵士说,根据包林(Bourien)的记载,"'竞跑并非迅速者获胜,战斗也并非强者获胜',胜利归于能够取悦新娘的运气好的青年"。亚洲东北部的高拉克人(Koraks)盛行一种相似的风俗,其结果亦相同。

再来看看非洲:卡菲尔人有买妻的习俗,如果女子不愿接受父亲为其择定的丈夫,就要受到父亲的毒打;但是,根据斯库特尔牧师所举出的许多事实来看,那里的女子显然还有相当的选择权利。这样,很丑的男人,虽然富有,据知也找不到妻子。当女子同意订婚之前,她要迫使男子先从前方、然后从后方来显示自己,而且还要他们"表演步态"。据知她们也向男子求婚,而且同心爱的情人一齐逃走的并不罕见。再者,莱斯利先生非常了解卡菲尔人的情况,他说:"如果想象那里的父亲在出卖女儿时,其方式就像处理一头母牛那样,而且拥有同样的权威,那将是一个错误。"

---

① 印第安人的一个部落,在哥伦布以前的时代,他们分布在乌拉圭一带。——译者注
② 居住在巴拉圭平原上的一个部落,现已成为说西班牙语的混血儿。——译者注

在衰退的南非布西门人(Bushman)中，"当一个女子达到成年而尚未订婚时(这并不常见)，她的情人必须取得她的同意，也要取得她父母的同意，才能成婚"。[①] 温伍德·里德先生为我做过有关西非黑人的调查，他告诉我说："那里的妇女得到她们所愿嫁给的丈夫并不困难，至少比较聪明的沛根部落(Pagan tribes)是如此，但向男子求婚被看做是不符合女人身份的。她们完全能够恋爱，显示温柔、热烈而忠实情感。"关于这种情形，还可举出另外一些例子。

由此可以看出，并非像常常设想的那样，未开化人的妇女在婚姻方面是完全处于屈从地位的。无论在婚前或婚后，她们可以诱惑所喜爱的男人，而且有时可以拒绝她们讨厌的男人。妇女的这种选择如果稳定地朝着任何一个方向发生作用，最终就会影响这个部落的特征；因为妇女不仅按照她们的审美标准一般选择漂亮的男人，而且选择那些同时最能保卫和养活她们的男人。这样禀赋良好的配偶比禀赋较差的，通常能养育较多数量的后代。如果男女双方都实行这种选择，显然会以更加显著的方式产生同样结果；这就是说，魅力较大的而且力量较强的男人喜爱魅力较大的女人，而且被后者所喜爱。这种双重的选择方式似乎实际发生过，尤其是在我们悠久历史的最古时期更加如此。

现在我们稍微仔细地考察一下区分若干人类种族以及区分人类种族和较低等动物的某些特性，即：体毛的多少缺如以及皮肤的颜色。

关于不同种族在面貌和头骨形状方面的巨大多样性，我们没有必要再说什么了，因为我们在前一章已经看到对这些方面的审美标准是何等不同。因此，这等特性大概会受到性选择的作用；但我们无法判断这种作用主要来自男方，抑或来自女方。人类的音乐才能也同样被讨论过了。

体毛的缺如以及面毛和头发的发育

根据人类胎儿的柔毛、即胎毛，并且根据在成熟期散布于身体各部的残迹毛，我们可以推论人类是从生下来就有毛而且终生如是的某种动物传下来的。毛的消失对人类来说是不方便的，而且可能是有害的，甚至在炎热气候的情况下也是如此，因为人类这样就会暴露在太阳的灼热以及骤然寒冷之中，在多雨的天气里更加如此。正如华莱士先生所提出的，所有地方的土人都喜欢用某种轻的覆盖物把裸露的背部和肩部保护起来。没有人设想皮肤的无毛对人类有任何直接的利益；因此，人类体毛的消失不会是通过自然选

---

① 阿扎拉，《游记》，第 2 卷，23 页。多布瑞热弗尔(Dobrizhoffer)，《关于阿比朋人的记载》(*An Account of the Abipones*)，第 2 卷，1822 年，207 页。玛司特斯船长，《皇家地理学会会报》(*Proc. R. Geograph. Soc.*)，第 15 卷，47 页。威廉斯(Williams)关于斐济岛民的叙述，卢伯克引用，见《文化的起源》，1870 年，79 页。关于火地人，金和菲茨罗伊(King and Fitzroy)，《探险号和贝格尔号航行记》(*Voyages of the Adventure and Beagle*)，第 2 卷，1839 年，182 页。关于蒙古人，伦南在《原始婚姻》中的引文，1865 年，32 页。关于马来人，卢伯克，同前书，76 页。舒特(Shooter)牧师，《关于卡菲尔人和纳塔尔人》(*On the Kafirs and Natals*)，1857 年，52—60 页。莱斯利先生，《卡菲尔人的特性和风俗》(*Kafir Character and Customs*)，1871 年 4 月。关于布西门人，伯切尔，《南非游记》，第 2 卷，1824 年，59 页。关于高拉克人，韦克先生在《人类学》(1873 年 10 月，75 页)中引用麦克肯南(McKenan)之说。

择而实现的。[①] 正如以前一章所阐明的,我们没有任何证据可以阐明这是由于气候的直接作用而发生的,而且这也不是相关发育的结果。

体毛的缺如在某种程度上是一种第二性征;因为世界一切地方的妇女都比男子少毛。因此我们可以合理地设想这种性状乃是通过性选择获得的。我们知道有几个猴的物种,其面部无毛,另有几个物种的臀部的大片表面无毛;我们可以稳妥地把这一点归因于性选择,因为这等表面不仅颜色鲜明,而且像雄西非山魈和雌恒河猴那样,某一性别的这种颜色比另一性别的要鲜明得多,特别在繁殖期间尤其如此。巴特利特先生告诉我说,当这等动物逐渐到达成熟时,这等无毛表面在同身体大小的相比下要变得大些。然而,毛的消除似乎并非为了裸的缘故,而是为了可以更加充分地显示那一块皮肤的颜色。再者,有许多鸟类,其头部和颈部的羽毛好像通过性选择被拔掉了,借以表现其颜色鲜明的皮肤。

由于妇女的体毛比男子的为少,而且由于这一性状是一切种族所共有的,我们可以断言,最初失去毛的乃是我们半人的女祖先,并且这在若干种族从一个共同祖先分歧出来之前的极其遥远的古代就发生了。当我们女祖先逐渐获得这种新的无毛性状时,她们一定把这种性状几乎同等地传递给幼小的男女后代,所以这种性状的传递,就像许多哺乳类和鸟类的装饰物那样,既不受性别的限制,也不受年龄的限制。我们类猿的祖先把毛的局部消失视为一种装饰,并不奇怪,因为我们已经看到所有种类的动物把大量的奇异性状视为装饰,而且结果是通过性选择得到了这等性状。同时这样会获得稍微有害的性状也不奇怪;因为我们知道某些鸟类的羽饰以及某些公鹿的角就是如此。

在以前一章中曾提到,有些类人猿的雌者,其体部底面的毛比雄者的略少;这或是毛的消失过程的开始。关于通过性选择来完成这一过程,我们最好记住新西兰的一句谚语,"妇女不嫁多毛的男子"。凡是看过暹罗多毛家庭相片的人,都会承认妇女的异常多毛真是丑得滑稽。暹罗皇帝势必用钱来利诱一个男子去娶一个家族的多毛长女;而且她把这一性状传递给了其男女双方的幼年后代。[②]

有些种族远比其他种族的毛多,尤其男人更加如此;但千万不要假设,比较毛多的种族如欧洲人比毛较少的种族如外蒙古人或美洲印第安人更加完全地保持了他们的原始状态。更加可能的是,前者的多毛乃是由于局部的返祖;因为在某一既往时期长久遗传的性状永远是容易返祖的。我们已经看到,白痴常常是多毛的,而且它们在其他性状上总是容易返归低等动物的模式。容冷的气候在导致这种返祖方面好像没有什么影响;但

---

① 《对自然选择学说的贡献》,1870 年,346 页。华莱士先生相信(350 页),"某种智力支配了或决定了人类的发展";他认为皮肤的无毛状态应归属于这个问题之下。斯特宾(Stebbing)在评论这一观点时说道(《德文郡科学协会会报》,1870 年),如果华莱士先生"没有用其敏锐的眼光来观察人类无毛皮肤这一问题,那么他大概会看到对无毛皮肤的选择可能是通过这种至美或健康所必需的非常清洁"。

② 《动物和植物在家养下的变异》,第 2 卷,1868 年,327 页。

在美国生活了几代的黑人①以及在日本列岛的北部诸岛居住的虾夷人可能是例外。不过遗传法则是如此复杂,以致我们很少能理解其作用。如果某些种族的较强多毛性是返祖的结果,不受任何选择形式的抑制,那么它的极端变异性即使在同一种族的范围内也就不值得加以注意了。②

关于人类的胡须,如果求助于我们的最好向导——四手类,我们就可看到许多物种雌雄二者的胡须是同等发达的,但有些物种仅限于雄者有胡须,或者其胡须比雌者的更为发达。根据这一事实,并且根据许多猴类头毛的奇特排列及其鲜明颜色,正如以前所解释的,非常可能是雄者最先通过性选择获得了它们的胡须作为装饰,并在大多数场合中把胡须同等地或差不多同等地传递给男女后代。根据埃舍里希特(Eschricht)的材料③,我们知道人类的男女胎儿在面部、特别在嘴的周围生有很多毛;这暗示着我们是从雌雄双方均有胡须的祖先传下来的。因此,最初看来,男人可能从很古时期以来就有胡须,而且女人在其体毛差不多完全失去的同时也失去了其胡须。甚至我们胡须的颜色似乎也是由类猿祖先遗传下来的;因为,如果头须和胡须的色调有任何差异的话,在所有猴类以及人类中总是胡须的颜色较淡。在四手类中,如果雄者的胡须大于雌者的,前者的胡须只是在成熟期才充分发育,恰好人类亦复如此;人类所保持的可能只是较晚的发育阶段。与人类从古代就保持胡须这一观点相反的是在不同种族、甚至在同一种族中胡须巨大变异性的事实;因为这暗示着返祖——长久亡失的性状在重现时很容易变异。

我们千万不要忽视性选择在较晚时期所起的作用;因为我们知道,关于未开化人,无须种族的男子把胡须视为可憎,煞费苦心地把脸上每一根毛都拔掉,而有须种族的男子对他的胡须则感到最大骄傲。毫无疑问,妇女也有这种感情,倘如此,则性选择在较晚时期几乎不会不发生一些作用的。长期不断的拔毛习惯可能产生遗传的效果。布朗-塞奎(Brown-Séquard)博士已经阐明,以一种特殊方法对某些动物实行手术,它们的后代会受到影响。还可举出进一步的证据来证明切断手术的遗传效果;不过沙尔文(Salvin)先生④最近确定的一个事实同现在这个问题有更直接的关系;因为他曾阐明,摩特鸟习惯地把两支中央尾羽的羽支咬掉,于是这两支尾羽的羽支天然地缩小了。⑤ 至于许多种族的头

① 古尔德,《关于美国士兵的军事学和人类学的统计之研究》,1869 年,568 页:——当 2129 名黑人以及有色人种士兵入浴时,曾对他们体毛的多少进行过细致的观察;粗略地看一下已发表的表格,就可知道"白人和黑人在这方面如果有任何差异的话,显然也是微乎其微的"。然而,黑人在其非洲本土热得多的地方,他们的体部是显著无毛的。应该特别注意到纯种黑人和黑白混血儿均列入上述数字之中;这是一件不适当的事情,因为,根据一项原理——我在他处已经证实了它的正确性,人类的杂交种族显著容易返归其早期类猿祖先的原始多毛性状。

② 本书中受到最大反对的观点即为,关于人类毛的消失乃是通过性选择的上述说明[例如,参阅施彭格尔(Spengel),《达尔文主义的发展》(Die Fortschritte des Darminismus),1874 年,80 页];但是,同一些事实相比,没有一个反对的论点在我看来是有很大分量的,这些事实表明在人类以及某些四手类中皮肤无毛在一定程度上是一种第二性征。

③ 《论人类体部的无毛》(Ueber die Richtung der Haare am Menschlichen Körper),见米勒的《解剖学和生理学文献集》(Archiv für Anat. und Phys.),1837 年,40 页。

④ 关于翠鸿(Momotus)的尾羽,见《动物学会会报》,1873 年,429 页。

⑤ 斯普罗特(Sproat)先生提出过同样的观点,见《未开化人生活的景象及其研究》(Scenes and Studies of Savage Life),1868 年,25 页。有些人种学者相信头骨的人工改变倾向于遗传,日内瓦的戈斯即为其中的一人。

发怎样发达到现在这样的巨大长度,还难以形成任何判断。埃舍里希特说[1],人类胎儿的面毛在第五个月的时候比头发长;这表明我们的半人祖先不具长发,所以长发一定是后来获得的。不同种族的头发长度有巨大差异,这同样也表明了上述情况;黑人的头发犹如卷毛的绒毯;欧洲人的头发很长,而美洲土人的头发触及地面者并不罕见。瘦猴属一些物种的头发长度中等,这大概作为装饰之用,而且是通过性选择获得的。同样的观点恐怕可以引申到人类,因为我们知道,无论现在和以往,长发都受到特别赞美,在几乎每一位诗人的作品中都可能看到这一点,圣保罗说:"妇人有长发,乃彼之荣耀";而且我们已经看到,在北美,一个人被选为酋长完全是因为他有长发的缘故。

皮肤的颜色

关于人类的皮肤颜色通过性选择发生变异的最好证据尚不多见;因为在大多数种族中男女在这方面没有差异,在另外一些种族中,正如我们已经看到的,仅有轻微的差异。然而,我们根据已经举出的许多事实得知,所有种族的男子都把皮肤的颜色视为美的高度重要的组成部分;所以它很可能是一种通过性选择而发生变异的性状,许多低于人类的动物所发生的大量事例正是如此。如果说黑人的乌黑发亮的肤色大概是通过性选择获得的,乍看起来,这似乎是一种奇怪的设想;但这一观点得到了各种类似情况的支持,而且我们知道黑人赞美他们自己的肤色。关于哺乳动物,如果雌雄在颜色方面有所差别的话,往往雄者是黑的,或者比雌者的颜色暗多;这种颜色或任何其他颜色究竟向雌雄双方传递或只向一方传递,仅仅决定于遗传形式。僧面猴(*Pithecia Satanas*)具有乌黑发亮的皮肤、滚滚转动的白色眼球以及头顶的分开的头发,俨然是黑人的雏形,其状显得滑稽。

各种猴的面部颜色的差别比人类各个种族的这种差别大得多;我们有某种理由可以相信,它们皮肤的红色、青色、橙色、接近白色和黑色,甚至雌雄二者都呈现这等颜色,都是通过性选择获得的,此外,皮毛的鲜明颜色以及头部的装饰性簇毛也是如此。由于生长期间的发育顺序一般表明一个物种的诸性状在以前各代中发育和变异的顺序;而且由于人类各个种族新生婴儿虽然完全无毛,他们的肤色差别并不像成年人那样大,所以我们还有某种微小的证据可以证明不同种族的肤色是在毛的消失之后获得的,而毛的消失一定是在人类历史的很古时期。

提　要

我们可以断言,同女人相比,男人的体格、力气、勇气、好斗性以及精力均较大,这些都是在原始时代获得的,而且此后主要通过男人为了占有女人所进行的斗争而增大了。男子较强的智力和发明力大概是由于自然选择的作用,而且结合着习性的遗传效果,因为最有才干的男子们将会最成功地保卫自己以及妻子儿女。就我们对这个极其错综复

---

[1] 《论人类身体的无毛》,40 页。

杂问题所能作出的判断来说，看来人类的男性似猿祖先获得他们的胡须似乎是作为一种装饰以魅惑或刺激女人，而且这种性状只向男性后代传递。女人最初失去她们的体毛显然也是作为一种性的装饰；不过她们把这种性状几乎同等地传递给男女双方。女人在其他方面为了同一目的和按照同一方式发生变异并不是不可能的；所以女人获得了比较甜蜜的声音，而且比男人漂亮。

值得注意的是，就人类来说，在许多方面适于性选择的条件，在很古时期——当人类刚刚达到人的状态时——比在较晚时期更加有利得多。正如我们可以稳妥地作出的结论，这是因为那时的人类更多受到本能的情欲所支配，较少受到预见或理智所指引。他将以嫉妒之心去监视他的妻子或妻子们。他不实行杀婴；不把他的妻子们看做有用的奴隶；也不在婴儿时期就实行订婚。因此，我们可以推论，仅就性选择来说，人类种族的分化主要是在远古时代；这个结论对下述值得注意的一个事实提供了说明，即：在有史的极古时代人类种族之间的差异已经差不多或者完全和今天一样了。

关于性选择在人类历史中所起的作用，已在这里摆出了一些观点，不过这些观点还缺少科学的精确性。凡不承认在低于人类的动物场合中也有这种作用的人将会无视我在本书第三部分中所写的有关人类的一切。我们无法肯定地说，这一性状如此变异了，而那一性状并未如此变异；然而已经阐明，人类种族彼此之间以及和其亲缘关系最近的动物之间在某些性状上有所差别，而这些性状就他们的日常生活习性来说并无用处，而且极其可能是通过性选择发生变异的。我们已经看到，各个未开化部落的人们都赞美其自己的特征——头和脸的形状，颧骨的方形，鼻的隆起或低平，皮肤的颜色，头发的长度，面毛和体毛的缺如，以及大胡子等等。因此，这等性状以及其他这样的性状都是缓慢而逐渐扩大的，它们的扩大乃是由于各个部落中比较强有力而且比较有才干的男子成功地养育了最大数量的这等后代，并且选择了特征最强烈的，因而魅力最大的妇女作为他们的妻子。在我来说，我可断言，导致人类种族之间在外貌上有所差别的所有原因，以及人类和低于人类的动物之间在某种程度上有所差别的所有原因，其中最有效的乃是性选择。

第二十一章　全书提要和结论

人类起源于某一较低类型的主要结论——发展的方式——人类的系谱——智能和道德官能——性选择——结束语

简短的提要足可以引起读者们对本书一些比较突出之点进行回忆。在已经提出的诸观点中，有许多是高度推测的，无疑还有些将被证明是错误的；但是，我在每一个场合中都举出了导致我为什么主张这一观点而不主张另一观点的理由。关于进化原理对人类自然史中的一些比较复杂问题究竟能解释到怎样程度，似乎值得试着在这里讨论一下。虚假的事实对科学进步的危害极大，因为它们往往持续长久；但受到某种证据支持的虚假观点则为害很小，因为每一个人都乐于证明它的虚假性，这是有益的：当这样做之后，则通向错误的那一条路被关闭了，而通向真理的那一条路便往往同时敞开了。

这里所得到的主要结论是，人类起源于某种体制较低的类型，这一结论现在已得到了许多有正确判断能力的博物学者们的支持。这一结论的根据决不会动摇，因为人类和较低等动物之间在胚胎发育方面的密切相似，以及它们在构造和体质——无论是高度重要的，还是最不重要的——的无数之点上的密切相似，还有，人类所保持的残迹（退化）器官，他们不时发生畸形返祖的倾向，都是一些无可争辩的事实。这等事实久已为人所知，但直到最近，它们对人类的起源并没有提供什么说明。现在当使用我们对整个生物界的知识来进行观察的时候，这等事实的意义就清清楚楚了。如果把这等事实同其他事实联系起来加以考虑，例如，同一类群的诸成员之间的相互亲缘关系，他们在过去和现在的地理分布，以及他们在地质上的演替，那么，伟大的进化原理就可以明确而坚定地站得住了。如果以为所有这等事实都被说错了，那是不可令人相信的。一个人如果不像未开化人那样满足于把自然现象看做是不相联系的，他就不会再相信人类是分别创造作用的产物。他将被迫承认，人的胚胎同狗的胚胎密切相似——人的头骨、四肢以及整个构造同其他哺乳动物这等部分的设计是相同的，不管这等部分的用途如何，都是如此——不时重现各种构造，例如人类不正常具有的、而为四手类所共有的几块肌肉的重现——所有这些点都以最明确的方式引出了下述结论，即：人类和其他哺乳动物乃是一个共同祖先的同系后裔。

我们已经看到，人类在身体的一切部分以及在心理官能上不断地表现个体差异。这等差异或变异就像在低于人类的动物场合中那样，似乎都是从相同的一般原因诱发的，而且都是服从相同的法则。相似的遗传法则适用于上述双方。人类增加速度有大于食物增加速度的倾向；结果他们就要不时地陷入剧烈生存斗争之中，而自然选择就会在它所及的范围内发生作用。对自然选择的工作来说，连续而强烈显著的相似变异决不是必需的；个体中轻微而彷徨的变异就足够了；我们没有任何理由可以设想同一物种体制的一切部分有同样程度地发生变异的倾向。我们可以肯定的是，身体各部分长期连续的使用或不使用的遗传效果将会按照自然选择的同一方向发挥重大作用。已往具有重要性的变异，现在虽然没有任何特殊用途，还是长久遗传的。当某一部分发生变异时，其他一些部分就会按照相关原理发生变化，关于这一点，我们可以举出许多奇妙的相关畸形来说明。多少可以归因于周围生活条件如丰富食物、炎热或潮湿的直接而一定的作用；最后，生理上不很重要的许多性状，以及生理上确很重要的一些性状，都是通过性选择获得的。

毫无疑问，人类以及其他各种动物还具有这样一些构造，按照我们有限的知识来看，它们无论现在或以往对一般的生活条件或两性关系都没有任何用处。这等构造都不能由任何形式的选择或身体各部分使用和不使用的遗传效果得到解释。我们知道，家养的动物和植物偶然在构造上出现许多奇异而强烈显著的特性，如果它们的未知原因更加一致地发生作用，这等特性大概会为这个物种的一切个体所共有。关于这等偶然变异的原因，我们可以希望今后会多少有所理解，尤其是通过对畸形的研究，更可以如此：因此，实验工作者们的劳动，如卡米尔·达列斯特（M. Camille Dareste）的，将来都大有希望。总之，我们所能说的仅是，导致各个轻微变异和各个畸形的原因，由于生物体质的要远远超过由于周围条件的性质；虽然变化了的新条件在激发许多种类的生物变化上肯定会起重要的作用。

通过上述方法，恐怕还要借助于其他未发现的原因，人类才会上升到今天这样的地位。但是，自从人类达到人的等级以后，人类就分歧为不同的种族（races），更适当地可以称为"亚种"（sub species）。有些种族，如黑人和欧洲人，如此截然不同，以致如果把他们的标本带给一个博物学者去看而不进一步给予说明，毫无疑问这位博物学者将把他们视为十全十美的真正物种。尽管如此，所有种族在非常多的不重要细微构造上以及在非常多的心理特性上还是彼此一致的，以致只有根据从一个共同祖先遗传的道理，这等构造和特性才能得到解释；而一个具有这样特征的祖先大概值得列入人的等级的。

千万不要设想，每一种族同其他种族的歧异，以及所有种族同一个共同祖先的歧异，都可以向后追溯到任何一对祖先配偶。反之，在变异过程的每一阶段，无论在什么方面能够更好地适应它们生活条件的所有个体，虽然其程度有所不同，都比适应较差的个体能够存活下来的数量较大。人类并非有意识地选择家畜的特殊个体，而是用所有优秀的个体进行繁育，遗弃那些低劣者，人类的变异过程也与此相像。这样，人类就会缓慢而稳定地改变其种族，并且无意识地形成一个新族系。至于不是由于选择获得的变异，而是由于有机体性质和周围条件作用或生活习性变化获得的变异，没有任何一对配偶的改变大于在同一地方居住的其他配偶的改变，因为所有个体通过自由杂交将不断地混合在一起。

根据人类的胚胎构造——人类和低于人类的动物的同源器官——人类所保留的残迹（退化）器官——返祖的倾向，我们便能想象到我们早期祖先的往昔状态；并且能够大致地把他们放在动物系列中的适当地位。于是，我们可以知道人类起源于一个身体多毛的、有尾的四足兽，大概具有树栖的习性，是居住在旧世界中的。如果一位博物学者对这种动物加以检查，大概会把它分类在四手目中，其确切程度正如把旧世界和新世界猴类的更古祖先分类在这一目中一样。四手目和所有其他高等哺乳动物大概来自一种古代的有袋动物,有袋动物经过一长系列的形态分歧,来自某一与两栖类相似的动物,而这种动物又来自某一与鱼类相似的动物。我们可以看到,在朦胧的过去,所有脊椎动物的早期祖先一定是一种水生动物,有鳃,雌雄同体,而且其身体的最重要器官(如脑和心脏)是不完全的或是完全不发达的。这种动物同现存海鞘类(Ascidians)的相像,似乎胜于同任何其他已知类型的相像。

当我们作出有关人类起源的这样结论之后,最大的难题便是人类的智力和道德倾向何以达到如此高的标准。不过,凡是承认进化原理的每一个人都必须看到,高等动物同人类的心理能力,虽然程度非常不同,但性质无异,是能够进步的。例如,在某一高等猿类和某一鱼类之间或一种蚂蚁和介壳虫(Scale-insect)之间心理能力的间隔是巨大的;然而它们的发展并没有任何特别困难;因为,就我们的家养动物来说,心理官能肯定是可变异的,而且这种变异是遗传的。谁也不会怀疑心理能力对自然状况下的动物具有极度重要性。因此,外界条件对心理能力通过自然选择的发展是起促进作用的。同样的结论可以引申到人类;智力对人类一定是高度重要的,甚至在很古时代也是如此,它能使人类发明和使用语言,制造武器、器具、陷阱等等,在其社会的习性帮助下,人类很久以前就成为一切生物的最高支配者。

一旦半技术和半本能的语言被运用之后,智力的发展紧跟着就阔步前进了;因为,语言的连续使用将对脑发生作用,并产生一种遗传效果;反过来这又会对语言的进步发生作用。昌西·赖特(Chauncey Wright)说得好,[1]同低于人类的动物相比,人脑按其身体的比例来说是大的,这种情形主要应归因于某种简单形式的语言之早期使用——语言是一种不可思议的机器,它能给各种物体和各种性质做上记号,并引起思想的连锁;单凭感觉的印象,思想连锁决不能发生,即使发生也不能进行到底。人类的较高智力,如推理(ratiocination)、抽象作用(abstraction)、自我意识(self-consciousness)等等,大概都是因其他心理官能的不断改进和运用而产生的。

道德属性(moral qualities)的发展是一个更加有趣的问题。其基础建筑在社会本能之上,在社会的本能这一名词中含有家庭纽带的意义。这等本能是高度复杂的,在低于人类的动物场合中,有进行某些一定活动的特别倾向;但其更重要的组成部分还是爱,以及明确的同情感。赋有社会本能的动物乐于彼此合群,彼此警告危险,以及用许多方法彼此互保和互助。这等本能并不扩展到同一物种的一切个体,而只扩展到同一群落的那些个体。由于这等本能对物种高度有利,所以它们完全可能是通过自然选择而被获得的。

有道德的生物能够反省其过去的行为和动机——能够赞同这个、反对那个;人之所以值得称为人者,即在于人类和低于人类的动物之间的这种最大区别。但是,我曾在第四章试图阐明,道德观念(moral sense)起源于:第一,社会本能的持续和恒久存在;第二,人类懂得同群诸人的称赞和非难;第三,人类心理官能的高度活动以及对过去的印象鲜明,而且人类同低于人类的动物的区别即在于后面这几点。由于这种精神状态,人类不

---

① 《论自然选择的范围》(*On the Limits of Natural Selection*),见《北美评论》,1870 年 10 月,295 页。

可避免地要瞻前顾后,并把过去的印象加以比较。因此,当某种暂时的欲望和激情抑制了其社会本能之后,一个人就要反省对这种过去冲动的现已减弱的印象,并把这等印象同恒久存在的社会本能加以比较;于是他感到不满,这是所有不满的本能留给他的,所以他决定将来不再有这样行为——这就叫做良知。任何一种本能如果永久地强于另一种本能,而且持续较长,这种本能就会引起我们用语言来表达的"应该遵从它"的那种感情。一只向导狗如果能够反省其过去行为,它大概会对自己说,我应该(恰如我们说给它的那样)示明那只山兔的所在,而不应屈从于一时的诱惑去猎捕它。

社会性的动物局部地受到一种愿望所驱使,这就是以一般方式对其同群成员进行帮助的愿望,但更为普通的是履行某些一定的行为。人类同样也被帮助其同伙的一般愿望所驱使;但只有很少特别为此的本能,或者根本没有这种本能。人类和低于人类的动物之间的区别还在于前者有用语言表达自己愿望的能力,这就成为需要帮助和给予帮助的引导。人类给予帮助的动机同样也发生了重大改变:它已不再单纯是盲目的本能冲动了,而是大大地受到其同伙的称赞或谴责的影响。对称赞和谴责的鉴别以及称赞和谴责的给予都是建立在同情之上的;正如我们已经看到的,这种情绪是社会本能的最重要组成部分。同情虽然是作为一种本能被获得的,还是由于使用或习性而大大被加强了。由于所有的人都希望有自己的幸福,所以对行为和动机所给予的称赞或谴责都是以它们能否导致幸福这一目的来决定的,由于幸福是公共利益的一个重要部分,所以最大幸福原理就会作为是非的基本稳妥标准而间接地发生作用。由于推理能力的进展以及经验的获得,就会察觉到某种一系列行为对个人性格以及公共利益所发生的更为遥远的作用;于是自尊的美德就会放在舆论范围之中而受到称赞,反是者就要受到谴责。但就文明较低的诸民族来说,理性常常出现错误,许多坏风俗和愚蠢的迷信也会放在同样的舆论范围之中,于是这等风俗和迷信就作为高度的美德而受到尊重,违反它们就罪莫大焉。

一般认为道德官能比智力具有更高的价值,这种看法是正当的。但是,我们应该记住,在鲜明地回忆过去的印象时,心理活动乃是良知的根本的、虽是第二性的基础。这就提供了一个最强有力的论据,表明每一个人的智能都是通过各种可能的途径受到教育和激发的。毫无疑问,一个心理迟钝的人,如果他的社会感情和同情心十分发达的话,也会被引导有良好的行为,而且可以有相当敏锐的良知。但是,无论什么情况,只要能使想象更为鲜明并使回忆和比较过去印象的习性加强,就会使良知更加敏锐,甚至多少可以对衰弱的社会感情和同情心有所补偿。

人类的道德本性之所以能够达到今天这样的标准,部分是由于推理能力的进步,因而引起公正舆论的进步,特别是由于通过习性、范例、教育以及反省,他的同情心变得更加敏感而且广泛普及。美德的倾向经过长期实践之后并不是不可能遗传的。就文明较高的种族来说,笃信一位无所不察的神的存在,对道德的向上具有重大影响。虽然很少人能够逃脱同伙褒贬的影响,但最后人类还是不会以褒贬作为他的唯一指针,而是受到理性支配的习惯信仰为他提供了最稳妥的准则。于是他的良知便成为最高的判断者和告诫者。尽管如此,道德观念的最初基础或起源还是在于包括同情心在内的社会本能;这等本能就像在低于人类的动物场合中那样,最初无疑是通过自然选择而被获得的。

常常有人提出，信仰上帝不仅是人类和低于人类的动物之间的最大区别，而且是最完全的区别。然而，正如我们已经看到的，不可能主张人类的这种信仰是天生的或本能的。另一方面，对无所不在的精灵力量的信仰似乎是普遍的；显然这是来自人类理性的相当进步，而且是来自人类想象、好奇和惊异的官能的更大进步。我知道这种假定的对上帝的本能信仰曾被许多人用做一个论据来表明上帝的存在。但以此作为论据未免轻率，倘如此，我们就要被迫去相信许多仅仅比人类力量稍大的残忍而恶毒的精灵的存在；因为对精灵的信仰远比对慈悲的神的信仰更为普遍。直到人类经过长期不断的文化陶冶而被提高其地位之后，人类的思想中似乎才发生了一个万能而慈悲的造物主的观念。

一个人如果相信人类是从某一低等生物类型发展而来的，他自然要问这种信念同灵魂不灭的信念何以相容。正如卢伯克爵士已经阐明的，人类的野蛮种族并不具有明显的这种信念；刚才我们已经看到，从未开化人原始信仰得出的那些论据是没有多大用处的，或者根本没有用处。在从一个微小胚泡（germinal vesicle）的痕迹开始的个体发展过程中，不可能决定在什么确定的时期人类才变为一种不朽的生物，对此很少人感到不安；而在逐渐上升的生物等级中、即在系统发展的过程中也不可能决定这样的时期，对此就更没有感到不安的理由了。[①]

我知道，本书所得出的结论将会被某些人斥为非常反对宗教的；但斥责者不得不阐明，以人类作为一个独特物种通过变异和自然选择的法则发生于某一较低类型来解释人类的起源，为什么比按照普通的繁殖法则来解释个体的产生更为反对宗教呢。物种的产生和个体的产生，都是伟大生命事件发生次序中的相等部分，我们的头脑拒绝承认这是盲目的偶然结果。无论我们能否相信构造的每一个轻微变异——每一对配偶的婚姻结合——每一粒种子的散布——以及其他这等事件全是由神来决定去服从于某一特殊目的的，但理智同这种结论是不相容的。

本书对性选择进行了详细的讨论；因为，正如我试图阐明的，性选择在生物界的历史中起了重要的作用。我知道还有许多情形存在着疑问，但我已就全部情况尽力提出一个公平的观点。在动物界的较低部门中，性选择似乎没有什么作用：这等动物往往终生固定于同一个地点或是雌雄同体，更加重要的是，它们知觉力和智力还没有足够的进步，以表现爱和嫉妒的感情，或实行选择对象。然而，当进至节肢动物和脊椎动物这二个大"门"时，甚至在它们最低等的纲中，性选择也发挥了很大作用。

在动物界几个大的纲中——哺乳类、鸟类、爬行类、鱼类、昆虫类，甚至甲壳类——雌雄之间基本按照同样的规律而有所差异。雄者几乎永远是求偶者；唯独它们具有特殊的武器，用来同其竞争对手进行战斗。它们一般比雌者更加强有力而且更加体大，并且赋有勇气和好斗这等必需的品质。声乐器官或器乐器官以及散发气味的腺体，不是为它们所专有就是比雌者的更加高度发达。它们具有各式各样的附器以及最鲜艳的或惹起注目的颜色，这等颜色往往是以优雅的样式来排列的，而雌者却无所装饰。当雌雄二者在更重要的构造上有所差异时，正是雄者具有特殊的感觉器官以发现雌者，具有运动器官

[①] 皮克顿（J. A. Picton）对这个效果给予他的见解：《新理论和旧信仰》（*New Theories and the Old Faith*），1870年。

以达到雌者的所在,而且常常具有抱握器官以抓住雌者。雄者的这种种媚惑或招致雌者的构造常常只在每年的某一时期、即在繁殖季节才发达。在许多场合中,这等构造或多或少地传给了雌者;倘如此,它们在雌者身上仅表现为残迹。当雄者被去势之后,这等构造即行消失或决不出现。一般的,它们在雄者的幼小时期不发达,而是在达到生殖年龄之前不久才出现。因此,在大多数场合中,幼小的雌雄二者彼此相像;而且雌者终生同其幼小后代多少相像。几乎在每一个大"纲"中都有少数反常现象发生,这时雌雄二者所固有的性状差不多完全互换位置;雌者呈现雄者所固有的性状。在如此众多的和远隔的诸纲中,雌雄二者之间的差异受到了异常一致的法则所支配,如果我们承认一个共同的原因、即性选择在起作用,这种情形就是可以理解的了。

性选择决定于同一性别的某些个体胜过其他个体,这与物种繁殖有关;而自然选择决定于雌雄双方的成功,不问其年龄如何,这与一般的生活条件有关。性的争斗有两种;一是同一性别(一般为雄者)的个体之间的斗争,以便赶走或弄死其竞争对手,而雌者则处于被动地位;另一种斗争同样也是在同一性别的个体之间进行的,以便刺激或媚惑异性(一般是雌者),这时雌者不再处于被动地位,而是选择更合意的配偶。后面这种选择同人类对家养生物的选择密切相似,人类进行这种选择是无意识的,却是有效的,他在悠久的期间内保存了最合意的或最有用的个体,而没有改变这个品种的任何要求。

任何一种性别通过性选择所获得的性状究竟传递给同一性别还是传递给雌雄双方,以及这等性状在什么年龄才发育,均由遗传法则决定之。在生命晚期发生的变异似乎普通只向同一性别传递。变异性是选择作用所必需的基础,变异性同选择完全没有关系。由此而来的是,具有同样一般性质的变异,与物种繁殖有关者,常常通过性选择而被利用和被积累;与一般生活目的有关者,则通过自然选择而被利用和被积累。因此,次级性征当同等地传递给雌雄双方时,只依据类推方法就能够把它们同物种的普通性状区别开来。通过性选择所获得的变异往往是如此强烈显著,以致雌雄二者屡屡被分类为不同的物种、甚至不同的属。这等强烈显著的差异在某种方式上一定是高度重要的;我们知道,在某些事例中它们的获得不仅招致了不方便,而且还要处于实际的危险之中。

对性选择力量的信念主要是以下述考虑为依据的。一定的性状限于某一性别所专有;仅仅这一事实就很可能说明,在大多数场合中这等性状是同繁殖行为相关联的。大量事例表明,这等性状只在成熟时而且常常只在每年的一部分时期——永远是繁殖季节,才充分发达。雄者在求偶时是比较积极的(除少数例外);它们具有较好的武器,而且在各个方面更富有魅力。特别应该注意的是,雄者在雌者面前精心展示其魅力;除了在求爱季节,它们很少或者决不这样展示。要说这一切都没有目的,乃是不可令人相信的。最后,就某些四足兽和鸟类来说,我们有明显的证据可以证明,某一性别的诸个体对另一性别的一定个体抱有厌恶或偏爱的强烈感情。

如果记住这等事实以及人类对家养动物和栽培植物所实行无意识选择的显著结果,在我看来,几乎肯定的是,如果某一性别的诸个体在一长系列的世代中乐于同另一性别的一定个体相交配——后面这些个体系以某种特殊方式构成其特征的,那么,它们的后代大概会缓慢而肯定地按照这种同样的方式发生变异。我并不试图讳言除非雄者的数量多于雌者或盛行一夫多妻,魅力较强的雄者是否比魅力较弱的雄者能够成功地留下数量较多的后代以承继它们在装饰方面或其他魅力方面的优越性,尚属疑问;但我已经阐明,这大概是由雌者——特别是那些精力较旺盛而且最先繁育的雌者——不仅喜爱魅力较强的、而且同时喜爱精力较旺盛的和获得胜利的雄者所产生的结果。

尽管我们有某种确实的证据可以证明鸟类欣赏鲜明的和美丽的物体,就像澳大利亚的造亭鸟那样,尽管它们肯定欣赏鸣唱的能力,但我对许多鸟类以及某些哺乳动物的雌者赋有足够的审美力以欣赏那些通过性选择所获得的装饰物,还是充分认为令人感到惊讶;在爬行类、鱼类和昆虫类的场合中这种情形尤其令人感到惊讶。但关于低等动物的心理,我们确是一无所知。例如,不能设想雄极乐鸟或雄孔雀在雌者面前如此尽力地竖起、展开以及摆动其美丽羽毛而全无目的。我们应该记住在前一章根据优秀权威所举出的事实:当禁止几只雌孔雀进入一只受到赞美的雄孔雀所在时,她们宁愿全季寡居,而不与另一只雄孔雀配合。

尽管如此,我所知道的博物学中的事实还没有比雌锦雉欣赏雄者翅羽上"球与穴"装饰物的绝妙色调以及优雅的样式更为不可思议的。谁要是认为雄鸟最初就是像现在这样的形态被创造出来的,那么他必须承认它的巨大羽毛是作为一种装饰物赋予它的,这些巨大羽毛阻碍了双翅用于飞行,而且这些巨大羽毛只在求偶期间而不在其他期间以这个物种所完全特有的一种方式进行展示。倘如此,他还要必须承认雌鸟最初被创造时就被赋予了欣赏这等装饰物的能力。我的看法所不同于此者,在于我相信雄锦雉是通过雌者历代以来对比较具有高度装饰的雄者的爱好而逐渐获得了他的美貌;雌者的审美能力是通过实用或习性而提高的,正如我们自己的趣味是逐渐改进的一样。有的雄者由于侥幸的机会保持了少数未变的羽毛,我们在这等羽毛上可以清楚地找到非常简单的斑点,在其一边稍微呈黄褐色调,这等斑点只要跨几小步就可发展成不可思议的"球与穴"装饰物;实际上它们大概就是这样发展起来的。有的人承认进化原理,但对雌性哺乳类、鸟类、爬行类和鱼类能够获得鉴赏雄者美貌的高度能力,而且这种鉴赏能力一般符合于人类的标准,却感到非常难以承认,这些人应该思考一下以下情况,即:一系列脊椎动物的最高等成员以及最低等成员的脑神经细胞都是起源于这一大界(kingdom)的一个共同祖先的脑神经细胞。这样我们就能知道何以会发生这样情形:在各种大不相同的动物类群中某些心理官能系按照差不多同样的方式和差不多同样的程度而发展的。

读者读过讨论性选择的这几章之后,将能判断我所达到的结论在多大程度上可以得到充分证据的支持。如果他接受这些结论,我以为他就可以稳妥地把它们扩大应用于人类;不过关于我刚刚谈过的有关性选择显然作用于人类男女的方式就无须在此重复赘述了,性选择引起了男女在身体和心理上的差别,引起了若干种族彼此在各种不同性状上的差别以及同其古老的、体制低等的祖先的差别。

凡是承认性选择原理的人将被引到一个明显的结论:神经系统不仅支配着身体的大多数现有机能,而且间接地影响某些心理属性以及各种身体构造的向前发展。勇气、好斗性、坚忍性、体力强弱和身体大小,一切种类的武器、音乐器官——无论声乐的或器乐的,鲜明的颜色以及装饰性的附器,所有这些都是由某一性别或另一性别通过选择的实行,通过爱情和嫉妒的影响,通过对声音、颜色或形态之美的欣赏,而间接获得的;这等心理的能力显然决定于脑的发达。

　　人在使其饲养的马、牛和狗进行交配之前,总要细心地检查这些动物的性状及其谱系;但当他自己结婚时,却很少或根本不注意这些。人类高度重视精神魅力和美德,在这方面他虽然远远高出低于人类的动物之上,但人类还是被动物选择对象时的那种同样动机所推动。另一方面,人类会单纯地被对象的财富或地位所吸引。然而人类通过选择不仅对其后代的身体构造和体质会发生一些作用,而且对其智力和道德属性也会发生一些作用。如果男或女的身心在任何显著程度上都是低劣的,他们就应控制自己不结婚;不过这种希望乃是空想,除非遗传法则彻底得到了解之后,甚至局部实现这种希望也是决不会办到的。凡是帮助实现这个目的的人,都有很大贡献。当繁殖和遗传原理得到更好理解时,我们将不会听到我们立法机关的无知人员以轻蔑的态度来否决一个确定血族婚姻是否有害于人类的方案了。

　　人类福利的增进是一个最错综复杂的问题:凡是生下子女而不能避免陷于赤贫的人,都应控制自己不结婚;因为贫穷不仅是一种巨大弊害,如果结婚不顾后果,而且还有使这种弊害增大的倾向。另一方面,正如古尔顿先生所说的,如果轻率者结婚,而谨慎者避免结婚,则社会的低劣成员就会有取代较优成员的倾向。就像每一种其他动物那样,人类之所以能够进步到这样高的地步,无疑是通过迅速增殖所引起的生存斗争而完成的;如果人类更向高处进步,恐怕一定还要继续进行剧烈的斗争。否则人类就要堕入懒惰之中,天赋较高的人在生活斗争中将不会比天赋较低的人获得更大的成功。因此,人类的自然增加率虽可导致许多明显的弊害,但也不会有任何方法把它大大降低。所有的人均应参加公平竞争;不应以法律或习惯来阻止最有才能的人获得最大的成功并养育最大数量的后代。生存斗争过去是、现在依然是重要的,然而仅就人类本性的最高部分而言,还有其他更为重要的力量。这是因为道德品质的进步直接或间接通过习性、推理能力、教育、宗教等效果来完成的,远比通过自然选择来完成的为大;虽然为道德观念的发展提供了基础的社会本能可以稳妥地归因于自然选择的力量。

　　我遗憾地认为,本书得出的主要结论,即:人类起源于某种低等体制的类型,将会使许多人感到非常厌恶。但几乎无可怀疑的是,我们乃是未开化人的后裔。我永远不会忘记第一次看到荒凉而起伏的海岸上的一群火地人时所感到的惊讶,因为我立即想到,这就是我们的祖先。这些人是完全裸体的,周身涂色,长发乱成一团,因激动而口吐白沫,他的表情粗野、惊恐而多疑。他们几乎没有任何技艺,就像野兽那样地生活,捉到什么吃什么;他们没有政府,对不属于自己小部落的每一个人都冷酷无情。当一个人在本地看到一个未开化人时,如果被迫承认在其血管中流有某一更为低等动物的血,将不会引为奇耻大辱。至于我自己,我宁愿是那只有英雄气概的小猴的后裔,它敢于抗拒可怕之敌以保卫其管理人的性命,我也宁愿是那只老狒狒的后裔,它从山上跑下来,从惊慌的群犬中把一只小狒狒胜利地救走,但我不愿是一个未开化人的后裔,他以虐待其敌人为乐趣,他以鲜血淋漓的牺牲来献祭,他实行杀婴而不愧悔,他待妻子如奴隶,他不懂礼仪,而且被粗野的迷信所纠缠。

　　人类达到生物等级的顶峰虽不是由于自己的力量,但对此感到骄傲还是可以原谅的;人类最初并不据有现在这样的地位,而是后来升上去的,这一事实对人类在遥远的未来注定还可以登上更高的地位给予了希望。但我们在这里所关注的并不是对未来的希望或恐惧,我们所关注的只是理性允许我们所能发现的真理;我已经尽我的最大力量提出了有关的证据。然而在我看来,我们必须承认,人类虽然具有一切高尚的品质,对最卑劣者寄予同情,其仁慈不仅及于他人而且及于最低等的生物,其神一般的智慧可以洞察太阳系的运动及其构成——虽然他具有一切这样高贵的能力——但在人类的身体构造上依然打上了永远擦不掉的起源于低等生物的标记。

附 录

关于猴类的性选择

（原载《自然杂志》，1876 年 11 月 2 日出版，第 18 页）

　　我在《人类的由来》一书中讨论性选择时，使我最感兴趣而且最感困惑的事例莫过于某些猴类的臀部及其毗连部分的鲜明颜色了。由于这等部分的颜色在某一性别比在另一性别更为鲜明，而且由于它们在求爱季节变得更加灿烂，所以我断言这种颜色是作为性的吸引力而获得的。我十分清楚，这种说法将使我自己成为笑柄；虽然一只猴子展示其鲜红的臀部，事实上并不比一只孔雀展示其华丽的尾羽更为令人惊奇。可是，关于猴类在求偶期间显示其身体的这一部分，在那时我并没有掌握什么证据；而在鸟类的场合中，这种展示却提供了最好的证据来说明，雄者的这种装饰物对吸引或刺激雌者是有用处的。最近我读过哥达（Gotha）的约翰·冯·菲舍尔（Joh. von Fischer）写的一篇论文，载于《动物园杂志》（1876 年 4 月），其中讨论了猴类在各种不同情绪中的表现，对这个问题有兴趣的人读一读这篇文章是十分值得的，它示明作者是一位细心的、敏锐的观察家。在这篇论文中记载了一只幼小的雄西非山魈，最初站在镜前注视自己的举动，过了一会儿，它转过身去把它的红屁股展示于镜前。为此，我写信给冯菲舍尔先生，询问他对这种奇怪动作的意义有什么设想，他回我两封长信，详细地叙述了新奇的情节，我希望以后予以发表。他说，他最初对上述动作也感到困惑，因此引导他对另外几种猴的若干个体进行了细致观察，这些猴都是长期养在他家中的。他发现，不仅西非山魈（*Cynocephalus mormon*），而且鬼狒（*C. leucophaeus*）、其他三种狒狒（*C. hamadryas, sphinx, babouin*），还有黑犬面狒狒（*C. hamadryas*），以及恒河猴（*Macacus rhesus*）和豚尾猴（*M. nemestrinus*），当高兴时都把身体的这一部分转向他，而且也转向别的人作为一种敬意，所有这些物种的臀部多少都呈现鲜明的颜色。他曾尽力矫正一只恒河猴的这种不雅的习惯，最后还是成功了，这只猴他养过五年。当这些猴遇到一只新来的猴时，特别容易做这种动作，而且同时龇牙咧嘴地嘶叫，不过对它们的老猴友也常常如此；在这种相互展示之后，它们就开始一齐玩耍起来了。那只小西非狒狒向着它的主人冯菲舍尔作了一会儿这种动作之后，就自发地停了下来，不过对那些陌生人和新来的猴还继续照样做。除了一次例外，一只幼小的黑犬面狒狒从来不向他的主人做这样的动作，不过对陌生人则屡屡这样做，直到现在还继续如此。根据这几项事实，冯菲舍尔断言，那些猴（即西非山魈、鬼狒、黑犬面狒狒、恒河猴、豚尾猴等）在镜前做这种动作时，好像以为镜中的影像是新相识似的。西非山魈和鬼狒的臀部装饰得特别厉害，它们甚至在幼小的时候就行展示了，而且比其他种类更加常常如此、更加卖弄这一部分。其次就属黑犬面狒狒了，而其他物种做这种动作的则比较少见。然而，同一物种的不同个体在这方面的表现也有差异，有些个体很羞怯，从来不展示它们的臀部。特别值得注意的是，冯菲舍尔从来没有看见过任何物种有目的地展示其臀部，如果其臀部完全没有颜色。这一看法也可应用于爪哇猴（*Macacus cynomolgus*）和白眉猴（*Cercocebus radiatus*，同恒河猴的亲缘关系密切）的许多个体，还可应用于长尾猴属（*Cercopithecus*）的三个物种以及几种美洲猴。把臀部转向老朋友或新相识作为一种敬意，这种习性在我们看来似乎很古怪，其实这并不比许多未开化人的一些习性更古怪，例如未开化人用手摩擦自己的肚皮，或者彼此摩擦鼻子。西非狒狒和鬼狒的这种习性似乎是本能的或遗传的，因为很幼小的这等动物就这样干了；不过，它像许多其他本能那样，由于观察而有所改变，或者被观察所支配，因为冯菲舍尔说，它们尽力地把这种展示做得充分；如果在两位观察者面前做这种动作，它们就会把臀部转向那位似乎最给予注意的人。

关于这种习性的起源，冯菲舍尔说，他养的那些猴喜欢轻拍或敲打它们无毛的臀部，这样做之后，它们就感到高兴并从喉部发出呼噜呼噜的声响。它们还常常把臀部转向给它们除掉污物的其他猴子，对于那些给它们剔去棘刺的猴子无疑也会如此。不过成年猿猴的这种习性在一定程度上却与两性情感有关联，因为冯菲舍尔曾透过玻璃门去注视一只雌性黑犬面狒狒的活动，它在几天内，"把它的很红臀部转向一只喉部咕噜作响的雄者，我从来没有见过这只动物这样做过。显然这只雄者看到雌者的红色臀部后便激动起来了，因为即使用手杖敲地砰砰作响，它的喉部还是突然一阵一阵地发出咕噜咕噜的声音"。按照冯菲舍尔的说法，凡是臀部多少呈现鲜明颜色的猴类都生活在开阔的多岩石地方，所以他以为这种颜色是为了使某一性别在远处容易看到另一性别；但是，由于猴类是群居的动物，我想没有必要使雌雄双方在远处彼此辨认。在我看来更加可能的似乎是，无论面部或臀部的鲜明颜色，或像西非山魈那样，面部和臀部均呈鲜明颜色，都是用做一种性的装饰和魅力。无论如何，由于现在我们知道猴类有把其臀部转向其他猴的习性，所以身体的这一部分得到装饰就完全不足为奇了。就现在所知道的来说，只有猴类具有这种特征，而且以这种方式向其他猴表示敬意，这一事实使人对下述情况产生了疑问：这种习性最初是否由于某种独立的原因而被获得的，此后这等议论中的部分作为一种性的装饰而着上了颜色；或者，这种颜色以及转动臀部的习性最初是否通过变异和性选择而被获得的，此后通过遗传原理的联合作用，作为高兴或致敬的一种标志而被保存下来了。这一原理显然在许多情况下都发生作用：例如，一般承认鸟类在求爱季节的鸣唱主要是用来吸引异性的，黑松鸡的盛大集会是同它们的求偶有关系的；但有些鸟，例如欧鸲，保持了在快乐时鸣叫的习性，而黑松鸡也保持了在每年其他季节举行集会的习性。

请允许我再讨论一下同性选择有关的另一个问题。有人反对性选择说，仅就雄者的装饰物而言，这种选择的方式意味着同一地区的所有雌者一定都具有和行使完全一样的审美力。然而应该注意到，第一，一个物种的变异范围虽然很大，但绝不是无限的。关于这一事实，我在别处举出过一个有关鸽的良好事例，鸽至少有一百个变种，它们的羽色大不相同，鸡至少有二十个变种，它们的羽色也大有差别；但这两个物种的变动范围却极端不同。所以，自然物种的雌者在审美方面不会有毫无限制的范围。第二，我以为没有一个支持性选择原理的人相信雌者所选择的，是雄者特有的美的部分；而只是某一雄者比另一雄者对它们刺激或吸引的程度较大而已，这一点往往决定于灿烂的颜色，鸟类尤其如此。甚至一个男人对他所赞美的女人面貌上的轻微差异也不加分析，而她的美恰恰决定于这等轻微差异。雄西非山魈不仅臀部而且面部均呈灿烂的颜色,此外,面部还有隆起的斜条纹、黄胡须以及其他装饰物。根据我们所看到的家养动物的变异,可以推论西非狒狒获得上述几种装饰物,乃是由于某一个体在某一方面发生了一点变异而另一个体在另一方面发生了一点变异所致。雄者如果任何方面在雌者看来都是最漂亮而且最有吸引力的,雄者大概就会最常常交配,并且会比其他雄者留下更多的后代。其雄性后代虽然多方面地进行杂交,但还是承继了其父本的特性,或者向下传递一种增大的倾向而按照同样方式进行变异。因此,居住在同一地区的雄者,其整个身体由于不断杂交的作用大概有发生差不多同样变异的倾向,不过有时这一种性状变异得大些,有时那一种性状变异得大些,尽管这等变异的速度是极端缓慢的;这样,最终所有个体都变得更能吸引雌者。其过程正如人类所实行的被我称为无意识的选择那样,关于这一点我已经举出过若干事例了。某一地方的居民重视快速的、即轻型的狗或马,另一地方的居民却重视比较重型的和比较强有力的狗或马;但在这两处地方都不选择身体或四肢比较轻型的或比较强有力的个体动物;尽管如此,经过相当长的一段时间之后,还可发现诸个体都按照所要求的方式发生了几乎一样的改变,虽然在每一处它们的改变是不同的。如果在两处界限绝对分明的地方居住着同一个物种,其个体在悠久的期间内决不互相迁移和互相杂交,而且在这两处地方发生的变异大概不会完全相同,于是性选择就可能致使这两处地方的雄者有所差别。在我看来,下述信念完全不见得是空想,即:处于很不相同环境中的两组雌者大概会获得对形态、声音或颜色的多少不同的爱好。不管怎样,我还是在《人类的由来》一书中举出了一些事例表明在不同地方居住的亲缘密切的鸟类,其幼鸟和雌鸟没有区别,而成年的雄鸟都彼此差别很大,这非常可能是由性选择作用所引起的。

声　明

虽经多方努力,但仍未能与本书第二译者杨习之先生取得联系,在此,我们深表歉意。请杨先生或其家人尽快与北京大学出版社教育出版中心联系,我们将支付稿酬并寄送样书。同时,也恳请广大读者提供线索,谢谢!

舒德干院士一席演讲:
5亿年前的人类远祖（视频版）

舒德干院士一席演讲:
人类的由来（音频版）

科学元典丛书

科学元典丛书（彩图珍藏版）

科学元典丛书（学生版）